高等院校电子信息类重点课程 **名师精品**·系列教材

"十三五"江苏省高等学校重点教材
（编号：2020-2-282）

通信原理

东南大学通信原理教学团队 ◎ 组编
宋铁成 刘郁蓉 ◎ 主编
张源 傅学群 王闻今 许涵 ◎ 副主编

人 民 邮 电 出 版 社
北 京

图书在版编目（C I P）数据

通信原理 / 东南大学通信原理教学团队组编 ； 宋铁成，刘郁蓉主编. -- 北京 ： 人民邮电出版社，2023.3
高等院校电子信息类重点课程名师精品系列教材
ISBN 978-7-115-58596-7

Ⅰ. ①通… Ⅱ. ①东… ②宋… ③刘… Ⅲ. ①通信原理－高等学校－教材 Ⅳ. ①TN911

中国版本图书馆CIP数据核字(2022)第018320号

内 容 提 要

本书对通信系统的基础理论和关键技术进行深入分析。全书共 12 章，包括绪论、随机过程、连续波模拟调制、模拟信号数字化、基带脉冲传输、信号空间分析、数字调制、扩频调制、无线信道与无线传输新技术、信息论基础、信道编码，以及同步技术。本书强调通信基础理论，注重理论知识与工程实践的联系，内容融入最新通信技术。本书知识全面，条理清晰，阐述浅显易懂，配套资源丰富。

本书可作为高等院校电子信息类和计算机类专业通信原理课程的教材或教学参考书，也可作为相关科研和工程技术人员的参考用书。

◆ 组　　编　东南大学通信原理教学团队
主　　编　宋铁成　刘郁蓉
副 主 编　张　源　傅学群　王闻今　许　涵
策划编辑　于　波
责任编辑　郭　雯
责任印制　王　郁　焦志炜

◆ 人民邮电出版社出版发行　　北京市丰台区成寿寺路 11 号
邮编　100164　　电子邮件　315@ptpress.com.cn
网址　https://www.ptpress.com.cn
山东百润本色印刷有限公司印刷

◆ 开本：787×1092　1/16
印张：25.75　　2023 年 3 月第 1 版
字数：682 千字　　2024 年 7 月山东第 3 次印刷

定价：79.80 元

读者服务热线：(010)81055256　印装质量热线：(010)81055316
反盗版热线：(010)81055315
广告经营许可证：京东市监广登字 20170147 号

前　言

在电子信息类专业课程体系中，“通信原理”课程是重要的专业基础课。本书根据相关部委加快推动“新工科”“新基建”的部署，以建设一流本科教育为目标编写而成，本书也得到“十三五”江苏省高等学校重点教材建设的支持。

本书编者完成了多项教学改革、数十项科研项目，拥有丰富的课堂教学经验。在本书的编写过程中，编者广泛参考了国内外同类教材，力求帮助读者掌握通信的基本原理、关键技术和分析方法，使其了解最新的通信技术，为后续专业课程学习和从事相关工作奠定坚实的基础。

本书以模拟信号数字化过程为主线，按各过程所采用的技术原理来组织内容。全书共分 12 章，第 1 章介绍通信系统的入门知识和基本概念；第 2 章介绍通信系统中随机信号和随机噪声的时频域统计特性；第 3 章介绍模拟通信系统中的调制解调技术；第 4 章介绍模拟信号数字化过程和相应的脉冲调制方式；第 5 章介绍基带形式的数字脉冲信号传输问题；第 6 章通过信号空间分析，介绍加性高斯白噪声信道下的相干接收机；第 7 章介绍数字调制解调技术；第 8 章介绍目前广泛应用于移动通信和物联网中的扩频技术；鉴于无线通信技术是近几十年来信息通信领域中发展最快、应用最广的研究方向之一，第 9 章介绍无线传播特性和无线传输新技术；第 10 章介绍信息论的一些基本原理；第 11 章围绕实现数字信号可靠传输而采用的信道编码解码技术展开介绍；第 12 章介绍通信系统中采用的主要同步技术。

本书的主要特点如下。

① 注重内容的系统性、完备性，以及表述方式的可读性，目的是通过深入浅出的讲解，使读者全面掌握相关理论知识。

② 注重在讲解理论知识的同时，配合大量例题，目的是通过实际分析，使读者深入掌握理论知识。

③ 注重融入最新技术，目的是激发读者兴趣，帮助读者提升创新能力和研究能力。

④ 注重在理论教学中融入工程实践技术，目的是培养读者深度分析、综合应用所学知识解决通信系统复杂问题的能力。

⑤ 配套教学视频及习题集，方便读者自学。

为适应不同院校的教学和广大读者的自学需要，本书教学内容可分为两部分：第一部分为基础内容，主要包括第 1~7 章；第二部分可作为提高内容，包括第 8 ~ 12 章。本书建议使用以下两种教学方案。

① 仅一个学期的基础内容教学(第一部分)，教学学时为 32~48 学时。

② 分为两个学期的完整教学(第一部分+第二部分)，教学学时为 64~96 学时。

学时分配表如下。

学时分配表

<table>
<tr><th colspan="2"></th><th>章</th><th>课程内容</th><th>学时</th></tr>
<tr><td rowspan="15">完整教学</td><td rowspan="8">基础内容
（一个学期）</td><td>第 1 章</td><td>绪论</td><td>2~3</td></tr>
<tr><td>第 2 章</td><td>随机过程</td><td>6~9</td></tr>
<tr><td>第 3 章</td><td>连续波模拟调制</td><td>6~9</td></tr>
<tr><td>第 4 章</td><td>模拟信号数字化</td><td>6~9</td></tr>
<tr><td>第 5 章</td><td>基带脉冲传输</td><td>3~6</td></tr>
<tr><td>第 6 章</td><td>信号空间分析</td><td>3</td></tr>
<tr><td>第 7 章</td><td>数字调制</td><td>6~9</td></tr>
<tr><td colspan="2">学时总计</td><td>32~48</td></tr>
<tr><td rowspan="7">提高内容
（一个学期）</td><td>第 8 章</td><td>扩频调制</td><td>6~9</td></tr>
<tr><td>第 9 章</td><td>无线信道与无线传输新技术</td><td>6~9</td></tr>
<tr><td>第 10 章</td><td>信息论基础</td><td>6~9</td></tr>
<tr><td>第 11 章</td><td>信道编码</td><td>6~9</td></tr>
<tr><td>第 12 章</td><td>同步技术</td><td>6~9</td></tr>
<tr><td colspan="2">课程考评</td><td>2~3</td></tr>
<tr><td colspan="2">学时总计</td><td>32~48</td></tr>
<tr><td colspan="4">学时总计</td><td>64~96</td></tr>
</table>

本书由东南大学通信原理教学团队组编，宋铁成、刘郁蓉任主编，张源、傅学群、王闻今、许涵任副主编。宋铁成编写了第 1 章、第 2 章，刘郁蓉编写了第 3 章、第 4 章和附录部分，张源编写了第 5 章、第 6 章、第 7 章，傅学群编写了第 8 章、第 11 章、第 12 章，王闻今、刘郁蓉、张源共同编写了第 9 章，许涵编写了第 10 章。宋铁成、刘郁蓉统编全书。

在本书编写过程中，北京邮电大学杨鸿文教授、电子科技大学李晓峰教授、西安电子科技大学任光亮教授、国防科技大学马东堂教授和北京信息科技大学李学华教授给出了很多建设性的宝贵意见，在此表示衷心感谢。

由于编者水平和经验有限，书中难免存在疏漏和不足之处，恳请读者批评指正。

编者

2022 年 7 月

目 录

第1章 绪 论

第2章 随机过程

第3章 连续波模拟调制

第4章

模拟信号数字化

第5章

基带脉冲传输

第6章

信号空间分析

第7章

数字调制

第8章

扩频调制

第9章

无线信道与无线传输新技术

第10章

信息论基础

第11章 信道编码

第12章 同步技术

第1章

绪论

知识要点

- 通信系统的组成及通信方式
- 主要通信资源及通信系统的分类
- 模拟与数字通信系统
- 信道的一般数学模型及分类
- 香农公式
- 通信系统的性能指标

1.1 引言

进入21世纪，人类面临空前的全球能源与资源危机、生态与环境危机、气候变化危机等诸多挑战，由此引发了第四次工业革命。第四次工业革命是由物联网、大数据、机器人、人工智能、量子信息和虚拟现实等技术所驱动的社会生产方式变革，其核心是信息化、网络化和智能化的深度融合。新一代信息技术是其中的关键，相应的信息化生产力成为迄今人类最先进的生产力之一。

通信技术是信息化生产力的重要保证，通信系统正朝着具有多层次、全方位、大纵深、立体覆盖能力，多网络无缝连接能力，高速宽带信息传输与交换能力，通信资源共享能力等方向发展。今天的通信技术正以惊人的发展速度，逐步实现“任何人(Whoever)在任何地点(Wherever)、任何时间(Whenever)采用任何方式(Whatever)进行通信”这一人类通信的最高目标。

本章主要介绍通信系统的基本概念、通信方式、主要通信资源、通信系统的分类、模拟与数字通信系统、香农公式和通信系统的性能指标等，旨在使读者对通信系统建立基本认知，为后续各章的深入学习打下基础。

1.2 通信系统

通信就是信息的传输。实现通信的手段有很多，从古代的烽火台到现代社会的移动通信、光通信和量子通信等。电信是指利用电信号传输信息的方式，人类通信的革命性变化是将电作为信息载体后发生的，其标志事件就是1837年莫尔斯发明有线电报和1876年贝尔发明电话。没有特别说明的话，本书中的通信均指电信，通信系统均指基于电信号的通信系统。下面首先介绍通信系统的基本概念。

1.2.1 通信与通信系统

人们对通信的讨论常常遇到信息、消息和信号这3个表意非常相近的名词。

(1)信息是对客观世界中各种事物运动状态及存在方式的描述。人们从对事物的观察中获取信息，因此，信息是人脑思维活动的产物，是抽象的意识或知识。

(2)消息是指包含信息的语言、文字、图像或数据等。例如，人们通过广播、杂志、视频、互联网等获得各种信息。消息是具体的，它荷载信息，信息则是消息中包含的有意义的内容。消息可分为连续消息和离散消息，连续消息是指消息状态的变化是连续的，或者是不可数的，如语音、视频等；离散消息则是指消息状态的变化是不连续的，或者是有限可数的，如符号、数字等。

(3)信号是消息的载体。在通信系统中，为了传输消息，需要把消息加载到电信号的某个参量(如正弦载波的幅度、频率或相位，又如脉冲载波的幅度、脉冲宽度或脉冲位置)上，把消息转变为电信号，因此信号是消息的物理体现。

信号按参量的取值方式可分为模拟信号和数字信号。模拟信号又称连续信号，主要指其电参量取值范围是随时间连续变化的，因此可有无穷多个取值，如图 1.1(a)所示，其中 $s(t)$ 表示模拟信号，它是时间 t 的单值函数。原始的语音、音乐及视频等都是模拟信号，正弦信号是最简单的模拟信号。数字信号只能用个数有限的电参量来表示，如图 1.1(b)所示，其中数字信号 $s(t)$ 只有 2 个有效取值（A 或 0），t 表示时间。计算机数据就是典型的数字信号。

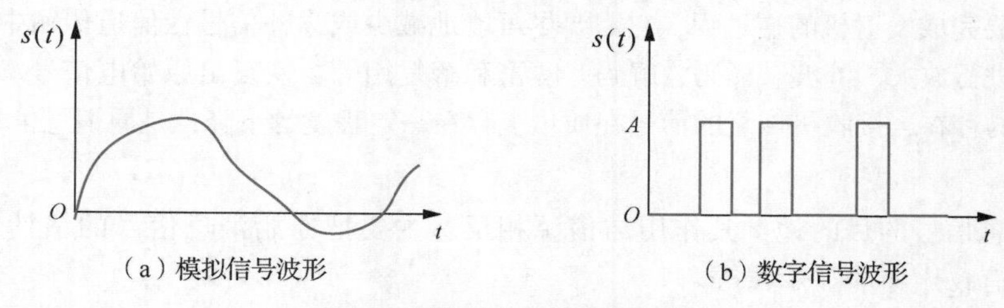

图 1.1 模拟信号与数字信号波形

模拟通信是一种以模拟信号传输消息的通信方式。模拟信号抗干扰能力差，容易在传输过程中受到干扰而产生失真。数字通信用数字信号作为载体来传输消息，相对于模拟信号，数字信号有很多优点，如抗干扰能力强、便于多路复用传输、便于交换、便于进行各种数字信号处理、便于存储、便于集成和便于加密等，因此数字通信在现代通信中得到了广泛应用。

通信系统是传输信息所需的一切设备的总和。典型的通信系统包括公用电话交换网(Public Switched Telephone Network，PSTN)、广播系统、有线电视系统、Internet、2G/3G/4G/5G 蜂窝移动通信系统、无线局域网(Wireless Local Area Network，WLAN)接入系统和卫星通信系统等。不同的通信系统，由于功能、性能和业务类型不同，其组成也各不相同。通信系统的基本组成均包括信源、发射机、信道、接收机和信宿五部分，如图 1.2 所示，其中最主要的是发射机、信道和接收机。

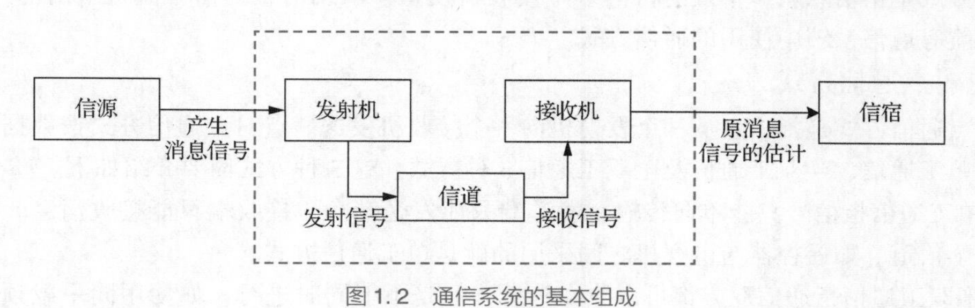

图 1.2 通信系统的基本组成

1. 信源

信源产生消息信号，它的主要作用是把各种消息(主要是语音、音乐、图像和计算机数据等)转换为原始电信号。信源可分为模拟信源和数字信源两类。模拟信源输出模拟信号，如话筒产生语音信号；数字信源产生数字信号，如计算机产生二进制数据。模拟信源产生的信号通过模/数转换，可转换为数字信号，如智能手机中的语音信号就是数字信号。

2. 发射机

发射机的任务是将信源产生的消息信号转换成适合于信道传输的形式，使得发射信号的特性与信道特性相匹配，并具有一定的抗干扰能力和远距离传输能力。因此，发射机涉及了很多通信技术，如放大、滤波、编码、调制、加密和复用等。

3. 信道

信道是传输消息信号的物理媒介。信道可分为有线信道和无线信道，有线信道包括双绞线、同轴电缆和光纤等，无线信道包括广播信道、移动信道、卫星信道等。通信系统中的信道特性一般是非理想的，信号在信道中传输会产生失真，另外噪声和干扰(其他系统产生)也会被加入信道输出中，因此，通过信道传输的信号是有损的，与发射信号有一定的差异。

4. 接收机

接收机主要完成发射机的逆过程，它需要尽可能地减少或弥补信号在信道传输中的损失，将接收的有损信号进行放大、滤波、译码、解码、解密和解复用等，恢复出原始电信号。由于信号失真及噪声和干扰的存在，接收机恢复的信号在质量上存在一定程度的下降，是原消息信号的估计。

5. 信宿

信宿是消息信号的目的地，其作用与信源相反，主要把原始消息信号的估计还原成原始消息，典型信宿有扬声器、显示器等。

就基本组成来说，不同通信系统的发射机、信道和接收机等功能模块也各不相同。另外，在图1.2所示的模型中，信号的传输是单向的，这里的单向只是表示信号从信源到达信宿的传递方向，并不意味着通信系统是单向通信的。实际上，很多通信系统都是双向通信的，下面具体介绍通信方式。

1.2.2 通信系统的通信方式

通信方式主要指通信双方的工作模式，按照信息传输的方向，基本的通信方式包括广播方式和点对点通信方式。

1. 广播方式

广播方式是指信息从一个发射机向多个接收机发送，承载信息的信号流是单向的，如广播、遥控和导航等通信系统中使用的通信方式。

2. 点对点通信方式

点对点通信方式是指信息从一个发射机向一个接收机发送。点对点通信方式按数据流的方向可以分为单工通信、半双工通信及全双工通信3种方式。这3种方式简要介绍如下。

(1)单工通信指信号只能单向传输，发送端只能发送消息，接收端只能接收消息。因此信号只占用一个信道，如遥控器与电视机之间采用的就是单工通信方式。

(2)半双工通信指通信双方都可以收发消息，但是不能同时进行，如使用同一载频的对讲机之间的通信方式。

(3)全双工通信指通信双方都可以同时收发消息，如计算机之间的通信方式。

在现代通信网中，还存在点到多点和多点到多点的通信方式。点到多点指单个始发终端与多个目的地终端之间建立的双向连接，多点到多点指多个始发终端与多个目的地终端之间建立的连接。

按照不同标准，通信方式还可以划分为其他不同的类型。按照数据流的排列方式，通信方式可以分为串行通信与并行通信；按照信号的同步方式，通信方式可以分为同步通信与异步通信；按照传输媒介类型，通信方式可以分为微波通信、卫星通信、光纤通信等。

1.2.3 主要通信资源

通信系统需要使用的资源有多种，但主要的两个资源是信道带宽和发射功率。信道带宽是为传输信号而分配给信道的一个频带范围，也称传输带宽。发射功率是指发射信号的平均功率。一般系统的设计原则是尽可能高效地使用这两个资源。

信道带宽和信号带宽密切相关。如果信号为严格频率受限或严格带宽受限的，即信号在有限的频率带宽之外，信号的傅里叶变换精确等于 0，其带宽可以准确定义，如 $\text{sinc}(2Wt)$ 的带宽为 W。实际系统中，信号通常都不是严格带宽受限的，可采用 0-0 带宽、3dB 带宽和均方根带宽这 3 种方式定义带宽。另外，有些消息信号的频谱可以向下延伸至 0 或很低的频率，这时信号的带宽定义为其上限频率，而高于上限频率的信号频谱可忽略，不用于传输信息。例如，语音信号的频谱一般在 100Hz～7kHz，其平均功率多集中在 100～600Hz，实际系统中，300～3400Hz 的频率就可以保障电话质量。

另外，发送信号通过信道到达接收机时，信号功率会出现衰减，接收机可用输入信号的平均功率与噪声平均功率的比值，即输入信噪比来衡量噪声的影响。信噪比通常以 dB 表述，dB 定义为功率比对数（以 10 为底）的 10 倍。例如，信噪比为 10、100 和 1000 分别对应于 10dB、20dB 和 30dB。

1.2.4　通信系统的分类

根据通信业务、信号特征、传输媒介、调制方式、工作频段等，通信系统有不同的分类方式，常见的有如下几种。

1. 按通信业务分类

通信系统按通信业务（所传输的消息种类）的不同可分为电话、电报、传真、数据、图像等通信系统，如程控电话交换网络、计算机网络、物联网等。

2. 按信号特征分类

通信系统按信道中传输的是模拟信号还是数字信号，可分为模拟通信系统和数字通信系统。例如，频率调制（Frequency Modulation，FM，简称调频）立体声广播就是模拟通信系统，2G/3G/4G/5G 蜂窝移动通信系统是数字通信系统。

3. 按传输媒介分类

通信系统按传输媒介的类型可分为有线通信系统和无线通信系统。提供传统电话业务的 PSTN 就是典型的有线通信系统。移动通信、卫星通信等是无线通信系统。

4. 按调制方式分类

通信系统按调制方式可分为基带传输系统和带通传输系统。在基带传输系统中，未经调制的信号可以直接传输，如 PSTN；在带通传输系统中，基带信号进行了调制，如无线通信系统。在带通传输系统中，调制的方式有很多，表 1.1 给出了常用调制方式及典型应用，具体内容将在后续章节详细讨论。

表 1.1　常用调制方式及典型应用

<table>
<tr><th colspan="5">调制方式</th><th>典型应用</th></tr>
<tr><td rowspan="4">连续波调制</td><td rowspan="4">模拟调制</td><td rowspan="4">幅度调制</td><td>非线性调制</td><td>常规幅度调制</td><td>调幅广播</td></tr>
<tr><td rowspan="3">线性调制</td><td>抑制载波的双边带调制</td><td>立体声广播</td></tr>
<tr><td>单边带调制</td><td>短波通信</td></tr>
<tr><td>残留边带调制</td><td>电视广播</td></tr>
</table>

续表

调制方式					典型应用
连续波调制	模拟调制	角度调制	非线性调制	频率调制	立体声广播、对讲机、微波通信
				相位调制	卫星通信
	数字调制	幅移键控			数据传输、光纤通信
		相移键控			移动通信、卫星通信、空间通信、数字微波
		频移键控			数据传输
		其他数字调制(如多进制正交幅度调制、多进制幅度相移键控、高斯最小频移键控等)			移动通信、卫星通信、空间通信、数字微波
		正交频分复用			移动通信、无线局域网、物联网、超宽带、电力线通信、水声通信、数字音频广播
脉冲调制	模拟脉冲调制	脉冲幅度调制			遥测
		脉冲相位调制			遥测、光纤传输
		脉冲持续时间调制			光纤传输、音频功放、数字测量仪表
	数字脉冲调制	脉冲编码调制			PSTN、语音编码、遥测
		增量调制			军用数字电话、高速数模转换
		差分脉冲编码调制			语音编码、图像编码
		其他语音压缩编码调制(如自适应差分脉冲编码调制、线性预测编码调制等)			中、低速语音编码

5. 按工作频段分类

工作频率与波长的换算公式为

$$\lambda=\frac{c}{f}=\frac{3\times10^{8}}{f} \tag{1.1}$$

式(1.1)中，λ 为工作波长(单位为 m)，f 为工作频率(单位为 Hz)，c 为光速(单位为 m/s)。

按通信设备工作的频段或波长的不同，通信系统可以分为极低频、超低频、特低频、甚低频、低频、中频、高频、甚高频、特高频、超高频、极高频和光等。表 1.2 列出了国际电信联盟(International Telecommunications Union，ITU)频段划分及其主要用途。

表 1.2　国际电信联盟频段划分及其主要用途

频段名称	缩写	频率范围/Hz	主要用途
极低频(极长波)	ELF	3~30	音频电话、数据终端、远程导航、水下通信
超低频(超长波)	SLF	30~300	水下通信
特低频(特长波)	ULF	300~3000	矿场通信、远程通信
甚低频(甚长波)	VLF	3k~30k	远程导航、水下通信、声呐

续表

频段名称	缩写	频率范围/Hz	主要用途
低频(长波)	LF	30k~300k	国际广播、全向信标
中频(中波)	MF	300k~3M	调幅广播、全向信标、海事及航空通信
高频(短波)	HF	3M~30M	短波、民用电台
甚高频(米波)	VHF	30M~300M	调频广播、电视广播、航空通信
特高频(分米波)	UHF	300M~3G	电视广播、无线电话通信、无线网络、微波炉
超高频(厘米波)	SHF	3G~30G	无线网络、雷达、人造卫星接收
极高频(毫米波)	EHF	30G~300G	射电天文学、遥感、人体扫描安检仪
红外光	IR	43T~430T	光通信系统
可见光	VLC	430T~750T	光通信系统
紫外线	UV	750T~3000T	光通信系统

6. 按信道复用和多址方式分类

通信系统中的复用，主要指信道复用技术，多路信号共用一个信道进行传输。在现代通信中，信道复用技术主要有频分复用、时分复用、码分复用、波分复用、空分复用和正交频分复用等。例如，采用频分复用技术的通信系统称为频分复用系统。多址是指在多用户通信系统中区分多个用户的方式。目前使用的多址方式主要有频分多址、时分多址、码分多址、空分多址和正交频分多址等。例如，采用频分多址方式的通信系统称为频分多址系统。信道复用及多址技术分别在第3章、第4章和第9章详细讨论。

1.3 模拟与数字通信系统

在设计通信系统时，信源、信道和信宿通常都已经指定，主要任务就是设计发射机和接收机，基本原则如下。

首先，发射机将信源产生的原始电信号进行编码和调制，发送到信道进行传输；接收机对信号进行解调和解码，在输出端得到能满足要求的原始电信号的“估计”。

其次，系统所有实现的经济性在可接受的范围内。

综合考虑系统设计的性能指标、复杂度、经济性等，可以选择采用模拟通信系统或数字通信系统。

1.3.1 模拟通信系统

模拟通信系统是指利用模拟信号传输信息的通信系统。模拟通信系统可由一般通信系统模型略加改变而形成，如图1.3所示。在模拟通信系统中，一般通信系统模型中的发射机和接收机分别为调制器和解调器所代替。

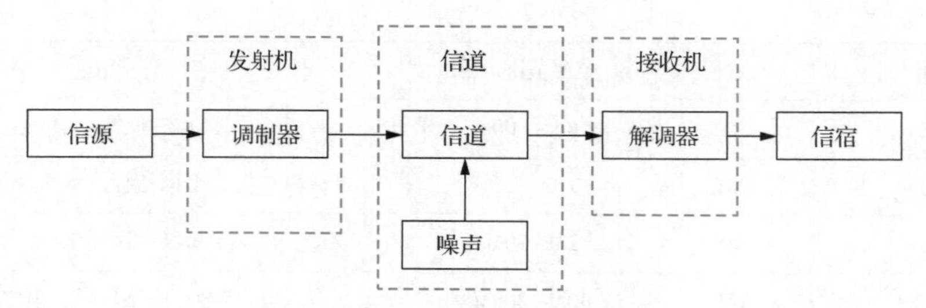

图 1.3 模拟通信系统的组成

信源产生的电信号(基带信号)由于具有频率较低的频谱分量，一般不能直接作为传输信号送到信道中，调制器把信源产生的基带信号转换为带通信号，解调器执行调制器的反变换。调制器和解调器是模拟通信系统的核心，具体的调制器和解调器由连续波调制的类型决定，不同的调制器和解调器，其抗噪声性能也各不相同，相关内容会在第 3 章详细讨论。

除此之外，在模拟通信系统从信号发送到信号恢复的过程中可能还有滤波、放大、天线辐射与接收、控制等过程。但是在信号传输过程中，调制对信号形式的变化起着决定性作用，而其他过程只不过是进行了信号的放大或改善，没有发挥“质的作用”，因此，这些过程可认为都是理想的，故而不去讨论它。

模拟通信系统的优点是直观且容易实现，电路的功率消耗一般比较低。但和数字通信系统相比，模拟通信系统保密性差，抗干扰能力弱。

1.3.2 数字通信系统

数字通信系统利用数字信号传输信息，系统的组成如图 1.4 所示，其基本原理建立在信息论基础之上，系统结构较为复杂，涉及的技术较多。信道两端的发射机和接收机中的功能模块呈对应关系，按照从远端到近端的方向，它们分别是信源编码/解码器、加密/解密器、信道编码/解码器，以及数字调制/解调器等模块。另外，为保证数字通信系统准确、有序和可靠地运行，接收机和发射机两端的信号还需要保证时间上的同步。下面分别对数字通信系统中的各组成部分进行详细介绍。

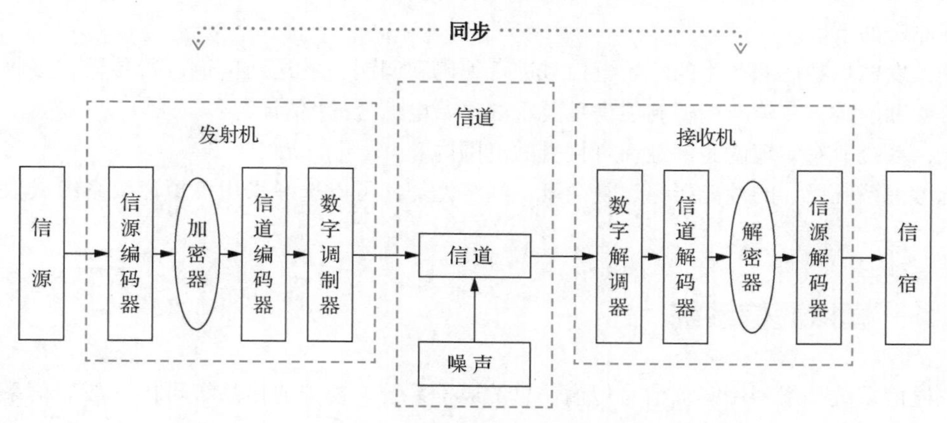

图 1.4 数字通信系统的组成

1. 信源编码/解码器

信源编码/解码器是指可以对信源进行编码/解码的器件。信源编码的目标是提高信息传输的有效性。它有两个作用，一是将信源的模拟信号转化成数字信号，二是进行数据压缩。如果信源产生的信号是模拟信号，那么首先要将模拟信号数字化，一般包括抽样、量化、编码3个过程，详细内容在第4章进行介绍。数据压缩的目的是去除消息信号中的冗余信息，以有效利用信道，提高信息传输的有效性。信源解码是信源编码的逆过程。

2. 加密/解密器

加密/解密器是指可以对数据进行加密/解密的器件。加密的目的是保证信息传输的安全性。数据加密的基本过程就是对原始数据（也称“明文”）按某种算法进行处理，将明文信息隐匿起来，成为编码信息，即“密文”。该过程的逆过程为解密，即将该编码信息转化为原来的“明文”形式。

3. 信道编码/解码器

信道编码也称为纠错编码或差错控制编码，由于信道中存在噪声和干扰，信息传输过程中的差错不可避免。为减少误码率，信道编码器按照一定的规律在待发送的信息码元中加入一些冗余码元（监督码元或校验码元），信道解码器可以利用校验码元与信息码元的关系发现和纠正错误，提高通信系统的可靠性。一般而言，校验码元的个数越多，能发现和纠正的错误个数就越多。因此，信道编码牺牲了部分有效性，以换取可靠性的提高。信道编码/解码是本书的重点内容之一，本书将在第11章进行详细讲解。

4. 数字调制/解调器

数字调制/解调器是指可以对信号进行调制/解调的器件。数字调制是指对数字基带信号进行调制，形成适合在信道中传输的数字带通信号。基本的数字调制方式有幅移键控、频移键控、相移键控、差分相移键控和正交幅度调制等，如5G的256QAM、在Wi-Fi 6中甚至用到1024QAM等高阶调制。数字解调器可采用相干解调或非相干解调对信号进行恢复。除了上述单载波调制技术以外，现代通信技术也用到了多载波调制技术，如正交频分复用，其目的是进一步提高频带利用率。数字调制/解调也是本书的重点内容之一，本书将在第7章进行详细讲解。

5. 同步

同步指接收机和发射机在时间上“步调一致”，故又称为定时。同步技术是数字通信系统中非常重要的技术，是保证数字信息正常收发的关键。通信系统中的同步又可分为载波同步、码元同步、帧同步和网同步几大类。通常，一个数字通信系统中就需要采用多种同步技术，相关内容将在第12章进行详细讲解。

实际的数字通信系统与图1.4所示的可能略有不同。如果信源是数字信号且对有效性要求不高时，则无须进行信源编码，如计算机数据；如果通信距离不远，且容量不大，信道一般采用电缆，即采用基带传输方式，这样就不需要数字调制器和数字解调器，如计算机和打印机之间数据的传输；如果对抗干扰性能要求不高，数字通信系统同样可以不需要信道编码器和解码器。

与模拟通信系统相比，数字通信系统具有以下优点。

- 抗干扰能力强，可通过中继传输消除噪声累积。
- 传输差错可控，可通过信道编码技术进行检错或纠错，提高传输的可靠性。
- 易于进行信号处理、变换及存储，可将来自不同信源的信号进行综合处理。
- 易于加密，可以采用各种复杂的加密算法进行加密，使通信具有高度的保密性。

- 易于集成，使通信设备微型化、智能化。
- 易与其他系统的设备、终端接口相结合，满足不同系统的业务需要。

数字通信系统也有自身的一些缺点，如占用频带宽等，数字通信的许多优点就是用比模拟通信占用更宽的系统频带换取的。与模拟通信系统相比，数字通信系统的频带利用率不高。以语音信号为例，一般基带模拟语音信号的带宽为4kHz，而基带数字语音信号，如脉冲编码调制（Pulse Code Modulation，PCM）信号的带宽是64kHz，即1路PCM信号占了16路模拟语音信号。其次，数字通信系统的复杂度较高，尤其是对同步精度要求很高。不过，随着宽带传输信道（如光纤）和高阶调制技术的采用，以及超大规模集成电路的发展，这些缺点已经弱化。随着微电子技术和计算机技术的迅猛发展和广泛应用，数字通信系统在现代通信方式中已经占据主导地位。

从前面的描述可以看出，模拟通信系统的设计在概念上比较简单，但实际建立有一些困难，因为它对线性度和系统调试的要求比较苛刻。例如，语音信号的非线性失真至少比所需要的消息信号低40dB。另外，模拟调制技术只对原始消息信号进行了相对简单的变换，系统设计没有考虑对信号的波形进行调整，使其与信道特性相匹配，以减小信道噪声的影响；在信号处理方面，模拟通信系统的解调性能取决于所采用的连续波解调类型。

数字通信系统的设计虽然在概念上相当复杂，但实际系统的建立并不困难。此外，数字通信系统能够尽可能找到一组与信道特性相匹配的信号波形，以建立信道的可靠传输，一旦确定了传输波形，信源信号就能被编码为信道波形，从而实现从信源到信宿的有效传输。总之，采用数字通信系统可以保证信息有效、可靠传输。

虽然当前的主导是采用数字通信系统，但是基于以下两个原因，我们还需要学习模拟通信系统。

- 模拟广播和电视依然存在，需要了解这些通信系统是如何工作的。此外，模拟调制技术是数字调制技术的基础。
- 模拟器件和电路能在很高的速率下运行，并且与数字器件和电路相比，它们的功耗非常低，因而，以高速和低功耗为原则的通信系统大多选用模拟方式。

1.4 信道

信道是传输信号的通道。按照传输媒介的不同，信道可分为两大类：有线信道和无线信道。有线信道利用有线传输媒介传输电信号或光信号，无线信道利用电磁波在空间的传播来传输信号。在PSTN系统中，常见的传输通道是双绞线和光纤；在移动通信系统中，主要利用较高频的电磁波传输语音、图像及数据；在深海探测中，则利用极低频率的电磁波来搜集水下传感器数据，并通过卫星中继将数据传输到数据采集中心。除此之外，信息的存储介质如光盘、闪存盘、固态硬盘等，实际上也是信道的一种形式，称为存储信道。信息的存储可等价于通信系统中的信息发送，而读取存储信息可等价于信息的接收和再生。

信道对信号的传输具有重要的影响，无论是有线传输媒介还是无线传输通道，通信信道都存在很多不可控因素。香农基于随机变量和概率论为信道的不可控因素建立了统一的数学模型，提出信道容量的基本概念，奠定了信息论的理论基础。因此，对信道的数学模型及关键参数的理解，有助于分析信道的传输特性和噪声对信号的影响。

1.4.1　信道的一般数学模型及分类

下面把信道看作一个系统来研究。最基本的信道模型具有一对输入端和输出端，若输入信号为 $s(t)$，输出信号为 $x(t)$，则输入和输出的关系可表示为

$$x(t)=F[s(t)] \tag{1.2}$$

根据信道的转移函数 $F[*]$ 是否随时间变化，可将信道分为恒参信道和变参信道两类。在恒参信道中，信道参数不随时间变化或变化极缓、极小；反之，如果信道的参数随时间变化较快，则称为变参信道。变参信道中信道参数的变化可以服从确定的规律，也可以是随机的，如果信道参数呈随机变化，则称其为随参信道。表 1.3 给出了常见信道的简单分类。

表 1.3　常见信道的简单分类

	恒参信道	变参信道
有线信道	双绞线、同轴电缆、光纤、波导	电力线载波信道
无线信道	微波中继信道、卫星通信信道、空间通信信道	广播信道、移动通信信道、水声通信信道

下面从线性系统的角度，研究典型恒参信道的数学模型。首先讨论在信息论和实际应用中都有重要意义的高斯白噪声信道，随后介绍恒参信道的线性时不变滤波器模型，最后讨论信道的幅频特性、相频特性和群延时特性等。

1.4.2　恒参信道

1. 加性高斯白噪声信道

加性高斯白噪声(Additive White Gaussian Noise，AWGN)信道是最简单的恒参信道，简称高斯白噪声信道或高斯信道。AWGN 信道的模型如图 1.5 所示。

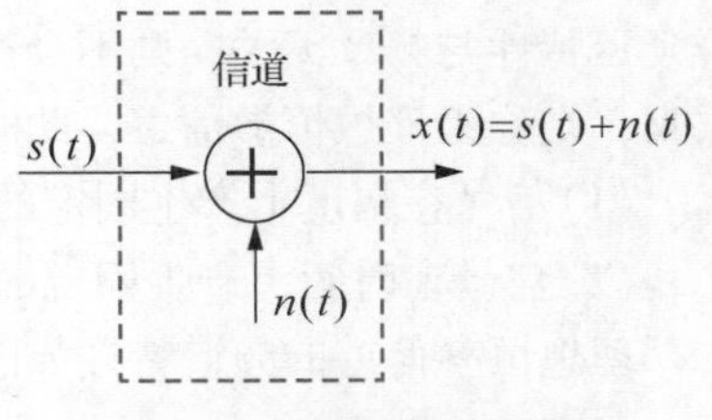

图 1.5　AWGN 信道的模型

其中 $s(t)$ 为输入信号，$x(t)$ 为输出信号，$n(t)$ 为高斯白噪声(高斯白噪声的定义将在第 2 章详细描述)。此信道模型描述了通信信道中只有高斯白噪声的情形，其输出信号可表示为

$$x(t)=s(t)+n(t) \tag{1.3}$$

一般来讲，信号在信道传输过程中会不可避免地发生衰减，因此输入信号需要乘一个衰减因子，此时输出信号表示为

$$x(t)=as(t)+n(t) \tag{1.4}$$

其中 a 为衰减因子。

这种信道模型适用于多种物理信道，并且具有数学易处理性，因此是通信系统的分析和设计所使用的主要信道模型。

2. 线性时不变信道

实际信道中，除了受到高斯白噪声的影响外，信号通过信道还会产生畸变。如果这种畸变是线性的，且不随时间的变化而变化，就称该信道为线性时不变(Linear Time Invariant，LTI)信道。电话线、同轴电缆等都是典型的线性时不变信道。这种信道可表示为带有 AWGN 的线性时不变滤

波器，其模型如图 1.6 所示。

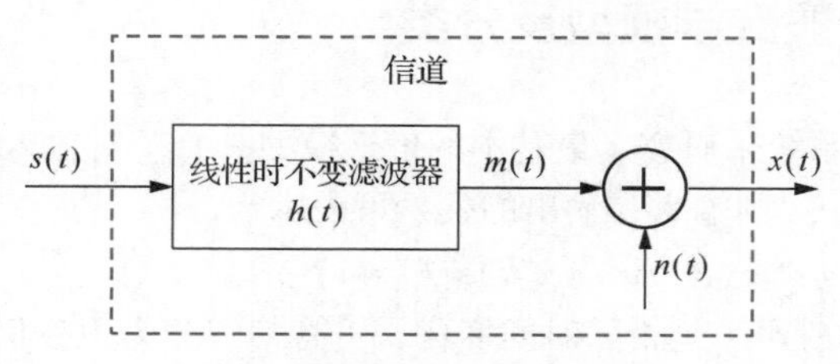

图 1.6　线性时不变信道模型

若 $s(t)$ 为输入信号，则输出信号 $x(t)$ 可表示为

$$x(t)=s(t)*h(t)+n(t)=\int_{-\infty}^{\infty}h(\tau)s(t-\tau)\mathrm{d}\tau+n(t) \tag{1.5}$$

其中 $h(t)$ 表示信道的时域冲激响应，“ $*$ ”表示卷积。若令 $m(t)=s(t)*h(t)$，则有

$$x(t)=m(t)+n(t) \tag{1.6}$$

式(1.6)可视为等效高斯白噪声信道，因此决定线性时不变信道特性的是滤波器的冲激响应。

令 $M(f)$、$H(f)$ 和 $S(f)$ 分别表示 $m(t)$、$h(t)$ 和 $s(t)$ 的傅里叶变换，则有

$$M(f)=H(f)S(f) \tag{1.7}$$

由傅里叶变换的性质，有

$$H(f)=|H(f)|\mathrm{e}^{-\mathrm{j}\varphi(f)} \tag{1.8}$$

其中 $|H(f)|$ 称为信道的幅度-频率特性，简称幅频特性；$\varphi(f)$ 称为信道的相位-频率特性，简称相频特性。信道的相频特性还可描述为群延迟-频率特性，简称群延迟特性，表示如下

$$\tau(f)=\frac{\mathrm{d}\varphi(f)}{\mathrm{d}f} \tag{1.9}$$

若幅频特性与频率无关，则不会产生幅度失真，若相频特性为一条过原点的直线，或等效为群延迟特性与频率无关，则不会产生相位失真。若通信信道既不会产生幅度失真也不会产生相位失真，则称为理想恒参信道，此时有：

(1)信号在幅度上产生固定的衰落，即 $|H(f)|=k_0$，k_0 为常数；

(2)信号在时间上产生固定的延迟，即 $\tau(f)=t_d$，$\varphi(f)=ft_d$。

理想恒参信道的频谱特性如图 1.7 所示。

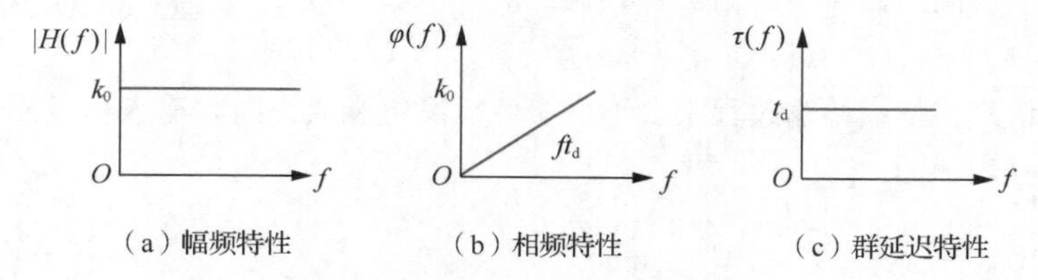

图 1.7　理想恒参信道的频谱特性

容易推出，理想恒参信道的冲激响应为

$$h(t)=k_0\delta(t-t_d) \tag{1.10}$$

其中 $\delta(t)$ 为狄拉克函数。因此，在不考虑信道噪声时，信道输出为

$$x(t)=k_0s(t-t_d) \tag{1.11}$$

可见，理想恒参信道可实现信号的无失真传输。但在实际系统中，信道往往不是理想的，如

果是信道的幅频特性不理想，则信号发生的失真称为幅频失真。如果是相频特性不理想，则造成的失真称为相频失真。在传输数字信号的时候，信号的幅频失真、相频失真会使得信号的波形发生畸变，引起相邻数字信号波形在时间上相互重叠，造成符号间干扰。特别是在速率较高的时候，严重的符号间干扰会导致误码率性能急剧下降。符号间干扰问题将在第5章详细描述。

1.4.3　变参信道

变参信道的参数随时间快速变化。由于移动无线信道和水声信道存在大量时变的反射体和散射体，导致时变多径的信号传输，在数学上可表征为线性时变滤波器。因而，变参信道模型可建模为带有 AWGN 的线性时变滤波器，如图 1.8 所示。

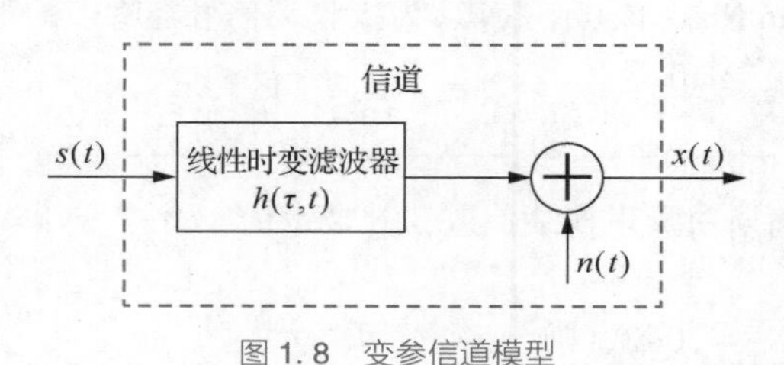

图 1.8　变参信道模型

信道输入和输出的关系可表示为

$$x(t) = s(t) * h(\tau,t) + n(t) = \int_{-\infty}^{\infty} h(\tau,t)s(t-\tau)\mathrm{d}\tau + n(t) \tag{1.12}$$

其中 $s(t)$ 是输入信号，$h(\tau,t)$ 为线性时变滤波器冲激响应，表示信道在 $t-\tau$ 时刻加入的冲激脉冲在 t 时刻的响应，τ 表示延时。

对于多径信道，其时变脉冲响应的信道模型可写成多条路径分量叠加的形式

$$h(\tau,t) = \sum_{k=1}^{L} a_k(t)\delta(\tau-\tau_k) \tag{1.13}$$

其中 $\{a_k(t), k=1,2,\cdots,L\}$ 表示 L 条路径的时变衰减因子。令 $\{\tau_k(t), k=1,2,\cdots,L\}$ 表示 L 条路径对应的延时，把式(1.13)代入式(1.12)，则输出信号表示为

$$x(t) = \sum_{k=1}^{L} a_k(t)s(\tau-\tau_k) + n(t) \tag{1.14}$$

从而输出信号包含 L 个多径分量，每条路径的衰减因子为 $a_k(t)$，延时为 τ_k。

作为变参信道的典型实例，移动无线信道的传播比较复杂，其基本特性包括路径损耗和阴影衰落等大尺度衰落特性，以及多径效应和多普勒效应引起的小尺度衰落特性，这些内容将在第9章详细讨论。

前面描述的3种数学模型适用于实际系统中的大多数物理信道。本书将使用 AWGN 信道对通信系统的可靠性进行分析，在讨论数字基带传输系统的分析与设计和无线通信基础时，则会涉及线性时不变信道和变参信道。

1.5　香农公式

一般来讲，通信系统的设计会受到资源限制，因为系统允许的信道带宽和发射功率都是有限

的。另外，由于信道噪声的存在，会给信号的接收带来不利影响。在数字通信系统中，可靠性通常用接收机输出端测得的误比特率(Bit Error Rate，BER)来衡量，BER越小，系统的可靠性就越好。在这种情况下，就会自然而然考虑一个问题——能否设计一个通信系统，使它在噪声信道下达到BER为0呢?

理想情况下，答案是肯定的。香农信道容量定理指出，对于带宽有限、平均功率有限的高斯白噪声连续信道，其信道容量 C 为

$$C=B\log_2\left(1+\frac{S}{N}\right)=B\log_2(1+\text{SNR}) \tag{1.15}$$

式(1.15)通常被称为香农公式。信道容量定义为通过信道无差错传输信息的最大速率，单位为bit/s。式(1.15)中 B 为信道带宽，单位为Hz；S 是信号平均功率，单位为W；N 是噪声功率，单位为W。信噪比(Signal to Noise Ratio，SNR)为接收端信号与噪声的平均功率之比，为无量纲单位。式(1.15)的详细证明见第10章。

例1.1 若双绞线为高斯白噪声连续信道，其带宽为4kHz，SNR=30dB，计算信号在此信道中传输的最大速率。

解 由于 $B=4\text{kHz}$，SNR=30dB，则

$$\left.\frac{S}{N}\right|_{\text{dB}}=10\lg\left(\frac{S}{N}\right)\Rightarrow\frac{S}{N}=1000$$

由香农公式

$$C=B\log_2\left(1+\frac{S}{N}\right)=4\times\log_2(1+1000)\approx 40\text{kbit/s}$$

最早使用的拨号上网方式是通过调制解调器实现的。调制解调器的标称速度为56kbit/s，但实际网络传输的速度都远低于56kbit/s，原因就在于支持语音信号传输的线路信道容量只有40kbit/s。

【本例终】

若噪声的双边功率谱密度为 $N_0/2$，则噪声的功率等于 N_0B，这时香农公式变换为

$$C=B\log_2\left(1+\frac{S}{N_0B}\right) \tag{1.16}$$

由此可知，信道容量 C 和信道带宽 B、信号功率 S 和噪声功率谱密度 N_0 有关。

(1)增加信号功率 S 或减小噪声功率谱密度 N_0 都可以使信道容量增加，即当 $S\to\infty$，或 $N_0\to 0$ 时，$C\to\infty$。但是在通信系统当中，信号功率 S 不可能为无穷大，噪声功率谱密度 N_0 也不可能等于0，所以信道容量不可能为无穷大。

(2)当 $B\to\infty$，则有

$$\lim_{B\to\infty}C=\lim_{B\to\infty}\frac{S}{N_0}\times\frac{BN_0}{S}\log_2\left(1+\frac{S}{N_0B}\right)=\lim_{B\to\infty}\frac{S}{N_0}\log_2\left(1+\frac{S}{N_0B}\right)^{\frac{N_0B}{S}} \tag{1.17}$$

利用关系式

$$\lim_{x\to\infty}\log_2(1+x)^{1/x}=\log_2 e\approx 1.44 \tag{1.18}$$

可得

$$\lim_{B\to\infty}C=\lim_{B\to\infty}\frac{S}{N_0}\log_2 e\approx 1.44\frac{S}{N_0} \tag{1.19}$$

式(1.19)表明，若带宽趋近于无穷大，信道容量是不会趋近于无穷大的，而只会是 S/N_0 的1.44倍。

香农信道容量公式提供了在高斯白噪声连续信道下，理论上能达到的无差错传输速率的上限。对于给定的信道带宽 B 和接收 SNR，即使存在信道噪声，消息信号也可以无差错地通过通信系统。遗憾的是，香农信道容量定理没有给出实现信道容量的方法，但是这一理论为实际系统的设计提供了方向，其主要意义有以下几点。

- 在实际噪声信道中，信号速率 R 通常要小于信道容量 C，可以用 $\eta=R/C$ 来衡量所研究的数字通信系统的有效性，η 越接近1，系统的有效性越好。
- 香农公式提供了在信道带宽 B 和接收 SNR 之间进行权衡的理论基础。对于给定的信道容量，信道带宽 B 和接收 SNR 存在互换关系，即若减小带宽则必须增大发射功率，若信道带宽较大则可以用较小的功率发送，因此宽带系统有较好的抗干扰性。如何平衡 B 和 SNR 之间的关系，则取决于实际系统的需要。对于功率受限的系统，倾向于增加带宽换取信噪比；对于带宽受限的信道，则可采取增加发射功率及高阶调制的方法提高系统的频带利用率。
- 香农公式给出了比较通信系统抗噪声性能的理想化框架。

1.6 通信系统的性能指标

通信系统的性能取决于它的系统结构、软硬件组成、经济性、标准性、维护性等，有很多系统性能指标可以对其优劣进行衡量，但基本性能指标是有效性和可靠性。有效性指传输一定的信息量所占用的信道资源，包括信道带宽及占用时间。可靠性指信息传输的准确程度。模拟通信系统和数字通信系统对有效性和可靠性的要求及度量各不相同，下面分别进行讨论。

1.6.1 模拟通信系统的有效性和可靠性

模拟通信系统的有效性指标为传输带宽。传输同样的消息，占用的传输带宽越小，有效性越好。信道带宽与模拟系统的调制方式密切相关，不同的调制方式对信道带宽的需求也各不相同。例如，语音信号的基带带宽为4kHz，其调幅(Amplitude Modulation，AM)广播的带宽为8kHz，FM广播的带宽可能在几十到几百 kHz 之间，从有效性的角度来讲，AM 要优于 FM。

模拟通信系统可靠性指标为接收机的输出 SNR 或解调增益，比较输出 SNR 时默认输入信号平均功率相同的情况；解调增益为信号的输出 SNR 与信道 SNR 之比，它反映了信号经过传输之后的信号失真度及抗噪声性能。在信道信噪比相同的条件下，不同的模拟调制方式可能会获得不同的抗噪声性能，即使是相同的调制方案，采用不同的解调技术，也可能得到不同的抗噪声效果。FM 广播无论从音质上还是抗噪声性能上，都远远超过 AM 广播，也就是说，FM 的可靠性比 AM 要优越，但是这种优越性是通过增加传输带宽换来的。

1.6.2 数字通信系统的有效性和可靠性

数字通信系统的有效性指标为传输速率和频带利用率，可靠性指标为平均符号差错概率。这两种指标的具体含义和计算方式如下。

1. 有效性指标

(1)传输速率

数字系统传输速率的定义有两种，比特传输速率 R_b 和符号传输速率 R_B。比特传输速率也称比特率，是指每秒传输的比特数量，单位为 bit/s。符号传输速率也叫信号速率或者码元速率，指单位时间内所传输的码元数目，单位为 Baud，因而又称波特率。码元可以是二进制的，也可以是多进制的。若每个码元的持续时间为 T_B(单位为 s)，则有

$$R_B = \frac{1}{T_B} \tag{1.20}$$

对于一个等概率发送的 M 进制系统，每个码元携带的信息量为 $\log_2 M$bit，因而波特率和比特率存在以下对应关系。

$$R_b = R_B \log_2 M \tag{1.21}$$

或

$$R_B = \frac{R_b}{\log_2 M} \tag{1.22}$$

显然，二进制系统比特率与波特率相等。

(2)频带利用率

比较不同的数字通信系统的效率时，还要看传输这种信息所需的信道带宽，带宽越宽，传输信息的能力应该越大，所以衡量数字通信系统传输效率的有效性指标应当是单位频带内的传输速率，即频带利用率(也称带宽效率)，它的计算方式如下。

$$\eta = \frac{R_B}{B} \tag{1.23}$$

式中单位为 Baud/Hz。或

$$\eta = \frac{R_b}{B} \tag{1.24}$$

式中单位为 bit/(s · Hz)。

2. 可靠性指标

数字通信系统的平均符号差错概率主要表现为误比特率或误码率。这两种指标的具体含义和计算方式如下。

(1)误比特率 P_b

比特率指在传输过程中发生错误的比特个数与传输的总比特数之比，又称误信率，其计算方式如下

$$P_b = \frac{\text{错误比特数}}{\text{传输总比特数}} \tag{1.25}$$

(2)误码率 P_e

误码率指在传输过程中发生错误的码元个数与传输的总码元数之比，又称误符号率，计算方式如下

$$P_e = \frac{\text{错误码元数}}{\text{传输总码元数}} \tag{1.26}$$

对于二进制系统来说，误码率 P_e 就等于误比特率 P_b。需要强调的是，这里的差错概率是多次统计结果的平均值，对于数字系统来说，差错概率的大小取决于每个码元的能量及噪声功率谱

密度。差错概率越小，可靠性越好。降低平均符号差错概率的方式有很多，可以通过改善信噪比，也可以改进调制方式等，具体内容将在第7章详细进行讨论。

1.7 本章小结

本章主要介绍通信系统的一些基础知识和基本概念，包括通信系统的组成与分类、主要通信方式、主要通信资源、模拟通信与数字通信系统、香农公式和通信系统的主要性能指标等。

通信系统主要由信源、发射机、信道、接收机和信宿组成。信源产生消息信号，主要包括语音、音乐、图像和计算机数据等；发射机对消息信号进行处理，把它转换为适合信道传输的形式；信道是信息传输的通道，一般都是非理想的，且由于噪声及干扰，都会造成信号的失真；接收机执行发射机的逆过程，把接收信号恢复成消息信号；信宿则是消息的接收者。通信系统的主要通信方式有广播方式和点对点通信两种。此外，通信系统的主要资源是信道带宽和发射功率。

通信系统，按其传输的信号特征、调制方式、传输媒介、工作频段等有不同的分类方式，最常见的就是模拟通信系统和数字通信系统。模拟通信系统结构相对简单，信号只需要经过调制与解调。数字通信系统较为复杂，信号需要经过信源编码/解码、加密/解密、信道编码/解码、数字调制/解调、同步等一系列过程。与模拟通信系统相比，数字通信系统具有抗干扰能力强，传输差错可控，易于进行信号处理、变换及存储，易于加密，易于集成且易与现代技术相结合等优点，缺点是占用频带宽，系统复杂度高。

信道按传输媒介特性可分为有线信道及无线信道，按信道转移函数的特性可分为恒参信道和变参信道。对于恒参信道，给出了AWGN模型及线性时不变信道模型，理想恒参信道可实现信息的无失真传输，但实际的信道特性并不理想，会造成幅频失真和相频失真，这两种失真在数字通信系统中，会造成严重的符号间干扰。变参信道中，信号传输延时和衰减随时间变化，存在多径效应。

香农公式给出，对于带宽有限、平均功率有限的高斯白噪声连续信道，信息可以实现无差错传输的最大速率，这个最大速率就是信道容量。虽然香农信道容量定理没有指出如何实现这样的通信系统，但是这一理论为实际系统的设计提供了方向。

衡量通信系统优劣的重要依据就是有效性和可靠性。模拟通信系统的有效性指标为传输带宽，可靠性指标为输出SNR或解调增益。数字通信系统的有效性指标为传输速率和频带利用率，可靠性指标为平均符号差错概率。

通信系统的主要资源和基本性能指标是贯穿本书的两条主线。在数字通信系统设计中，通常根据频带利用率选择调制解调方式，根据逼近香农信道容量选择信道编码解码技术。

习题

1.1 试根据使用手机进行通话的经验，描述其具体的通信过程。从业务的角度看，手机和固定电话属于相同的通信系统吗？

1.2 什么是模拟信号，什么是数字信号，如何区分数字和模拟信号？

1.3 试画出数字通信系统的组成框图，并说明各组成模块的主要功能。

1.4 试说明模拟通信系统与数字通信系统的优缺点。

1.5 变参信道的主要特点是什么？

1.6 某恒参信道的传输函数 $H(f)=(1+jfRC)^{-1}$，式中 RC 为常数。试说明信号通过该信道时会产生哪些失真？为什么？

1.7 两个恒参信道等效模型如图 P1.7 所示，试分析信号通过该信道传输时会产生哪些失真。

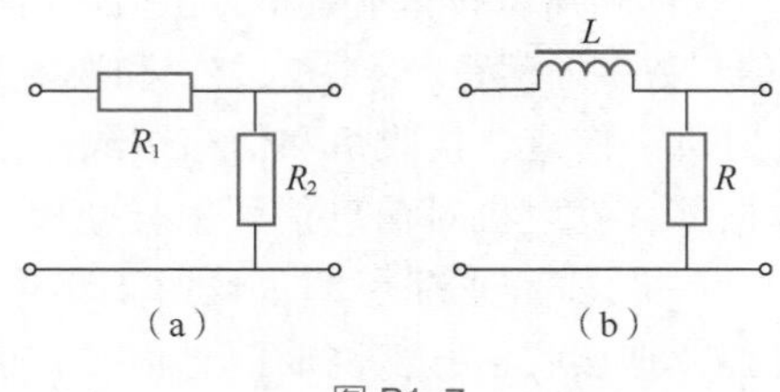

图 P1.7

1.8 试说明通信系统的主要资源，以及通信系统的资源与有效性和可靠性之间的联系。

1.9 在模拟通信系统和数字系统中，说明可靠性与有效性的具体表现。

1.10 什么是比特传输速率，什么是码元速率，它们之间的关系怎样？

1.11 写出香农公式，解释各变量的意义和单位，并简述提高信道容量的方法。

1.12 一个二进制 PCM 系统，若每个比特持续时间为 125μs，计算

(1) 比特率；

(2) 若比特传输速率保持不变，采用四进制进行传输，计算其波特率。

1.13 若某通信系统的波特率为 2400Baud，若采用二进制和四进制进行传输，分别计算其比特传输速率。

1.14 一个电话信道，带宽为 3.4kHz，若二进制信息的传输速率是 340kbit/s，试计算信息无差错传输所需要的最小 SNR？

1.15 双绞线的信道带宽是 3.4kHz，同轴电缆的带宽是 20MHz，若二者在高斯白噪声信道下的 SNR 都是 30dB，

(1) 分别计算二者的信道容量；

(2) 对比这两个数据，给出有效结论。

1.16 若一段音乐大小为 12.8MB，通过一个二进制 PCM 系统进行传输，

(1) 若 PCM 的基本信息速率为 64kbit/s，试计算传完这段音乐需要的时间；

(2) 若波特率不变，改成十六进制进行传输，试计算传完这段音乐需要的时间；

(3) 在(2)的情况下，由于信道噪声的原因，导致 2 秒出现 1 个误码，试计算误码率。

第 2 章

随机过程

知识要点

- 随机过程的数学定义、统计特性和数字特征
- 严平稳随机过程和宽平稳随机过程
- 宽平稳随机过程的自相关函数、功率谱密度与维纳-辛钦关系式
- 随机过程通过线性系统
- 加性高斯白噪声和窄带高斯噪声
- 瑞利分布与莱斯分布

2.1 引言

随机过程是对通信系统中信号和噪声进行建模的重要方式。实际通信系统中，承载信息的消息信号、干扰和噪声都是随机变化的，这导致接收信号也具有随机性，它的取值不能被准确地预测，也无法用一个确定的函数来描述。但是这些信号的变化并不是完全随机的，其统计参数通常具有一定的规律。利用随机过程来描述通信系统中的信号和噪声，有助于对通信系统中信号的变化进行定量研究，进而分析通信系统的性能。

本章首先介绍随机过程的统计特性和数字特征等基本概念，分别总结了随机过程具备平稳性和遍历性的条件。然后，分析平稳随机过程通过线性系统后输出结果的特性。最后，介绍高斯过程和窄带过程的基本概念，重点讨论加性高斯噪声、窄带高斯噪声的性质，以及正弦信号加窄带噪声后的特点。需要声明的是，本章只讨论实随机过程。

2.2 随机过程基础

随机过程有两个属性：首先，它是随时间 t 变化的；其次，它在理论上具有随机性，不能用确定的时间函数描述。如果对随机过程的变化过程进行一次观察，可得到一个确定的时间函数 $x(t)$（$x(t)$ 在观察之前完全不可预知）；若重复且独立地进行多次观察，则每次所得的结果是不相同的。将每一次的观察结果对应一个样本点，所有样本点的集合对应于所有可能的观察结果，称之为样本空间。由时间函数构成的样本空间或整体就是随机过程，如果样本空间的时间函数存在概率分布，就能够对这些函数的概率特性进行分析和讨论。

2.2.1 随机过程的数学定义

假设随机过程的样本空间为 S，S 上的每个样本点 s 都是具有一定概率规则的时间函数，因此随机过程是关于时间 t 和样本点 s 的二元函数，记为

$$X(t,s),t\in(-\infty,\infty),s\in S \tag{2.1}$$

对于一个固定的样本点 s_i，函数 $X(t,s_i)$ 对时间 t 的曲线称为一次实现，或者是随机过程的一个样本函数。为简化，将样本函数表示为

$$x_i(t)=X(t,s_i) \tag{2.2}$$

图 2.1 给出了随机过程的样本函数示例，其中样本函数为 $\{x_i(t):i=1,2,\cdots,n\}$。从图 2.1 中可以看出，对于任意一个固定的观察时刻 t_k，可以得到一个随机变量，记为

$$X(t_k)=\{x_1(t_k),x_2(t_k),\cdots,x_n(t_k)\}=\{X(t_k,s_1),X(t_k,s_2),\cdots,X(t_k,s_n)\} \tag{2.3}$$

因此，随机过程可以从两个不同的角度来描述。方便起见，将随机过程简记为 $X(t)$。

(1) 随机过程是具有一定概率规则的时间函数的集合，即

$$X(t)=\{x_i(t):i=1,2,\cdots\} \tag{2.4}$$

从这一角度定义随机过程更适合于工程应用。

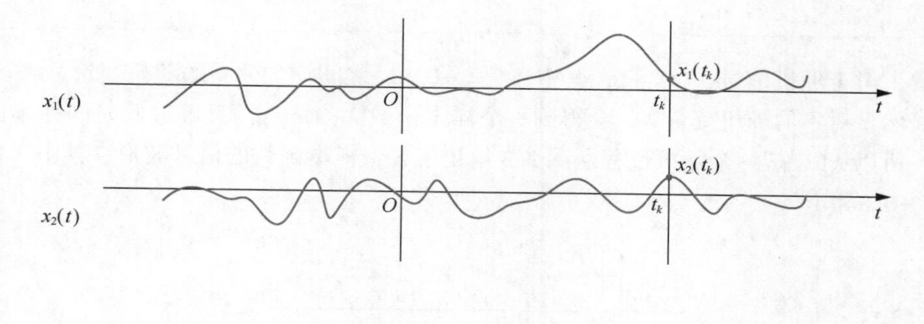

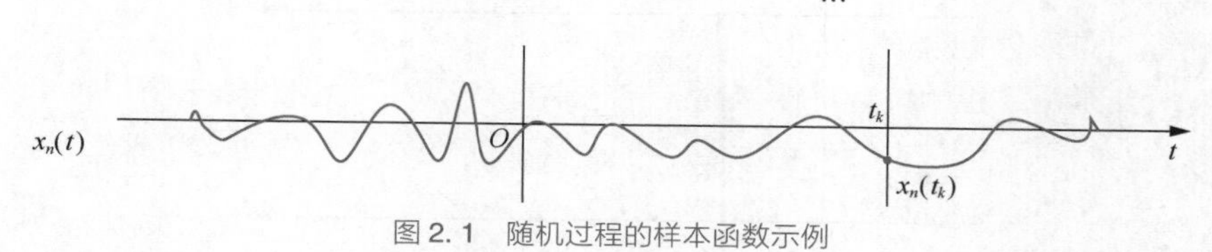

图 2.1　随机过程的样本函数示例

(2)随机过程是在时间过程中处于不同时刻 t 的随机变量的集合，即

$$X(t)=\{X(t_k):t_k\in(-\infty,+\infty)\} \tag{2.5}$$

因此，随机过程又可以看作与时间 t 有关的随机变量的集合，每一时刻 t 的状态是随机的，从这一角度定义随机过程更适合于理论分析。

例 2.1　考查正弦信号 $X(t)$ 的随机性

$$X(t)=A\cos(2\pi f_c t+\Phi)$$

其中，振幅 A 和频率 f_c 为固定值，随机相位 Φ 在 $[-\pi,\pi]$ 上均匀分布。

解　由于起始相位 Φ 是在 $[-\pi,\pi]$ 上均匀分布的随机变量，对任一 φ_i 得到的样本函数为

$$x_i(t)=A\cos(2\pi f_c t+\varphi_i)$$

所以 $X(t)$ 是一个随机过程。图 2.2 给出 3 个样本函数的波形，其中 φ_i 的取值分别为 0、$\frac{\pi}{4}$和$\frac{3\pi}{4}$。

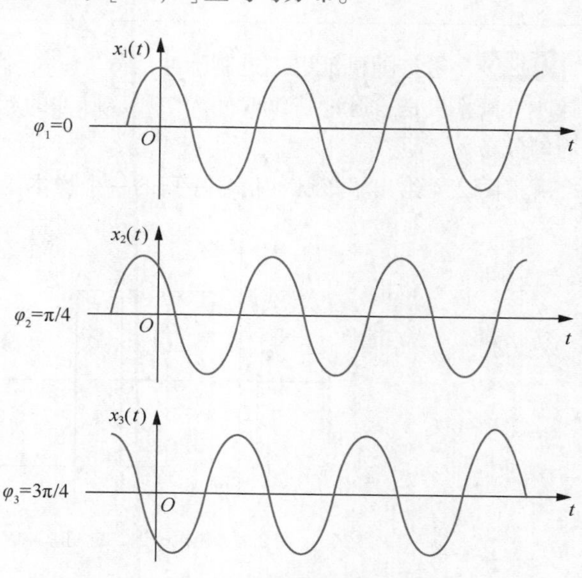

图 2.2　随机相位的正弦信号波形

本例定义的随机过程可以类比通信系统接收设备中随机生成的本地载波，用于对接收信号进行解调；随机变量 Φ 则表示本地载波和发射端用于调制信号的正弦载波之间的相位差。

注意：本例给出的是一种退化的随机过程，其样本函数由 $t=0$ 时刻的状态完全确定。这也说明随机过程的样本函数不一定就是完全随机的。

【本例终】

例 2.2　考查随机信号 $X(t)=X$，其中 X 是$[-1,+1]$之间均匀分布的随机变量。

解　显然，对不同随机变量 X，会得到一个样本函数 $X(t)=X$，只不过此时的样本函数是一个常函数，所以 $X(t)$ 是一个随机过程。图 2.3 给出了 3 个样本函数的信号波形，其中 X 的取值分别为 0.5、-0.8 和 1。

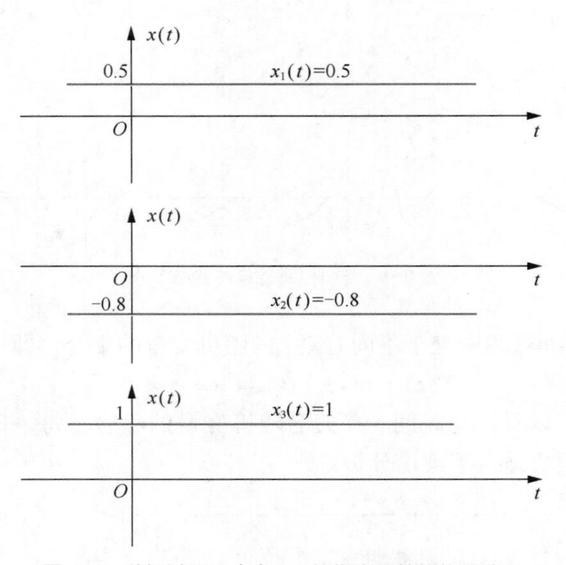

图 2.3　随机过程 $X(t)=X$ 的样本函数的信号波形

【本例终】

例 2.3　考查随机延迟二进制脉冲信号 $X(t)$，假设符号"1"和"0"分别用电压幅度为 $+A$ 和 $-A$ 的脉冲等概率发送，脉冲持续时间为 T 秒，脉冲的起始时间相对于 0 时刻的延迟 μ 在$[0,T]$上服从均匀分布。

解　图 2.4 给出了该脉冲信号序列的一个样本函数。

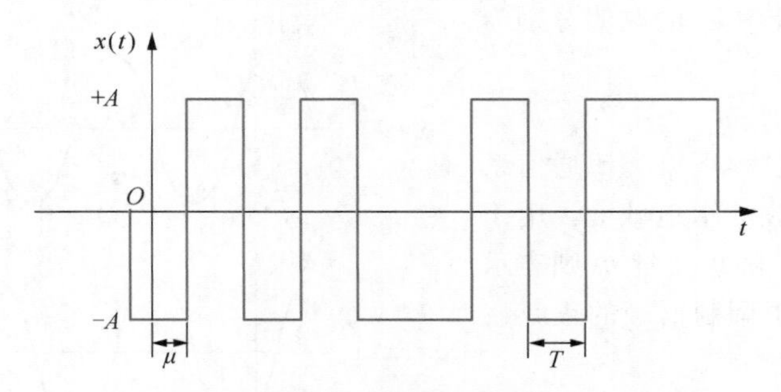

图 2.4　随机延迟二进制脉冲信号序列的一个样本函数

显然二进制脉冲信号与 μ 有关，μ 在$[0,T]$上服从均匀分布，所以上述随机延迟的二进制信号 $X(t)$ 是一个随机过程。

【本例终】

2.2.2　随机过程的统计特性

将随机过程看作时间进程中处于不同时刻 t 的随机变量的集合，有助于利用随机变量的相关知识来描述随机过程的统计特性，进而得到随机过程的概率分布函数和概率密度函数。

1. 一维分布

设 $X(t)$ 是一个随机过程，它在任意时刻 $t=t_1$ 对应一个随机变量 $X(t_1)$，则随机变量 $X(t_1)$ 小于或等于某一数值 x_1 的概率 $P\{X(t_1)\leqslant x_1\}$ 记为

$$F_{X(t_1)}(x_1)=P\{X(t_1)\leqslant x_1\} \tag{2.6}$$

并称其为随机过程 $X(t)$ 的一维概率分布函数。如果 $F_{X(t_1)}(x_1)$ 关于 x_1 的偏导存在，有

$$\frac{\partial F_{X(t_1)}(x_1)}{\partial x_1}=f_{X(t_1)}(x_1) \tag{2.7}$$

则称 $f_{X(t_1)}(x_1)$ 为随机过程的一维概率密度函数(Probability Density Function，PDF)。显然，一维概率分布函数和一维概率密度函数仅仅描述了随机过程在任一时刻的统计特性，它对随机过程的描述还不充分。

2. 二维分布

进而对任意给定的时刻 t_1 和 t_2，随机变量 $X(t_1)\leqslant x_1$ 和 $X(t_2)\leqslant x_2$ 同时成立的概率记为

$$F_{X(t_1),X(t_2)}(x_1,x_2)=P\{X(t_1)\leqslant x_1,X(t_2)\leqslant x_2\} \tag{2.8}$$

并称其为随机过程的二维概率分布函数，如果

$$\frac{\partial^2 F_{X(t_1),X(t_2)}(x_1,x_2)}{\partial x_1\partial x_2}=f_{X(t_1),X(t_2)}(x_1,x_2) \tag{2.9}$$

存在，则称 $f_{X(t_1),X(t_2)}(x_1,x_2)$ 为 $X(t)$ 的二维概率密度函数。它对随机过程的描述同样还不充分。

3. n 维分布

一般地，对于任意给定的时刻 $t_1,t_2,\cdots,t_n$，随机过程 $X(t)$ 的 n 维概率分布函数定义为

$$F_{X(t_1),X(t_2),\cdots,X(t_n)}(x_1,x_2,\cdots,x_n)=P\{X(t_1)\leqslant x_1,X(t_2)\leqslant x_2,\cdots,X(t_n)\leqslant x_n\} \tag{2.10}$$

如果

$$f_{X(t_1),X(t_2),\cdots,X(t_n)}(x_1,x_2,\cdots,x_n)=\frac{\partial^n F_{X(t_1),X(t_2),\cdots,X(t_n)}(x_1,x_2,\cdots,x_n)}{\partial x_1\partial x_2\cdots\partial x_n} \tag{2.11}$$

存在，则称其为 $X(t)$ 的 n 维概率密度函数。显然，n 越大，对随机过程的统计特性描述就越充分。

如果对于任意时刻 $t_1,t_2,\cdots,t_n$ 和任意 n，都给定了随机过程 $X(t)$ 的概率分布函数或者概率密度函数，则认为对 $X(t)$ 的描述是充分的。

2.2.3　随机过程的数字特征

随机过程的任意有限维概率分布函数或概率密度函数可以完全描述其统计特性。但实际上要确定随机过程的这些统计特性十分困难，而且往往也并不需要确定随机过程的任意 n 维概率分布函数或者概率密度函数。随机过程一般采用其数字特征来部分描述，虽然这种描述是不充分的，但通常能够满足通信系统的时频域分析需求。随机过程最常用的数字特征包括均值(数学期望)、方差、自相关函数和自协方差函数等。

1. 均值

随机过程 $X(t)$ 的均值 $\mu_X(t)$ 定义为在时间 t 对应的随机变量的数学期望

$$\mu_X(t) = E[X(t)] = \int_{-\infty}^{\infty} x f_{X(t)}(x)\,\mathrm{d}x \tag{2.12}$$

其中，$f_{X(t)}$ 表示随机过程 $X(t)$ 的一维概率密度函数。显然，随机过程 $X(t)$ 的均值是时间的函数。如图 2.5 所示，$\mu_X(t)$ 在任意时刻 $t=t_k$ 的值 $\mu_X(t_k)$ 是随机过程 $X(t)$ 在该时刻的随机变量 $X(t_k)$ 的均值，它表示了随机过程 $X(t)$ 在各个时刻 t 的摆动中心。

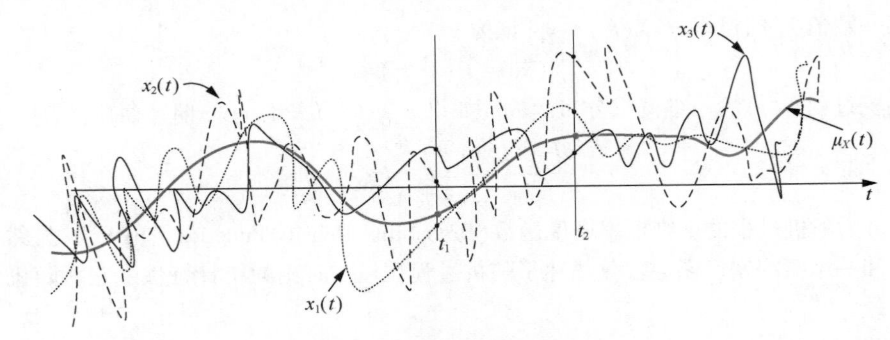

图 2.5　随机过程的均值

2. 方差

随机过程 $X(t)$ 的方差 $\sigma_X^2(t)$ 定义为在时间 t 对应的随机变量的方差

$$\sigma_X^2(t) = E\{[X(t) - \mu_X(t)]^2\} = \int_{-\infty}^{\infty} [x - \mu_X(t)]^2 f_{X(t)}(x)\,\mathrm{d}x \tag{2.13}$$

由于

$$\begin{aligned}\sigma_X^2(t) &= E\{[X(t)-\mu_X(t)]^2\}\\ &= E[X^2(t)]-2\mu_X(t)E[X(t)]+\mu_X^2(t)\\ &= E[X^2(t)]-\mu_X^2(t)\end{aligned} \tag{2.14}$$

因此，式(2.14)表明，方差等于均方值(平均功率)与均值平方之差，它表示随机过程 $X(t)$ 在时刻 t 相对于均值 $\mu_X(t)$ 的偏离程度。$\sigma_X(t)$ 称为均方差。

均值和方差只描述了随机过程在孤立时刻的数字特性。为了描述随机过程在任意两个时刻所得到的随机变量之间的关联程度，需要利用随机过程的二维分布来描述其自相关函数和自协方差函数。

3. 自相关函数

随机过程 $X(t)$ 的自相关函数 $R_X(t_1,t_2)$ 定义为 t_1 和 t_2 时刻对应的两个随机变量 $X(t_1)$ 和 $X(t_2)$ 的乘积的数学期望

$$R_X(t_1,t_2) = E[X(t_1)X(t_2)] = \int_{-\infty}^{\infty}\int_{-\infty}^{\infty} x_1 x_2 f_{X(t_1),X(t_2)}(x_1,x_2)\,\mathrm{d}x_1\mathrm{d}x_2 \tag{2.15}$$

由式(2.15)可见，当 $t_2=t_1=t$ 时，随机过程 $X(t)$ 的均方值 $E[X^2(t)]=R_X(t,\ t)$。

例 2.4 计算例 2.1 中随机过程 $X(t)$ 的均值、方差和自相关函数。

解　例 2.1 中幅度 A 和频率 f_c 是常量，Φ 为 $[-\pi,\pi]$ 上均匀分布的随机变量，其概率密度函数为

$$f_{\Phi}(\varphi)=\begin{cases}\dfrac{1}{2\pi}, & [-\pi,\pi] \\ 0, & 其他\end{cases}$$

故随机过程 $X(t)$ 的均值等于

$$\mu_X(t)=E[X(t)]=\int_{-\infty}^{\infty} x f_{X(t)}(x)\mathrm{d}x$$
$$=\frac{1}{2\pi}\int_{-\pi}^{\pi} A\cos(2\pi f_c t+\varphi)\mathrm{d}\varphi=0$$

方差等于

$$\sigma_X^2(t)=\int_{-\infty}^{\infty} x^2 f_{X(t)}(x)\mathrm{d}x=\int_{-\pi}^{\pi} A^2\cos^2(2\pi f_c t+\varphi)\frac{\mathrm{d}\varphi}{2\pi}$$
$$=\frac{A^2}{4\pi}\int_{-\pi}^{\pi}[1+\cos(4\pi f_c t+2\varphi)]\mathrm{d}\varphi=\frac{A^2}{2}$$

自相关函数为

$$R_X(t_1,t_2)=E[X(t_1)X(t_2)]=\frac{1}{2\pi}\int_{-\pi}^{\pi} A^2\cos(2\pi f_c t_1+\varphi)\cos(2\pi f_c t_2+\varphi)\mathrm{d}\varphi$$
$$=\frac{A^2}{2\pi}\cdot\frac{1}{2}\int_{-\pi}^{\pi}[\cos(2\pi f_c t_1+2\pi f_c t_2+2\varphi)+\cos 2\pi f_c(t_2-t_1)]\mathrm{d}\varphi$$
$$=\frac{A^2}{2}\cos[2\pi f_c(t_2-t_1)]$$

【本例终】

例 2.5 计算例 2.2 中随机过程 $X(t)$ 的自相关函数。

解 $R_X(t_1,t_2)=E[X^2]=\int_{-1}^{1}\frac{x^2}{2}\mathrm{d}x=\frac{1}{3}$

【本例终】

例 2.6 计算例 2.3 中随机过程 $X(t)$ 的均值、方差和自相关函数。

解 由例 2.3 可知，"0"和"1"等概率发送，故均值

$$\mu_X(t)=E[X(t)]=\frac{1}{2}(-A)+\frac{1}{2}A=0$$

由式(2.14)，方差等于

$$\sigma_X^2(t)=E[X^2(t)]-\mu_X^2(t)=E[X^2(t)]$$
$$=\frac{1}{2}(-A)^2+\frac{1}{2}A^2=A^2$$

为了得出随机过程的自相关函数 $R_X(t_1,t_2)$，必须求出 $E[X(t_1)X(t_2)]$，其中 $X(t_1)$ 和 $X(t_2)$ 分别为随机过程 $X(t)$ 在 t_1 和 t_2 时刻得到的随机变量。

(1) 若 $|t_1-t_2|>T$，则时刻 t_1 和 t_2 必定处于不同的脉冲周期，此时 $X(t_1)$ 和 $X(t_2)$ 统计独立，则 $R_X(t_1,t_2)=E[X(t_1)X(t_2)]=E[X(t_1)]E[X(t_2)]=0$

(2) 若 $|t_1-t_2|\leqslant T$，则时刻 t_1 和 t_2 可能处于同一个脉冲周期内，也可能处于不同的脉冲周期。若 t_1 和 t_2 处于同一个脉冲周期，则 $E[X(t_1)X(t_2)]=A^2$；若 t_1 和 t_2 处于不同的脉冲周期，

$E[X(t_1)X(t_2)]=0$。

设 u 为 t_1 时刻所在脉冲的起始时刻，则 u 可视为 $[t_1-T,t_1]$ 上服从均匀分布的随机变量（这种假设是合理的）。

如果 $t_1<t_2$，则时刻 t_1 和 t_2 处于同一个脉冲周期的概率为

$$P\{t_2 < u + T\} = P\{u > t_2 - T\} = 1 - \frac{1}{T}\int_{t_1-T}^{t_2-T} \mathrm{d}u = 1 - \frac{t_2 - t_1}{T}$$

如果 $t_1>t_2$，则时刻 t_1 和 t_2 处于同一个脉冲周期的概率为

$$P\{t_2 > u\} = \frac{1}{T}\int_{t_1-T}^{t_2} \mathrm{d}u = 1 - \frac{t_1 - t_2}{T}$$

因此当 $|t_1-t_2|\leqslant T$ 时，时刻 t_1 和 t_2 处于同一个脉冲周期的概率为 $1-\frac{|t_1-t_2|}{T}$，处于不同的脉冲周期的概率为 $\frac{|t_1-t_2|}{T}$。故若 $|t_1-t_2|\leqslant T$，有

$$R_X(t_1,t_2)=A^2\left(1-\frac{|t_2-t_1|}{T}\right)+0\,\frac{|t_2-t_1|}{T}=A^2\left(1-\frac{|t_2-t_1|}{T}\right)$$

综上，随机过程 $X(t)$ 的自相关函数为

$$R_X(t_1,t_2)=\begin{cases}A^2\left(1-\frac{|t_1-t_2|}{T}\right), & |t_2-t_1|\leqslant T\\ 0, & |t_2-t_1|>T\end{cases}$$

【本例终】

4. 自协方差函数

定义随机过程 $X(t)$ 的自协方差函数 $C_X(t_1,t_2)$ 如下

$$\begin{aligned}C_X(t_1,t_2) &= E\{[X(t_1) - \mu_X(t_1)][X(t_2) - \mu_X(t_2)]\}\\ &= \int_{-\infty}^{\infty}\int_{-\infty}^{\infty} [x_1 - \mu_X(t_1)][x_2 - \mu_X(t_2)]f_{X(t_1),X(t_2)}(x_1,x_2)\,\mathrm{d}x_1\mathrm{d}x_2\end{aligned} \tag{2.16}$$

由式(2.16)可见，当 $t_2=t_1=t$ 时，随机过程 $X(t)$ 的方差 $\sigma_X^2(t)=C_X(t,t)$。

可以看出，自相关函数和自协方差函数之间有如下的确定关系

$$\begin{aligned}C_X(t_1,t_2) &= E\{[X(t_1) - \mu_X(t_1)][X(t_2) - \mu_X(t_2)]\}\\ &= E[X(t_1)X(t_2)] - E[X(t_1)]\mu_X(t_2) - \mu_X(t_1)E[X(t_2)] + \mu_X(t_1)\mu_X(t_2)\\ &= R_X(t_1,t_2) - \mu_X(t_1)\mu_X(t_2)\end{aligned} \tag{2.17}$$

若随机过程 $X(t)$ 的均值为0，其自相关函数和自协方差函数完全相同，有时称自协方差函数为中心化的自相关函数。

自相关函数 $R_X(t_1,t_2)$ 和自协方差函数 $C_X(t_1,t_2)$ 反映了随机过程 $X(t)$ 在两个不同时刻 t_1 和 t_2 的线性相关程度。如果把自相关函数和自协方差函数的概念引申到两个随机过程，可以得到互相关函数和互协方差函数。

两个随机过程 $X(t)$ 和 $Y(t)$ 的互相关函数和互协方差函数定义如下

$$R_{XY}(t_1,t_2)=E[X(t_1)Y(t_2)] \tag{2.18}$$

$$\begin{aligned}C_{XY}(t_1,t_2) &= E[(X(t_1)-\mu_X(t_1))(Y(t_2)-\mu_Y(t_2))]\\ &= R_{XY}(t_1,t_2)-\mu_X(t_1)\mu_Y(t_2)\end{aligned} \tag{2.19}$$

为了完整地刻画两个随机过程 $X(t)$ 和 $Y(t)$ 的相关性，可以用矩阵形式表示如下

$$\boldsymbol{R}(t_1,t_2)=\begin{bmatrix} R_X(t_1,t_2) & R_{XY}(t_1,t_2) \\ R_{YX}(t_1,t_2) & R_Y(t_1,t_2) \end{bmatrix} \tag{2.20}$$

这个矩阵称为随机过程 $X(t)$ 和 $Y(t)$ 的相关矩阵。

设随机过程 $X(t)$ 和 $Y(t)$ 分别在 t_1 和 t_2 时刻得到两个随机变量 $X(t_1)$ 和 $Y(t_2)$，对任意 t_1 和 t_2，若 $R_{XY}(t_1,t_2)=0$，则称随机过程 $X(t)$ 和 $Y(t)$ 正交；若 $C_{XY}(t_1,t_2)=0$，则称随机过程 $X(t)$ 和 $Y(t)$ 不相关；若 $X(t_1)$ 和 $Y(t_2)$ 的联合分布函数等于它们各自分布函数的乘积，则称随机过程 $X(t)$ 和 $Y(t)$ 独立。若两个随机过程独立，则它们一定不相关；但两个随机过程不相关，它们不一定独立。对于高斯随机过程，两个随机过程不相关和独立是等价的。对于均值均为0的两个随机过程，其正交与不相关等价。

2.3 平稳过程

在通信系统中，往往会发现有些随机过程的统计特性与时间起点无关。如果将这个过程分成许多时间段，不同的时间段都表现出本质上相同的统计特性，称这样的过程为平稳的，反之，则为不平稳的。平稳随机过程分狭义平稳(又称严平稳)和广义平稳(又称宽平稳)过程两种。

2.3.1 严平稳随机过程

考查一个从 $t=-\infty$ 开始的随机过程 $X(t)$，它在 $t_1,t_2,\cdots,t_n$ 时刻对应一组随机变量 $X(t_1)$，$X(t_2),\cdots,X(t_n)$，这组随机变量的联合分布函数为 $F_{X(t_1),X(t_2),\cdots,X(t_n)}(x_1,x_2,\cdots,x_n)$。如果把所有的观察时间都向后推移一个固定值 τ，由此获得另一组随机变量 $X(t_1+\tau),X(t_2+\tau),\cdots,X(t_n+\tau)$，其联合分布函数为 $F_{X(t_1+\tau),X(t_2+\tau),\cdots,X(t_n+\tau)}(x_1,x_2,\cdots,x_n)$。如果对于所有的时间偏移量 τ、n 和所有可能的观测时刻 $t_1,t_2,\cdots,t_n$，下式成立

$$F_{X(t_1+\tau),X(t_2+\tau),\cdots,X(t_n+\tau)}(x_1,x_2,\cdots,x_n)=F_{X(t_1),X(t_2),\cdots,X(t_n)}(x_1,x_2,\cdots,x_n) \tag{2.21}$$

则称随机过程 $X(t)$ 是严平稳(Strict-Sense Stationary，SSS)的。换句话说，如果随机过程 $X(t)$ 的任意有限维分布函数沿时间轴平移后是时不变的，则称随机过程 $X(t)$ 是严平稳的。注意，式(2.21)中，有限维分布函数只与随机变量之间的相对时间差有关，而与它们的绝对时间无关。也就是说，严平稳的随机过程在整个时间段上有相同的概率特性。

如果两个随机过程 $X(t)$、$Y(t)$ 的两组随机变量 $X(t_1),X(t_2),\cdots,X(t_k)$ 和 $Y(t_1'),Y(t_2'),\cdots,Y(t_j')$ 的联合有限维分布函数对所有的 k 和 j 以及观测时刻 $t_1,t_2,\cdots,t_k$ 和 $t_1',t_2',\cdots,t_j'$ 都存在，且不随起始时刻 $t=0$ 的变化而变化，则称这两个随机过程 $X(t)$ 和 $Y(t)$ 是联合严平稳的。不难看出，如果两个随机过程是联合严平稳的，那么，它们各自都一定是严平稳的。

式(2.21)反映在随机过程 $X(t)$ 的一阶、二阶概率分布函数上，则具有如下性质

(1)令 $n=1$，则对所有的 t 和 τ 有

$$F_{X(t)}(x)=F_{X(t+\tau)}(x)=F_X(x) \tag{2.22}$$

故严平稳过程的一维概率分布函数 $F_{X(t)}(x)$ 与时间 t 无关。

(2)令 $n=2,\tau=-t_1$，则对所有的 t_1 和 t_2 有

$$F_{X(t_1),X(t_2)}(x_1,x_2)=F_{X(0),X(t_2-t_1)}(x_1,x_2) \tag{2.23}$$

故严平稳过程的二维概率分布函数 $F_{X(t_1),X(t_2)}(x_1,x_2)$ 只与观察时间 t_1 和 t_2 的间隔有关，而与时间起点无关。

2.3.2 宽平稳随机过程

1. 宽平稳随机过程定义

设 $X(t)$ 是严平稳随机过程，由式(2.22)可知，其一维概率分布函数 $F_{X(t)}(x)$ 与时间 t 无关，其一维概率密度函数 $f_{X(t)}(x)$ 也与时间 t 无关，记为 $f_X(x)$，因此严平稳随机过程 $X(t)$ 的均值为一个常量，即

$$\mu_X(t)=E[X(t)]=\int_{-\infty}^{\infty}xf_{X(t)}(x)\mathrm{d}x=\int_{-\infty}^{\infty}xf_X(x)\mathrm{d}x=\mu_X \tag{2.24}$$

由式(2.23)可知，$X(t)$ 的二维概率密度函数 $f_{X(t_1),X(t_2)}(x_1,x_2)$ 只与观察时间 t_1 和 t_2 的差有关，与时间起点无关，记为 $f_{X(t_1),X(t_2)}(x_1,x_2)=f_{X(t),X(t+\tau)}(x_1,x_2)$，其中 t 为任意时刻，$\tau=t_2-t_1$。因此严平稳随机过程 $X(t)$ 的自相关函数为

$$\begin{aligned}R_X(t_1,t_2)&=E[X(t_1)X(t_2)]\\&=\int_{-\infty}^{\infty}\int_{-\infty}^{\infty}x_1x_2f_{X(t_1),X(t_2)}(x_1,x_2)\mathrm{d}x_1\mathrm{d}x_2\\&=\int_{-\infty}^{\infty}\int_{-\infty}^{\infty}x_1x_2f_{X(t),X(t+\tau)}(x_1,x_2)\mathrm{d}x_1\mathrm{d}x_2\\&=E[X(t)X(t+\tau)]\end{aligned} \tag{2.25}$$

可见，严平稳随机过程的自相关函数不依赖于时间起点，只与时间间隔 τ 有关，故有

$$R_X(t_1,t_2)=R_X(t_2-t_1)=R_X(\tau) \tag{2.26}$$

同样，$X(t)$ 的自协方差函数可写为

$$\begin{aligned}C_X(t_1,t_2)&=E[(X(t_1)-\mu_X)(X(t_2)-\mu_X)]\\&=R_X(t_2-t_1)-\mu_X^2\\&=R_X(\tau)-\mu_X^2\end{aligned} \tag{2.27}$$

式(2.27)表明，严平稳随机过程的自协方差函数也只与时间间隔 τ 有关，而且，如果确定了严平稳过程的均值与自相关函数，就能唯一确定其自协方差函数，因此均值和自相关函数已经能够描述严平稳随机过程的一阶和二阶矩。

要确定一个随机过程的任意有限维分布函数，并进而判断随机过程的严平稳性是十分困难的。虽然随机过程的一阶和二阶矩不像多维概率分布函数那样全面地描述随机过程的统计特性，但它在一定程度上能够相当有效地描述随机过程的某些重要特性。下面给出在应用上和理论上更为重要的另一种平稳过程。

如果随机过程 $X(t)$ 满足如下两个条件，则称其为宽平稳(Wide-Sense Stationary，WSS)随机过程。

(1)均值 $\mu_X(t)=E[X(t)]$ 与时间 t 无关，是一个常量。

(2)自相关函数 $R_X(t_1,t_2)$ 仅与时间间隔 $\tau=t_2-t_1$ 有关，与时间起点 t_1 无关。

宽平稳随机过程又称广义平稳、二维平稳或弱平稳。自然界的很多随机信号都可以认为是宽平稳的。如果没有特别说明，本书中的平稳随机过程均指宽平稳随机过程，简称平稳过程。一个平稳过程未必是严平稳的，反过来，一个严平稳过程也不一定需要满足式(2.24)和式(2.26)，因为它的一阶矩和二阶矩可能并不存在。

如果两个平稳随机过程 $X(t)$ 和 $Y(t)$，其互相关函数 $R_{XY}(t_1,t_2)$ 仅与时间间隔 $\tau=t_2-t_1$ 有关，而与时间起点 t_1 无关，则称这两个随机过程是联合宽平稳的，简称联合平稳。联合平稳随机过程 $X(t)$ 和 $Y(t)$ 的互相关函数可简化为

$$R_{XY}(\tau)=E[X(t)Y(t+\tau)] \tag{2.28}$$

根据互相关函数定义，联合宽平稳过程满足

$$R_{XY}(\tau)=R_{YX}(-\tau) \tag{2.29}$$

例 2.7 判断例 2.1 中随机过程 $X(t)$ 是否平稳。

解 由前面可知，例 2.1 中随机相位的正弦函数 $X(t)=A\cos(2\pi f_c t+\Phi)$，其均值 $\mu_X(t)=E[X(t)]=0$，自相关函数 $R_X(t_1,t_2)=\dfrac{A^2}{2}\cos[2\pi f_c(t_2-t_1)]$ 只与时间间隔有关，所以 $X(t)$ 是平稳的。

【本例终】

例 2.8 判断例 2.3 中随机过程 $X(t)$ 是否平稳。

解 例 2.3 中的随机过程 $X(t)$ 均值为 0，自相关函数

$$R_X(t_1,t_2)=\begin{cases}A^2\left(1-\dfrac{|t_2-t_1|}{T}\right), & |t_2-t_1|\leqslant T\\ 0, & |t_2-t_1|>T\end{cases}$$

仅与时间间隔 t_2-t_1 有关，所以随机延迟的二进制脉冲信号是平稳的随机过程。

令 $\tau=t_2-t_1$，则有

$$R_X(\tau)=\begin{cases}A^2\left(1-\dfrac{|\tau|}{T}\right), & |\tau|\leqslant T\\ 0, & |\tau|>T\end{cases}$$

如图 2.6 所示。

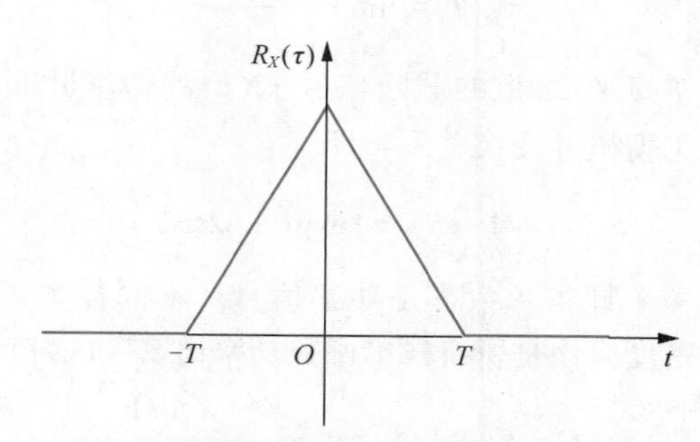

图 2.6 随机延迟二进制脉冲序列信号的自相关函数

【本例终】

---

2. 自相关函数性质

自相关函数是平稳过程特别重要的一个数字特征。一方面，平稳过程的其他数字特征可通过自相关函数来表述，另一方面，自相关函数还可以揭示随机过程的频域特性等。为简化，定义平稳过程的自相关函数为

$$R_X(\tau)=E[X(t)X(t+\tau)] \tag{2.30}$$

自相关函数 $R_X(\tau)$ 具有如下性质。

性质 1：$R_X(0)$等于随机过程的平均功率。

$$R_X(0)=E[X^2(t)] \tag{2.31}$$

证明：令式(2.30)中$\tau=0$，可得

$$R_X(0)=E[X^2(t)]\geqslant 0$$

性质 2：自相关函数是τ的偶函数。

$$R_X(\tau)=R_X(-\tau) \tag{2.32}$$

证明：由式(2.30)，得

$$R_X(-\tau)=E[X(t)X(t-\tau)]=E[X(t-\tau)X(t)]=R_X(\tau)$$

性质 3：自相关函数在$\tau=0$处取得最大值。

$$|R_X(\tau)|\leqslant R_X(0) \tag{2.33}$$

证明：由于$E[(X(t)\pm X(t+\tau))^2]\geqslant 0$，将此式展开为

$$E[X^2(t)]\pm 2E[X(t)X(t+\tau)]+E[X^2(t+\tau)]\geqslant 0$$

根据$X(t)$的平稳性和性质 1，$E[X^2(t)]=E[X^2(t+\tau)]=R_X(0)$，上式可简化为

$$2R_X(0)\pm 2R_X(\tau)\geqslant 0$$

故有

$$-R_X(0)\leqslant R_X(\tau)\leqslant R_X(0)$$

从而直接得到式(2.33)。

3. 功率谱密度和维纳-辛钦关系式

随机过程可看作所有样本函数的集合，每个样本函数都是一个确定信号，且具有特定的频谱特征，要从统计意义上将所有样本函数的频谱特征反映出来，就必须对所有样本函数的频谱特征取统计平均。

对于任意确定的功率信号$x(t)$，它的功率谱密度(Power Spectral Density，PSD)可表示成

$$S_x(f)=\lim_{T\to\infty}\frac{|X_T(f)|^2}{T} \tag{2.34}$$

其中$X_T(f)$是$x(t)$在$[-T/2,T/2]$上的截断信号$x_T(t)$的傅里叶变换，且$x(t)$的自相关函数$R_x(\tau)$和功率谱密度$S_x(f)$互为傅里叶变换关系，即

$$S_x(f)=\int_{-\infty}^{\infty}R_x(\tau)\exp(-\mathrm{j}2\pi f\tau)\,\mathrm{d}\tau \tag{2.35}$$

功率型的随机过程中每一个样本函数都是功率信号。不同样本函数的功率谱密度也是随机的，因此随机过程的功率谱密度应该是所有样本函数功率谱密度的统计平均，即

$$S_X(f)=E[S_x(f)]=\lim_{T\to\infty}\frac{E\{|X_T(f)|^2\}}{T} \tag{2.36}$$

由于$X_T(f)$是$x_T(t)$的傅里叶变换，有

$$\begin{aligned}\frac{E\{|X_T(f)|^2\}}{T}&=E\left[\frac{1}{T}\int_{-\frac{T}{2}}^{\frac{T}{2}}x_T(t)\exp(-\mathrm{j}2\pi ft)\,\mathrm{d}t\int_{-\frac{T}{2}}^{\frac{T}{2}}x_T(t')\exp(\mathrm{j}2\pi ft')\,\mathrm{d}t'\right]\\&=\frac{1}{T}\int_{-\frac{T}{2}}^{\frac{T}{2}}\int_{-\frac{T}{2}}^{\frac{T}{2}}E[x(t)x(t')]\exp[-\mathrm{j}2\pi f(t-t')]\,\mathrm{d}t\mathrm{d}t'\\&=\frac{1}{T}\int_{-\frac{T}{2}}^{\frac{T}{2}}\int_{-\frac{T}{2}}^{\frac{T}{2}}R_X(t-t')\exp[-\mathrm{j}2\pi f(t-t')]\,\mathrm{d}t\mathrm{d}t'\end{aligned}$$

利用二重积分换元法，则上式可化简为

$$\frac{E\{|X_T(f)|^2\}}{T}=\int_{-T}^{T}\left(1-\frac{|\tau|}{T}\right)R_X(\tau)\exp(-\mathrm{j}2\pi f\tau)\mathrm{d}\tau$$

其中 $\tau=t-t'$。于是随机过程 $X(t)$ 的功率谱密度

$$S_X(f)=\lim_{T\to\infty}\int_{-T}^{T}\left(1-\frac{|\tau|}{T}\right)R_X(\tau)\exp(-\mathrm{j}2\pi f\tau)\mathrm{d}\tau=\int_{-\infty}^{\infty}R_X(\tau)\exp(-\mathrm{j}2\pi f\tau)\mathrm{d}\tau$$

可见，平稳过程 $X(t)$ 的功率谱密度 $S_X(f)$ 和自相关函数 $R_X(\tau)$ 组成了一个以 τ 和 f 为自变量的傅里叶变换对，即

$$S_X(f)=\int_{-\infty}^{\infty}R_X(\tau)\exp(-\mathrm{j}2\pi f\tau)\mathrm{d}\tau \tag{2.37}$$

$$R_X(\tau)=\int_{-\infty}^{\infty}S_X(f)\exp(\mathrm{j}2\pi f\tau)\mathrm{d}f \tag{2.38}$$

式(2.37)和式(2.38)是随机过程的频谱分析理论的基本关系式，通常称为维纳–辛钦关系式。

平稳过程的功率谱密度具有如下性质。

性质 1：平稳过程功率谱密度的零频率值等于自相关函数曲线下的全部面积，即

$$S_X(0)=\int_{-\infty}^{\infty}R_X(\tau)\mathrm{d}\tau \tag{2.39}$$

证明：式(2.37)中，令 $f=0$，即可得到性质 1。

性质 2：平稳过程的平均功率等于功率谱密度曲线下的全部面积，即

$$E[X^2(t)]=\int_{-\infty}^{\infty}S_X(f)\mathrm{d}f \tag{2.40}$$

式(2.40)为平稳过程平均功率的频谱展开式，它说明功率谱密度 $S_X(f)$ 反映了随机过程各种频率成分所具有的功率大小。

证明：式(2.38)中，令 $\tau=0$，$R_X(0)=E[X^2(t)]$，可直接导出。

性质 3：平稳过程的功率谱密度非负，即

$$S_X(f)\geqslant 0 \tag{2.41}$$

证明：由功率谱密度的定义，即式(2.37)，易知 $S_X(f)\geqslant 0$。

性质 4：随机过程的功率谱密度是频率的偶函数，即

$$S_X(-f)=S_X(f) \tag{2.42}$$

证明：式(2.37)中，令 $f=-f$，得

$$S_X(-f)=\int_{-\infty}^{\infty}R_X(\tau)\exp(\mathrm{j}2\pi f\tau)\mathrm{d}\tau$$

然后，用 $-\tau$ 代替 τ，结合 $R_X(-\tau)=R_X(\tau)$，有

$$S_X(-f)=\int_{-\infty}^{\infty}R_X(\tau)\exp(-\mathrm{j}2\pi f\tau)\mathrm{d}\tau=S_X(f)$$

随机过程的功率谱密度只给出了单个随机过程的频率分布情况，而互功率谱密度可以给出两个随机过程在频谱上相互关系的度量。设 $X(t)$ 和 $Y(t)$ 为两个联合平稳的随机过程，它们的互相关函数为 $R_{XY}(\tau)$，则 $X(t)$ 和 $Y(t)$ 的互功率谱密度 $S_{XY}(f)$ 定义为互相关函数 $R_{XY}(\tau)$ 的傅里叶变换，即

$$S_{XY}(f)=\int_{-\infty}^{\infty}R_{XY}(\tau)\exp(-\mathrm{j}2\pi f\tau)\mathrm{d}\tau \tag{2.43}$$

注意，互功率谱密度并不一定是频谱 f 的实函数。互相关函数和互功率谱密度构成一个傅里叶变换对，利用傅里叶反变换，得

$$R_{XY}(\tau)=\int_{-\infty}^{\infty}S_{XY}(f)\exp(\mathrm{j}2\pi f\tau)\mathrm{d}f \tag{2.44}$$

根据互相关函数的性质和互功率谱密度的定义，有

$$S_{XY}(f)=S_{YX}(-f)=S_{YX}^{*}(f) \tag{2.45}$$

其中，$S_{YX}^{*}(f)$ 为 $S_{YX}(f)$ 的复共轭。

例 2.9　计算例 2.1 的随机过程 $X(t)=A\cos(2\pi f_c t+\Phi)$ 的功率谱密度。

解　由例 2.4 可知 $X(t)$ 的自相关函数

$$R_X(\tau)=\frac{A^2}{2}\cos(2\pi f_c\tau)$$

对自相关函数 $R_X(\tau)$ 的两边同时做傅里叶变换，得到正弦过程 $X(t)$ 的功率谱密度

$$S_X(f)=\frac{A^2}{4}[\delta(f+f_c)+\delta(f-f_c)]$$

如图 2.7 所示，功率谱密度 $S_X(f)$ 包含 $\pm f_c$ 处的一对冲激函数，功率谱密度曲线下面积为 $\frac{A^2}{2}$。

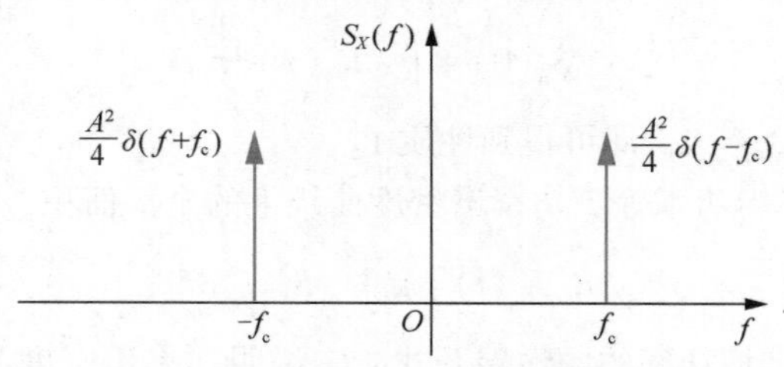

图 2.7　随机初相位正弦过程的功率谱密度

【本例终】

例 2.10　计算例 2.3 中的随机延迟二进制脉冲信号序列的功率谱密度。

解　由例 2.5 可知此过程的自相关函数

$$R_X(\tau)=\begin{cases}A^2\cdot\left(1-\frac{|\tau|}{T}\right), & |\tau|\leqslant T\\ 0, & |\tau|>T\end{cases}$$

对自相关函数 $R_X(\tau)$ 的两边同时做傅里叶变换，得到随机过程的功率谱密度为

$$S_X(f)=A^2T\text{sinc}^2(fT)$$

图 2.8 中显示了随机过程的功率谱密度非负，并且是 f 的偶函数。

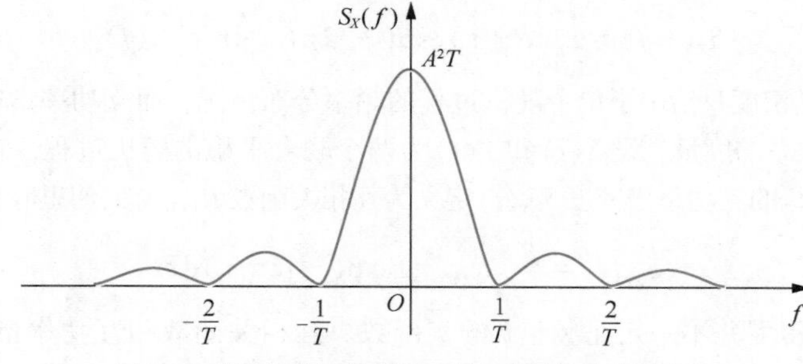

图 2.8　随机延迟二进制脉冲信号序列的功率谱密度

【本例终】

例 2.11　设平稳随机过程 $X(t)$ 有一对正交调制过程 $X_1(t)$ 和 $X_2(t)$，考查这对正交调制过程的平稳性。

$$X_1(t)=X(t)\cos(2\pi f_c t+\Theta)$$
$$X_2(t)=X(t)\sin(2\pi f_c t+\Theta)$$

其中 f_c 是载波频率，随机变量 Θ 独立于 $X(t)$，且在区间$[0,2\pi]$上均匀分布。

解　(1)由例 2.7 可知，$\cos(2\pi f_c t+\Theta)$是一个平稳的随机过程，又因为 Θ 是独立于 $X(t)$的，故有

$$\begin{aligned}E[X_1(t)]&=E[X(t)\cos(2\pi f_c t+\Theta)]\\&=E[X(t)]E[\cos(2\pi f_c t+\Theta)]\\&=0\end{aligned}$$

$$\begin{aligned}R_{X_1}(\tau)&=E[X_1(t)X_1(t+\tau)]\\&=E[X_1(t)\cos(2\pi f_c t+\Theta)X_1(t+\tau)\cos(2\pi f_c(t+\tau)+\Theta)]\\&=E[X_1(t)X_1(t+\tau)]E[\cos(2\pi f_c t+\Theta)\cos(2\pi f_c(t+\tau)+\Theta)]\\&=\frac{1}{2}R_X(\tau)\cos(2\pi f_c\tau)\end{aligned}$$

由此可见，$X_1(t)$是平稳的随机过程，同理 $X_2(t)$也是平稳的随机过程。

(2)$X_1(t)$和 $X_2(t)$的一个互相关函数由下式得到

$$\begin{aligned}R_{12}(\tau)&=E[X_1(t)X_2(t-\tau)]\\&=E[X_1(t)X_2(t-\tau)\cos(2\pi f_c t+\Theta)\sin(2\pi f_c t-2\pi f_c\tau+\Theta)]\\&=E[X_1(t)X_2(t-\tau)]E[\cos(2\pi f_c t+\Theta)\sin(2\pi f_c t-2\pi f_c\tau+\Theta)]\\&=\frac{1}{2}R_X(\tau)E[\sin(4\pi f_c t-2\pi f_c\tau+2\Theta)-\sin(2\pi f_c\tau)]\\&=-\frac{1}{2}R_X(\tau)\sin(2\pi f_c\tau)\end{aligned}$$

由 $R_{XY}(\tau)=R_{YX}(-\tau)$，可知 $X_1(t)$和 $X_2(t)$的互相关函数仅与时间间隔 τ 有关，而与时间起点 t 无关，故 $X_1(t)$和 $X_2(t)$是联合平稳的。

(3)令 $\tau=0$，有 $R_{12}(0)=E[X_1(t)X_2(t)]=0$。

这说明，在任意时刻，对 $X_1(t)$和 $X_2(t)$进行抽样得到的两个抽样值是彼此正交的。

【本例终】

例 2.12　设随机过程 $Y(t)=X(t)\cos(2\pi f_c t+\Phi)$，其中 $X(t)$为平稳过程，随机变量 Φ 的取值独立于随机过程 $X(t)$。计算 $Y(t)$的功率谱密度。

解　$Y(t)$的自相关函数为

$$\begin{aligned}R_Y(\tau)&=E[Y(t)Y(t+\tau)]\\&=E[X(t)\cos(2\pi f_c t+\Phi)X(t+\tau)\cos(2\pi f_c t+2\pi f_c\tau+\Phi)]\\&=E[X(t)X(t+\tau)]E[\cos(2\pi f_c t+\Phi)\cos(2\pi f_c t+2\pi f_c\tau+\Phi)]\\&=\frac{1}{2}R_X(\tau)E[\cos(2\pi f_c\tau)+\cos(4\pi f_c t+2\pi f_c\tau+2\Phi)]\\&=\frac{1}{2}R_X(\tau)\cos(2\pi f_c\tau)\end{aligned}$$

由于功率谱密度是自相关函数的傅里叶变换，因此 $Y(t)$ 的功率谱密度

$$S_Y(f)=\frac{1}{4}[S_X(f+f_c)+S_X(f-f_c)]$$

其中 $S_X(f)$ 为平稳过程 $X(t)$ 的功率谱密度。上式表明，将随机过程 $X(t)$ 的功率谱密度 $S_X(f)$ 分别向左和向右平移 f_c，再进行叠加，再除以 4，就得到 $Y(t)$ 的功率谱密度。

【本例终】

例 2.13 假定随机过程 $X(t)$ 和 $Y(t)$ 是零均值、独立、联合平稳的。若随机过程 $Z(t)=X(t)+Y(t)$，试确定 $Z(t)$ 的功率谱密度。

解 $Z(t)$ 的自相关函数为

$$\begin{aligned}R_Z(t,u)&=E[Z(t)Z(u)]\\&=E[(X(t)+Y(t))(X(u)+Y(u))]\\&=E[X(t)X(u)+Y(t)Y(u)+X(t)Y(u)+Y(t)X(u)]\\&=R_X(t,u)+R_Y(t,u)+R_{YX}(t,u)+R_{XY}(t,u)\end{aligned}$$

定义 $\tau=t-u$，上式可以写成

$$R_Z(\tau)=R_X(\tau)+R_Y(\tau)+R_{XY}(\tau)+R_{YX}(\tau)$$

随机过程 $X(t)$ 和 $Y(t)$ 是联合平稳的，因此在上式两边取傅里叶变换，得到

$$S_Z(f)=S_X(f)+S_Y(f)+S_{XY}(f)+S_{YX}(f)$$

由此看出，两个随机过程之和的功率谱密度为互功率谱密度 $S_{XY}(f)$ 和 $S_{YX}(f)$ 与相关过程各自功率谱密度之和。当平稳过程 $X(t)$ 和 $Y(t)$ 不相关时，互功率谱密度 $S_{XY}(f)$ 和 $S_{YX}(f)$ 等于 0，所以 $S_Z(f)$ 可简化为

$$S_Z(f)=S_X(f)+S_Y(f)$$

也就是说，当几个零均值平稳过程彼此互不相关时，它们之和的功率谱密度等于各自功率谱密度之和。

【本例终】

2.3.3 遍历过程

计算随机过程的数字特征，需根据概率分布函数或概率密度函数计算统计平均，这实际上是一件很困难的事。由于随机过程可以看作样本函数的集合，按照均值和自相关函数的定义，可以根据大量样本函数得到均值和自相关函数的估计。从统计的观点来看，要使估计充分精确，则必须获得足够多的样本函数，实际系统中很难测得大量的样本函数。

通常情况下，在实际系统得到的只是一个实现对应的样本函数。能否用一次实现的样本函数来计算整个过程的数字特征呢？由于随机过程的样本函数同时也是时间的函数，因此考虑是否可以用样本函数的时间平均取代集合平均。

考查观测区间定义在 $-T\leqslant t\leqslant T$ 内的平稳过程 $X(t)$ 的样本函数 $x(t)$，将 $x(t)$ 的直流成分定义为时间平均

$$\mu_x(T)=\frac{1}{2T}\int_{-T}^{T}x(t)\,\mathrm{d}t \tag{2.46}$$

显然时间平均$\mu_x(T)$是一个随机变量，它的值由观测时间区间和随机过程$X(t)$所选定的样本函数决定。既然$X(t)$是平稳的，那么时间平均$\mu_x(T)$的均值由式(2.47)给出

$$\begin{aligned}E[\mu_x(T)] &= \frac{1}{2T}\int_{-T}^{T}E[x(t)]\mathrm{d}t \\ &= \frac{1}{2T}\int_{-T}^{T}\mu_X\mathrm{d}t \\ &= \mu_X\end{aligned} \tag{2.47}$$

这里μ_X是整个过程$X(t)$的均值。因此，时间平均$\mu_x(T)$代表集合平均μ_X的一个无偏估计。

1. 均值遍历

如果平稳随机过程$X(t)$的时间平均$\mu_x(T)$满足下面的条件，则称$X(t)$是均值遍历的。

$$\lim_{T\to\infty}\mu_x(T)=\mu_X \tag{2.48}$$

2. 自相关遍历

类似地，定义随机过程$X(t)$的时间平均自相关函数$R_x(\tau,T)$是区间$-T\leqslant t\leqslant T$内观测的样本函数的时间平均

$$R_x(\tau,T)=\frac{1}{2T}\int_{-T}^{T}x(t+\tau)x(t)\mathrm{d}t \tag{2.49}$$

如果时间平均自相关函数$R_x(\tau,T)$满足下面的条件，则称$X(t)$是自相关遍历的。

$$\lim_{T\to\infty}R_x(\tau,T)=R_X(\tau) \tag{2.50}$$

当然，还可以继续用类似的方法定义功率谱密度遍历的，或$X(t)$的其他高阶统计量的遍历性。不过通常情况下，定义自相关函数和均值的遍历性已经足够了。

3. 遍历过程

遍历性又称各态历经性。所谓遍历过程，就是指随机过程的所有样本函数具有某些相同的数字特性。一个具有遍历性的随机过程一定是平稳的，反之不一定成立。对于遍历过程的随机过程，无须做大量考查，只需用一次实验的“时间平均”代替整个过程的“统计平均”，从而大大简化测量和计算。在通信系统中所遇到的随机信号和噪声，一般均能满足遍历过程条件。

例 2.14 考查例 2.1 中的随机初相位正弦过程$X(t)=A\cos(2\pi f_c t+\Phi)$的遍历性。

解 由例 2.4 可知随机过程$X(t)$是平稳的。

对于随机过程的$X(t)$中任一样本函数$x(t)=A\cos(2\pi f_c t+\varphi)$，根据式(2.46)，可得随机过程$X(t)$的时间平均

$$\begin{aligned}\lim_{T\to\infty}\mu_x(T) &= \lim_{T\to\infty}\frac{1}{2T}\int_{-T}^{T}A\cos(2\pi f_c t+\varphi)\mathrm{d}t \\ &= \lim_{T\to\infty}\frac{1}{2T}\frac{A}{2\pi f_c}[\sin(2\pi f_c T+\varphi)-\sin(-2\pi f_c T+\varphi)] \\ &= 0\end{aligned}$$

根据式(2.49)，可得随机过程$X(t)$的时间平均自相关函数

$$\lim_{T\to\infty}R_x(\tau,T)=\lim_{T\to\infty}\frac{A^2}{2T}\int_{-T}^{T}\cos(2\pi f_c t+\varphi)\cos[2\pi f_c(t+\tau)+\varphi]\mathrm{d}t$$

$$=\lim_{T\to\infty}\frac{A^2}{4T}\left[\int_{-T}^{T}\cos(2\pi f_c\tau)\mathrm{d}t+\int_{-T}^{T}\cos(4\pi f_c t+2\pi f_c\tau+2\varphi)\mathrm{d}t\right]$$

$$=\frac{A^2}{2}\cos(2\pi f_c\tau)$$

因此，随机初相位正弦过程是遍历的。

【本例终】

2.3.4 循环平稳随机过程

有一类随机过程不属于平稳随机过程，但其统计特性与平稳随机过程非常接近，称之为循环平稳随机过程。循环平稳随机过程的统计特性关于时间 t 是呈周期变化的。

如果随机过程 $X(t)$ 的均值 $\mu_X(t)$ 和自相关函数 $R_X(t+\tau,t)$ 是时间 t 的周期函数，周期为 T，即对任意的 t 和 τ，有

$$\mu_X(t+T)=\mu_X(t) \tag{2.51}$$

$$R_X(t+\tau+T,t+T)=R_X(t+\tau,t) \tag{2.52}$$

则称 $X(t)$ 是循环平稳的。

对于循环平稳随机过程，定义平均自相关函数 $\bar{R}_X(\tau)$ 为其自相关函数 $R_X(t+\tau,t)$ 在周期内的均值，即

$$\bar{R}_X(\tau)=\frac{1}{T}\int_0^T R_X(t+\tau,t)\mathrm{d}t \tag{2.53}$$

例 2.15 考查随机过程 $Y(t)=X(t)\cos(2\pi f_c t)$ 的平稳性，其中 $X(t)$ 是平稳随机过程，且均值为 $\mu_X(t)$，自相关函数为 $R_X(\tau)$。

解 $Y(t)$ 的均值为

$$\mu_Y(t)=E[Y(t)]=E[X(t)\cos(2\pi f_c t)]=\mu_X\cos(2\pi f_c t)$$

自相关函数为

$$R_Y(t+\tau,\tau)=E[Y(t+\tau)Y(t)]$$

$$=E[X(t+\tau)X(t)\cos(2\pi f_c t+2\pi f_c\tau)\cos(2\pi f_c t)]$$

$$=R_X(\tau)\cos(2\pi f_c(t+\tau))\cos(2\pi f_c t)$$

$$=R_X(\tau)\left[\frac{1}{2}\cos(2\pi f_c\tau)+\frac{1}{2}\cos(4\pi f_c t+2\pi f_c\tau)\right]$$

$$=R_X(\tau)\left\{\frac{1}{2}\cos(2\pi f_c\tau)+\frac{1}{2}\cos[2\pi f_c(2t+\tau)]\right\}$$

可见，随机过程 $Y(t)$ 的均值 $\mu_Y(t)$ 和自相关函数 $R_Y(t+\tau,t)$ 都是呈周期变化的，且 $T=\frac{1}{f_c}$。故随机过程 $Y(t)$ 是循环平稳的。

$Y(t)$的平均自相关函数为

$$\begin{aligned}\bar{R}_Y(\tau) &= \frac{1}{T}\int_0^T E[Y(t+\tau)Y(t)]\mathrm{d}t \\ &= \frac{1}{T}\int_0^T R_X(\tau)\cos[2\pi f_c(t+\tau)]\cos(2\pi f_c t)\mathrm{d}t \\ &= \frac{R_X(\tau)}{T}\int_0^T \cos[2\pi f_c(t+\tau)]\cos(2\pi f_c t)\mathrm{d}t \\ &= \frac{1}{2}R_X(\tau)\cos(2\pi f_c \tau)\end{aligned}$$

可见，循环平稳随机过程$Y(t)=X(t)\cos(2\pi f_c t)$的自相关函数在周期内的均值表现出平稳特性。

【本例终】

2.4 随机过程通过线性系统

通信过程是信号通过系统传输的过程，因此需要了解随机过程通过线性系统后的情况，如输出过程的平稳性、输入与输出过程之间的关系等。假定随机过程$X(t)$通过一个冲激响应为$h(t)$的线性时不变（Linear Time Invariant，LTI）系统，如图2.9所示。

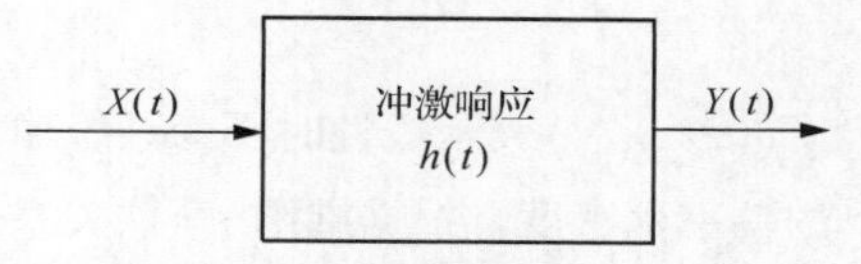

图2.9 随机过程通过线性时不变系统

令$x(t)$为$X(t)$的任意样本函数，则滤波器的输出$y(t)$为$x(t)$和$h(t)$的卷积

$$y(t)=x(t)*h(t)=\int_{-\infty}^{\infty}h(\tau)x(t-\tau)\mathrm{d}\tau \tag{2.54}$$

显然滤波器的输出是以$y(t)$为样本函数的随机过程$Y(t)$，且$X(t)$和$Y(t)$的关系可表示为

$$Y(t)=X(t)*h(t)=\int_{-\infty}^{\infty}h(\tau)X(t-\tau)\mathrm{d}\tau \tag{2.55}$$

通常情况下，即使输入过程$X(t)$的概率分布完全确定，也很难确定输出过程$Y(t)$的概率分布，但是可以很容易地根据输入过程的数字特征计算出输出过程的数字特征，如均值和自相关函数等。

1. 输出过程$Y(t)$的均值

输出过程$Y(t)$的均值为

$$\mu_Y(t)=E[Y(t)]=E\left[\int_{-\infty}^{\infty}h(\tau)X(t-\tau)\mathrm{d}\tau\right]=\int_{-\infty}^{\infty}h(\tau)\mu_X(t-\tau)\mathrm{d}\tau \tag{2.56}$$

若输入过程$X(t)$是平稳过程，则$\mu_X(t)=\mu_X$是常数，式(2.56)可写成

$$\mu_Y(t)=\mu_X\int_{-\infty}^{\infty}h(\tau)\mathrm{d}\tau=\mu_X H(0) \tag{2.57}$$

其中，$H(0)$是系统的零频率响应。式(2.57)表明，线性时不变系统输出过程的均值等于输入过程的均值乘系统的零频率响应。由此可见，输出过程$Y(t)$的均值$\mu_X(t)$与时间t无关，可写为μ_Y。

2. 输出过程$Y(t)$的自相关函数

输出过程$Y(t)$的自相关函数为

$$R_Y(t_1,t_2)=E[Y(t_1)Y(t_2)]=E\left[\int_{-\infty}^{\infty}h(\tau_1)X(t_1-\tau_1)\mathrm{d}\tau_1\int_{-\infty}^{\infty}h(\tau_2)X(t_2-\tau_2)\mathrm{d}\tau_2\right] \quad (2.58)$$

先交换式(2.58)中积分的顺序，再交换积分和求期望的顺序，有

$$R_Y(t_1,t_2)=\int_{-\infty}^{\infty}\left[\int_{-\infty}^{\infty}h(\tau_2)E[X(t_1-\tau_1)X(t_2-\tau_2)]\mathrm{d}\tau_2\right]h(\tau_1)\mathrm{d}\tau_1$$

$$=\int_{-\infty}^{\infty}\left[\int_{-\infty}^{\infty}h(\tau_2)R_X(t_1-\tau_1,t_2-\tau_2)\mathrm{d}\tau_2\right]h(\tau_1)\mathrm{d}\tau_1$$

若输入过程 $X(t)$ 是平稳过程，其自相关函数是时间差的函数，即

$$R_X(t_1-\tau_1,t_2-\tau_2)=R_X(t_2-t_1-\tau_2+\tau_1)$$

令 $\tau=t_2-t_1$，则

$$R_Y(t_1,t_2)=\int_{-\infty}^{\infty}\left[\int_{-\infty}^{\infty}h(\tau_2)R_X(\tau-\tau_2+\tau_1)\mathrm{d}\tau_2\right]h(\tau_1)\mathrm{d}\tau_1=R_Y(\tau) \quad (2.59)$$

可见，输出过程的自相关函数只依赖于时间间隔 τ，而与时间起点无关。式(2.57)和式(2.59)说明，如果线性时不变系统的输入过程是平稳的，那么输出过程也是平稳的。

3. 输出过程 $Y(t)$ 的功率谱密度

根据式(2.59)，随机过程 $Y(t)$ 的自相关函数也可写成

$$R_Y(\tau)=R_X(\tau)*h(\tau)*h(-\tau) \quad (2.60)$$

令 $S_X(f)$ 表示线性时不变系统输入随机过程 $X(t)$ 的功率谱密度，$S_Y(f)$ 表示输出随机过程 $Y(t)$ 的功率谱密度，根据维纳–辛钦关系式，由 $|H(f)|^2=H(f)H^*(f)$，同时结合式(2.60)可得

$$S_Y(f)=F[R_X(\tau)*h(\tau)*h(-\tau)]=S_X(f)H(f)H^*(f)=S_X(f)|H(f)|^2 \quad (2.61)$$

其中，$H^*(f)$ 为滤波器的频率响应 $H(f)$ 的复共轭。式(2.61)表明，输出过程 $Y(t)$ 的功率谱密度等于输入过程 $X(t)$ 的功率谱密度与系统频率响应幅度平方的乘积。

2.5 高斯过程

高斯过程是通信系统中非常重要的随机过程，主要原因在于电子设备中的热噪声可通过高斯过程精确建模。事实上，通信系统中的大部分噪声都是高斯型的，应用中心极限定理，整个系统的噪声可看作高斯随机过程。此外，某些信源产生的随机过程也可以建模为高斯模型。高斯过程具有很多易于分析的性质，非常便于进行数学分析和运算。本节主要介绍高斯过程的定义、主要性质及高斯白噪声的基本概念。

2.5.1 高斯过程的定义

1. 高斯随机变量

若随机变量 X 的概率密度函数为

$$f_X(x)=\frac{1}{\sqrt{2\pi\sigma^2}}\exp\left[-\frac{(x-\mu)^2}{2\sigma^2}\right] \quad (2.62)$$

则称 X 服从高斯分布，或称 X 为高斯随机变量，记为 $X\sim N(\mu,\sigma^2)$，μ 为均值，σ^2 为方差。高斯分布的概率密度函数如图 2.10(a)所示。若均值 $\mu=0$，方差 $\sigma^2=1$，则称其为标准高斯分布或标

准正态分布，通常记为 $N(0,1)$，其概率密度函数如图 2.10(b)所示。

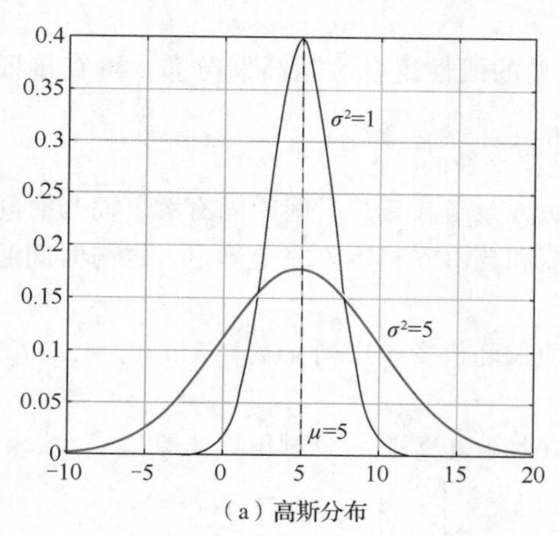

（a）高斯分布

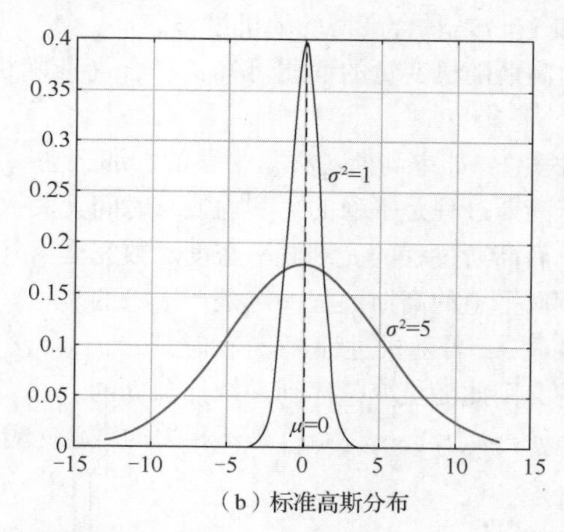

（b）标准高斯分布

图 2.10 高斯分布的概率密度函数

2. 高斯过程

对于随机过程 $X(t)$，如果对所有的 n，以及任意时刻 $t_1,t_2,\cdots,t_n$，其对应的随机变量 $X(t_1)$，$X(t_2),\cdots,X(t_n)$ 的联合分布是高斯的，则称 $X(t)$ 是高斯随机过程，且 $X(t_1),X(t_2),\cdots,X(t_n)$ 的联合概率密度函数可以由它们的均值组和协方差组完全确定。

用 $n\times 1$ 的矢量 $\boldsymbol{X}$ 表示高斯过程 $X(t)$ 在 $t_1,t_2,\cdots,t_n$ 时刻抽样所得到的随机变量组 $X(t_1)$，$X(t_2),\cdots,X(t_n)$，$\boldsymbol{x}$ 表示 $\boldsymbol{X}$ 的一个值，则随机矢量 $\boldsymbol{X}$ 的分布是高斯的，其 n 维概率密度函数为

$$f_{X(t_1),\cdots,X(t_n)}(x_1,\cdots,x_n)=\frac{1}{(2\pi)^{n/2}\Delta^{1/2}}\exp\left[-\frac{1}{2}(\boldsymbol{x}-\boldsymbol{\mu})^{\mathrm{T}}\boldsymbol{\Sigma}^{-1}(\boldsymbol{x}-\boldsymbol{\mu})\right] \tag{2.63}$$

其中，均值组 $\mu_{X(t_i)}=E[X(t_i)]$，$i=1,2,\cdots,n$，协方差组 $C_X(t_k,t_i)=E[(X(t_k)-\mu_{X(t_k)})(X(t_i)-\mu_{X(t_i)})]$，$k,i=1,2,\cdots,n$，上标 T 为转置符号，均值向量 $\boldsymbol{\mu}=[\mu_{X(t_1)},\mu_{X(t_2)},\cdots,\mu_{X(t_n)}]^{\mathrm{T}}$，协方差矩阵记作 $\boldsymbol{\Sigma}=\{C_X(t_k,t_i)\}_{k,i=1}^{n}$，协方差矩阵的逆矩阵记作 $\boldsymbol{\Sigma}^{-1}$，协方差矩阵 $\boldsymbol{\Sigma}$ 的行列式记作 Δ。

由定义可知，对于任意时间 t，随机变量 $X(t)$ 的分布都是高斯的，其概率密度函数为

$$f_{X(t)}(x)=\frac{1}{\sqrt{2\pi\sigma_{X(t)}^2}}\exp\left\{-\frac{[x-\mu_{X(t)}]^2}{2\sigma_{X(t)}^2}\right\} \tag{2.64}$$

其中 $\mu_{X(t)}$、$\sigma_{X(t)}$ 分别为随机变量 $X(t)$ 的均值和方差。高斯随机变量的概率密度函数可以由其均值、方差唯一确定。

3. 联合高斯随机过程

对于随机过程 $X(t)$ 和 $Y(t)$，如果对所有的 n 和 m、所有的时刻 $t_1,t_2,\cdots,t_n$ 和 $u_1,u_2,\cdots,u_m$ 及其对应的随机变量 $X(t_1),X(t_2),\cdots,X(t_n)$ 和 $Y(u_1),Y(u_2),\cdots,Y(u_m)$ 的联合分布是高斯的，则称 $X(t)$ 和 $Y(t)$ 是联合高斯的。

由定义可见，如果 $X(t)$ 和 $Y(t)$ 是联合高斯的，那么 $X(t)$ 和 $Y(t)$ 各自都是高斯的随机过程。反之则未必成立，即两个高斯随机过程未必是联合高斯的。

2.5.2 高斯过程的性质

下面给出高斯过程的一些重要性质。

性质 1：如果高斯过程 $X(t)$ 通过一个平稳线性系统，那么系统输出 $Y(t)$ 也是高斯过程，且 $X(t)$ 和 $Y(t)$ 是联合高斯的随机过程。

由高斯随机变量的性质可知，联合高斯随机变量的线性组合服从高斯分布，可直接证明此性质。

性质 2：如果高斯过程是平稳的，那么它一定是严平稳的。

若高斯过程是平稳的，其均值与时间无关，自协方差函数只与时间间隔有关，而与时间起点无关。而高斯过程的 n 维概率密度函数完全由其均值和自协方差矩阵完全确定，也与时间起点无关，所以平稳的高斯过程一定是严平稳的。

性质 3：若随机过程 $X(t)$ 在时刻 $t_1,t_2,\cdots,t_n$ 对应的随机变量序列 $X(t_1),X(t_2),\cdots,X(t_n)$ 是不相关的，则此随机变量序列是统计独立的。

$X(t_1),X(t_2),\cdots,X(t_n)$ 是不相关的，意味着协方差矩阵 $\boldsymbol{\Sigma}$ 是一个对角阵，即

$$\boldsymbol{\Sigma}=\begin{bmatrix} \sigma_1^2 & 0 & \cdots & 0 \\ 0 & \sigma_2^2 & \cdots & 0 \\ \vdots & \vdots & & \vdots \\ 0 & 0 & \cdots & \sigma_n^2 \end{bmatrix}$$

其中

$$\sigma_i^2=E[(X(t_i)-E[X(t_i)])^2],\quad i=1,2,\cdots,n$$

这时式(2.63)简化为

$$f_{\boldsymbol{X}}(\boldsymbol{X})=\prod_{i=1}^{n}f_{X_i}(x_i)$$

其中 $X_i=X(t_i)$，且

$$f_{X_i}(x_i)=\frac{1}{\sqrt{2\pi}\sigma_i}\exp\left[-\frac{(x_i-\mu_{x_i})^2}{2\sigma_i^2}\right]$$

其中 $\mu_{x_i}=\mu_{X(t_i)}$，因此，如果高斯随机变量 $X(t_1),X(t_2),\cdots,X(t_n)$ 是不相关的，那么它们是统计独立的，且这组随机变量的联合概率密度分布可表示为各个随机变量概率密度函数的乘积。

将性质 3 进行推广，可以得出，对于联合高斯分布的随机过程，不相关和独立等价。

例 2.16 设 $X(t)$ 是零均值的高斯平稳随机过程，其功率谱密度为

$$S_X(f)=\begin{cases}1, & |f|\leqslant 200 \\ 0, & |f|>200\end{cases}$$

试确定随机变量 $X(5)$ 的概率密度函数。

解　由于 $X(t)$ 是高斯随机过程，$X(t)$ 在任意时刻得到的随机变量都是高斯的，因此 $X(5)$ 是高斯分布的随机变量，其概率密度函数取决于 $X(5)$ 的均值及方差。

由于 $X(t)$ 是零均值，则 $E[X(t)]=0$，因此有 $E[X(5)]=0$。

由定义，$X(5)$ 的方差为

$$\sigma^2=E[X^2(5)]-E^2[X(5)]=E[X^2(5)]=R_X(0)$$

由自相关函数的性质，有

$$\sigma^2=R_X(0)=\int_{-200}^{200}S_X(f)\,\mathrm{d}f=400$$

故 $X(5)$ 的概率密度函数为

$$f_{X(5)}(x)=\frac{1}{20\sqrt{2\pi}}\exp\left\{-\frac{x^2}{800}\right\}$$

【本例终】

2.5.3　高斯白噪声

如果噪声的功率谱密度在所有频率范围内是均匀分布的，则称其为白噪声，其中“白”是指借用白光的光谱在可见光的频谱范围内等量分布。白噪声的功率谱密度与工作频率无关，因此是一种理想的噪声形式。如果白噪声幅值又满足高斯分布，则称其为高斯白噪声。通信系统中的噪声分析，往往都将高斯白噪声作为标准，由于噪声干扰是叠加在信号上的，因此也称之为加性高斯白噪声（Additive White Gaussian Noise，AWGN）。

样本函数为 $n(t)$ 的白噪声，其功率谱密度函数 $S_N(f)$ 在所有频率上为非零常数，如图 2.11(a)所示，即

$$S_N(f)=\frac{N_0}{2} \tag{2.65}$$

其中 $N_0=kT_e$，通常称为通信系统接收机的输入量级，单位是 W/Hz，k 是玻耳兹曼常数（约等于 $1.380\,658\pm0.000\,012\times10^{-23}$ J/K），T_e 为接收机的等效噪声温度（等效噪声温度的概念详见第 9 章）。

由维纳–辛钦关系式，白噪声的自相关函数是功率谱密度的傅里叶反变换，即

$$R_N(\tau)=\frac{N_0}{2}\delta(\tau) \tag{2.66}$$

可见，白噪声的自相关函数为 $\tau=0$ 时刻的加权因子为 $\frac{N_0}{2}$ 的冲激函数，如图 2.11(b)所示。注意到，白噪声的自相关函数在 $\tau\neq0$ 时为 0。因此，两个不同的白噪声样本，不管它们在时间上靠得多么近，都是不相关的。如果白噪声 $n(t)$ 又是高斯的，那么它们也是统计独立的。也就是说，高斯白噪声在任意不同时刻对应的随机变量服从高斯分布，且相互独立。

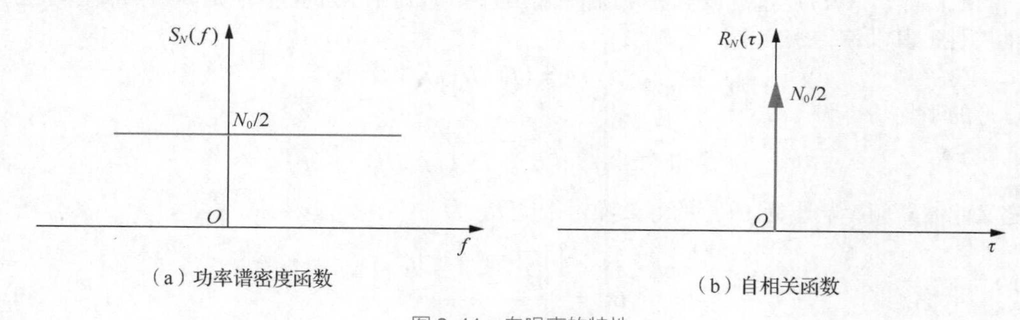

（a）功率谱密度函数　（b）自相关函数

图 2.11　白噪声的特性

高斯白噪声作为一种理想化的数学模型，在实际系统中并不存在，因为实际随机信号的自相关函数不可能是 δ 函数的形式。但是通信系统中所遇到的各种随机干扰，只要它的功率谱密度均匀分布的频率范围远远大于通信系统的工作频带，就可以把干扰当作高斯白噪声处理。另外，从第 10 章的结论可知，高斯白噪声是最有害的干扰，将高斯白噪声作为标准，不完全是为了简化分析，而是可以根据最坏的条件进行设计，以获得可靠的通信系统。

例 2.17 白噪声通过理想低通滤波器的情况：假设功率谱密度为 $N_0/2$ 的高斯白噪声通过一个带宽为 B、幅度为 1 的低通滤波器。滤波器输出端噪声 $n(t)$ 的功率谱密度函数为

$$S_N(f)=\begin{cases}\dfrac{N_0}{2}, & |f|\leqslant B\\ 0, & |f|>B\end{cases} \tag{2.67}$$

如图 2.12(a) 所示，这样的噪声称为低通高斯白噪声。其自相关函数为

$$\begin{aligned}R_N(\tau)&=\int_{-B}^{B}S_N(f)\exp(\mathrm{j}2\pi f\tau)\,\mathrm{d}f\\&=\int_{-B}^{B}\frac{N_0}{2}\exp(\mathrm{j}2\pi f\tau)\,\mathrm{d}f\\&=N_0B\operatorname{sinc}(2B\tau)\end{aligned} \tag{2.68}$$

如图 2.12(b) 所示，$R_N(\tau)=0$ 在 $\tau=0$ 处具有最大值 N_0B，在 $\tau=\pm k/(2B)$，$k=1,2,\cdots$ 处，其值为 0。假设对 $n(t)$ 以 $2B$ 次/秒的速率进行抽样，则输出端的噪声抽样是不相关的，因而也是统计独立的。相应地，它们的联合概率密度就是各个抽样概率密度的乘积。

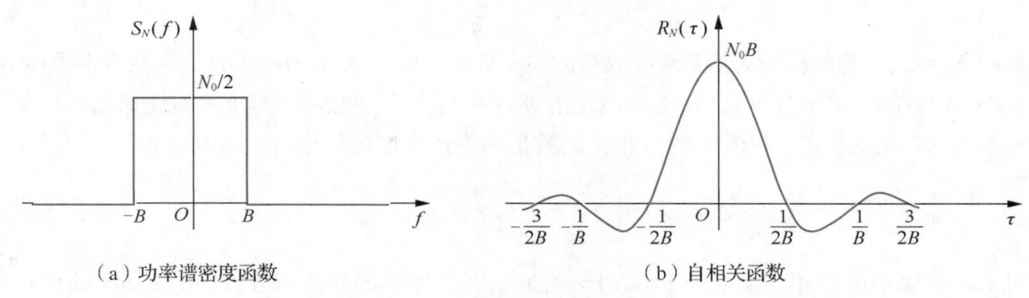

（a）功率谱密度函数　　（b）自相关函数

图 2.12　低通高斯白噪声的特性

【本例终】

当高斯白噪声 $X(t)$ 通过滤波器 $H(f)$ 后，输出过程 $Y(t)$ 的分布虽然还是高斯的，但不会再有“白”的特性，其功率谱密度为

$$S_Y(f)=S_X(f)\,|H(f)|^2$$

$Y(t)$ 的平均功率为

$$P_Y=\int_{-\infty}^{\infty}S_Y(f)\,\mathrm{d}f=\int_{-\infty}^{\infty}S_X(f)\,|H(f)|^2\,\mathrm{d}f$$

定义滤波器频率响应为 $H(f)$ 的等效噪声带宽 B_{N} 为

$$B_{\mathrm{N}}=\frac{\int_{-\infty}^{\infty}|H(f)|^2\,\mathrm{d}f}{2H_{\max}^2} \tag{2.69}$$

其中 $H_{\max}=\max|H(f)|$，这样输出过程 $Y(t)$ 的平均功率可表示为：

$$\begin{aligned}P_Y&=\frac{N_0}{2}\int_{-\infty}^{\infty}|H(f)|^2\,\mathrm{d}f\\&=\frac{N_0}{2}\times 2B_{\mathrm{N}}H_{\max}^2\\&=N_0B_{\mathrm{N}}H_{\max}^2\end{aligned} \tag{2.70}$$

2.6 窄带过程

通信系统的接收机前端通常有一个带通滤波器，其带宽正好允许有用信号无失真地通过，同时限制带外的噪声分量。通过带通滤波器后的随机过程为带通过程，如果带通过程的中心频率远远大于带宽，则称之为窄带随机过程，滤波器输出端的噪声称为窄带噪声。本节主要讨论窄带噪声的时频域特性。

2.6.1 窄带过程的基本概念

一个典型的窄带噪声的功率谱密度函数和样本函数如图 2.13 所示。其频谱成分集中在中心频率 $\pm f_c$ 附近，其样本函数 $n(t)$ 与频率为 f_c 的正弦信号类似，只不过 $n(t)$ 的幅度和相位随时间缓慢地波动。

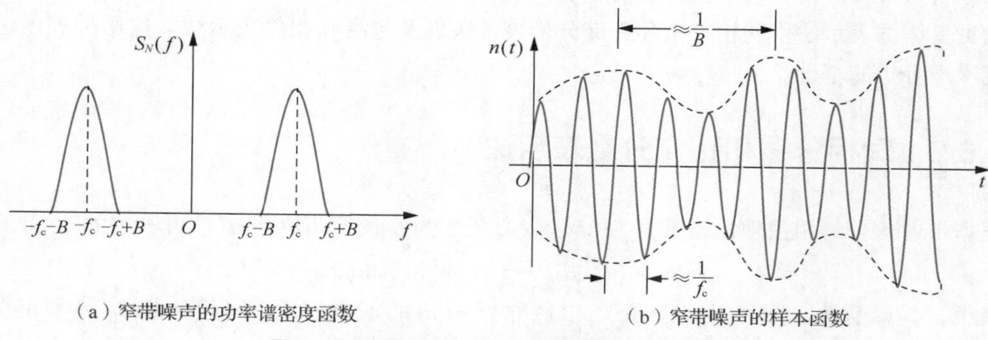

（a）窄带噪声的功率谱密度函数 （b）窄带噪声的样本函数

图 2.13 窄带噪声的功率谱密度函数和样本函数

若窄带噪声 $n(t)$ 是高斯过程，则称其为窄带高斯噪声；若窄带高斯噪声的功率谱密度在通带范围内具有白色特性，则称其为窄带高斯白噪声。

设理想带通滤波器的带宽为 $2B$，频率集中在中心频率 f_c 附近，其传输特性为

$$H(f)=\begin{cases}1, & f_c-B\leqslant |f|\leqslant f_c+B\\ 0, & \text{其他}\end{cases} \tag{2.71}$$

通常，若带通滤波器的带宽 $2B\ll f_c$，也称其为窄带滤波器。让功率谱密度为 $N_0/2$ 的高斯白噪声通过此窄带滤波器，输出噪声就是窄带高斯白噪声，记为 $n(t)$，其功率谱密度函数如图 2.14(a)所示，计算如下

$$S_N(f)=\frac{N_0}{2}|H(f)|^2=\begin{cases}\frac{N_0}{2}, & f_c-B\leqslant |f|\leqslant f_c+B\\ 0, & \text{其他}\end{cases} \tag{2.72}$$

其自相关函数如图 2.14(b)所示，计算如下

$$\begin{aligned}R_N(\tau)&=\int_{-f_c-B}^{-f_c+B}\frac{N_0}{2}\exp(\mathrm{j}2\pi f\tau)\,\mathrm{d}f+\int_{f_c-B}^{f_c+B}\frac{N_0}{2}\exp(\mathrm{j}2\pi f\tau)\,\mathrm{d}f\\&=N_0B\frac{\sin(2\pi B\tau)}{2\pi B\tau}[\exp(-\mathrm{j}2\pi f_c\tau)+\exp(\mathrm{j}2\pi f_c\tau)]\\&=2N_0B\,\mathrm{sinc}(2B\tau)\cos(2\pi f_c\tau)\end{aligned} \tag{2.73}$$

可以看出，窄带高斯白噪声的自相关函数不再是一个 δ 函数，即它在任意两个不同时刻对应的随机变量不再是不相关的。

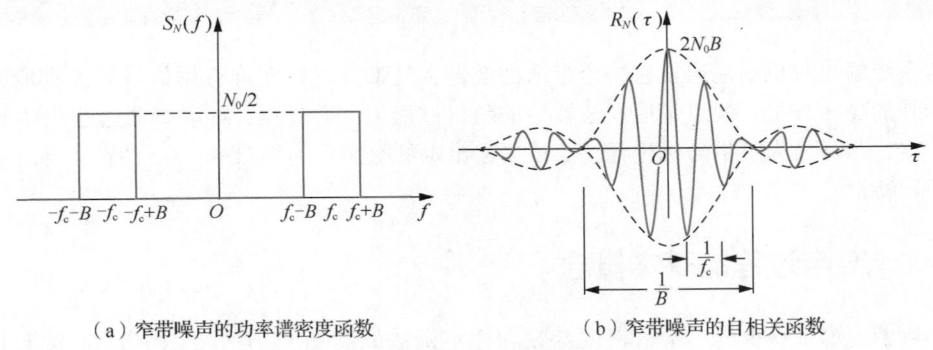

（a）窄带噪声的功率谱密度函数　（b）窄带噪声的自相关函数

图 2.14　窄带高斯白噪声的特性

要分析窄带噪声对通信系统性能的影响，必须要给出其数学表达式。在实际应用中，窄带噪声有两种具体的表示法：同相分量和正交分量表示法以及包络和相位表示法。这两种表示法是通信系统噪声分析的基础。

2.6.2　同相分量和正交分量表示法

根据带通信号的相关理论，带宽为 $2B$、中心频率为 f_c 的窄带噪声 $n(t)$ 可表示为

$$n(t)=n_I(t)\cos(2\pi f_c t)-n_Q(t)\sin(2\pi f_c t) \tag{2.74}$$

其中，$n_I(t)$ 称为 $n(t)$ 的同相分量，$n_Q(t)$ 称为 $n(t)$ 的正交分量。同相分量 $n_I(t)$ 和正交分量 $n_Q(t)$ 都是低通过程，它们与中心频率 f_c 一起完全地描述了窄带噪声。

给定窄带噪声 $n(t)$，可以采用图 2.15(a)所示的方法提取出同相分量和正交分量，其中两个低通滤波器都是理想的，带宽为 B，即窄带噪声 $n(t)$ 带宽的一半。图 2.15(a)的上方支路为

$$\begin{aligned} n(t)\times 2\cos(2\pi f_c t) &= 2n_I(t)\cos^2(2\pi f_c t)-2n_Q(t)\sin(2\pi f_c t)\cos(2\pi f_c t) \\ &= n_I(t)[1+\cos(4\pi f_c t)]-n_Q(t)\sin(4\pi f_c t) \\ &= n_I(t)+n_I(t)\cos(4\pi f_c t)-n_Q(t)\sin(4\pi f_c t) \end{aligned} \tag{2.75}$$

显然，通过低通滤波后，就得到 $n(t)$ 的同相分量 $n_I(t)$。同理，可以提取出 $n(t)$ 的正交分量 $n_Q(t)$。

给定同相分量和正交分量，由式(2.74)直接得到窄带噪声 $n(t)$，如图 2.15(b)所示。图 2.15(a)和图 2.15(b)所示的方案可以分别看作窄带噪声分析器和合成器。

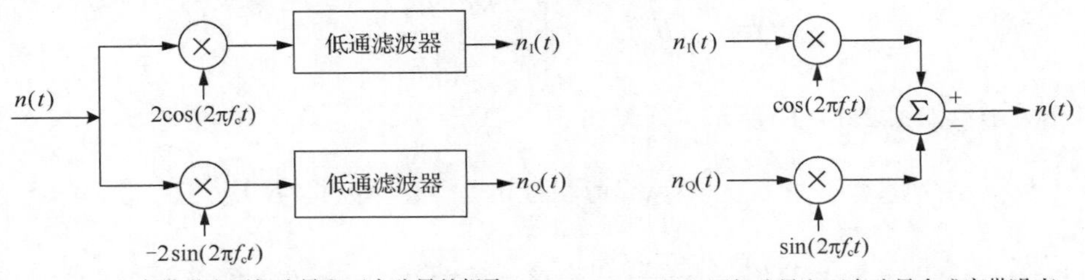

（a）窄带噪声同相分量和正交分量的提取　（b）同相分量和正交分量合成窄带噪声

图 2.15　窄带噪声分析器和合成器

对于平稳零均值的窄带噪声 $n(t)$，其同相分量 $n_I(t)$ 和正交分量 $n_Q(t)$ 具有以下性质。

性质1：同相分量 $n_I(t)$ 和正交分量 $n_Q(t)$ 都是零均值的。

性质2：同相分量 $n_I(t)$ 和正交分量 $n_Q(t)$ 都是平稳的，且联合平稳。

性质3：如果窄带噪声 $n(t)$ 是高斯型的，则同相分量 $n_I(t)$ 和正交分量 $n_Q(t)$ 都是高斯过程，且联合高斯。

性质4：同相分量 $n_I(t)$ 和正交分量 $n_Q(t)$ 具有相同的功率谱密度，且与窄带噪声 $n(t)$ 的功率谱密度函数 $S_N(f)$ 的关系式为

$$S_{N_I}(f)=S_{N_Q}(f)=\begin{cases}S_N(f-f_c)+S_N(f+f_c), & -B\leqslant f\leqslant B\\ 0, & \text{其他}\end{cases} \tag{2.76}$$

其中，假设 $S_N(f)$ 的占用频率间隔为 $f_c-B\leqslant|f|\leqslant f_c+B$，且 $f_c>B$。

性质5：同相分量 $n_I(t)$ 和正交分量 $n_Q(t)$ 具有相同的方差，且等于 $n(t)$ 的方差。

性质6：同相分量和正交分量的互功率谱密度是纯虚数的，且与窄带噪声 $n(t)$ 的功率谱密度函数 $S_N(f)$ 的关系式为

$$\begin{aligned}S_{N_I,N_Q}(f)&=-S_{N_Q,N_I}(f)\\&=\begin{cases}\mathrm{j}[S_N(f+f_c)-S_N(f-f_c)], & -B\leqslant f\leqslant B\\ 0, & \text{其他}\end{cases}\end{aligned} \tag{2.77}$$

性质7：假定窄带噪声 $n(t)$ 是高斯的，其功率谱密度函数 $S_N(f)$ 关于中心频率 f_c 对称，那么其同相分量 $n_I(t)$ 和正交分量 $n_Q(t)$ 是统计独立的。

性质1~3的证明可以直接从图2.15得到，其他性质的讨论参考习题2.9。

例2.18　确定例2.17中 $n(t)$ 的同相分量和正交分量的自相关函数和功率谱密度。

解　由同相分量和正交分量性质4，同相分量 $n_I(t)$ 和正交分量 $n_Q(t)$ 的相应功率谱密度为

$$S_{N_I}(f)=S_{N_Q}(f)=\begin{cases}N_0, & -B\leqslant f\leqslant B\\ 0, & \text{其他}\end{cases} \tag{2.78}$$

$n_I(t)$ 和 $n_Q(t)$ 的功率谱密度如图2.16所示。其自相关函数为

$$R_{N_I}(\tau)=R_{N_Q}(\tau)=\int_{-B}^{B}N_0\exp(\mathrm{j}2\pi f\tau)\,\mathrm{d}f=2N_0B\operatorname{sinc}(2B\tau) \tag{2.79}$$

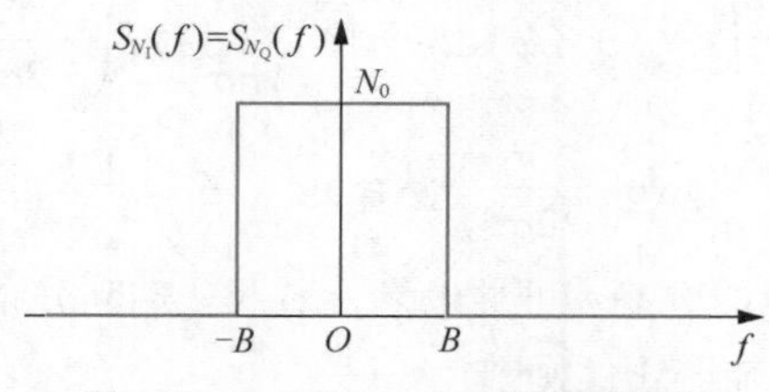

图2.16　$n_I(t)$ 和 $n_Q(t)$ 的功率谱密度

【本例终】

2.6.3　包络和相位表示法

2.6.2小节研究了基于同相和正交分量的窄带噪声表示法，窄带噪声 $n(t)$ 也可以表示成包络

和相位形式

$$n(t)=r(t)\cos(2\pi f_c t+\varphi(t)) \tag{2.80}$$

其中

$$r(t)=[n_I^2(t)+n_Q^2(t)]^{1/2} \tag{2.81}$$

$$\varphi(t)=\arctan\left[\frac{n_Q(t)}{n_I(t)}\right] \tag{2.82}$$

函数$r(t)$称为$n(t)$的包络，$\varphi(t)$称为$n(t)$的相位，它们都是低通过程。下面分析$r(t)$和$\varphi(t)$的统计特性。

对于零均值平稳窄带高斯过程$n(t)$，其同相分量$n_I(t)$和正交分量$n_Q(t)$都是零均值平稳高斯过程，且在任意时刻t，$n_I(t)$和$n_Q(t)$对应的随机变量N_I和N_Q统计独立。N_I和N_Q联合概率密度函数为

$$f_{N_I,N_Q}(n_I,n_Q)=\frac{1}{2\pi\sigma^2}\exp\left(-\frac{n_I^2+n_Q^2}{2\sigma^2}\right) \tag{2.83}$$

其中σ^2为N_I和N_Q的方差，n_I和n_Q与r和φ的变换关系为

$$n_I=r\cos\varphi \tag{2.84}$$

$$n_Q=r\sin\varphi \tag{2.85}$$

若在t时刻包络$r(t)$和相位$\varphi(t)$对应的随机变量分别为R和Φ，则R和Φ的联合概率密度函数为

$$f_{R,\Phi}(r,\varphi)=f_{N_I,N_Q}(n_I,n_Q)\left|\frac{\partial(n_I,n_Q)}{\partial(r,\varphi)}\right|=f_{N_I,N_Q}(n_I,n_Q)\,|J| \tag{2.86}$$

其中$|J|$为从n_I、n_Q到r、φ变换的雅可比行列式

$$|J|=\begin{vmatrix}\cos\varphi & \sin\varphi\\ -r\sin\varphi & r\cos\varphi\end{vmatrix}=r \tag{2.87}$$

故有

$$f_{R,\Phi}(r,\varphi)=f_{N_I,N_Q}(n_I,n_Q)\,|J|=\frac{r}{2\pi\sigma^2}\exp\left(-\frac{r^2}{2\sigma^2}\right) \tag{2.88}$$

其中，$r\geqslant 0$，$\varphi\in[0,2\pi]$。

利用概率论知识，可求得包络$r(t)$的边缘概率密度函数

$$\begin{aligned}f_R(r)&=\int_{-\infty}^{\infty}f_{R,\Phi}(r,\varphi)\,\mathrm{d}\varphi=\int_0^{2\pi}\frac{r}{2\pi\sigma^2}\exp\left(-\frac{r^2}{2\sigma^2}\right)\mathrm{d}\varphi\\&=\frac{r}{\sigma^2}\exp\left(-\frac{r^2}{2\sigma^2}\right),r\geqslant 0\end{aligned} \tag{2.89}$$

其中，σ^2是窄带噪声$n(t)$的方差。可见包络$r(t)$服从瑞利分布。

同样可得相位$\varphi(t)$的边缘概率密度函数

$$\begin{aligned}f_\Phi(\varphi)&=\int_{-\infty}^{\infty}f_{R,\Phi}(r,\varphi)\,\mathrm{d}r=\frac{1}{2\pi}\int_{-\infty}^{\infty}\frac{r}{\sigma^2}\exp\left(-\frac{r^2}{2\sigma^2}\right)\mathrm{d}r\\&=\frac{1}{2\pi}\end{aligned} \tag{2.90}$$

可见相位$\varphi(t)$服从$[0,2\pi]$上的均匀分布，且

$$f_{R,\Phi}(r,\varphi)=f_R(r)f_\Phi(\varphi) \tag{2.91}$$

这说明，在任一时刻t，包络$r(t)$和相位$\varphi(t)$对应的随机变量是统计独立的。

令 $v=\dfrac{r}{\sigma}$，可得到标准化的瑞利分布的概率密度函数，如图 2.17 所示。

$$f_V(v)=\begin{cases} v\exp\left(-\dfrac{v^2}{2}\right), & v\geqslant 0 \\ 0, & v<0 \end{cases} \tag{2.92}$$

与高斯分布不同，瑞利分布在 $v<0$ 时等于 0，这是因为包络 $r(t)$ 只能为非负值。

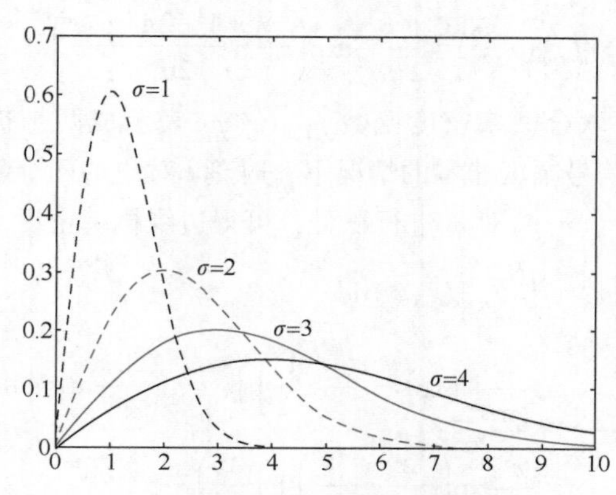

图 2.17　瑞利分布的概率密度函数

2.7 正弦信号加窄带高斯噪声

正弦信号加窄带高斯噪声是通信系统中经常遇到的随机过程，如第 3 章的模拟调制系统，其输出就是以正弦信号为载波的已调信号。已调信号到达接收机时，会叠加信道噪声及干扰，因此，了解正弦信号加窄带噪声统计特性具有重要意义。

假设正弦波的频率和噪声的标称载波频率相同，则正弦信号 $A\cos(2\pi f_c t)$ 叠加窄带噪声 $n(t)$ 的一个样本函数可表示为

$$x(t)=A\cos(2\pi f_c t)+n(t) \tag{2.93}$$

其中 A 和 f_c 都是常量。

由窄带噪声的同相分量和正交分量表示法，可得

$$x(t)=n_I'(t)\cos(2\pi f_c t)-n_Q(t)\sin(2\pi f_c t) \tag{2.94}$$

其中

$$n_I'(t)=A+n_I(t) \tag{2.95}$$

若窄带噪声 $n(t)$ 为均值为 0、方差为 σ^2 的高斯过程，则 $n_I'(t)$ 和 $n_Q(t)$ 具有如下性质。

性质 1：分量 $n_I'(t)$ 和 $n_Q(t)$ 为高斯过程，且统计独立。

性质 2：分量 $n_I'(t)$ 的均值为 A，$n_Q(t)$ 的均值为 0。

性质 3：分量 $n_I'(t)$ 和 $n_Q(t)$ 的方差相等，都为 σ^2。

设 t 时刻分量 $n_I'(t)$ 和 $n_Q(t)$ 对应的随机变量为 N_I' 和 N_Q，由上述性质可得，N_I' 和 N_Q 的联合概率密度函数为

$$f_{N_I',N_Q}(n_I',n_Q)=\frac{1}{2\pi\sigma^2}\exp\left[-\frac{(n_I'-A)^2+n_Q^2}{2\sigma^2}\right] \tag{2.96}$$

令 $r(t)$ 和 $\varphi(t)$ 分别表示 $x(t)$ 的包络和相位，则

$$r(t)=\{[n_{\mathrm{I}}'(t)]^2+n_{\mathrm{Q}}^2(t)\}^{1/2} \tag{2.97}$$

$$\varphi(t)=\arctan\left[\frac{n_{\mathrm{Q}}(t)}{n_{\mathrm{I}}'(t)}\right] \tag{2.98}$$

设 t 时刻 $r(t)$ 和 $\varphi(t)$ 对应的随机变量为 R 和 Φ，根据概率变换法则，R 和 Φ 的联合概率密度函数为

$$f_{R,\Phi}(r,\varphi)=\frac{r}{2\pi\sigma^2}\exp\left(-\frac{r^2+A^2-2Ar\cos\varphi}{2\sigma^2}\right) \tag{2.99}$$

可见，式(2.99)不能将联合概率密度函数 $f_{R,\Phi}(r,\varphi)$ 表示成两个边缘概率密度函数 $f_R(r)$ 和 $f_\Phi(\varphi)$ 的乘积。因此在正弦信号幅度非零的情况下，时刻 t 对应的两个随机变量 R 和 Φ 是相关的。

将联合概率密度函数 $f_{R,\Phi}(r,\varphi)$ 对 φ 进行积分，可得边缘概率密度

$$\begin{aligned}f_R(r)&=\int_0^{2\pi}f_{R,\Phi}(r,\varphi)\,\mathrm{d}\varphi\\&=\frac{r}{2\pi\sigma^2}\exp\left(-\frac{r^2+A^2}{2\sigma^2}\right)\int_0^{2\pi}\exp\left(\frac{Ar}{\sigma^2}\cos\varphi\right)\mathrm{d}\varphi\\&=\frac{r}{\sigma^2}\exp\left(-\frac{r^2+A^2}{2\sigma^2}\right)\mathrm{I}_0\left(\frac{Ar}{\sigma^2}\right)\end{aligned} \tag{2.100}$$

其中 $\mathrm{I}_0(x)$ 为第一类零阶修正贝塞尔函数

$$\mathrm{I}_0(x)=\frac{1}{2\pi}\int_0^{2\pi}\exp(x\cos\varphi)\,\mathrm{d}\varphi \tag{2.101}$$

由式(2.100)可知，包络 $r(t)$ 服从莱斯分布，也称广义瑞利分布。

令 $v=\dfrac{r}{\sigma},a=\dfrac{A}{\sigma}$，可得到莱斯分布的标准化形式

$$f_V(v)=v\exp\left(-\frac{v^2+a^2}{2}\right)\mathrm{I}_0(av) \tag{2.102}$$

图 2.18 给出了参数 a 分别为 0、1、2、3、4 时的标准莱斯分布的概率密度函数。由这些曲线可以得出以下两条结论。

(1) 当 $a=0$ 时，莱斯分布退化为瑞利分布。

(2) 当 a 足够大时，包络分布近似于均值为 a 的高斯分布。

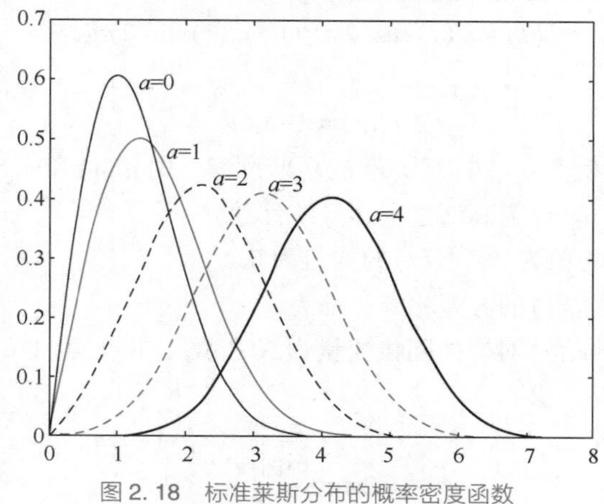

图 2.18　标准莱斯分布的概率密度函数

2.8 本章小结

本章在介绍随机过程的统计特性和数字特征等基本概念的基础上，给出了随机过程平稳性和遍历性的条件，得出了维纳-辛钦关系式，分析了平稳随机过程通过线性时不变系统的输出特性，介绍了高斯过程的特性，讨论了窄带噪声和正弦波加窄带噪声的性质及相关结论。

随机过程是具有一定概率规则的时间函数的集合，也可以表示成处于不同时刻 t 的随机变量集合。随机过程的统计特性包括概率分布函数和概率密度函数，其数字特征包括均值、方差、自相关函数和自协方差函数等。均值表示了随机过程在各个时刻 t 的摆动中心，方差表示了随机过程在时刻 t 相对于均值的偏离程度，自相关函数和自协方差函数反映了随机过程在两个不同时刻的线性相关程度。

严平稳随机过程的统计特性与时间起点无关。宽平稳过程的均值为常数，自相关函数与时间起点无关，只与时间间隔有关。如果平稳随机过程是均值遍历和自相关遍历的，就可以用时间平均取代集合平均。循环平稳过程的均值和自相关函数是时间 t 的周期函数。平稳过程未必是严平稳的，存在有限二阶矩的严平稳过程一定是平稳过程。若一个随机过程是遍历的，则该过程一定是平稳的，反之未必成立。维纳-辛钦关系式表明平稳过程的自相关函数和功率谱密度是一个傅里叶变换对。均值与自相关函数等描述了随机过程的时域特性，而功率谱密度函数则描述了随机过程的频域特性。

平稳过程通过线性时不变系统之后，输出过程也是平稳的，其均值等于输入过程的均值乘系统的零频率响应，其功率谱密度等于输入过程的功率谱密度与系统频率响应幅度平方的乘积。

高斯过程的任意 n 维联合分布均是高斯的。高斯过程通过一个平稳线性系统的输出也是高斯的，平稳高斯过程一定是严平稳的。对于联合高斯分布的随机过程，不相关和独立等价。白噪声的功率谱密度在所有频率范围内是均匀分布的。如果白噪声幅值又满足高斯分布，则称为高斯白噪声。在分析通信系统的抗噪性能时，常用加性高斯白噪声(AWGN)作为噪声模型，高斯白噪声在任意不同时刻对应的随机变量服从高斯分布，且相互独立。

高斯白噪声通过窄带系统后，其输出是窄带高斯白噪声。窄带噪声有两种表示法，同相分量和正交分量表示法以及包络和相位表示法。对于平稳零均值的窄带高斯噪声，其同相分量和正交分量是相互独立的平稳零均值高斯过程，且同相分量、正交分量和窄带噪声具有相同的方差。窄带噪声的包络和相位为相互独立的低通过程，且包络服从瑞利分布，相位服从均匀分布。

正弦信号加窄带高斯噪声是通信系统中经常遇到的随机过程，其同相分量和正交分量为相互独立的高斯过程，且具有相同的方差。在正弦信号幅值非零的情况下，其包络与相位是相关的，且包络服从莱斯分布(广义瑞利分布)。

习题

2.1 假设随机过程 $X(t)$ 定义如下

$$X(t)=A\sin(2\pi f_c t)$$

其中，A 是常量，f_c 是在 $[0,W]$ 上均匀分布的随机变量。试确定 $X(t)$ 是否平稳。

2.2 假设正弦过程为

$$X(t)=A\cos(2\pi f_c t)$$

其中f_c是常量，而幅度A在$[0,1]$上均匀分布，即

$$f_A(a)=\begin{cases}1, & 0\leqslant a\leqslant 1\\0, & 其他\end{cases}$$

试确定这个过程是否严平稳。

2.3 假设正弦过程为

$$X(t)=A\cos(2\pi f_c t)$$

其中f_c为常数，A是均值为0、方差为σ^2的高斯随机变量。让$X(t)$通过理想积分器，输出为

$$Y(t)=\int_0^t X(\tau)\,d\tau$$

(1)求t_k时刻对应的随机变量A的概率密度函数$Y(t_k)$；

(2)确定输出过程$Y(t)$是否平稳；

(3)确定输出过程$Y(t)$是否遍历。

2.4 设X与Y为统计独立的标准高斯随机变量。定义高斯过程

$$Z(t)=X\cos(2\pi t)+Y\sin(2\pi t)$$

(1)求t_1时刻和t_2时刻对应的随机变量$Z(t_1)$和$Z(t_2)$的联合概率密度；

(2)判断随机过程$Z(t)$的平稳性。

2.5 平稳随机过程通过线性系统的输出仍是平稳的随机过程，请问反之是否成立，即若线性系统的输出是平稳的随机过程，输入是否为平稳的随机过程？

2.6 对于例2.3中的随机延迟的二进制脉冲信号$X(t)$，试确定

(1)对于任意时间t_k对应的随机变量$X(t_k)$的概率密度函数；

(2)利用时间平均求随机过程$X(t)$的均值和自相关函数；

(3)$X(t)$是否遍历。

2.7 证明随机过程$X(t)$的自相关函数$R_X(\tau)$的下面两个特性。

(1)假如$X(t)$包含直流分量A，$R_X(\tau)$将包含一个A^2的常量；

(2)假如$X(t)$包含正弦分量，$R_X(\tau)$将包含同样频率的正弦分量。

2.8 随机过程$Y(t)$包含$\sqrt{\dfrac{3}{2}}$ V的直流分量、周期性分量$g(t)$和随机分量$X(t)$，其中$g(t)$和$X(t)$都是零均值的，且不相关。$Y(t)$的自相关函数如图P2.8所示。试求

(1)周期性分量$g(t)$的平均功率；

(2)随机分量$X(t)$的平均功率。

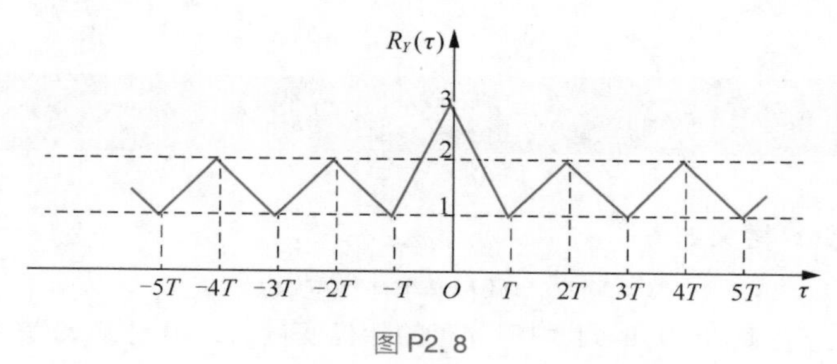

图 P2.8

2.9 一个随机过程 $X(t)$ 的功率谱密度函数如图 P2.9 所示，它包括 $f=0$ 处的 δ 函数和一个三角函数分量。

(1) 求出 $X(t)$ 的自相关函数 $R_X(\tau)$ 并画出其函数图像；

(2) 求出 $X(t)$ 中的直流功率；

(3) 求出 $X(t)$ 中的交流功率；

(4) 用什么样的抽样速率才能得到 $X(t)$ 的不相关抽样？这些抽样点统计独立吗？

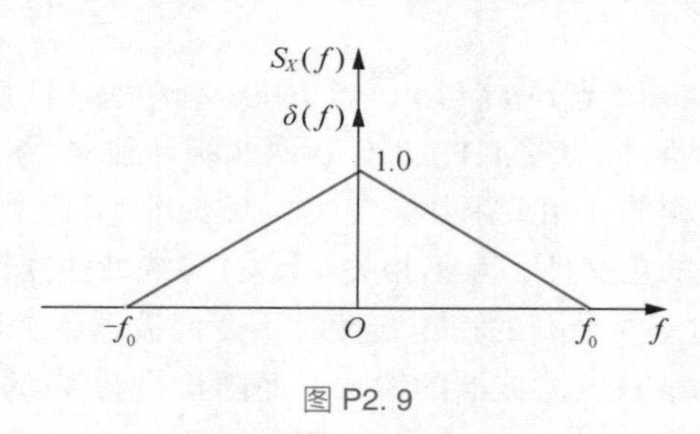

图 P2.9

2.10 一个连续积分器

$$y(t) = \int_{t-T}^{t} x(\tau)\,\mathrm{d}\tau$$

其中 $x(t)$ 是输入，$y(t)$ 是输出，T 为积分周期。$x(t)$ 和 $y(t)$ 分别是平稳过程 $X(t)$ 和 $Y(t)$ 的样本函数。证明积分器输出的功率谱密度与输入的功率谱密度关系为

$$S_Y(f) = T^2 \mathrm{sinc}^2(fT)\,S_X(f)$$

2.11 将一个零均值、功率谱密度为 $S_X(f)$ 的平稳高斯过程通过一冲激响应为 $h(t)$ 的线性滤波器，如图 P2.11 所示。在时刻 T 抽取滤波器的一个输出样本 Y。试求

(1) Y 的均值和方差；

(2) Y 的概率密度函数。

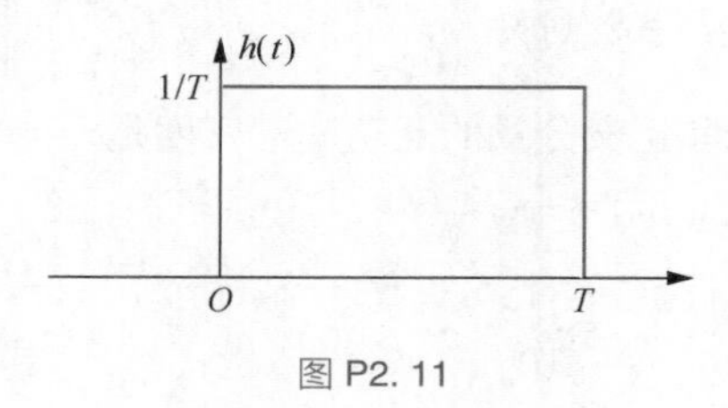

图 P2.11

2.12 试确定低通 RC 滤波器的等效噪声带宽，其中滤波器频率为

$$H(f) = \frac{1}{1+\mathrm{j}2\pi fRC}$$

2.13 双边功率谱密度为 $N_0/2$ 的白噪声作用到 $|H(0)|=2$ 的低通网络上，网络的等效噪声带宽为 2MHz。若噪声输出平均功率是 0.1W，求 N_0 的值。

2.14 将零均值、功率谱密度为 $N_0/2$ 的高斯白噪声通过如图 P2.14(a) 所示的滤波器，其中两个滤波器的频率响应如图 P2.14(b) 所示，低通滤波器的输出噪声用 $n(t)$ 表示。试求

(1) 输出过程 $n(t)$ 的功率谱密度和自相关函数；

(2) 输出过程 $n(t)$ 的均值和方差；

(3) 以怎样的速率对 $n(t)$ 进行抽样，才能使得抽样结果是不相关的？

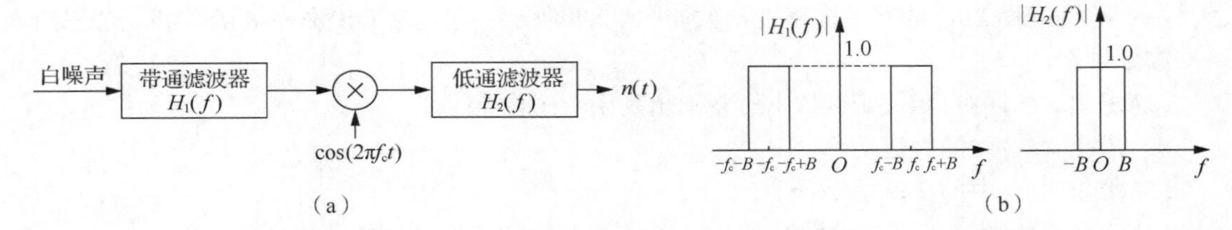

图 P2.14

2.15 两个随机过程 $X(t)=A\sin(2\pi f_c t+\varphi)$ 与 $Y(t)=B\cos(2\pi f_c t+\varphi)$，其中 A 与 B 为未知随机变量，φ 为 $[0,2\pi]$ 均匀分布的随机变量，A、B 与 φ 两两统计独立，f_c 为常数。

(1)试求这两个随机过程的互相关函数；

(2)讨论两个随机过程的正交性、互不相关(无关)与统计独立性。

2.16 两个联合平稳过程通过一对分开的稳定线性时不变滤波器，如图 P2.16 所示。假定随机过程 $X(t)$ 是冲激响应为 $h_1(t)$ 的滤波器的输入，而随机过程 $Y(t)$ 是冲激响应为 $h_2(t)$ 的滤波器的输入。令随机过程 $V(t)$ 和 $Z(t)$ 为相应滤波器的输出：

(1)计算 $V(t)$ 和 $Z(t)$ 的互相关函数；

(2)计算 $V(t)$ 和 $Z(t)$ 的互功率谱密度。

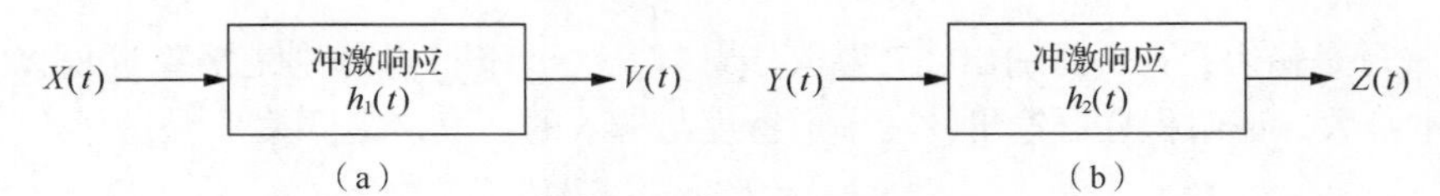

图 P2.16　$X(t)$ 和 $Y(t)$ 分别通过线性时不变滤波器

2.17 假定窄带噪声 $n(t)$ 是高斯的，

(1)证明 $n(t)$ 的同相分量和正交分量的功率谱密度是

$$S_{N_1}(f)=S_{N_Q}(f)=\begin{cases}S_N(f-f_c)+S_N(f+f_c), & -B\leqslant f\leqslant B\\ 0, & \text{其他}\end{cases}$$

(2)证明 $n(t)$ 的同相分量和正交分量的互功率谱密度是

$$\begin{aligned}S_{N_1,N_Q}(f)&=-S_{N_Q,N_1}(f)\\&=\begin{cases}\mathrm{j}[S_N(f+f_c)-S_N(f-f_c)], & -B\leqslant f\leqslant B\\ 0, & \text{其他}\end{cases}\end{aligned}$$

(3)若 $n(t)$ 的功率谱密度 $S_N(f)$ 关于中心频率 f_c 对称。证明 $n(t)$ 的同相分量和正交分量是统计独立的。

2.18 窄带噪声 $n(t)$ 的功率谱密度如图 P2.18 所示，载频为 5Hz，试求 $n(t)$ 的同相分量和正交分量的功率谱密度。

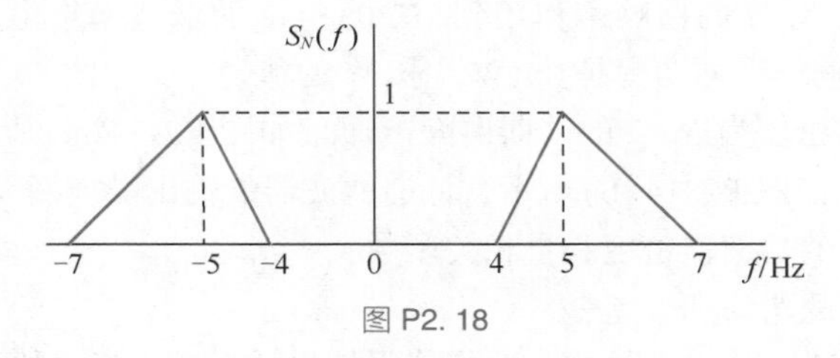

图 P2.18

第 3 章

连续波模拟调制

知识要点

- 常规幅度调制信号的产生、频谱及解调
- 线性调制方案（双边带、单边带与残留边带调制）信号的产生、频谱及解调
- 相干解调与非相干解调
- 非线性调制方案（调频与调相）信号的产生、频谱及解调
- 输入信噪比、信道信噪比、输出信噪比和解调增益
- 常规幅度调制包络检波接收机的抗噪声性能
- 线性调制相干接收机的抗噪声性能
- 调频接收机的抗噪声性能
- 常规幅度调制和频率调制的门限效应
- 连续波调制的性能比较
- 频分复用

3.1 引言

连续波模拟调制是模拟通信系统的基本组成部分。在实际通信系统中，信源产生的原始消息信号(调制信号)一般在基带频率范围内，也称基带信号，而通信信道常常是带通型的，因此，发射机需要对原始消息信号进行调制，把它变换成适合在信道中传输的带通信号形式；接收机则需要从带通信号中解调出原始消息信号。调制就是指用调制信号去控制载波，使载波的某些特征量随信号而变化，经过调制的信号称为已调信号。除信号变化外，调制的作用还包括扩展信号带宽、提高系统的抗噪声性能等，多路信号可以通过调制实现多路复用，提高通信系统利用率。

根据载波的类型(连续波或脉冲序列)以及调制信号的类型(模拟信号或数字信号)，可以将调制分为连续波模拟调制、脉冲模拟调制、数字脉冲调制和连续波数字调制这 4 种。本章主要对以正弦波为载波的各种连续波模拟调制方案进行讨论，其他调制类型的具体介绍分别见第 4 章、第 5 章和第 7 章。

连续波模拟调制系统的发射机和接收机结构如图 3.1 所示，发射机由调制器组成[如图 3.1(a)所示]，接收机由解调器组成[如图 3.1(b)所示]。调制器的作用是把调制信号加载到正弦载波的幅度或角度上，因此幅度调制和角度调制是最基本的两种连续波模拟调制类型。接收机的输入除了信道输出的有用信号外，还包含信道噪声，信道噪声给接收机造成的性能损失大小取决于采用的调制解调方案。

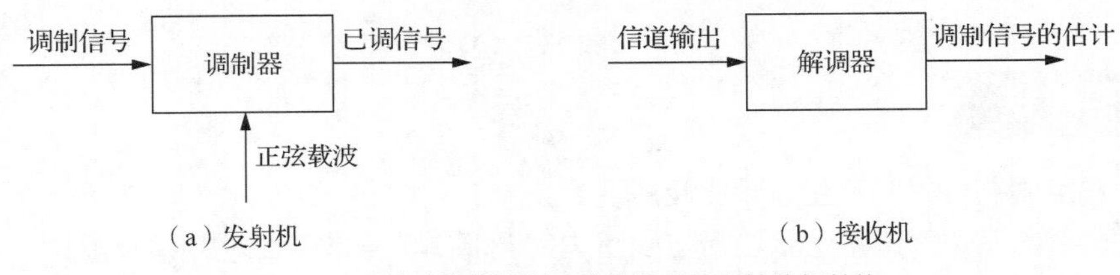

图 3.1 连续波模拟调制系统的发射机和接收机结构

本章重点讨论的是幅度调制和角度调制这两种连续波模拟调制方法，分析噪声对这两种方法中各调制解调方案的影响，比较它们相应的性能特点，最后介绍频分复用的基本原理。具体的幅度调制方案包括常规幅度调制、抑制载波的双边带调制、单边带调制和残留边带调制这四种，角度调制方案包括频率调制和相位调制两种。

3.2 幅度调制

幅度调制用调制信号来控制正弦载波的幅度，包括常规幅度调制、抑制载波的双边带调制、单边带调制和残留边带调制这四种，下面分别详细介绍。

3.2.1 常规幅度调制

常规幅度调制中正弦载波的幅度将以某个均值为中心随调制信号呈线性变化，俗称调幅

(Amplitude Modulation，AM)。AM 的优点在于实现方式简单且系统成本较低，目前主要用于中波和短波的调幅广播中。

1. AM 信号的产生

设正弦载波为

$$c(t)=A_c\cos(2\pi f_c t) \tag{3.1}$$

其中 A_c 为载波幅度，f_c 为载波频率，载波的初始相位假设为 0(该假设不失一般性)。令 $m(t)$ 为基带信号，且产生正弦载波 $c(t)$ 的信源和产生基带信号 $m(t)$ 的信源相互独立。根据定义，AM 的时域表达式为

$$s(t)=A_c[1+k_a m(t)]\cos(2\pi f_c t) \tag{3.2}$$

其中，$s(t)$ 是调幅最终产生的已调信号。k_a 是常量，称为调幅灵敏度，又称调幅指数，$k_a m(t)$ 取绝对值后，将其最大值乘 100，乘积 $100\times\max|k_a m(t)|$ 称为调制百分比。如果载波幅度 A_c 和消息信号 $m(t)$ 的单位为 V，那么 k_a 的单位为 1/V。

根据式(3.2)，AM 模型的实现如图 3.2 所示。

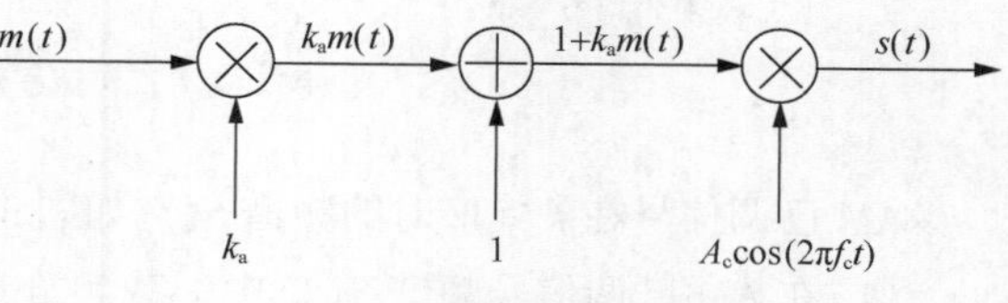

图 3.2　AM 模型的实现

图 3.3 给出了由不同 k_a 所得到的两组 AM 信号波形。图 3.3(a) 表示的是 $\max|k_a m(t)|<1$ 的情况，此时 $1+k_a m(t)>0$，该限制保证了已调信号 $s(t)$ 的包络为正值函数，其波形与基带信号 $m(t)$ 的波形完全相同，用包络检波法可以很容易地恢复出原始调制信号。图 3.3(b) 表示的是 $\max|k_a m(t)|>1$ 的情况，此时载波变成了过调幅，因子 $1+k_a m(t)$ 在过零点处载波相位会发生反转，这时采用包络检波法会发生失真，但是可以使用其他解调方法，恢复出原始调制信号，如相干解调。

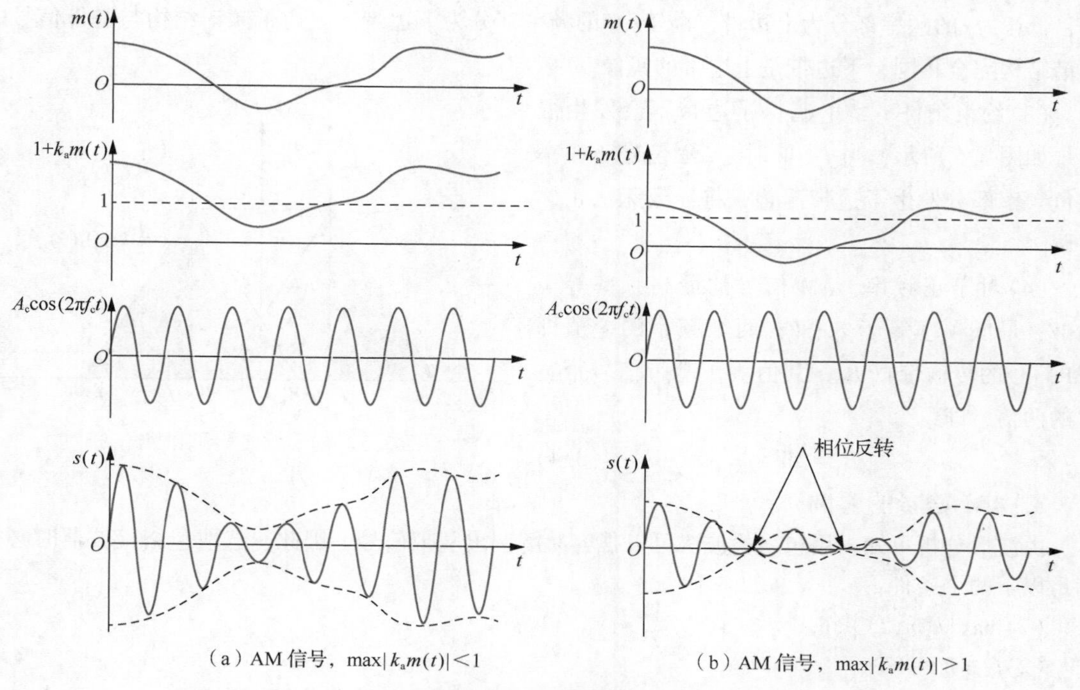

(a) AM 信号，$\max|k_a m(t)|<1$　　(b) AM 信号，$\max|k_a m(t)|>1$

图 3.3　由不同 k_a 所得到的两组 AM 信号波形

2. AM 信号的频谱

假定基带信号 $m(t)$ 频率范围为 $-W \leqslant f \leqslant W$，其频谱为 $M(f)$，如图 3.4(a) 所示。由式(3.2)，可得 AM 信号 $s(t)$ 的傅里叶变换结果为

$$S(f)=\frac{A_c}{2}[\delta(f-f_c)+\delta(f+f_c)]+\frac{k_a A_c}{2}[M(f-f_c)+M(f+f_c)] \tag{3.3}$$

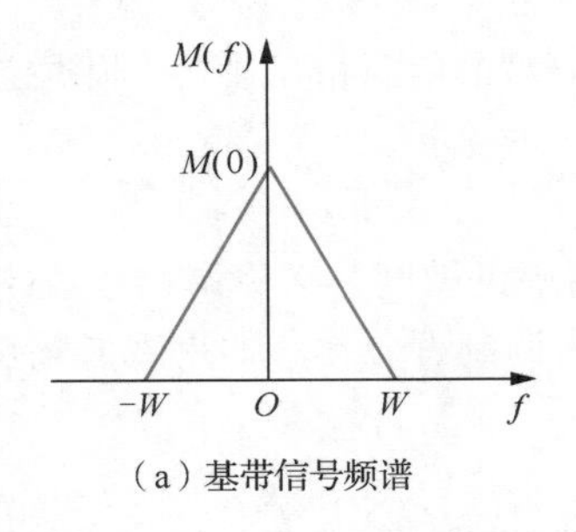

(a) 基带信号频谱

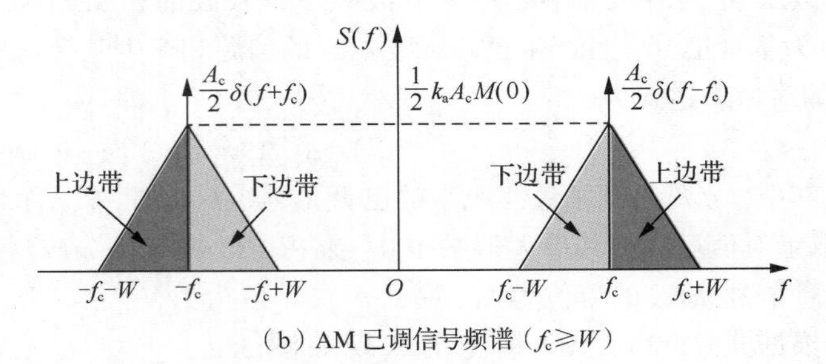

(b) AM 已调信号频谱 ($f_c \geqslant W$)

图 3.4 基带信号和 AM 已调信号的频谱

AM 已调信号在 $f_c \geqslant W$ 时的频谱 $S(f)$ 如图 3.4(b) 所示，可以看出

(1) 在 AM 已调信号频谱 $S(f)$ 中，载频分量包括两个分别位于 $\pm f_c$ 处的冲激函数 $\delta(f-f_c)$ 和 $\delta(f+f_c)$，大小均为 $A_c/2$；

(2) 基带信号频谱在频率轴上分别平移了 $\pm f_c$，幅值为 $k_a A_c M(0)/2$，在 $f_c \geqslant W$ 的条件下，基带信号 $m(t)$ 位于 $-W \leqslant f \leqslant 0$ 之间的负频率频谱在正频率部分完全可见；对于正频率部分，AM 频谱中高于载波频率 f_c 的频率部分称为上边带；低于 f_c 的对称频率部分被称为下边带。对于负频率部分，低于 $-f_c$ 的频率部分为上边带，高于 $-f_c$ 的频率部分为下边带。上边带频谱结构与基带信号的频谱结构完全相同，下边带是上边带的镜像。

(3) 约束条件 $f_c \geqslant W$ 确保了边带不会发生混叠。如图 3.5 所示，当 $f_c < W$ 时，AM 信号正频率与负频率部分发生了边带混叠，将导致无法正确解调。

(4) 对于正频率，AM 信号的最高频率等于 f_c+W，最低频率等于 f_c-W，两个频率的差值即 AM 信号的传输带宽 B_T，其值等于基带信号带宽 W 的两倍，即

$$B_T = 2W \tag{3.4}$$

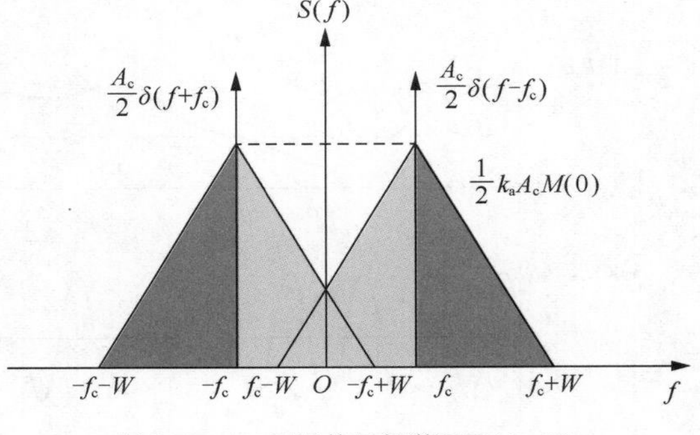

图 3.5 AM 已调信号频谱混叠 ($f_c<W$)

3. AM 信号的解调

由波形分析可知，用包络检波法可以很容易解调出基带信号，因此，选取包络检波器时必须满足以下两个条件：

(1) $\max|k_a m(t)|<1$；

(2) $f_c \geqslant W$。

条件(1)是为了避免过调幅的产生，条件(2)是为了避免边带发生频谱混叠。

例 3.1 设消息信号 $m(t)$ 为正弦信号

$$m(t)=A_m\cos(2\pi f_m t)$$

若载波 $c(t)=A_c\cos(2\pi f_c t)$，其中 f_c 为载波频率，且 $f_m<<f_c$，

(1)试确定 AM 信号表达式(设调制指数为 k_a)；

(2)若采用包络检波解调此 AM 信号，试确定有效的 k_a；

(3)确定 AM 信号的上边带及下边带；

(4)计算 AM 信号各边带的功率。

解　(1)由定义可得 AM 信号的表达式为

$$s(t)=A_c[1+k_a m(t)]\cos(2\pi f_c t)=$$

$$A_c\cos(2\pi f_c t)+\frac{k_a A_c A_m}{2}\cos[2\pi(f_c-f_m)t]+\frac{k_a A_c A_m}{2}\cos[2\pi(f_c+f_m)t]$$

(2)若采用包络检测器解调，则对所有的 t，$|k_a m(t)|<1$，即 $|k_a A_m\cos(2\pi f_c t)|<1$，故有 $k_a A_m<1$，从而 $0<k_a<\frac{1}{A_m}$。

(3)由(1)可得，AM 信号的上边带分量为 $s_H(t)=\frac{k_a A_c A_m}{2}\cos[2\pi(f_c+f_m)t]$，

下边带分量为 $s_L(t)=\frac{k_a A_c A_m}{2}\cos[2\pi(f_c-f_m)t]$。

(4)由(1)可得 AM 信号的傅里叶变换如下，其频谱如图 3.6 所示。

$$S(f)=\frac{A_c}{2}[\delta(f-f_c)+\delta(f+f_c)]+$$

$$\frac{k_a A_c A_m}{4}[\delta(f-f_c+f_m)+\delta(f+f_c-f_m)]+$$

$$\frac{k_a A_c A_m}{4}[\delta(f-f_c-f_m)+\delta(f+f_c+f_m)]$$

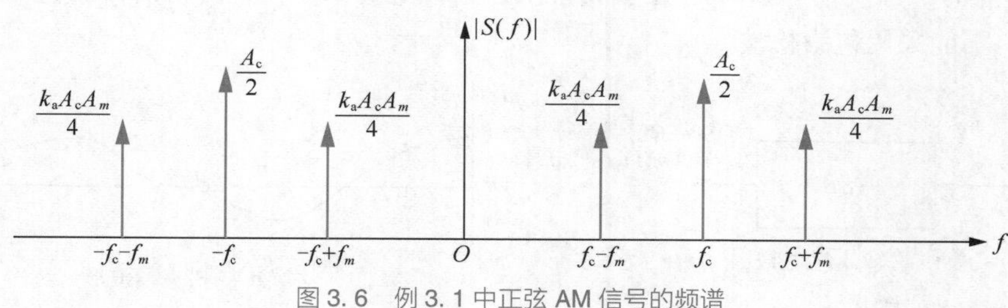

图 3.6　例 3.1 中正弦 AM 信号的频谱

可以计算出，载频分量功率为 $S_c=\frac{A_c^2}{2}$，两个边带的总功率为 $S_m=\frac{k_a^2A_c^2A_m^2}{4}$。

由于 $|k_a A_m|<1$，有 $S_m=\frac{k_a^2A_c^2A_m^2}{4}<\frac{A_c^2}{2}=S_c$，可见在正弦信号的 AM 中，载波功率总是大于有用信号功率的。

【本例终】

4. AM 的优缺点

AM 的优点为实现方式简单，系统成本较低，但也存在以下两点主要缺点。

(1) AM 浪费带宽。AM 波的上边带和下边带关于载频对称，从信息传送的角度看，只传送一个边带就足够了，由此可见，AM 浪费了传输带宽。

(2) AM 浪费功率。由于载波 $c(t)$ 完全独立于基带信号 $m(t)$，因此载波的发送会浪费功率。

为了克服以上缺陷，必须对 AM 进行改进，抑制载波的同时改变 AM 的边带，以提高通信系统带宽和功率的利用率。改进思路是采用线性调制，线性调制的基本特点为已调信号频谱完全是基带信号频谱在频域内的线性搬移。需要注意的是，这里的线性并不是指已调信号与调制信号之间的变换关系是线性的，事实上任何一种调制方式中的变换关系都是非线性的。严格地说，由于 AM 的已调信号中出现了载波，因此 AM 不属于线性调制。

线性调制方案分以下 3 种类型，后文将进行详细讨论。

- 抑制载波的双边带(Double-sideband Suppressed-Carrier，DSB-SC)调制，只传输上边带和下边带，简称双边带(Double-Sideband，DSB)调制。
- 单边带(Single-Sideband，SSB)调制，只传输一个边带(上边带或下边带)。
- 残留边带(Vestigial-Sideband，VSB)调制，只传输某一边带的残留和另一边带相应修改的部分。

3.2.2 DSB-SC 调制

DSB-SC 调制只发送上边带和下边带，其优点是功率利用率高，但频带利用率不高，接收机采用同步解调，设备较复杂，一般用于点对点的专用通信及低带宽信号多路复用系统。

1. DSB-SC 信号的产生

通过使用乘法器，将基带信号 $m(t)$ 与载波 $c(t)=A_c\cos(2\pi f_c t)$ 直接相乘，即可得到 DSB-SC 信号，如图 3.7(a)所示。其时域表达式为

$$s(t)=A_c m(t)\cos(2\pi f_c t) \tag{3.5}$$

图 3.7(b)所示为基带信号波形，图 3.7(c)所示为 DSB-SC 已调信号 $s(t)$ 的波形，当调制信号 $m(t)$ 过零点时，已调信号 $s(t)$ 会发生相位反转，因此，DSB-SC 已调信号的包络与消息信号不完全相同，不能采用包络检波。

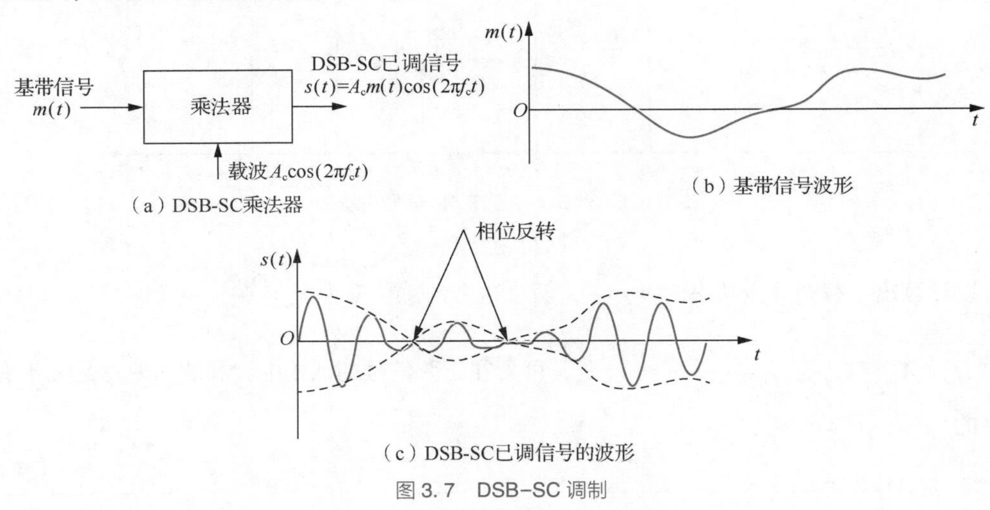

图 3.7 DSB-SC 调制

2. DSB-SC 信号的频谱

由式(3.5)可得，$s(t)$的傅里叶变换为

$$S(f)=\frac{A_c}{2}[M(f-f_c)+M(f+f_c)] \tag{3.6}$$

若调制信号 $m(t)$的有效带宽为 W，如图 3.8(a)所示，其 DSB 已调信号 $s(t)$的频谱如图 3.8(b)所示。可以看出，DSB-SC 信号的频谱只有上边带和下边带，除了比例因子的改变外，调制过程其实就是简单地将基带信号频谱搬移到$\pm f_c$处，DSB-SC 调制所需的传输带宽与 AM 相等，即

$$B_T=2W \tag{3.7}$$

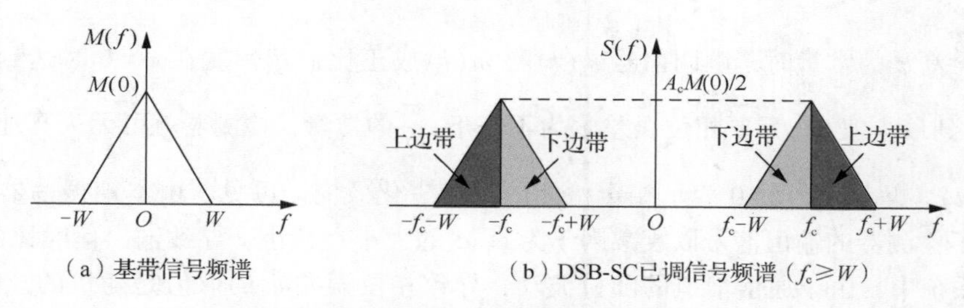

图 3.8　基带信号和 DSB-SC 已调信号的频谱

3. DSB-SC 信号的解调

由前面的分析可知，DSB-SC 的解调不能采用包络检波，但由频谱可知，如果用接收机将已调信号的频谱搬回到原点位置，即可得到原始调制信号频谱。图 3.9 所示为解调 DSB-SC 的相干检测器，其中频谱搬移仍然可以用乘法器来实现。

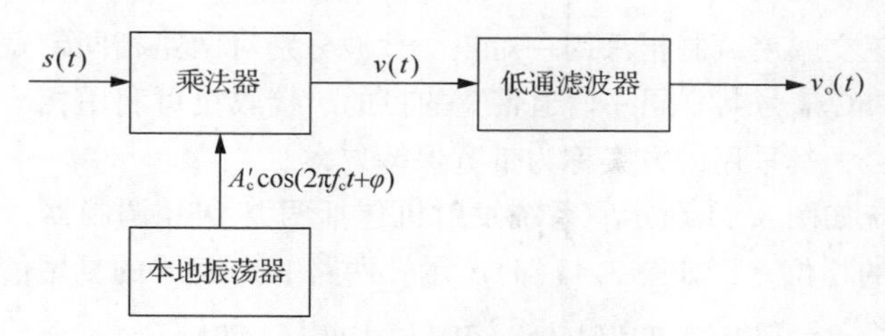

图 3.9　解调 DSB-SC 的相干检测器

显然，解调器的本地载波频率也是 f_c。不失一般性，设本地载波为 $A_c'\cos(2\pi f_c t+\varphi)$，其中 φ 为本地振荡器与载波 $c(t)$的相位差，由式(3.5)可得解调器的输出为

$$\begin{aligned}v(t)&=A_c'\cos(2\pi f_c t+\varphi)s(t)\\&=A_cA_c'\cos(2\pi f_c t)\cos(2\pi f_c t+\varphi)m(t)\\&=\frac{1}{2}A_cA_c'\cos(4\pi f_c t+\varphi)m(t)+\frac{1}{2}A_cA_c'\cos\varphi m(t)\end{aligned} \tag{3.8}$$

式(3.8)的第一项表示载频为 $2f_c$ 的 DSB-SC 已调信号，第二项与基带信号 $m(t)$成正比。解调器的输出信号频谱如图 3.10 所示，基带信号 $m(t)$严格限制在带宽间隔$[-W,W]$，若低通滤波器的截止频率大于 W，且 $f_c>W$，式(3.8)中的第一项通过低通滤波器后被过滤掉了，则滤波器的输出信号表达式为

$$v_o(t)=\frac{1}{2}A_cA_c'\cos\varphi m(t) \tag{3.9}$$

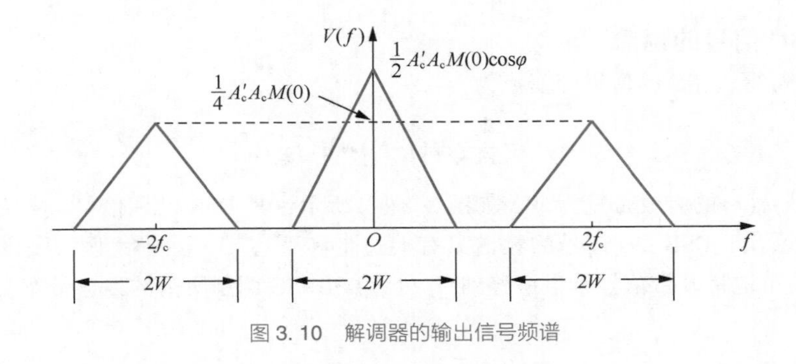

图 3.10　解调器的输出信号频谱

当相位误差 φ 为常量时，解调信号 $v_o(t)$ 与 $m(t)$ 成正比，其幅度在 $\varphi=0$ 时达到最大值，在 $\varphi=\pm\pi/2$ 时达到最小值 0。只要相位误差 φ 为不等于 $\pm\frac{\pi}{2}$ 的常量，检测器就可无失真地恢复出原始基带信号 $m(t)$。解调信号为 0 表示相干检测的正交零化效应。可见，由本地振荡器引起的相位误差 φ 造成了检测器的输出信号以衰减因子为 $\cos\varphi$ 的大小在减小，导致输出信噪比的显著下降。然而在实际系统中，由于通信信道的随机波动，导致相位误差 φ 的取值是随机的，因子 $\cos\varphi$ 也随机变化，且无法预知。因此，解调的关键就是必须使接收机本地载波与发射机中产生 DSB-SC 已调信号的载波完全同频同相，即完全同步，这种解调方法称为相干检测或同步解调。显然，载波发射功率的抑制是以增大系统的复杂性为代价的。

获取相干载波的方法有多种，可以通过发送带外导频信号，也可以通过科斯塔环或锁相环等获取同步信息，同步的内容在第 10 章详细讲解。

4. 正交载波复用

正交载波复用或正交幅度调制指采用一对正交载波分别对两路相同带宽的基带信号进行 DSB 调制，达到两路 DSB-SC 信号共享同一信道带宽的目的。接收机可利用相干检测中的正交零化效应有效分离这两路信号，其采用的方案称为带宽保持方案。

正交载波复用系统如图 3.11 所示。系统发射机包括两路 DSB 调制器，调制器使用的载波是同频的，但存在-90°的相位差，如图 3.11(a)所示。两路 DSB 信号的复用信号 $s(t)$ 可表示为

$$s(t)=A_c m_1(t)\cos(2\pi f_c t)+A_c m_2(t)\sin(2\pi f_c t) \tag{3.10}$$

其中，$m_1(t)$ 和 $m_2(t)$ 分别表示两路带宽均为 W 的基带信号，因而 $s(t)$ 中心载频为 f_c，信道带宽为 $2W$。可将 $A_c m_1(t)$ 看作 $s(t)$ 的同相分量，而将 $-A_c m_2(t)$ 看作 $s(t)$ 的正交分量。

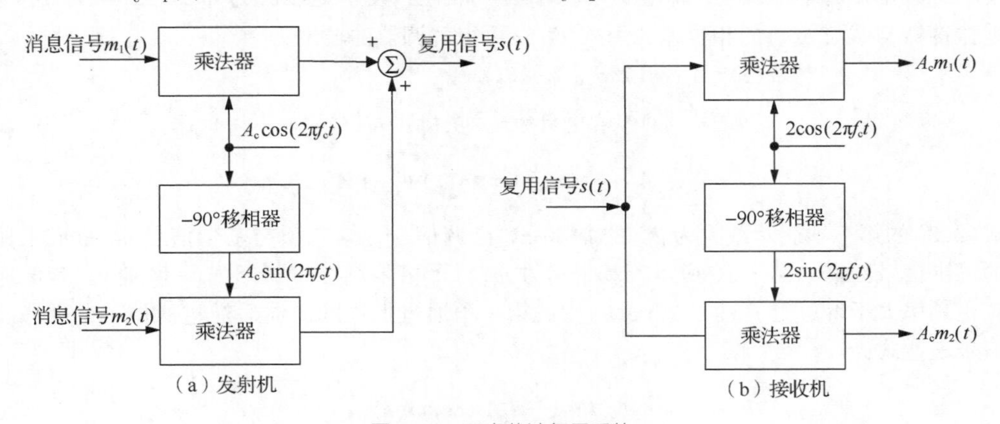

图 3.11　正交载波复用系统

系统的接收机结构如图3.11(b)所示。复用信号$s(t)$同时送至两个分开的相干检测器的输入端，这两个相干检测器采用相位差为90°的同频载波，利用正交零化效应，上面检测器的输出为$A_c m_1(t)$，下面检测器的输出为$A_c m_2(t)$。

3.2.3 SSB调制

SSB调制只发送上边带或下边带，优点是功率利用率和频带利用率都较高，抗干扰能力和DSB-SC调制相同，缺点是发送和接收设备较复杂，一般用于短波波段的无线电广播和频分多路复用系统中。

1. SSB信号的产生

(1)滤波法

DSB-SC调制抑制了AM信号中的载波分量，其频谱仍旧包含上边带和下边带，为节约传输带宽，最直观的方法就是使DSB信号通过一个单边带滤波器，保留一个边带，抑制另一个不必要的边带分量。这种方法称为滤波法，它是最简单、也最常用的方法。

滤波法的原理如图3.12所示，其中$H_{SSB}(f)$为单边带滤波器频率响应。

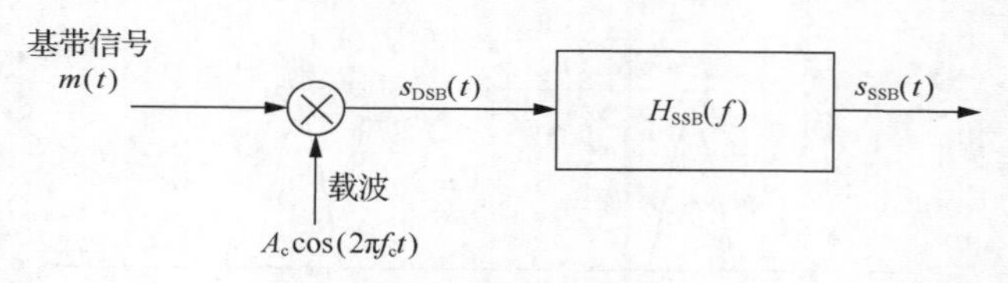

图3.12　滤波法的原理

显然，对于保留上边带的SSB调制，有

$$H_{SSB}(f)=H_{USB}(f)=\begin{cases}1, & |f|>f_c\\ 0, & |f|\leqslant f_c\end{cases} \tag{3.11}$$

对于保留下边带的SSB调制，$H_{SSB}(f)$为低通滤波器即可，即

$$H_{SSB}(f)=H_{LSB}(f)=\begin{cases}1, & |f|<f_c\\ 0, & |f|\geqslant f_c\end{cases} \tag{3.12}$$

单边带信号的频谱可表示为

$$S_{SSB}(f)=S_{DSB}(f)\times H_{SSB}(f) \tag{3.13}$$

由于SSB信号只发送一个边带，所需的传输带宽为W，即

$$B_T=W \tag{3.14}$$

实际系统中的滤波器是渐止的，从通带到阻带有一个过渡带，理想滤波器因锐截止而不能实现，因此采用滤波法实现SSB调制时，要求基带信号有一个中心在原点的能量间隙，如图3.13所示。语音信号因频带范围在[300，3400]Hz能很好地满足这个条件，其能量间隙宽约为600Hz(−300Hz~300Hz)。

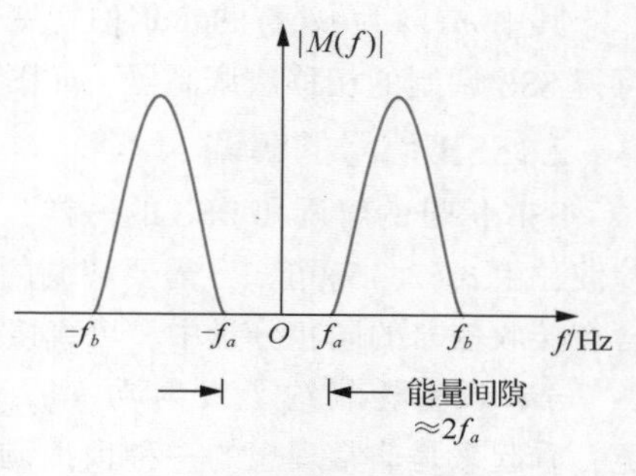

图3.13　能量间隙宽度等于$2f_a$，中心位于原点的消息信号$m(t)$的频谱

对于中心位于原点，频带范围为$f_a\sim f_b$的消息信号

$m(t)$，其单边带已调信号的频谱如图 3. 14 所示。

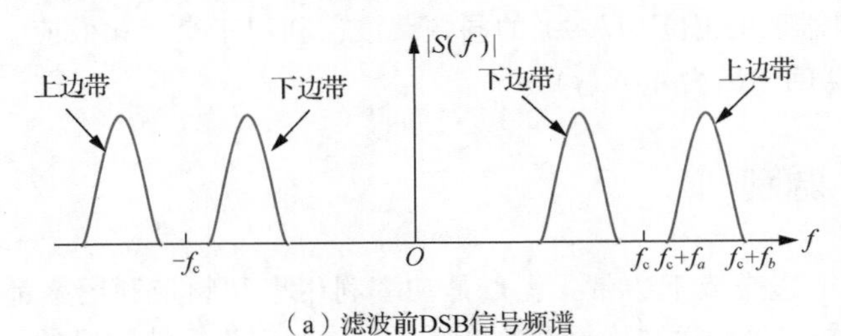

（a）滤波前DSB信号频谱

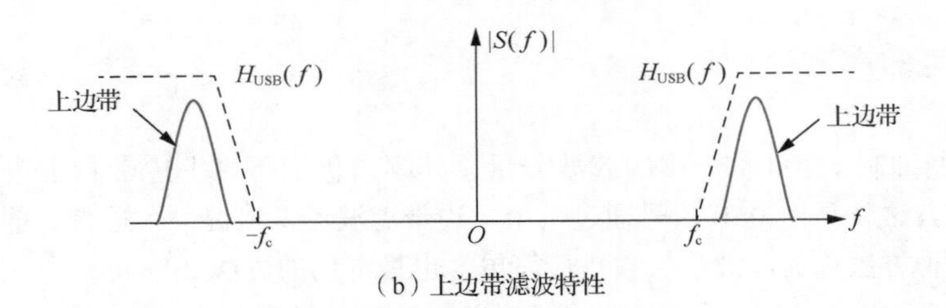

（b）上边带滤波特性

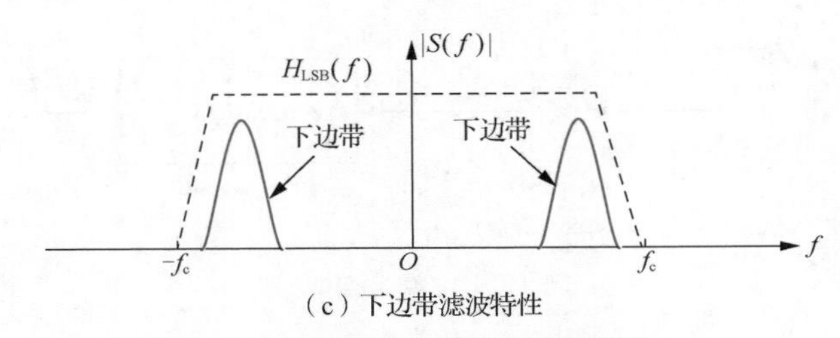

（c）下边带滤波特性

图 3. 14　滤波法形成单边带信号的频谱

(2)相移法

滤波法适合有能量间隙的信号，如果基带信号中含有直流或大量低频信号，就必须使用理想滤波器才能实现，显然滤波法就不适用了，这时可采用相移法。相移法的时域推导比较复杂，本书中不加以证明。本书只给出单边带调制的同相分量与正交分量表示法，如式(3. 15)所示。

$$s(t)=\frac{1}{2}A_c m(t)\cos(2\pi f_c t)\pm\frac{1}{2}A_c\hat{m}(t)\sin(2\pi f_c t) \tag{3.15}$$

其中 $\hat{m}(t)$ 为 $m(t)$ 的希尔伯特变换。由式(3. 15)可得 SSB 调制的相移法调制器，如图 3. 15 所示。

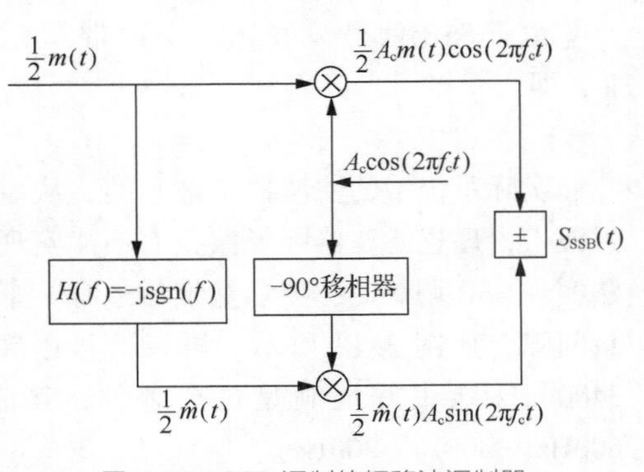

图 3. 15　SSB 调制的相移法调制器

2. SSB 信号的解调

SSB 信号的解调和 DSB 的一样，也不能采用包络检波，由式(3. 15)可知，需要解调的基带信号完全包含在接收信号的同相分量中，可直接采用相干解调。

SSB 调制既节约了发射功率，又节约了传输带宽，看起来是非常理想的一种模拟调制方式，但是在实际系统中，滤波法需要调制信号有能量间隙，而且滤波器的复杂与否与能量间隙相对于载频的归一化值有关，往往需要多级调制才能实现。相移法的技术难点在于相移网络，它必须使调制信号 $m(t)$ 的所有频率分量都精确相移 $\pi/2$，这一点实现起来也非常困难。为解决 SSB 调制难以实现的问题，可以采用 VSB 调制。

3.2.4　VSB 调制

VSB 调制不是像 SSB 调制那样完全抑制 DSB 的一个边带，而是逐渐地切割，使其残留一部分，因而称为残留边带调制，如图 3.16 所示。SSB 调制可看作 VSB 调制的一个特例。

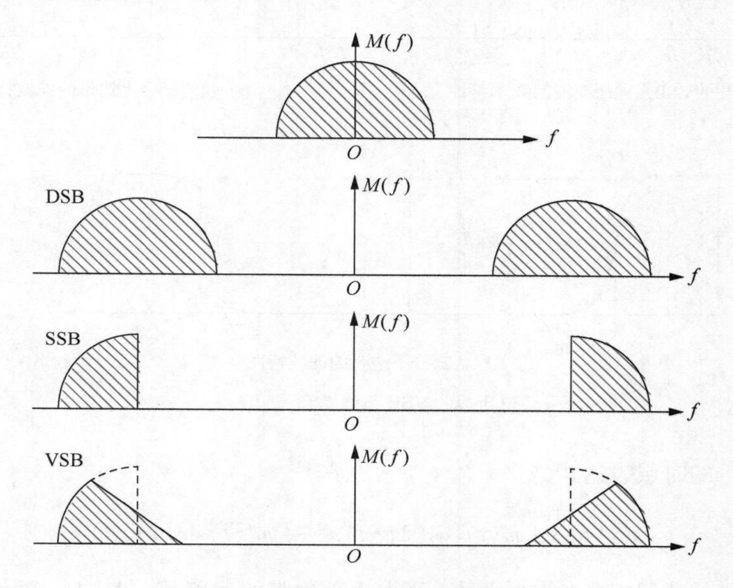

图 3.16　DSB、SSB 和 VSB 信号频谱

VSB 信号的产生使用滤波法，其调制器如图 3.17 所示。

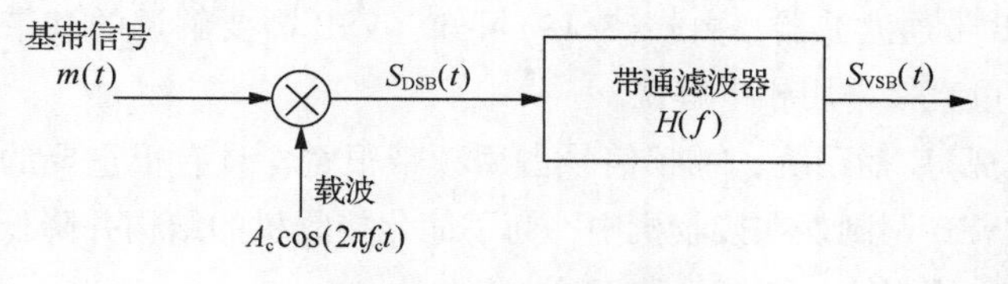

图 3.17　滤波法 VSB 调制器

和 SSB 调制相比，VSB 调制最大的不同在于带通滤波器 $H(f)$ 的设计，如果 $H(f)$ 在载频 f_c 有锐截止特性，就是 SSB 调制。图 3.18(a) 所示为归一化的 VSB 带通滤波器的频率特性（$|H(f_c)|=1/2$），在载频 f_c 附近，频率响应的截止部分呈奇对称，即频率响应在过渡间隔 $f_c-f_v\leqslant|f|\leqslant f_c+f_v$ 内必须要满足如下描述的滚降特性。

（1）与 f_c 等距离的任意两个频率点的幅度响应 $|H(f)|$ 之和为 1；

（2）相位响应 $\arg(H(f))$ 是线性的，即 $H(f)$ 满足条件

$$H(f-f_c)+H(f+f_c)=1,-W\leqslant f\leqslant W \tag{3.16}$$

满足这种滚降特性的滤波器并不唯一，而且很容易实现。图 3.18(b) 和图 3.18(c) 分别对应

归一化残留部分上边带和残留部分下边带的滤波特性。显然，VSB 调制的传输带宽为

$$B_T = W + f_v \tag{3.17}$$

其中 W 为基带信号带宽，f_v 为残留边带宽度。

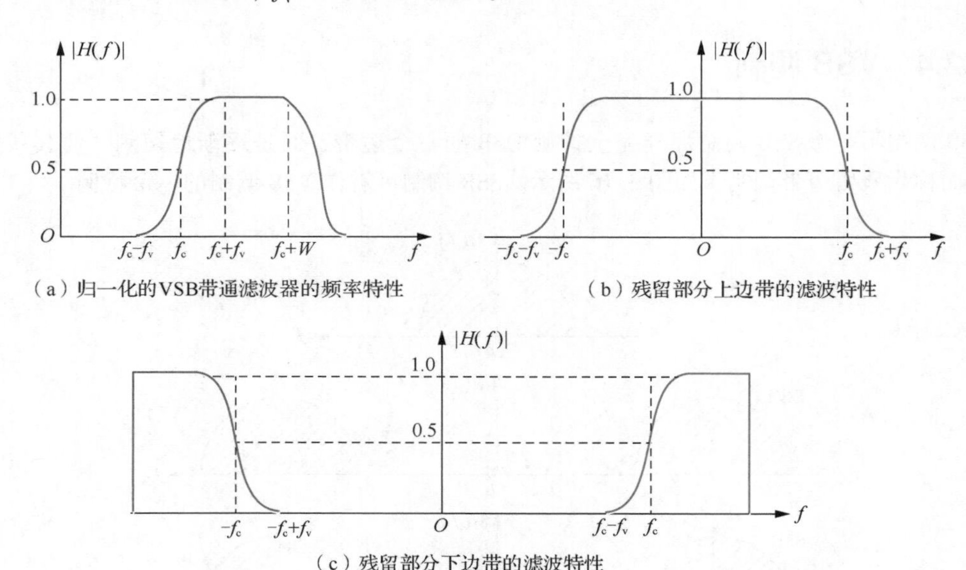

图 3.18　VSB 带通滤波器的特性

VSB 已调信号的时域表达式为

$$s(t) = \frac{1}{2}A_c m(t)\cos(2\pi f_c t) \pm \frac{1}{2}A_c m'(t)\sin(2\pi f_c t) \tag{3.18}$$

当发送上边带的残留部分时取“+”号；当发送下边带的残留部分时取“-”号。$m'(t)$ 为 $m(t)$ 通过频率响应为 $H_Q(f)$ 的系统的输出，$H_Q(f)$ 满足

$$H_Q(f) = \mathrm{j}[H(f-f_c) + H(f+f_c)], -W \leqslant f \leqslant W \tag{3.19}$$

其中 $H(f)$ 为 VSB 带通滤波器，由式(3.18)可知，VSB 需要解调的基带信号完全包含在接收信号的同相分量中，可直接采用相干解调。

商用模拟 TV(电视)广播系统，视频信号占用频带很宽，具有很重要的低频分量，难以采用 SSB 调制，因而采用 VSB 调制。在接收机中，为了简化接收机的结构并降低成本，电视图像的解调采用插入载波的包络检测法，而不是相干检测法。

图 3.19(a)所示为我国黑白电视信号的理想幅度谱(图像幅度为 1 时的情况)，电视信号包含采用 VSB 调制的图像信号和采用 FM 的伴音信号(语音)，图像信号和伴音信号采用频分复用(Frequency Division Multiplexing，FDM)的方式合成 1 路电视信号，信号总带宽为 8MHz，图像信号的载频与伴音的载频相差 6.5MHz。图 3.19(b)所示为接收机中 VSB 滤波器的归一化的幅度响应。

将式(3.18)中的 VSB 已调信号 $s(t)$ 乘因子 k_a，再加上载波分量 $A_c\cos(2\pi f_c t)$，则修正的包络检波器输入信号为

$$s(t) = A_c\left[1 + \frac{1}{2}k_a m(t)\right]\cos(2\pi f_c t) \pm \frac{1}{2}k_a A_c m'(t)\sin(2\pi f_c t) \tag{3.20}$$

包络检波器的输出为

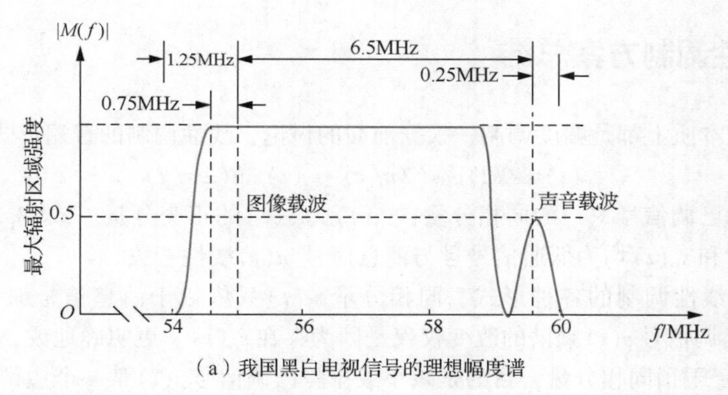

（a）我国黑白电视信号的理想幅度谱

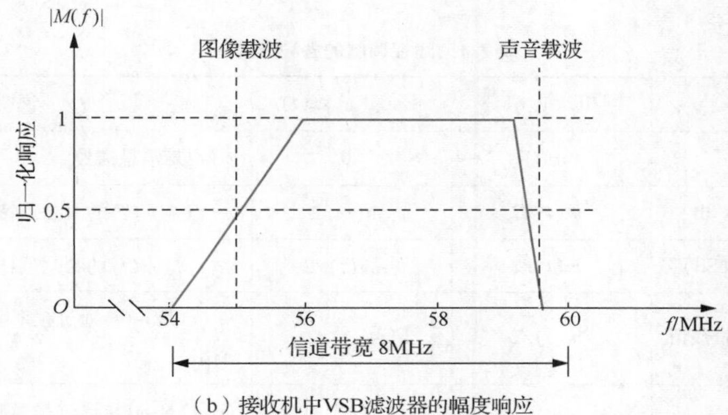

（b）接收机中VSB滤波器的幅度响应

图 3.19　我国黑白电视插入载波的 VSB 接收机

$$
\begin{aligned}
a(t) &= A_c\left\{\left[1+\frac{1}{2}k_a m(t)\right]^2+\left[\frac{1}{2}k_a m'(t)\right]^2\right\}^{1/2} \\
&= A_c\left[1+\frac{1}{2}k_a m(t)\right]\left\{1+\left[\frac{\frac{1}{2}k_a m'(t)}{1+\frac{1}{2}k_a m(t)}\right]^2\right\}^{1/2}
\end{aligned}
\tag{3.21}
$$

可见，这种检波器输出端恢复的视频信号会产生一定程度的波形失真。由式(3.21)可以看出，波形失真是由输入 VSB 信号的正交分量 $m'(t)$ 引起的。可采用以下两种方法减小失真。

- 减小调制百分比以降低调幅灵敏度 k_a。
- 增加 VSB 带宽来减小 $m'(t)$。

在商用模拟 TV 广播中，通过选择 VSB 宽度约为 0.75MHz，或整个边带宽度的 1/6，使得调制百分比接近 100%时，由 $m'(t)$ 造成的失真保持在可以容许的范围内。

上述插入载波的包络检波法，对于 DSB 和 SSB 信号同样适用，只要插入很强的载波，在接收端把 DSB 和 SSB 信号转变为近似 AM 信号的形式，就能够利用包络检测器恢复调制信号。当然，采用插入载波的包络检测法，需要保证载波的幅度远远大于信号的振幅，同时插入载波需与调制载波完全同步。VSB 接收机插入载波的解调方式综合了 AM、SSB 和 DSB 三者的优点，在数据传输和商用电视广播等领域得到了广泛使用。

3.2.5 线性调制方案总结

线性调制方案本质上都是幅度调制，根据前面的讨论，线性调制的普遍形式可写为

$$s(t)=s_{\mathrm{I}}(t)\cos(2\pi f_{c}t)-s_{\mathrm{Q}}(t)\sin(2\pi f_{c}t) \tag{3.22}$$

其中，$s_{\mathrm{I}}(t)$为已调信号$s(t)$的同相分量，$s_{\mathrm{Q}}(t)$为$s(t)$的正交分量。式(3.22)是典型的窄带信号表达式，$s_{\mathrm{I}}(t)$和$s_{\mathrm{Q}}(t)$均为低通信号且与消息信号$m(t)$线性相关。

表3.1总结了线性调制的各种形式，同相分量$s_{\mathrm{I}}(t)$只依赖于消息信号$m(t)$，正交分量由$m(t)$滤波得到，已调信号$s(t)$频谱的改变仅仅是因为存在$s_{\mathrm{Q}}(t)$。更明确地说，正交分量(如果存在)的作用只是为了干预同相分量，目的是减小或排除已调信号$s(t)$某一个边带的功率。

表3.1 线性调制的各种形式

调制类型		同相分量$s_{\mathrm{I}}(t)$	正交分量$s_{\mathrm{Q}}(t)$	说明
DSB-SC		$m(t)$	0	$m(t)$是消息信号
SSB	上边带(USB)	$m(t)/2$	$\hat{m}(t)/2$	$\hat{m}(t)$是$m(t)$的希尔伯特变换
	下边带(LSB)	$m(t)/2$	$-\hat{m}(t)/2$	$\hat{m}(t)$是$m(t)$的希尔伯特变换
VSB	传送下边带残留	$m(t)/2$	$m'(t)/2$	$m'(t)$是$m(t)$通过频率响应为$H_{\mathrm{Q}}(f)$的滤波器输出
	传送上边带残留	$m(t)/2$	$-m'(t)/2$	$m'(t)$是$m(t)$通过频率响应为$H_{\mathrm{Q}}(f)$的滤波器输出

线性调制方案都可采用滤波法实现。如图3.20(a)所示，选取不同的滤波器类型，就可以得到不同的调制方案。由式(3.22)可以构造出线性调制方案的相移法模型，如图3.20(b)所示。

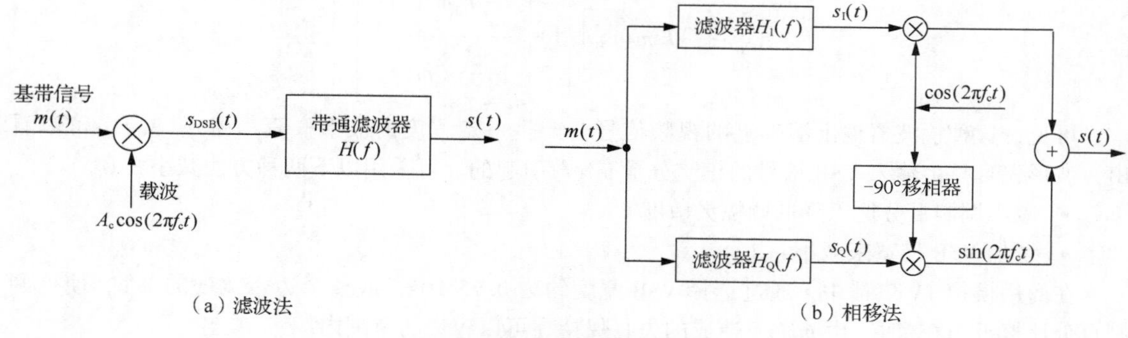

图3.20 线性调制的一般模型

由图3.20(a)可得线性调制方案的另一种时域表达式。

$$s(t)=m(t)\cos(2\pi f_{c}t)*h(t) \tag{3.23}$$

$s(t)$的傅里叶变换为

$$S(f)=\frac{1}{2}[M(f+f_{c})+M(f-f_{c})]H(f) \tag{3.24}$$

其中 $m(t) \Leftrightarrow M(f)$。

另外，各线性调制方案的解调都可以采用相干解调及插入载波的包络检波（非相干解调）两种方式，解调器的性能对比在3.4节详细讲解。

3.3 角度调制

在角度调制中，正弦载波的瞬时角度随调制信号的变化而变化，载波的幅度不变。与线性调制方案不同，角度调制的已调信号频谱与调制信号频谱之间不存在一一对应的关系，并且还产生了新的频率分量，因而角度调制是非线性调制，它的优点是抗噪声能力强于幅度调制，但是抗噪声能力的改善是以增加传输带宽为代价的，即角度调制用信道带宽来换取抗噪声能力的改善。

3.3.1 角度调制基本概念

角度调制的一般表达式为

$$s(t)=A_c\cos[\theta_i(t)]=A_c\cos[2\pi f_c t+\varphi(t)] \tag{3.25}$$

其中 $\theta_i(t)$ 表示已调正弦载波的瞬时相位，它是消息信号的函数。A_c 为载波幅度，$\varphi(t)$ 为相对于载波相位 $2\pi f_c t$ 的瞬时相偏。

角度调制信号 $s(t)$ 的瞬时频率定义为

$$f_i(t)=\frac{1}{2\pi}\frac{\mathrm{d}[\theta_i(t)]}{\mathrm{d}t}=\frac{1}{2\pi}\frac{\mathrm{d}[2\pi f_c t+\varphi(t)]}{\mathrm{d}t} \tag{3.26}$$

故 $s(t)$ 相对于载频 f_c 的瞬时频偏为 $\frac{\mathrm{d}\varphi(t)}{2\pi\mathrm{d}t}$。

角度 $\theta_i(t)$ 随消息信号而变化的方式有多种，本小节只考虑两种常见的方式，即相位调制（Phase Modulation，PM），简称调相和频率调制（Frequency Modulation，FM），简称调频。

1. PM

PM是瞬时相偏 $\varphi(t)$ 随调制信号 $m(t)$ 呈线性变化的一种角度调制，即

$$\varphi(t)=k_p m(t) \tag{3.27}$$

$$\theta_i(t)=2\pi f_c t+k_p m(t) \tag{3.28}$$

其中 $2\pi f_c t$ 表示未调载波的角度；常量 k_p 表示调相灵敏度，若 $m(t)$ 的单位为V，则 k_p 单位为rad/V。简便起见，假定式(3.28)中 $t=0$ 时未调载波的角度为0，则PM信号 $s(t)$ 的时域表达式为

$$s(t)=A_c\cos[2\pi f_c t+k_p m(t)] \tag{3.29}$$

2. FM

FM是瞬时频偏随调制信号 $m(t)$ 呈线性变化的一种角度调制，即

$$\frac{\mathrm{d}\varphi(t)}{2\pi\mathrm{d}t}=k_f m(t) \tag{3.30}$$

由式(3.26)可得

$$f_i(t)=f_c+k_f m(t) \tag{3.31}$$

其中 f_c 表示载波的频率，常量 k_f 表示调频灵敏度，若 $m(t)$ 的单位为V，k_f 的单位是Hz/V。

将式(3.31)按照时间积分，并将结果乘 2π，可得

$$\theta_i(t)=2\pi f_c t+2\pi k_f\int_0^t m(\tau)\mathrm{d}\tau \tag{3.32}$$

为简便起见，假定未调载波的角度在 $t=0$ 时为 0，FM 信号的时域表达式如下

$$s(t)=A_c\cos\left[2\pi f_c t+2\pi k_f\int_0^t m(\tau)\mathrm{d}\tau\right] \tag{3.33}$$

在式(3.29)和式(3.33)中，角度 $\theta_i(t)$ 随调制信号 $m(t)$ 变化的结果是 PM 信号或 FM 信号的过零点的分布不再具有较好的规律，这是 PM 和 FM 信号与 AM 信号之间的一个重要区别。另外，PM 或 FM 信号的包络是恒定的(等于载波幅度)，而 AM 信号的包络随调制信号而变化。

3. FM 与 PM 之间的关系

比较 FM 与 PM 的时域表达式，可以得到这样两组关系式。

瞬时相偏

$$\varphi(t)=\begin{cases} k_p m(t), & \text{PM} \\ 2\pi k_f\int_0^t m(\tau)\mathrm{d}\tau, & \text{FM} \end{cases} \tag{3.34}$$

瞬时频偏

$$\frac{\mathrm{d}\varphi(t)}{2\pi\mathrm{d}t}=\begin{cases} k_p\dfrac{\mathrm{d}m(t)}{\mathrm{d}t}, & \text{PM} \\ k_f m(t), & \text{FM} \end{cases} \tag{3.35}$$

根据式(3.34)，如果将 FM 信号中的 $\int_0^t m(\tau)\mathrm{d}\tau$ 代替 $m(t)$ 作为调制信号，此时 FM 信号可看作 PM 信号。这说明，除了采用图 3.21(a)所示的直接调频外，还可以采用将 $m(t)$ 先积分再调相的间接方式产生 FM 信号，如图 3.21(c)所示。同理，根据式(3.35)，将 PM 信号中的 $\frac{\mathrm{d}m(t)}{\mathrm{d}t}$ 代替 $m(t)$ 作为调制信号，PM 信号也可看作 FM 信号，PM 信号也可以采用如图 3.21(b)所示的直接调相和图 3.21(d)所示的间接调相而产生。因此从 FM 信号可归纳出 PM 信号的所有特征，从 PM 信号中也可归纳出 FM 信号中的所有特征，本书重点讨论 FM 信号。

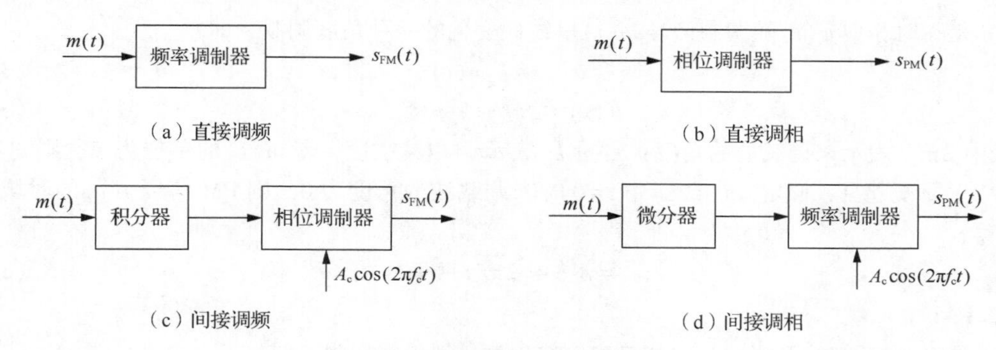

图 3.21　FM 和 PM 信号的产生

4. 调制指数

FM 信号 $s(t)$ 是调制信号 $m(t)$ 的非线性函数，这说明频率调制是非线性调制。FM 信号的频谱与调制信号的频谱之间不再是一种简单的关系，其频谱分析比 AM 信号复杂得多。先考虑最简单的情况，即用正弦单音信号产生 FM 信号。

考查由正弦调制信号 $m(t)$ 得到 FM 信号

$$m(t)=A_m\cos(2\pi f_m t) \tag{3.36}$$

由式(3.36)得到的信号称为单音信号。生成的 FM 信号的瞬时频率为

$$\begin{aligned} f_i(t)&=f_c+k_f A_m\cos(2\pi f_m t)\\ &=f_c+\Delta f\cos(2\pi f_m t) \end{aligned} \tag{3.37}$$

其中

$$\Delta f=k_f A_m \tag{3.38}$$

称为频偏，表示 FM 信号的瞬时频率偏离载频 f_c 的最大值。可见，FM 信号的频偏 Δf 与调制信号的幅度成正比，与调制频率无关。

由式(3.37)得到 FM 信号的角度 $\theta_i(t)$ 如下

$$\theta_i(t)=2\pi\int_0^t f_i(\tau)\mathrm{d}\tau=2\pi f_c t+\frac{\Delta f}{f_m}\sin(2\pi f_m t) \tag{3.39}$$

频偏 Δf 与调制频率 f_m 的比值称为 FM 信号的调制指数，通常用 β 表示

$$\beta=\frac{\Delta f}{f_m} \tag{3.40}$$

因此角度 $\theta_i(t)$ 可以写成

$$\theta_i(t)=2\pi f_c t+\beta\sin(2\pi f_m t) \tag{3.41}$$

由式(3.41)可见，参数 β 的物理意义为 FM 信号的相偏，即角度 $\theta_i(t)$ 偏离未调载波角度 $2\pi f_c t$ 的最大值，单位为 rad。因此，FM 信号可写为

$$s(t)=A_c\cos[2\pi f_c t+\beta\sin(2\pi f_m t)] \tag{3.42}$$

频偏和调制指数的定义可以推广到一般情况，即若调制信号为一般带限非正弦信号 $m(t)$，带宽为 WHz 的角度调制，则有以下结果。

(1)FM 信号。

最大频偏

$$\Delta f=k_f\max[|m(t)|] \tag{3.43}$$

调制指数

$$\beta_f=\frac{\Delta f}{W} \tag{3.44}$$

(2)PM 信号。

最大相偏

$$\Delta\varphi_{\max}=k_p\max[|m(t)|] \tag{3.45}$$

调制指数

$$\beta_p=\Delta\varphi_{\max} \tag{3.46}$$

对于式(3.42)给出 FM 信号，调制指数的大小可用于区分窄带和宽带两种情况。

- 窄带 FM(Narrowband FM，NBFM)，$\beta\leqslant 0.5$rad。
- 宽带 FM(Wideband FM，WBFM)，$\beta>0.5$rad。

3.3.2 小节和 3.3.3 小节分别对这两种情况进行详细讨论。

3.3.2 窄带 FM

1. 窄带 FM 信号的产生

式(3.42)定义的 FM 信号按三角函数展开有：

$$s(t)=A_c\cos(2\pi f_c t)\cos[\beta\sin(2\pi f_m t)]-A_c\sin(2\pi f_c t)\sin[\beta\sin(2\pi f_m t)] \tag{3.47}$$

对于窄带 FM 信号，调制指数 $\beta\leqslant 0.5$，利用近似式

$$\cos[\beta\sin(2\pi f_m t)]\approx 1 \tag{3.48}$$

和

$$\sin[\beta\sin(2\pi f_m t)]\approx\beta\sin(2\pi f_m t) \tag{3.49}$$

将式(3.47)化简为

$$s_{\mathrm{NBFM}}(t)\approx A_c\cos(2\pi f_c t)-\beta A_c\sin(2\pi f_c t)\sin(2\pi f_m t) \tag{3.50}$$

式(3.50)定义了由正弦调制信号 $A_m\cos(2\pi f_m t)$ 得到的窄带 FM 信号的近似形式。从该表达式可以推出窄带 FM 调制器框图，如图 3.22 所示。该调制器将载波 $A_c\cos(2\pi f_c t)$ 分为两路，一路直达路径；另一路包括一个-90°的移相网络和一个乘法器，用于产生 DSB-SC 已调信号。两路信号的差值即窄带 FM 信号。

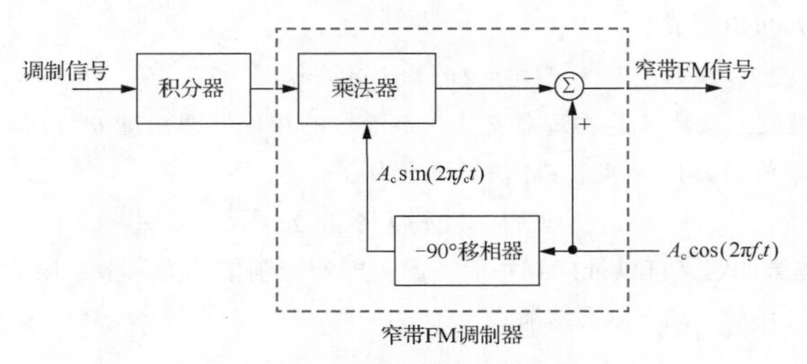

图 3.22 窄带 FM 信号的产生

理想情况下，FM 信号具有恒定包络，因此由图 3.22 所示的调制器产生的窄带 FM 信号与理想 FM 信号并不完全吻合，存在一些失真，主要是由于近似式(3.48)和式(3.49)造成了以下两方面的区别。

(1)包络包含残余幅度调制，因此随时间的变化而变化。

(2)对于正弦调制波，角度 $\theta_i(t)$ 存在调制频率 f_m 的 3 次和更高次的谐波失真。

但是，当限制调制指数 $\beta\leqslant 0.3\mathrm{rad}$ 时，就可忽略残留 AM 和谐波 PM 造成的影响。

2. 窄带 FM 的频谱

将式(3.50)中的三角函数展开，有

$$s_{\mathrm{NBFM}}(t)\approx A_c\cos(2\pi f_c t)+\frac{1}{2}\beta A_c\{\cos[2\pi(f_c+f_m)t]-\cos[2\pi(f_c-f_m)t]\} \tag{3.51}$$

该表达式与如下 AM 信号的表达式非常类似

$$\begin{aligned}s_{\mathrm{AM}}(t)&=A_c\cos(2\pi f_c t)+\mu A_c\cos(2\pi f_c t)\cos(2\pi f_m t)\\&=A_c\cos(2\pi f_c t)+\frac{1}{2}\mu A_c\{\cos[2\pi(f_c+f_m)t]+\cos[2\pi(f_c-f_m)t]\}\end{aligned} \tag{3.52}$$

其中，μ 为 AM 信号的调制因子。比较式(3.51)和式(3.52)可以看出，对于正弦单音调制信号，其 AM 信号与窄带 FM 信号有相同的频谱分量，只不过窄带 FM 信号中的下边频的代数符号与 AM 中的相反，它们的频谱如图 3.23 所示。

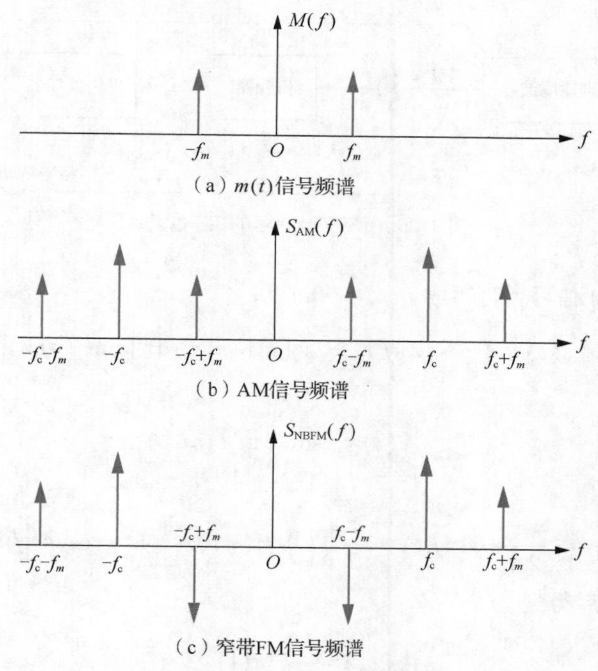

图 3.23　正弦单音的 AM 与窄带 FM 的频谱

可以看出，窄带 FM 信号所需的传输带宽与 AM 信号相同，即

$$B_T = 2f_m \tag{3.53}$$

以载波向量作为参考，可以用矢量图表示窄带 FM 信号和 AM 信号，如图 3.24 所示。由图 3.24(a)可见，窄带 FM 两个边频分量的合成矢量与载波正交相加，使得窄带 FM 信号的合成矢量与载波矢量相比，幅度近似相等，但是相位并不相等。与之相比，图 3.24(b)中 AM 信号两个边频的合成矢量与载波矢量同相，但幅度不等。

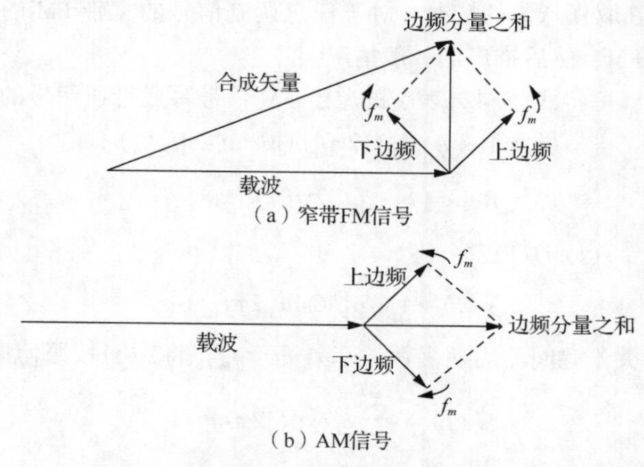

图 3.24　正弦单音的窄带 FM 与 AM 信号的矢量

3. 窄带 FM 信号的解调

对于图 3.22 所示的调制器，窄带 FM 的有效信号包含在已调信号的正交分量中，可以直接采用相干解调，如图 3.25 所示。

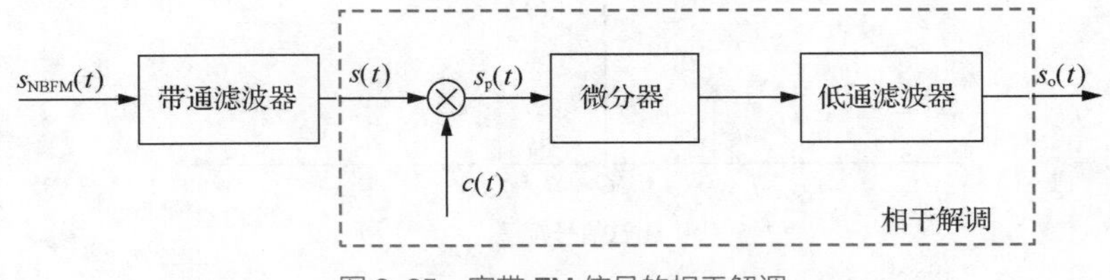

图 3.25　窄带 FM 信号的相干解调

输入信号为窄带 FM 信号，可写成

$$s_{NBFM}(t)=A_c\cos(2\pi f_c t)-A_c\left[k_f\int_0^t m(\tau)\mathrm{d}\tau\right]\sin(2\pi f_c t) \tag{3.54}$$

令本地相干载波

$$c(t)=-\sin(2\pi f_c t) \tag{3.55}$$

则相乘器的输出为

$$s_p(t)=-\frac{A_c}{2}\sin(4\pi f_c t)+\frac{A_c}{2}\left[k_f\int_0^t m(\tau)\mathrm{d}\tau\right]\left[1-\cos(4\pi f_c t)\right] \tag{3.56}$$

经微分及低通滤波后得到

$$s_o(t)=\frac{A_c}{2}k_f m(t) \tag{3.57}$$

窄带 FM 信号的最大频偏较小，需要的传输带宽与 AM 信号相当，其抗干扰能力远远不如宽带 FM。宽带 FM 在实际通信中的应用非常广泛，如高保真音乐广播、电视伴音信号传输以及卫星通信等，后续内容中，调频(FM)均指 WBFM。

3.3.3　宽带 FM

1. 宽带 FM 的频谱

下面讨论调制指数 β 取任意值的情况。对于任意调制信号的宽带 FM 的分析比较复杂，为简化，先讨论单音的宽带 FM，然后推广到一般情况。

假定载频 f_c 足够大，可将式(3.42)表示的单音 FM 信号写成带通信号的复数表达式形式，即

$$\begin{aligned}s(t)&=\mathrm{Re}\left[A_c\exp(\mathrm{j}2\pi f_c t+\mathrm{j}\beta\sin(2\pi f_m t))\right]\\&=\mathrm{Re}\left[\tilde{s}(t)\exp(\mathrm{j}2\pi f_c t)\right]\end{aligned} \tag{3.58}$$

其中 $\tilde{s}(t)$ 为 FM 信号 $s(t)$ 的复包络

$$\tilde{s}(t)=A_c\exp\left[\mathrm{j}\beta\sin(2\pi f_m t)\right] \tag{3.59}$$

复包络 $\tilde{s}(t)$ 是一个关于时间的周期函数，基频等于 f_m，将 $\tilde{s}(t)$ 按照傅里叶级数展开，得

$$\tilde{s}(t)=\sum_{n=-\infty}^{\infty}c_n\exp(\mathrm{j}2\pi n f_m t) \tag{3.60}$$

其中 c_n 为傅里叶复系数

$$c_n = f_m \int_{-1/2f_m}^{1/2f_m} \tilde{s}(t) \exp(-\mathrm{j}2\pi n f_m t) \mathrm{d}t$$
$$= f_m A_c \int_{-1/2f_m}^{1/2f_m} \exp[\mathrm{j}\beta \sin(2\pi f_m t) - \mathrm{j}2\pi n f_m t] \mathrm{d}t$$

令 $x=2\pi f_m t$，可得

$$c_n = \frac{A_c}{2\pi} \int_{-\pi}^{\pi} \exp[\mathrm{j}(\beta \sin x - nx)] \mathrm{d}x \tag{3.61}$$

式(3.61)右侧的积分去掉比例因子后，可看作第一类 n 阶贝塞尔函数，其自变量为 β，通常用 $\mathrm{J}_n(\beta)$ 表示，即

$$\mathrm{J}_n(\beta) = \frac{1}{2\pi} \int_{-\pi}^{\pi} \exp[\mathrm{j}(\beta \sin x - nx)] \mathrm{d}x \tag{3.62}$$

c_n 可因此简化为

$$c_n = A_c \mathrm{J}_n(\beta) \tag{3.63}$$

将式(3.63)代入式(3.60)，有

$$\tilde{s}(t) = A_c \sum_{n=-\infty}^{\infty} \mathrm{J}_n(\beta) \exp(\mathrm{j}2\pi n f_m t) \tag{3.64}$$

再将式(3.64)代入式(3.58)得

$$s(t) = A_c \mathrm{Re}\left\{ \sum_{-\infty}^{\infty} \mathrm{J}_n(\beta) \exp[\mathrm{j}2\pi(f_c + nf_m)t] \right\}$$
$$= A_c \sum_{-\infty}^{\infty} \mathrm{J}_n(\beta) \cos[2\pi(f_c + nf_m)t] \tag{3.65}$$

这就是 β 取任意值时，单音频 FM 信号 $s(t)$ 的傅里叶级数表达式。

对式(3.65)两侧取傅里叶变换，可求出 $s(t)$ 的离散频谱为

$$S(f) = \frac{A_c}{2} \sum_{n=-\infty}^{\infty} \mathrm{J}_n(\beta) [\delta(f - f_c - nf_m) + \delta(f + f_c + nf_m)] \tag{3.66}$$

图 3.26 为 n 取不同的正整数时，贝塞尔函数 $\mathrm{J}_n(\beta)$ 对调制指数 β 的曲线。

贝塞尔函数包含以下几点特性。

(1) $\mathrm{J}_n(\beta) = (-1)^n \mathrm{J}_{-n}(\beta)$ (3.67)

(2) 当调制指数 β 很小时，有

$$\mathrm{J}_n(\beta) \approx 1, \quad n=0$$
$$\mathrm{J}_n(\beta) \approx \frac{\beta}{2}, \quad n=1 \tag{3.68}$$
$$\mathrm{J}_n(\beta) \approx 0, \quad n>2$$

(3) $\sum_{n=-\infty}^{\infty} \mathrm{J}_n^2(\beta) = 1$ (3.69)

根据式(3.66)~式(3.69)和图 3.26 中的曲线，关于 FM 信号的频谱，可以得到以下结论。

(1) FM 信号的频谱含有载波分量和无穷多个边频分量，$f_m, 2f_m, 3f_m, \cdots$ 边频分量以载频为中心，呈对称分布。

(2) 对于 $\beta<1$ 的情况，贝塞尔系数中只有 $\mathrm{J}_0(\beta)$ 和 $\mathrm{J}_1(\beta)$ 有确定值，因此 FM 信号由一个载频和位于 $f_c \pm f_m$ 处的一对边频组成，这与前面介绍过的窄带 FM 信号的特殊情况相对应。

(3) 载波分量的幅度随 $\mathrm{J}_0(\beta)$ 中的 β 值变化，即 FM 信号中载波分量的幅度由调制指数 β 决

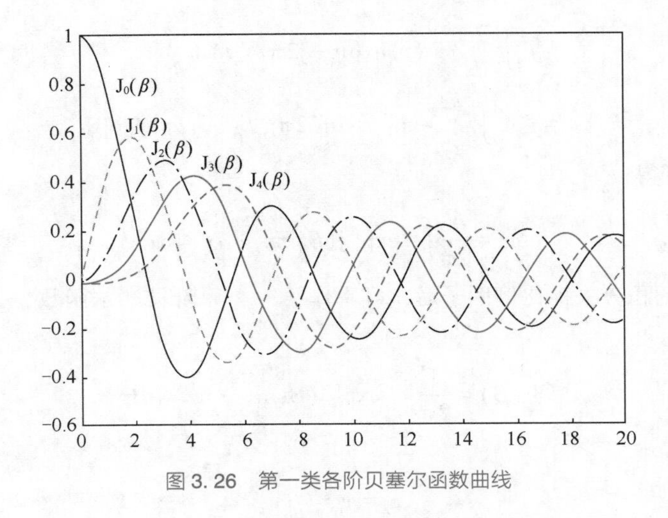

图 3.26 第一类各阶贝塞尔函数曲线

定。当载波经调制产生 FM 信号后，FM 信号中的边频分量将损耗部分载波功率，因此载波分量的幅度与 β 值有关。这个性质的物理含义为：FM 信号是恒包络的。因此，FM 信号在 1Ω 的电阻上产生的平均功率为恒定值，即

$$P=\frac{1}{2}A_c^2\sum_{n=-\infty}^{\infty}J_n^2(\beta)=\frac{1}{2}A_c^2 \tag{3.70}$$

例 3.2 设正弦信号为 $m(t)=A_m\cos(2\pi f_m t)$。研究此正弦调制信号幅度和频率的变化给 FM 信号的频谱带来的影响。

解 根据式(3.66)，$m(t)$产生的 FM 信号的离散幅度谱如图 3.27 所示，该图关于载波幅度进行了归一化。

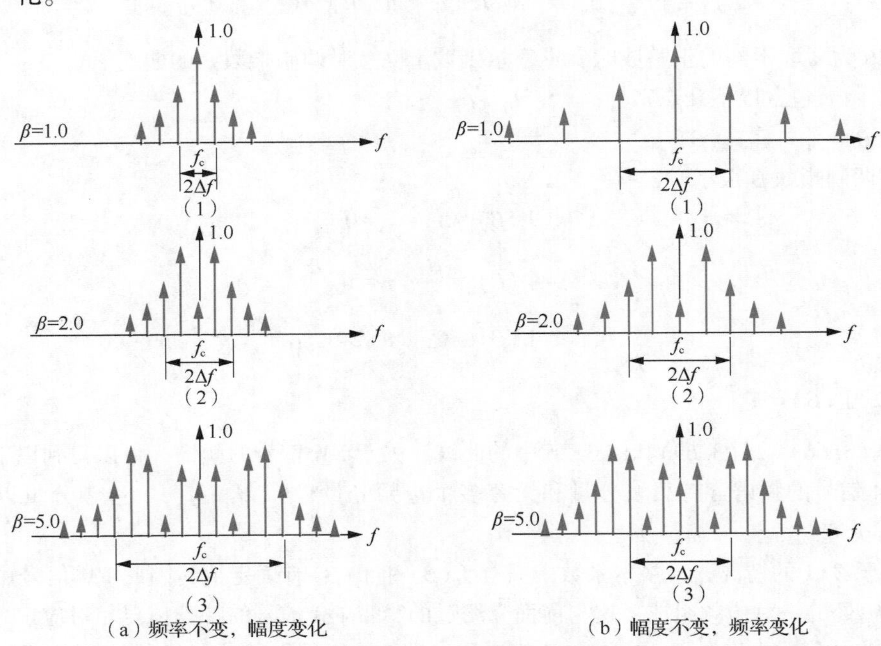

图 3.27 FM 信号的离散幅度谱

图3.27(a)对应调制信号的频率固定不变，幅度变化时，β分别取值1.0、2.0、5.0的情况。可以看出，随着幅度的增加，Δf也逐渐增大，在频率间隔$f_c-\Delta f<|f|<f_c+\Delta f$内的谱线条数增加了，但是频谱之间的间隔保持不变。

图3.27(b)对应调制信号幅度不变，而调制频率f_m变化时的情况，β分别取值1.0、2.0、5.0。可以看出，当Δf不变、β增大时，频谱之间的间隔逐渐变小，造成固定频率间隔$f_c-\Delta f<|f|<f_c+\Delta f$内的谱线条数增加了。即当$\beta$趋于无穷大时，FM的带宽达到极限值$2\Delta f$。

【本例终】

2. 宽带FM信号的传输带宽

理论上FM信号含有无穷多个边频分量，因而传输带宽是无穷宽的，但实际上，FM信号的边频分量的幅度随n的增大而减小，只要选取适当的n，使得边频分量小到可以忽略不计，就可以得到FM信号的有限带宽。在实际系统中，通常要求角度调制信号的有效带宽至少包含信号功率的98%，按此规则得到如下FM信号近似带宽关系式

$$B_T \approx 2\Delta f + 2f_m = 2\Delta f\left(1+\frac{1}{\beta}\right) = 2(\beta+1)f_m \tag{3.71}$$

该经验关系式称为卡逊公式。

另外一种计算FM信号带宽的方法，是基于保留最大数量的主要边频数来定义的，一般取幅度大于未调载波幅度的1%，即$|\mathrm{J}_n(\beta)|>0.01$，以此定义FM信号的传输带宽为$2n_{max}f_m$，$f_m$为调制频率，$n_{max}$为满足条件$|\mathrm{J}_n(\beta)|>0.01$的最大整数$n$。$n_{max}$值随调制指数$\beta$变化，可从贝塞尔函数表$\mathrm{J}_n(\beta)$直接读出。表3.2为不同调制指数下宽带FM信号的主要边频数量(包括上边频和下边频)，这里的计算采用上述的1%为基准。

表3.2　不同调制指数下宽带FM信号的主要边频数量

调制指数β	主要边频数量$2n_{max}$
0.1	2
0.3	4
0.5	4
1.0	6
2.0	8
5.0	16
10.0	28
20.0	50
30.0	70

卡逊公式可推广到一般调制信号的情况。考虑任意调制信号$m(t)$，其最高频率分量为W，定义偏移率D为频偏Δf与最高调制频率W的比值，然后用D代替β，用W代替f_m，就可用卡逊公式来计算FM信号的传输带宽，即

$$B_T \approx 2\Delta f + 2W = 2\Delta f\left(1+\frac{1}{D}\right) = 2(D+1)W \tag{3.72}$$

例 3.3 若调制信号为 $m(t)=5\text{sinc}(10^4t)$，调频灵敏度 $k_f=4000$，试确定 FM 信号的传输带宽。

解　由定义，$m(t)$的带宽为 $W=5000$ Hz，最大幅度为 5，则

$$D=\frac{k_f\max|m(t)|}{W}=\frac{4000\times5}{5000}=4$$

传输带宽为

$$B_T=2(4+1)\times5000=50\text{ kHz}$$

【本例终】

3. 宽带 FM 信号的产生

宽带 FM 信号的产生有两种方法：直接 FM 和间接 FM。直接 FM 就是使载波直接随调制信号的变换而变化，一般通过压控振荡器即可实现。这种方法的优点是在实现线性调频的要求下，可以获得相对较大的频偏，缺点是频率稳定度差，很多情况下需要自动频率校正电路来稳定中心频率。

间接 FM 信号的产生如图 3.28 所示。首先对调制信号进行积分，然后用它对晶体振荡器进行相位调制产生窄带 FM 信号，调制指数 β 应取较小值。采用晶体振荡器是为了提高频率稳定性，同时减少相位调制器的失真。接下来，通过倍频器对窄带 FM 进行倍频，得到期望的宽带 FM 信号。这种方法的优点是载波频率比较稳定，但较于直接调频，电路较复杂，频移小，且寄生调幅较大，通常需多次倍频使频移增加。

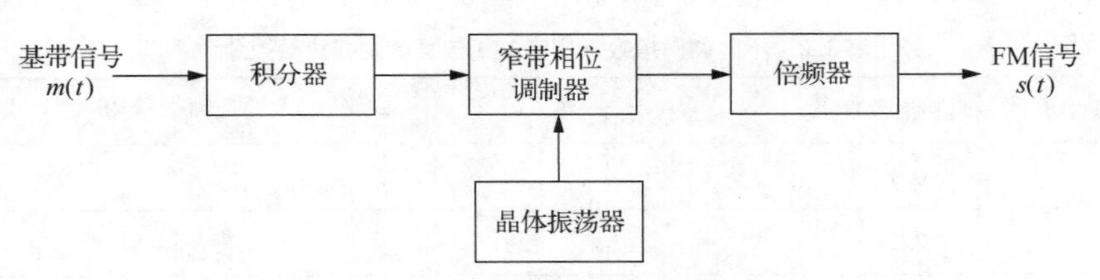

图 3.28　间接 FM 信号的产生

倍频器由无记忆非线性器件和带通滤波器组成，如图 3.29 所示。

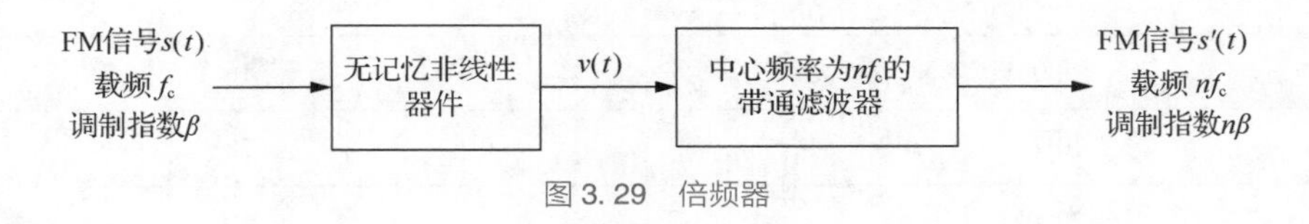

图 3.29　倍频器

无记忆非线性器件的输入-输出关系一般可表示为

$$v(t)=a_1s(t)+a_2s^2(t)+\cdots+a_ns^n(t) \tag{3.73}$$

式中，$a_1,a_2,\cdots,a_n$ 是由器件的工作点决定的系数，n 为非线性的最高阶数，输入 FM 信号 $s(t)$的表达式为

$$s(t)=A_c\cos\left[2\pi f_ct+2\pi k_f\int_0^t m(\tau)\mathrm{d}\tau\right] \tag{3.74}$$

$s(t)$的瞬时频率为

$$f_i(t)=f_c+k_f m(t) \tag{3.75}$$

图3.29中带通滤波器的中心频率等于nf_c，f_c为输入FM信号$s(t)$的载频。带通滤波器的带宽等于$s(t)$传输带宽的n倍。可见非线性器件输出$v(t)$经过带通滤波后，得到一个新的FM信号，表达式为

$$s'(t)=A'_c\cos\left[2\pi nf_c t+2\pi nk_f\int_0^t m(\tau)\mathrm{d}\tau\right] \tag{3.76}$$

其瞬时频率为

$$f'_i(t)=nf_c+nk_f m(t) \tag{3.77}$$

比较式(3.75)和式(3.77)可看到，图3.29中的非线性电路起到了倍频的作用，倍频倍数由式(3.73)输入-输出关系中的最高次幂n决定。由式(3.77)可明显看出，FM信号经过倍频之后，其中心频率为原来的n倍，频偏也为原来的n倍，故调制指数也为原来的n倍。

例3.4　通过倍频器产生的FM信号，如图3.30所示，发射机先产生窄带FM信号$x(t)=A_0\cos[2\pi f_{c1}t+\varphi(t)]$，其中载频$f_{c1}=100$ kHz，$\varphi(t)$的最大频偏为50 Hz，带宽为500 Hz。FM信号的输出$x_o(t)$的载频为85 MHz，调制指数为5。试确定

(1)倍频因子n；

(2)本地振荡器的中心频率；

(3)带通滤波器的中心频率及带宽。

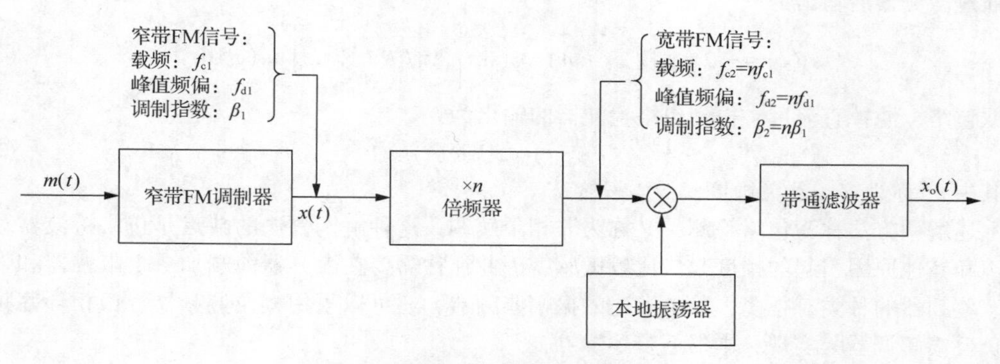

图3.30　通过倍频器产生的FM信号

解　(1)窄带FM信号的调制指数为

$$\beta_1=\frac{f_{d1}}{W}=\frac{50}{500}=0.1$$

由于输出信号调制指数为5，得倍频因子$n=\frac{\beta_2}{\beta_1}=\frac{5}{0.1}=50$。

(2)倍频后的载频为

$$nf_{c1}=50\times 100000=5\ \text{MHz}$$

故本地振荡器的中心频率可能有2个：$85+5=90$ MHz

或　$85-5=80$ MHz

(3)带通滤波器的中心频率必须等于输出信号的载频，故等于 85 MHz，其带宽为

$$B=2(\beta_2+1)W=2\times(5+1)\times500=6000\text{Hz}$$

【本例终】

4. 宽带 FM 信号的解调

频率解调是从 FM 信号中恢复出原始调制信号的过程，可分为直接或间接两种解调方式。本小节主要介绍一种采用鉴频器的直接解调方法，如图 3.31 所示。接收机的前端为限幅器和带通滤波器，限幅器的作用是消除信道中噪声和其他原因引起的调频波的幅度起伏。带通滤波器是让 FM 信号顺利通过，同时滤除带外噪声及高次谐波分量。鉴频器由微分电路和包络检波器级联而成，其瞬时输出幅度与输入 FM 信号的瞬时频率成正比。

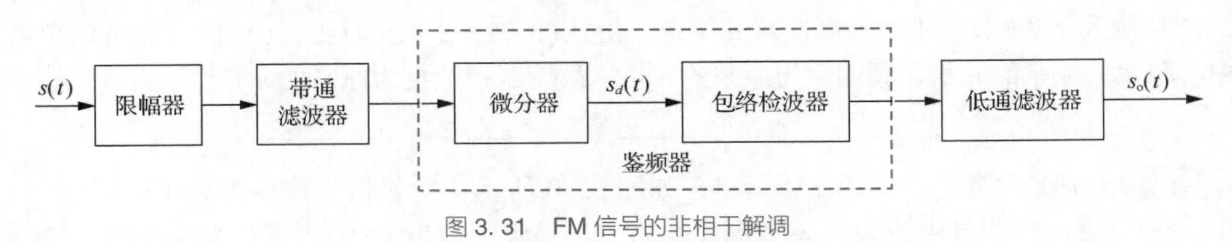

图 3.31　FM 信号的非相干解调

若输入信号为宽带 FM 信号 $s(t)$

$$s(t)=A_c\cos\left[2\pi f_c t+2\pi k_f\int_0^t m(\tau)\,d\tau\right] \tag{3.78}$$

通过微分器后输出为

$$s_d(t)=-2\pi A_c[f_c+k_f m(t)]\sin\left[2\pi f_c t+2\pi k_f\int_0^t m(\tau)\,d\tau\right] \tag{3.79}$$

取包络，滤掉直流后，得到包络检波器的输出为

$$s_o(t)=k_d k_f m(t) \tag{3.80}$$

其中 k_d 称为鉴频器灵敏度。

上述解调方法称为包络检测，又称为非相干解调。这种解调方法的缺点是包络检波器对于信道噪声和其他原因引起的幅度起伏比较敏感，因此往往需要在微分器前端加一个限幅器和带通滤波器。鉴频器的种类有很多，除了上述的振幅鉴频器，还可以采用相位鉴频器、锁相环鉴频器和频率负反馈解调器等实现，本书不赘述。

3.4 连续波调制系统中的噪声

前面主要讨论了各种连续波调制的技术方案。本节将讨论信道噪声对连续波已调信号接收的影响，对各种调制/解调方案的抗噪声性能进行比较，首先需要建立统一的接收机模型。在通信系统中，往往各种设计都将高斯白噪声作为标准，因此本节主要考虑信道噪声为加性高斯白噪声情况下的抗噪声性能。

3.4.1 接收机模型

连续波调制系统的接收机模型如图 3.32 所示，其中：

(1)信道假设为加性高斯白噪声信道；

(2)接收机假设为由理想带通滤波器和理想解调器级联而成，带通滤波器的作用是抑制带外噪声。

图 3.32 中 $s(t)$ 表示输入已调信号，$w(t)$ 表示信道噪声。因此接收机要处理的信号为 $s(t)$ 和 $w(t)$ 之和，带通滤滤器的带宽刚好可以无失真地通过已调信号 $s(t)$，解调器的构造取决于所采用的调制类型。

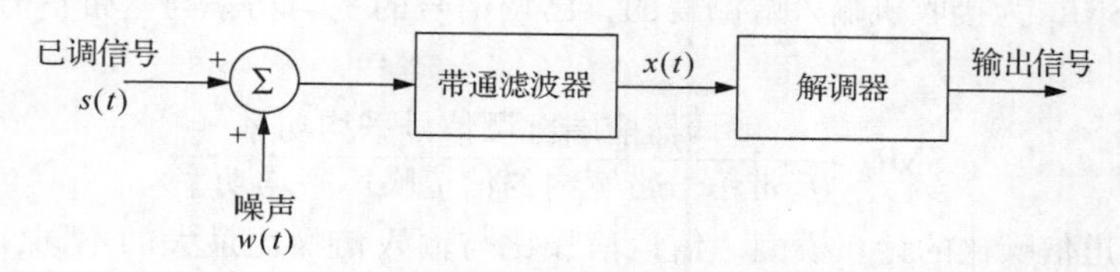

图 3.32　接收机模型

设高斯白噪声 $w(t)$ 的双边功率谱密度为 $N_0/2$；若已调信号 $s(t)$ 的传输带宽为 B_T，中心频率等于载频 f_c，则接收机的带通滤波器中心频率为 f_c，带宽也为 B_T。噪声通过带通滤波器后，可看成窄带噪声 $n(t)$，其表达式可写为

$$n(t)=n_I(t)\cos(2\pi f_c t)-n_Q(t)\sin(2\pi f_c t) \tag{3.81}$$

其中，$n_I(t)$、$n_Q(t)$ 分别为窄带噪声的同相分量和正交分量。$n(t)$ 的功率谱密度 $S_N(f)$ 如图 3.33所示。

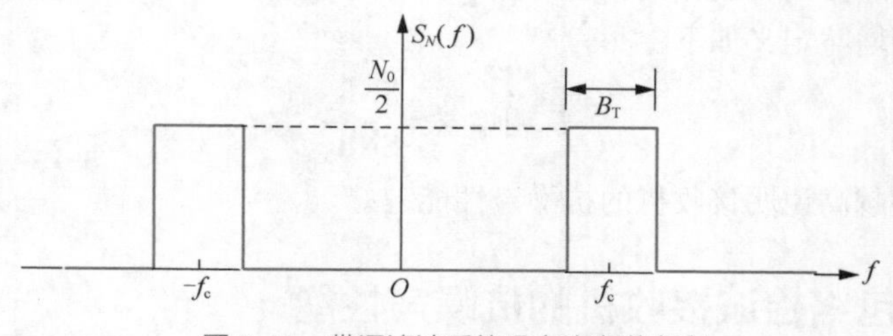

图 3.33　带通滤波后的噪声功率谱密度

因此，通过滤波器后，解调器输入端的噪声功率为

$$P=\int_{-\infty}^{\infty} S_N(f)\,\mathrm{d}f=N_0 B_T \tag{3.82}$$

通过带通滤波器后，解调器的输入信号可表示为

$$x(t)=s(t)+n(t) \tag{3.83}$$

对各种解调器的抗噪声性能进行分析，需要计算各解调器的输入信噪比、信道信噪比和输出信噪比，而最终的抗噪声性能则由解调增益来体现。对于图 3.32，输入信噪比 $\mathrm{SNR_i}$ 等于接收机前端已调信号 $s(t)$ 的平均功率与经过带通滤波后噪声 $n(t)$ 的平均功率之比；输出信噪比 $\mathrm{SNR_o}$ 等于接收机输出端测得的解调后的消息信号的平均功率与噪声平均功率之比。输出信噪比体现了接收机的抗噪声性能，直观地衡量了接收机从噪声信号中解调出消息信号的逼真度。为了计算准确，解调器输出的消息信号与噪声分量要求是加性的。对于相干检测接收机，这一条件完全满足。而采用非相干解调时，如在 AM 中采用包络检波或 FM 中采用鉴频器时，必须假定滤波后噪声 $n(t)$ 的平均功率较小，才能用输出信噪比衡量接收机性能的好坏。

输出信噪比取决于发射机采用的调制类型和接收机采用的解调类型。即使相同的调制类型，采用不同的解调方案，其结果也会有所不同。另外，在比较各种调制-解调系统的输出信噪比时，必须在相同的基础上进行。

(1)已调信号 $s(t)$ 具有相同的平均功率。

(2)在消息带宽 W 内，信道噪声 $w(t)$ 有相同的平均功率。

相应地，理论上定义信道信噪比如下。

信道信噪比 $\mathrm{SNR_c}$ 为接收机输入端测得的，已调信号的平均功率与基带信号带宽内信道噪声的平均功率之比，即

$$\mathrm{SNR_c}=\frac{\text{解调器前端已调信号平均功率}}{\text{基带信号带宽内的信道噪声平均功率}} \tag{3.84}$$

图 3.34 为信道信噪比的计算模型。信道信噪比与输入信噪比最大的不同，就在于信道信噪比是在基带信号带宽范围内进行计算的。

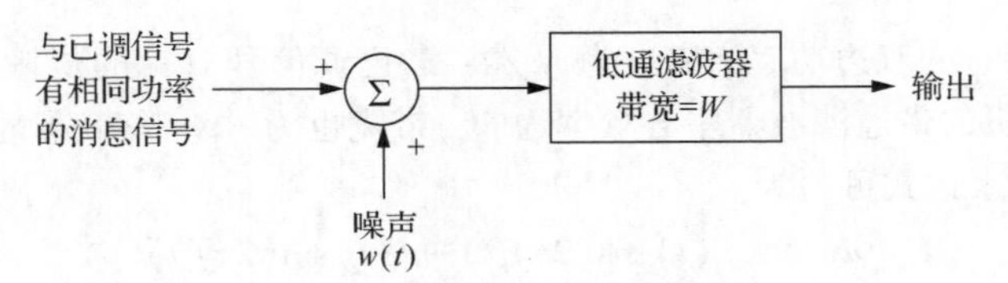

图 3.34 信道信噪比的计算模型

为了比较不同连续波的调制方案，要对接收机性能进行归一化，即用输出信噪比除以信道信噪比。接收机的解调增益定义如下。

$$\text{解调增益}=\frac{\mathrm{SNR_o}}{\mathrm{SNR_c}} \tag{3.85}$$

显然，解调增益越高说明接收机的抗噪声性能越好。

3.4.2 AM 包络检波接收机的抗噪声性能

AM 信号解调通常采用包络检波器，其接收机模型如图 3.35 所示。

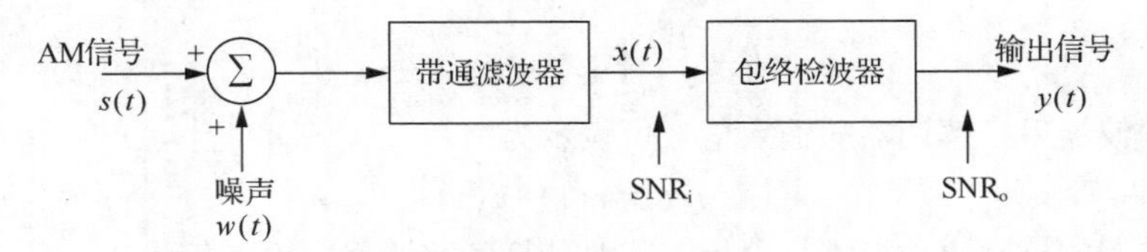

图 3.35 AM 接收机模型

设输入 AM 信号 $s(t)$ 为

$$s(t)=CA_c[1+k_a m(t)]\cos(2\pi f_c t) \tag{3.86}$$

其中 $A_c\cos(2\pi f_c t)$ 为载波，$m(t)$ 为调制信号。k_a 为决定调制百分比的常量。式(3.86)给出的 AM 信号中，C 为系统的比例因子，目的是保证载波幅度 A_c 和加性噪声分量的量纲相同。

经带通滤波后，解调器的输入信号 $x(t)$ 可表示为

$$x(t)=s(t)+n(t)$$
$$=[CA_c+CA_ck_am(t)+n_I(t)]\cos(2\pi f_ct)-n_Q(t)\sin(2\pi f_ct) \tag{3.87}$$

在 AM 信号 $s(t)$ 中，载波分量的平均功率等于 $C^2A_c^2/2$。若调制信号 $m(t)$ 的平均功率为 P，则载有信息的分量 $CA_ck_am(t)\cos(2\pi f_ct)$ 的平均功率等于 $C^2A_c^2k_a^2P/2$，因而 $s(t)$ 的平均功率等于 $C^2A_c^2(1+k_a^2P)/2$。同时消息带宽内噪声的平均功率为 WN_0，因此 AM 系统的信道信噪比为

$$\mathrm{SNR}_{c,\mathrm{AM}}=\frac{C^2A_c^2(1+k_a^2P)}{2WN_0} \tag{3.88}$$

下面确定系统的输出信噪比。$x(t)$ 经包络检测器后的输出 $y(t)$ 为

$$y(t)=\{[CA_c+CA_ck_am(t)+n_I(t)]^2+n_Q^2(t)\}^{1/2} \tag{3.89}$$

$y(t)$ 的表达式比较复杂，需要加以简化。借助于图 3.36，可以比较清楚地看出 $y(t)$ 和输入信号 $x(t)$ 之间的关系。

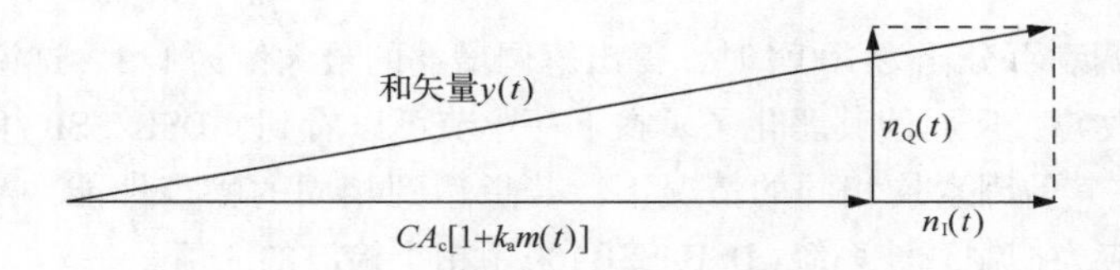

（a）大载噪比下AM信号与窄带噪声的和矢量

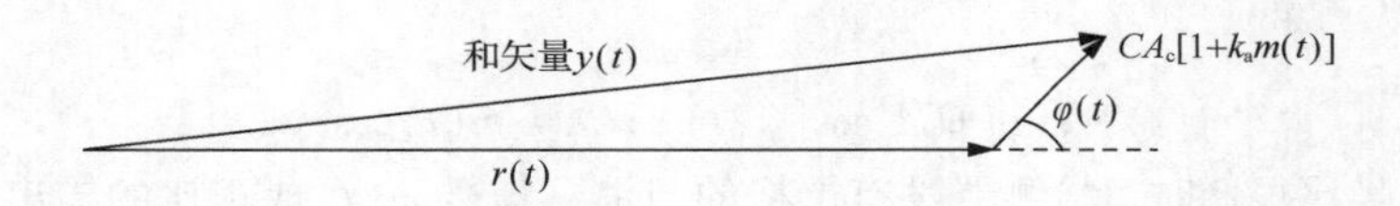

（b）小载噪比下AM信号与窄带噪声的和矢量

图 3.36　AM 信号与窄带噪声的矢量

从图 3.36(a) 可以清楚地看出，在载噪比较大的情况下，和矢量 $y(t)$ 的模近似等于信号矢量 $s(t)$ 与窄带噪声同相分量 $n_I(t)$ 的和的模，即

$$y(t)\approx CA_c+CA_ck_am(t)+n_I(t) \tag{3.90}$$

式(3.90)中的直流项与消息信号 $m(t)$ 无关，所以可以忽略。滤掉直流后即可得到大载噪比情况下的 AM 接收机的输出信噪比

$$\mathrm{SNR}_{o,\mathrm{AM}}\approx\frac{C^2A_c^2k_a^2P}{2WN_0} \tag{3.91}$$

由式(3.88)和式(3.91)可得 AM 的解调增益为

$$\left.\frac{\mathrm{SNR}_o}{\mathrm{SNR}_c}\right|_{\mathrm{AM}}\approx\frac{k_a^2P}{1+k_a^2P} \tag{3.92}$$

由此可见，采用包络检波的 AM 接收机的解调增益通常是小于 1 的，原因是发送的 AM 信号包含了载波分量，浪费了发送功率。

理论上 AM 信号也可以采用相干接收。可以证明，采用相干检测解调 AM 信号时，得到的解调增益与包络检波器几乎相同，参见习题 3.2。这说明在大载噪比的情况下，AM 信号的相干解调和包络检测具有相同的解调性能，但相干检测器更加复杂，且没有大载噪比这一限制。

例 3.5 考虑调制信号为频率为 f_m、幅度为 A_m 的正弦波的 AM 解调增益(假设系统比例因子为 1)

$$m(t)=A_m\cos(2\pi f_m t)$$

解 相应的 AM 信号表达式为

$$s(t)=A_c[1+\mu\cos(2\pi f_m t)]\cos(2\pi f_c t),\ \mu=k_a A_m$$

调制信号 $m(t)$ 的平均功率为 $P_m=\frac{1}{2}A_m^2$。

则由式(3.92)可得，单音 AM 的解调增益

$$\left.\frac{\mathrm{SNR_o}}{\mathrm{SNR_c}}\right|_{\mathrm{AM}}\approx\frac{k_a^2P}{1+k_a^2P}=\frac{\frac{1}{2}k_a^2A_m^2}{1+\frac{1}{2}k_a^2A_m^2}\overset{\mu=k_aA_m}{=}\frac{\mu^2}{2+\mu^2}=\frac{1}{1+\frac{2}{\mu^2}}$$

当 $\mu=1$，即对应的调制百分比为 100%时，得出解调增益的最大值为 1/3。这说明包络检测器对输入信噪比不仅没有改善，反而使其恶化了。在下一小节可以看到，DSB/SSB 相干解调的解调增益恒等于 1，因此，在其他因素均相同的情况下，若想达到相同的噪声性能，AM 系统采用包络检波发送的平均功率应为抑制载波系统(DSB/SSB)采用相干检波的 3 倍。

【本例终】

下面讨论载噪比较小的情况。观察图 3.36(b)，此时输入信号 $x(t)$ 以噪声为主，包络检波的输出为

$$y(t)\approx r(t)+CA_c\cos[\varphi(t)]+CA_ck_am(t)\cos[\varphi(t)] \tag{3.93}$$

这说明当载噪比很低时，检测器没有严格的与消息信号 $m(t)$ 成正比的输出分量。$y(t)$ 表达式的最后一项含有消息信号 $m(t)$ 与噪声的乘积项，其中噪声以 $\cos[\varphi(t)]$ 形式存在。由 2.6 节可知，窄带噪声 $n(t)$ 的相位 $\varphi(t)$ 服从 0~2π 的均匀分布。因此，在检测器输出端并不包含消息信号 $m(t)$，即信息量完全损失了。在低载噪比的情况下，包络检波器中消息的丢失称为门限效应。门限是一个载噪比值，当载噪比低于该值时，检测器的噪声性能将迅速恶化。非线性检测器(包络检波器)都存在门限效应，但在相干检测器中，并不存在门限效应。

3.4.3 线性调制相干接收机的抗噪声性能

本小节主要讨论噪声对线性调制相干接收机的影响，重点讨论 DSB、SSB 接收机，VSB 的计算相对复杂，只给出近似结论。

1. DSB-SC 相干解调

图 3.37 为 DSB-SC 相干接收机模型。接收机将经过滤波的信号 $x(t)$ 与本地载波 $\cos(2\pi f_c t)$ 相乘，然后通过低通滤波器，得到输出信号 $y(t)$。为简化分析，可假定本地产生正弦波的幅值为单位 1(这种假定不会影响后面的分析)，同时假定本地载波与发射机是严格同步的。

DSB-SC 输入信号 $s(t)$ 为

$$s(t)=CA_c\cos(2\pi f_c t)m(t) \tag{3.94}$$

其中，$A_c\cos(2\pi f_c t)$ 为正弦载波，$m(t)$ 为消息信号，C 为系统的比例因子，目的是保证信号分量 $s(t)$ 和噪声分量 $n(t)$ 量纲相同。

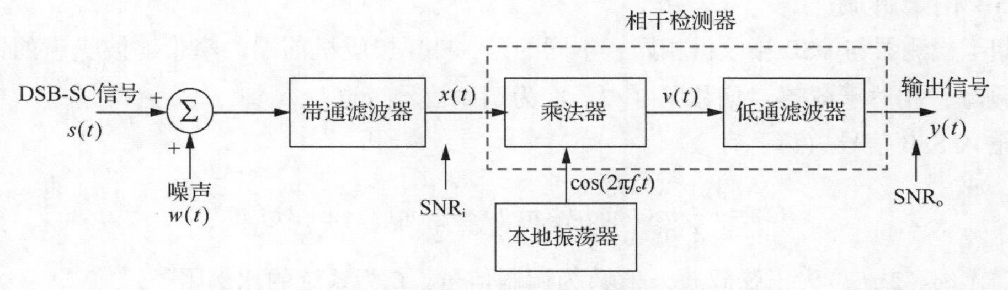

图 3. 37　DSB-SC 相干接收机模型

经带通滤波后的信号 $x(t)$ 可表示为

$$\begin{aligned} x(t) &= s(t)+n(t) \\ &= CA_c\cos(2\pi f_c t)m(t)+n_I(t)\cos(2\pi f_c t)-n_Q(t)\sin(2\pi f_c t) \end{aligned} \tag{3.95}$$

若消息信号 $m(t)$ 的平均功率为 P，则 DSB-SC 已调信号分量 $s(t)$ 的平均功率为 $C^2A_c^2P/2$。消息带宽 W 内的平均噪声功率等于 WN_0，因此，DSB-SC 相干接收机中的信道信噪比为

$$\mathrm{SNR}_{c,\mathrm{DSB-SC}} = \frac{C^2A_c^2P}{2WN_0} \tag{3.96}$$

下面确定系统的输出信噪比。$x(t)$ 经乘法器后的输出为

$$\begin{aligned} v(t) &= x(t)\cos(2\pi f_c t) \\ &= \frac{1}{2}CA_c m(t)+\frac{1}{2}n_I(t)+ \\ &\quad \frac{1}{2}[CA_c m(t)+n_I(t)]\cos(4\pi f_c t)-\frac{1}{2}n_Q(t)\sin(4\pi f_c t) \end{aligned} \tag{3.97}$$

经过低通滤波后，得到相干检测器的输出

$$y(t) = \frac{1}{2}CA_c m(t)+\frac{1}{2}n_I(t) \tag{3.98}$$

式(3. 98)表明：

(1)在相干接收机输出端，调制信号 $m(t)$ 和滤波后窄带噪声 $n(t)$ 的同相分量 $n_I(t)$ 是加性的；

(2)相干检测器完全去掉了窄带噪声 $n(t)$ 的正交分量 $n_Q(t)$。

需要说明的是，以上两条结论均与输入信噪比无关。因此，相干检测法区别于其他解调技术的一个重要特点是：无论输入信噪比如何，输出消息的信号分量总是非乘性的，噪声分量总是加性的。

相干解调器输出的信号分量为 $CA_c m(t)/2$，其平均功率可表示 $C^2A_c^2P/4$。

噪声分量为窄带噪声的同相分量 $n_I(t)/2$，由 2. 6 节关于窄带噪声的讨论可知，接收机输出噪声的平均功率为

$$\left(\frac{1}{2}\right)^2 2WN_0 = \frac{1}{2}WN_0 \tag{3.99}$$

因此，接收机的输出信噪比为

$$\mathrm{SNR}_{o,\mathrm{DSB-SC}} = \frac{C^2A_c^2P/4}{WN_0/2} = \frac{C^2A_c^2P}{2WN_0} \tag{3.100}$$

比较式(3. 96)和式(3. 100)可得，DSB-SC 相干接收机的解调增益为

$$\left.\frac{\mathrm{SNR}_o}{\mathrm{SNR}_c}\right|_{\mathrm{DSB-SC}} = 1 \tag{3.101}$$

2. SSB 相干解调

SSB 相干检测器与 DSB 接收机相同，不同的是，SSB 接收机前端的窄带滤波噪声的谱密度函数的中心频率，相对于载频 f_c 偏移了 $W/2$，W 为调制信号带宽。

对于输入 SSB 信号 $s(t)$，有

$$s(t)=\frac{CA_c}{2}m(t)\cos(2\pi f_c t)\pm\frac{CA_c}{2}\hat{m}(t)\sin(2\pi f_c t) \tag{3.102}$$

其中，$A_c\cos(2\pi f_c t)$为正弦载波，$m(t)$为调制信号，C 为系统的比例因子。

显然，若调制信号 $m(t)$的平均功率为 P，则输入信号的同相分量与正交分量信号平均功率为 $\frac{C^2A_c^2P}{8}$，故 $s(t)$的平均功率为$\frac{C^2A_c^2P}{4}$。

由于 SSB 信号带宽为 W，因此噪声平均功率为 WN_0，由此可得 SSB 的信道信噪比为

$$\mathrm{SNR}_{c,\mathrm{SSB}}=\frac{C^2A_c^2P}{4WN_0} \tag{3.103}$$

下面确定系统的输出信噪比。$x(t)$经乘法器后的信号输出为

$$\begin{aligned}v(t)&=x(t)\cos(2\pi f_c t)\\&=\frac{1}{4}CA_c m(t)+n_I(t)\cos(2\pi f_c t)+\\&\quad\frac{CA_c}{4}m(t)\cos(4\pi f_c t)\pm\frac{CA_c}{4}\hat{m}(t)\sin(4\pi f_c t)\end{aligned} \tag{3.104}$$

通过低通滤波器后，输出 $y(t)$中的信号为

$$v_s(t)=\frac{1}{4}CA_c m(t) \tag{3.105}$$

可以计算，$y(t)$中的信号平均功率为$\frac{C^2A_c^2P}{16}$，噪声平均功率为 $WN_0/4$，

故 $y(t)$输出信噪比为

$$\mathrm{SNR}_{o,\mathrm{SSB}}=\frac{C^2A_c^2P}{4WN_0} \tag{3.106}$$

由式(3.103)和式(3.106)可得，SSB 接收机的解调增益为

$$\left.\frac{\mathrm{SNR}_o}{\mathrm{SNR}_c}\right|_{\mathrm{SSB}}=1 \tag{3.107}$$

比较式(3.101)和式(3.107)，会发现 DSB 和 SSB 的解调增益是相同的，都恒等于 1。这一方面说明，二者有相同的抗噪声性能，另一方面，也说明它们无法通过增加带宽或提高发射功率的方式来改善接收机的抗噪声性能。原因在于，线性调制方案仅仅是基带信号频谱的线性搬移。

VSB 系统的抗噪声性能的分析和 DSB 类似，但是由于 VSB 的滤波特性形状不同，所以抗噪声性能的计算相对比较复杂，当边带残留部分不是太大的时候，可以近似地认为其抗噪声性能与 SSB 相同。

由此可以得出重要结论：在平均发送功率或已调信号功率与消息带宽的平均噪声功率相等的情况下，线性调制的相干接收机有着相等的解调增益，即有着相同的抗噪声性能。

3.4.4　FM 接收机的抗噪声性能

FM 信号的解调有相干解调与非相干解调两种模式，相干解调仅适用于窄带 FM 信号，且需要严格同步，和宽带 FM 相比，窄带 FM 的解调增益很低，故应用范围不广，非相干的 FM 解调方式对于窄带 FM 和宽带 FM 都适用。本小节主要讨论 FM 非相干解调的抗噪声性能，其接收机模型如图 3.38 所示。

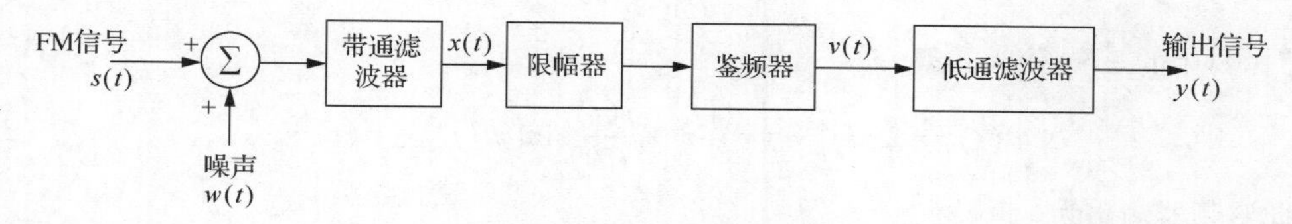

图 3.38　FM 非相干接收机模型

设接收机的输入 FM 信号 $s(t)$ 为

$$s(t)=CA_{\mathrm{c}}\cos\left[2\pi f_{\mathrm{c}}t+2\pi k_{\mathrm{f}}\int_{0}^{t}m(\tau)\mathrm{d}\tau\right] \tag{3.108}$$

其中，A_{c} 为载波幅度，f_{c} 为载频，k_{f} 为频率灵敏度，$m(t)$ 为消息信号，C 为系统比例因子，以保证 A_{c} 与噪声分量同量纲。令

$$\varphi(t)=2\pi k_{\mathrm{f}}\int_{0}^{t}m(\tau)\mathrm{d}\tau \tag{3.109}$$

则 $s(t)$ 可简化为

$$s(t)=CA_{\mathrm{c}}\cos[2\pi f_{\mathrm{c}}t+\varphi(t)] \tag{3.110}$$

通过带通滤波器后的高斯白噪声用包络和相位表示为

$$n(t)=r(t)\cos[2\pi f_{\mathrm{c}}t+\psi(t)] \tag{3.111}$$

因此，带通滤波后的信号 $x(t)$ 可表示为

$$\begin{aligned}x(t)&=s(t)+n(t)\\&=CA_{\mathrm{c}}\cos[2\pi f_{\mathrm{c}}t+\varphi(t)]+r(t)\cos[2\pi f_{\mathrm{c}}t+\psi(t)]\end{aligned} \tag{3.112}$$

可见在 FM 信号中，载有消息的信号分量的平均功率等于 $C^2A_{\mathrm{c}}^2/2$，则 FM 的信道信噪比为

$$\mathrm{SNR}_{\mathrm{c,FM}}=\frac{C^2A_{\mathrm{c}}^2}{2WN_0} \tag{3.113}$$

下面研究 FM 的输出信噪比。借助于图 3.39，在大载噪比的情况下，可以得到和矢量 $x(t)$ 的相位

$$\theta(t)=\varphi(t)+\tan^{-1}\left\{\frac{r(t)\sin[\psi(t)-\varphi(t)]}{CA_{\mathrm{c}}+r(t)\cos[\psi(t)-\varphi(t)]}\right\} \tag{3.114}$$

矢量 $x(t)$ 的包络没有研究意义，因为带通滤波器输出端的波动可以通过限幅器去掉。

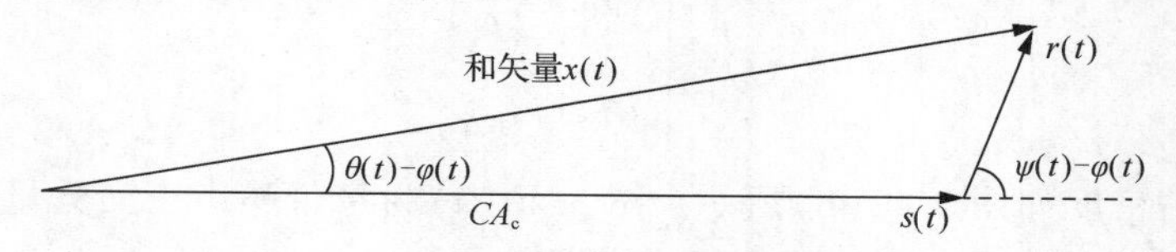

图 3.39　大载噪比下 FM 信号和窄带噪声的矢量

研究的关键在于，需要确定由于滤波后噪声 $n(t)$ 的存在所造成的载波瞬时频率误差。假定鉴频器是理想的，其输出与 $\theta'(t)/(2\pi)$ 成正比，$\theta'(t)$ 是 $\theta(t)$ 对时间的导数。由于 $\theta(t)$ 的定义式太复杂，为了得到有用的结论，需要进行一些简化近似。

假定鉴频器输入端测得的载噪比远大于1。通过观察（在固定时间内）样本函数 $r(t)$（由噪声 $n(t)$ 引起的）的包络变换，得到一个随机变量 R。则在大部分时间内，随机变量 R 小于载波幅度 A_c，因此相位 $\theta(t)$ 的表达式可简化为如下形式

$$\theta(t) \approx \varphi(t) + \frac{r(t)}{CA_c}\sin[\psi(t) - \varphi(t)] \tag{3.115}$$

将式(3.109)中的 $\varphi(t)$ 代入，得

$$\theta(t) \approx 2\pi k_f \int_0^t m(\tau)\mathrm{d}\tau + \frac{r(t)}{CA_c}\sin[\psi(t) - \varphi(t)] \tag{3.116}$$

因此鉴频器输出为

$$v(t) = \frac{1}{2\pi}\frac{\mathrm{d}\theta(t)}{\mathrm{d}t} = k_f m(t) + n_d(t) \tag{3.117}$$

其中噪声项 $n_d(t)$ 的定义为

$$n_d(t) = \frac{1}{2\pi CA_c}\frac{\mathrm{d}}{\mathrm{d}t}\{r(t)\sin[\psi(t) - \varphi(t)]\} \tag{3.118}$$

由式(3.118)可见，若载噪比很高，鉴频器输出 $v(t)$ 为原始调制信号 $m(t)$ 乘常量因子 k_f 后与加性噪声分量 $n_d(t)$ 之和。此时解调器输出信号的平均功率为 $k_f^2 P$，其中 P 为信号 $m(t)$ 的平均功率。下面对噪声项 $n_d(t)$ 进行讨论，方便起见，需要将噪声 $n_d(t)$ 进行适当简化。

相位 $\psi(t)$ 服从 $0\sim2\pi$ 的均匀分布，因此相位差 $\psi(t)-\varphi(t)$ 也服从 $0\sim2\pi$ 的均匀分布。式(3.118)可简化为

$$n_d(t) \approx \frac{1}{2\pi CA_c}\frac{\mathrm{d}}{\mathrm{d}t}\{r(t)\sin[\psi(t)]\} = \frac{1}{2\pi CA_c}\frac{\mathrm{d}n_Q(t)}{\mathrm{d}t} \tag{3.119}$$

式(3.119)表明，鉴频器输出端的加性噪声 $n_d(t)$ 由载波幅度 A_c 和窄带噪声 $n(t)$ 的正交分量 $n_Q(t)$ 决定。

由于时域中函数的微分对应在频域中为其傅里叶变换乘 $\mathrm{j}2\pi f$，因此 $n_d(t)$ 可以看作由 $n_Q(t)$ 通过频率响应如下的线性滤波器得到。

$$H_d(f) = \frac{\mathrm{j}2\pi f}{2\pi CA_c} = \frac{\mathrm{j}f}{CA_c} \tag{3.120}$$

故噪声 $n_d(t)$ 的功率谱密度 $S_{n_d}(f)$ 与噪声正交分量 $n_Q(t)$ 的功率谱密度 $S_{n_Q}(f)$ 存在如下的关系式

$$S_{n_d}(f) = |H_d(f)|^2 S_{n_Q}(f) = \frac{f^2}{C^2A_c^2}S_{n_Q}(f) \tag{3.121}$$

因而，$n_d(t)$ 的功率谱密度为

$$S_{n_d}(f) = \begin{cases} \dfrac{N_0 f^2}{C^2A_c^2}, & |f| \leqslant \dfrac{B_T}{2} \\ 0, & \text{其他} \end{cases} \tag{3.122}$$

$n_d(t)$ 的功率谱密度如图3.40(b)所示，图3.40(a)为窄带噪声正交分量的功率谱密度，图3.40(c)则为接收机输出噪声的 $n_o(t)$ 的功率谱密度。

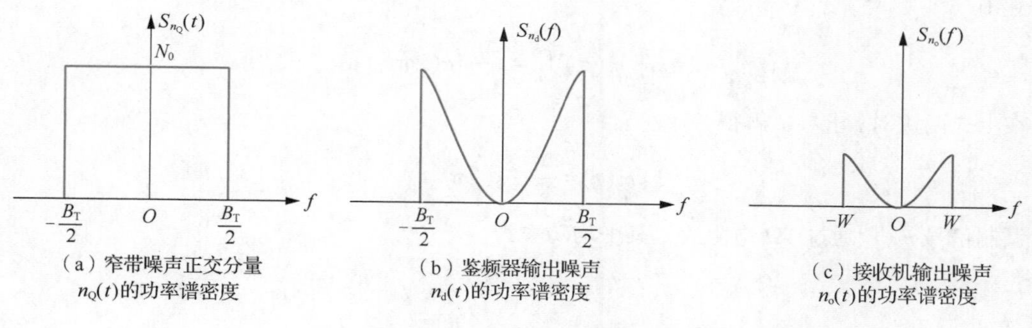

(a) 窄带噪声正交分量 $n_Q(t)$的功率谱密度

(b) 鉴频器输出噪声 $n_d(t)$的功率谱密度

(c) 接收机输出噪声 $n_o(t)$的功率谱密度

图 3.40 FM 接收机噪声分析

低通滤波器的带宽 W 等于调制信号带宽。对于宽带 FM，W 通常要小于 $B_T/2$，B_T 为 FM 信号的传输带宽，故噪声 $n_d(t)$ 的带外分量被过滤掉。因此，接收机输出噪声 $n_o(t)$ 的功率谱密度 $S_{n_o}(f)$ 定义如下

$$S_{n_o}(f)=\begin{cases}\dfrac{N_0 f^2}{C^2A_c^2}, & |f|\leqslant W\\ 0, & \text{其他}\end{cases} \tag{3.123}$$

由此可得，输出噪声平均功率为

$$P_{n_o}=\frac{N_0}{C^2A_c^2}\int_{-W}^{W}f^2\mathrm{d}f=\frac{2N_0W^3}{3C^2A_c^2} \tag{3.124}$$

式(3.124)表明，噪声平均功率与载波平均功率 $A_c^2/2$ 成反比。因而在 FM 系统里，增加载波功率有静噪作用。

由式(3.124)可得，在大载噪比的情况下，FM 接收机的输出信噪比为

$$\mathrm{SNR}_{o,FM}=\frac{3C^2A_c^2k_f^2P}{2N_0W^3} \tag{3.125}$$

比较式(3.113)和式(3.125)，FM 接收机的解调增益为

$$\left.\frac{\mathrm{SNR}_o}{\mathrm{SNR}_c}\right|_{FM}=\frac{3k_f^2P}{W^2} \tag{3.126}$$

由定义可知，偏移率 D 等于频偏 Δf 除以消息带宽 W，频偏 Δf 与调制器频率灵敏度 k_f 成正比，因此，偏移率 D 与 $k_fP^{1/2}/W$ 成正比。由式(3.126)可以看出，宽带 FM 的传输带宽 B_T 与调制指数的平方近似成正比。由此可知，在大载噪比的情况下，宽带 FM 系统的输出信噪比或解调增益将随传输带宽 B_T 的增加以平方律形式增大。可见 FM 系统信噪比的改善，是通过增加传输带宽来实现的。由此可得一个重要的结论：FM 调制可通过增加传输带宽来换取噪声性能的改善。当偏移率 $D\gg1$ 时，FM 信号的带宽可近似等于

$$B_T=2(D+1)W\approx 2DW \tag{3.127}$$

例 3.6 考查例 3.5 中单音信号 FM 调制的解调增益(假设系统比例因子 C 为 1)。

解 将例 3.5 中单音信号进行宽带 FM 调制，设最大频偏为 Δf，则 FM 已调信号定义如下

$$s(t)=A_c\cos\left[2\pi f_ct+\frac{\Delta f}{f_m}\sin(2\pi f_mt)\right]$$

其中

$$2\pi k_{\mathrm{f}}\int_{0}^{t}m(\tau)\,\mathrm{d}\tau=\frac{\Delta f}{f_{m}}\sin(2\pi f_{m}t)$$

在上式两边对 t 求导，解得

$$m(t)=\frac{\Delta f}{k_{\mathrm{f}}}\cos(2\pi f_{m}t)$$

调制信号 $m(t)$ 通过 1Ω 电阻后，其平均功率为

$$P=\frac{1}{2}\left(\frac{\Delta f}{k_{\mathrm{f}}}\right)^{2}$$

将结果代入输出信噪比的计算式(3.125)，有

$$\mathrm{SNR}_{\mathrm{o,FM}}=\frac{3A_{\mathrm{c}}^{2}(\Delta f)^{2}}{4N_{0}W^{3}}=\frac{3A_{\mathrm{c}}^{2}\beta^{2}}{4N_{0}W}$$

其中 $\beta=\Delta f/W$，是调制指数，由式(3.124)，单音 FM 信号的解调增益为

$$\left.\frac{\mathrm{SNR}_{\mathrm{o}}}{\mathrm{SNR}_{\mathrm{c}}}\right|_{\mathrm{FM}}=\frac{3}{2}\left(\frac{\Delta f}{W}\right)^{2}=\frac{3}{2}\beta^{2}$$

【本例终】

在例 3.6 中，正弦单音 AM 解调增益最大值为 1/3，若使得 FM 系统的解调增益大于 AM 系统，只需要

$$\frac{3}{2}\beta^{2}>\frac{1}{3}$$

即

$$\beta>\frac{\sqrt{2}}{3}\approx0.471$$

因此可将 $\beta=0.5$ 粗略作为窄带 FM 和宽带 FM 的分界线。另外，可以看出，宽带 FM 的解调性能是远远优越于 AM 系统的，其代价就是牺牲了传输带宽。

式(3.123)定义的 FM 接收机的输出信噪比，只有在鉴频器输入端的载噪比大于 1 时才有效。因此，通过增加传输带宽换取的 FM 系统输出信噪比的改善并不是无止境的，传输带宽的增加意味着噪声功率的增大，在输入信号功率不变的情况下，会导致输入信噪比下降。实验表明：随着输入噪声功率增大，载噪比减小，在接收机的输出端会听到“咔嗒”声，随着载噪比进一步减小，“咔嗒”声迅速变成了爆裂声或“噼啪”声。在接近失效点时，由于预测的输出信噪比将大于实际值，式(3.123)开始失效，这种现象称为门限效应。失效点的最小载噪比值就称为门限值。

门限效应是 FM 系统的一个实际问题，在采用 FM 调制的通信系统中，为了使接收机在尽可能低的信号功率下正常工作，需要把载噪比的门限值向低的方向扩展。扩展门限值的方法有很多，例如，采用锁相环和负反馈解调器等，锁相环可对门限扩展 2~3 dB，负反馈解调器能够实现 5~7 dB 扩展。

3.4.5 连续波调制的性能比较

模拟连续波调制系统中，不同的调制解调方式对通信系统的有效性和可靠性的影响是不同

的，而在实际系统的设计中，采用什么样的调制方式，则取决于系统的实际需要。本小节主要在传输带宽、抗噪声性能和系统复杂度等方面对各种调制解调方案进行比较，以便于实际系统的选择。

1. 传输带宽

为比较各种调制系统的传输带宽需求，定义归一化带宽

$$B_n=\frac{B_T}{W}$$

其中，其中 B_T 是已调信号的传输带宽，W 是调制信号带宽。

表 3.3 给出了各种连续波调制方案的归一化带宽值。

表 3.3　各种连续波调制方案的归一化带宽值 B_n

AM, DSB-SC	SSB	FM	
		$\beta=2$	$\beta=5$
2	1	6	12

显然，归一化带宽越小，带宽利用率越高。

2. 抗噪声性能

假定调制信号 $m(t)$ 是带宽为 W 的零均值平稳过程的样本函数，平均功率为 P。AM 的接收机模型为包络检测器，DSB 和 SSB 的接收机模型为相干接收机，FM 的接收机模型为鉴频器，B_T 是 FM 已调信号的传输带宽，并且 AM 和 FM 均在大载噪比情况下进行解调，各系统的输入信号平均功率相同。表 3.4 为各种连续波调制系统抗噪声性能的比较。

表 3.4　各种连续波调制系统抗噪声性能的比较

性能	AM	DSB	SSB	FM
输入信号平均功率	$C^2A_c^2k_a^2P/2$	$C^2A_c^2P/2$	$\frac{C^2A_c^2P}{4}$	$C^2A_c^2/2$
输入噪声平均功率	$2WN_0$	$2WN_0$	WN_0	B_TN_0
消息带宽内噪声平均功率	WN_0	WN_0	WN_0	WN_0
输出信号平均功率	$C^2A_c^2k_a^2P$	$C^2A_c^2P/4$	$\frac{C^2A_c^2P}{16}$	k_f^2P
输出噪声平均功率	$2WN_0$	$\frac{1}{2}WN_0$	$WN_0/4$	$\frac{2N_0W^3}{3C^2A_c^2}$
输入信噪比 SNR_1	$\frac{C^2A_c^2(1+k_a^2P)}{4WN_0}$	$\frac{C^2A_c^2P}{4WN_0}$	$\frac{C^2A_c^2P}{4WN_0}$	$\frac{C^2A_c^2}{2B_TN_0}$
信道信噪比 SNR_c	$\frac{C^2A_c^2(1+k_a^2P)}{2WN_0}$	$\frac{C^2A_c^2P}{2WN_0}$	$\frac{C^2A_c^2P}{4WN_0}$	$\frac{C^2A_c^2}{2WN_0}$
输出信噪比 SNR_o	$\frac{C^2A_c^2k_a^2P}{2WN_0}$	$\frac{C^2A_c^2P}{2WN_0}$	$\frac{C^2A_c^2P}{4WN_0}$	$\frac{3C^2A_c^2k_f^2P}{2N_0W^3}$
解调增益	$\frac{k_a^2P}{1+k_a^2P}$	1	1	$\frac{3k_f^2P}{W^2}$

由表 3.3 和表 3.4 可以得到以下结论。

(1)在幅度调制方案中，从带宽利用率和功率利用率来看，SSB 调制是最佳的。

(2)从带宽有效性角度来看，按高低排序依次是 SSB、VSB、DSB(AM)、FM。

(3)从可靠性角度来看，按抗噪声性能优劣排序，依次是 FM、DSB(SSB、VSB)、AM。

(4)从功率有效性角度来看，按优劣排序依次是 FM、SSB(DSB、VSB)、AM。

(5)FM 抗噪声性能的改善是以额外的传输带宽为代价的。

关于连续波调制有一个重要的结论：只有频率调制可以用传输带宽来换取抗噪声性能的改善。这种权衡遵循平方律，平方律是模拟连续波调制中能达到的最好规律。

3. 系统复杂度

最简单的接收机结构是 AM 系统，插入载波的 VSB 接收机只比常规 AM 系统稍稍复杂一点，FM 接收机同样易于实现，因此，这 3 个系统广泛应用于 AM 广播、电视以及高保真的 FM 广播系统。DSB 和 SSB 系统因为需要严格的同步，导致接收机的结构较为复杂，且 SSB 比 DSB 还要稍稍复杂一点，因此这两个系统很少用于模拟信号的传输。因而连续波调制系统按复杂度高低排序，依次是 SSB、VSB、DSB、FM、AM。

3.5 频分复用

复用是通信系统中重要的信号处理过程，即将许多独立的信号复合成适于在同一信道中传输的信号。例如，在电话系统中，1 路语音信号的带宽为 4 kHz，目前城际之间都采用光纤传输，光纤的带宽非常宽，因而需要采用复用技术，使得多路语音信号能共享信道。为了能在接收端提取这些信号，各路信号之间必须分开，互不干扰。可利用时间或频率等区分信号，以达到复用的目的。利用频率来区分信号的复用技术称为频分复用(Frequency Division Multiplexing，FDM)，利用时间来区分信号的复用技术称为时分复用(Time Division Multiplexing，TDM)。本节主要针对 FDM 系统进行讨论，FDM 主要采用频率搬移的方法实现。

3.5.1 频率搬移

SSB 调制过程实际上是对基带信号频谱沿频率轴的线性搬移，这种频谱的线性搬移称为变频、混频或外差。完成这种功能的电路称为混频器或变频器，混频电路是一种典型的频谱搬移电路，可以用乘法器和带通滤波器来实现，如图 3.41 所示。

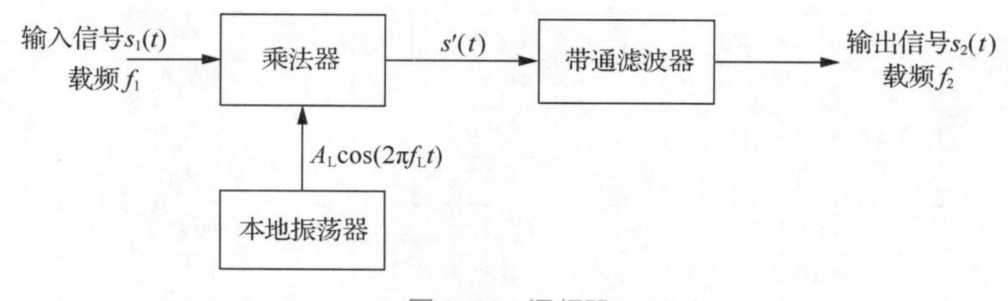

图 3.41 混频器

混频的作用就是把输入信号无失真地从一个频段搬移到另外一个频段。图 3.42 画出了混频器的工作原理，可以看出，消息频谱的正频率部分被向上搬移了载频 f_L，而负频率部分的消息频谱以对称的方式向下搬移了 f_L。

图 3.42(a)所示为混频器输入信号频谱，若输入信号 $s_1(t)$ 载频为 f_1，带宽为 $2W$，混频器本地载波频率为 f_L，为了避免边带重叠，本地载频 f_L 必须大于 W(输入信号带宽的一半)；混频器输出信号 $s_2(t)$ 载频为 f_2，其频谱如图 3.42(b)所示。

输出信号 $s_2(t)$ 频谱可看成两个已调分量之和：图 3.42(b)中的阴影部分的频谱为一个分量，非阴影部分的频谱为另一分量。根据将输入载频 f_1 向上搬移还是向下搬移，可定义下述两种不同的情况。

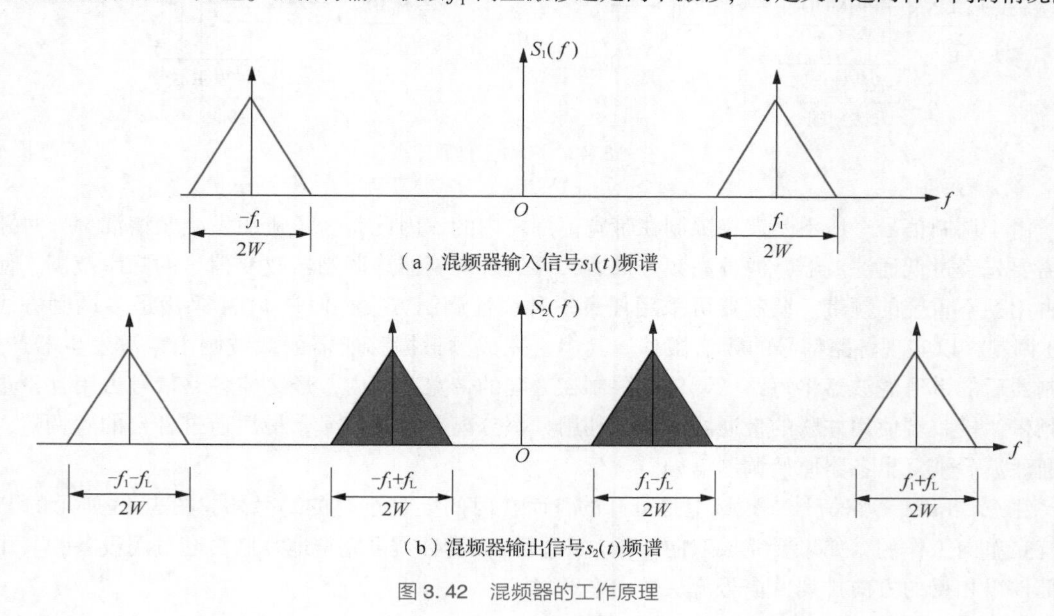

(a) 混频器输入信号 $s_1(t)$ 频谱

(b) 混频器输出信号 $s_2(t)$ 频谱

图 3.42　混频器的工作原理

1. 上变频

指输出载频 f_2 大于输入载频 f_1，所需本地振荡器的频率 f_L 定义为

$$f_L = f_2 - f_1 \tag{3.128}$$

此时，图 3.42(b)中非阴影部分的频谱为有用的已调信号 $s_2(t)$，将阴影部分定义为和 $s_2(t)$ 相关联的镜像信号，这种情况下的混频器称为上变频器。

2. 下变频

指输出载频 f_2 小于输入载频 f_1，所需的本地振荡器的频率 f_L 定义为

$$f_L = f_1 - f_2 \tag{3.129}$$

下变频频谱图与上变频的相应频谱图相反，图 3.42(b)中的阴影部分为有用的已调信号 $s_2(t)$，而非阴影部分的频谱定义为和 $s_2(t)$ 相关联的镜像信号，这种情况下的混频器称为下变频器。

在图 3.41 所示的混频器中，带通滤波器的作用就是通过有用信号抑制相关联的镜像信号。另外，混频是一种线性操作，因此输入信号的边带与载波的关系在混频器的输出端被完整地保留下来。

3.5.2　频分复用原理

FDM 主要采用频率搬移的方法，发射端把各路消息信号搬移到信道通带内的一个特定频率间隔中，接收端用一组滤波器把不同的已调信号分离开，其工作原理如图 3.43 所示。

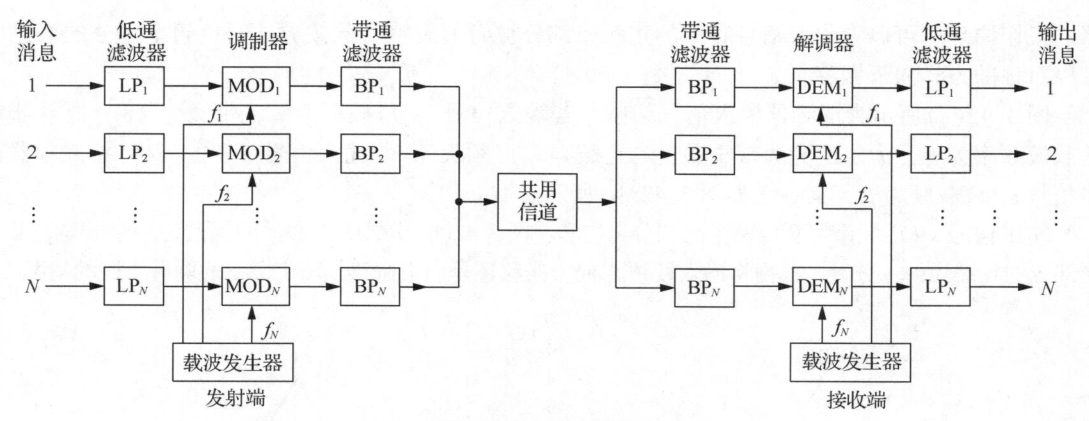

图 3.43 FDM 工作原理

由于调制信号一般不是严格限制在带宽范围之内的，因此，为了避免发生频谱混叠，每路信号需要先经过低通滤波器，滤掉高频分量后，再送入调制器。调制器改变信号的频率范围，使信号占用互不重叠的频带。调制器可采用任意一种线性调制方案，但是 FDM 采用最多调制方法为 SSB 调制，以实现各路信号的频谱搬移。其中，完成频谱搬移所需的载波则由载波发生器产生。调制器后的带通滤波器将每路已调信号限制在分配的带宽范围内，最终使各路信号占用互不重叠的频带。接收端使用并联的带通滤波器，利用频率分离出各路信号，最后通过各自的解调器，经低通滤波后恢复出各路原始调制信号。

注意，FDM 各路信号在频域上是分开的，而在时间上是重叠的。另外，图 3.43 所示的 FDM 系统是单向工作的，如果要完成双向传输(如电话)，就必须再完整地复制一套复用设备，其中各个部件以相反的方向排列，信号流从右向左。

电话系统的 FDM 通常包括多级调制和解调，如图 3.44 所示。

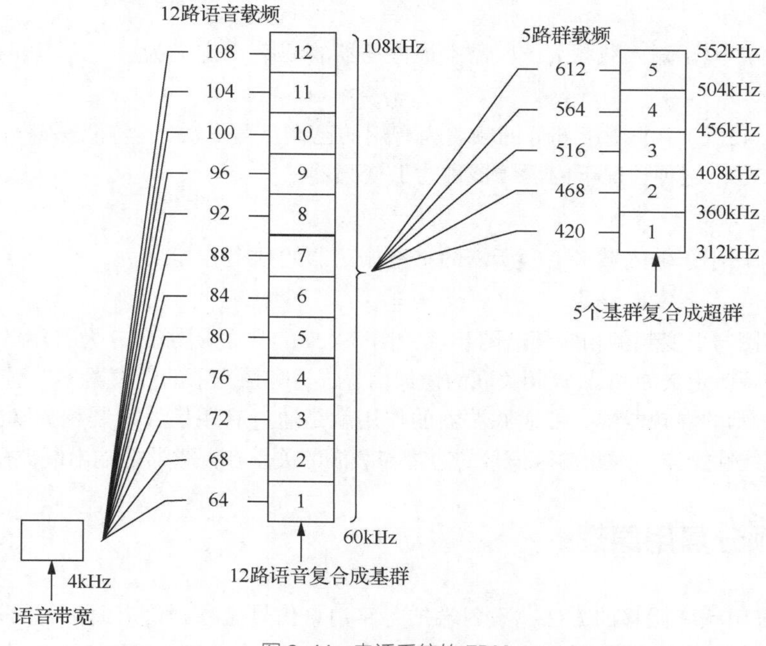

图 3.44 电话系统的 FDM

第一级复用是将12路语音输入复合成一个基群，每路信号带宽为4kHz，第n路载波频率f_c=60+4n(kHz)，n=1,2,…,12，每路信号经线性调制后，使用带通滤波器取下变频并将它们复合成含有12个下边带的基群，每一个边带对应1路语音输出，因而基群占用的频带从60kHz到108kHz，带宽为48kHz。

第二级复用是将5个基群复合成一个超群，准则是第n个基群信号调制在频率为f_c=372+48n(kHz)，n=1,2,…,5的载波上。每个基群信号经线性调制后，再通过滤波选出下边带，并将5路下边带信号复合成一个超群，所以，一个超群包括60路相互独立的语音输出，占用的频带从312kHz到552kHz，带宽为240kHz。采用这种形式合成超群的原理是，具备所需特性且较为经济的滤波器，只可以工作在有限频率范围内。

采用类似的方法，可将超群复合为主群，主群复合为超主群。表3.5为ITU-T定义的模拟多路载波电路分群等级。采用这种形式复合超群的优点是频带利用率高，技术成熟度高，缺点是设备复杂，且各路信号之间由于系统的非线性，会形成串扰。解决串扰的主要办法就是合理选择载波频率，并且各路已调信号频谱之间留有一定的保护间隔。

表3.5 ITU-T定义的模拟多路载波电路分群等级

分群等级	容量/路数	带宽/kHz	基本频带/kHz
基群	12	48	60~108
超群	60=5×12	240	312~552
基本主群	300=5×60	1200	812~2044
基本超主群	900=3×300	3600	8516~12388

在FM无线广播系统中，采用立体声FDM可以提供高质量的语音和音乐传输。立体声广播或电视伴音通常被分成两路信号传输，例如管弦乐队的音乐被分成小提琴部分和伴奏部分，这样会给接收端听众带来一种空间感。FM立体声技术标准受以下两个因素影响：

(1)必须在指定的FM广播频段中传输；

(2)必须与单声道无线接收机兼容。

图3.45(a)所示为FM立体声复用系统中的发射机。令$m_1(t)$和$m_2(t)$分别表示系统发送端左侧和右侧麦克风产生的信号。将这两个信号加在简单的矩阵变换电路上产生和信号$m_1(t)+m_2(t)$和差信号$m_1(t)-m_2(t)$。和信号是基带信号，适合单声道接收，差信号与38kHz的副载波(由19kHz的晶体振荡器经倍频得到)加在乘法器上，用于产生DSB-SC已调波。此外，已调信号$m(t)$还包含19kHz的导频信号，为立体声接收机提供相干载波。因而复用信号可表示为

$$m(t)=k\cos(2\pi f_c t)+[m_1(t)-m_2(t)]\cos(4\pi f_c t)+[m_1(t)+m_2(t)] \tag{3.130}$$

其中f_c=19kHz，k为导频的幅度。复用信号$m(t)$对主载波进行频率调制后，产生所需传输的FM信号。导频信号在调频时只允许占频偏峰值的8%~10%。

FM立体声复用系统中的接收机如图3.45(b)所示，$m(t)$通过3次滤波得到各个频率分量。导频信号用19kHz的带通滤波器恢复，一次倍频后得到38kHz的副载波，用于DSB-SC已调波的相干检波，从而恢复出差信号$m_1(t)-m_2(t)$。上方支路的$m_1(t)+m_2(t)$通过低通滤波器后，与差信号经矩阵变换电路重构出存在比例因子的左侧信号$m_1(t)$和右侧信号$m_2(t)$，并将$m_1(t)$和$m_2(t)$分别送给各自的扬声器。

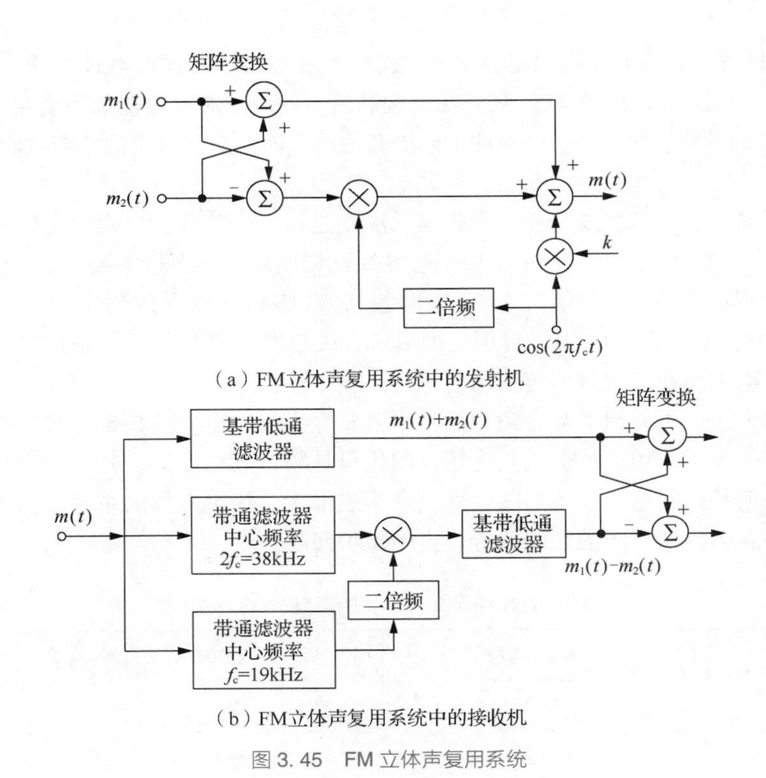

（a）FM立体声复用系统中的发射机

（b）FM立体声复用系统中的接收机

图 3.45　FM 立体声复用系统

FDM 可用于模拟信号的多路传输，如电话系统、NTSC 与 PAL 制式的电视；也可用于数字信号，如全球移动通信系统（Global System for Mobile Communications，GSM）信道划分，长期演进技术（Long Term Evolution，LTE）的 FDD 模式上下行信道划分，5G 新空口技术（New Radio，NR）引入了更加灵活的空口设置，不同的业务类型的信道，如增强型移动宽带（enhanced Mobile Broadband，eMBB）和低时延高可靠通信（ultra-Reliable & Low-Latency Communication，uRLLC）可以通过 FDM 的方式同时发送，提高了系统传输的灵活性。

3.6 本章小结

连续波模拟调制以正弦波为载波，将调制信号加载到正弦载波的幅度或角度上，使信源产生的模拟信号变换成适合信道传输的形式。调制可以改善模拟系统的输出信噪比，多路信号还可以通过调制同时共享同一信道，提高通信系统的利用率。本章重点讨论了幅度调制和角度调制两种调制类型，分析了噪声对各种连续波调制方案的影响，给出了各调制方案的性能比较，并介绍了 FDM 的工作原理。

幅度调制方案主要包括 AM、DSB-SC 调制、SSB 调制和 VSB 调制 4 种，其中后 3 种属于线性调制方案。AM 发送上边带和下边带，并伴有载波，解调方式通常采用包络检波；DSB 调制发送上边带和下边带；SSB 调制只发送上边带或下边带；VSB 调制以互补的方式发送一个边带的几乎所有部分和另一边带的残留部分。线性调制方案原则上需要相干解调，实际系统可采用插入载波的非相干解调方式。在幅度调制方案中，SSB 调制的带宽利用率最佳。

角度调制是非线性调制方案，可分为 FM 和 PM 两种方式。FM 和 PM 相互关联，调制方式在本质上非常接近。按调制指数的大小，可将 FM 信号分成窄带 FM 和宽带 FM 两种，通常意义上的调频指宽带 FM，其有效带宽可使用卡逊公式计算，高频 FM 信号可通过倍频器或混频器产生，其解调方案可采用鉴频器进行非相干解调。

对连续波调制系统的噪声分析表明，AM 功率利用率较低，抗干扰能力差，DSB 调制的功率利用率高，但频带利用率不高，SSB 调制的功率利用率和频带利用率都较高，抗干扰能力和 DSB-SC相同。FM 抗干扰能力强，缺点是频带利用率低。AM 的包络检波和 FM 鉴频器都存在门限效应。相干解调不存在门限效应。按抗噪声性能优劣排序，依次是 FM、DSB（SSB、VSB），AM。FM 抗噪声性能的改善是增加传输带宽而换来的。这种权衡遵循平方律，平方律是模拟连续波调制中能达到的最好规律。

频分复用是一种按频率来划分信道，使多路信号同时共享同一信道的复用方式。FDM 主要采用频率搬移（也称混频或外差）的方法，把各路消息信号搬移到信道通带内的一个特定频率间隔中，各路信号在频域上是分开的，而在时间上是重叠的。电话系统的 FDM 通常包括多级调制和解调。FDM 可用于模拟信号的复用，也适用于数字信号。

习题

3.1　假定消息信号 $m(t)=2\text{sinc}(10^4t)$，载波为正弦信号，且中心频率为 10^5 Hz，

(1) 若对 $m(t)$ 进行 AM，试确定满足包络检测的 AM 的调幅指数，并画出 AM 输出信号波形；

(2) 画出 AM 输出信号频谱，确定 AM 已调信号的带宽；

(3) 若对 $m(t)$ 进行 DSB-SC 调制，画出 DSB-SC 的输出信号波形及输出信号频谱。

3.2　试确定 AM 信号相干检测的解调增益。

3.3　消息信号 $m(t)$ 的频谱如图 P3.3 所示。消息带宽 $W=1$ kHz。信号和载波 $A_c\cos(2\pi f_c t)$ 一起被加在乘法器的输入端，产生 DSB-SC 已调信号 $s(t)$。得到的已调信号接着送入相干检测器中。假定调制器和检测器的载波之间已达到很好的同步，分别画出满足下面条件时相干检测器的输出频谱。

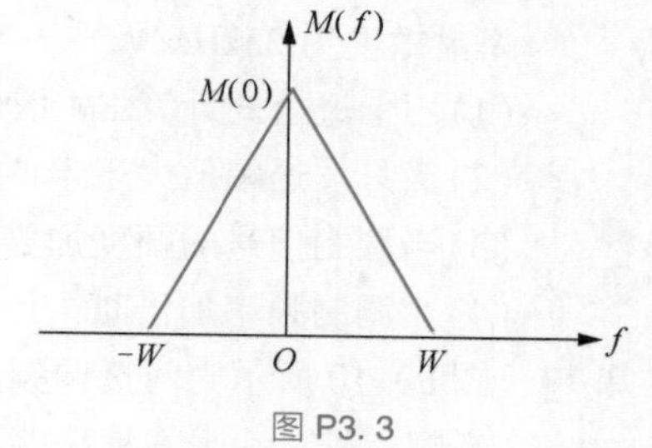

图 P3.3

(1) 载频 $f_c=1.25$kHz；

(2) 载频 $f_c=0.75$kHz。

已调信号 $s(t)$ 的每个分量都由 $m(t)$ 唯一确定的最低载频是多少？

3.4　将 DSB-SC 已调信号送入相干检测器进行解调。

(1) 当检测器的本地载频与输入 DSB-SC 信号载频存在频率误差 Δf 时，估算 Δf 会产生的影响。

(2) 对于正弦调制波，证明：由于存在频率误差，解调出来的信号在该误差频率上存在差拍现象。画出解调后的信号的草图来说明。

3.5　某单边带信号，其载波幅度 $A_c=100$，载频 f_c 为 800kHz，模拟基带信号为

$$m(t)=\cos(2000\pi t)+2\sin(2000\pi t)$$

(1) 写出 $\hat{m}(t)$ 表达式；

(2) 写出单边带信号的下边带时域表达式；

(3) 画出单边带信号的下边带频谱。

3.6 将单音频调制信号 $m(t)=A_m\cos(2\pi f_m t)$ 用于产生 VSB 信号

$$s(t)=\frac{1}{2}aA_mA_c\cos[2\pi(f_c+f_m)t]+\frac{1}{2}A_mA_c(1-a)\cos[2\pi(f_c-f_m)t]$$

其中，a 为小于 1 的常量，表示上边频的衰减。

(1)找出 VSB 信号 $s(t)$ 的正交分量；

(2)将 VSB 信号与载波 $A_c\cos(2\pi f_c t)$ 通过包络检波器，确定由正交分量带来的失真；

(3)常数 a 取何值时，失真最严重。

3.7 本题研究超外差式接收机中混频器的原理。如图 P3.7 所示，混频器由乘法器，具有可变频率 f_L 的本地振荡器以及带通滤波器级联而成。输入信号为 AM 波，其带宽为 10kHz，载频为 0.535MHz~1.605MHz 的任意值(这些参数是 AM 无线广播中的典型值)。若混频器需要将此 AM 信号搬移至中心频率在固定中频 0.455MHz 的频带上，试确定本地振荡器的调频范围。

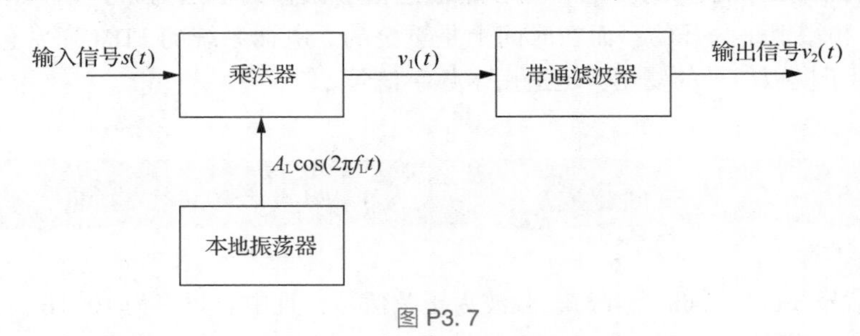

图 P3.7

3.8 将调制指数 $\beta=1$ 的 FM 信号通过理想的带通滤波器发送，滤波器的载频为 f_c，带宽为 $5f_m$，f_m 是正弦调制波的频率。计算滤波器输出的幅度谱。

3.9 将频率为 100MHz 的载波用幅度为 20V、频率 100kHz 的正弦波进行频率调制。调制器的频率灵敏度为 25kHz/V。

(1)用卡逊公式计算 FM 信号的近似带宽；

(2)当只发送幅值大于未调载波幅值 1%的边频时，计算此时的传输带宽；

(3)当调制信号的幅度加倍时，计算此时的传输带宽；

(4)当调制频率加倍时，计算此时的传输带宽。

3.10 图 P3.10 所示为间接调频的宽带频率调制器。调制器用于发送频率范围为 100Hz~15kHz 的音频信号。一个本地振荡器产生频率 $f_1=0.1$MHz 的载频被送入窄带相位调制器。另一个本地振荡器提供给混频器频率为 9.5MHz 的正弦波。对系统的具体说明如下：

发送器输出端的载频 $f_c=100$MHz；最小频偏 $\Delta f=75$kHz；相位调制器的最大调制指数 $=0.3$rad。

(1)计算满足上述条件下，调制指数=0.2rad 时，倍频数 n_1 和 n_2(混频器之前和之后)的取值；

(2)标出图 P3.10 调制器中各点的载频值和频偏值。

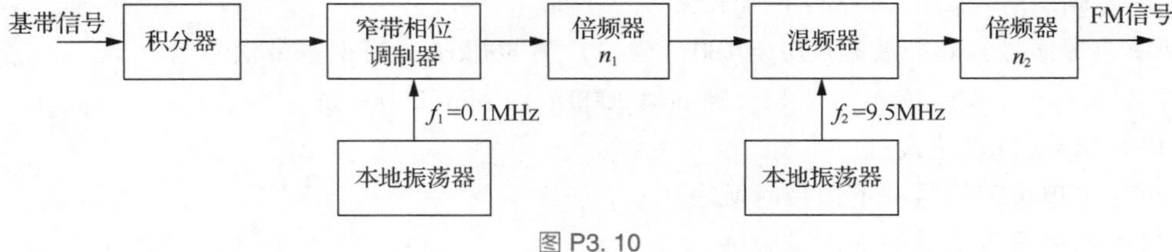

图 P3.10

3.11 角度调制信号 $s(t)=100\cos[2\pi f_c t+4\sin(2\pi f_m t)]$，其中载频 $f_c=10\text{MHz}$，调制信号的频率是 $f_m=1000\text{Hz}$。

(1)假设 $s(t)$ 是FM信号，求其调制指数及发送信号带宽；

(2)若调频器的调频灵敏度(调频常数)不变，调制信号的幅度不变，但频率 f_m 加倍，重复(1)；

(3)假设 $s(t)$ 是PM信号，求其调制指数及发送信号带宽；

(4)若调相器的调相灵敏度(调相常数)不变，调制信号的幅度不变，但频率 f_m 加倍，重复(3)。

3.12 若PM信号表达式为 $s(t)=500\cos[2\pi f_c t+5\cos(2\pi f_m t)]$，其中 $f_m=1\text{kHz}$，相偏常数 $k_p=5\text{rad/V}$。求：

(1)消息信号 $m(t)$ 的表达式；

(2)调相指数 β_p；

(3) $s(t)$ 的带宽。

3.13 已知某单频调频波的振幅是10V，瞬时频率为如下

$$f(t)=10^6+10^4\cos(2\pi\times10^3 t)$$

试求：

(1)此调频波的时域表达式；

(2)此调频波的最大频率偏移、调频指数和频带宽度；

(3)若调制信号频率提高到 $2\times10^3\text{Hz}$，调频波的频率偏移、调频指数和频带宽度的变化情况；

(4)若峰值频偏加倍，调制信号的频率不变，调制信号幅度的变化情况。

3.14 DSB-SC已调信号通过噪声信道传输，噪声的功率谱密度如图P3.14所示。消息带宽是4kHz，载频为200kHz。假设已调波的平均功率是10W，计算接收机的输出信噪比。

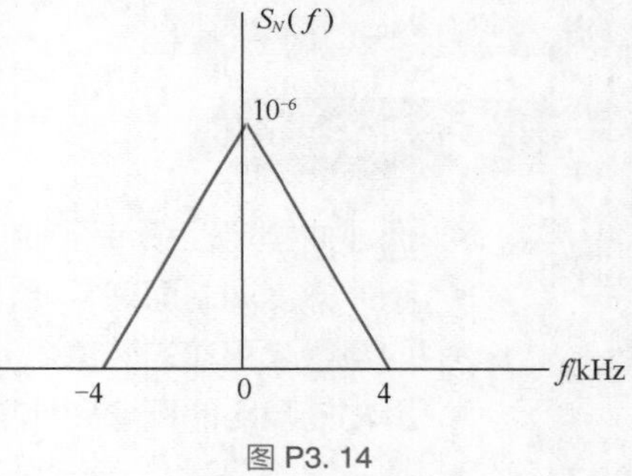

图P3.14

3.15 将幅度为 A_c、频率为 f_c 的未调制载波与带限白噪声之和通过理想的包络检波器。若噪声功率谱密度的高度为 $N_0/2$，带宽为 $2W$，中心在载频 f_c 处，计算载噪比很大时的输出信噪比。

3.16 考虑一个PM系统，PM已调信号为 $s(t)=A_c\cos(2\pi f_c t+k_p m(t))$，其中 k_p 为常数，$m(t)$ 为消息信号。接收机的相位检测器输入端加性噪声为 $n(t)=n_I(t)\cos(2\pi f_c t)-n_Q(t)\sin(2\pi f_c t)$，假设检测器输入的载噪比大于1，试计算：

(1)输出信噪比；

(2)系统的解调增益；

(3)在正弦调制下，将(2)的结果与FM系统进行比较。

第4章 模拟信号数字化

知识要点

- 低通抽样定理和带通抽样定理
- 脉冲幅度调制原理， 自然抽样和平顶抽样
- 均匀量化和非均匀量化
- 量化信噪比的概念和计算
- 脉冲编码调制、 差分脉冲编码调制和增量调制基本原理
- 时分复用

4.1 引言

数字通信系统具有抗干扰能力强、传输差错可控、易于加密和便于集成等优点。信源产生的消息信号如果是模拟信号，就需要经过数字化过程将其转换成数字信号。模拟信号的数字化过程包括抽样(Sampling)、量化(Quantization)和编码(Encoding)3 个重要步骤。抽样实现连续信号的时间离散化。量化把抽样信号的连续幅值用有限个离散幅值替代，产生时间离散、幅值也离散的量化信号。编码则是将量化信号转变为二进制或多进制数字脉冲信号。模拟信号数字化过程及各过程的信号波形如图 4.1 所示。

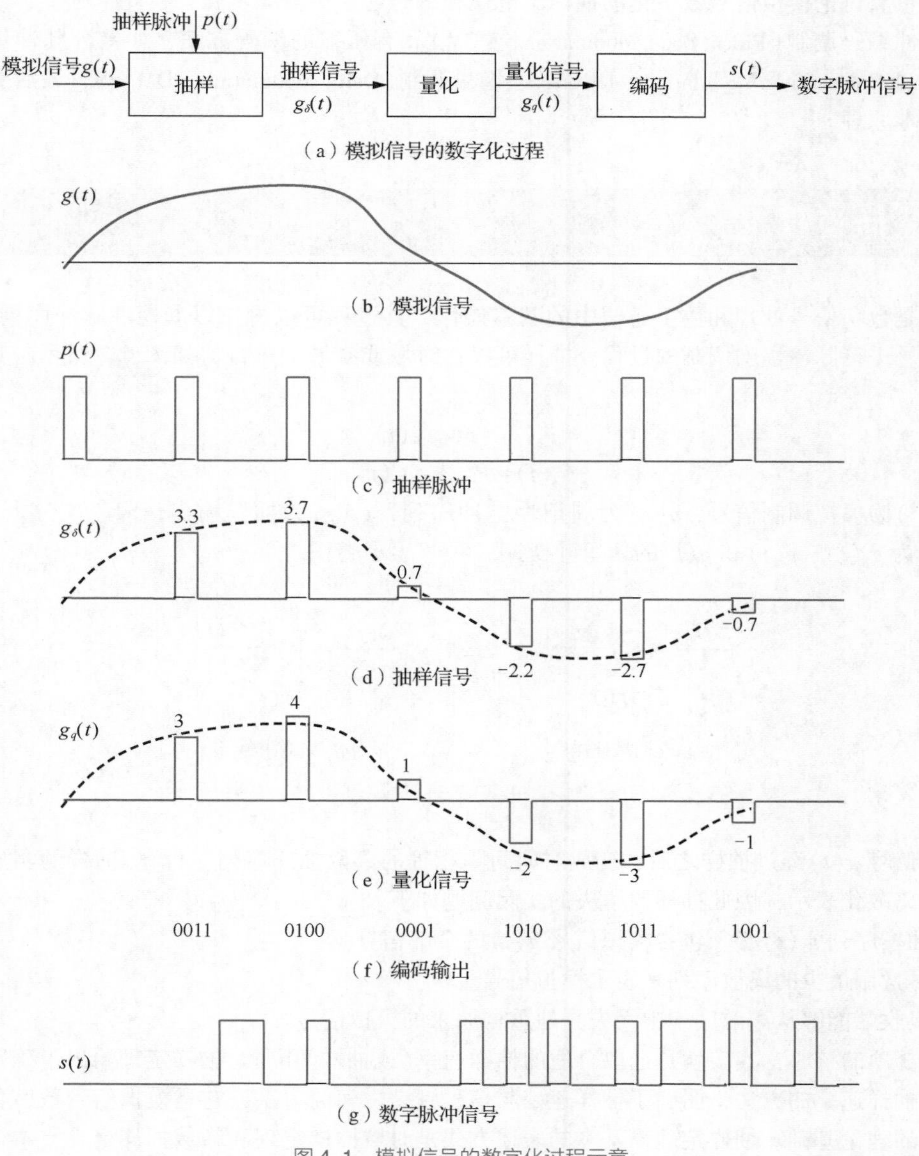

图 4.1　模拟信号的数字化过程示意

图 4.1(a)为模拟信号数字化过程，图 4.1(b)为连续的模拟信号，图 4.1(c)为周期性抽样脉冲。在图 4.1(d)中，抽样信号在时间上是离散的，其取值仍然保持了连续性，因而仍旧是模拟信号。在图 4.1(e)中，不仅量化信号在时间上是离散的，其幅值也是离散的，经过量化的信号已经是数字信号了。图 4.1(f)是对各离散幅值的二进制编码表示。图 4.1(g)为编码波形，即二进制编码的数字脉冲信号表示。

由图 4.1 可见，量化信号与抽样信号之间存在明显误差，这种误差称为量化误差。模拟信号的数字化过程事实上是有损的。为了保证数字通信系统的可靠性，必须要把量化误差控制在一定范围之内。此外，模拟信号数字化后得到的数据量十分巨大，必须采用编码技术对数据进行压缩，以提高系统的有效性。因此，在模拟信号的数字化过程中，必须充分考虑系统的有效性和可靠性。

本章重点讨论模拟信号数字化的抽样、量化和编码这 3 个重要步骤，在此基础上详细介绍无压缩的脉冲编码调制(Pulse Code Modulation，PCM)和有压缩的编码方案，如差分脉冲编码调制(Differential Pulse Code Modulation，DPCM)、增量调制(Delta Modulation，DM)等，最后介绍时分复用的基本原理。

4.2 抽样过程

抽样是数字信号处理和数字通信中的基本操作，其过程可以看作以周期性脉冲序列为载波，对模拟信号进行脉冲幅度调制的过程。抽样可以在时域或频域中进行，如图 4.2 所示。具体表达式如下

$$g_\delta(t)=p(t)g(t) \tag{4.1}$$

$$G_\delta(f)=P(f)*G(f) \tag{4.2}$$

其中，$g(t)$为模拟调制信号，$p(t)$为周期性脉冲序列，$g_\delta(t)$为抽样输出信号，$G_\delta(f)$、$P(f)$和$G(f)$分别为$g_\delta(t)$、$p(t)$和$g(t)$的傅里叶变换，“$*$”表示卷积。

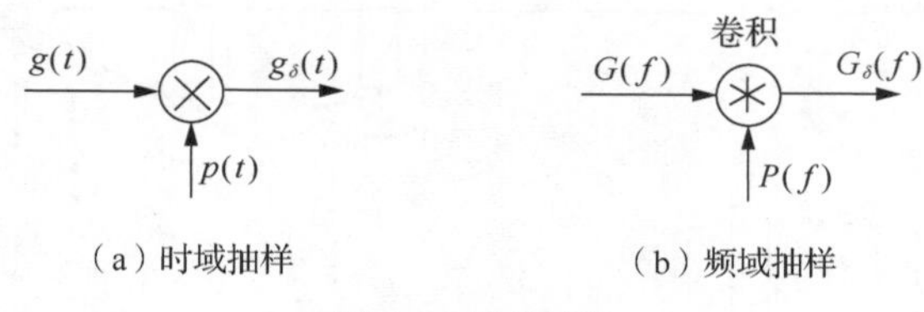

图 4.2 抽样过程

模拟信号$g(t)$经过抽样之后，变成时间间隔相等的离散抽样序列$g_\delta(t)$。抽样的实质就是连续信号的离散化表示，因此抽样要解决的实际问题如下。

- 抽样序列$g_\delta(t)$必须包含模拟信号$g(t)$的全部信息。
- 尽量用最少的离散序列来表示模拟信号。
- 接收端能够从离散序列中无失真地重构原来的模拟信号。

以上 3 项的核心，其实就是选取合适的抽样速率(或抽样间隔)。抽样定理给出了确定有限带宽信号的抽样速率的方法，明确了抽样速率与信号频谱之间的关系，它是模拟信号数字化和时分多路复用的理论基础。抽样定理最基本的表述方式是时域抽样定理和频域抽样定理，本章基于时

域抽样，分别介绍低通信号抽样定理和带通信号抽样定理。

4.2.1　低通信号抽样定理

考虑任意严格带限功率信号 $g(t)$，其最高频率为 W，其波形和频谱分布如图 4.3(a)和图 4.3(b)所示。假设对信号 $g(t)$ 以恒定速率，每隔 T_s 秒进行一次瞬时抽样，即使 $g(t)$ 与周期冲激序列 $\delta_T(t)$（见图 4.3(c)和图 4.3(d)）相乘，得到一个间隔为 T_s 秒的无限抽样序列 $\{g(nT_s)\}$，其中，n 为整数，T_s 称为抽样周期，其倒数 $f_s=1/T_s$ 称为抽样速率。这种抽样形式称为理想抽样或瞬时抽样。

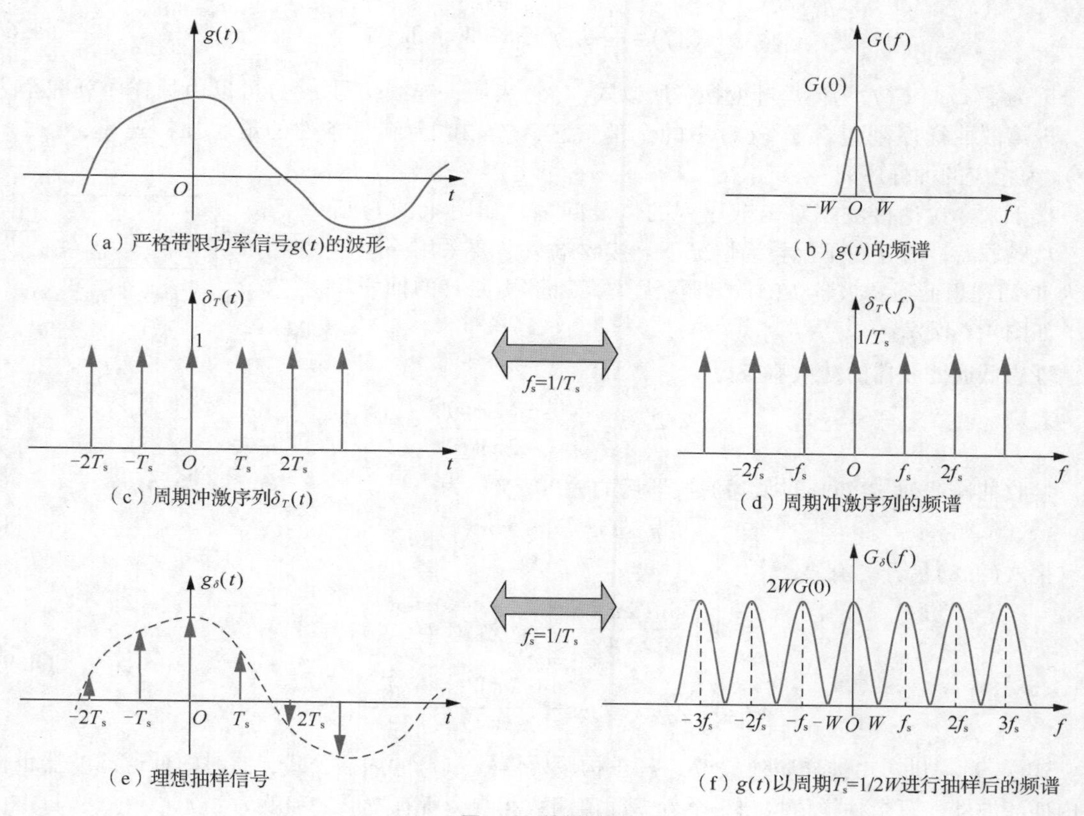

图 4.3　抽样过程

令 $g_\delta(t)$ 表示抽样序列 $\{g(nT_s)\}$，则 $g_\delta(t)$ 可表示为

$$g_\delta(t)=g(t)\delta_T(t)=\sum_{n=-\infty}^{\infty}g(nT_s)\delta(t-nT_s) \tag{4.3}$$

$g_\delta(t)$ 称为理想抽样信号，如图 4.3(e)所示。$\delta(t-nT_s)$ 表示 $t=nT_s$ 时刻的冲激函数。

由式(4.2)可得 $g_\delta(t)$ 的频域表示为

$$G_\delta(f)=G(f)*f_s\sum_{n=-\infty}^{\infty}\delta(f-nf_s)=f_s\sum_{n=-\infty}^{\infty}G(f-nf_s) \tag{4.4}$$

把式(4.4)展开可得

$$G_\delta(f)=f_s G(f)+f_s\sum_{\substack{n=-\infty\\n\neq 0}}^{\infty}G(f-nf_s),f_s=\frac{1}{T_s}\tag{4.5}$$

式(4.5)中，$G(f-nf_s)$是信号频谱$G(f)$在频率轴上平移nf_s的结果，因此$G_\delta(f)$表示为无数个频率间隔为f_s的原信号频谱$G(f)$的叠加，如图4.3(f)所示。显然，若$f_s\geqslant 2W$，则$G_\delta(f)$中包含的各频谱分量不会发生混叠。

因此，根据下列两个条件：

(1)当$|f|\geqslant W$，$G(f)=0$；

(2)$f_s\geqslant 2W$。

由式(4.5)有

$$G(f)=\frac{1}{f_s}G_\delta(f),\quad -W<f<W\tag{4.6}$$

因为$g(t)$与$G(f)$为傅里叶变换，所以式(4.6)表明，连续信号$g(t)$可以由抽样序列完全表示，即离散抽样序列包含了$g(t)$中的全部信息，$f_s=2W$为满足条件的最小抽样速率，$\{g(n/2W)\}$为相应的抽样序列。

接下来，讨论接收端对离散序列的恢复问题。如图4.3(f)所示，从频域特性看，在不混叠的情况下，接收端只需要采用一个带宽为W的理想低通滤波器$h(t)$，即可无失真地重构原有的抽样序列，如图4.4所示。

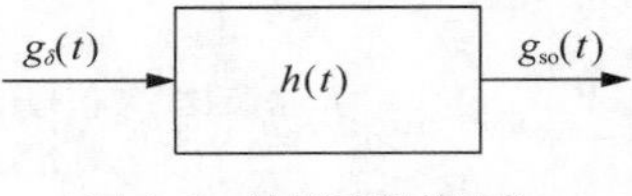

图4.4　抽样序列的重构

理想低通滤波器的冲激响应为

$$h(t)=2W\frac{\sin(2\pi Wt)}{2\pi Wt}\tag{4.7}$$

接收抽样序列$g_\delta(t)$通过低通滤波器后的输出$g_{so}(t)$为

$$g_{so}(t)=h(t)*g_\delta(t)\tag{4.8}$$

把式(4.8)展开，有

$$\begin{aligned}g_{so}(t)&=2W\left[\frac{\sin(2\pi Wt)}{2\pi Wt}\right]*\sum_{n=-\infty}^{\infty}g(nT_s)\delta(t-nT_s)\\&=2W\sum_{n=-\infty}^{\infty}g(nT_s)\frac{\sin[2\pi W(t-nT_s)]}{2\pi W(t-nT_s)}\end{aligned}\tag{4.9}$$

式(4.9)提供了由抽样序列$\{g(nT_s)\}$重构原始信号$g(t)$的内插公式，此时的低通滤波器也称为内插滤波器。每个抽样值均与一个延迟插值函数相乘，所有波形之和就为$g(t)$。

由此，对于功率有限的连续信号，抽样定理可表述为等价的两部分，分别应用于脉冲调制系统的发射机和接收机。

(1)最高频率小于WHz的时间连续信号，完全可由时间相隔小于等于$1/(2W)$秒的瞬时信号值表示。

(2)最高频率小于WHz的时间连续信号，完全可从抽样速率大于等于$2W$/秒的样值序列中恢复出来。

对于信号带宽为WHz的信号，每秒$2W$个抽样点的抽样速率称为奈奎斯特速率；其倒数$1/(2W)$秒称为奈奎斯特间隔。

若$f_s<2W$，则$G_\delta(f)$中相邻周期的频谱将发生混叠现象，如图4.5所示。图4.5(b)中的实线表示混叠的频谱，它是图4.5(a)所示的频谱欠抽样的形式。欠抽样指抽样速率小于奈奎斯特速率。

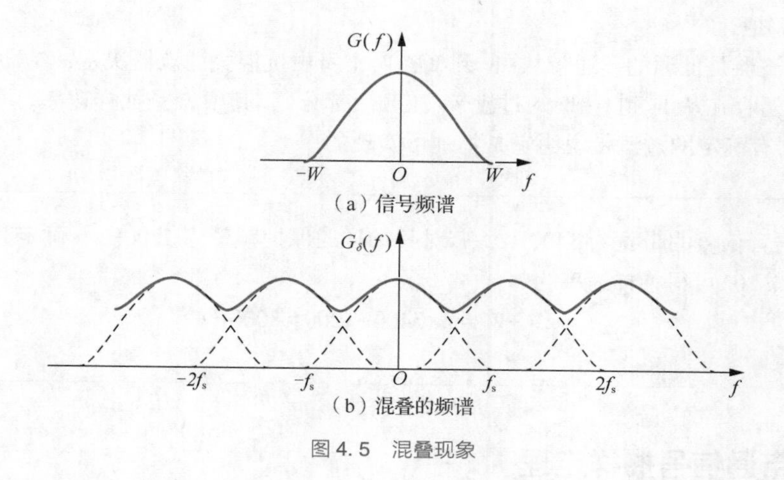

（a）信号频谱

（b）混叠的频谱

图 4.5　混叠现象

低通抽样定理的推导，是基于信号 $g(t)$ 严格带限这一假设的。在实际系统中，载有信息的信号通常不是严格带限的，会产生某种程度的欠抽样，因此，为了抑制混叠的影响，可采用下述两条校正措施。

(1) 在抽样之前，让信号经过低通抗混叠滤波器，来衰减那些对信号传送信息不重要的高频分量。

(2) 滤波后信号的抽样速率稍高于奈奎斯特速率，即增加一个保护频带 W_g，此时抽样速率为

$$f_s = 2W + W_g \tag{4.10}$$

抽样速率略高于奈奎斯特速率，也有利于简化用于从抽样值恢复原始信号的重构滤波器的设计。经过抗混叠（低通）滤波的信号，其频谱如图 4.6(a) 所示，假定抽样速率高于奈奎斯特速率，相应的瞬时抽样后的信号频谱如图 4.6(b) 所示，重构滤波器的幅度响应如图 4.6(c) 所示。

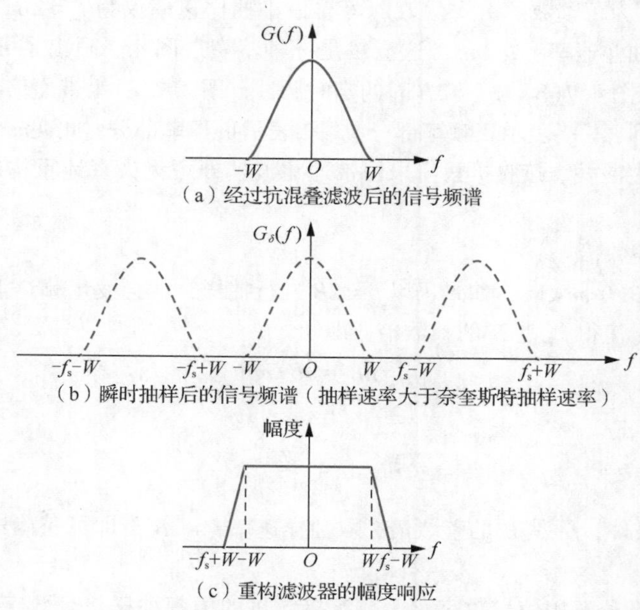

（a）经过抗混叠滤波后的信号频谱

（b）瞬时抽样后的信号频谱（抽样速率大于奈奎斯特抽样速率）

（c）重构滤波器的幅度响应

图 4.6　信号频谱与重构滤波器的幅度响应

由图 4.6 可知，

(1)重构滤波器是低通的，通带从$-W$到W，W本身由抗混叠滤波器决定；

(2)该滤波器存在从W到f_s-W的过渡带(正频率部分)，其中f_s是抽样速率。

重构滤波器有确定的过渡带说明它是物理可实现的。

例 4.1 语音信号的带宽为 3400Hz，若对其抽样的保护频带为 1200Hz，确定其抽样速率。

解　由式(4.10)可得抽样速率为

$$f_s=2W+W_g=2\times3400+1200=8000\text{Hz}$$

【本例终】

4.2.2　带通信号抽样定理

通信系统中的很多信号是带通信号，如例 4.2 中的基群信号，其频率范围是 60 kHz～108 kHz。一般来讲，带通信号的带宽远远小于信号的中心频率。带通信号的抽样速率并不需要是其最高频率的两倍或以上。带通抽样定理证明，若某带通模拟信号的频率范围为$[f_L,f_H]$，信号的带宽$B=f_H-f_L$，此带通信号的最小抽样速率为

$$f_s=2B\left(1+\frac{m}{n}\right) \tag{4.11}$$

其中，$m=f_H/B-n$，n为不超过f_H/B的最大整数。由m和n的定义可知，m是f_H/B的小数部分，n是f_H/B的整数部分，故$0\leqslant m<1$。

带通信号的抽样定理从频域上很好理解，可从下面两种情形进行解释。

(1)f_H是B的整数倍

此时有$f_H=nB$，n为正整数。由式(4.11)可得最小抽样速率仅为$f_s=2B$。如果按照低通信号的抽样定理，则需要抽样速率$f_s\geqslant 2nB$，这显然是一种浪费。图 4.7 画出了$n=3$的情形，图 4.7(a)为带通信号频谱，图 4.7(b)为$f_s=2B$时的定时脉冲，图 4.7(c)为带通信号按抽样速率$f_s=2B$进行抽样后的频谱序列，“+”表示正频率部分，“-”表示负频率部分。可见$n=3$时各抽样频谱分量刚好错开，不会发生混叠。接收机只需采用带通滤波器即可无失真地重构原始信号，如图 4.7(c)中的虚线框所示。

(2)f_H不是B的整数倍

此时有$f_H=nB+mB(0<m<1)$；如果仍以$f_s=2B$进行抽样，就会发生频谱混叠。此时适当下移f_L，将带宽扩展为B'，使得f_H是B'的整数倍，即

$$f_H=nB'=nB+mB \tag{4.12}$$

于是有

$$B'=B\left(1+\frac{m}{n}\right) \tag{4.13}$$

此时按(1)中的条件：f_H是B'的整数倍，取抽样速率$f_s=2B'$，即可正确进行抽样和抽样序列的重构。

带通抽样定理在频分复用信号数字化、数字接收机的中频抽样信号数字化方面有重要作用。根据带通抽样定理，当最低频率分量$f_L=0$时，$f_s=2B$，此时就可以按照低通信号进行抽样。当信

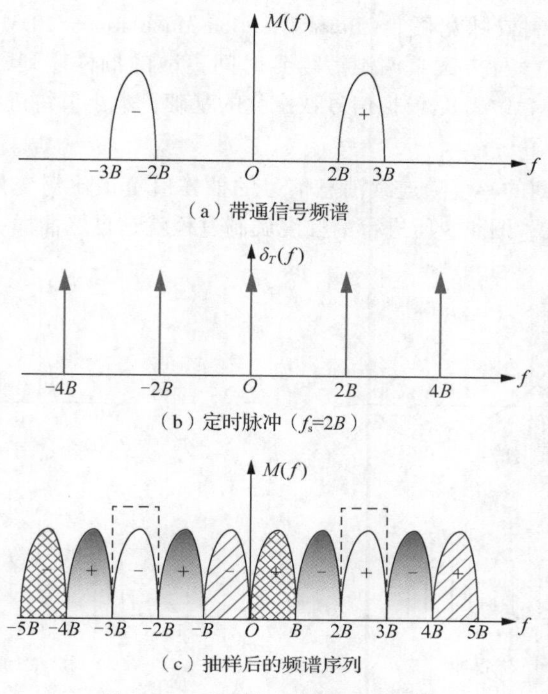

图 4.7　f_H 是 B 的 3 倍时的抽样过程

号带宽 B 大于 f_L 时，也可以按照低通信号进行抽样。如语音信号带限后的频率范围为 300Hz ~ 3400Hz，其带宽 3100Hz 远远大于其最低频率 300Hz，按低通抽样定理，奈奎斯特抽样速率为 6800Hz，抑制混叠的过渡带为 1200Hz，因此在实际系统中，语音信号的抽样速率为 8000Hz。另外，当 f_L 很大时，意味着此时的信号是一个窄带信号，那么无论 f_H 是否为信号带宽的整数倍，理论上都可以近似地取 $f_s=2B$。

例 4.2　基群语音信号的频率范围为 60kHz ~108kHz，确定此基群信号的抽样速率。

解　基群信号的带宽为 48kHz，故有

$$108=f_H=2B+B/4$$

因此 $n=2$，$m=1/4$，由式(4.11)可得抽样速率为

$$f_s=2B\left(1+\frac{m}{n}\right)=2\times48(1+1/8)=108\text{kHz}$$

【本例终】

4.2.3　实际抽样

抽样过程对应于脉冲模拟调制过程，抽样定理的证明是对周期性单位冲激进行幅度调制，采用的是理想抽样脉冲。但在实际工程中，抽样电路中的脉冲具有一定的高度以及持续时间，一般采用周期性窄脉冲序列来实现，可以是矩形脉冲或其他合适的脉冲形式。脉冲模拟调制方案中，根据脉冲序列的参量，如幅度、宽度以及位置等，对应有脉冲幅度调制（Pulse Amplitude Modulation，

PAM)、脉冲持续时间调制或脉宽调制(Pulse Duration Modulation, PDM)和脉冲位置调制(Pulse Position Modulation, PPM)3种方案，调制后得到时间离散的抽样序列，其取值仍然保持了连续性，因而仍旧是模拟信号。PAM是模拟信号数字化的基础，本小节将进行重点介绍。

1. PAM

在PAM中，脉冲序列的幅度随连续消息信号的抽样值呈正比例变化。脉冲幅度调制有自然抽样和平顶抽样两种形式。图4.8所进行的幅度调制过程就是自然抽样。

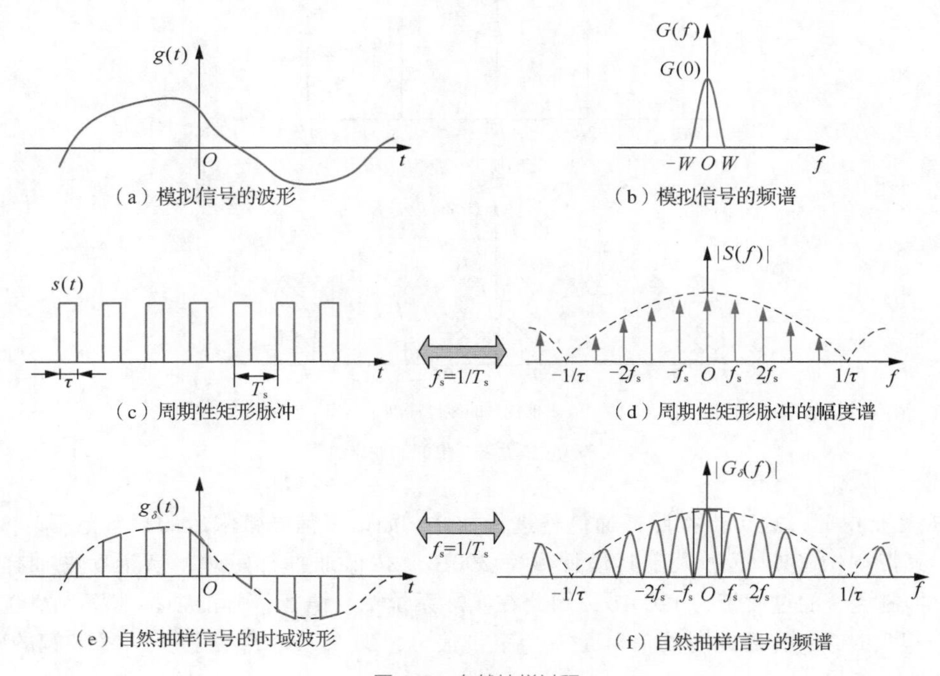

图4.8　自然抽样过程

图4.8(a)所示为带宽为W的基带模拟信号$g(t)$的波形，其频谱$G(f)$如图4.8(b)所示，图4.8(c)所示为周期性矩形脉冲$s(t)$，若窄矩形脉冲中心在原点的脉冲宽度为τ，幅度为A，脉冲周期为$T_s = 1/2W$，则矩形脉冲的频谱为

$$S(f) = \frac{A\tau}{T_s}\sum_{n=-\infty}^{\infty} Sa(2\pi n\tau W)\delta(f-2nW)$$

$$Sa(2\pi n\tau W) = \frac{\sin(2\pi n\tau W)}{2\pi n\tau W} \tag{4.14}$$

可见，和理想脉冲序列不同，矩形脉冲的幅度谱不再是恒包络，而是呈$|\sin x/x|$形，如图4.8(d)所示。抽样信号的时域波形如图4.8(e)所示，其频谱为$G(f)$和$S(f)$的卷积，如图4.8(f)所示。

$$G_\delta(f) = G(f) * S(f) = \frac{A\tau}{T_s}\sum_{n=-\infty}^{\infty} Sa(2\pi n\tau W)G(f-2nW) \tag{4.15}$$

从抽样信号的时域波形来看，抽样脉冲的顶部和模拟信号的波形是相同的，随信号的变换而变换，因此称为自然抽样。从频谱结构来看，它与理想抽样频谱结构相似，也是由无限多个间隔为$2W$的频谱分量的和组成的，且每个频谱分量与原基带信号频谱只相差一个系数，因此，接收端可通过低通滤波器直接无失真地滤出原基带信号。

自然抽样的幅值在脉冲持续时间内，随信号的变化而变化，为便于抽样信号的量化和编码，实际抽样过程采用平顶抽样，常用抽样保持电路实现。如图 4.9 所示，基带模拟信号 $g(t)$ 和非常窄的周期脉冲信号 $\delta_T(t)$ 相乘，得到抽样序列 $g_\delta(t)$，然后通过保持电路，将抽样电压保持一定时间 τ。这样，电路的输出脉冲波形保持平顶，不随信号而变换，因此这种抽样称为平顶抽样。

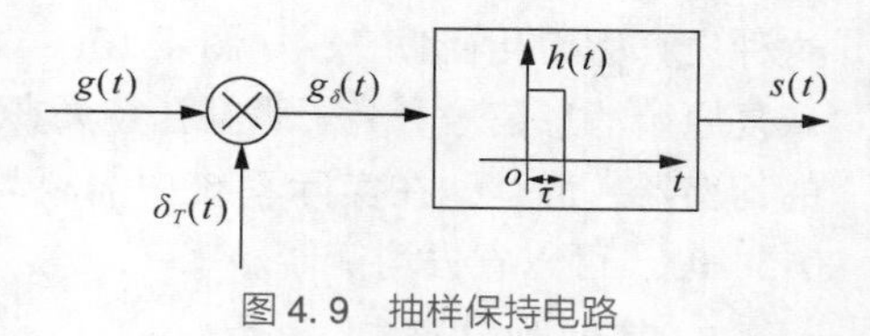

图 4.9　抽样保持电路

平顶抽样过程如图 4.10 所示。图 4.10(a)所示为理想抽样序列 $g_\delta(t)$ 的波形，其频谱 $G_\delta(f)$ 如图 4.10(b)所示。图 4.10(c)和 4.10(d)所示分别为保持电路的脉冲响应和幅度谱。设保持电路的脉冲响应为 $h(t)$，传输函数为 $H(f)$，则脉冲序列通过保持电路后，其输出信号的时域表示为

$$s(t)=g_\delta(t)*h(t)=\int_{-\infty}^{\infty}g_\delta(\tau)h(t-\tau)\mathrm{d}\tau \tag{4.16}$$

由式(4.3)可得

$$\begin{aligned}s(t)&=\int_{-\infty}^{\infty}\sum_{n=-\infty}^{\infty}g(nT_s)\delta(\tau-nT_s)h(t-\tau)\mathrm{d}\tau\\&=\sum_{n=-\infty}^{\infty}g(nT_s)\int_{-\infty}^{\infty}\delta(\tau-nT_s)h(t-\tau)\mathrm{d}\tau\\&=\sum_{n=-\infty}^{\infty}g(nT_s)h(t-nT_s)\end{aligned} \tag{4.17}$$

由式(4.4)得输出频谱为

$$S(f)=G_\delta(f)H(f)=f_s\sum_{n=-\infty}^{\infty}G(f-nf_s)H(f) \tag{4.18}$$

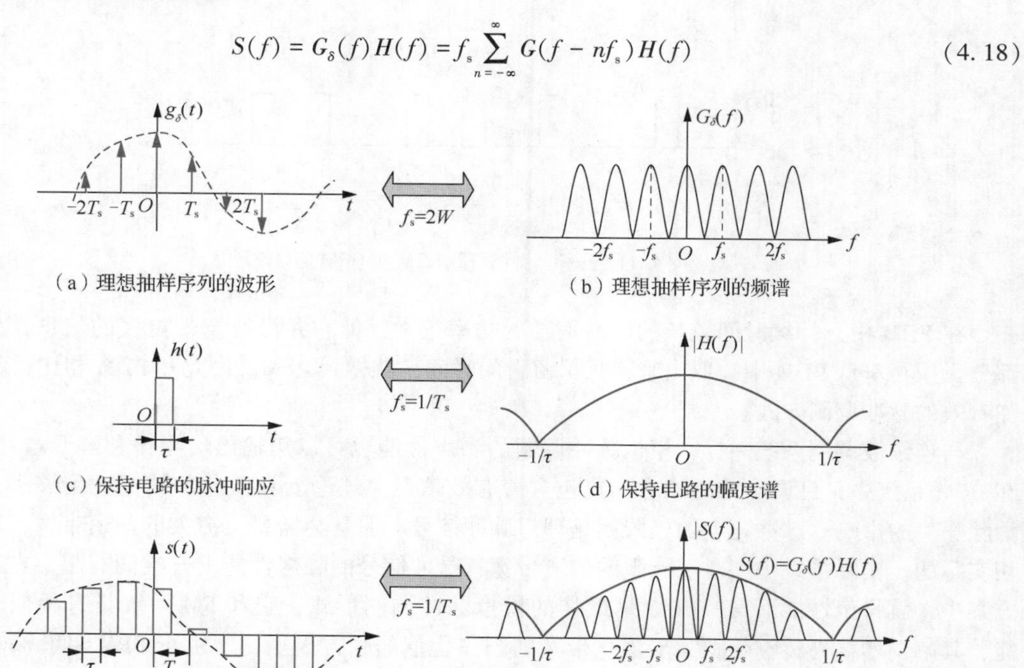

图 4.10　平顶抽样过程

由式(4.17)和式(4.18)可知，每个抽样脉冲的频谱都被$H(f)$加权，从而引起频谱的失真，这种失真称为孔径失真，如图4.10(e)和图4.10(f)所示。因此接收机不能直接采用低通滤波器恢复原始消息信号。为了弥补孔径失真，接收机需要在低通滤波器后面加一个传递函数为$1/H(f)$的均衡器。但是，在实际系统中需要均衡的情况很少，当占空因数$\tau/T_s \leqslant 0.1$、幅度失真低于0.5%时，可以省去均衡器。

2. 其他脉冲调制

在脉冲调制系统中，如果载波脉冲的宽度随消息信号的抽样值而变化，称为PDM；如果脉冲相对于未调制时的相对位置随消息信号的变化而变化，称为PPM。在正弦调制波下，这两种形式的信号波形如图4.11所示。

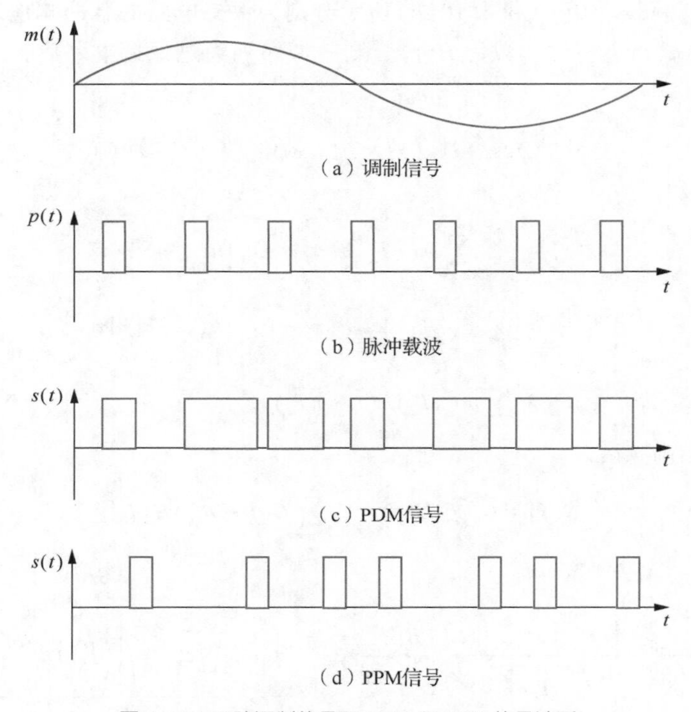

图4.11 正弦调制信号下PDM和PPM信号波形

在PDM中，持续时间较长的脉冲消耗的功率很大，但它并没有携带更多的信息，如果将这部分无用功率从PDM中提取出来，只保留瞬间时间，就得到PPM。因此和PDM相比，PPM是更加有效的脉冲调制方式。

与连续波调制系统一样，模拟脉冲调制的噪声性能也可以用输出信噪比和解调增益来描述。在PPM系统中，已调脉冲的相对位置包含着有效信息，理论上只要脉冲的宽度足够窄，就可以消除噪声的影响。脉冲宽度的极限就是理想脉冲信号，但是会需要无穷大的信道带宽，因而是不切实际的。实际系统中，对于有限的信道带宽，脉冲信号的噪声性能上升空间有限。在脉冲模拟方案中，就噪声性能而言，PPM是最佳的模拟脉冲调制形式，它和FM系统具有相似的噪声性能，其解调增益与传输带宽关于消息带宽的归一化值的平方成正比。由于PPM具有高功率利用率、强抗干扰能力，目前广泛应用于光通信等系统中。

4.3 量化过程

模拟信号经过 PAM 后，生成离散抽样信号，其幅值在脉冲宽度内是连续的，意味着在有限的幅值范围内，可找出无穷个幅值电平。这样的抽样值无法用有限位信息比特来表示，因为 $n$bit 最多只能表示 2^n 种电平值。事实上，由于人的感官(眼或耳)只能察觉出有限的强度差异，因此并不需要精确地传送幅值，这意味着可将原始的连续幅值用近似的离散幅值替代，只要选择的离散幅值间隔足够小，那么近似信号与原始信号几乎没有差别。这样，就把取值无穷的抽样信号转变为有限个离散幅值电平的量化信号。

对幅度进行离散化处理的过程称为幅值量化，实现量化的器件称为量化器。抽样信号经幅值量化后，转变为时间离散、幅值离散的多电平数字脉冲信号。

4.3.1　量化基本概念

幅值量化通过非线性量化器完成，如图 4.12(a)所示。它将消息信号 $m(t)$ 在 $t=nT_s$ 时刻的抽样幅值 $m(nT_s)$ 转化成有限个离散幅值之一。这一过程可用 $v=Q(x)$ 表示，$Q(x)$ 称为量化函数。

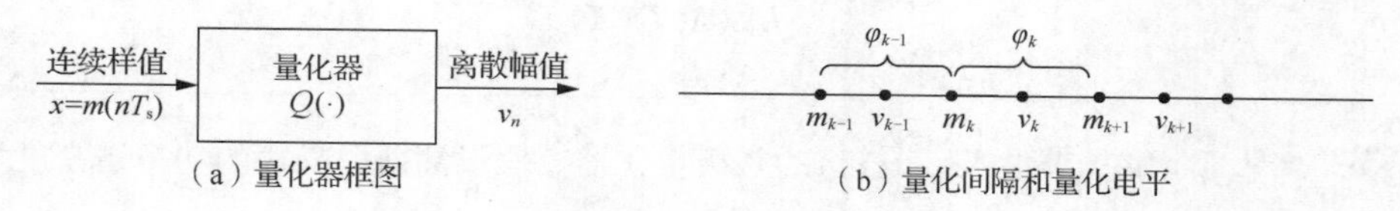

(a) 量化器框图　(b) 量化间隔和量化电平

图 4.12　量化器

在图 4.12(b)中，幅值区间被分成 L 个分隔区间，如果抽样信号的幅值 $x=m(nT_s)$ 位于分隔区间 φ_k 内

$$\varphi_k:\{m_k<x\leqslant m_{k+1}\},k=1,2,\cdots,L \tag{4.19}$$

那么量化器的输出为

$$v_k=Q(x),k=1,2,\cdots,L \tag{4.20}$$

v_k 称为量化电平或重构电平，L 为量化器的总级数，通常有 $L=2^n$，n 为比特数。m_k 称为判决电平或分层电平，共有 $L+1$ 个判决电平。相邻分层电平之间的间隔称为量化间隔、量阶或步长。由量化器的定义可知，量化函数是一个阶梯函数。若量化间隔均匀分布，则量化器是均匀的，否则量化器就是非均匀的。

图 4.13 所示为一个八级量化方案示例。信号 $X(t)$ 的幅值区级被分成 8 个分隔区间，$\varphi_1=(-\infty,m_1],\varphi_2=(m_1,m_2],\cdots,\varphi_8=(m_7,\infty)$，每个分隔区间内的量化电平为 v_i，量化函数为

$$Q(x)=v_i,x\in\varphi_i \tag{4.21}$$

可见，量化的应用使得输入电平 x 与输出电平 $v=Q(x)$ 之间产生了差值，即引入了误差。这个误差称为量化噪声，定义为 $x-Q(x)$。由于 x 是随机变量抽样值，因此量化噪声的平均功率为

$$\sigma_q^2=E[(X-Q(X))^2]=\int_{-\infty}^{\infty}(x-Q(x))^2f_X(x)\mathrm{d}x=\sum_{k=1}^{L}\int_{m_k}^{m_{k+1}}(x-Q(x))^2f_X(x)\mathrm{d}x \tag{4.22}$$

其中 $f_X(x)$ 为随机变量 X 的一维概率密度函数，由于幅值区间分成了 L 个分隔区间，式(4.22)可

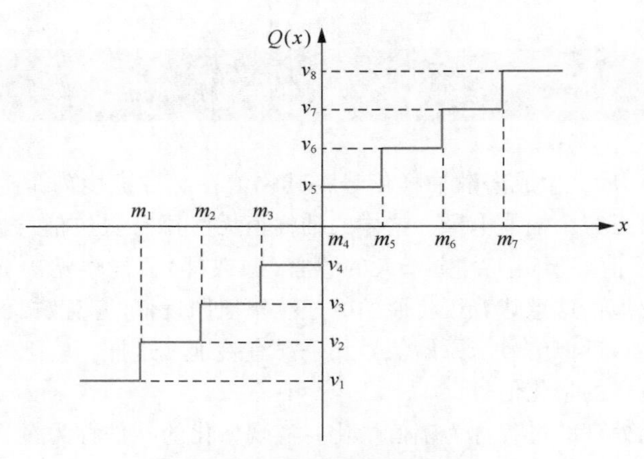

图 4.13　八级量化方案示例

写为

$$\sigma_q^2=\sum_{k=1}^{L}\int_{\varphi_k}^{\varphi_{k+1}}(x-Q(x))^2 f_X(x)\,\mathrm{d}x \tag{4.23}$$

则量化信噪比，即信号的平均功率与量化噪声的平均功率之比，等于

$$\mathrm{SNR}_q=\frac{E[X^2]}{E[(X-Q(X))^2]} \tag{4.24}$$

例 4.3　考虑零均值高斯白噪声 $X(t)$ 的八级量化器。假设高斯白噪声的功率谱密度为

$$S_X(f)=\begin{cases}2, & |f|<100\mathrm{Hz}\\0, & 其他\end{cases}$$

若对 $X(t)$ 的样本函数以奈奎斯特抽样速率进行抽样，抽样值按图 4.13 所示的方案进行量化，且 $m_1=-60$、$m_2=-40$、$m_3=-20$、$m_4=0$、$m_5=20$、$m_6=40$、$m_7=60$，量化电平分别为 $v_1=-70$、$v_2=-50$、$v_3=-30$、$v_4=-10$、$v_5=10$、$v_6=30$、$v_7=50$、$v_8=70$，试确定量化后的信息速率、量化噪声功率及量化信噪比。

解　由题意，$X(t)$ 带宽为 100Hz，故其奈奎斯特抽样速率为 200Hz/s。又因为分层电平总数 $8=2^3$，即每个抽样值用 3bit 表示，故量化后的信息速率为

$$R=200\times3=600\mathrm{bit/s}$$

由式(4.23)可得量化噪声功率为

$$\sigma_q^2=\int_{-\infty}^{m_1}(x-v_1)^2 f_X(x)\,\mathrm{d}x+\sum_{k=2}^{7}\int_{m_{k-1}}^{m_k}(x-v_i)^2 f_X(x)\,\mathrm{d}x+\int_{m_7}^{\infty}(x-v_8)^2 f_X(x)\,\mathrm{d}x \tag{4.25}$$

高斯白噪声的均值为 0，其每个样本都是高斯分布的随机变量，方差为

$$\sigma^2=E[X_i^2]=\int_{-\infty}^{\infty}S_X(f)\,\mathrm{d}f=\int_{-100}^{100}2\mathrm{d}f=400$$

随机变量 X 的一维概率密度函数为

$$f_X(x)=\frac{1}{20\sqrt{2\pi}}\exp\left(-\frac{x^2}{800}\right)$$

代入式(4.25)，有

$$\sigma_q^2 \approx 33.38$$

故量化信噪比为

$$\mathrm{SNR_q} = \frac{400}{33.38} \approx 11.98 \approx 10.78\mathrm{dB}$$

【本例终】

4.3.2　均匀量化

均匀量化器是最简单的量化器，其量化间隔均匀分布，把抽样信号的幅值范围均匀、等间隔分成 $L(L=2^n)$ 份，n 为量化比特数，如图 4.14 所示。

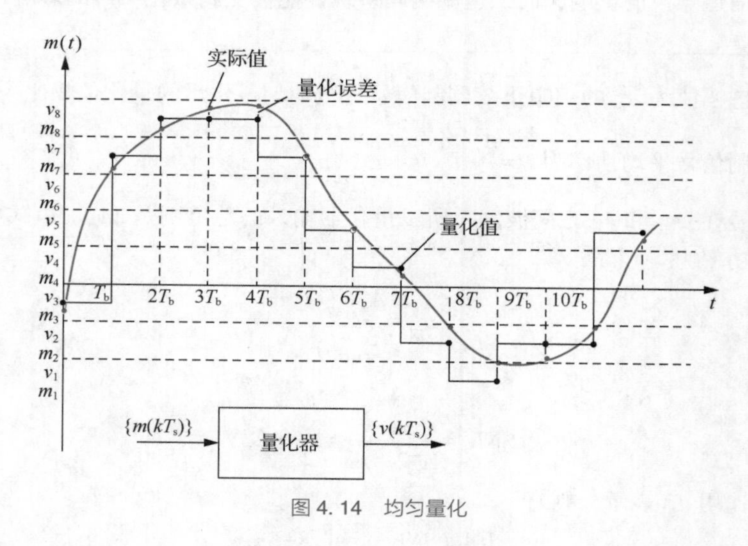

图 4.14　均匀量化

若消息信号 $m(t)$ 的幅值范围为 $[-a,a]$，量化器的总级数 $L=2^n$，则均匀量化的步长

$$\Delta = \frac{2a}{L} \tag{4.26}$$

分层电平数为 $L+1$，且有

$$m_i = -a + i\Delta, i = 0,1,2,\cdots,L \tag{4.27}$$

量化电平为分隔区间的均值，即

$$v_i = \frac{m_i + m_{i+1}}{2}, i = 1,2,\cdots,L \tag{4.28}$$

可见，对任意输入信号样值 m，其量化误差可写为

$$q = m - v_i, m_{i-1} < m < m_i, i = 1,2,\cdots,L \tag{4.29}$$

显然，量化误差在取值范围 $-\Delta/2<q<\Delta/2$ 内是均值为 0 且均匀分布的随机变量，记为 Q。假设输入信号不过载，即输入信号没有超出量化器的范围，量化噪声的概率密度函数可表示为

$$f_Q(q) = \begin{cases} 1/\Delta, & -\Delta/2<q<\Delta/2 \\ 0, & 其他 \end{cases} \tag{4.30}$$

则量化噪声平均功率为

$$\sigma_Q^2 = \int_{-\Delta/2}^{\Delta/2} q^2 f_Q(q)\mathrm{d}q = \frac{1}{\Delta}\int_{-\Delta/2}^{\Delta/2} q^2 \mathrm{d}q = \frac{\Delta^2}{12} \tag{4.31}$$

由式(4.26)可得

$$\sigma_Q^2 = \frac{a^2}{3}2^{-2n} \tag{4.32}$$

令 P 表示消息信号 $m(t)$ 的平均功率，则均匀量化器的量化信噪比可表示为

$$\mathrm{SNR_q} = \frac{P}{\sigma_Q^2} = \frac{3P}{a^2}2^{2n} \tag{4.33}$$

式(4.33)说明，均匀量化器的量化信噪比随着每样值的比特数 n 的增加呈指数级增长。而 n 的增加则要求信道传输带宽成比例增长，因此，用二进制编码表示信号可以提供一种用增加带宽换取噪声性能的方法，这种方法比 FM 和 PPM 的效率要高。这一结论的前提是 FM 和 PPM 系统的接收性能会受到信道噪声的影响，而二进制编码系统性能会受到量化噪声的影响。

例 4.4 考虑幅值为 A_m 的满幅正弦调制信号进行均匀量化后的量化信噪比。

解　正弦调制信号平均功率为 $P=\frac{A_m^2}{2}$

因为调制信号在 $-A_m$ 和 A_m 之间波动，所以量化器输入的总范围是 $2A_m$。由式(4.32)可以算出量化噪声的平均功率为

$$\sigma_Q^2 = \frac{A_m^2}{3}2^{-2n}$$

故量化信噪比为

$$\mathrm{SNR_q} = \frac{A_m^2/2}{A_m^2 2^{-2n}/3} = \frac{3}{2}\cdot 2^{2n}$$

将量化信噪比用 dB 表示，则有

$$10\lg(\mathrm{SNR_q}) \approx 1.8+6n$$

可见，对正弦调制而言，均匀量化每增加 1bit，量化信噪比有约 6dB 的提升。

表 4.1 给出了不同 L 和 n 值对应的量化信噪比。在正弦调制下，由表 4.1 可迅速估算出在指定量化信噪比下，每个样值所需要的比特数。

表 4.1　正弦调制下不同量化级数对应的量化信噪比

量化器的总级数 L	每样值比特数 n	量化信噪比/dB
32	5	31.8
64	6	37.8
128	7	43.8
256	8	49.8

【本例终】

均匀量化信噪比是平均信噪比，没有区别刻画大小信号的瞬时信噪比。此时，大信号的信噪比较大，小信号的信噪比较小，因此均匀量化对小信号很不利，在实际系统中通常采用非均匀量化。

4.3.3　非均匀量化

非均匀量化的基本思想是根据信号强度的不同来确定量化间隔的大小。信号小时，量化间隔也小；信号大时，量化间隔也大。其目的是改善小信号的量化信噪比。

在电信环境中，语音信号的非均匀量化主要采用压扩的方法实现，如图4.15所示。

(1)发射端对输入信号 x 进行压缩变换得到 $y=f(x)$(非线性变换)。

(2)对变换后的信号 y 进行均匀量化和编码。

(3)接收端对解码后的量化电平进行与压缩变换相反的扩张变换 $f^{-1}(x)$，恢复原始信号。

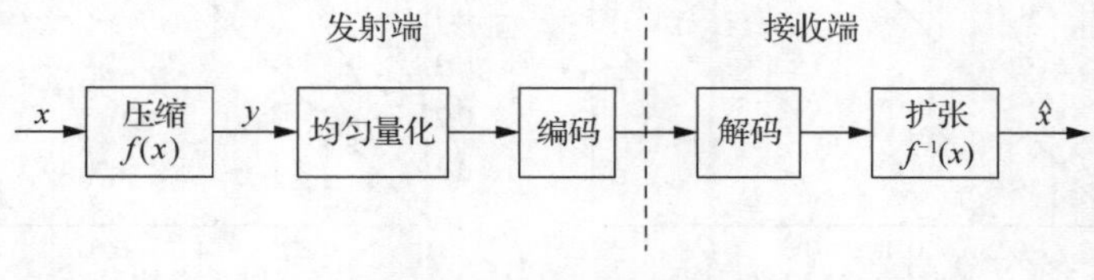

图4.15　非均匀量化

压缩变换由压缩器完成。压缩变换一般采用对数压缩曲线，如图4.16所示，其中虚线表示无压缩的情况，曲线表示压缩特性。理想情况下，压缩变换和扩张变换互逆，除量化误差外，信号通过压缩再扩张不会引入额外的失真。

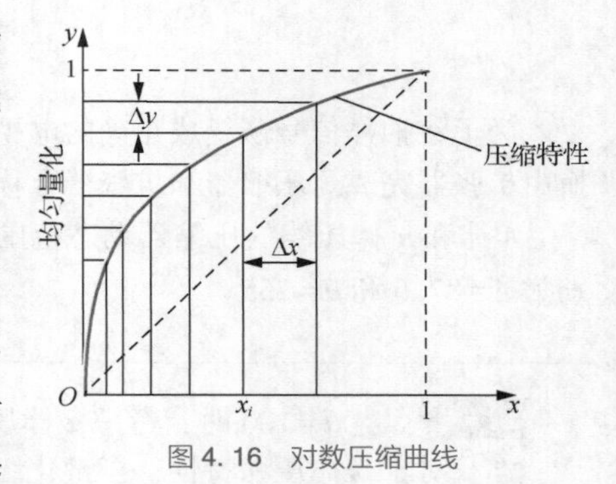

图4.16　对数压缩曲线

可以看出，相对于输入信号 x，经过对数压缩后，输出信号 y 的强度有不同程度的改善，信号越小改善量越大，因此将压缩后的信号 y 进行均匀量化，可以改善小信号的量化信噪比。另外，对应于 y 的均匀量化间隔 Δy，输入信号 x 有非均匀间隔 Δx，而且信号越小 Δx 越小。比值 $\Delta y/\Delta x$ 的大小可以反映非均匀量化对均匀量化信噪比的改善量 Q，以dB表示时，有

$$Q=20\lg\left(\frac{\Delta y}{\Delta x}\right) \tag{4.34}$$

电信环境中，关于语音信号的压缩率，国际电信联盟电信标准分局(ITU-T)建议采用两种压缩曲线，即 A 律压缩和 μ 律压缩。这两种压缩曲线都是近似对数形式的，我国和欧洲各国采用 A 律压缩，北美洲各国和日本采用 μ 律压缩。下面分别对这两种压缩律的压缩特性和实现方式进行介绍。

1. A 律和 μ 律压缩特性

A 律压缩特性为

$$|y|=\begin{cases}\dfrac{A|x|}{1+\ln A}, & 0\leqslant |x|\leqslant \dfrac{1}{A}\\[2ex] \dfrac{1+\ln(A|x|)}{1+\ln A}, & \dfrac{1}{A}\leqslant |x|\leqslant 1\end{cases} \tag{4.35}$$

其中，x 和 y 是归一化的输入和输出电压，A 是正常数，为压缩系数。$A=1$ 对应于均匀量化，A 越大压缩效果越明显。图 4.17(a)画出了不同 A 值对应的曲线。

μ 律压缩特性为

$$|y|=\frac{\ln(1+\mu|x|)}{\ln(1+\mu)} \tag{4.36}$$

其中，x 和 y 是归一化的输入和输出电压，μ 是正常数。图 4.17(b)画出了 3 个不同 μ 值下的 μ 律曲线。$\mu=0$ 对应于均匀量化。μ 越大压缩效果越明显。

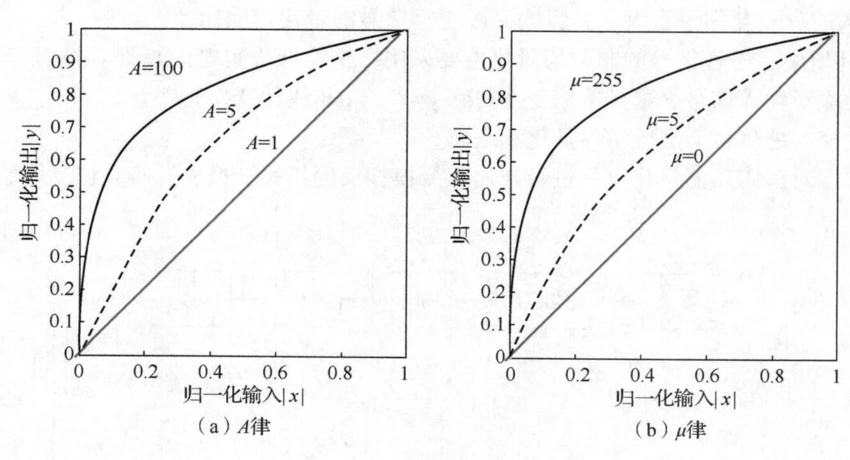

图 4.17　压缩特性

为了将抽样信号恢复成正确的电平，接收机必须使用与压缩器特性相逆的扩张变换，扩张变换由扩张器完成。压缩器和扩张器合称压扩器。

A 律和 μ 律压缩的压缩器动态范围分别随着 A 和 μ 的增大而提高。国际标准中，压缩参数分别为 $A=87.6$ 和 $\mu=255$。

例 4.5 当 $\mu=100$ 时，考虑 μ 律压缩特性对信号的改善量，并与无压缩情况进行对比。

解 对于 μ 律压缩特性，当量化级划分较多时，每一分隔区间的曲线可视为直线，故有

$$\frac{\Delta y}{\Delta x}=\frac{\mathrm{d}y}{\mathrm{d}x}=\frac{\mu}{(1+\mu x)\ln(1+\mu)}$$

则压缩特性对信号的改善量为

$$Q=20\lg\left(\frac{\Delta y}{\Delta x}\right)=20\lg\left(\frac{\mathrm{d}y}{\mathrm{d}x}\right) \tag{4.37}$$

对于小信号($x\to0$)，有

$$\frac{\mathrm{d}y}{\mathrm{d}x}=\frac{\mu}{(1+\mu x)\ln(1+\mu)}\bigg|_{x\to0}=\frac{\mu}{\ln(1+\mu)}\approx\frac{100}{4.62}$$

$\frac{\mathrm{d}y}{\mathrm{d}x}$大于 1，说明均匀量化间隔 Δy 比非均匀量化间隔 Δx 大，将该式代入式(4.37)，可得此时信噪比的改善量约为 26.7 dB。

对于大信号($x\to1$)，有

$$\frac{dy}{dx}=\frac{\mu}{(1+\mu x)\ln(1+\mu)}\bigg|_{x\to1}=\frac{100}{(1+100)\ln(1+100)}\approx\frac{1}{4.67}$$

$\frac{dy}{dx}$小于 1，说明均匀量化间隔 Δy 比非均匀量化间隔 Δx 小，此时信噪比的改善量为-13.3 dB，说明大信号的信噪比改善量下降 13.3 dB。

【本例终】

2. A 律和 μ 律的折线近似

实际系统中，采用电路来实现理想的 A 律和 μ 律很困难，ITU-T 建议采用 13 折线逼近 A 律，采用 15 折线逼近 μ 律。

归一化的 A 律 13 折线近似如图 4.18(a)所示，图中只画出正信号部分。13 折线近似分段方法如下(正信号部分)。

$$x_i=\frac{1}{2^i},y_i=1-\frac{i}{8},i=0,1,2,\cdots,8 \tag{4.38}$$

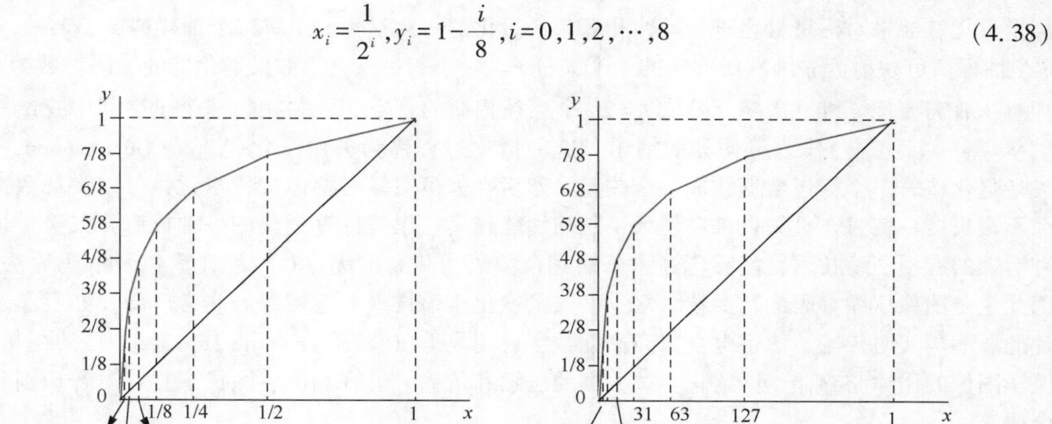

(a) A律13折线近似　　(b) μ律15折线近似

图 4.18　A 律和 μ 律的折线近似

由式(4.38)可以计算得到 9 个点，把这 9 个点以直线连接，即得到 8 段折线，每段折线的斜率见表 4.2。同理，负信号部分也有 8 段折线，由于中间 4 段折线斜率相同，因此称 13 折线。从表 4.3 中可以看出 13 折线与 A=87.6 时的 A 律压缩特性十分接近。

表 4.2　A 律的 13 折线各段斜率

折线段号	1	2	3	4	5	6	7	8
斜率	16	16	8	4	2	1	1/2	1/4

表 4.3　A 律的 13 折线比较

i	8	7	6	5	4	3	2	1	0
$y=1-\frac{i}{8}$	0	1/8	2/8	3/8	4/8	5/8	6/8	7/8	1
A 律的 x 值	0	1/128	1/60.6	1/30.6	1/15.4	1/7.79	1/3.93	1/1.98	1
13 折线的 x 值	0	1/128	1/64	1/32	1/16	1/8	1/4	1/2	1

同理，可得归一化的μ律 15 折线近似，如图 4.18(b)所示。其分段方法为

$$x_i=\frac{2^i-1}{255},\ y_i=\frac{i}{8},\quad i=0,1,2,\cdots,8 \tag{4.39}$$

在A律 13 折线编码中，正负方向共有 16 段折线，每段折线分为 16 个均匀分布的量化间隔，因此总的量化电平数为 256，编码位数为 8。

如果以A律 13 折线的最小量化间隔作为均匀量化器的量化间隔，可以计算正方向由第 1 段至第 8 段的量化间隔数分布为 16、16、32、64、128、256、512、1024，共 2048 个均匀量化间隔，则正负两个方向共 4096 个，编码位数为 12。

可见，在保证小信号的量化间隔相等的前提下，均匀量化比非均匀量化多 4 bit。编码比特数的增加意味着信息传输速率增大，以及传输带宽增加，因此和均匀量化相比，非均匀量化不仅改善了小信号的信噪比，还节约了传输带宽。

最后需要补充说明的是，前面所讨论的均匀量化器与非均匀量化器每次量化一个幅值，属于标量量化。如果对标量量化进行延伸和拓广，量化器每次量化$n(n\geqslant2)$个抽样值$x_1,x_2,\cdots,x_n$，这n个抽样值可映射为n维欧氏空间的一个矢量$\boldsymbol{x}=(x_1,x_2,\cdots,x_n)$。如果量化器的编码位数为$M$ bit，则意味着需要把n维欧氏空间分成$L=2^M$个互补相交的子空间，并在每一个子空间中找出一个矢量$\boldsymbol{y}=(y_1,y_2,\cdots,y_n)$作为量化器的输出，这种量化过程称为矢量量化(Vector Quantization，VQ)。矢量量化将若干个标量数据构成一个矢量，然后在矢量空间对整体进行量化，可以实现数据压缩而不损失多少信息，且矢量维数越大，压缩性能越高。作为标量量化的一种推广，矢量量化是一种有效的有损压缩技术，能够更好地压缩冗余编码，其突出优点是压缩比大以及解码算法简单，因此它是图像压缩编码的重要技术之一。矢量量化压缩技术的应用领域非常广阔，如卫星遥感照片的压缩与实时传输、数字电视与高密度数字通用光碟(Digital Versatile Disc，DVD)的视频压缩、医学图像的压缩与存储、网络化测试数据的压缩和传输、语音编码、图像识别、语音识别和语音合成等。

4.4 脉冲编码调制

模拟信号经过抽样、量化后，转变为时间离散、幅值离散的多电平数字信号，这种信号形式并不适合在电话线或无线信道传输。为了更好地利用抽样和量化的优势，使传输信号具有更强的抗噪声、抗干扰和抗畸变的能力，需要把量化信号转变为更适于传输的二进制或多进制数字脉冲形式。把多电平信号变换成二进制码元或多进制码元组成的码组(基带脉冲信号)的过程通过编码完成，实现编码的器件称为编码器。编码的逆过程称为译码或解码。

通信系统的编码问题可分解为 3 类：信源编码、信道编码和密码。信源编码有两个功能，即信源压缩编码和数字化。本章所讨论的编码属于信源编码部分，信源编码定理见第 10 章，信道编码详见第 11 章。

脉冲编码调制(PCM)是一种典型、应用广泛的语音信号数字化的波形编码方式，它把连续信号的抽样值编码为二进制脉冲序列，实现数字信号的传输。PCM 是数字通信的基础，这种通信方式抗干扰能力强，广泛应用于市话中继传输、大容量干线传输、数字程控交换机系统、光纤通信系统、移动通信系统和卫星通信系统等。下面介绍 PCM 系统的组成。

4.4.1　PCM 系统组成

PCM 系统基本组成如图 4.19 所示。

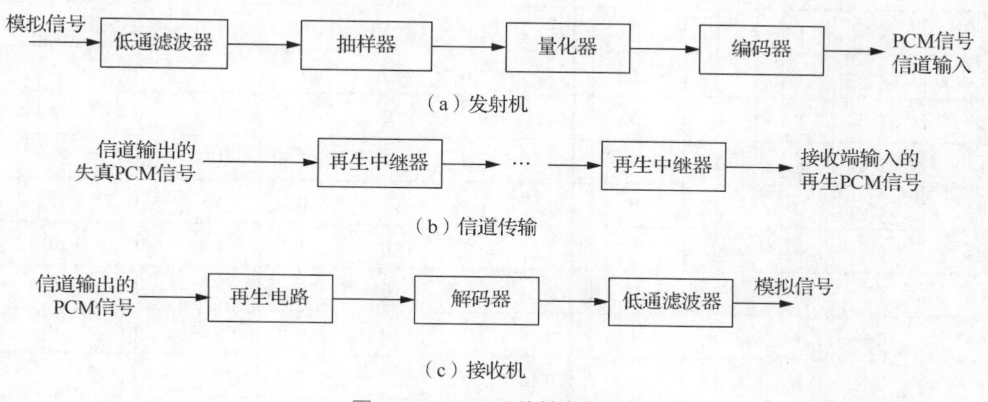

图 4.19　PCM 系统基本组成

发射机的基本操作为抽样、量化和编码，如图 4.19(a)所示。抽样器之前的低通滤波器的作用是避免抽样信号的频谱混叠。抽样将模拟信号转化为时间离散信号，量化和编码通常在同一电路中实现，将抽样信号转变为二进制基带脉冲信号，这一电路称为模数转换器(Analog-to-Digital Converter，ADC)。

为控制失真和噪声，在信道传输过程中会加入再生中继器实现信号的再生，如图 4.19(b)所示。再生中继器具有均衡、定时和判决 3 个基本功能。均衡器对接收到的信号进行脉冲整形，以补偿由于信道传输特性不理想造成的幅度和相位失真，定时电路从接收脉冲提取定时，产生周期性的脉冲串，用于对均衡后的脉冲抽样，判决器对抽样信号进行判决，以产生新的脉冲信号。如果判决过程无误码，则中继器之间的失真和噪声的累积就可以通过上述过程来消除。理想情况下，除了存在时延以外，再生信号应与原始信号完全相同。

接收端的基本操作是接收信号的再生、解码和量化信号的重构，如图 4.19(c)所示。再生电路完成脉冲信号的再成形，解码是编码的逆过程，低通滤波器完成量化信号的重构，恢复出原始的消息信号。如果传输路径无误差，则恢复的信号只包含量化过程带来的失真，并不包含噪声。

PCM 的抽样、量化过程在 4.2 节和 4.3 节已经详细讨论，下面主要介绍 PCM 系统的编码。

4.4.2　PCM 编码规则

二进制码具有抗干扰能力强、易于产生等特点，因此为 PCM 系统所采用。二进制编码方案中，在量化电平和二进制码组之间建立一一对应的关系有很多，最简单的方法就是将量化电平的十进制数转化为二进制数，在量化电平数为 $M=2^n$ 的情况下，需要 n 位二进制码元构成一个码组(码字或字符)。常见的二进制码组有 3 种，即自然二进制码组(Nature Binary Code，NBC)、折叠自然二进制码组(Folded Nature Binary Code，FBC)和格雷二进制码组(Gray or Reflected Binary Code，RBC)，各码组编码规律如表 4.4 所示。

表 4.4　二进制码组编码规律

电平序号	NBC				FBC				RBC			
	b_1	b_2	b_3	b_4	b_1	b_2	b_3	b_4	b_1	b_2	b_3	b_4
15	1	1	1	1	1	1	1	1	1	0	0	0
14	1	1	1	0	1	1	1	0	1	0	0	1
13	1	1	0	1	1	1	0	1	1	0	1	1
12	1	1	0	0	1	1	0	0	1	0	1	0
11	1	0	1	1	1	0	1	1	1	1	1	0
10	1	0	1	0	1	0	1	0	1	1	1	1
9	1	0	0	1	1	0	0	1	1	1	0	1
8	1	0	0	0	1	0	0	0	1	1	0	0
7	0	1	1	1	0	0	0	0	0	1	0	0
6	0	1	1	0	0	0	0	1	0	1	0	1
5	0	1	0	1	0	0	1	0	0	1	1	1
4	0	1	0	0	0	0	1	1	0	1	1	0
3	0	0	1	1	0	1	0	0	0	0	1	0
2	0	0	1	0	0	1	0	1	0	0	1	1
1	0	0	0	1	0	1	1	0	0	0	0	1
0	0	0	0	0	0	1	1	1	0	0	0	0

NBC 就是十进制正整数的二进制表示。RBC 的特点是任意相邻码组之间，只有一个码元发生变化。FBC 的最高位(左边第一位)用来表示极性，“1”表示正，“0”表示负，最高位后面的码元用来表示信号幅值。绝对值相同的 FBC，除最高位外都相同，且相对于零电平呈对称折叠，所以称为折叠码。

当信道传输有误码时，各种码组对解码的影响是不相同的，FBC 对于小信号产生的失真误差最小。例如，发送码字“100”时，如果最高位码元出错变成“000”，对应的电平序号 FBC 是从 4 变成了 3，而自然码是直接从 4 变成了 0，其误差远远大于 FBC。由于语音信号中有大量的小信号，因此 FBC 有利于减少语音信号的平均量化噪声。

ITU-T G. 711 规定了一套 PCM 音频编码标准，主要用于电话。G. 711 标准中，量化和编码几乎同时完成，音频信号频率范围为 300Hz~3400Hz，抽样速率为 8kHz，量化采用 A 律和 μ 律非均匀量化，256 个量化电平，编码位数为 8，因此编码后的比特率为 64kbit/s。

以 A 律为例，8 比特码的编码规则如下。

$$b_1 \quad b_2b_3b_4 \quad b_5b_6b_7b_8$$

极性码　段落码　段内码

“b_1”为最高位比特，表示极性，“0”表示负值，“1”表示正值。

“$b_2\ b_3\ b_4$”为段落码，表示抽样信号幅值处于哪个折线段，3bit 可表示 8 个段落。

“$b_5b_6\ b_7b_8$”为低 4 位比特。每个段落平均分为 16 个量化间隔，这 4bit 表示每个段落内的量化级序号，因而称为段内码。由于每个段落的间隔大小不同，因此段内间隔会随着段落序号的增加以 2 倍速递增。表 4.5 给出了段落码和段内码的编码规则。

表 4.5　段落码和段内码的编码规则(正极性部分)

段落码的编码规则		段内码的编码规则			
分段序号 1~8	段落码 $b_2b_3b_4$	量化级序号	段内码 $b_5b_6b_7b_8$	量化级序号	段内码 $b_5b_6b_7b_8$
8	1 1 1	15	1 1 1 1	7	0 1 1 1
7	1 1 0	14	1 1 1 0	6	0 1 1 0
6	1 0 1	13	1 1 0 1	5	0 1 0 1
5	1 0 0	12	1 1 0 0	4	0 1 0 0
4	0 1 1	11	1 0 1 1	3	0 0 1 1
3	0 1 0	10	1 0 1 0	2	0 0 1 0
2	0 0 1	9	1 0 0 1	1	0 0 0 1
1	0 0 0	8	1 0 0 0	0	0 0 0 0

在 A 律的编码方案中，第 1 段和第 2 段最短，斜率最大，其横坐标 x 的归一化动态范围只有 1/128，再将其等分为 16 小段后，每一小段的动态范围只有(1/128)/16=1/2048，这是量化器的最小间隔。第 8 段最长，其横坐标 x 的动态范围为 1/2，16 等分后，每段间隔长度为 1/32。表 4.6给出了 A 律每段折线的判决电平及段内最小间隔。

表 4.6　A 律 13 折线的判决电平及段内最小间隔

分段序号	判决电平	段内最小间隔	分段序号	判决电平	段内最小间隔
1	0	1/2048	5	1/16	1/256
2	1/128	1/2048	6	1/8	1/128
3	1/64	1/1024	7	1/4	1/64
4	1/32	1/512	8	1/2	1/32

例 4.6　某 A 律折线编码器的输入范围为[−3 V,3 V]，若抽样值为 $x=-1.2$ V，试求语音信号编码器的输出码组、编码器的输出量化电平及量化误差。

解　由于 x 极性为负，因此有 $b_1=0$；

对输入信号做归一化，得

$$x'=-1.2/3=-0.4$$

由表 4.5 可知 x'处于第 7 段，故段落码 $b_2b_3b_4$ 为 110。

由表 4.5 可知第 7 段平均分 16 等分，每段间隔为 1/64，

$$|x'|=1/4+k/64=0.4$$

$$k=9.6$$

故 x'落在第 7 段内的第 9 小段，段内码 $b_5b_6b_7b_8$ 是 1001。

从而编码器的输出码组为 01101001。

第 7 段内的第 9 小段电平范围是$\left[\frac{1}{4}+\frac{9}{64},\frac{1}{4}+\frac{10}{64}\right]$

量化电平为区间均值，故输出量化电平为$x_q=-\left[\frac{1}{2}\times\left(\frac{1}{4}+\frac{9}{64}+\frac{1}{4}+\frac{10}{64}\right)\right]\times 3\approx -1.195\text{V}$

量化电平误差为

$$e=x-x_q\approx -0.005\text{V}$$

【本例终】

4.4.3 PCM 系统的噪声性能

PCM 系统的性能主要受两种噪声影响。

(1)信道噪声。信道噪声在发送器输出端和接收器输入端之间的任何位置均可引入，只要设备处于工作状态，就会存在信道噪声。

(2)量化噪声。在发射机中产生，并且一直被带到了接收机的输出中。与信道噪声不同，量化噪声依赖于信号，当切断消息信号时，量化噪声会消失。

只要 PCM 系统处于工作状态中，这两种噪声源就会同时出现。信道噪声的主要影响是在接收信号中引入了比特误差，其表现在于接收机将符号 1 误判为符号 0，或者将符号 0 误判为符号 1。很明显，比特误差发生的频率越高，接收器输出信号与原始消息信号的差异就越大。一般用平均符号差错概率来衡量 PCM 信息传输的可靠性。

PCM 系统在长距离传输过程中，往往会用到再生中继器，中继器的作用是对信号进行再生和重定时。只要再生中继器之间的距离足够短，在信号能量与噪声功率谱密度的比值足够大的情况下，信道噪声的影响是可以忽略的。在这种情况下，PCM 系统的性能仅受量化噪声的限制。

另外，从 4.3 节对量化噪声的讨论可知，量化噪声实质上是可控的。当量化器量化级数足够大，压缩方法适合所传输的消息信号的特性时，量化噪声带来的影响是可以忽略的。可见，使用 PCM 可以构造出性能不受信道噪声限制的通信系统，这种能力是任何连续波调制或脉冲模拟调制系统都不具备的。

4.5 差分脉冲编码调制

语音信号数字化以后，在最简单的二进制基带传输系统中，传输 64kbit/s 数字信号所需要的最小理论带宽为 32kHz。与 4kHz 模拟语音信号相比，PCM 信号占用频带比模拟 SSB 信号多很多倍，因而在频带受限的通信系统中，能传送的 PCM 话路比模拟通信系统能传送的少很多。在移动通信中，无线频谱资源非常宝贵，要求每个用户占用的频段越窄越好。为了提高通信网中的信息传输效率以及实现语音的高效存储，需要对编码后的数字语音进行压缩编码。压缩的原则是：在可接受的失真范围内，将抽样值用尽可能少的比特数来表示，以提高编码速率。编码速率又称编码率，指对模拟信号抽样、量化、编码后，数据流中有用信息部分(非冗余)所占的比例。

在 PCM 系统中，模拟信号经抽样后直接进行量化，相邻抽样值的量化没有任何关联。但是语音信号是连续信号，其相邻抽样值之间有很大的相关性，当对这此高相关性的样值进行 PCM 编码时，编码信号将包含冗余信息。如果在编码之前去掉冗余信息，就可以大大改善系统的编码速率。这就是差分脉冲编码调制(DPCM)的基本思想。

假设语音信号前一刻的抽样值是一个小信号，那么，下一刻的抽样值很有可能也是小信号，这就意味着无须在整个幅值区间进行量化。最简单的DPCM就是对前后抽样值的差值进行量化。由于相邻抽样值之间的高相关性，前后样值之间的差值很小，使得量化所需要的分层电平数减少，因此量化比特数也随之减少。这就意味着，和PCM相比，DPCM可以用更低的比特率实现相似的性能。简单DPCM系统编码和解码如图4.20所示。

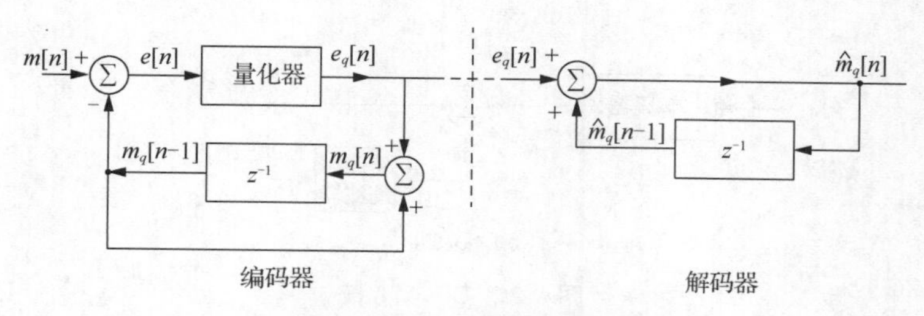

图4.20　简单DPCM系统编码和解码

假定以速率 $f_s=1/T_s$ 对基带信号 $m(t)$ 进行抽样，得到间隔为 T_s 秒的抽样序列 $\{m[n]\}$。量化器的输入不是简单的 $m[n]-m[n-1]$，而是用 $m_q[n-1]$ 取代了 $m[n-1]$，由量化过程可知，$m_q[n-1]$ 与 $m[n-1]$ 非常接近，这样做的好处是可以避免量化过程的噪声累积。因而量化器输入端信号为

$$e[n]=m[n]-m_q[n-1] \tag{4.40}$$

量化器对 $e[n]$ 进行量化，得到输出 $e_q[n]$，有

$$m_q[n]=e_q[n]+m_q[n-1] \tag{4.41}$$

从而量化器输入与输出的误差为

$$\begin{aligned} e_q[n]-e[n] &= e_q[n]-(m[n]-m_q[n-1]) \\ &= e_q[n]-m[n]+m_q[n-1] \\ &= m_q[n]-m[n] \end{aligned} \tag{4.42}$$

接收端可以根据过去抽样值和接收到的差值恢复当前抽样值，有

$$\hat{m}_q[n]=e_q[n]+\hat{m}_q[n-1] \tag{4.43}$$

式(4.41)和式(4.43)是两个完全相同的差分公式，这表明如果 $\hat{m}_q[n]$ 和 $m_q[n]$ 的初值相同，它们就是完全相同的序列。如果 $\hat{m}_q[-1]=m_q[-1]=0$，则对所有的 n 有

$$\hat{m}_q[n]=m_q[n] \tag{4.44}$$

把式(4.44)代入式(4.42)有

$$e_q[n]-e[n]=\hat{m}_q[n]-m[n] \tag{4.45}$$

这表明 $\hat{m}_q[n]$ 和 $m[n]$ 的误差就等于量化器输入端与输出端的误差，但是 $e[n]$ 的取值范围通常要比 $m[n]$ 的取值范围小很多，从而 $e[n]$ 可以节约量化比特数。

实际系统中，为了提高 $e[n]$ 的精度，改善DPCM的性能，一般引入预测器。预测器的作用是用前 n 个抽样值预测出一个当前值，然后对当前值和预测值的差进行量化，如图4.21所示。如果预测器性能很好，则预测误差将小于输入信号 $m[n]$ 的方差。预测滤波器可用线性预测的方法产生，图4.22所示的线性预测器为一个 p 阶有限冲激响应(Finite Impulse Response，FIR)离散时间滤波器。

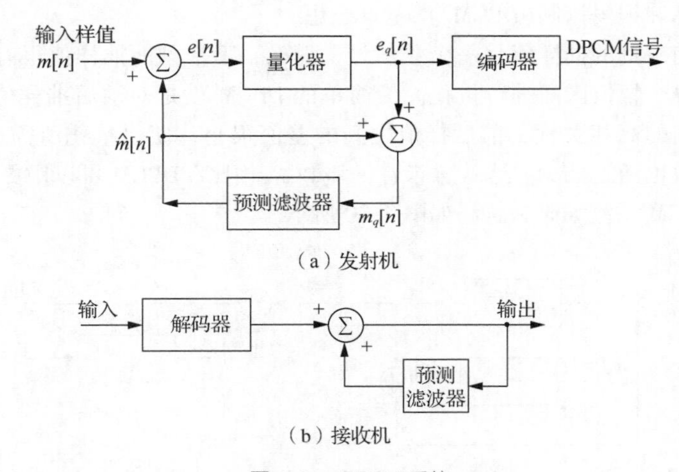

（a）发射机

（b）接收机

图 4.21　DPCM 系统

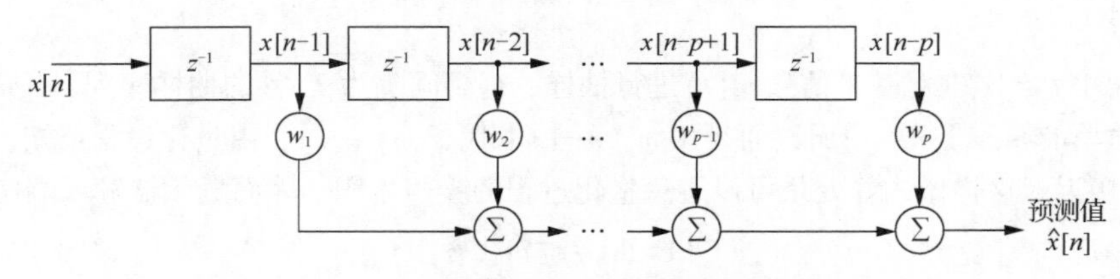

图 4.22　p 阶有限冲激响应离散时间预测器

同 PCM 一样，DPCM 也存在量化噪声。若输入样值 $m[n]$ 的均值为 0，则图 4.21 中 DPCM 系统的输出信噪比可写为

$$\mathrm{SNR_o}=\frac{\sigma_m^2}{\sigma_q^2} \tag{4.46}$$

上式中，σ_m^2 是输入样值 $m[n]$ 的方差，σ_q^2 是量化误差 $q[n]$ 的方差。式(4.46)可成两个因式的乘积

$$\mathrm{SNR_o}=\left(\frac{\sigma_m^2}{\sigma_e^2}\right)\left(\frac{\sigma_e^2}{\sigma_q^2}\right)=G_\mathrm{p}\mathrm{SNR_q} \tag{4.47}$$

其中，σ_e^2 是预测误差的方差。$\mathrm{SNR_q}$ 是量化器的量化信噪比，其定义如下

$$\mathrm{SNR_q}=\frac{\sigma_e^2}{\sigma_q^2} \tag{4.48}$$

G_p 为由差分量化方法得到的处理增益

$$G_\mathrm{p}=\frac{\sigma_m^2}{\sigma_e^2} \tag{4.49}$$

当 G_p 大于 1 时，表示由于采用图 4.21 所示的 DPCM 系统，给输出信噪比带来了增益。对于给定的基带信号，其方差 σ_m^2 是固定的，所以，只有最小化预测误差的方差 σ_e^2 才能使 G_p 最大化。因而，DPCM 的主要设计目标就是最小化预测误差的方差 σ_e^2。

在传输语音信号的情况下，DPCM 的最优量化信噪比可比 PCM 高出 4dB~11dB，由于量化噪声的 6dB 等价于每个抽样值 1bit，因此，在量化信噪比恒定的情况下，假定抽样速率等于 8kHz，DPCM 要比标准 PCM 节省 8~16kbit/s(即每个抽样值 1bit~2bit)。

图 4.21 所示的 DPCM 系统适用于缓慢变换的信号。在实际系统中，不同的语音信号，其声音强弱、强弱变化的快慢以及传输损耗都各不相同，使得语音信号功率的最大变化可达 45 dB 左右。而量化器的设计与语音信号的功率有关，为了使量化器的量化信噪比始终处于一种稳定的最佳状态或接近于最佳状态，需要一种根据输入信号幅度大小来改变量化阶大小的波形编码技术，这种技术称为自适应量化。

另外，语音信号是一个非平稳随机过程，其统计特性随时间不断变换，但短时间内可以看作平稳的。可以利用自相关函数值计算出短时最佳预测系数，但是在很多情况下，很难计算所有抽样值对应的自相关函数值，即使可以计算，也会因为计算量过大导致延迟也较大，在这种情况下，需要采用自适应预测，使得预测器的系数能随语音信号自适应调整。

ADPCM 是一种同时采用自适应量化器和自适应预测器的自适应差分脉码调制技术，ITU-T G.721标准给出了可以和 PCM 数字电话网络兼容的 32kbit/s 的 ADPCM 算法。该标准中，语音信号的抽样速率为 8kHz，量化位数为 4，使用自适应预测器和电平数为 16 的非均匀量化器。ADPCM 的音质性能非常接近于 PCM 的，算法复杂度低，压缩比小，编解码时延最短(相对其他技术)，因此 ADPCM 和 PCM 共同成为国际上语音信号的标准编码技术，目前广泛应用于数字通信、卫星通信、数字话音插空设备及变速率编码器中。

4.6 增量调制

增量调制(DM 或 ΔM)是继 PCM 后出现的又一种模拟信号数字化的方法，其优点是编解码器比 PCM 简单，在比特率较低时的量化信噪比高于 PCM 的，其抗误码性能也比 PCM 好。DM 主要通过对输入信号的过抽样来实现，即抽样速率远远大于奈奎斯特抽样速率，其目的是增加相邻信号样值的相关性。下面介绍 DM 的基本原理。

4.6.1 DM基本原理

DM 可看作图 4.20 中 DPCM 系统的简化版，其量化器为 1-比特量化器，相邻样值之间的幅度相差$\pm\Delta$，系统如图 4.23 所示，4.5 节中对简单 DPCM 的分析同样适用于 DM 系统。

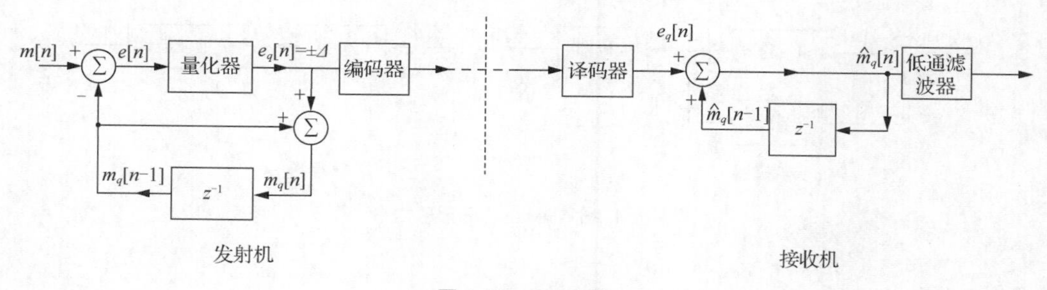

图 4.23 DM 系统

在 DM 系统中，量化器每样值只用 1bit 表示，因此如果 $e[n]$的动态范围很大的话，量化噪声也就非常大；而减小 $e[n]$的动态范围，需要 $m[n]$和 $m[n-1]$有很大的相关系数，这就意味着 $m(t)$的抽样速率要远远大于奈奎斯特抽样速率，由于编码比特只有 1bit，因此 DM 系统最终的数据速率还不到 PCM 的一半。

DM 对消息信号过抽样后得到原始信号的阶梯形近似，如图 4.24(a)所示。输入信号与近似信号之间的差值只量化成两个量化级，以±Δ 来表示正差值和负差值，因此可以用 1bit 进行编码。如果在抽样周期内，近似曲线位于信号以下，那么近似曲线增加一个台阶 Δ。如果近似曲线位于信号以上，那么把近似曲线下降一个台阶 Δ。假如信号从一个样值到另一个样值的变化不是太快，阶梯形近似曲线将保持在输入信号偏差±Δ 的范围内。

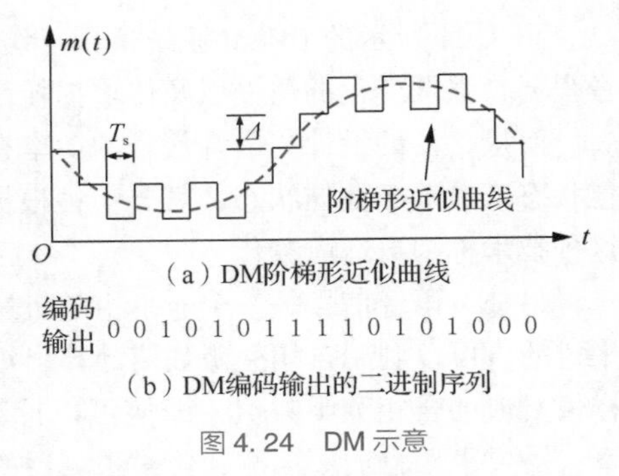

图 4.24　DM 示意

用 $m[n]$ 表示 DM 输入信号 $m(t)$ 在时刻 $t=nT_s$ 的抽样值，用 $m_q[n]$ 表示它的阶梯形近似 $m_q(t)$ 在时刻 $t=nT_s$ 的抽样值，则有

$$e[n]=m[n]-m_q[n-1] \tag{4.50}$$

$$e_q[n]=\Delta\mathrm{sgn}(e[n]) \tag{4.51}$$

$$m_q[n]=m_q[n-1]+e_q[n] \tag{4.52}$$

其中，$e[n]$ 是误差信号，它表示此刻输入信号的抽样值 $m[n]$ 与前一时刻的近似值 $m_q[n-1]$ 之差，$e_q[n]$ 是 $e[n]$ 量化后的形式，$\mathrm{sgn}(\cdot)$ 是符号函数。最后，编码器对量化器输出 $m_q[n]$ 进行编码，产生 DM 信号。

容易看出，DM 的数据速率就等于抽样速率

$$R=f_s=1/T_s \tag{4.53}$$

在接收端，则有

$$\hat{m}_q[n]-\hat{m}_q[n-1]=e_q[n] \tag{4.54}$$

若 $\hat{m}[n]$ 的初值为 0，则有

$$\hat{m}_q[n] = \sum_{i=0}^{n} e_q[n] \tag{4.55}$$

式(4.54)说明为了得到 $\hat{m}_q[n]$，只需要累加接收信号 $e_q[n]$ 即可。如果每个抽样都由脉冲表示，则累加器可视为一个简单的积分器。因此，在实际系统中，通常用积分器来代替延迟相加电路，并且将抽样器放到相加器后面，与量化器合并为抽样判决器，此时 DM 简化为图 4.25 所示的积分器形式。

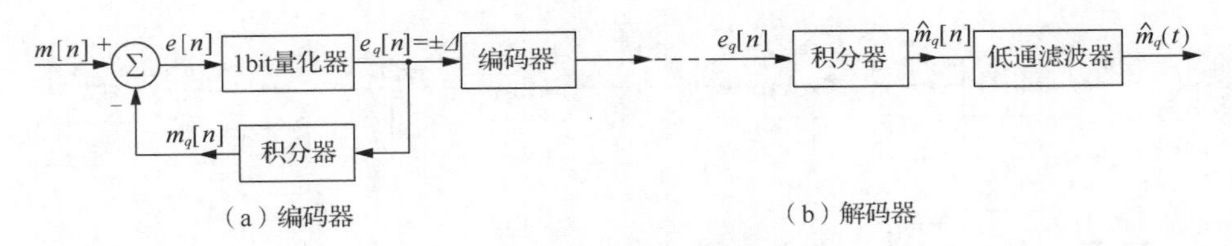

图 4.25　DM 的积分器形式

4.6.2　DM 系统中的噪声

在 DM 系统中，量化步长 Δ 是非常重要的参数。较大的步长可以使量化器跟上消息信号的快速变换，但是当输入消息变化缓慢时，其阶梯形近似曲线 $m_q(t)$ 围绕输入波形相对平坦的部分上

下波动，由此引起过多的量化噪声，这种噪声称为颗粒噪声，如图4.26(a)所示。

如果量化步长过小的话，在信号快速变化的时候，量化器就需要很长时间才能跟上信号的变化，由此产生的噪声称之为斜率过载失真，如图4.26(b)所示。

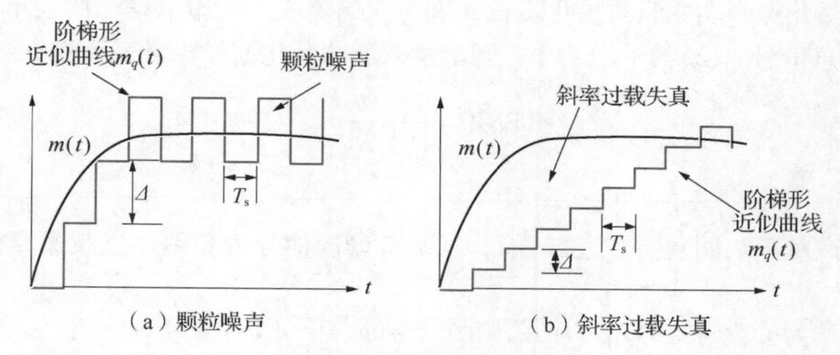

图4.26　DM系统量化噪声

用$q[n]$表示nT_s时刻的量化误差，即

$$m_q[n]=m[n]+q[n] \tag{4.56}$$

代入式(4.49)，则量化器输入为

$$e[n]=m[n]-m[n-1]-q[n-1] \tag{4.57}$$

可见，如果不考虑量化误差$q[n-1]$，量化器的输入就等于输入信号的一阶后向差分，这在数值上近似等于输入信号的导数。因此，为了在$m(t)$最大斜率的区间内，样值序列$\{m_q[n]\}$能够跟上输入样值序列$\{m[n]\}$的快速变化，应满足以下的条件

$$\frac{\Delta}{T_s}\geqslant\max\left|\frac{\mathrm{d}m(t)}{\mathrm{d}t}\right| \tag{4.58}$$

否则，若步长Δ太小，阶梯形近似曲线$m_q(t)$无法在输入波形的陡峭部分跟上曲线$m(t)$的变换。由于阶梯形近似曲线$m_q(t)$的最大斜率是由步长Δ的大小决定的，$m_q(t)$会沿直线增加或减小，因此在DM系统中，采用固定步长的增量调制器常称为线性增量调制器或简单增量调制器。

下面分析DM系统的量化信噪比。

观察图4.26，设量化误差$q(t)$为消息信号$m(t)$和阶梯形近似曲线$m_q(t)$的差值，显然$q(t)$的取值范围为区间$(-\Delta,\Delta)$，假设$q(t)$在此区间内均匀分布，可将量化误差的概率密度函数表示为

$$f_q(q)=\begin{cases}\dfrac{1}{2\Delta}, & -\Delta\leqslant q\leqslant\Delta\\ 0, & \text{其他}\end{cases} \tag{4.59}$$

则量化噪声平均功率可表示为

$$\sigma_q^2=\int_{-\Delta}^{\Delta}q^2 f_q(q)\,\mathrm{d}q=\frac{1}{2\Delta}\int_{-\Delta}^{\Delta}q^2\,\mathrm{d}q=\frac{\Delta^2}{3} \tag{4.60}$$

假设量化噪声功率频谱均匀分布在0至抽样速率f_s之间，则量化噪声功率谱密度可近似表示为

$$S_q(f)=\frac{\Delta^2}{3f_s} \tag{4.61}$$

因此量化噪声通过截止频率为 f_m 的低通滤波器之后，噪声功率为

$$P_q=S_q(f)f_m=\frac{\Delta^2 f_m}{3f_s} \tag{4.62}$$

由此可见，量化噪声功率只与量化步长 Δ 和 (f_m/f_s) 有关，与输入信号的大小无关。

令 P 表示消息信号 $m(t)$ 的平均功率，则增量调制的量化信噪比可表示为

$$\mathrm{SNR_q}=\frac{P}{P_q}=\frac{3f_s P}{\Delta^2 f_m} \tag{4.63}$$

例 4.7　假设对正弦调制信号进行 DM，试确定调制信号避免斜率过载失真的最大幅度及其量化信噪比。

解　考虑频率为 f_k、幅值为 A_k 的正弦调制信号 $m(t)=A_k\cos(2\pi f_k t)$

由式(4.57)可知，为避免 DM 发生斜率过载失真，需满足

$$\frac{\Delta}{T_s}\geqslant \max\left|\frac{\mathrm{d}m(t)}{\mathrm{d}t}\right|=2\pi f_k A_k$$

故有

$$A_k\leqslant\frac{\Delta f_s}{2\pi f_k}$$

由此可得避免斜率过载失真的最大幅度，即临界过载幅度为

$$A_{\max}=\frac{\Delta f_s}{2\pi f_k}$$

此时，正弦信号 $m(t)$ 的最大功率为

$$P=\frac{A_{\max}^2}{2}=\frac{\Delta^2 f_s^2}{8\pi^2 f_k^2}$$

其量化信噪比最大为

$$\mathrm{SNR_q}=\frac{P}{P_q}=\frac{3f_s^3}{8\pi^2 f_k^2 f_m}\approx 0.038\frac{f_s^3}{f_k^2 f_m} \tag{4.64}$$

【本例终】

由正弦信号的 DM 来看，其最大量化信噪比与抽样速率 f_s 的 3 次方成正比，因此提高抽样速率可显著提高量化信噪比。其次，对于高频分量比较丰富的信号，增量调制的噪声性能会随着信号频率 f_k 的提高而下降。为改进这一特性，可采用增量总和(Δ-Σ)调制方案。另外，对于步长 Δ 固定不变的简单 DM，由式(4.62)可知，其量化噪声功率是不变的，因此当信号功率下降时，量化信噪比也随之下降，造成信号的动态范围小、小信号的量化信噪比低，为改善 DM 的动态范围，可采用自适应 DM 方案。增量总和(Δ-Σ)调制和自适应 DM 方案，本节不进行详细讨论。

DM 系统的特点是设备简单，单路应用时不需要收发同步，但在传输语音时，其清晰度和自然度都不如 PCM，因此一般用于通信容量小、质量要求不高的场合，以及一些特殊通信场合中。

4.7 时分复用

模拟信号可采用频分复用提高信道的传输效率，对于模拟信号经抽样、量化和编码后产生的

数字信号，一般采用时分复用技术。本节主要介绍时分复用的原理及采用该技术的数字电话体系，即数字复接体系。

4.7.1　时分复用原理

语音信号的奈奎斯特抽样速率是 8kHz，编码位数为 8bit，因此 PCM 信号每帧持续时间为 125μs，每比特的持续时间为 15.625μs，传输速率为 $8\times8=64$kbit/s。如果用相同宽度的脉冲去传输 ADPCM，由于 ADPCM 编码位数为 4，传输 1 路 ADPCM 语音只需要 62.5μs，剩下的时间刚好可以再传 1 路 ADPCM。也就是说，时间上允许 2 路 ADPCM 语音并行传输，共享信道，此时 2 路 ADPCM 的传输速率为 $2\times4\times8=64$kbit/s。如果压缩每个脉冲的持续时间 T_s，就能够允许更多的传输多路信号，显然 T_s 越小，能够传输的信号路数越多，如图 4.27 所示，此时，对于 n 路复用的 ADPCM，其传输速率达到 $4\times n\times8=32n$kbit/s。

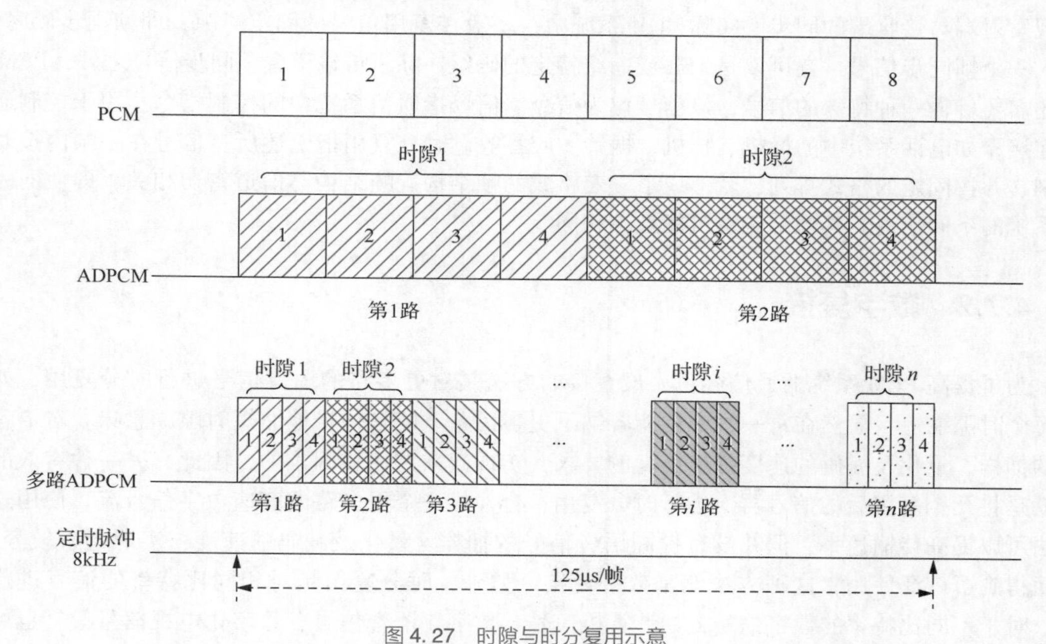

图 4.27　时隙与时分复用示意

由图 4.27 可见，整个信道按时间划分成若干时间片(简称时隙)，每路信号占用一个时隙，使得各路信号按分时的方式共用信道，这就是时分复用(TDM)。与频分复用不同的是，时分复用的各路信号在时域上是分开的，但是在频域上是混叠的。对于随机二进制脉冲信号来说，信号带宽与脉冲的持续时间有关，脉冲持续时间越长，传输速率越小，信号带宽也越小。因此多路信号时分复用后，导致脉冲持续时间变短，传输速率成倍增加，信号带宽也成倍增加。由于信道带宽是有限的通信资源，因此在有限的时隙内，是不允许无限多路信号的时分复用的。

实际的时分复用系统如图 4.28 所示。为避免发生频谱混叠，各路模拟信号首先需要通过低通滤波器，把输入信号严格限制在带宽范围之内，然后将输入信号送入合路器，合路器对每路信号进行模数转换，进行二进制编码，再将各路信号按时隙排列在抽样间隔内，产生复用信号。复用信号接着被送入脉冲调制器，产生适合在信道中传输的基带脉冲信号。如果信道的频率比较高，那么还需要对基带脉冲信号进行数字调制(详见第 7 章)，才能在带通信道中进行传输。接收端通过分路器分解各路信号，最后通过低通滤波器重构原始的模拟信号。

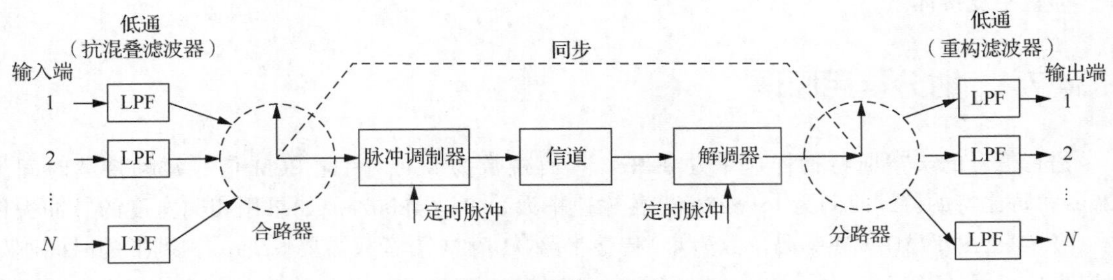

图 4. 28　时分复用系统

时分复用对信道中时钟的相位抖动及接收端与发射端的同步要求很高。在任何条件下，接收端和发射端必须在时间步调上保持一致。因此，在时分复用系统中，必须要有一个同步系统，以实现发射端与接收端的同步。实际 PCM 系统中，一般在复用信号的固定时隙，即帧同步码时隙，插入一个帧同步信号，它可以是 1bit 或一组特定的码组。除了传输语音、同步信号之外，PCM 系统还需要传输一种特殊的信号，该信号称为信令。信令指通信系统中的控制指令，用于控制通信的连接，如电话系统中的摘机、挂机、振铃、应答等。时分复用把上述所有信号在一帧内按时间分割、并按固定的格式排列，就形成了一定格式的帧结构。帧结构与信道密切相关，即使同一通信系统的不同信道，其帧结构也可能各不相同。

4.7.2　数字复接

为了提高 PCM 系统的通信容量，最直接的方法是对更多路的语音信号进行时分复用，如果把每个时隙缩短，显然在每一帧中就能容纳下更多话路。但是一味地缩短时隙，意味着对语音信号的抽样、量化及编码的速度提出极高的要求，实现起来是比较困难的，因此，另一种有效的方法就是将几个复用后的信号再次进行时分复用，合并成一个更多路的高速数字信号流。使用这种方法可以提高传输速率，但并没有提高语音信号的抽样、量化及编码的速度，实现起来较容易，因而得到了广泛使用，这种方法就是数字复接。另外，时分复用是对相同比特率的信号进行复用，对于不同比特率的数字信号，如计算机信号、数字化语音信号、数字化电视信号等，也可以通过数字复接合成一个高速数据流进行传输。数字复接系统如图 4. 29 所示。

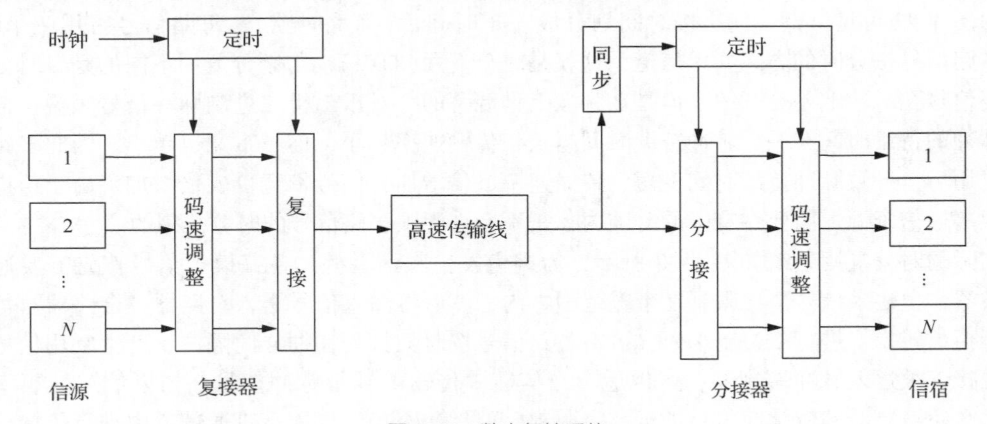

图 4. 29　数字复接系统

数字复接系统由复接器和分接器两部分组成。复接器把两个或两个以上的低比特率信源信号按时分复用方式合并成一个高速数字信号，它由定时、码速调整和复接 3 个基本单元组成。分接器则把已经合成的高速数字信号分解为原来的低速率数字信号，主要由定时、同步、分接和码速恢复 4 个单元组成。复接器的定时单元为整个系统提供统一的基准时钟信号，时钟信号可以在内部产生，也可以由外部提供；码速调整单元是对速率不同的各路数字信号进行必要的调整，使各路信号与定时信号同步；复接单元将速率一致的各支路信号按规定顺序复接成高速率比特率。分接器中，同步单元的作用就是从接收到的合路信号中提取出帧定时信号送入定时单元，定时单元为整个分接器提供时钟，以保持和复接器同步；分接单元按时钟把合路信号分解为支路数字信号，它是复接单元的逆过程；码速恢复单元恢复出原比特率信号的码速，它是码速调整单元的逆过程。实际系统中，每一个终端设备都必须有数字复接器和数字分接器，称为复接分接器，简称数字复接器。

对于电话系统，ITU-T 规定了两类数字复接标准，分别是准同步数字体系（Plesiochronous Digital Hierarchy，PDH）和同步数字体系（Synchronous Digital Hierarchy，SDH）。PDH 标准用于公共电话交换网，SDH 标准用于光纤通信等骨干网络。

PDH 有以下两类。

- 基于 A 律压缩的 30/32 路 E 体系（欧洲标准，主要用于欧洲各国、中国等）。
- 基于 μ 律压缩的 24 路 T 体系（美洲标准，用于北美洲各国、日本等）。

这两类 PDH 体系，原则上都是先把一定路数的电话语音信号复用成一个标准的数据流（基群），然后采用同步或准同步技术，把基群数据流复接成更高速率的复用信号。这些数字复接器构成了一种数字系列，按传输速率的不同，数字复接系列可分为基群、二次群、三次群、四次群等，如表 4.7 所示。

表 4.7　数字复接系列

群号	E 体系（2 MHz 系列）		T 体系（1.5 MHz 系列）	
	速率/（Mbit/s）	路数	速率/（Mbit/s）	路数
基群（一次群）	2.048	30	1.544	24
二次群	8.448	120	6.312	96
三次群	34.368	480	32.064 或 44.736	480 或 672
四次群	139.264	1920	97.727 或 274.176	1440 或 4032

PDH T1 系统（PCM 24）是北美数字交换系统的基础，它把 24 路语音信号复用成基群。具体参数如下。

- 抽样速率：8kHz。
- 量化：μ 律 15 折线近似，$\mu=255$。
- 编码：8bit PCM 编码，量化电平数 256。

T1 系统帧结构如图 4. 30 所示。

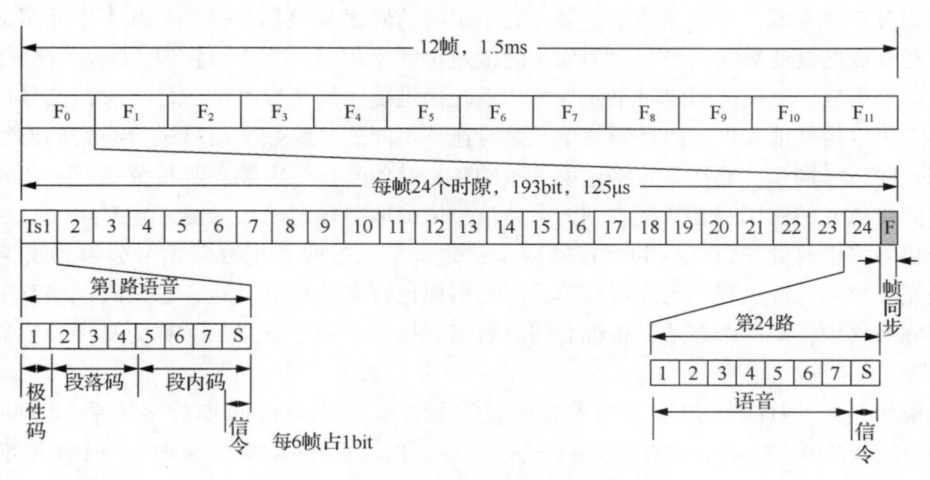

图 4. 30　T1 系统（PCM 24）帧结构

T1 系统的数据按复帧发送，每 12 帧为一个复帧，每帧时间 0. 125ms，故一个复帧时间为 1. 5ms。一个 T1 基本帧含 24 个时隙，编号从 1 至 24，每个时隙 8bit，共 192bit。24 个时隙分配给 24 路语音，每路语音抽样用 7bit 编码，再加上 1bit 控制信号，即每路占用 8bit。另外，T1 系统在每帧的帧尾插入一个比特，作为帧同步位 F，表示当前帧的结束和下一帧的开始。因此每帧总比特数为 $24\times8+1=193$，传输速率为 $193\times8\times10^3=1.544$Mbit/s，每比特持续时间为 0. 647μs。

T1 系统每帧的第 193bit 按复帧组成 12bit 的成帧序列 100011011100，用来提供帧同步和信令管理信息。

此外，T1 系统每隔 6 帧，将每路语音信号中最不重要的比特，即第 8 个比特删除，在此位置上插入信令比特，因此每路语音信号的平均信息比特数是

$$\frac{8\times6-1}{6}=7\ \frac{5}{6}\text{bit}$$

从而 T1 系统每路语音的信令比特传输速率等于 8kHz 除以 6，即约 1. 333kbit/s。

PDH E1 系统(PCM 30/32)是我国数字交换系统的基础，它把 30 路语音信号复用成基群，基本参数如下。

- 抽样速率：8kHz。
- 量化：A 律 13 折线近似，$A=87.6$。
- 编码：8bit PCM 编码，量化电平总数 256。

E1 系统帧结构如图 4. 31 所示。

E1 系统的数据按复帧发送，每 16 帧为一个复帧，持续时间为 $16\times125\mu s=2$ms。

在 8 kHz 的抽样速率下，每帧持续时间 125μs，分为 32 个时隙(Ts)，每个时隙 8bit，时隙 Ts0 用于帧同步，时隙 Ts16 用于传输信令，其余 30 个时隙用于传输 30 路语音信号，每帧总比特数为 $32\times8=256$bit，因此 E1 系统的传输速率为 2. 048Mbit/s，每比特持续时间为 0. 488μs。

E1 系统同步码为固定码组 * 0011011，每 2 帧在 Ts0 发送一次(偶数帧)，奇数帧用于告警、维护、性能监测等其他用途。第 1 位“ * ”供国际通信使用，如果不是国际链路，也可以给国内链路使用。

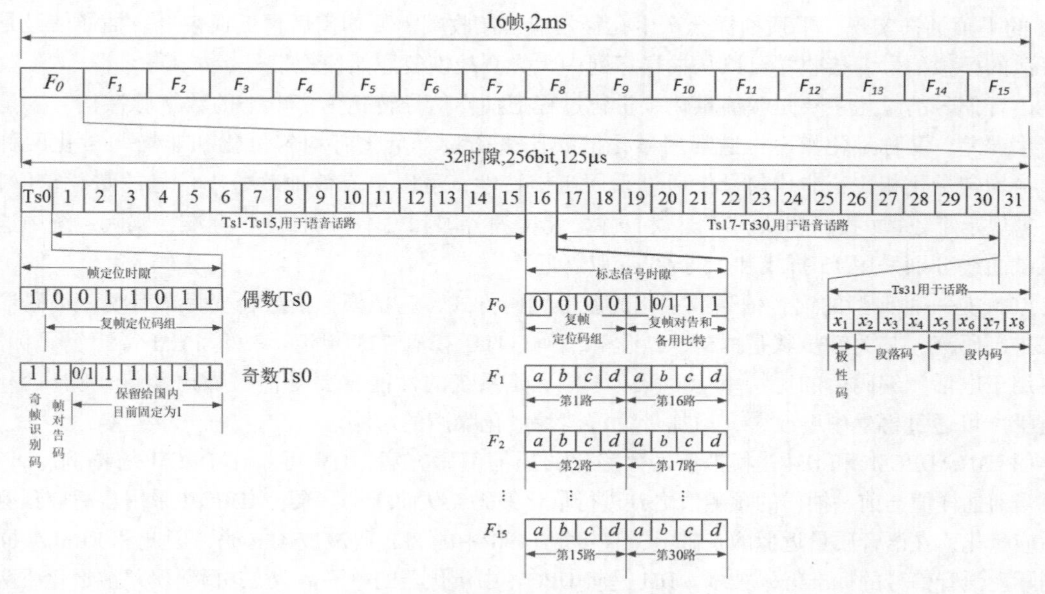

图 4.31　E1 系统（PCM 30/32）帧结构

E1 系统的信令位于 Ts16，在 F_0 帧中，前 4 比特“0000”是复帧同步码组，后 4 比特为复帧对告和备用比特。后面的 15 帧中，每帧发送 2 路语音信令，一个复帧正好发送 30 路。

随着数字通信和计算机技术的发展，通信要求传送的信息不仅包括语音，还包括文字、数据、图像和视频等，四次群速率远远不能满足大容量、高速率的要求。ITU-T 规定，在四次群以上采用 SDH 技术，以适应全球宽带综合业务数字网的传输要求。

SDH 以基本同步传送模块 STM-1 为基本单元进行传输，其他更高的速率通过多个 STM-1 进行复用得到。STM-1 实际上是一个带有线路终端功能的准同步复接器，它将 63 个 2.048Mbit/s 信号或 3 个 34.368Mbit/s 信号或 1 个 139.264Mbit/s 信号复接或适配为 155.520Mbit/s 信号。STM-1 往上更高的速率完全采用同步字节复接，STM-2 速率为 622.080Mbit/s，STM-3 速率为 2488.320Mbit/s。SDH 是全球统一的同步数字复接序列。具体 SDH 的复帧结构定义可参考 ITU-T G.707，此处不再详细描述。

4.8 本章小结

模拟信号数字化的目的是将信源产生的模拟信号转化成二进制编码的数字基带信号，以便于在数字通信系统中传输。本章重点讨论了模拟信号数字化的 3 个关键步骤——抽样、量化和编码，并在此基础上介绍了无压缩的 PCM 和有压缩的编码方案，如 DPCM、DM 等，最后介绍了时分复用基本原理。

抽样过程建立在抽样定理的理论基础上。抽样定理指出，最高频率小于 W 的严格带限信号，完全可由抽样速率大于等于奈奎斯特抽样速率 $2W$ 的抽样序列唯一确定，对于频带范围为 $[f_L, f_H]$、带宽为 B 的带通信号，其抽样速率应该不小于 $2B\left(1+\frac{m}{n}\right)$。抽样是无损的，抽样过程可以看作脉冲模拟调制，相应地有 PAM、PDM 和 PPM 这 3 种方式。实际系统中，抽样过程主要通过

PAM 的平顶抽样实现，平顶抽样会产生孔径效应，接收端需要均衡后再低通恢复。抽样信号是时间离散的模拟信号，接收端可以从抽样序列中无失真地恢复原始模拟信号。

语音信号的量化主要是幅值量化。量化过程把抽样信号转化为多电平的数字脉冲信号。量化会产生误差，又称量化噪声，通常用量化信噪比来衡量。量化有均匀量化和非均匀量化两种方式，与均匀量化相比，非均匀量化通过采用压扩特性，可以更有效地改善小信号的量化信噪比。ITU-T 规定了 A 律(我国和欧洲各国)和 μ 律(北美洲各国和日本)两种压扩标准，实际系统中这两种压扩曲线分别采用 13 折线和 15 折线近似逼近。

PCM 是一种典型的语音信号数字化的波形编码方式，它把模拟信号转变为具有统一编码形式的二进制码流，其关键步骤是抽样、量化和编码。ITU-T G. 711 规定了一套 PCM 音频编码标准，主要用于电话，编码后的比特率为 64kbit/s。PCM 系统的性能主要受信道噪声和量化噪声影响，信道噪声可通过再生中继改善，增加带宽可消除量化噪声的影响。

DPCM(ADPCM)和 DM 是模拟信号数字化的压缩编码方案，DM 可看作 DPCM 的特例。DPCM 是对当前抽样值与前一抽样的预测值之差进行量化编码，从而压缩冗余；ADPCM 采用自适应预测和自适应量化，在语音质量近似的基础上，直接把 PCM 中的 8bit 码减成 4bit 码，因此和 PCM 共同成为国际上语音信号的标准编码技术。DM 是将 DPCM 中量化器的电平数取 2，预测误差被量化成两个电平，从而直接输出二进制编码。DM 系统存在两种量化噪声：颗粒噪声和斜率过载失真。

TDM 技术用于数字信号的复用，TDM 的各路信号在时域上是分开的，但是在频域上是混叠的。数字复接把较低传输速率的数据码流变换成高速码流，提高了通信系统的使用效率。ITU-T 定义了 PDH 和 SDH 两类复接体系，PDH 标准用于公共电话交换网，SDH 标准用于光纤通信等骨干网络。

习题

4.1 指出下列信号的奈奎斯特速率和奈奎斯特间隔：

(1) $g(t)=\text{sinc}(200t)$；

(2) $g(t)=\text{sinc}^2(200t)$；

(3) $g(t)=\text{sinc}(200t)+\text{sinc}^2(200t)$。

4.2 试求下列中频信号的最小抽样速率：

(1) 中心频率为 60MHz，带宽为 5MHz；

(2) 中心频率为 30MHz，带宽为 6. 5MHz；

(3) 中心频率为 70MHz，带宽为 2MHz。

4.3 在自然抽样中，模拟信号 $g(t)$ 和周期性的矩形脉冲串 $c(t)$ 相乘。已知该周期性脉冲串的重复频率是 f_s，每个矩形脉冲的持续时间为 T，(有 $f_sT<1$)，试确定

(1) 信号 $g(t)$ 经自然抽样后的频谱(假设时刻 $t=0$ 对应于 $c(t)$ 中矩形脉冲的中点)；

(2) 自然抽样的无失真抽样条件与恢复 $g(t)$ 的方法。

4.4 已知 $m(t)$ 的最高频率为 f_m，用矩形脉冲串对其进行平顶抽样，脉冲宽度为 2τ，重复频率为 f_s，幅度为 1。试给出已抽样信号的时域与频域表示式，说明 f_s 与 τ 对抽样频谱的影响。

4.5 试确定：

(1) 假定调制频率 $f_m=0.25\text{Hz}$，抽样周期 $T_s=1\text{s}$，脉冲持续时间 $\tau=0.45\text{s}$，幅度 A 满足 $A\tau=1$，画出调制信号 $m(t)=A_m\cos(2\pi f_m t)$ 产生的 PAM 波的频谱；

（2）画出理想重构滤波的输出频谱。将此结果与无孔径效应时相应输出进行比较。

4.6 图P4.6给出了消息信号 $m(t)$ 的频谱。以1kHz的抽样速率，用脉冲幅度均为单位1、脉冲宽度为0.1ms的平顶脉冲对信号进行抽样。计算并粗略画出产生的PAM信号的频谱。

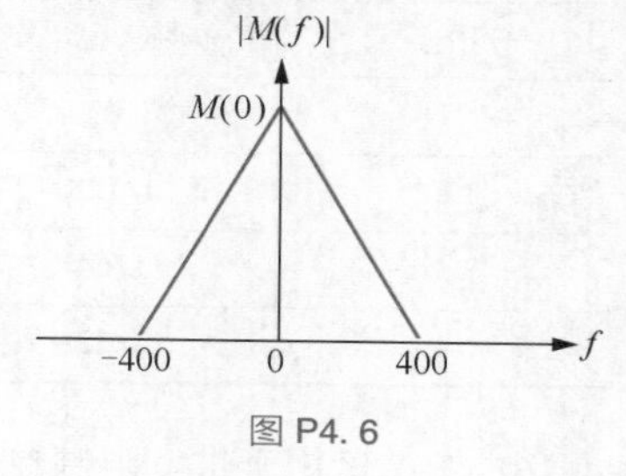

图P4.6

4.7 对24个语音信号均匀抽样后进行时分复用，抽样过程采用宽度为1μs的平顶抽样。为了保持同步，在复用信号中额外加了一个宽度为1μs、幅值足够大的脉冲。每路语音信号最高频率分量是3.4kHz。

（1）假定抽样速率是8kHz，计算复用信号中相继脉冲的时间间隔；

（2）在奈奎斯特抽样速率下，重复（1）中的计算。

4.8 已知信号 $m(t)$ 的频谱为：

$$M(f)=\begin{cases}1-\dfrac{|f|}{1000}, & |f|<1000\text{Hz}\\ 0, & \text{其他}\end{cases}$$

（1）假设以1500Hz的速率对它进行抽样，试画出抽样信号的频谱；

（2）若用3000Hz的速率抽样，再解答问题（1）。

4.9 在要求量化误差不超过量化器输入范围的 $P\%$ 时，试计算均匀量化器的比特数。

4.10 PCM系统采用均匀量化器和7位二进制编码器的级联。系统的比特率等于 50×10^6 bit/s。

（1）系统可正常工作的最大消息带宽是多少；

（2）当输入频率1MHz的满幅正弦调制波时，计算此时的输出量化信噪比。

4.11 一个语音信号持续10s，以8kHz的速率对其进行抽样，然后进行编码。需要的量化信噪比为40dB。计算此数字化语音信号需要的最小存储容量。

4.12 考虑一个均匀量化器。假定量化器的输入 $x(t)$ 服从均值为0、方差为1的高斯分布。

（1）试确定输入信号幅值位于−4～+4之外的概率；

（2）由（1）的结果，证明量化器的输出信噪比等于下式

$$\text{SNR}_\text{q}=6R-7.2(\text{dB})$$

其中，R 为每样值的比特数。

4.13 某模拟信号抽样值的概率密度 $f(x)$ 如图P4.13所示，已知该信号的带宽为5kHz，使它通过一个PCM系统。若该PCM系统以奈奎斯特速率抽样，以32电平均匀量化后进行二进制编码，计算输出量化信噪比及传输速率。

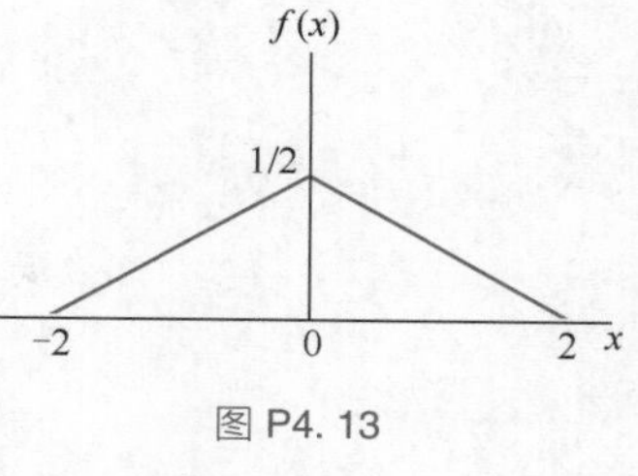

图P4.13

4.14 设计一个增量调制器，用于处理频带限制在3.4kHz内的语音信号。调制器参数如下：抽样速率 $=10f_{\text{Nyq}}$，其中 f_{Nyq} 是语音信号的奈奎斯特速率，步长 $\Delta=100$ mV。用1kHz的正弦信号测试此调制器。确定为避免斜率过载失真，此测试信号的最大幅值。

4.15 设 A 律十三折线PCM编码器的输入范围是[−16mV，+16mV]。（A 律13折线判决电平及段内最小间隔见表P4.15）

（1）若编码器输入为+4.32mV，求输出码字；

（2）若解码器输入的码字是11111111，求解码器输出的量化电平。

表 P4.15　A-律 13 折线判决电平及段内最小间隔

分段序号	判决电平	段内最小间隔	分段序号	判决电平	段内最小间隔
1	0	1/2048	5	1/16	1/256
2	1/128	1/2048	6	1/8	1/126
3	1/64	1/1024	7	1/4	1/64
4	1/32	1/512	8	1/2	1/32

4.16　考虑适用于带宽限制在 $W=5$kHz 内的模拟消息信号的 DM 系统。将幅度 $A=1$V、频率 $f_m=1$kHz 的正弦测试信号加在该系统上。系统的抽样速率等于 50kHz。

(1) 计算最小化斜率过载所需要的步长 Δ；

(2) 对于指定的正弦测试信号，计算在该步长限制下所能达到的最大量化信噪比。

4.17　试估计一张 650MB 的光盘可以存储多少分钟的标准 PCM 语音信号；多少分钟的 ADPCM (G.721) 语音信号。

4.18　试说明：

(1) 在 T1 系统复帧时间长度及每个信道的信令速率；

(2) 在 E1 系统复帧时间长度及每个信道的信令速率。

4.19　将 12 个不同的消息信号复用后传输，假设每路信号的带宽均为 10kHz。计算采用下列复用/调制方法所需要的最小传输带宽值：

(1) FDM、SSB；

(2) TDM、PAM。

第 5 章

基带脉冲传输

知识要点

- 匹配滤波器， 加性高斯白噪声下检测已知信号的最优接收机
- 信道噪声引起的误码率
- 符号间干扰
- 无符号间干扰基带数据传输的奈奎斯特准则
- 最小均方误差均衡器
- *M* 进制系统
- 眼图

5.1 引言

第 4 章介绍了模拟信号的数字化过程，然而，很多实际的信源本身就是数字信号(如数字计算机的输出信号)。数字信号可以通过基带信道和带通信道进行传输，本章将介绍数字信号通过基带信道的传输过程，带通信道的传输过程在第 7 章进行讲解。

基带传输系统的比特差错的来源之一是信道噪声。为了检测淹没在加性高斯白噪声中的确知脉冲信号，最优检测方法是使用一种线性时不变滤波器，其响应与确知脉冲信号相匹配，称为匹配滤波器。

数字信号通常都具有较宽的频谱，但是实际系统的带宽通常是受限的。另外，信道的频率响应通常又是不理想的，这就使得每个接收脉冲都会受到相邻脉冲的影响，称为符号间干扰(Inter-Symbol Interference，ISI)，如图 5.1 所示。符号间干扰是接收机产生比特差错的另一个来源。为了纠正它，就必须对整个系统的脉冲波形进行控制。

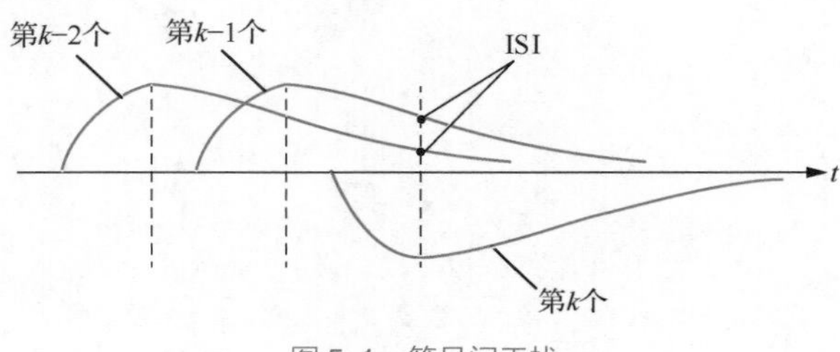

图 5.1　符号间干扰

本章首先介绍基于匹配滤波器的最佳接收机，并分析由噪声引起的误码率。接下来介绍符号间干扰的概念与纠正方法。由于噪声和符号间干扰通常是同时发生的，因此本章最后介绍同时克服这两种因素的最小均方误差均衡器。

5.2 基带脉冲调制

给定一个脉冲波形，怎样使用它来传输数字信号呢？答案是使用离散脉冲调制，即使脉冲的幅度、宽度及位置根据要传送的数字信号以离散形式变化。这也被称为数字脉冲调制。对于数字信号的基带传输，就功率和带宽利用率来说，数字脉冲振幅调制(Pulse Amplitude Modulation，PAM)是最有效的方法之一。本章将着重介绍数字 PAM 系统，如图 5.2 所示，首先介绍二进制数据的情况，随后介绍一般更常用的 M 进制数据的情况。

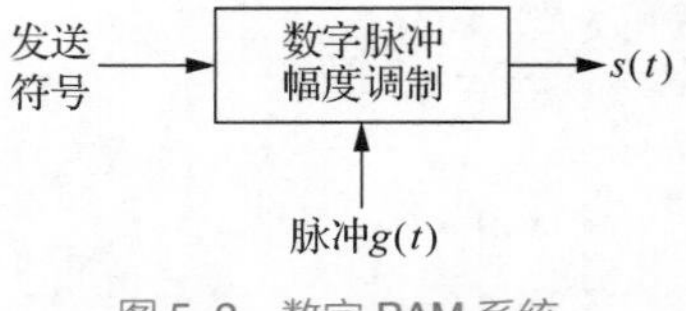

图 5.2　数字 PAM 系统

在二进制 PAM 系统中，如果发射符号 1，就产生一个幅度为 a_1 的脉冲；如果发射符号 0，就产生一个幅度为 a_0 的脉冲。因此，在信号间隔 $0 \leqslant t \leqslant T_b$ 内，二进制系统的发射信号可以写成式(5.1)

$$s(t)=\begin{cases}a_1g(t)，发送符号1\\a_0g(t)，发送符号0\end{cases}\tag{5.1}$$

其中 $g(t)$ 是脉冲信号。

选择不同的脉冲 $g(t)$ 与不同的幅度映射方式，就可以得到不同的数字 PAM 系统。图 5.3 为数据流 10010110 对应的几种典型的 PAM 信号波形。

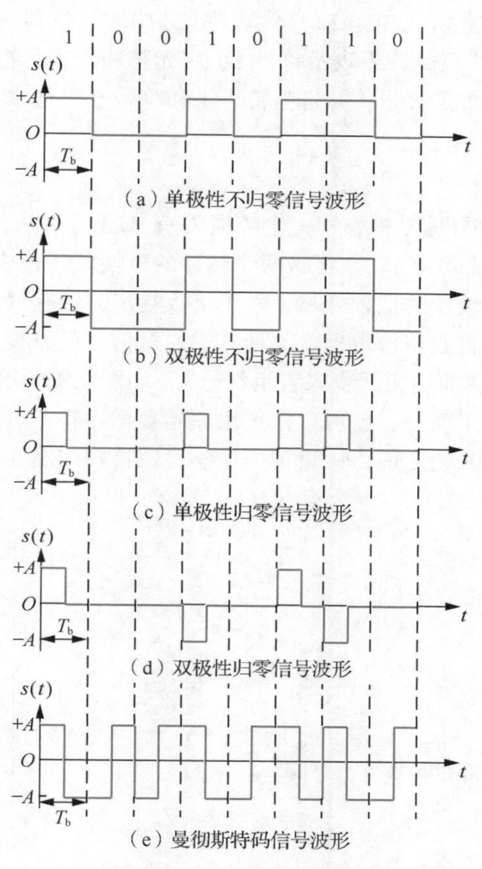

图 5.3　几种典型的 PAM 信号波形

对图 5.3 中的几种 PAM 信号波形介绍如下。

1. 单极性不归零信号

如图 5.3(a) 所示，在符号持续时间内，用幅值为 $+A$ 的脉冲表示符号 1，不发射脉冲表示符号 0。即脉冲 $g(t)$ 为幅值为 $+A$ 的方波，且 $a_1=+1$ 与 $a_0=0$。这种信号也称为通/断信号。由于这种信号需传送直流电平，并且发射信号的功率谱在零频处不为 0，因此这种信号的缺点是浪费功率。

2. 双极性不归零信号

如图 5.3(b) 所示，在符号持续时间内，用幅值为 $+A$ 和 $-A$ 的脉冲分别表示符号 1 和 0。即脉冲 $g(t)$ 为幅值为 A 的方波，且 $a_1=+1$ 与 $a_0=-1$。这种信号易于产生，其缺点是在零频附近，信号的功率谱值较大。

3. 单极性归零信号

如图 5.3(c)所示，在这种信号中，$g(t)$为占空比为 1/2、幅值为$+A$ 的矩形脉冲。发射脉冲表示符号 1，不发射脉冲表示符号 0。这种线路码的显著特点是，所传输信号的功率谱中，在$f=0$和$\pm 1/T_b$ 处出现了冲激函数，这可用于接收端定时的提取。

4. 双极性归零信号

如图 5.3(d)所示，在这种信号中，$g(t)$为占空比为 1/2、幅值为$+A$ 的矩形脉冲。交替使用幅值相同(如$+A$ 和$-A$)的正、负脉冲来表示符号 1，用无脉冲来表示符号 0。该信号的一个有用特性是传输信号的功率谱没有直流分量，并且当符号 1 和符号 0 等概率出现时，功率谱含有很少的低频分量。

5. 曼彻斯特码信号

如图 5.3(e)所示，在这种信号中，用一个幅值为$+A$ 的正脉冲后接一个幅值为$-A$ 的脉冲来表示符号 1，两个脉冲的占空比均为 1/2。将这两个脉冲的极性反转来表示符号 0。曼彻斯特码信号抑制了直流分量，并且含有较少的低频分量，便于接收端定时的提取。

还可以采用差分编码的方式传输数据。这种方式通过信号的跃变来表示信息。具体来说，可以用跃变来表示输入符号 0，而用无跃变来表示符号 1，如图 5.4 所示。可以看出，通过比较相邻符号的极性来确定是否发生了跃变，就可以恢复出原始数据，将差分编码信号反转并不会影响它的解码。注意，在编码过程开始之前，应设定一个参考比特。在图 5.4 中，参考比特为 1。

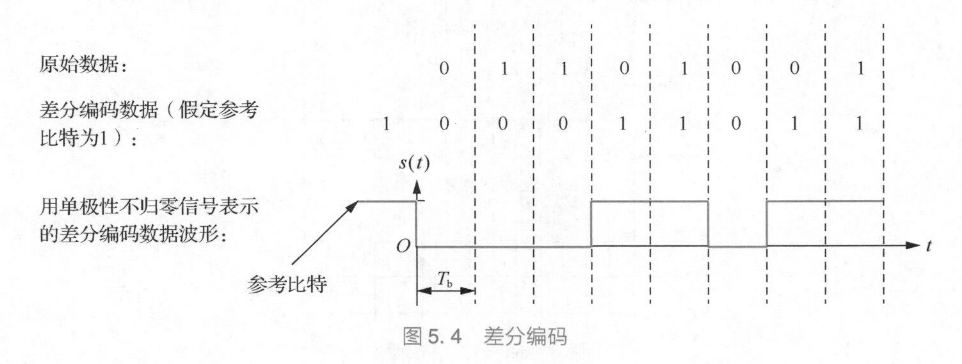

图 5.4　差分编码

5.3 基于匹配滤波器的最优接收机

本节首先介绍线性接收机的结构，其由接收滤波器、抽样和门限判决器 3 部分组成，然后推导接收滤波器的最佳形式为匹配滤波器，即该滤波器的时域脉冲响应要与发射脉冲的形状相匹配，最后总结输出峰值信噪比的理论表达式。

5.3.1 线性接收机

考虑一个二进制 PAM 系统，其中符号 1 和 0 分别由正、负脉冲表示。因此，发射信号可以写为

$$s(t)=\pm g(t),0\leqslant t\leqslant T_b \tag{5.2}$$

其中 $g(t)$ 是脉冲信号。信道噪声为功率谱密度为 $N_0/2$ 的加性高斯白噪声 $w(t)$，从而接收信号可以写为

$$r(t)=\pm g(t)+w(t),0\leqslant t\leqslant T_\mathrm{b} \tag{5.3}$$

假设接收机已知脉冲信号 $g(t)$ 的波形，接收机要在每个符号间隔内判决发射符号是 1 还是 0。

考虑图 5.5 中所示的线性接收机，它由接收滤波器、抽样和门限判决器组成。接收信号 $r(t)$ 通过一个接收滤波器 $c(t)$，滤波器输出 $y(t)$ 在 T_b 时刻抽样，抽样值 y 通过门限判决器进行判决。判决规则如下：将抽样值的幅度与门限值 λ 进行比较，如果大于门限值 λ，判决器就判为 1；如果小于门限值 λ，判决器就判为 0；如果等于门限值，就在 0 和 1 中随机选择。接收机的功能是在给定接收信号 $r(t)$ 的情况下，以最优的方式进行检测。因此需要设计最优的滤波器 $c(t)$，以便从统计角度上使噪声对滤波器输出的影响最小。

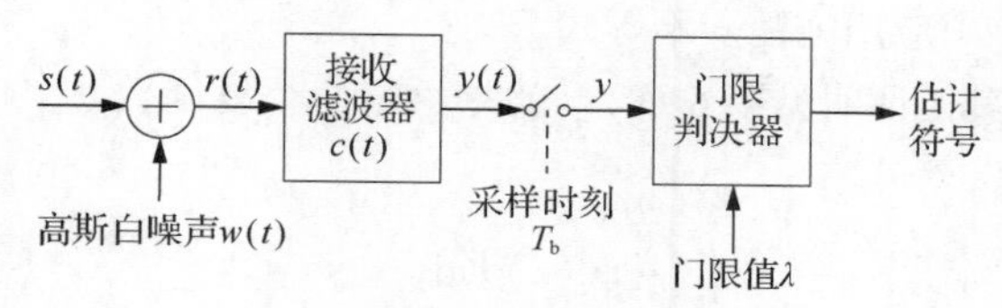

图 5.5　线性接收机

5.3.2　匹配滤波器

接下来推导接收滤波器 $c(t)$ 的最优结构。对于任意的接收滤波器 $c(t)$，可以将其输出信号 $y(t)$ 表示为

$$\begin{aligned} y(t) &= \int_{-\infty}^{\infty} r(\tau)c(t-\tau)\mathrm{d}\tau \\ &= \int_{-\infty}^{\infty} \pm g(\tau)c(t-\tau)\mathrm{d}\tau + \int_{-\infty}^{\infty} w(\tau)c(t-\tau)\mathrm{d}\tau \\ &= \pm g_\mathrm{o}(t) + n(t) \end{aligned} \tag{5.4}$$

其中 $g_\mathrm{o}(t)$ 和 $n(t)$ 分别由输入信号 $r(t)$ 中的脉冲 $g(t)$ 与噪声 $w(t)$ 产生。用 $G(f)$ 表示已知脉冲 $g(t)$ 的傅里叶变换，用 $C(f)$ 表示该滤波器的频率响应，那么输出信号 $g_\mathrm{o}(t)$ 就可以表示为

$$g_\mathrm{o}(t)=\int_{-\infty}^{\infty} G(f)C(f)\mathrm{e}^{\mathrm{j}2\pi ft}\mathrm{d}f \tag{5.5}$$

接下来考虑噪声。输出噪声 $n(t)$ 的功率谱密度 $S_N(f)$ 等于输入噪声 $w(t)$ 的功率谱密度乘平方幅度响应 $|C(f)|^2$。因为 $w(t)$ 是具有常数功率谱密度 $N_0/2$ 的白噪声，所以

$$S_N(f)=\frac{N_0}{2}|C(f)|^2 \tag{5.6}$$

对输出信号 $y(t)$ 在 T_b 时刻抽样。根据式(5.4)，抽样器的输出 y 可以写为

$$y=\pm g_\mathrm{o}(T_\mathrm{b})+n \tag{5.7}$$

其中 n 是噪声 $n(t)$ 在 T_b 时刻的抽样值。让信号分量 $g_\mathrm{o}(t)$ 明显强于噪声分量 $n(t)$ 的方法，就是选择合适的滤波器 $c(t)$，使信号 $g_\mathrm{o}(t)$ 在 $t=T_\mathrm{b}$ 时刻的瞬时功率值与噪声 n 的平均功率相比尽可能大。当在时刻 $t=T_\mathrm{b}$ 抽样时，有

$$|g_\mathrm{o}(T_\mathrm{b})|^2=\left|\int_{-\infty}^{\infty} G(f)C(f)\mathrm{e}^{\mathrm{j}2\pi fT_\mathrm{b}}\mathrm{d}f\right|^2 \tag{5.8}$$

另一方面，输出噪声 n 的平均功率为

$$\begin{aligned} E[n^2] &= \int_{-\infty}^{\infty} S_N(f)\,\mathrm{d}f \\ &= \frac{N_0}{2}\int_{-\infty}^{\infty} |C(f)|^2\mathrm{d}f \end{aligned} \tag{5.9}$$

则抽样时刻的峰值信噪比为

$$\eta = \frac{|g_o(T_b)|^2}{E[n^2]} = \frac{2}{N_0}\frac{\left|\int_{-\infty}^{\infty} G(f)C(f)\mathrm{e}^{\mathrm{j}2\pi fT_b}\mathrm{d}f\right|^2}{\int_{-\infty}^{\infty}|C(f)|^2\mathrm{d}f} \tag{5.10}$$

在给定 $G(f)$ 的情况下，如何寻找最优的滤波器频率响应 $C(f)$，使 η 取最大值？为了解决该优化问题，要在式(5.10)中应用施瓦茨不等式。

所谓施瓦茨不等式(具体证明见第6章)，就是给定两个复函数 $\phi_1(x)$ 和 $\phi_2(x)$，其中 x 为实变量且满足

$$\int_{-\infty}^{\infty} |\phi_1(x)|^2\mathrm{d}x < \infty$$

和

$$\int_{-\infty}^{\infty} |\phi_2(x)|^2\mathrm{d}x < \infty$$

那么，

$$\left|\int_{-\infty}^{\infty}\phi_1(x)\phi_2(x)\,\mathrm{d}x\right|^2 \leqslant \int_{-\infty}^{\infty}|\phi_1(x)|^2\mathrm{d}x\int_{-\infty}^{\infty}|\phi_2(x)|^2\mathrm{d}x \tag{5.11}$$

其中，式(5.11)等式成立的条件为

$$\phi_1(x) = k\phi_2^*(x) \tag{5.12}$$

其中 k 是任意常数，“ * ”代表复共轭。

回到当前的问题，应用施瓦茨不等式，即式(5.11)，并设 $\phi_1(x)$ 为 $C(f)$，$\phi_2(x)$ 为 $G(f)\exp(\mathrm{j}2\pi fT_b)$，则式(5.10)的分子可写为

$$\left|\int_{-\infty}^{\infty} G(f)C(f)\mathrm{e}^{\mathrm{j}2\pi fT_b}\mathrm{d}f\right|^2 \leqslant \int_{-\infty}^{\infty}|G(f)|^2\mathrm{d}f\int_{-\infty}^{\infty}|C(f)|^2\mathrm{d}f \tag{5.13}$$

式(5.10)中峰值信噪比可重新表示为

$$\eta \leqslant \frac{2}{N_0}\int_{-\infty}^{\infty}|G(f)|^2\mathrm{d}f \tag{5.14}$$

该式的右边并不依赖滤波器的频率响应 $C(f)$，只由信号能量与噪声功率谱密度决定。所以，当 $C(f)$ 取值使等号成立时，峰值信噪比 η 就会达到最大值，即

$$\eta_{\max} = \frac{2}{N_0}\int_{-\infty}^{\infty}|G(f)|^2\mathrm{d}f \tag{5.15}$$

相应地，设 $C(f)$ 的最优值为 $C_{\mathrm{opt}}(f)$。根据式(5.12)，可以得到

$$C_{\mathrm{opt}}(f) = kG^*(f)\mathrm{e}^{-\mathrm{j}2\pi fT_b} \tag{5.16}$$

其中，$G^*(f)$ 是脉冲信号 $g(t)$ 的傅里叶变换的复共轭。这个关系式表明，除了因子 $k\exp(-\mathrm{j}2\pi fT_b)$ 外，最优滤波器的频率响应等于脉冲信号傅里叶变换的复共轭。

式(5.16)给出了最优滤波器的频域表达式。为了在时域里描述其特性，对式(5.16)中的 $C_{\mathrm{opt}}(f)$ 进行傅里叶逆变换，得到最优滤波器的冲激响应为

$$c_{\text{opt}}(t)=k\int_{-\infty}^{\infty}[G^*(f)\mathrm{e}^{-\mathrm{j}2\pi fT_{\mathrm{b}}}]\mathrm{e}^{\mathrm{j}2\pi ft}\mathrm{d}f \tag{5.17}$$

由于对一个实信号 $g(t)$ 来说，有 $G^*(f)=G(-f)$，因此，可以重写式(5.17)为

$$\begin{aligned}c_{\text{opt}}(t)&=k\int_{-\infty}^{\infty}G(-f)\mathrm{e}^{-\mathrm{j}2\pi f(T_{\mathrm{b}}-t)}\mathrm{d}f\\&=k\int_{-\infty}^{\infty}G(f)\mathrm{e}^{\mathrm{j}2\pi f(T_{\mathrm{b}}-t)}\mathrm{d}f\\&=kg(T_{\mathrm{b}}-t)\end{aligned} \tag{5.18}$$

式(5.18)说明最优滤波器的脉冲响应是输入信号 $g(t)$ 的时间反转和延迟，也就是说，它与输入信号相“匹配”。用这种方式来定义的线性时不变滤波器被称为匹配滤波器。

根据帕塞瓦尔能量守恒定理，一个脉冲信号的平方幅谱关于频率的积分等于该脉冲信号的能量，即

$$\int_{-\infty}^{\infty}|G(f)|^2\mathrm{d}f=\int_{0}^{T_{\mathrm{b}}}g^2(t)\,\mathrm{d}t \tag{5.19}$$

由于每符号发射能量 E_{b} 为

$$\begin{aligned}E_{\mathrm{b}}&=\int_{0}^{T_{\mathrm{b}}}[g^2(t)]^2\mathrm{d}t\\&=\int_{-\infty}^{\infty}|G(f)|^2\mathrm{d}f\end{aligned} \tag{5.20}$$

代入式(5.15)中，可以得到

$$\eta_{\max}=\frac{2E_{\mathrm{b}}}{N_0} \tag{5.21}$$

从式(5.21)可以看到，对输入信号 $g(t)$ 波形的依赖性已完全被匹配滤波器去除了。相应地，在评价匹配滤波器对抗加性白噪声的能力时，可以发现具有同样能量的信号都是等效的。注意，信号能量 E_{b} 的单位是 J，噪声功率谱密度 $N_0/2$ 的单位是 W/Hz，虽然这两个量具有不同的物理意义，但是比值 $2E_{\mathrm{b}}/N_0$ 是无量纲的。

此时，抽样器的输出 y 可以写为

$$\begin{aligned}y&=\pm g_{\mathrm{o}}(T_{\mathrm{b}})+n=\pm\int_{-\infty}^{\infty}G(f)C_{\text{opt}}(f)\mathrm{e}^{\mathrm{j}2\pi fT_{\mathrm{b}}}\mathrm{d}f+n\\&=\pm k\int_{-\infty}^{\infty}G(f)G^*(f)\mathrm{d}f+n\\&=\pm k\int_{-\infty}^{\infty}|G(f)|^2\mathrm{d}f+n\\&=\pm kE_{\mathrm{b}}+n\end{aligned} \tag{5.22}$$

其中 $E[n^2]=k^2E_{\mathrm{b}}N_0/2$。

例 5.1　**假设发射脉冲为一个幅值为 A、持续时间为 T 的矩形脉冲信号 $g(t)$，如图 5.6(a)所示。请画出匹配滤波器的时域脉冲响应与输出波形，并计算输出信号的最大值。**

解　除系数 k 之外，匹配滤波器的脉冲响应 $c(t)$ 将具有与输入信号完全一样的波形。该匹配滤波器对输入信号 $g(t)$ 响应的输出信号 $g_{\mathrm{o}}(t)$，将具有三角形波形，如图 5.6(b)所示。输出信号

$g_o(t)$ 的最大值等于 A^2T_b，即输入信号 $g(t)$ 的能量，所以最佳抽样时刻为 $t=T_b$。

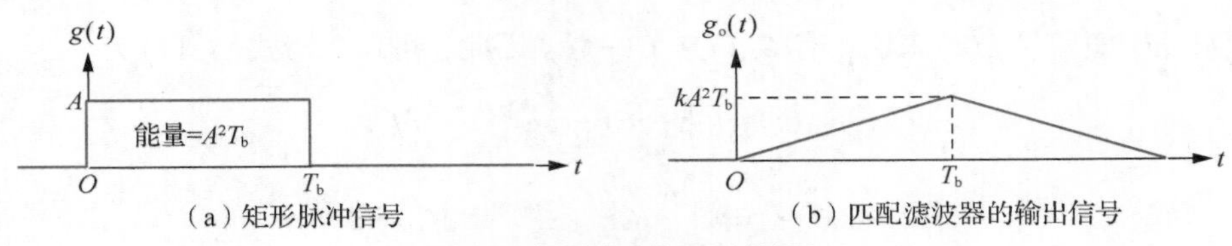

（a）矩形脉冲信号　　（b）匹配滤波器的输出信号

图 5.6　矩形脉冲的匹配滤波器

【本例终】

5.4 噪声引起的误码率

只要设备处于工作状态中，就会存在信道噪声。信道噪声的主要影响是在接收信号中引入了符号差错，即将符号 1 误认为 0，或者将符号 0 误认为 1。一般采用平均符号差错概率来衡量信息传输的可靠性。

在本节中，采用图 5.7 所示的基于匹配滤波器的接收机，推导该系统中由噪声引起的误码率计算公式。设 y 为在信号间隔结束时得到的抽样值。在判决设备里，y 要与预设的门限值 λ 进行比较。如果大于门限值，则判决输出信号为 1，否则判决为 0。当 y 与门限值 λ 相等时，进行随机选择即可。

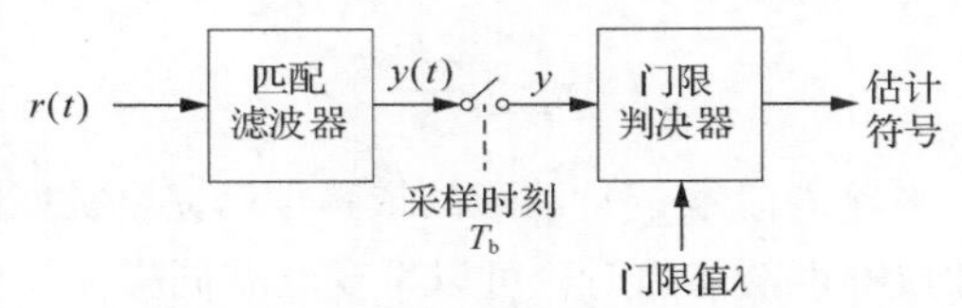

图 5.7　基于匹配滤波器的接收机

对于二进制通信系统，有两种类型的差错。

(1)实际发射 0 而判决为 1，把这种差错称为第一类差错。

(2)实际发射 1 而判决为 0，把这种错误称为第二类差错。

为了计算平均差错概率，分别考虑这两种类型的差错如下。

第一类差错，假设发射符号 0。为方便表示，在式(5.16)中令匹配滤波器的常数 $k=\dfrac{1}{\sqrt{E_b}}$，则匹配滤波器在抽样时刻 $t=T_b$ 的输出为

$$y=-\sqrt{E_b}+n \tag{5.23}$$

其中，$E(n^2)=\dfrac{N_0}{2}$。

该输出代表了随机变量 Y 的抽样值。随机变量 Y 服从均值为 $-\sqrt{E_b}$、方差为 $N_0/2$ 的高斯分布。因此，图 5.8(a)所示的随机变量 Y 的条件概率密度函数为

$$f_Y(y\mid 0)=\frac{1}{\sqrt{\pi N_0}}\mathrm{e}^{-\frac{(y+\sqrt{E_b})^2}{N_0}} \tag{5.24}$$

设 p_{10} 表示发射符号为 0 时的条件差错概率。根据判决准则，该概率值等于图 5.8(a)中从门限值 λ 到正无穷大的曲线 $f_Y(y\mid 0)$ 下方的阴影区域的面积，即

$$
\begin{aligned}
p_{10} &= P(y>\lambda \mid \text{发送符号 } 0) \\
&= \int_{\lambda}^{\infty} f_Y(y\mid 0)\,\mathrm{d}y \\
&= \frac{1}{\sqrt{\pi N_0}}\int_{\lambda}^{\infty} \mathrm{e}^{-\frac{(y+\sqrt{E_b})^2}{N_0}}\,\mathrm{d}y
\end{aligned}
\tag{5.25}
$$

在讨论到这一点时，介绍一下互补误差函数的定义

$$
\operatorname{erfc}(u) = \frac{2}{\sqrt{\pi}}\int_{u}^{\infty} \mathrm{e}^{-z^2}\,\mathrm{d}z \tag{5.26}
$$

如式(5.26)所示，互补误差函数与高斯分布紧密相关。对于比较大的正数 u 来说，互补误差函数的上界为

$$
\operatorname{erfc}(u) < \frac{1}{\sqrt{\pi}\,u}\mathrm{e}^{-u^2} \tag{5.27}
$$

为了用互补误差函数来表示条件差错概率 p_{10}，定义

$$
z = \frac{y+\sqrt{E_b}}{\sqrt{N_0}} \tag{5.28}
$$

因此，可以重新将式(5.25)写为

$$
\begin{aligned}
p_{10} &= \frac{1}{\sqrt{\pi}}\int_{(\sqrt{E_b}+\lambda)/\sqrt{N_0}}^{\infty} \mathrm{e}^{-z^2}\,\mathrm{d}z \\
&= \frac{1}{2}\operatorname{erfc}\left(\frac{\sqrt{E_b}+\lambda}{\sqrt{N_0}}\right)
\end{aligned}
\tag{5.29}
$$

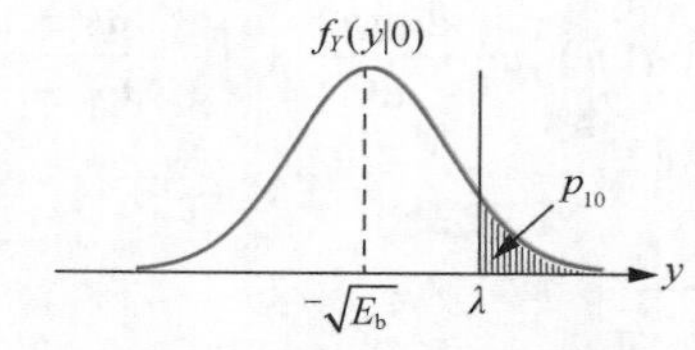

(a) 发射符号为0时，匹配滤波器输出的随机变量Y的概率密度函数

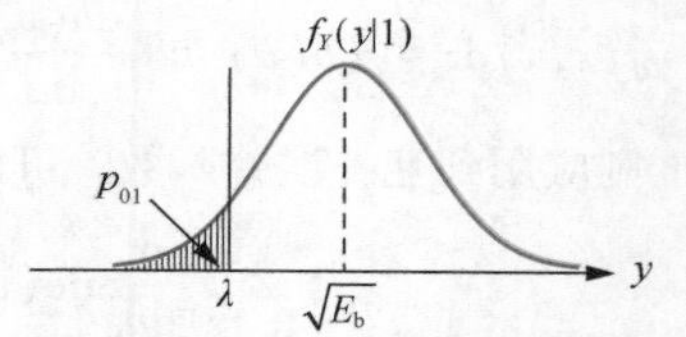

(b) 发射符号为1时，匹配滤波器输出的随机变量Y的概率密度函数

图 5.8 二进制 PAM 系统噪声分析

第二类差错，假设发射符号为 1。此时，匹配器输出值 y 所代表的高斯随机变量 Y 服从均值为 $\sqrt{E_b}$、方差为 $N_0/2$ 的高斯分布。注意，与发射符号 0 时的情况相比，随机变量 Y 的均值变化了，但其方差没有变化。因而，在发射符号 1 时，图 5.8(b)中 Y 的条件概率密度函数为

$$
f_Y(y\mid 1) = \frac{1}{\sqrt{\pi N_0}}\mathrm{e}^{-\frac{(y-\sqrt{E_b})^2}{N_0}} \tag{5.30}
$$

设 p_{01} 表示已知发射符号为 1 时的条件差错概率。根据判决准则，该概率值等于图中从负无穷到门限值 λ 的曲线 $f_Y(y\mid 1)$ 下的阴影区域的面积，即

$$
\begin{aligned}
p_{01} &= P(y < \lambda \mid \text{发送符号 } 1) \\
&= \int_{-\infty}^{\lambda} f_Y(y \mid 1)\,\mathrm{d}y \\
&= \frac{1}{\sqrt{\pi N_0}} \int_{-\infty}^{\lambda} \mathrm{e}^{-\frac{(y-\sqrt{E_\mathrm{b}})^2}{N_0}}\,\mathrm{d}y
\end{aligned} \tag{5.31}
$$

为了用互补误差函数来表示 p_{01}，定义

$$
z = \frac{\sqrt{E_\mathrm{b}} - y}{\sqrt{N_0}} \tag{5.32}
$$

因此，可以将式(5.31)写为

$$
\begin{aligned}
p_{01} &= \frac{1}{\sqrt{\pi}} \int_{(\sqrt{E_\mathrm{b}}-\lambda)/\sqrt{N_0}}^{\infty} \mathrm{e}^{-z^2}\,\mathrm{d}z \\
&= \frac{1}{2}\operatorname{erfc}\left(\frac{\sqrt{E_\mathrm{b}} - \lambda}{\sqrt{N_0}}\right)
\end{aligned} \tag{5.33}
$$

确定了误码率 p_{10} 和 p_{01} 后，接下来推导平均差错概率 P_e 的计算公式。设 p_0、p_1 分别代表发射符号 0 和 1 的先验概率，那么

$$
\begin{aligned}
P_\mathrm{e} &= p_0 p_{10} + p_1 p_{01} \\
&= \frac{p_0}{2}\operatorname{erfc}\left(\frac{\sqrt{E_\mathrm{b}} + \lambda}{\sqrt{N_0}}\right) + \frac{p_1}{2}\operatorname{erfc}\left(\frac{\sqrt{E_\mathrm{b}} - \lambda}{\sqrt{N_0}}\right)
\end{aligned} \tag{5.34}
$$

从式(5.34)可以看到，P_e 是门限值 λ 的函数。这意味着需要求出最优门限值，使得 P_e 最小。使用莱布尼茨准则，并考虑积分

$$
\int_{a(u)}^{b(u)} f(z,u)\,\mathrm{d}z \tag{5.35}
$$

莱布尼茨准则表明，这个积分函数对 u 的导数为

$$
\frac{\mathrm{d}}{\mathrm{d}u}\int_{a(u)}^{b(u)} f(z,u)\,\mathrm{d}z = f(b(u),u)\,\frac{\mathrm{d}b(u)}{\mathrm{d}u} - f(a(u),u)\,\frac{\mathrm{d}a(u)}{\mathrm{d}u} + \int_{a(u)}^{b(u)} \frac{\partial f(z,u)}{\partial u}\,\mathrm{d}z \tag{5.36}
$$

将莱布尼茨准则应用到互补误差函数，可以得到

$$
\frac{\mathrm{d}}{\mathrm{d}u}\operatorname{erfc}(u) = -\frac{1}{\sqrt{\pi}}\mathrm{e}^{-u^2} \tag{5.37}
$$

应用式(5.37)，将式(5.34)对 λ 求导，然后令结果为 0 并化简，可以得到最优门限为

$$
\lambda_\mathrm{opt} = \frac{N_0}{4\sqrt{E_\mathrm{b}}}\ln\left(\frac{p_0}{p_1}\right) \tag{5.38}
$$

对于发射符号 1 和 0 等概率的情形，即

$$
p_0 = p_1 = \frac{1}{2} \tag{5.39}
$$

则式(5.38)简化为

$$
\lambda_\mathrm{opt} = 0 \tag{5.40}
$$

这个结果说明，对于符号 0 和 1 等概率的情形，应当选择零点作为门限值。注意在这个特例中还有

$$
p_{10} = p_{01} \tag{5.41}
$$

条件差错概率 p_{10} 和 p_{01} 相等的信道称为二进制对称信道。因此，式(5.34)中的误码率简化为

$$P_e = \frac{1}{2}\text{erfc}\left(\sqrt{\frac{E_b}{N_0}}\right) \tag{5.42}$$

这说明一个二进制对称信道中的误码率仅取决于每符号发射信号的能量与噪声功率谱密度之比 E_b/N_0。

根据式(5.27)中的互补误差函数的上界，可以给出 PCM 接收机误码率的上界为

$$P_e < \frac{1}{2\sqrt{\pi E_b/N_0}} e^{-E_b/N_0} \tag{5.43}$$

这表明，图 5.5 中接收机的误码率会随着 E_b/N_0 的增加而呈指数级下降。

这个重要结论在图 5.9 中进一步说明，其描绘了误码率 P_e 随无量纲比值 E_b/N_0 的变化。其中，横轴的单位为 dB，纵轴采用的是对数坐标。可以看到，当比值 E_b/N_0 增加时，P_e 会迅速下降。所以，发射信号能量的“非常小的增加”将使接收几乎没有差错。例如，当 E_b/N_0 等于 12 dB 时，误码率大约为 10^{-8}。这也就意味着，当比特传输速率为 10^5 bit/s 时，发生一个符号错误的时间间隔大约为 20 分钟。

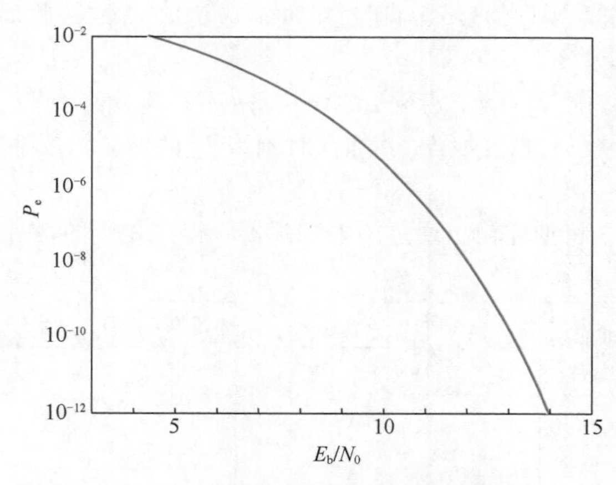

图 5.9　二进制 PAM 系统的差错概率

5.5 符号间干扰

在数字脉冲传输系统中，另一符号差错的来源就是符号间干扰，也称为码间干扰。当通信信道不理想时，就会出现符号间干扰。

考虑一个 PAM 系统，如图 5.10 所示。输入符号序列$\{b_k\}$由符号 1 和 0 组成。脉冲幅度调制器将这组符号序列转换为一组新的幅度序列$\{a_k\}$，其映射规则为

$$a_k = \begin{cases} +1, & b_k = 0 \\ -1, & b_k = 1 \end{cases} \tag{5.44}$$

然后，将这样生成的幅度序列送入一个脉冲响应为 $g(t)$ 的发射滤波器中，得到发射信号

$$s(t) = \sum_k a_k g(t - kT_b) \tag{5.45}$$

其中 T_b 为脉冲 $g(t)$ 的持续时间。由于每个脉冲都有一个符号被传输，因此该系统的传输速率可以计算为

$$R_b = \frac{1}{T_b} \tag{5.46}$$

单位为 bit/s。

接下来考虑信号 $s(t)$ 通过一个带宽受限的信道传输。所谓带宽受限信道，就是指该信道的带宽是有限的。例如，电话线信道允许通过的最高频率大约为 3100 Hz，是一种典型的带宽受限信道。信号 $s(t)$ 通过带宽受限信道传输后，波形将发生畸变。假设带宽受限信道模型化为一个线性滤波器 $h(t)$，那么信号 $s(t)$ 经过信道传输后，输出信号是 $s(t)$ 与 $h(t)$ 的卷积

$$r_o(t) = \int_{-\infty}^{\infty} h(\tau)s(t-\tau)\,\mathrm{d}\tau = s(t) * h(t) \tag{5.47}$$

另外，在信道的输出端还有 AWGN。这样，通过带宽受限信道到达接收端的接收信号可以表示为

$$r(t) = s(t) * h(t) + w(t) \tag{5.48}$$

其中 $w(t)$ 代表加性高斯白噪声。

如图 5.10 所示，首先将接收信号 $r(t)$ 通过脉冲响应为 $c(t)$ 的接收滤波器，相应的输出信号 $y(t)$ 为

$$y(t) = s(t) * h(t) * c(t) + w(t) * c(t) \tag{5.49}$$

然后，对滤波器输出 $y(t)$ 进行抽样，其抽样时刻为 T_b 的整数倍。抽样输出 y_i 可以表示为

$$y_i = y(t)\big|_{t=iT_b} \tag{5.50}$$

其中 i 为整数。最后，将抽样输出通过门限判决器，得到相应的估计符号。

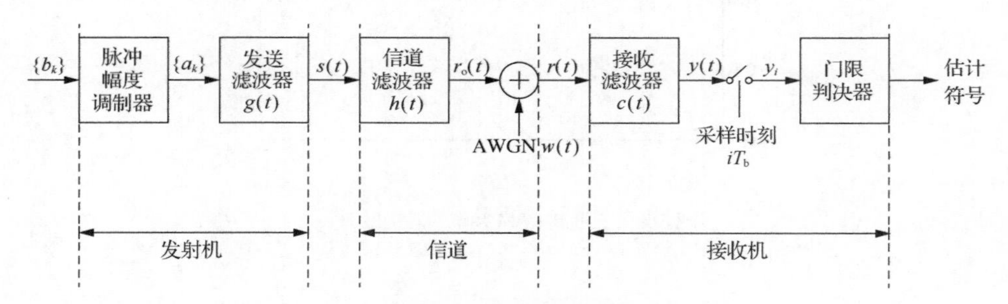

图 5.10 二进制 PAM 系统

在该通信系统中会产生符号间干扰，分析如下。为表达方便，记脉冲 $p(t)$ 为发射滤波器脉冲响应 $g(t)$、信道滤波器脉冲响应 $h(t)$、接收滤波器脉冲响应 $c(t)$ 三者的级联，即

$$p(t) = g(t) * h(t) * c(t) \tag{5.51}$$

时域中的卷积对应于频域中的乘法，可以用傅里叶变换将式(5.51)转变为等价形式

$$P(f) = G(f)H(f)C(f) \tag{5.52}$$

其中 $P(f)$、$G(f)$、$H(f)$ 和 $C(f)$ 分别为 $p(t)$、$g(t)$、$h(t)$ 和 $c(t)$ 的傅里叶变换。另外，记 $n(t)$ 是由信道噪声 $w(t)$ 所带来的处于接收滤波器输出端的噪声，即

$$n(t) = w(t) * c(t) \tag{5.53}$$

这样，接收滤波器的输出信号可以表达为

$$y(t) = \sum_k a_k p(t - kT_b) + n(t) \tag{5.54}$$

将式(5.54)代入式(5.50)中，得到抽样输出 y_i 的表达式为

$$\begin{aligned} y_i &= \sum_k a_k p(iT_b - kT_b) + n(iT_b) \\ &= \sum_k a_k p((i-k)T_b) + n(iT_b) \end{aligned} \tag{5.55}$$

为表达方便，记脉冲 $p(t)$ 在 iT_b 时刻的取值为 p_i，即

$$p(iT_b) = p_i \tag{5.56}$$

则式(5.55)可以简写为

$$y_i = p_0 a_i + \underbrace{\sum_{k\neq i} p_{i-k} a_k}_{\text{码间干扰}} + n_i \tag{5.57}$$

其中第一项代表了第 i 个传输符号的贡献，这是要判决的信号；第二项代表了接收第 i 个传输符号时所有其他传输符号的干扰影响，这种由第 i 个传输符号的前后符号产生的干扰就称为符号间干扰；最后一项 n_i 代表了时刻 iT_b 的噪声抽样。

若不考虑符号间干扰和噪声的影响，就可从式(5.57)中得到

$$y_i = p_0 a_i \propto a_i \tag{5.58}$$

这说明在理想情况下，第 i 个传输符号得到了正确接收。然而，系统中不可避免的符号间干扰和噪声在接收机输出端引入了误差。因而，在设计发射和接收滤波器时，要使噪声和符号间干扰的影响最小化，以达到降低误码率的目的。下面先研究符号间干扰对信号的影响。

5.6 奈奎斯特准则

观察式(5.57)可以看出，在干扰项 $p_{i-k}a_k$ 中，如果系数 p_{i-k} 为0，就可以“完美”地避开符号间干扰。这就要求整个脉冲 $p(t)$ 满足下列条件

$$p_n = \begin{cases} 1, & n=0 \\ 0, & n\neq 0 \end{cases} \tag{5.59}$$

即脉冲 $p(t)$ 在零时刻的抽样值等于1，而在所有 T_b 非零整数倍时刻的抽样值等于0。这就是奈奎斯特准则的时域表示。如果 $p(t)$ 满足式(5.59)的条件，那么式(5.57)中的接收机输出 y_i 为

$$y_i = a_i \tag{5.60}$$

这意味着没有发生符号间干扰。

将式(5.59)的条件映射到频域是很有意义的。考虑脉冲 $p(t)$ 的抽样序列 $\{p_n\}$，其中 $n=0, \pm1, \pm2, \cdots$。时域上的抽样会产生频域上的周期信号。令 $p_\delta(t)$ 表示用 $\{p_n\}$ 对间隔为 T_b 的周期 δ 函数序列加权所得信号

$$p_\delta(t) = \sum_{m=-\infty}^{\infty} p_m \delta(t - mT_b) \tag{5.61}$$

由有关抽样过程的讨论可知，时域抽样信号会产生频域上的周期信号

$$P_\delta(f) = R_b \sum_{n=-\infty}^{\infty} P(f - nR_b) \tag{5.62}$$

令 $P_\delta(f)$ 表示 $p_\delta(t)$ 的傅里叶变换

$$P_\delta(f) = \int_{-\infty}^{\infty} p_\delta(t) \mathrm{e}^{-\mathrm{j}2\pi ft} \mathrm{d}t \tag{5.63}$$

对比式(5.61)~式(5.63)，可以得到

$$R_b \sum_{n=-\infty}^{\infty} P(f-nR_b) = \int_{-\infty}^{\infty} \sum_{m=-\infty}^{\infty} p_m \delta(t-mT_b) e^{-j2\pi ft} dt \tag{5.64}$$

将式(5.59)的条件应用到式(5.64)符号右侧的积分表达式中，同时考虑到式(5.46)，有以下结果

$$\sum_{n=-\infty}^{\infty} P(f-nR_b) = T_b \int_{-\infty}^{\infty} p_0 \delta(t) e^{-j2\pi ft} dt = T_b p_0 \tag{5.65}$$

再考虑到冲激函数的特性，可以得到

$$\sum_{n=-\infty}^{\infty} P(f-nR_b) = T_b p_0 \tag{5.66}$$

因为式(5.59)意味着 $p_0=1$，所以从式(5.66)可以得到：当式(5.67)成立时，没有符号间干扰存在。

$$\sum_{n=-\infty}^{\infty} P(f-nR_b) = T_b \tag{5.67}$$

现在可以阐述奈奎斯特准则的频域表示：如果频率函数 $P(f)$ 满足式(5.67)，就能消除以时间间隔 T_b 抽样的符号间干扰。注意，$P(f)$ 指的是整个系统，涵盖了对应于式(5.52)的发射滤波器、信道滤波器和接收滤波器。

要寻找满足式(5.67)的 $P(f)$，其中 $P(f)$ 是带宽受限的频率函数。如果信道带宽为 B，则 $P(f)$ 的带宽也不会超过 B。在图 5.11 中给出了奈奎斯特准则的频域表示，其中由图 5.11(a)可知，如果带宽 B 小于 $R_b/2$，整个频率范围内有无法填充的零区。因此当 $B<R_b/2$ 时，满足式(5.67)的 $P(f)$ 是不存在的。只有当 $B=R_b/2$ 或 $B>R_b/2$ 时，才有可能找到满足式(5.67)的 $P(f)$（见图 5.11(b)和图 5.11(c)）。

所以，给定传输速率 R_b，在采用如图 5.10 所示接收机的情况下，信道带宽不可能小于传输速率的一半，即

$$B \geqslant \frac{R_b}{2} \tag{5.68}$$

为此，将传输速率的一半定义为奈奎斯特带宽 W_{Nyq}，其代表了为实现传输速率 R_b 所需的最小带宽，即

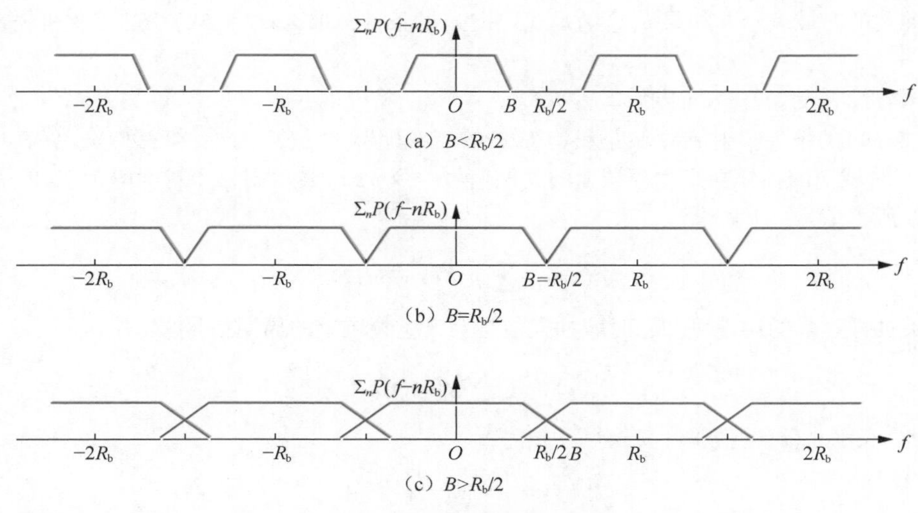

图 5.11 奈奎斯特准则的频域表示

$$W_{\mathrm{Nyq}}=\frac{R_{\mathrm{b}}}{2} \tag{5.69}$$

反之，给定信道带宽 B，在采用如图5.10所示接收机的情况下，传输速率不可能高于信道带宽的两倍，即

$$R_{\mathrm{b}}\leqslant 2B \tag{5.70}$$

为此，将信道带宽的两倍定义为奈奎斯特速率 R_{Nyq}，其代表了信道带宽 B 所能支持的最大传输速率，即

$$R_{\mathrm{Nyq}}=2B \tag{5.71}$$

5.6.1　理想奈奎斯特信道

根据图5.11(b)，当 $B=R_{\mathrm{b}}/2$ 时，令式(5.67)成立的最简单的条件是频率函数 $P(f)$ 为矩形函数的形式，即

$$P(f)=\begin{cases}T_{\mathrm{b}}, & |f|\leqslant\dfrac{R_{\mathrm{b}}}{2}\\ 0, & |f|>\dfrac{R_{\mathrm{b}}}{2}\end{cases} \tag{5.72}$$
$$=T_{\mathrm{b}}\operatorname{rect}\left(\frac{f}{R_{\mathrm{b}}}\right)$$

其中 $\operatorname{rect}\left(\frac{f}{R_{\mathrm{b}}}\right)$ 代表以 $f=0$ 为中心、宽度为 R_{b} 的单位幅度的频域矩形函数。相应地，无符号间干扰的时域信号波形可以由sinc函数定义

$$p(t)=\frac{\sin(\pi R_{\mathrm{b}}t)}{\pi R_{\mathrm{b}}t}=\operatorname{sinc}(R_{\mathrm{b}}t) \tag{5.73}$$

其中 $\operatorname{sinc}(x)=\frac{\sin(\pi x)}{\pi x}$。

给定传输速率 R_{b}，由式(5.72)或式(5.73)描述的传输系统的带宽等于 $R_{\mathrm{b}}/2$。根据式(5.69)中的定义，该带宽达到了允许带宽的下限。因此，把式(5.72)或式(5.73)描述的传输系统称为理想奈奎斯特信道，其使用的带宽等于奈奎斯特带宽，即

$$B_{\mathrm{ideal}}=W_{\mathrm{Nyq}} \tag{5.74}$$

图5.12(a)和图5.12(b)分别描绘了 $P(f)$ 和 $p(t)$ 的图形。在图5.12(a)中，频率函数 $P(f)$ 的带宽等于奈奎斯特带宽。在图5.12(b)中，展示了信号间隔以及相应的以抽样时刻为中心的脉冲波形。脉冲 $p(t)$ 在原点有峰值1，且在符号持续时间 T_{b} 的非零整数倍时通过零点。很明显，如果接收信号 $y(t)$ 在 T_{b} 的整数倍时刻上抽样，则脉冲序列 $\{p(t-kT_{\mathrm{b}})\}$ 在这些抽样点上彼此无干扰。在图5.13中以二进制序列1010011为例描绘了其对应的脉冲序列。

采用理想奈奎斯特信道，以最小可能带宽实现无符号间干扰，从而达到了节约带宽的目的。但以下的两个实际困难使得理想奈奎斯特信道成为不可实现的。

(1)它要求 $P(f)$ 的幅度特性从 $-W_{\mathrm{Nyq}}$ 到 W_{Nyq} 是平坦的，其他地方为0。但因为要在边界频率 W_{Nyq} 上存在突变，所以这在物理上是不可实现的。

(2)当 $|t|$ 较大时，脉冲 $p(t)$ 按 $\frac{1}{|t|}$ 减少，衰减速率缓慢。这是由于 $P(f)$ 在 $\pm W_{\mathrm{Nyq}}$ 上的不连续

性所造成的。因此，如果接收机的抽样时刻有定时误差，就会产生较大的残留符号间干扰。

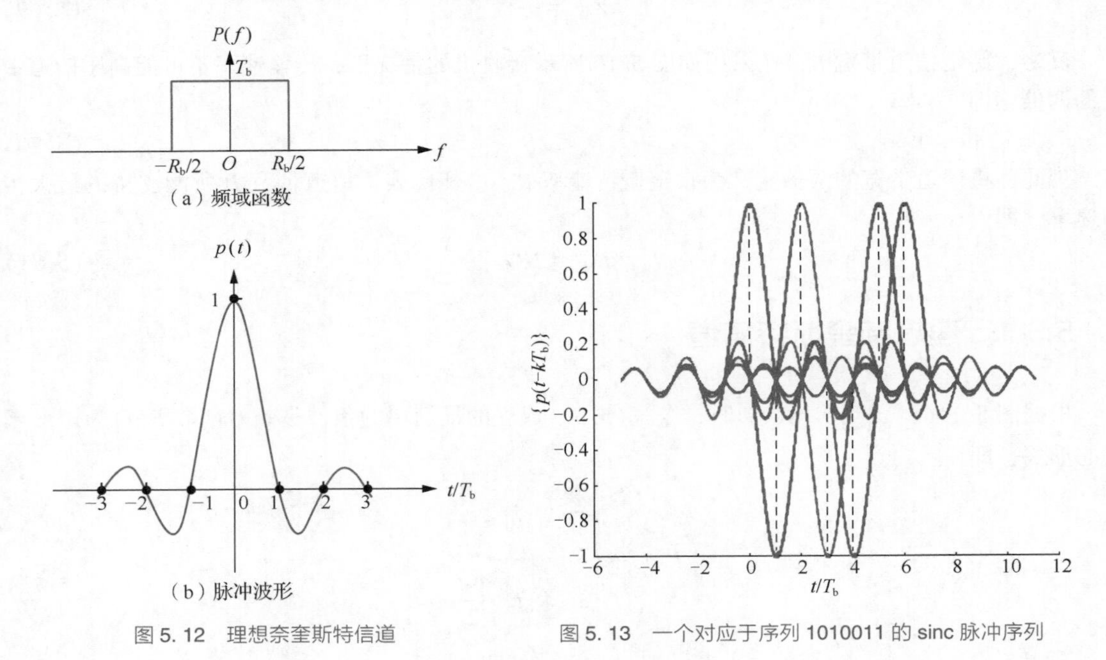

图 5.12 理想奈奎斯特信道

图 5.13 一个对应于序列 1010011 的 sinc 脉冲序列

5.6.2 升余弦频谱

根据图 5.11(c)，当 $B>R_b/2$ 时，满足式(5.67)的滤波器有很多。一类常用的滤波器是升余弦(Raised Cosine，RC)滤波器。在图 5.14 中给出了升余弦滤波器的一般形状。从图 5.14 中可以看出，升余弦滤波器的带宽 B_{RC} 超过理想奈奎斯特带宽 $W_{Nyq}=R_b/2$，且介于 W_{Nyq} 和 $2W_{Nyq}$ 之间。

令频率参数 f_1 表示 B_{RC} 与 $2W_{Nyq}$ 的差距，如图 5.14 所示，即

$$f_1=2W_{Nyq}-B_{RC} \tag{5.75}$$

由于 B_{RC} 介于 W_{Nyq} 和 $2W_{Nyq}$ 之间，因此 f_1 应该介于 0 和 W_{Nyq} 之间。为此，将 f_1 对 W_{Nyq} 进行归一化后，定义介于 0 与 1 之间的系数 α，即

$$\alpha=1-\frac{f_1}{W_{Nyq}} \tag{5.76}$$

参数 α 称为滚降因子，表示 B_{RC} 超出 W_{Nyq} 的归一化额外带宽。这样，传输带宽 B_{RC} 为

$$B_{RC}=2W_{Nyq}-f_1=W_{Nyq}(1+\alpha) \tag{5.77}$$

图 5.14 升余弦滤波器

则升余弦频率响应由一个平坦部分和一个有正弦形式的滚降部分组成，即

$$P(f)=\begin{cases}T_{\mathrm{b}}, & |f|<\frac{1-\alpha}{2}R_{\mathrm{b}}\\ \frac{T_{\mathrm{b}}}{2}\left\{1-\sin\left[\frac{\pi}{\alpha R_{\mathrm{b}}}\left(|f|-\frac{R_{\mathrm{b}}}{2}\right)\right]\right\}, & \frac{1-\alpha}{2}R_{\mathrm{b}}\leqslant|f|<\frac{1+\alpha}{2}R_{\mathrm{b}}\\ 0, & |f|\geqslant\frac{1+\alpha}{2}R_{\mathrm{b}}\end{cases} \tag{5.78}$$

对于 α 的 3 个值，即 0、0.5 和 1，相应的频率响应 $P(f)$ 绘于图 5.15(a)。当 $\alpha=0.5$ 或 1 时，滤波器 $P(f)$ 和理想奈奎斯特信道($\alpha=0$)相比较而言是边界光滑的，因而更易于实现。滤波器 $P(f)$ 也关于奈奎斯特带宽 W_{Nyq} 呈奇对称，使其能够满足式(5.67)的条件。

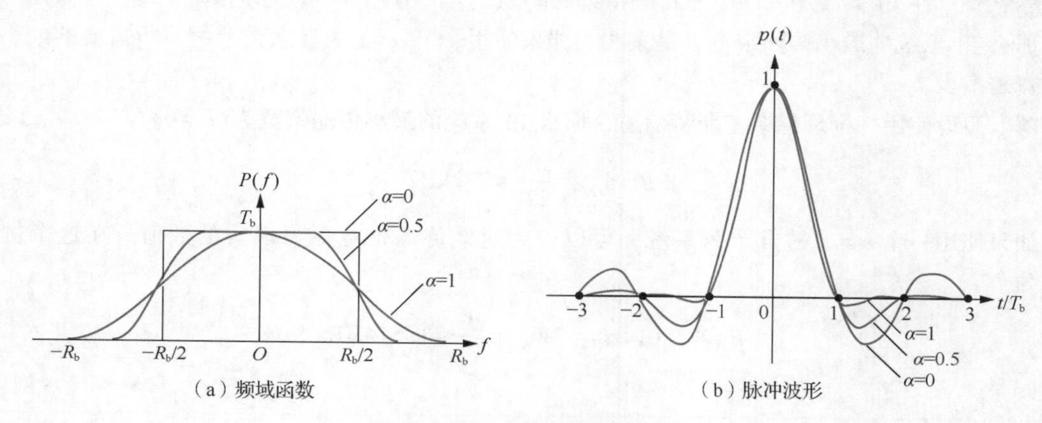

图 5.15　对不同滚降因子的响应

时间响应 $p(t)$ 是频率响应 $P(f)$ 的傅里叶逆变换。因而，使用式(5.78)定义的 $P(f)$，有

$$p(t)=\operatorname{sinc}(R_{\mathrm{b}}t)\frac{\cos(\pi\alpha R_{\mathrm{b}}t)}{1-4\alpha^{2}R_{\mathrm{b}}^{2}t^{2}} \tag{5.79}$$

图 5.15(b)绘制了 $\alpha=0$、0.5 和 1 的情况。

时间响应 $p(t)$ 由两个因子的乘积组成：刻画了理想奈奎斯特信道的因子 $\operatorname{sinc}(R_{\mathrm{b}}t)$ 和对较大 $|t|$ 值以 $\frac{1}{|t|^{2}}$ 衰减的第二个因子。第一个因子保证了 $p(t)$ 在 $t=iT_{\mathrm{b}}$ 的抽样时刻过零点，其中 i 取整数。第二个因子使该脉冲的尾部衰减大大低于从理想奈奎斯特信道获得的尾部衰减。因而，使用这种脉冲进行的二进制波形的传输对抽样定时误差就不那么敏感，可以克服理想奈奎斯特信道的实际困难。实际上，当 $\alpha=1$ 时，$p(t)$ 尾部振荡的幅度最小，即拥有最平缓的滚降。因此，随着滚降因子 α 从 0 增大到 1，由定时误差产生的符号间干扰值就会逐渐下降。

将 $\alpha=1(f_{1}=0)$ 的特例称为完全余弦滚降特性。此时，式(5.78)的频率响应就简化为

$$P(f)=\begin{cases}\frac{T_{\mathrm{b}}}{2}\left[1+\cos\left(\frac{\pi f}{R_{\mathrm{b}}}\right)\right], & |f|<R_{\mathrm{b}}\\ 0, & |f|\geqslant R_{\mathrm{b}}\end{cases} \tag{5.80}$$

相应地，时间响应 $p(t)$ 就简化为

$$p(t)=\frac{\operatorname{sinc}(2R_{\mathrm{b}}t)}{1-4R_{\mathrm{b}}^{2}t^{2}} \tag{5.81}$$

该时间响应体现了以下两个有趣的性质。

(1)在 $t=\pm\frac{T_b}{2}$，有 $p(t)=0.5$。也就是说，在脉冲的1/2幅度处测量得到的脉冲宽度正好等于比特持续时间 T_b。

(2)除了抽样时刻为 $t=\pm T_b, \pm 2T_b, \cdots$ 通常的过零点外，在时刻 $t=\pm\frac{3T_b}{2}, \pm\frac{5T_b}{2}, \cdots$ 还有过零点。

这两条性质对于定时信号提取非常有用，其代价就是所需的信道带宽是对应 $\alpha=0$ 的理想奈奎斯特信道带宽的两倍。

例 5.2 在T1系统中，每个比特的持续时间为 $T_b=0.647\ \mu s$。假设使用一个理想奈奎斯特信道，那么T1系统的最小传输带宽 B 是多少？如果使用一个 $\alpha=1$ 的升余弦系统，所需要的最小传输带宽是多少？

解 假设使用一个理想奈奎斯特信道，那么T1系统的最小传输带宽为($\alpha=0$)

$$B=W_{Nyq}=\frac{1}{2T_b}=772\text{kHz}$$

如果使用一个 $\alpha=1$ 的升余弦系统，可以得到对此传输带宽更为现实的数值。在这个例子中，为

$$B=W_{Nyq}(1+\alpha)=2W_{Nyq}=\frac{1}{T_b}\approx 1.544\text{MHz}$$

【本例终】

5.7 信道均衡

到现在为止，已针对基带通信系统考虑了下列两种情况：(1)在只考虑信道噪声的情况下，可以采用基于匹配滤波器的接收机来抑制噪声；(2)在只考虑符号间干扰的情况下，可以采用基于奈奎斯特准则的接收机来消除符号间干扰。然而，在实际系统中，信道噪声和符号间干扰往往同时存在，共同影响通信系统的性能。本节将研究既考虑信道噪声又考虑符号间干扰的最优接收，即均衡技术。一般来说，均衡技术可以分为线性与非线性两大类。对于线性均衡，本节将介绍其中常见的最小均方误差均衡的原理；对于非线性均衡，本节将介绍其中常见的判决反馈均衡的原理。

5.7.1 线性均衡

基于奈奎斯特准则的接收机其实是一种基于迫零(Zero-Forcing，ZF)准则的均衡器，即“强迫符号间干扰为零”。迫零均衡器易于实现，但忽略了信道噪声的影响。当噪声加强时，迫零均衡器的性能会下降。

与迫零均衡器相比，一个更好的方法是使用基于最小均方误差(Minimum Mean Square Error，MMSE)准则的均衡器。它对既要减小信道噪声影响，又要减小符号间干扰影响这一问题给出了折中的解决办法。一般来说，最小均方误差均衡器的性能总是优于迫零均衡器。

在图 5.10 中的通信系统中，信道输出 $r(t)$ 定义为

$$r(t)=\sum_{k}a_{k}q(t-kT_{\mathrm{b}})+w(t) \tag{5.82}$$

其中，a_k 是在时刻 $t=kT_{\mathrm{b}}$ 发射的符号，$w(t)$ 为信道噪声。时间函数 $q(t)$ 是发射滤波器 $g(t)$ 和信道 $h(t)$ 的卷积。因此，脉冲响应为接收滤波器 $c(t)$ 对信道输出 $r(t)$ 产生的响应，即

$$y(t)=\int_{-\infty}^{\infty}c(\tau)r(t-\tau)\mathrm{d}\tau \tag{5.83}$$

将式(5.82)代入，并在时刻 $t=iT_{\mathrm{b}}$ 对 $y(t)$ 进行抽样，可以得到

$$y(iT_{\mathrm{b}})=\xi_i+n_i \tag{5.84}$$

其中，ξ_i 为定义如下的信号分量

$$\xi_i=\sum_{k}a_{k}\int_{-\infty}^{\infty}c(\tau)q(iT_{\mathrm{b}}-kT_{\mathrm{b}}-\tau)\mathrm{d}\tau \tag{5.85}$$

n_i 为定义如下的噪声分量

$$n_i=\int_{-\infty}^{\infty}c(\tau)w(iT_{\mathrm{b}}-\tau)\mathrm{d}\tau \tag{5.86}$$

接收机的理想输出是 $y(iT_{\mathrm{b}})=a_i$，其中 a_i 为发射符号。因此，定义误差信号为

$$\begin{aligned}e_i&=y(iT_{\mathrm{b}})-a_i\\&=\xi_i+n_i-a_i\end{aligned} \tag{5.87}$$

因此，可以正式定义均方误差为

$$J=\frac{1}{2}E[e_i^2] \tag{5.88}$$

其中，E 为期望运算符，引入因子 1/2 是为了表达的方便。将式(5.87)代入并展开各项，可以得到均方误差 J 为

$$J=\frac{1}{2}+\frac{1}{2}\int_{-\infty}^{\infty}\int_{-\infty}^{\infty}\left[R_q(t-\tau)+\frac{N_0}{2}\delta(t-\tau)\right]c(t)c(\tau)\mathrm{d}t\mathrm{d}\tau-\int_{-\infty}^{\infty}c(t)q(-t)\mathrm{d}t \tag{5.89}$$

其中 $R_q(\cdot)$ 是序列 $\{q(kT_{\mathrm{b}})\}$ 的自相关函数。将式(5.89)对接收滤波器的脉冲响应 $c(t)$ 求导，并令结果为 0，可以得到

$$\int_{-\infty}^{\infty}\left[R_q(t-\tau)+\frac{N_0}{2}\delta(t-\tau)\right]c(\tau)\mathrm{d}\tau=q(-t) \tag{5.90}$$

式(5.90)就是最小均方误差均衡器 $c(t)$ 应该满足的方程。对式(5.90)两边取傅里叶变换，可以得到

$$\left[S_q(f)+\frac{N_0}{2}\right]C(f)=Q^*(f) \tag{5.91}$$

其中 $C(f)$、$Q(f)$，以及 $S_q(f)$ 分别是 $c(t)$、$q(t)$ 和 $R_q(t)$ 的傅里叶变换。由式(5.91)求解 $C(f)$，可以得到

$$C(f)=\frac{Q^*(f)}{S_q(f)+\dfrac{N_0}{2}} \tag{5.92}$$

式(5.92)把最小均方误差均衡器解释为以下两个基本分量的级联。

(1)一个脉冲响应为 $q(-t)$ 的匹配滤波器，其中 $q(t)$ 是 $g(t)$ 与 $h(t)$ 的卷积。

(2)一个频率响应为 $S_q(f)+N_0/2$ 的倒数的横向滤波器。

为了完全满足式(5.92)，需要一个无限长度的均衡器。实际上，只要 N 足够大，就可以通过

使用一个抽头系数为$\{c_k,-N\leqslant k\leqslant N\}$的有限长度的滤波器来近似该解。因而，均衡器就有了图5.16所示的形式。注意图5.16中标有z^{-1}的模块代表时延T_b，这意味着均衡器的抽头间隔恰好等于符号持续时间T_b。

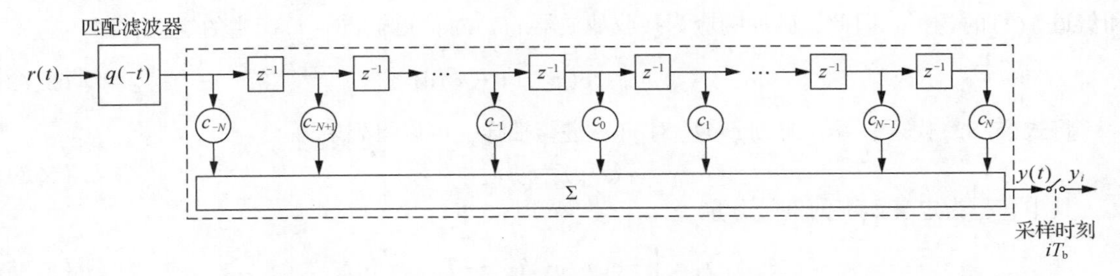

图5.16　由匹配滤波器和横向滤波器级联而成的最小均方误差均衡器

但是，通信信道通常是时变的，图5.16中的匹配滤波器无法快速跟上时变的$h(t)$，因此由匹配滤波器和横向滤波器级联而成的最小均方误差均衡器就无法满足要求了。在实际应用中，较好的办法就是采用自适应均衡器，均衡器的系数按照一定的内置算法而自动调整。自适应均衡器也具有匹配滤波器的功能，能够同时处理ISI和时变信道中噪声的影响。

5.7.2　判决反馈均衡

首先介绍判决反馈均衡的原理。考虑一个冲激响应抽样序列为h_n的基带信道，即$h_n=h(nT)$。在忽略噪声的情况下，该信道对输入序列$\{a_n\}$的响应为

$$\begin{aligned} y_n &= \sum_k h_k a_{n-k} \\ &= h_0 a_n + \sum_{k<0} h_k a_{n-k} + \sum_{k>0} h_k a_{n-k} \end{aligned} \tag{5.93}$$

在式(5.93)中，第一项代表了期望得到的数据；第二项代表了由信道冲激响应的先前值(出现在h_0之前的分量)所引起的干扰；第三项代表了由信道冲激响应的后继值(出现在h_0之后的分量)所引起的干扰。判决反馈均衡的思想，就是使用基于信道脉冲响应的先前值而得到的数据判决来处理后继值。然而，要使该思想有效，判决必须是正确的。如果该条件满足，则判决反馈均衡器就能够获得比线性均衡器更优的性能。

判决反馈均衡器由前馈滤波器、反馈滤波器和判决设备3个部分组成，如图5.17所示。前馈滤波器是一个线性滤波器，对接收到的数据序列进行处理。反馈滤波器则是另一个线性滤波器，其作用就是减去抽样值中的符号间干扰。由于引入了反馈环路，判决反馈均衡器本质上是非线性的。一般来说，当信道的频率响应具有严重的幅度失真时，判决反馈均衡器相比线性均衡器可提供重大的性能改进。

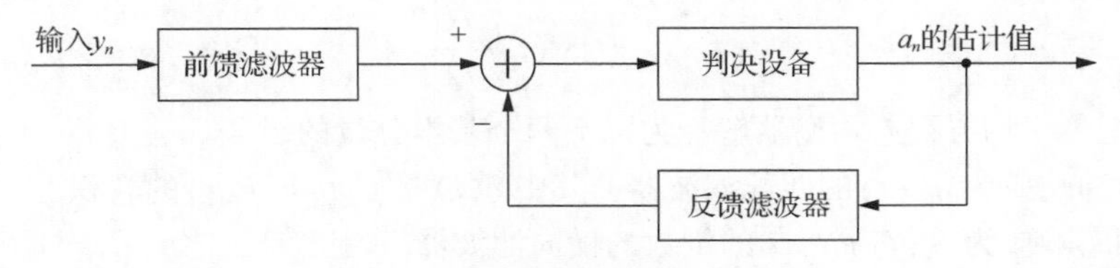

图5.17　判决反馈均衡器

5.8 M 进制系统

在图 5.10 所示的二进制 PAM 系统中，脉冲幅度调制器产生的脉冲幅度只有两个幅值。在 M 进制 PAM 系统中，脉冲幅度调制器产生的脉冲幅度有 M 个幅值，其中 M 通常是 2 的 n 次方。图 5.18(a)给出了一个四进制($M=4$)格雷编码的 PAM 系统波形，图 5.18(b)给出了格雷编码的映射规则，在格雷编码中，任何两个相邻幅度的二位组之间只有 1 bit 是不同的。

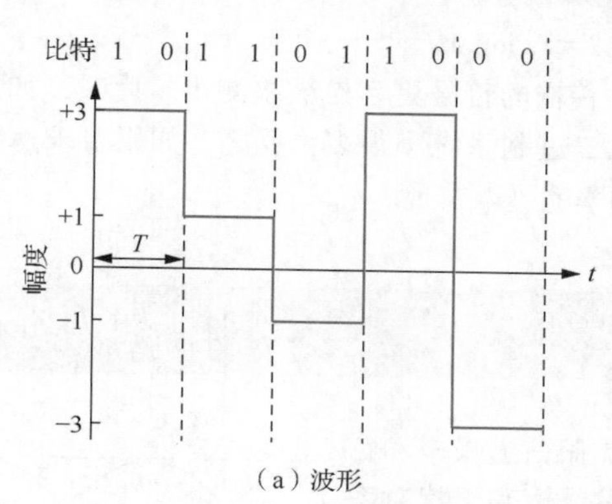

（a）波形

二位组	幅度
00	−3
01	−1
11	+1
10	+3

（b）格雷编码的映射规则

图 5.18　四进制 PAM 系统

在 M 进制 PAM 系统中，信源产生的符号序列由脉冲幅度调制器转变为一个有 M 种不同幅度的脉冲序列。接着，和二进制 PAM 系统一样，该脉冲序列由发射滤波器整形，并通过带宽受限信道传输。接收信号首先通过接收滤波器，然后将抽样值与预设的门限值比较，并判决发射的是哪个符号。由于有 M 种符号被传输与检测，M 进制 PAM 系统的发射与接收滤波器设计比二进制 PAM 系统更复杂。符号间干扰、噪声和不完善的同步系统都会导致出现差错。为了使误码率最小，需要优化设计发射与接收滤波器，这些滤波器的设计与二进制 PAM 系统是非常相似的。

在 M 进制 PAM 系统中，每个符号的持续时间记为 T，则该系统的符号传输速率 R 为

$$R=\frac{1}{T} \tag{5.94}$$

单位为 sym/s(或 Baud)。M 进制 PAM 系统中有 M 种可能的符号，每个符号可以携带$\log_2 M$ 个比特。因此，M 进制 PAM 系统的比特传输速率为

$$R_{\mathrm{b}}\big|_{M进制}=\frac{\log_2 M}{T} \tag{5.95}$$

把 M 进制 PAM 系统与等价的二进制 PAM 系统进行比较是很有意义的。二进制 PAM 系统相当于 M 取值为 2，即一共有 2 种可能的符号，每个符号可以携带 1 bit。因此，在二进制 PAM 系统中，符号与比特的含义是相同的。将二进制 PAM 系统中每个符号的持续时间记为 T_{b}，则系统以 $\frac{1}{T_{\mathrm{b}}}$ 的速率传输信息，即

$$R_{\mathrm{b}}\big|_{二进制}=\frac{1}{T_{\mathrm{b}}} \tag{5.96}$$

可以从如下两个角度对 M 进制 PAM 系统与二进制 PAM 系统进行比较。首先，如果使用相同

的符号持续时间，即 $T=T_b$，那么 M 进制 PAM 系统能够以比二进制 PAM 系统快 $\log_2 M$ 倍的速率传输信息，即

$$R_b\big|_{M\text{进制}}=\log_2 M\cdot R_b\big|_{\text{二进制}} \tag{5.97}$$

虽然 M 进制 PAM 系统提高了传输速率，但为了实现相同的误码率，M 进制 PAM 系统需要有更多的发射功率。否则，如果采用相同的发射功率，虽然 M 进制 PAM 系统提高了传输速率，但其误码率却会比相应的二进制系统大很多。从另一个角度看，如果 M 进制 PAM 系统与二进制 PAM 系统的比特传输速率相同，即 $R_b\big|_{M\text{进制}}=R_b\big|_{\text{二进制}}$，则 M 进制 PAM 系统的符号持续时间 T 与二进制 PAM 系统的比特持续时间 T_b 有如下关系

$$T=T_b\log_2 M \tag{5.98}$$

这也就意味着，在 M 进制 PAM 系统中传输的符号更容易被检测出。此时，如果采用相同的发射功率，M 进制 PAM 系统的误码率会比二进制系统小很多；反之，如果要求达到相同的误码率，M 进制 PAM 系统只需要更少的发射功率就可以实现。

5.9 眼图

在本章的前几节中，已经讨论了用于克服信道噪声和符号间干扰的各种技术。那么，怎样评价这些噪声和干扰对系统性能的整体影响？一个有用的评价方法就是眼图。它定义为在一个特定的信号间隔内观察到的，对接收机输出信号的所有可能值进行同步重叠所得到的波形。因为观察到的图形类似于人眼，因此称为眼图，如图 5.19 所示。眼图的内部区域称为眼睛开口。

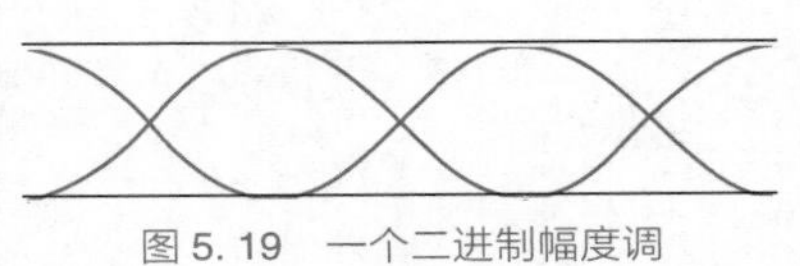

图 5.19　一个二进制幅度调制信号眼图的例子

眼图提供了关于数据传输系统性能的大量的有用信息，如图 5.20 所示。具体来说，根据眼图的某些特征可以得到如下结论。

- 眼睛开口的宽度定义了接收信号能够不受来自符号间干扰的误差而被抽样的时间间隔。显然，抽样的首选时刻是眼睛开口最大的时刻。
- 眼图斜边的斜率决定了系统对抽样的定时误差的灵敏度，斜边越陡，对定时误差越灵敏，对定时稳定度要求越高。

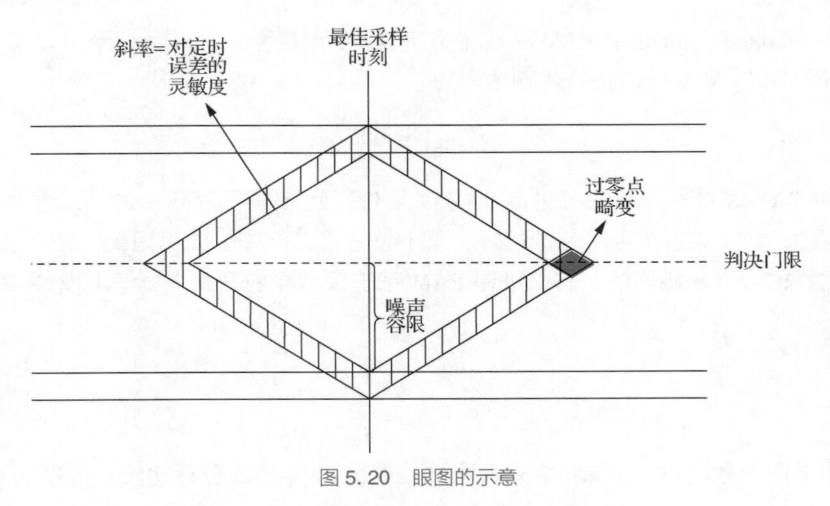

图 5.20　眼图的示意

- 图5.20中阴影区的垂直高度表示抽样时刻上信号受噪声影响的畸变程度。
- 在抽样时刻，眼睛开口的高度定义了系统的噪声容限。
- 眼图中央的横轴位置对应于最佳判决门限。
- 眼图中黑色区域(见图5.20)表示接收波形零点位置的变化范围，即过零点畸变，它对于利用信号零交点的位置来提取定时信息的接收机有很大影响。

当符号间干扰的影响严重时，来自眼图上部的迹线会与来自下部的迹线交叉，结果就是眼睛完全闭合了。此时，符号间干扰和噪声的同时存在所带来的误差是不可避免的。

在M进制PAM系统的例子中，眼图包含了$(M-1)$个互相堆在一起的眼睛开口，这些眼睛开口都是相同的，其中M是用于构建发射信号的离散幅度电平数。

5.10 本章小结

数字基带传输是指数字基带信号不经过调制直接在基带信道中传输。在数字基带传输系统中，产生差错的两个主要来源分别是信道噪声和符号间干扰。当主要考虑信道噪声时，可以采用基于匹配滤波器的接收机；当主要考虑符号间干扰时，可以采用满足奈奎斯特准则的接收机；当既考虑信道噪声又考虑符号间干扰时，可以采用基于最小均方误差等均衡准则的接收机。

基于匹配滤波器的接收机由匹配滤波器、抽样和门限判决器3部分组成，其中匹配滤波器使接收信号在抽样时刻获得最大信噪比，其冲激响应是输入信号的时间反转和延迟，即与输入信号“匹配”，并给出了输出峰值信噪比的理论表达式。

对基于匹配滤波器的接收机在二进制对称信道中的误码率性能进行了分析，并给出了计算公式。分析结果表明，误码率仅取决于每符号发射信号能量与噪声功率谱密度之比E_b/N_0，并且误码率会随着E_b/N_0的增加而呈指数级下降。

符号间干扰不同于噪声，它是由于信道的频率响应偏离理想低通滤波器(理想奈奎斯特信道)而产生的干扰形式，该偏离的结果就是每个符号的接收脉冲要受到相邻符号接收脉冲的“尾巴”影响。

奈奎斯特准则给出了无符号间干扰的系统传递函数需要满足的条件。奈奎斯特准则具有时域与频域两种表达形式。理想奈奎斯特信道和升余弦频谱都是满足奈奎斯特准则的方案。在升余弦频谱中，可以通过改变滚降因子得到具有不同特性的方案。

当既考虑信道噪声又考虑符号间干扰时，相应的最优接收称为均衡。最常见的均衡技术是基于最小均方误差准则的线性均衡，其接收机由匹配滤波器和线性横向滤波器级联而成。在实际系统中，由于信道通常是时变的，通常采用自适应均衡器来处理*ISI*和信道噪声的混合影响。

数字基带传输系统还可以使用M进制系统传输数据。例如，在M进制PAM系统中，脉冲幅度调制器产生的脉冲幅度有M个幅值，M通常是2的n次方。在符号持续时间相同的情况下，M进制PAM系统能够以比二进制脉冲幅度调制通信系统快$\log_2 M$倍的速率传输信息。

眼图可以定性反映符号间干扰和噪声对系统性能的整体影响，从眼图上可以看出最佳抽样时刻、对定时误差的灵敏度、畸变程度、噪声容限、最佳判决门限和过零点畸变。

习题

5.1 考虑图 P5.1 所示的信号 $s(t)$。

(1)给出该信号的匹配滤波器输出波形；

(2)输出波形的峰值是多少？

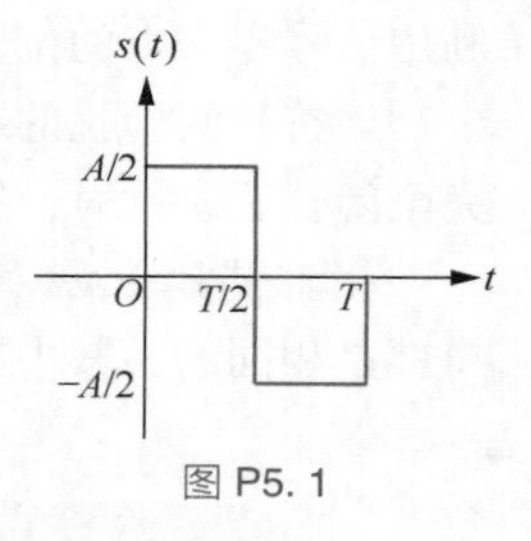

图 P5.1

5.2 图 P5.2(a)和图 P5.2(b)左侧给出了一对在间隔$[0,T]$上相互正交的脉冲。如图 P5.2(c)所示，将 $s_1(t)$ 和 $s_2(t)$ 各自的匹配滤波器并行连接起来，组成一个二维匹配滤波器。请证明：当脉冲 $s_1(t)$ 被送入该二维滤波器时，下面一个匹配滤波器的响应为零；当脉冲 $s_2(t)$ 被送入该二维滤波器时，上面一个匹配滤波器的响应为零。

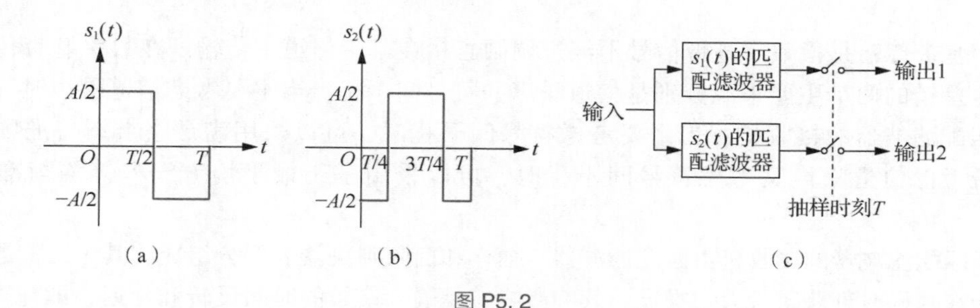

图 P5.2

5.3 考虑一个基带脉冲调制通信系统，采用基于匹配滤波器的最佳接收机，系统带宽为3kHz，发射功率为 3W，接收信噪比为 30dB。如果将带宽扩展为 10kHz，仍要维持相同的接收信噪比，则发射功率应该如何设置？

5.4 在一个二进制 PCM 系统中，符号 0 和 1 的先验概率分别为 p_0 和 p_1。采用如图 P5.4 所示的接收机，并将抽样输出记为 y，将门限判决器的门限值记为 λ。用 $f_Y(y\mid 0)$ 和 $f_Y(y\mid 1)$ 分别代表发射符号 0 或 1 时抽样输出的条件概率密度函数。证明：使误码率最小的最优门限值 λ_{opt} 要满足下列方程

$$\frac{f_Y(\lambda_{\text{opt}}\mid 1)}{f_Y(\lambda_{\text{opt}}\mid 0)}=\frac{p_0}{p_1}$$

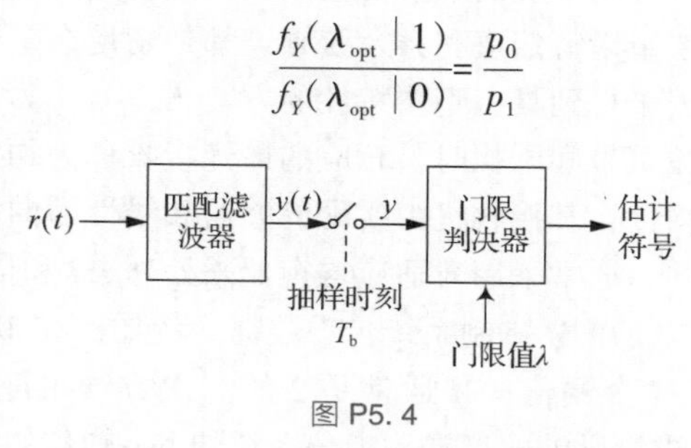

图 P5.4

5.5 在一个使用双极性信号的二进制 PCM 系统中，误码率恰好等于 10^{-6}。假设信号速率加倍，那么新的误码率是多少？

5.6 考虑一个使用单极性信号发射符号 1 和 0 的二进制 PCM 系统，其中符号 1 由一个幅度为 A 且持续时间为 T_b 的矩形脉冲表示。假设信道为功率谱密度为 $N_0/2$ 的加性高斯白噪声信道，

并且符号1和0等概率出现。采用基于匹配滤波器的接收机，推导误码率的表达式。

5.7 考虑一个二进制PCM系统，其发射信号 $s(t)$ 定义为：当发射二进制符号1时，$s(t)=\pm A$，$0\leqslant t\leqslant T_b$；当发射二进制符号0时：$s(t)=0$，$0\leqslant t\leqslant T_b$。假设二进制符号0和1是等概率的，推导最佳线性接收机的平均差错概率 P_e。

5.8 对于一个信道，如果输入信号为 $x(t)$ 而输出信号为 $y(t)=Kx(t-t_0)$，其中 K 和 t_0 都是常数，则称该信道为无损的。请给出无损信道的频域响应函数的表达式。

5.9 考虑一个二进制PAM系统，其中脉冲幅度调制器将符号序列转换为幅度序列 $\{a_k\}$。如果符号是0，则 $a_k=+1$；如果符号是1，则 $a_k=-1$。假设每符号持续时间为 T_b。记发射滤波器脉冲响应 $g(t)$、信道滤波器脉冲响应 $h(t)$、接收滤波器脉冲响应 $c(t)$ 三者级联组成的滤波器 $p(t)$ 在 iT_b 时刻的取值为 p_i，其中 $p_0=2$、$p_1=1$、$p_2=-1$，其余的 p_i 都为0。那么，在忽略噪声的情况下，对接收滤波器输出端进行抽样得到信号 y_i，其电平值可能有哪些取值？相应的取值概率各有多少？

5.10 考虑一个二进制PCM系统，其中需要对模拟信号进行抽样、量化、编码。假设抽样速率为8 kHz，量化级数为64，采用离散脉冲振幅调制经基带信道传输。如果每个脉冲允许采用的幅度电平数为2、4或8，求该脉冲幅度调制系统所需要的最小带宽。

5.11 一个计算机以56kbit/s的速率输出二进制数据。使用一个具有升余弦谱的二进制PAM系统传输。求下列各滚降因子所要求的传输带宽：

$$\alpha=0.25,0.5,0.75,1.0$$

5.12 一个计算机以60kbit/s的速率输出二进制数据。使用一个具有升余弦谱的8-电平PAM系统传输。求下列各滚降因子所要求的传输带宽：

$$\alpha=0.4,0.8,1.0$$

5.13 一个模拟信号经抽样、量化、编码为二进制PCM波形。使用的量化电平数为128。在每个代表模拟抽样的码字末尾增加一个同步符号。最终的PCM波使用一个具有升余弦谱的四进制PAM系统，经过带宽为12kHz的信道发射，滚降因子为1。

(1)求信号通过该信道传输的速率；

(2)求模拟信号的抽样率。对于该模拟信号的最高频率分量，其最大可能值是多少？

5.14 二进制PAM信号经一个最大带宽为75kHz的基带信道传输，其符号持续时间为10μs。求一个满足上述要求的升余弦谱。

5.15 用一条长度为50km的电线传输二进制PAM信号，信道带宽为1200Hz。

(1)如果要求没有符号间干扰，求所能达到的最大符号传输速率；

(2)假设信号的衰落速度为每千米衰落1dB，为了达到接收信噪比 (E_b/N_0) 为11.3dB，求发射功率。假设 $N_0=4.1\times10^{-21}$ W/Hz。

第 6 章

信号空间分析

知识要点

- 有限能量信号的几何表示
- AWGN 信道下的最大似然信号检测方法
- 相干接收机/匹配滤波接收机
- 误码率及联合界公式
- 最小能量信号

6.1 引言

本章针对一般的加性高斯白噪声(AWGN)信道 M 进制数字通信系统，给出最佳接收机结构，并推导相应的误码率联合界公式。

考虑图6.1中的 M 进制数字通信系统。信源每隔 T 秒发射一个符号，共有 M 个可能的发射符号，记为 $m_1, m_2, \cdots, m_M$，每个符号的先验概率分别为 $p_1, p_2, \cdots, p_M$。在缺少先验信息的情况下，一般假设 M 个符号等概率出现，即

$$p_i = P(m_i) = \frac{1}{M} \tag{6.1}$$

发射机将不同的符号 m_i 映射为适合信道传输的信号 $s_i(t)$。假设传输信号 $s_i(t)$ 的持续时间为 T，其能量为

$$E_i = \int_0^T s_i^2(t)\,\mathrm{d}t \tag{6.2}$$

假设信道为AWGN信道，如图6.1所示。因此，接收信号

$$x(t) = s_i(t) + w(t),\ 0 \leqslant t \leqslant T \tag{6.3}$$

其中信道噪声 $w(t)$ 是零均值、功率谱密度为 $N_0/2$ 的高斯白噪声。

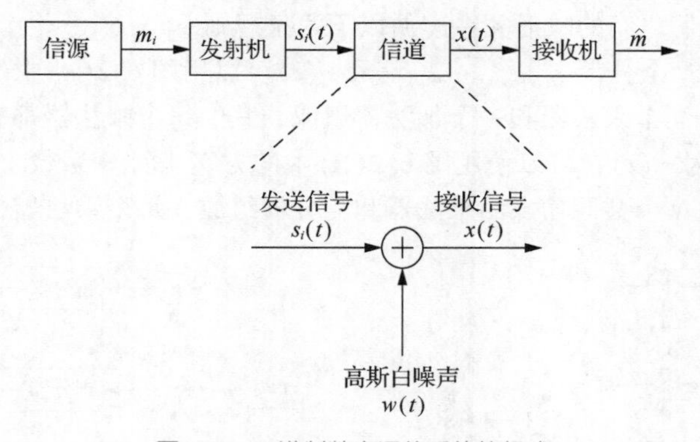

图6.1 M 进制数字通信系统的组成

接收机要在持续时间 T 内，根据接收信号 $x(t)$ 对传输信号 $s_i(t)$ 或与之等价的符号 m_i 做出最佳估计。由于信道噪声的影响，判决过程本质上是在统计意义上进行的，接收机出错存在一定的概率。误码率定义为

$$P_{\mathrm{e}} = \sum_{i=1}^{M} p_i P(\hat{m} \neq m_i \mid m_i) \tag{6.4}$$

其中 m_i 是传输符号，$\hat{m}$ 是接收机的估计值，$P(\hat{m} \neq m_i \mid m_i)$ 是在已知发射第 i 个符号时的条件差错概率。

如何设计一种最佳接收机，使得误码率达到最小？为了设计该最佳接收机，本章将采用信号空间分析的方法，对上述问题进行讨论。

6.2 信号的几何表示

信号的几何表示就是把任意一组(M 个)能量信号 $s_1(t), s_2(t), \cdots, s_M(t)$ 表示成 N 个正交基本函数的线性组合

$$s_i(t) = \sum_{j=1}^{N} s_{ij}\phi_j(t) \tag{6.5}$$

其中 $N \leqslant M$，每个信号的持续时间为 T，s_{ij} 是基函数 $\phi_j(t)$ 的系数，$\phi_1(t), \phi_2(t), \cdots, \phi_N(t)$ 是正交基函数，即

$$\int_0^T \phi_i^2(t)\,\mathrm{d}t = 1$$

$$\int_0^T \phi_i(t)\phi_j(t)\,\mathrm{d}t = 0, i \neq j \tag{6.6}$$

式(6.6)中的第一个条件是每个基函数都要归一化为单位能量，第二个条件是不同基函数之间是正交的。给定基函数$\{\phi_i(t)\}$，式(6.5)中的系数 s_{ij} 可以按下式计算

$$s_{ij} = \int_0^T s_i(t)\phi_j(t)\,\mathrm{d}t \tag{6.7}$$

系数集合$\{s_{ij}\}_{j=1}^{N}$可以很自然地看作一个 N 维矢量，记为 $\boldsymbol{s}_i$。显然，矢量 $\boldsymbol{s}_i$ 与发射信号 $s_i(t)$ 具有一一对应的关系。它们之间的映射关系遵循以下两条规则。

(1)已知矢量 $\boldsymbol{s}_i$ 的 N 个分量 $s_{i1}, s_{i2}, \cdots, s_{iN}$ 信号 $s_i(t)$ 可以用图 6.2(a)中的方案产生。该方案可以看作一个合成器，由 N 个乘法器和一个加法器组成，其中每个乘法器都有自己的基函数。

(2)反之，已知信号 $s_i(t)$，可以使用图 6.2(b)中的方案来计算系数 $s_{i1}, s_{i2}, \cdots, s_{iN}$。该方案可以看作一个分析器，由 N 个共同输入的乘法器和积分器组成，每个乘法器也都有自己的基函数。

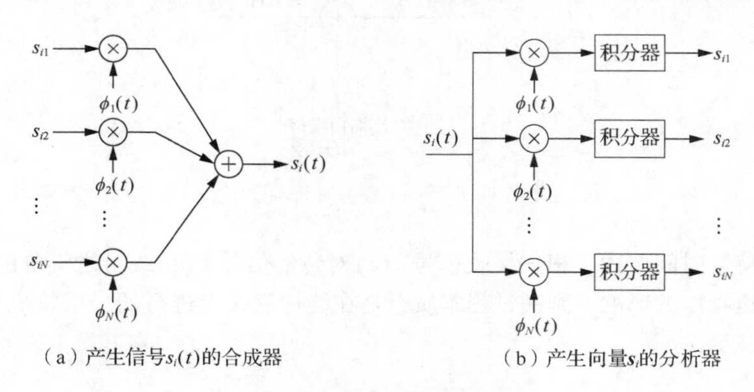

图 6.2　信号合成器与分析器

可以看出，集合$\{s_i(t)\}$中的每个信号完全可以由系数矢量 $\boldsymbol{s}_i$ 来唯一决定

$$\boldsymbol{s}_i = \begin{bmatrix} s_{i1} \\ s_{i2} \\ \vdots \\ s_{iN} \end{bmatrix} \tag{6.8}$$

把矢量 $\boldsymbol{s}_i$ 称为信号矢量，信号矢量的集合$\{\boldsymbol{s}_i \mid i=1,2,\cdots,M\}$可以看作 N 维欧氏空间上相应的 M 个点的集合。该 N 维欧氏空间就称为信号空间，具有 N 个相互垂直的轴线，标记为 $\phi_1,\phi_2,\cdots,\phi_N$。例如，在图 6.3 中，有 3 个信号$\{\boldsymbol{s}_i \mid i=1,2,3\}$处于二维信号空间中，即 $N=2$ 且 $M=3$。

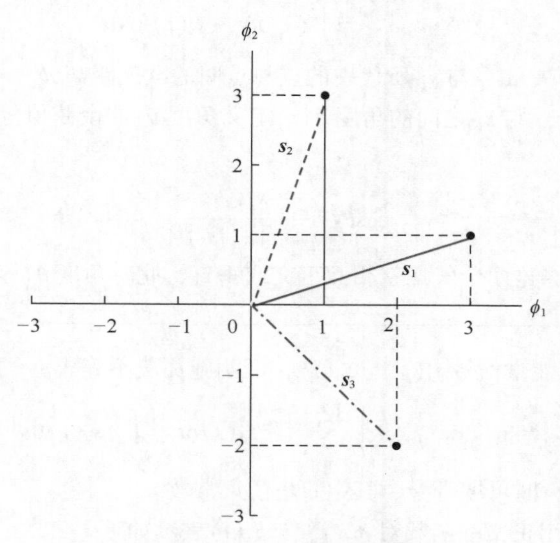

图 6.3　当 $N=2$、$M=3$ 时信号的几何表示

在一个 N 维信号空间中，定义信号矢量 $\boldsymbol{s}_i$ 的长度为$\|\boldsymbol{s}_i\|$，也称为模。信号矢量 $\boldsymbol{s}_i$ 的长度的平方定义为 $\boldsymbol{s}_i$ 本身的内积或点积，即

$$\|\boldsymbol{s}_i\|^2 = \boldsymbol{s}_i^{\mathrm{T}}\boldsymbol{s}_i = \sum_{j=1}^{N} s_{ij}^2 \tag{6.9}$$

其中，s_{ij}是矢量 $\boldsymbol{s}_i$ 的第 j 个元素，上标 T 表示矩阵转置。对于一个持续时间为 T 秒的信号 $s_i(t)$，其能量为

$$E_i = \int_0^T s_i^2(t)\,\mathrm{d}t \tag{6.10}$$

将式(6.5)代入式(6.10)，可以得到

$$E_i = \int_0^T \left[\sum_{j=1}^{N} s_{ij}\phi_j(t)\right]\left[\sum_{k=1}^{N} s_{ik}\phi_k(t)\right]\mathrm{d}t$$

交换求和与积分的顺序，然后重排各项，得到

$$E_i = \sum_{j=1}^{N}\sum_{k=1}^{N} s_{ij}s_{ik}\int_0^T \phi_j(t)\phi_k(t)\,\mathrm{d}t \tag{6.11}$$

由于 $\phi_j(t)$ 按照式(6.6)中的条件组成了一个正交集合，式(6.11)可以化简为

$$E_i = \sum_{j=1}^{N} s_{ij}^2 = \|\boldsymbol{s}_i\|^2 \tag{6.12}$$

因而，式(6.9)与式(6.12)表明信号 $s_i(t)$ 的能量等于信号矢量 $\boldsymbol{s}_i$ 的长度的平方。

对于一对分别由信号矢量 $\boldsymbol{s}_i$ 与 $\boldsymbol{s}_k$ 表达的信号 $s_i(t)$ 与 $s_k(t)$，可以验证下面的结论（具体证明过程参见本章习题 6.7）。

$$\int_0^T s_i(t)s_k(t)\,\mathrm{d}t = \boldsymbol{s}_i^{\mathrm{T}}\boldsymbol{s}_k \tag{6.13}$$

式(6.13)表明，信号 $s_i(t)$ 与 $s_k(t)$ 在时间间隔$[0,T]$上的内积，等于它们对应的矢量表示 $\boldsymbol{s}_i$

与 $\boldsymbol{s}_k$ 的内积。类似地，还可以验证

$$\begin{aligned}\|\boldsymbol{s}_i-\boldsymbol{s}_k\|^2 &= \sum_{j=1}^{N}(s_{ij}-s_{kj})^2 \\ &= \int_0^T (s_i(t)-s_k(t))^2\mathrm{d}t\end{aligned} \tag{6.14}$$

其中，$\|\boldsymbol{s}_i-\boldsymbol{s}_k\|$是信号矢量 $\boldsymbol{s}_i$ 与 $\boldsymbol{s}_k$ 所代表的点与点间的欧氏距离 d_{ik}。

还可以引入信号矢量 $\boldsymbol{s}_i$ 与 $\boldsymbol{s}_k$ 之间的角度 θ_{ik}。定义角度 θ_{ik} 的余弦值等于这两个矢量的内积除以它们各自模的乘积，即

$$\cos\theta_{ik}=\frac{\boldsymbol{s}_i^{\mathrm{T}}\boldsymbol{s}_k}{\|\boldsymbol{s}_i\|\cdot\|\boldsymbol{s}_k\|} \tag{6.15}$$

如果内积等于0，那么这两个矢量就相互正交或垂直，此时角度 θ_{ik} 等于90°。

例 6.1 考虑任一对能量信号 $s_1(t)$ 与 $s_2(t)$，证明施瓦茨不等式

$$\left(\int_{-\infty}^{\infty}s_1(t)s_2(t)\mathrm{d}t\right)^2 \leqslant \left(\int_{-\infty}^{\infty}s_1^2(t)\mathrm{d}t\right)\left(\int_{-\infty}^{\infty}s_2^2(t)\mathrm{d}t\right)$$

当且仅当 $s_2(t)=cs_1(t)$ 时可取等号，其中 c 是任意常数。

解　将 $s_1(t)$ 与 $s_2(t)$ 用正交基函数对 $\phi_1(t)$ 与 $\phi_2(t)$ 表示如下

$$s_1(t)=s_{11}\phi_1(t)+s_{12}\phi_2(t)$$
$$s_2(t)=s_{21}\phi_1(t)+s_{22}\phi_2(t)$$

其中 $\phi_1(t)$ 与 $\phi_2(t)$ 在整个时间间隔$(-\infty,\infty)$上都满足正交条件

$$\int_{-\infty}^{\infty}\phi_i(t)\phi_j(t)\mathrm{d}t=\delta_{ij}=\begin{cases}1, & i=j\\ 0, & i\neq j\end{cases}$$

因此，信号 $s_1(t)$ 与 $s_2(t)$ 可以用下列矢量分别表示

$$\boldsymbol{s}_1=\begin{bmatrix}s_{11}\\ s_{12}\end{bmatrix}$$

$$\boldsymbol{s}_2=\begin{bmatrix}s_{21}\\ s_{22}\end{bmatrix}$$

从图6.4中可以看出，矢量 $\boldsymbol{s}_1$ 与 $\boldsymbol{s}_2$ 之间的角度 θ 为

$$\begin{aligned}\cos\theta &= \frac{\boldsymbol{s}_1^{\mathrm{T}}\boldsymbol{s}_2}{\|\boldsymbol{s}_1\|\cdot\|\boldsymbol{s}_2\|} \\ &= \frac{\int_{-\infty}^{\infty}s_1(t)s_2(t)\mathrm{d}t}{\sqrt{\int_{-\infty}^{\infty}s_1^2(t)\mathrm{d}t}\sqrt{\int_{-\infty}^{\infty}s_2^2(t)\mathrm{d}t}}\end{aligned}$$

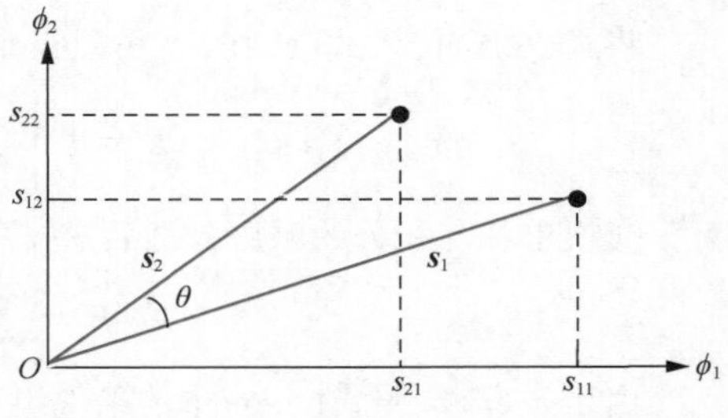

图 6.4　信号 $s_1(t)$ 与 $s_2(t)$ 的矢量表示

由于$|\cos\theta|\leqslant 1$，因此立即可以得到施瓦茨不等式。而且，当且仅当 $\boldsymbol{s}_2=c\boldsymbol{s}_1$，即 $s_2(t)=cs_1(t)$ 时，$|\cos\theta|=1$，其中 c 是任意常数。

【本例终】

上述对施瓦茨不等式的证明适用于实值信号。它可以容易地扩展到复值信号。这样，施瓦茨不等式就可以重写为

$$\left|\int_{-\infty}^{\infty} s_1(t)s_2^*(t)\,\mathrm{d}t\right|^2 \leqslant \left(\int_{-\infty}^{\infty} |s_1(t)|^2\mathrm{d}t\right)\left(\int_{-\infty}^{\infty} |s_2(t)|^2\mathrm{d}t\right) \tag{6.16}$$

其中，当且仅当$s_2(t)=cs_1(t)$时等号成立，c为任意常数。

在信号的几何表示中，关键在于确定基函数。那么，如何找到合适的基函数呢？一般来说，可以使用格拉姆-施密特(Gram-Schmidt)正交过程寻找基函数。假设有M个能量信号$s_1(t),s_2(t),\cdots,s_M(t)$。从集合中任意地取$s_1(t)$作为起始，定义第一个基本函数为

$$\phi_1(t)=\frac{s_1(t)}{\sqrt{E_1}} \tag{6.17}$$

其中E_1为信号$s_1(t)$的能量。显然有

$$\begin{aligned} s_1(t) &= \sqrt{E_1}\,\phi_1(t) \\ &= s_{11}\phi_1(t) \end{aligned} \tag{6.18}$$

其中，系数$s_{11}=\sqrt{E_1}$且$\phi_1(t)$满足单位能量的要求。接下来，用信号$s_2(t)$定义系数s_{21}为

$$s_{21}=\int_0^T s_2(t)\phi_1(t)\,\mathrm{d}t \tag{6.19}$$

引入一个新的中间函数

$$g_2(t)=s_2(t)-s_{21}\phi_1(t) \tag{6.20}$$

由式(6.19)和基本函数$\phi_1(t)$具有单位能量的性质可知：该中间函数与信号$\phi_1(t)$在时间间隔$0\leqslant t\leqslant T$内正交。定义第二个基本函数

$$\phi_2(t)=\frac{g_2(t)}{\sqrt{\int_0^T g_2^2(t)\,\mathrm{d}t}} \tag{6.21}$$

将式(6.20)代入式(6.21)并化简，得到

$$\phi_2(t)=\frac{s_2(t)-s_{21}\phi_1(t)}{\sqrt{E_2-s_{21}^2}} \tag{6.22}$$

其中E_2是信号$s_2(t)$的能量。从式(6.21)易得

$$\int_0^T \phi_2^2(t)\,\mathrm{d}t = 1$$

从式(6.22)可得

$$\int_0^T \phi_1(t)\phi_2(t)\,\mathrm{d}t = 0$$

即$\phi_1(t)$与$\phi_2(t)$满足要求，构成了一个正交对。以此类推，定义

$$g_i(t)=s_i(t) - \sum_{j=1}^{i-1} s_{ij}\phi_j(t) \tag{6.23}$$

其中系数s_{ij}为

$$s_{ij}=\int_0^T s_i(t)\phi_j(t)\,\mathrm{d}t \tag{6.24}$$

可以定义基本函数

$$\phi_i(t)=\frac{g_i(t)}{\sqrt{\int_0^T g_i^2(t)\,\mathrm{d}t}} \tag{6.25}$$

$\{\phi_i(t)\}$组成了一个正交集合。一般来说，基函数的个数(信号空间的维度)N与信号数M之

间有下列关系。

- 若信号 $s_1(t), s_2(t), \cdots, s_M(t)$ 线性独立，则 $N=M$；
- 若信号 $s_1(t), s_2(t), \cdots, s_M(t)$ 存在线性相关，此时 $N<M$。

例 6.2 考虑如表 6.1 所示的四进制脉冲幅度调制系统，发射信号定义如下

$$s_i(t)=A_i g(t), i=1,2,3,4, 0\leqslant t\leqslant T$$

其中 $g(t)$ 是奈奎斯特脉冲。请给出该信号集的几何表示。

表 6.1 四进制脉冲幅度调制系统

信号		信号点的坐标
码元	幅度	
$s_1(t)$	−3	$-3\sqrt{E_g}$
$s_2(t)$	−1	$-\sqrt{E_g}$
$s_3(t)$	+1	$\sqrt{E_g}$
$s_4(t)$	+3	$3\sqrt{E_g}$

解 由观察可知 $s_i(t)$ 线性相关。用 $\phi_1(t)$ 表示归一化的奈奎斯特脉冲，即

$$\phi_1(t)=\sqrt{\frac{1}{E_g}}g(t), 0\leqslant t\leqslant T$$

其中 E_g 是 $g(t)$ 的能量。可见 $\phi_1(t)$ 就是该信号集的唯一基函数。因此，该信号集的信号空间表示如图 6.5 所示，4 个信号矢量 $\boldsymbol{s}_1$、$\boldsymbol{s}_2$、$\boldsymbol{s}_3$ 和 $\boldsymbol{s}_4$ 关于原点对称，且 $M=4$ 和 $N=1$。

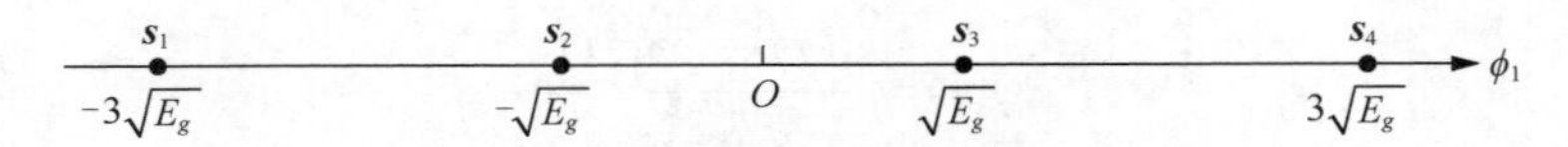

图 6.5 四进制脉冲幅度调制系统信号集的信号空间表示

【本例终】

6.3 AWGN 信道的矢量表示

考虑图 6.1 中的 AWGN 信道，接收信号 $x(t)$ 表示为

$$x(t)=s_i(t)+w(t) \tag{6.26}$$

其中 $w(t)$ 是零均值、功率谱密度为 $N_0/2$ 的高斯白噪声。把 $x(t)$ 输入图 6.2(b) 所示的 N 个乘法器和积分器(或相关器)，那么相关器 j 的输出为

$$\begin{aligned} x_j &= \int_0^T x(t)\phi_j(t)\,\mathrm{d}t \\ &= s_{ij} + w_j \end{aligned} \tag{6.27}$$

其中 s_{ij} 取决于发射信号 $s_i(t)$，即

$$s_{ij} = \int_0^T s_i(t)\phi_j(t)\,\mathrm{d}t \tag{6.28}$$

而 w_j 取决于信道噪声 $w(t)$，即

$$w_j = \int_0^T w(t)\phi_j(t)\,\mathrm{d}t \tag{6.29}$$

那么，能否利用这组 N 个相关器的输出进行发射信号估计？换句话说，将接收信号 $x(t)$ 变换为 N 个相关器的输出，有没有损失信息？

考虑一个新的函数 $x'(t)$ 为

$$x'(t) = x(t) - \sum_{j=1}^{N} x_{ij}\phi_j(t) \tag{6.30}$$

将式(6.26)和式(6.27)代入式(6.30)，然后利用式(6.5)，可以得到

$$\begin{aligned} x'(t) &= s_i(t) + w(t) - \sum_{j=1}^{N} (s_{ij} + w_j)\phi_j(t) \\ &= w(t) - \sum_{j=1}^{N} w_j\phi_j(t) \\ &= w'(t) \end{aligned} \tag{6.31}$$

因而，$x'(t)$ 仅取决于信道噪声 $w(t)$。基于式(6.30)和式(6.31)，可以将接收信号表示为

$$x(t) = \sum_{j=1}^{N} x_j\phi_j(t) + w'(t) \tag{6.32}$$

显然，$w'(t)$ 是一个零均值高斯过程，与发射信号无关。因此，将接收信号 $x(t)$ 变换为 N 个相关器的输出没有损失信息。

现在推导这组 N 个相关器输出的统计特性。用 $X(t)$ 表示一个随机过程，其抽样函数就是接收信号 $x(t)$。相应地，用 X_j 表示一个随机变量，其抽样值就是相关器输出 $x_j(j=1,2,\cdots,N)$。考虑 AWGN 信道模型，可知 $X(t)$ 是一个高斯过程。随机变量 X_j 对于所有 j 来说都是高斯随机变量。因而，X_j 的特性完全由其均值和方差来决定。

用 W_j 表示第 j 个相关器输出中的噪声分量 w_j 所对应的随机变量。因为图 6.1 中 AWGN 信道模型的 $w(t)$ 所对应的随机过程 $W(t)$ 为零均值，所以 W_j 也为零均值。因此，X_j 的均值为

$$\begin{aligned} \mu_{X_j} &= E[X_j] \\ &= E[s_{ij} + W_j] \\ &= s_{ij} + E[W_j] \\ &= s_{ij} \end{aligned} \tag{6.33}$$

X_j 的方差为

$$\begin{aligned} \sigma_{X_j}^2 &= E[(X_j - s_{ij})^2] \\ &= E[W_j^2] \end{aligned} \tag{6.34}$$

式(6.34)中最后一行基于式(6.27)而得，只是将式(6.27)中的 x_j 和 w_j 分别以 X_j 和 W_j 代替。根据式(6.29)，随机变量 W_j 定义为

$$W_j = \int_0^T W(t)\phi_j(t)\,\mathrm{d}t \tag{6.35}$$

因而，可以将式(6.34)展开为

$$\begin{aligned} \sigma_{X_j}^2 &= E\left[\int_0^T W(t)\phi_j(t)\,\mathrm{d}t \int_0^T W(u)\phi_j(u)\,\mathrm{d}u\right] \\ &= E\left[\int_0^T\int_0^T \phi_j(t)\phi_j(u)W(t)W(u)\,\mathrm{d}t\mathrm{d}u\right] \end{aligned} \tag{6.36}$$

交换其中积分与数学期望的顺序

$$\begin{aligned}\sigma_{X_j}^2 &= \int_0^T\int_0^T \phi_j(t)\phi_j(u)E[W(t)W(u)]\,\mathrm{d}t\mathrm{d}u \\ &= \int_0^T\int_0^T \phi_j(t)\phi_j(u)R_W(t,u)\,\mathrm{d}t\mathrm{d}u\end{aligned} \tag{6.37}$$

其中，$R_w(t,u)$是噪声过程 $W(t)$的自相关函数。由于 $W(t)$是功率谱密度为 $N_0/2$ 的白噪声，可知

$$R_W(t,u)=\frac{N_0}{2}\delta(t-u) \tag{6.38}$$

将式(6.38)代入式(6.37)，得到

$$\begin{aligned}\sigma_{X_j}^2 &= \frac{N_0}{2}\int_0^T\int_0^T \phi_j(t)\phi_j(u)\delta(t-u)\,\mathrm{d}t\mathrm{d}u \\ &= \frac{N_0}{2}\int_0^T \phi_j^2(t)\,\mathrm{d}t\end{aligned} \tag{6.39}$$

由于 $\phi_j(t)$具有单位能量，因此最终得到

$$\sigma_{X_j}^2=\frac{N_0}{2} \tag{6.40}$$

这表明，所有由 $X_j(j=1,2,\cdots,N)$表示的相关器的输出，其方差都等于 $N_0/2$。

进一步，由于$\{\phi_j(t)\}$组成了一个正交集合，X_j 是互不相关的，即

$$\begin{aligned}\mathrm{Cov}[X_jX_k] &= E[(X_j-\mu_{X_j})(X_k-\mu_{X_k})] \\ &= E[(X_j-s_{ij})(X_k-s_{ik})] \\ &= E[W_jW_k] \\ &= E\left[\int_0^T W(t)\phi_j(t)\,\mathrm{d}t\int_0^T W(t)\phi_k(t)\,\mathrm{d}t\right] \\ &= \int_0^T\int_0^T \phi_j(t)\phi_k(u)R_W(t,u)\,\mathrm{d}t\mathrm{d}u \\ &= \frac{N_0}{2}\int_0^T\int_0^T \phi_j(t)\phi_k(u)\delta(t-u)\,\mathrm{d}t\mathrm{d}u \\ &= \frac{N_0}{2}\int_0^T \phi_j(t)\phi_k(t)\,\mathrm{d}t \\ &= 0\end{aligned} \tag{6.41}$$

由于 X_j 是高斯随机变量，因此式(6.41)意味着它们也是统计独立的。

定义 N 维随机矢量

$$\boldsymbol{X}=\begin{bmatrix}X_1\\X_2\\\vdots\\X_N\end{bmatrix} \tag{6.42}$$

其中的元素都是均值为 s_{ij}、方差为 $N_0/2$ 的统计独立的高斯随机变量。在给定发射信号 $s_i(t)$或发射符号 m_i 的情况下，可以把矢量 $\boldsymbol{X}$ 的条件概率密度函数表示为其中每个独立元素的条件概率密度函数的乘积，即

$$f_{\boldsymbol{X}}(\boldsymbol{x} \mid m_i) = \prod_{j=1}^{N} f_{X_j}(x_j \mid m_i) \tag{6.43}$$

其中矢量 $\boldsymbol{x}$ 和标量 x_j 分别是随机矢量 $\boldsymbol{X}$ 和随机变量 X_j 的样值。矢量 $\boldsymbol{x}$ 称为观察矢量，并将 x_i 称为观察元素。因为每个 X_j 都是均值为 s_{ij}、方差为 $N_0/2$ 的高斯随机变量，所以有

$$f_{X_j}(x_j \mid m_i)=\frac{1}{\sqrt{\pi N_0}}\exp\left[-\frac{1}{N_0}(x_j-s_{ij})^2\right] \tag{6.44}$$

将式(6.44)代入式(6.43)，得

$$f_{\boldsymbol{X}}(\boldsymbol{x} \mid m_i) = (\pi N_0)^{-N/2}\exp\left[-\frac{1}{N_0}\sum_{j=1}^{N}(x_j - s_{ij})^2\right] \tag{6.45}$$

至此，图6.1中的AWGN信道可以等价为下述 N 维矢量信道

$$\boldsymbol{x}=\boldsymbol{s}_i+\boldsymbol{w} \tag{6.46}$$

其中 N 是信号矢量 $\boldsymbol{s}_i$ 的维度，$\boldsymbol{w}$ 是零均值，斜方差矩阵为 $\frac{N_0}{2}I_N$ 的 N 维高斯噪声。该矢量信道模型是理解下面描述的信号检测问题的基础。

6.4 最大似然检测

与信号 $s_i(t)$ 相对应的信号矢量 $\boldsymbol{s}_i$，可以表示为 N 维欧氏空间中的一个点，这个点称为发射信号点或消息点，所有消息点的集合称为信号星座图。

加性噪声的存在使接收信号 $x(t)$ 的表示变得较为复杂。接收信号 $x(t)$ 对应的观察矢量 $\boldsymbol{x}$，可以表示在同一个欧氏空间中的一个点，该点称为接收信号点。从式(6.46)可知，观察矢量 $\boldsymbol{x}$ 和信号矢量 $\boldsymbol{s}_i$ 的差别在于噪声矢量 $\boldsymbol{w}$，其方向是完全随机的。因此接收信号点完全随机地分布在消息点周围。在某种意义上，它可能位于以消息点为中心的高斯分布的“云图”内的任何位置。噪声云图与接收信号点如图6.6所示。

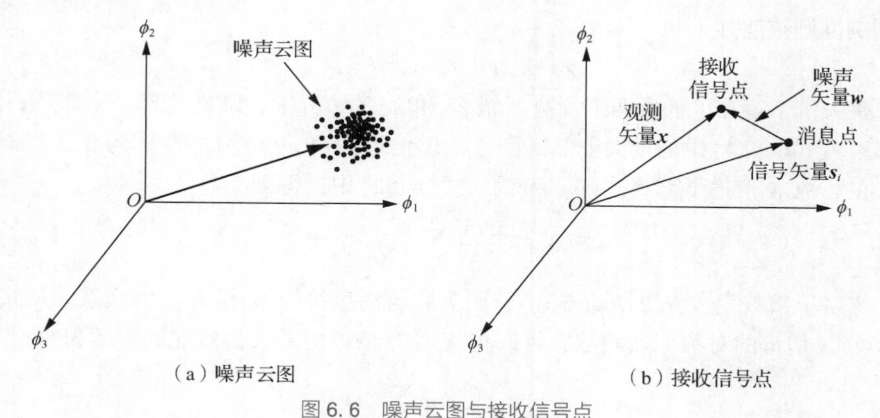

（a）噪声云图　　（b）接收信号点

图6.6 噪声云图与接收信号点

6.4.1 最大似然准则

信号检测就是根据观察矢量 $\boldsymbol{x}$ 对发射符号进行估计，并且要使误码率达到最小。假设当前估计为 $\hat{m}=m_i$，则差错概率 $P_e(m_i \mid \boldsymbol{x})$ 为

$$P_e(m_i \mid \boldsymbol{x}) = P(\text{不发送 } m_i \mid \boldsymbol{x}) \\ = 1 - P(\text{发送 } m_i \mid \boldsymbol{x}) \tag{6.47}$$

因而，可以将最优判决准则描述如下。对所有 $k \neq i$，如果存在 m_i 使得

$$P(\text{发送 } m_i \mid \boldsymbol{x}) \geqslant P(\text{发送 } m_k \mid \boldsymbol{x}) \tag{6.48}$$

则判决为 $\hat{m} = m_i$，其中，$k = 1, 2, \cdots, M$。该判决准则称为最大后验概率（Maximum a Posteriori Probability，MAP）准则。

在式（6.48）中使用贝叶斯准则，可以将 MAP 准则重述为

$$\hat{m} = \arg\max \frac{p_k f_X(\boldsymbol{x} \mid m_k)}{f_X(\boldsymbol{x})} \tag{6.49}$$

其中 p_k 是发射符号 m_k 的先验概率，$f_X(\boldsymbol{x} \mid m_k)$ 是条件概率密度函数，$f_X(\boldsymbol{x})$ 为概率密度函数。在式（6.49）中，在等概率假设下 $p_k = 1/M$ 为常数，而且分母 $f_X(\boldsymbol{x})$ 是公共项。因此式（6.49）可以简化为

$$\hat{m} = \arg\max f_X(\boldsymbol{x} \mid m_k) \tag{6.50}$$

条件概率密度函数 $f_X(\boldsymbol{x} \mid m_k)$ 也称为似然函数，记为 $L(m_i)$，即

$$L(m_i) = f_X(\boldsymbol{x} \mid m_i) \tag{6.51}$$

特别地，用记为 $l(m_i)$ 的对数似然函数更方便，其定义为

$$l(m_i) = \ln L(m_i) \tag{6.52}$$

因此，可以用 $l(m_k)$ 将式（6.50）中的判决准则简化如下

$$\hat{m} = \arg\max l(m_k) \tag{6.53}$$

该判决准则称为最大似然准则，相应的检测设备称为最大似然检测器。根据式（6.53），最大似然检测器可对于所有可能的消息符号都计算出对数似然函数，并选择其中最大的作为判决。注意，最大似然检测不同于最大后验检测，因为它假设各发射符号是等概率的。

为便于理解，下面给出最大似然准则的图形解释。用 Z 代表所有可能观察矢量 $\boldsymbol{x}$ 的 N 维空间。所谓判决过程，就是将整个空间 Z 分为 M 个判决区域，记为 $Z_1, Z_2, \cdots, Z_M$。因此，可以将式（6.53）的判决准则重述如下：

$$\boldsymbol{x} \in Z_i, i = \arg\max l(m_k) \tag{6.54}$$

如果观察矢量 $\boldsymbol{x}$ 落在了任意两个判决区域 Z_i 和 Z_k 的边界上，随机选择一个即可。

式（6.53）或式（6.54）中的最大似然准则，是以信道噪声 $w(t)$ 为加性作为唯一限制时得到的一般形式。在 AWGN 信道下，将式（6.45）代入式（6.52）中，得到

$$l(m_i) = -\frac{1}{N_0}\sum_{j=1}^{N}(x_j - s_{ij})^2 \tag{6.55}$$

其中，忽略了常数项 $-(N/2)\log(\pi N_0)$，因为它与消息符号 m_i 没有任何联系。从式（6.55）定义的用于 AWGN 信道的对数似然函数，可以将 AWGN 信道的最大似然准则表示为

$$\boldsymbol{x} \in Z_i, i = \arg\min \sum_{j=1}^{N}(x_j - s_{kj})^2 \tag{6.56}$$

接下来，根据式（6.14），可以得到

$$\sum_{j=1}^{N}(x_j - s_{kj})^2 = \|\boldsymbol{x} - \boldsymbol{s}_k\|^2 \tag{6.57}$$

其中，$\|\boldsymbol{x} - \boldsymbol{s}_k\|$ 是由矢量 $\boldsymbol{x}$ 和 $\boldsymbol{s}_k$ 表示的接收信号点与消息点之间的欧氏距离。因此，可以重述式（6.56）的判决准则如下：

$$\boldsymbol{x} \in Z_i, i = \arg\min \|\boldsymbol{x} - \boldsymbol{s}_k\| \tag{6.58}$$

式(6.58)表明，最大似然准则就是选择离接收信号点最近的消息点。

进一步地，可以对式(5.56)的判决准则进行简化以避免平方计算

$$\sum_{j=1}^{N}(x_j - s_{kj})^2 = \sum_{j=1}^{N} x_j^2 - 2\sum_{j=1}^{N} x_j s_{kj} + \sum_{j=1}^{N} s_{kj}^2 \tag{6.59}$$

该展开式中的第一项与 k 无关，可以忽略；第二项是观察矢量 $\boldsymbol{x}$ 和信号矢量 $\boldsymbol{s}_k$ 的内积；第三项为发射信号 $s_k(t)$ 的能量。因此，可以得到等价于式(6.58)的如下判决准则：

$$\boldsymbol{x} \in Z_i, i = \arg\max \sum_{j=1}^{N} x_j s_{kj} - \frac{1}{2}E_k \tag{6.60}$$

其中 E_k 是发射信号 $s_k(t)$ 的能量

$$E_k = \sum_{j=1}^{N} s_{kj}^2 \tag{6.61}$$

从式(6.60)可以得出，对于 AWGN 信道，判决区域应是 N 维观察空间 Z 内的区域，该区域由线性 $N-1$ 维超平面边界界定。图 6.7 显示了维数 $N=2$、信号数 $M=4$ 的判决区域的例子，其中所有信号的能量都为 E，并且所有信号等概率出现。

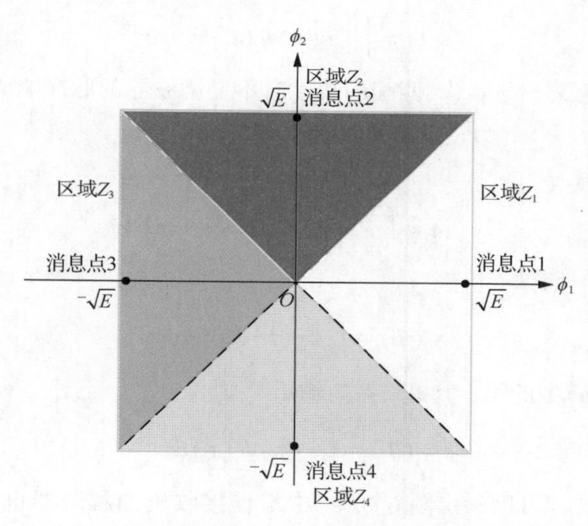

图 6.7　$N=2$、 $M=4$ 的判决区域的例子

6.4.2　相干接收机

根据前面各节的内容，对于 AWGN 信道，当发射信号 $s_1(t), s_2(t), \cdots, s_M(t)$ 等概率出现时，最佳接收机由两个子系统组成，如图 6.8 所示，图中的最佳接收机一般被称为相干接收机。

(1)图 6.8(a)所示为解调器。它由一组 N 个乘积–积分器(或相关器)组成，每个乘法器都有一个正交基函数(本地载波)，接收信号 $x(t)$ 通过这组相关器产生观察矢量 $\boldsymbol{x}$。

(2)图 6.8(b)所示为基于最大似然准则的检测器。它按最小化误码率的方式处理观察矢量 $\boldsymbol{x}$，产生发射符号的估计值 $\hat{m}$。根据式(6.60)，观察矢量 $\boldsymbol{x}$ 的 N 个元素首先与每个信号矢量 $s_1, s_2, \cdots, s_M$ 的 N 个元素相乘，乘积结果在累加器中求和，以形成相应的内积 $\{\boldsymbol{x}^{\mathrm{T}}\boldsymbol{s}_k \mid k=1,2,\cdots,M\}$。接着，添加与发射信号能量有关的纠正项，选择取值最大的作为输出，完成发射消息的判决。

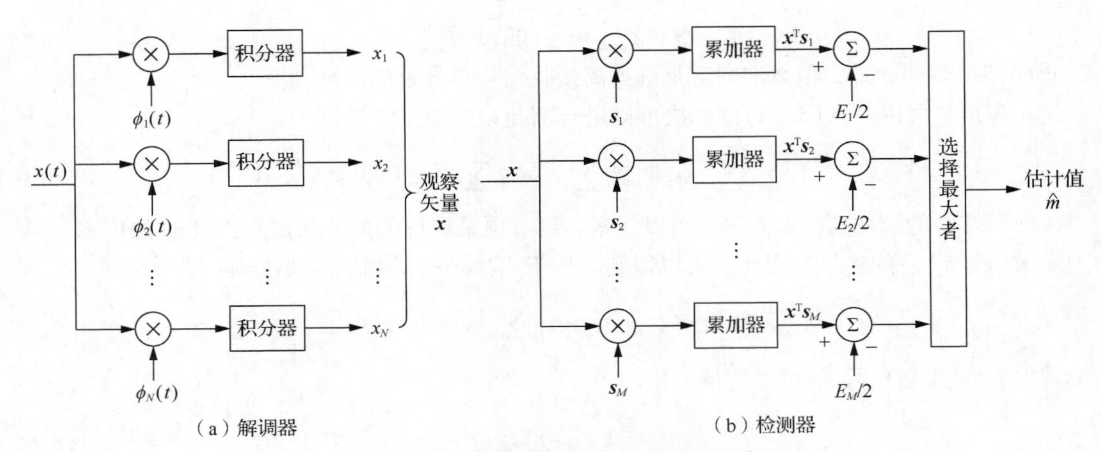

图 6.8 相干接收机的解调器和检测器示意

接下来介绍相干接收机与匹配滤波接收机的等价性。考虑一个脉冲响应为 $h_j(t)$ 的线性时不变滤波器。如果把接收信号 $x(t)$ 作为该滤波器的输入，其输出信号 $y_j(t)$ 为

$$y_j(t) = \int_{-\infty}^{\infty} x(\tau) h_j(t - \tau) \mathrm{d}\tau \tag{6.62}$$

根据匹配滤波器的定义，与 $\phi_j(t)$ 匹配的线性时不变滤波器的脉冲响应 $h_j(t)$ 应等于

$$h_j(t) = \phi_j(T-t) \tag{6.63}$$

因此，滤波器的输出为

$$y_j(t) = \int_{-\infty}^{\infty} x(\tau) \phi_j(T - t + \tau) \mathrm{d}\tau \tag{6.64}$$

对输出在时刻 $t=T$ 上抽样，得到

$$y_j(T) = \int_{-\infty}^{\infty} x(\tau) \phi_j(\tau) \mathrm{d}\tau \tag{6.65}$$

另一方面，图 6.8(a) 中的第 j 个相关器的输出 y_j 为

$$y_j(T) = \int_{0}^{T} x(\tau) \phi_j(\tau) \mathrm{d}\tau \tag{6.66}$$

对比上述这两个公式，可以看出图 6.8(a) 中最佳接收机的解调器也可以用一组匹配滤波器来实现，如图 6.9 所示。

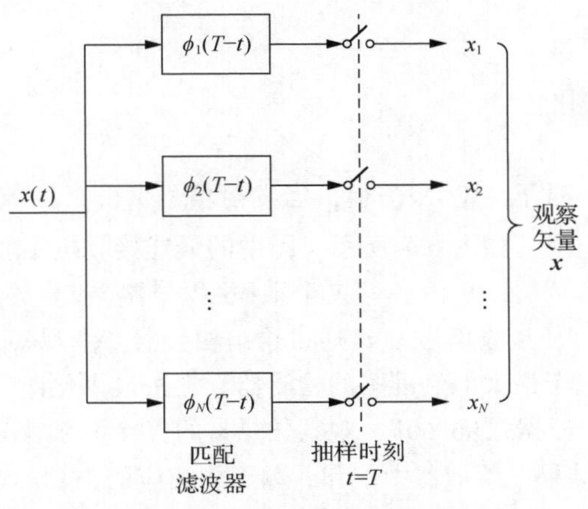

图 6.9 用匹配滤波器实现的解调器

6.5 误码率

本节将针对 AWGN 信道 M 进制数字通信系统的最佳接收机，推导出相应的误码率联合界公式。在 M 进制数字通信系统中，当发射符号为 m_i（信号矢量 $\boldsymbol{s}_i$）时，如果接收信号点 $\boldsymbol{x}$ 没有落入与 $\boldsymbol{s}_i$ 表示的消息点相关联的区域 Z_i，就会出现判决错误。误码率 P_e 为

$$\begin{aligned} P_e &= \sum_{i=1}^{M} p_i P(\boldsymbol{x}\text{ 不在 }Z_i\text{ 内} \mid \text{发送 }m_i) \\ &= \frac{1}{M}\sum_{i=1}^{M} P(\boldsymbol{x}\text{ 不在 }Z_i\text{ 内} \mid \text{发送 }m_i) \\ &= 1-\frac{1}{M}\sum_{i=1}^{M} P(\boldsymbol{x}\text{ 在 }Z_i\text{ 内} \mid \text{发送 }m_i) \end{aligned} \tag{6.67}$$

用似然函数将式(6.67)重写为

$$P_e = 1-\frac{1}{M}\sum_{i=1}^{M}\int_{Z_i} f_{\boldsymbol{X}}(\boldsymbol{x} \mid m_i)\,\mathrm{d}\boldsymbol{x} \tag{6.68}$$

由于观察矢量是 N 维的，式(6.68)中的积分是 N 重积分。接下来，首先分析误码率的旋转不变性和平移不变性，并介绍最小能量信号的概念，然后推导误码率的联合界公式。

6.5.1 误码率的旋转不变性和平移不变性

在对加性高斯白噪声下的信号进行最大似然检测时，如何将观察空间 Z 划分成区域 $Z_1, Z_2, \cdots, Z_M$，取决于信号星座图。但是信号星座图的某些变换（如旋转、平移）并不影响式(6.68)中定义的误码率 P_e。这主要是由于在最大似然检测中，误码率 P_e 仅由星座图中消息点之间的相对欧氏距离决定，而且加性高斯白噪声在信号空间中是对称的。

1. 误码率的旋转不变性

星座图中所有消息点旋转，等价于对所有的 $\boldsymbol{s}_i$ 乘一个实正交矩阵 $\boldsymbol{Q}$，即满足

$$\boldsymbol{Q}\boldsymbol{Q}^{\mathrm{T}} = \boldsymbol{I} \tag{6.69}$$

其中 $\boldsymbol{I}$ 是单位矩阵。根据式(6.69)，$\boldsymbol{Q}$ 的逆等于其转置。因而，当信号矢量 $\boldsymbol{s}_i$ 由其旋转形式代替

$$\boldsymbol{s}_{i,\mathrm{rotate}} = \boldsymbol{Q}\boldsymbol{s}_i \tag{6.70}$$

噪声矢量 $\boldsymbol{w}$ 也由其旋转形式代替

$$\boldsymbol{w}_{\mathrm{rotate}} = \boldsymbol{Q}\boldsymbol{w} \tag{6.71}$$

但噪声矢量的统计特性不受这种旋转的影响，分析如下。

第一，由于高斯随机变量的线性组合仍是高斯的，因此旋转噪声矢量 $\boldsymbol{w}_{\mathrm{rotate}}$ 也是高斯的。

第二，由于噪声矢量 $\boldsymbol{w}$ 为零均值，因此旋转噪声矢量 $\boldsymbol{w}_{\mathrm{rotate}}$ 也为零均值，即

$$\begin{aligned} E[\boldsymbol{w}_{\mathrm{rotate}}] &= E[\boldsymbol{Q}\boldsymbol{w}] \\ &= \boldsymbol{Q}E[\boldsymbol{w}] \\ &= 0 \end{aligned} \tag{6.72}$$

第三，由于噪声矢量 $\boldsymbol{w}$ 的协方差矩阵等于$\frac{N_0}{2}\boldsymbol{I}$，即

$$E[\boldsymbol{w}\boldsymbol{w}^{\mathrm{T}}]=\frac{N_0}{2}\boldsymbol{I} \tag{6.73}$$

因此旋转噪声矢量 $\boldsymbol{w}_{\text{rotate}}$ 的协方差矩阵为

$$\begin{aligned}E[\boldsymbol{w}_{\text{rotate}}\boldsymbol{w}_{\text{rotate}}^{\mathrm{T}}]&=E[\boldsymbol{Q}\boldsymbol{w}(\boldsymbol{Q}\boldsymbol{w})^{\mathrm{T}}]\\&=E[\boldsymbol{Q}\boldsymbol{w}\boldsymbol{w}^{\mathrm{T}}\boldsymbol{Q}^{\mathrm{T}}]\\&=\frac{N_0}{2}E[\boldsymbol{Q}\boldsymbol{Q}^{\mathrm{T}}]\\&=\frac{N_0}{2}\boldsymbol{I}\end{aligned} \tag{6.74}$$

式(6.74)中最后两行分别用到了式(6.73)和式(6.69)。所以，旋转噪声矢量 $\boldsymbol{w}_{\text{rotate}}$ 与噪声矢量 $\boldsymbol{w}$ 的统计特性完全相同，是等价的。

因此，如果把观察矢量表示在旋转后的星座图中，则有

$$\begin{aligned}\boldsymbol{x}_{\text{rotate}}&=\boldsymbol{Q}(\boldsymbol{s}_i+\boldsymbol{w})\\&=\boldsymbol{Q}\boldsymbol{s}_i+\boldsymbol{w}\end{aligned} \tag{6.75}$$

比较式(6.75)与式(6.46)，可以看出

$$\|\boldsymbol{x}_{\text{rotate}}-\boldsymbol{s}_{i,\text{rotate}}\|=\|\boldsymbol{x}-\boldsymbol{s}_i\| \tag{6.76}$$

所以，当信号星座图经由一个正交变化旋转后，误码率 P_e 不变。这就是旋转不变性原理。例如，图6.10(b)中的信号星座图是由图6.10(a)中的信号星座图旋转了45°得到的，尽管这两个星座图看上去不同，但 P_e 是一样的。

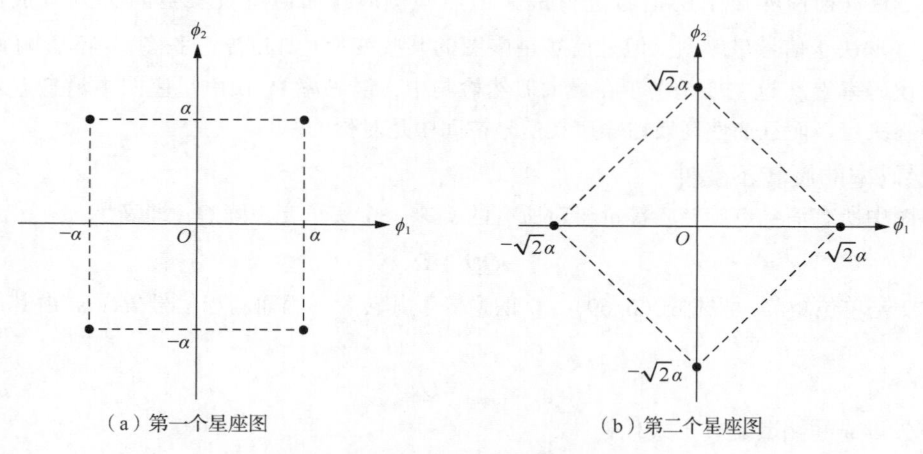

图6.10 旋转不变性原理的信号星座图示例

2. 误码率的平移不变性

假设一个信号星座图中所有消息点都平移了一个常矢量 $\boldsymbol{a}$，即

$$\boldsymbol{s}_{i,\text{translate}}=\boldsymbol{s}_i-\boldsymbol{a} \tag{6.77}$$

相应地，观察矢量也平移了同样的矢量值，即

$$\boldsymbol{x}_{\text{translate}}=\boldsymbol{x}-\boldsymbol{a} \tag{6.78}$$

从式(6.77)和式(6.78)可以得到

$$\|\boldsymbol{x}_{\text{translate}}-\boldsymbol{s}_{i,\text{translate}}\|=\|\boldsymbol{x}-\boldsymbol{s}_i\| \tag{6.79}$$

所以，当一个信号星座图平移了一个常矢量后，误码率 P_e 不变。这就是平移不变性原理。例如，图6.11(b)中的星座图是由图6.11(a)中的星座图沿 ϕ_1 轴右移了 $3\alpha/2$ 得到的，尽管这两个星座图看上去不同，但 P_e 是一样的。

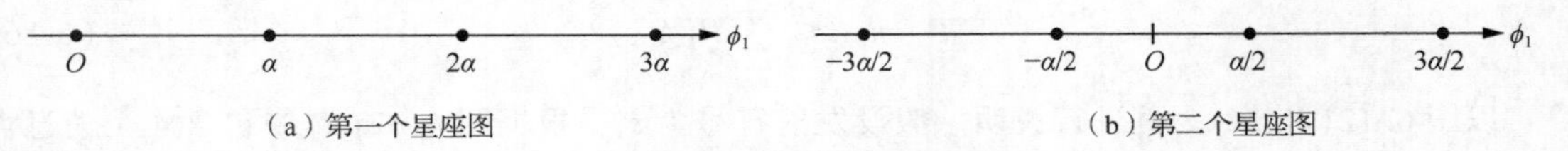

图6.11　平移不变性原理的信号星座图示例

6.5.2　最小能量信号

根据平移不变性原理，对信号星座图进行任何平移，都不改变误码率。因此，可以对信号星座图进行平移，使其平均能量最小，从而达到节约通信的能量资源的目的。

考虑一个由信号矢量 $s_1,s_2,\cdots,s_M$ 组成的信号星座图。经矢量 $\boldsymbol{a}$ 平移后的信号星座图的平均能量为

$$E_{\text{translate}}=\sum_{i=1}^{M}\|\boldsymbol{s}_i-\boldsymbol{a}\|^2 p_i \tag{6.80}$$

其中 p_i 是 $\boldsymbol{s}_i$ 的先验概率。将 $\boldsymbol{s}_i$ 与 $\boldsymbol{a}$ 间的欧氏距离的平方展开，得到

$$\|\boldsymbol{s}_i-\boldsymbol{a}\|^2=\|\boldsymbol{s}_i\|^2-2\boldsymbol{a}^{\mathrm{T}}\boldsymbol{s}_i+\|\boldsymbol{a}\|^2 \tag{6.81}$$

因此，可以重写式(6.80)为

$$\begin{aligned}E_{\text{translate}}&=\sum_{i=1}^{M}\|\boldsymbol{s}_i\|^2 p_i-2\sum_{i=1}^{M}\boldsymbol{a}^{\mathrm{T}}\boldsymbol{s}_i p_i+\|\boldsymbol{a}\|^2\sum_{i=1}^{M}p_i\\&=E_{\text{av}}-2\boldsymbol{a}^{\mathrm{T}}E[\boldsymbol{s}]+\|\boldsymbol{a}\|^2\end{aligned} \tag{6.82}$$

其中 E_{av} 是原始信号星座图的平均能量，且

$$E[\boldsymbol{s}]=\sum_{i=1}^{M}\boldsymbol{s}_i p_i \tag{6.83}$$

为了使平均能量达到最小，对式(6.82)中的矢量 $\boldsymbol{a}$ 求导并令结果为0，可以得到最佳的平移量为

$$\boldsymbol{a}_{\min}=E[\boldsymbol{s}] \tag{6.84}$$

此时，所能达到的最小平均能量为

$$E_{\text{translate}}=E_{\text{av}}-\|\boldsymbol{a}_{\min}\|^2 \tag{6.85}$$

例如，图6.11(a)中的信号星座图的最佳平移量为 $\boldsymbol{a}_{\min}=3\alpha/2$。因此，将图6.11(a)的信号星座图平移 $3\alpha/2$ 后，就可以得到具有最小平均能量的信号星座图。这就是图6.11(b)中的信号星座图。

6.5.3　误码率的联合界

式(6.68)给出了AWGN信道的误码率 P_e。理论上讲，可以直接将式(6.45)代入式(6.68)，

然后计算积分。但一般来说，直接计算该积分是困难的。为了克服该困难，可以引入误码率 P_e 的上界，作为 AWGN 信道误码率的近似值。

用 A_{ik} 代表事件"当发射符号 m_i（矢量 $\boldsymbol{s}_i$）时，观察矢量 $\boldsymbol{x}$ 距离信号矢量 $\boldsymbol{s}_k$ 比距离 $\boldsymbol{s}_i$ 近"。当发射符号 m_i 时，条件符号差错概率 $P_e(m_i)$ 等于联合事件 $A_{i,1}, A_{i,2}, \cdots, A_{i,i-1}, A_{i,i+1}, \cdots, A_{i,M}$ 的概率。根据概率论可知，有限个联合事件的概率不超过各事件的概率之和。因此

$$P_e(m_i) \leqslant \sum_{\substack{k=1 \\ k \neq i}}^{M} P(A_{i,k}) \tag{6.86}$$

以图 6.12（$M=4$）为例进行说明。假设发射符号为 $\boldsymbol{s}_1$，根据图 6.12（a）中包含 4 个消息点的星座图可知，条件符号差错概率 $P_e(m_1)$ 等于观察矢量 $\boldsymbol{x}$ 落入二维信号星座图阴影区域的概率。图 6.12（b）是在原始星座图中保留一对消息点的 3 个星座图，其中包含有 3 个子图，每个子图中只保留了发射消息点 $\boldsymbol{s}_1$ 和另一个消息点 $\boldsymbol{s}_k$，事件 $A_{1,k}$ 的概率 $P(A_{1,k})$ 等于观察矢量 $\boldsymbol{x}$ 落入相应阴影区域的概率。可以看出，$P_e(m_1)$ 小于 $\boldsymbol{x}$ 落入图 6.12（b）中的 3 个信号空间阴影区域的概率之和。

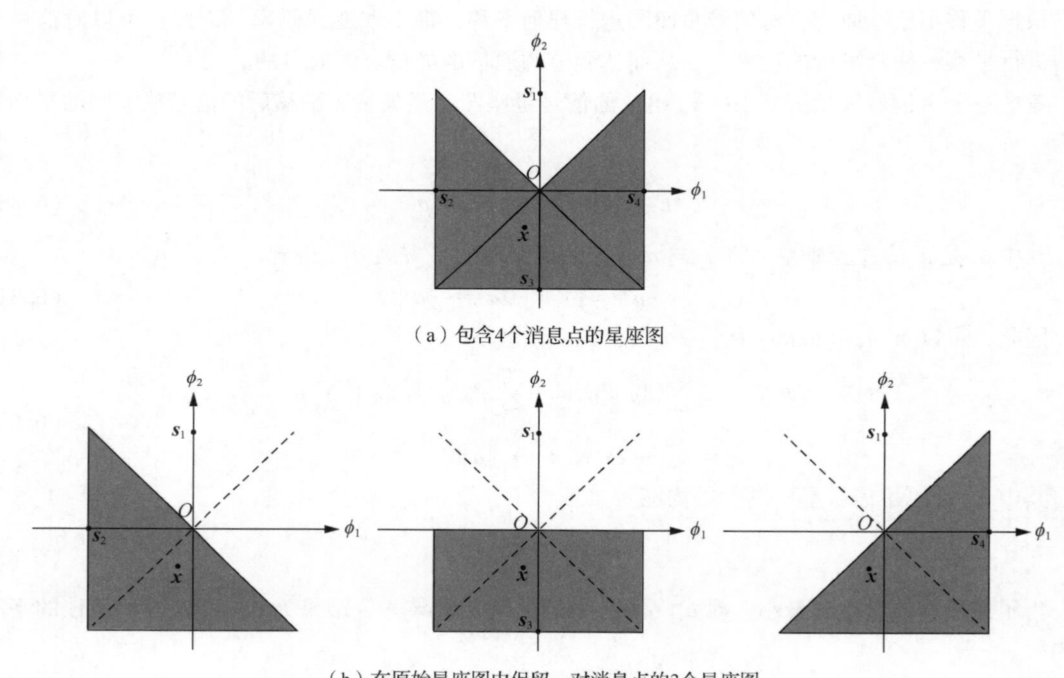

（a）包含4个消息点的星座图

（b）在原始星座图中保留一对消息点的3个星座图

图 6.12　联合界的说明

特别要注意的是，一般来说，概率 $P(A_{i,k})$ 不同于概率 $P_e(\hat{m} \neq m_k \mid m_i)$。后者是当发射信号矢量 $\boldsymbol{s}_i$（或 m_i）时，观察矢量 $\boldsymbol{x}$ 更靠近信号矢量 $\boldsymbol{s}_k$ 的概率。相反，概率 $P(A_{i,k})$ 仅由信号矢量 $\boldsymbol{s}_i$ 和 $\boldsymbol{s}_k$ 决定。为了强调这种差别，用 $P_2(\boldsymbol{s}_i, \boldsymbol{s}_k)$ 代替 $P(A_{i,k})$，并将式(6.86)重写为

$$P_e(m_i) \leqslant \sum_{\substack{k=1 \\ k \neq i}}^{M} P_2(\boldsymbol{s}_i, \boldsymbol{s}_k) \tag{6.87}$$

如果一个数字传输系统只使用一对信号 $\boldsymbol{s}_i$ 和 $\boldsymbol{s}_k$，那么 $P_2(\boldsymbol{s}_i, \boldsymbol{s}_k)$ 就是接收机把 $\boldsymbol{s}_k$ 误判成 $\boldsymbol{s}_i$ 的概率，所以称 $P_2(\boldsymbol{s}_i, \boldsymbol{s}_k)$ 为两两差错概率。

接下来，考虑一个简化的数字通信系统，它只使用包括矢量 $\boldsymbol{s}_i$ 和 $\boldsymbol{s}_k$ 的两个等概率消息符号，则两两差错概率 $P_2(\boldsymbol{s}_i,\boldsymbol{s}_k)$ 为

$$\begin{aligned}P_2(\boldsymbol{s}_i,\boldsymbol{s}_k) &= P(\text{当发射 }\boldsymbol{s}_i\text{ 时},\boldsymbol{x}\text{ 距离 }\boldsymbol{s}_k\text{ 比距离 }\boldsymbol{s}_i\text{ 更近})\\ &= \int_{d_{i,k}/2}^{\infty}\frac{1}{\sqrt{\pi N_0}}\exp\left(-\frac{v^2}{N_0}\right)\mathrm{d}v\end{aligned} \tag{6.88}$$

其中 $d_{i,k}$ 是 $\boldsymbol{s}_i$ 和 $\boldsymbol{s}_k$ 之间的欧氏距离

$$d_{i,k}=\|\boldsymbol{s}_i-\boldsymbol{s}_k\| \tag{6.89}$$

利用互补误差函数，可以将式(6.88)写为

$$P_2(\boldsymbol{s}_i,\boldsymbol{s}_k)=\frac{1}{2}\mathrm{erfc}\left(\frac{d_{i,k}}{2\sqrt{N_0}}\right) \tag{6.90}$$

将式(6.90)代入式(6.87)，得到

$$P_\mathrm{e}(m_i)\leqslant\frac{1}{2}\sum_{\substack{k=1\\k\neq i}}^{M}\mathrm{erfc}\left(\frac{d_{i,k}}{2\sqrt{N_0}}\right) \tag{6.91}$$

因此，M 个符号的误码率的上界为

$$\begin{aligned}P_\mathrm{e}&=\sum_{i=1}^{M}p_iP_\mathrm{e}(m_i)\\ &\leqslant\frac{1}{2}\sum_{i=1}^{M}\sum_{\substack{k=1\\k\neq i}}^{M}p_i\mathrm{erfc}\left(\frac{d_{i,k}}{2\sqrt{N_0}}\right)\end{aligned} \tag{6.92}$$

其中 p_i 是发射符号 m_i 的概率。

式(6.92)有如下两种有用的特殊形式。

(1)假设信号星座图关于原点呈圆对称，则条件差错概率 $P_\mathrm{e}(m_i)$ 对所有 i 是一样的，此时，式(6.92)简化为

$$P_\mathrm{e}\leqslant\frac{1}{2}\sum_{\substack{k=1\\k\neq i}}^{M}\mathrm{erfc}\left(\frac{d_{i,k}}{2\sqrt{N_0}}\right) \tag{6.93}$$

(2)定义信号星座图的最小距离 $d_{\min}$ 为星座图中任意两个消息点的最小欧氏距离，即

$$d_{\min}=\min_{k\neq i}d_{i,k} \tag{6.94}$$

由于互补误差函数是单调递减的，有

$$\mathrm{erfc}\left(\frac{d_{i,k}}{2\sqrt{N_0}}\right)\leqslant\mathrm{erfc}\left(\frac{d_{\min}}{2\sqrt{N_0}}\right) \tag{6.95}$$

因此，可以将式(6.92)中误码率的上界简化为

$$P_\mathrm{e}\leqslant\frac{M-1}{2}\mathrm{erfc}\left(\frac{d_{\min}}{2\sqrt{N_0}}\right) \tag{6.96}$$

另外，互补误差函数本身有如下性质

$$\mathrm{erfc}\left(\frac{d_{\min}}{2\sqrt{N_0}}\right)\leqslant\frac{1}{\sqrt{\pi}}\exp\left(-\frac{d_{\min}^2}{4N_0}\right) \tag{6.97}$$

相应地，可以将式(6.96)中的上界进一步简化为

$$P_\mathrm{e}\leqslant\frac{M-1}{2\sqrt{\pi}}\exp\left(-\frac{d_{\min}^2}{4N_0}\right) \tag{6.98}$$

式(6.98)表明：对一个给定的 AWGN 信道，误码率 P_e 随最小平方距离 d_{min}^2 的增加呈指数级递减。

到目前为止，讨论的都是误码率 P_e。在 M 进制系统中，每个符号占$\log_2 M$ 个比特。因此，如果有一个符号出错，那也就意味着至少有 1 个比特、至多有$\log_2 M$ 个比特是错误的。所以，误码率 P_e 与误比特率 BER 存在下述关系

$$\frac{P_e}{\log_2 M} \leqslant \text{BER} \leqslant P_e \tag{6.99}$$

例 6.3 考虑第 5 章中的二进制基带脉冲经过一个功率谱密度为 $N_0/2$ 的 AWGN 信道传输，假设发射的二进制基带脉冲信号为双极性不归零信号，请计算：

(1)信号空间；

(2)平均能量，并判断该信号是否为最小能量信号；

(3)误码率。

解 (1)首先确定信号空间。双极性不归零信号的发射波形为

$$s_1(t)=\sqrt{\frac{E_b}{T_b}},0 \leqslant t \leqslant T_b$$

$$s_2(t)=-\sqrt{\frac{E_b}{T_b}},0 \leqslant t \leqslant T_b$$

可以看出，只有一个基函数为

$$\phi_1(t)=\sqrt{\frac{1}{T_b}},0 \leqslant t \leqslant T_b$$

因此，可以将发射信号表示为

$$s_1(t)=\sqrt{E_b}\phi_1(t)$$
$$s_2(t)=-\sqrt{E_b}\phi_1(t)$$

所以，星座图如图 6.13 所示。

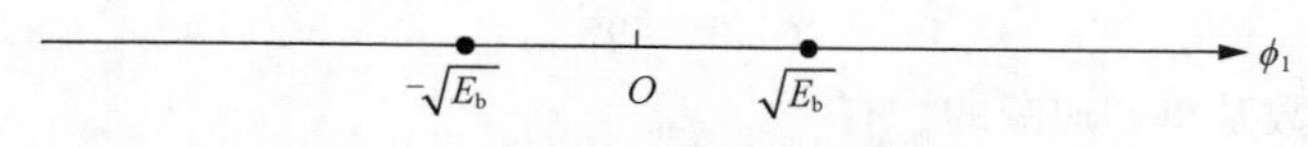

图 6.13 双极性不归零信号的信号星座图

(2)接下来计算平均能量。根据图 6.13，并假设符号 1 和 0 等概率出现，则平均能量为

$$E=\frac{1}{2}\|\boldsymbol{s}_1\|^2+\frac{1}{2}\|\boldsymbol{s}_2\|^2=E_b$$

进一步，由于最小平移量为 0，因此该信号是最小能量信号。

(3)最后计算误码率。根据信号空间分析方法，可以得到误码率为

$$P_e=\frac{1}{2}\text{erfc}\left(\sqrt{\frac{E_b}{N_0}}\right)$$

【本例终】

6.6 本章小结

本章基于信号空间分析的数学方法，针对一般的 AWGN 信道 M 进制数字通信系统，以误码率最小化为目标，介绍了相应的最佳接收机的一般结构，并推导出相应的误码率联合界公式。

信号空间分析方法的基本思想就是用 N 维矢量来表示 M 个发射信号，其中 N 是正交基函数的个数，即信号空间的维数。这称为信号的几何表示，与发射信号集对应的消息点的集合称为信号星座图。

借助信号空间，可以实现 AWGN 信道的矢量表示，即将 AWGN 信道 $x(t)=s_i(t)+w(t)$ 等价表示为 N 维矢量信道 $\boldsymbol{x}=\boldsymbol{s}_i+\boldsymbol{w}$，其中 N 是信号空间的维数。该矢量信道模型是理解 AWGN 信道最佳接收机原理的基础。

在 AWGN 信道中，最佳接收机采取最大后验概率准则。在等概率假设下，可以将最大后验概率准则转化为最大似然准则。在最大似然准则下，检测 AWGN 信道中的连续信号的问题转变为选择信号空间中距离接收信号点最近的消息点的问题。由此，可得到相干接收机与匹配滤波接收机这两种等价的最佳接收机的结构。

最后介绍了 M 进制数字通信系统的误码率性能。一般来说，信号星座图的旋转和平移不会改变 AWGN 信道最大似然信号检测所产生的误码率。在实际应用中，通常采用误码率的联合界对误码率进行估计，并推导了 AWGN 信道 M 进制数字通信系统的误码率联合界公式。

习题

6.1 给出下列二进制 PAM 信号的星座图：

(1) 单极性不归零码；

(2) 单极性归零码。

6.2 一个 8-电平 PAM 信号定义为

$$s_i(t)=A_i\mathrm{rect}\left(\frac{t}{T}-\frac{1}{2}\right)$$

其中 $A_i=\pm1,\pm3,\pm5,\pm7$。请给出该信号集的信号星座图。

6.3 图 P6.3 给出了信号 $s_1(t)$、$s_2(t)$、$s_3(t)$ 和 $s_4(t)$ 的波形。

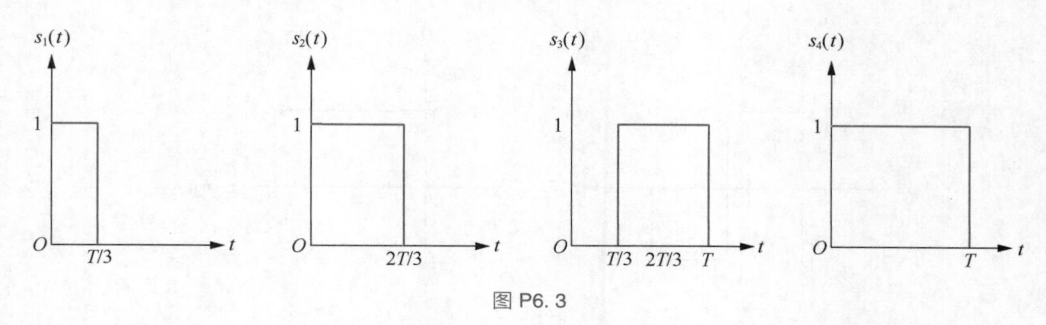

图 P6.3

(1)找出这组信号的正交基本函数；

(2)构建相应的信号星座图。

6.4 图 P6.4 给出了信号 $s_1(t)$、$s_2(t)$ 和 $s_3(t)$ 的波形。

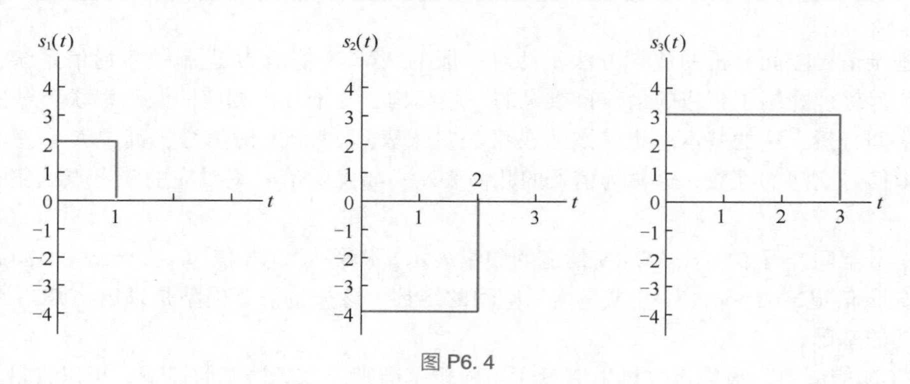

图 P6.4

(1)找出这组信号的正交基本函数；

(2)构建相应的信号星座图。

6.5 一个正交信号集的特性在于其中任意一对信号的内积为 0。图 P6.5 给出了一对满足该条件的信号 $s_1(t)$ 和 $s_2(t)$。请构建 $s_1(t)$ 和 $s_2(t)$ 的信号星座图。

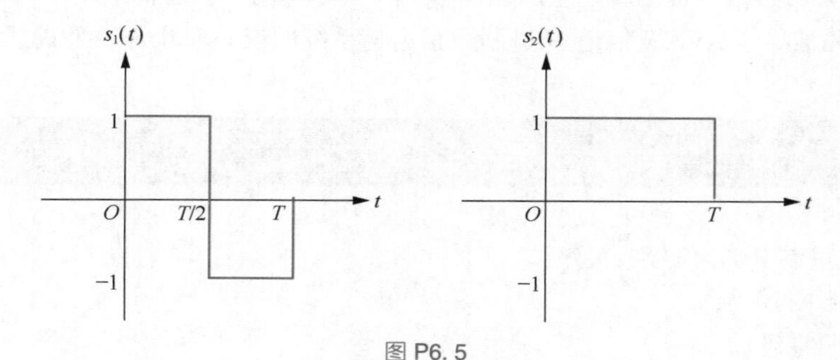

图 P6.5

6.6 通过将集合中每个信号的反信号取入，可由一个包括 M 个信号的正交信号集拓展为包括 $2M$ 个信号的双正交信号集。

(1)正交信号集拓展至双正交信号集，信号空间的维数保持不变。请说明原因；

(2)画出由图 P6.6 中的一对正交信号拓展得到的双正交信号的信号星座图。

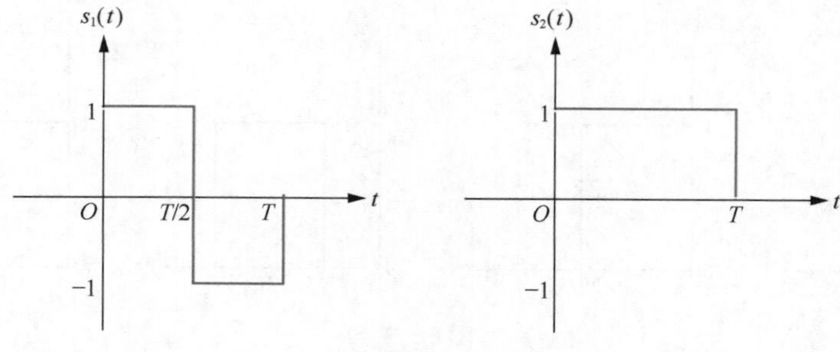

图 P6.6

6.7 假设一对信号 $s_i(t)$ 和 $s_k(t)$ 具有相同的持续时间 T。

(1) 证明这对信号的内积由下式给出

$$\int_0^T s_i(t)s_k(t)\,\mathrm{d}t = \boldsymbol{s}_i^{\mathrm{T}}\boldsymbol{s}_k$$

其中，$\boldsymbol{s}_i$ 和 $\boldsymbol{s}_k$ 分别是 $s_i(t)$ 和 $s_k(t)$ 的矢量表示。

(2) 证明

$$\int_0^T (s_i(t) - s_k(t))^2\,\mathrm{d}t = \|\boldsymbol{s}_i - \boldsymbol{s}_k\|^2$$

6.8 考虑一对分别由下式表达的复值信号 $s_1(t)$ 和 $s_2(t)$

$$s_1(t) = a_{11}\phi_1(t) + a_{12}\phi_2(t)$$
$$s_2(t) = a_{21}\phi_1(t) + a_{22}\phi_2(t)$$

其中，基函数 $\phi_1(t)$ 和 $\phi_2(t)$ 都为实值，但系数 a_{11}、a_{12}、a_{21} 和 a_{22} 都为复数。证明施瓦茨不等式的复数形式

$$\left|\int_{-\infty}^{\infty} s_1(t)s_2^*(t)\,\mathrm{d}t\right|^2 \leqslant \left(\int_{-\infty}^{\infty} |s_1(t)|^2\mathrm{d}t\right)\left(\int_{-\infty}^{\infty} |s_2(t)|^2\mathrm{d}t\right)$$

其中"＊"表示复共轭。满足什么关系时，上式的等号成立？

6.9 考虑一个随机过程 $X(t)$ 的展开式

$$X(t) = \sum_{j=1}^{N} X_j\phi_j(t) + W'(t), 0 \leqslant t \leqslant T$$

其中，$W'(t)$ 是残余噪声项，$\phi_j(t)$ 组成了在时间间隔 $0 \leqslant t \leqslant T$ 上的正交集合，X_j 定义为

$$X_j = \int_0^T X(t)\phi_j(t)\,\mathrm{d}t$$

用 $W'(t_k)$ 代表在时刻 $t=t_k$ 上观察 $W'(t)$ 所得的随机变量，证明对于任意 j 有

$$E[X_jW'(t_k)] = 0, 0 \leqslant t_k \leqslant T$$

6.10 考虑在 AWGN 信道中如下正弦信号的最优检测

$$s(t) = \sin\left(\frac{8\pi t}{T}\right), 0 \leqslant t \leqslant T$$

(1) 假设无噪声输入，求相关器的输出；

(2) 假设采用匹配滤波器，求相应滤波器的输出；

(3) 由此证明这两个输出只有在时刻 $t=T$ 才一样。

6.11 图 P6.11 给出了一对在观察时间 $0 \leqslant t \leqslant 3T$ 上相互正交的信号 $s_1(t)$ 和 $s_2(t)$，并经过一个功率谱密度为 $N_0/2$ 的 AWGN 信道传输。

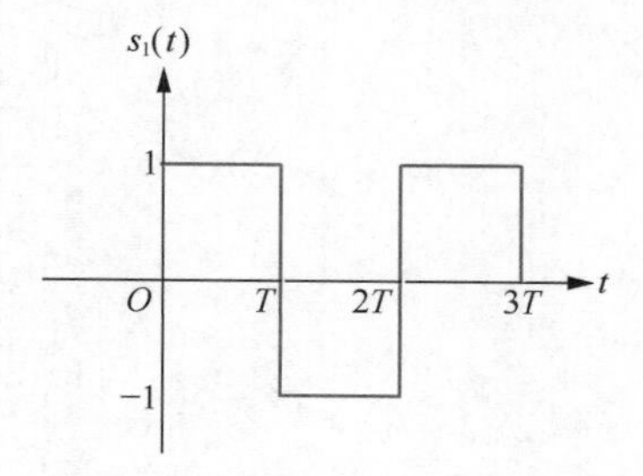

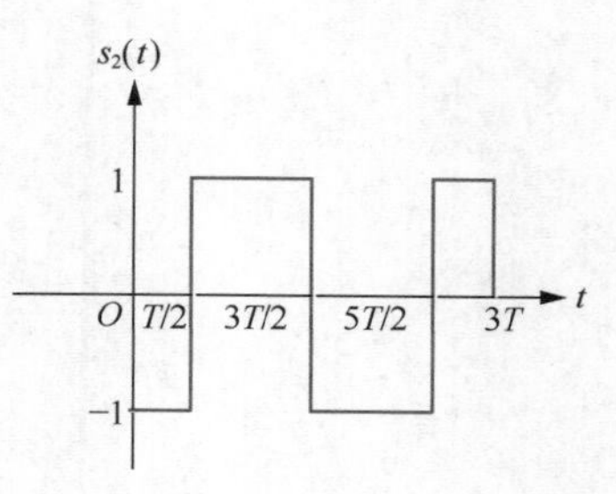

图 P6.11

(1)假设这两个信号等概率发射，设计相应的最佳接收机；

(2)当 $E/N_0=4$ 时，计算该接收机的误码率，其中 E 为信号能量。

6.12 在曼彻斯特码中，二进制符号 1 由图 P6.12 中的双脉冲 $s(t)$ 表示，二进制符号 0 由该脉冲的反信号表示。

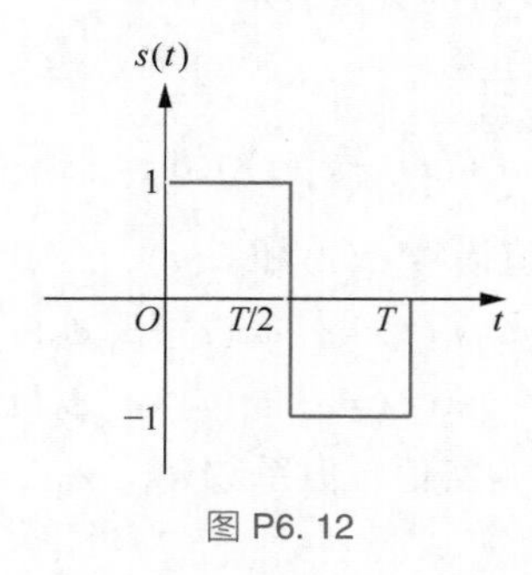

图 P6.12

推导在 AWGN 信道上对这种形式的信号进行最大似然检测所得到的误码率的公式。

第7章 数字调制

知识要点

- 幅移键控
- 频移键控
- 相移键控
- 正交幅度调制
- 数字调制方式的比较

7.1 引言

在数字通信系统中，数字数据可以采用基带脉冲信号的形式直接通过低通信道传输，也可以通过数字调制先转化为带通信号后再传输。前一种采用基带脉冲的通信方式已在第5章中介绍，本章将介绍后一种基于数字调制的通信方式。

数字调制包括数字连续波调制和数字脉冲调制两种方式，本章讨论的数字调制指数字连续波调制，即用数字基带信号来改变(键控)正弦载波的幅度、频率或者相位，最终实现数据传输。数字调制有3种基本方式，分别是幅移键控(Amplitude Shift Keying，ASK)、频移键控(Frequency Shift Keying，FSK)和相移键控(Phase Shift Keying，PSK)。图7.1绘制的是3种基本的二进制数字调制的波形。

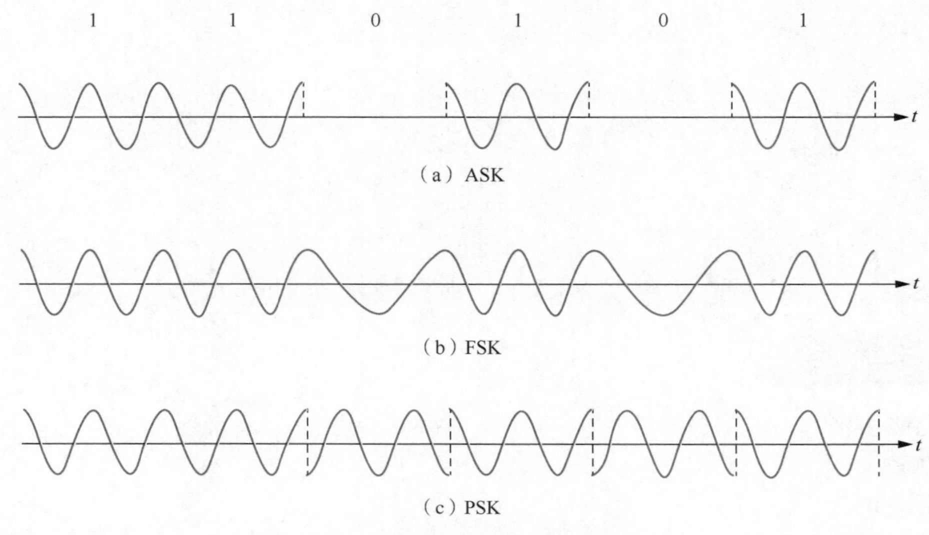

图7.1　3种基本的二进制数字调制的波形

从波形上看，ASK信号没有恒定的包络，而FSK和PSK信号包络恒定。这使得FSK和PSK信号在幅度非线性的情况下仍能不受影响，比ASK信号更适合非线性信道中的带通信号传输。另外，对于模拟调制来说，仅看波形很难区分相位调制和频率调制信号，但对于数字调制来说，则很容易通过波形区分FSK和PSK信号。除了这3种基本的数字调制方式，还可以将不同的数字调制方法结合起来。其中常见的是正交幅度调制(Quadrature Amplitude Modulation，QAM)，同时改变载波的幅度和相位。在本章中，将针对上述每一类数字调制方式，介绍相应的定义、信号空间、信号的产生与检测、误码率、功率谱、带宽效率等基本知识。

7.2 带通传输模型

考虑如图7.2所示的带通传输模型。假设信源每 T 秒发射一个符号，共有 M 个可能的发射符号，记为 $m_1,m_2,\cdots,m_M$，相应的先验概率为 $P(m_1),P(m_2),\cdots,P(m_M)$。当这 M 个符号等概率出现时，有

$$p_i=P(m_i)=\frac{1}{M} \tag{7.1}$$

假设信源的发射符号为 m_i。该发射符号被送入星座图映射器，将 m_i 映射为 N 维信号空间中的一个星座点 $\boldsymbol{s}_i$，其中 N 小于或等于 M。根据 $\boldsymbol{s}_i$，调制器产生一个持续时间为 T 秒的发射信号 $s_i(t)$，通过带通信道进行传输。$s_i(t)$ 的具体波形取决于所采用的调制方式，其能量为

$$E_i=\int_0^T s_i^2(t)\,\mathrm{d}t \tag{7.2}$$

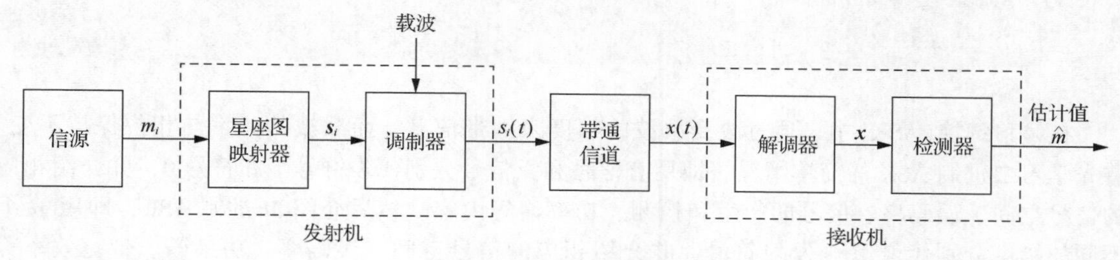

图7.2　带通传输模型

本章内容基于 AWGN 信道模型，其中噪声功率谱密度为 $N_0/2$。在接收机中，接收信号 $x(t)$ 首先被送入解调器，产生相应的 N 维信号空间中的观察矢量 $\boldsymbol{x}$，然后由检测器产生发射符号 m_i 的估计值 $\hat{m}$。

对于带通信号传输系统，如何设计一个最优接收机，使误码率最小化?

本章将在第6章的基础上，采用信号空间分析法，对各种数字调制方式进行研究，建立信号星座图，构造基于最大似然准则的最佳接收机，并借助联合界推导得到相应的误码率 P_e。

为了全面理解不同数字调制方式的特点，还需要研究调制信号 $s(t)$ 的功率谱和带宽效率，它们的含义和具体计算方式如下。

1. 功率谱

$s(t)$ 可以用同相和正交两个分量表示为

$$\begin{aligned}s(t)&=s_{\mathrm{I}}(t)\cos(2\pi f_c t)-s_{\mathrm{Q}}(t)\sin(2\pi f_c t)\\&=\mathrm{Re}[\tilde{s}(t)\exp(\mathrm{j}2\pi f_c t)]\end{aligned} \tag{7.3}$$

其中 Re[·]表示取实部，以及

$$\tilde{s}(t)=s_{\mathrm{I}}(t)+\mathrm{j}s_{\mathrm{Q}}(t) \tag{7.4}$$

$$\exp(\mathrm{j}2\pi f_c t)=\cos(2\pi f_c t)+\mathrm{j}\sin(2\pi f_c t) \tag{7.5}$$

其中 $\tilde{s}(t)$ 是低通信号，称为 $s(t)$ 的复包络或者等效基带信号，其组成 $s_{\mathrm{I}}(t)$ 和 $s_{\mathrm{Q}}(t)$ 也都是低通信号。

用 $S_{\mathrm{B}}(f)$ 表示复包络 $\tilde{s}(t)$ 的功率谱密度，即基带功率谱密度，则原始带通信号 $s(t)$ 的功率谱密度 $S_S(f)$ 就是 $S_{\mathrm{B}}(f)$ 的频移，其表达式为

$$S_S(f)=\frac{1}{4}[S_{\mathrm{B}}(f-f_c)+S_{\mathrm{B}}(f+f_c)] \tag{7.6}$$

因此，只要计算基带功率谱密度 $S_{\mathrm{B}}(f)$ 就可以得到 $s(t)$ 的功率谱。

2. 带宽效率

用 R_b 表示数据速率，B 表示有效利用的带宽，带宽效率 ρ 定义为

$$\rho=\frac{R_b}{B} \tag{7.7}$$

信道带宽和发射功率是两种主要的“通信资源”。为了有效利用这两种资源，必须设计高效率的调制方案。高效率调制的首要目标就是最大化带宽效率；另一个目标则是以最小的平均信号功率(或者说最小的平均信噪比)来实现带宽效率，即能够利用带宽 B 实现数据速率 R_b。

7.3 幅移键控

在幅移键控(ASK)中，通过改变载波的幅度来携带信息，而载波的频率与相位保持不变。首先学习二进制 ASK 的简单情况，即用有信号和无信号分别代表符号 1 和符号 0，并介绍相应的信号空间、误码率、信号的产生和检测、功率谱等内容。然后介绍 M 进制 ASK，即用 M 个不同的幅度分别代表 M 个发射符号，并介绍相应的信号空间、误码率、功率谱、带宽效率等内容。

7.3.1 二进制 ASK

1. 二进制 ASK 的信号空间

二进制 ASK，一般记为 BASK 或 2ASK。最简单的二进制 ASK 称为通-断键控(On-Off Keying, OOK)，其载波的幅度只有“有”和“无”两种状态，分别对应于符号 1 和 0。当 $0\leqslant t\leqslant T_b$ 时，该调制信号的表达式为

$$s(t)=\begin{cases}\sqrt{\dfrac{2E_b}{T_b}}\cos(2\pi f_c t), & \text{符号 1}\\ 0, & \text{符号 0}\end{cases} \tag{7.8}$$

其中 E_b 是每符号的发射信号能量，T_b 是符号持续时间。

可以看出，2ASK 信号只有一个基函数，即

$$\phi_1(t)=\sqrt{\frac{2}{T_b}}\cos(2\pi f_c t) \tag{7.9}$$

从而可以将传输信号 $s(t)$ 表示为

$$s(t)=\begin{cases}\sqrt{E_b}\,\phi_1(t), & \text{符号 1}\\ 0, & \text{符号 0}\end{cases} \tag{7.10}$$

因此，2ASK 系统的信号空间是一维的($N=1$)，其信号星座图由两个消息点组成($M=2$)。消息点的坐标分别是 $\sqrt{E_b}$ 和 0，如图 7.3 所示。

2. 二进制 ASK 的误码率

接下来计算 2ASK 的差错概率。符号 1 和 0 的判决准则如下。首先，将接收信号 $x(t)$ 映射为信号空间中的点 x_1，即计算得到

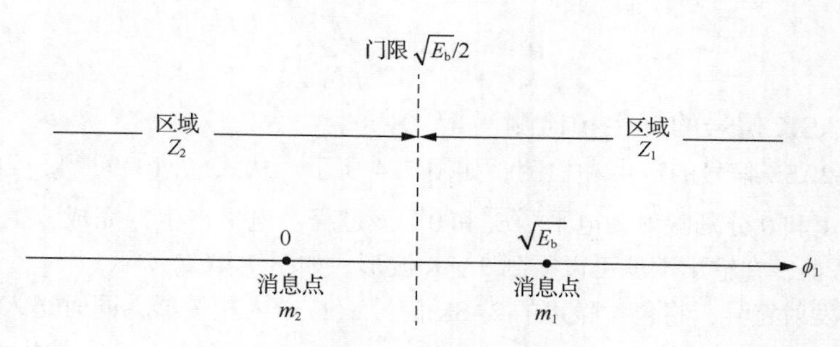

图 7.3 2ASK 系统的信号星座图

$$x_1 = \int_0^{T_b} x(t)\phi_1(t)\,dt \tag{7.11}$$

假设符号 1 和 0 等概率发射，根据第 6 章的知识，可以将判决门限设置为 $\sqrt{E_b}/2$，然后将图 7.3 所示的信号空间分成两个区域——$Z_1=\{x_1: \sqrt{E_b}/2<x_1<+\infty\}$ 和 $Z_2=\{x_1: -\infty<x_1<\sqrt{E_b}/2\}$。当接收信号点 x_1 落在区域 Z_1 时，判决发射的是符号 1；当接收信号点 x_1 落在区域 Z_2 时，判决发射的是符号 0。因此，有可能出现两种判决错误。当发射符号是 0，但噪声过大以致接收信号点 x_1 落在区域 Z_1 时，接收机将错判为符号 1；类似地，当发射符号是 1，但噪声过大以致接收信号点 x_1 落在区域 Z_2 时，接收机将错判为符号 0。

首先计算第一种情况的差错概率。假设符号 0 被发射，则与接收信号点 x_1 对应的随机变量 X_1 的条件概率密度函数为

$$\begin{aligned} f_{X_1}(x_1 \mid 0) &= \frac{1}{\sqrt{\pi N_0}}\exp\left[-\frac{(x_1-0)^2}{N_0}\right] \\ &= \frac{1}{\sqrt{\pi N_0}}\exp\left(-\frac{x_1^2}{N_0}\right) \end{aligned} \tag{7.12}$$

发射符号为 0 而接收机却判决为符号 1 的条件概率为

$$\begin{aligned} p_{10} &= \int_{\sqrt{E_b}/2}^{+\infty} f_{X_1}(x_1 \mid 0)\,dx_1 \\ &= \frac{1}{\sqrt{\pi N_0}}\int_{\sqrt{E_b}/2}^{+\infty}\exp\left(-\frac{x_1^2}{N_0}\right)dx_1 \end{aligned} \tag{7.13}$$

令

$$z=\frac{x_1}{\sqrt{N_0}} \tag{7.14}$$

并将积分变量 x_1 替换为 z，可以得到

$$\begin{aligned} p_{10} &= \frac{1}{\sqrt{\pi}}\int_{\sqrt{E_b}/2\sqrt{N_0}}^{+\infty}\exp(-z^2)\,dz \\ &= \frac{1}{2}\text{erfc}\left(\frac{1}{2}\sqrt{\frac{E_b}{N_0}}\right) \end{aligned} \tag{7.15}$$

这里，erfc(·)是互补误差函数。再考虑第二种情况的差错概率。注意到图 7.3 的信号空间是关于门限 $\sqrt{E_b}/2$ 对称的，因此，发射符号 1 而接收机判决为符号 0 的条件概率 p_{01} 与式(7.15)的计算结果相同。对条件差错概率 p_{10} 和 p_{01} 取平均，可以得到 2ASK 的误码率为

$$P_{e}=\frac{1}{2}\text{erfc}\left(\frac{1}{2}\sqrt{\frac{E_{b}}{N_{0}}}\right) \tag{7.16}$$

3. 二进制 ASK 信号的产生和检测

接下来介绍 2ASK 信号的产生和检测，如图 7.4 所示。从式(7.10)可得，为了产生 2ASK 信号，需要将符号 1 和 0 分别映射为电平 $\sqrt{E_b}$ 和 0。该过程由电平产生器完成，生成的电平和载波 $\phi_1(t)$ 被送入乘法器，在输出端就可以得到 2ASK 波形，如图 7.4(a)所示。

为了检测出发射符号，将包含噪声的 2ASK 信号 $x(t)$ 送入相关器，同时送入相关器的还有本地产生的相干载波 $\phi_1(t)$，如图 7.4(b)所示。判决器将相关器的输出 x_1 和门限 $\sqrt{E_b}/2$ 进行比较。如果 $x_1>\sqrt{E_b}/2$，则接收机判决为符号 1；反之，如果 $x_1<\sqrt{E_b}/2$，则接收机判决为符号 0。如果 x_1 恰好等于 $\sqrt{E_b}/2$，则接收机随机判断是符号 0 还是 1。

还可以采用非相干接收机对 2ASK 信号进行检测，如图 7.4(c)所示。在非相干接收机中，不需要本地产生的相干参考信号 $\phi_1(t)$，而只使用包络检测器。然后对包络检测器的输出信号进行抽样判决，就可以检测出数据。可以证明，在非相干接收情形下，2ASK 系统的误码率近似为

$$P_{e}=\frac{1}{2}\exp\left(-\frac{E_{b}}{4N_{0}}\right) \tag{7.17}$$

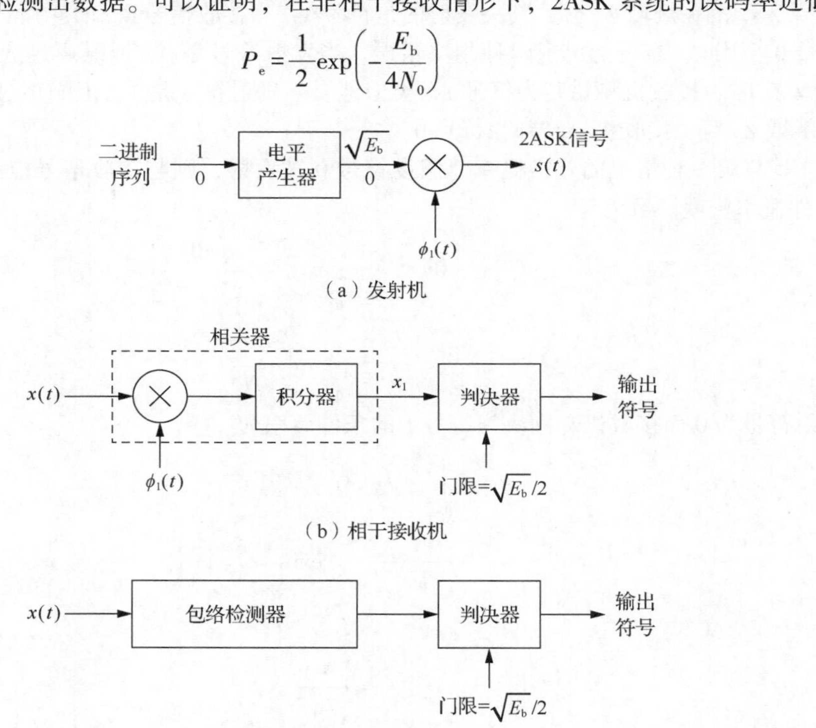

图 7.4　二进制 ASK 的发射机和接收机

4. 二进制 ASK 的功率谱

最后介绍 2ASK 的功率谱。如图 7.5 所示，2ASK 的功率谱是将基带信号功率谱线性搬移至 $\pm f_c$ 处而得到的。假设基带信号的主瓣带宽(第一个零点位置)为 W_b。从图 7.5 中可以看出，2ASK 信号的带宽 B 近似为基带信号带宽的 2 倍，即

$$B=2W_{b} \tag{7.18}$$

进一步地，可以将基带信号带宽 W_b 表示为

$$W_b=\frac{1}{T_b}=R_b \tag{7.19}$$

其中 R_b 是比特传输速率。由此可见，2ASK 信号的传输带宽 B 是比特传输速率 R_b 的 2 倍，因此带宽效率为 $\rho=R_b/B=0.5$。

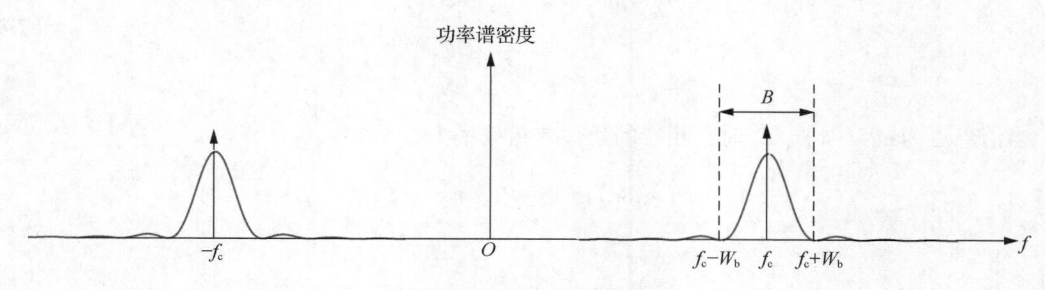

图 7.5　2ASK 的功率谱示意

7.3.2　M 进制 ASK

当 $M>2$ 时(例如 $M=4,8,16,32$ 等)，M 进制 ASK 的信号空间也是一维的，其中只包含一个带通基函数

$$\phi_1(t)=\sqrt{\frac{2}{T}}\cos(2\pi f_c t),0\leqslant t\leqslant T \tag{7.20}$$

假设将 ϕ_1 轴上的第 i 个消息点 s_i 记作 $a_i d_{\min}/2$，$d_{\min}$ 是任意两个消息点之间的最小距离，a_i 是整数，$i=1,2,\cdots,M$。假设 $d_{\min}/2=\sqrt{E_0}$，E_0 是最小幅度的信号能量，则 M 进制 ASK 信号可定义如下

$$s_i(t)=\sqrt{\frac{2E_0}{T}}a_i\cos(2\pi f_c t),0\leqslant t\leqslant T \tag{7.21}$$

根据不同的 a_i，可以得到不同的 ASK 星座图。本小节主要考虑星座图中的点关于零点对称分布的情形。此时，如图 7.6 所示，a_i 的可能取值为 $\pm1,\pm3,\cdots,\pm(M-1)$，对应的 M 个星座坐标分别为 $\pm\sqrt{E_0},\pm3\sqrt{E_0},\cdots,\pm(M-1)\sqrt{E_0}$。

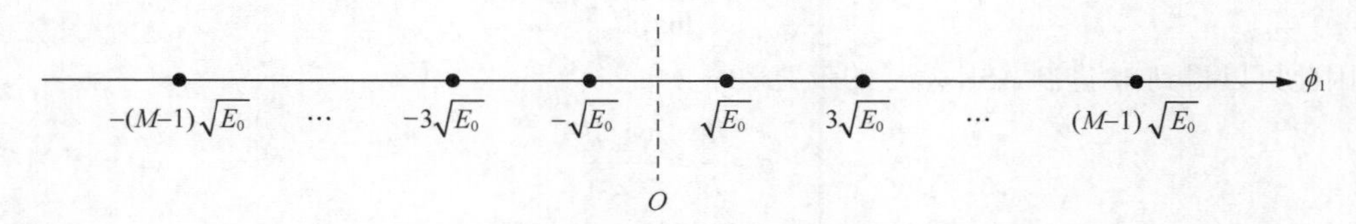

图 7.6　M 进制 ASK 系统的信号星座图

为了计算 M 进制 ASK 的误码率，分析接收机的工作过程如下。根据第 6 章可知，在每个符号持续时间范围内，将接收信号对 $\phi_1(t)$ 输入相关器，得到的观察矢量为

$$x=\sqrt{E_0}a_i+w \tag{7.22}$$

其中 w 是零均值且方差为 $N_0/2$ 的高斯随机变量的抽样值。假设每个符号等概率发射，最佳

判决电平等于 $0, \pm 2\sqrt{E_0}, \cdots, \pm(M-2)\sqrt{E_0}$，则误码率为

$$P_e = \frac{1}{M}\sum_{i=1}^{M} P(\text{error} \mid i) \tag{7.23}$$

当消息点为 $\pm\sqrt{E_0}, \pm 3\sqrt{E_0}, \cdots, \pm(M-2)\sqrt{E_0}$ 时，相应的条件差错概率为

$$\begin{aligned} P(\text{error} \mid i) &= P(|w| > \sqrt{E_0}) \\ &= \text{erfc}\left(\sqrt{\frac{E_0}{N_0}}\right) \end{aligned} \tag{7.24}$$

当消息点为 $\pm(M-1)\sqrt{E_0}$ 时，相应的条件差错概率为

$$\begin{aligned} P(\text{error} \mid i) &= \frac{1}{2}P(|w| > \sqrt{E_0}) \\ &= \frac{1}{2}\text{erfc}\left(\sqrt{\frac{E_0}{N_0}}\right) \end{aligned} \tag{7.25}$$

所以

$$P_e = \left(1 - \frac{1}{M}\right)\text{erfc}\left(\sqrt{\frac{E_0}{N_0}}\right) \tag{7.26}$$

在 M 进制 ASK 中，不同发射符号的发射能量是不同的。因此，使用发射能量的平均值 E_{av} 比使用 E_0 更合理。可以验证(参见本章习题 7.4)，平均发射能量 E_{av} 为

$$E_{av} = \frac{(M^2-1)E_0}{3} \tag{7.27}$$

因此，用 E_{av} 的形式将式(7.26)改写如下

$$P_e = \left(1 - \frac{1}{M}\right)\text{erfc}\left[\sqrt{\frac{3E_{av}}{(M^2-1)N_0}}\right] \tag{7.28}$$

最后讨论 M 进制 ASK 的带宽效率。在式(7.21)中，a_i 其实代表了一个以 a_i 为幅度的矩形脉冲，其由第一个零点确定的主瓣带宽等于 $2\times 1/T = 2/T = 2R$。将符号传输速率 R 转换为比特传输速率 R_b，即

$$R_b = R\log_2 M \tag{7.29}$$

因此，所需要的信道带宽为

$$B = \frac{2R_b}{\log_2 M} \tag{7.30}$$

因此可以得到 M 进制 ASK 信号的带宽效率

$$\rho = \frac{R_b}{B} = \frac{\log_2 M}{2} \tag{7.31}$$

表 7.1 给出了利用式(7.31)为用各种 M 值计算出的 ρ 值。

表 7.1　M 进制 ASK 信号的带宽效率

M	4	8	16	32
ρ	1	1.5	2	2.5

7.4 频移键控

本节研究频移键控(FSK)，即通过改变载波的频率来携带信息。这是一种非线性带通信号传输方式。首先学习二进制 FSK，即用两个相隔为$\frac{1}{T_b}$的频率分别代表符号 1 和符号 0，并介绍相应的信号空间、误码率、功率谱等内容。然后学习最小 FSK(MSK)，即用两个相隔为 $1/2T_b$ 的频率分别代表符号 1 和符号 0，并介绍相应的相位网格图、信号空间、误码率、信号的产生和检测等内容。最后学习 M 进制 FSK，即用 M 个不同的频率分别代表 M 个发射符号，并介绍相应的信号空间、误码率、带宽效率等内容。

7.4.1 二进制 FSK

二进制 FSK 一般记为 BFSK 或 2FSK。在二进制 FSK 系统中，通过发射两个有固定频率差的正弦波之一来区分符号 1 和 0。一对典型的正弦波如下式描述

$$s_i(t)=\sqrt{\frac{2E_b}{T_b}}\cos(2\pi f_i t),i=1,2,0\leqslant t\leqslant T_b \tag{7.32}$$

其中 E_b 是每符号的发射信号能量，T_b 是符号持续时间，f_i 为发射频率。这样，符号 1 用 $s_1(t)$表示，而符号 0 用 $s_2(t)$表示。

在 2FSK 中，发射频率的选择不是任意的，通常要求满足正交性要求。在原理上，若两个信号互相正交，就可以把它们完全分开。为了满足正交性要求，要求

$$\int_0^{T_b}s_1(t)s_2(t)\,dt=0 \tag{7.33}$$

一种常见的方法是进行如下设置

$$\begin{aligned} f_1&=f_c+\frac{1}{2T_b}\\ f_2&=f_c-\frac{1}{2T_b} \end{aligned} \tag{7.34}$$

其中 f_c 是载波频率。可以验证(参见本章习题 7.5)按式(7.34)设置的发射频率满足正交性要求。此时，两个发射频率的间隔为 $1/T_b$。

除了正交性要求，通常还有相位连续性要求，即信号在符号变换时刻也保持相位的连续。对于式(7.34)中的频率，信号在每个 T_b 内都包含有整数个周期的载波波形，使得信号在每个 T_b 内的起始和结束相位都为 0，从而自然可以满足相位连续性要求。

如果按照式(7.34)选择频率，则所产生的两个信号 $s_1(t)$ 和 $s_2(t)$ 是正交的。因此，该信号集有两个正交基函数

$$\phi_i(t)=\sqrt{\frac{2}{T_b}}\cos(2\pi f_i t),i=1,2,0\leqslant t\leqslant T_b \tag{7.35}$$

相应的系数 $s_{ij}(i=1,2,j=1,2)$为

$$\begin{aligned} s_{ij} &= \int_0^{T_b} s_i(t)\phi_j(t)\,\mathrm{d}t \\ &= \int_0^{T_b} \sqrt{\frac{2E_b}{T_b}}\cos(2\pi f_i t)\sqrt{\frac{2}{T_b}}\cos(2\pi f_j t)\,\mathrm{d}t \\ &= \begin{cases} \sqrt{E_b}, & i=j \\ 0, & i \neq j \end{cases} \end{aligned} \tag{7.36}$$

这样，与二进制 PSK 不同的是，2FSK 系统的特征是具有由两个($M=2$)消息点组成的如图 7.7 所示的二维($N=2$)信号空间。其中，两个消息点 m_1 的坐标为

$$\boldsymbol{s}_1 = \begin{bmatrix} \sqrt{E_b} \\ 0 \end{bmatrix} \tag{7.37}$$

消息点 m_2 的坐标为

$$\boldsymbol{s}_2 = \begin{bmatrix} 0 \\ \sqrt{E_b} \end{bmatrix} \tag{7.38}$$

这两个消息点之间的欧氏距离为$\sqrt{2E_b}$。

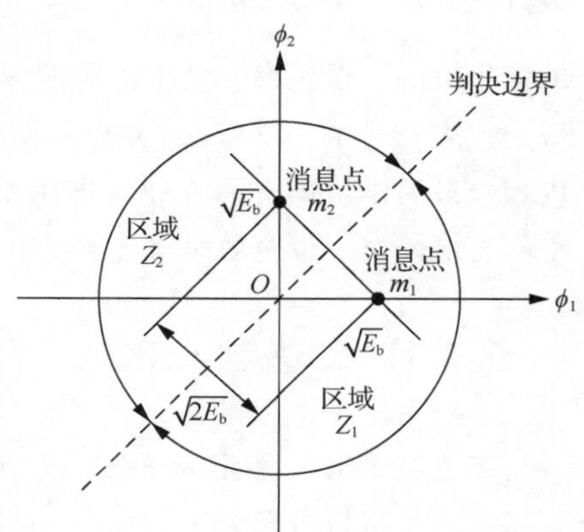

图 7.7　2FSK 系统的信号星座图

接下来推导 2FSK 的误码率。观测矢量 $\boldsymbol{x}$ 有两个部分 x_1 和 x_2，分别定义如下

$$x_1 = \int_0^{T_b} x(t)\phi_1(t)\,\mathrm{d}t \tag{7.39}$$

$$x_2 = \int_0^{T_b} x(t)\phi_2(t)\,\mathrm{d}t \tag{7.40}$$

这里的 $x(t)$是接收信号，其形式取决于发射的符号。假设发射符号为 1，$x(t)$等于 $s_1(t)+w(t)$，其中 $w(t)$是零均值、功率谱密度为 $N_0/2$ 的高斯白噪声的样本函数。如果发射符号为 0，则 $x(t)$等于 $s_2(t)+w(t)$。

现在，应用第 6 章的判决准则，可将观测空间分成两个判决区域，分别在图 7.7 中标注为 Z_1 和 Z_2。分割 Z_1 和 Z_2 的判决边界，是两个消息点连线的垂直平分线。如果由观测矢量 $\boldsymbol{x}$ 表示的接收信号点落在区域 Z_1 内，则接收机判决其为符号 1，当 $x_1>x_2$ 时，就属于上述情况；反之，当 $x_1<x_2$时，接收信号点落在区域 Z_2 内，因而接收机将其判决为符号 0。在判决边界，有 $x_1=x_2$，此时接收机随机猜测发射的是符号 1 还是符号 0。进一步地，假设符号等概率发射，应用第 6 章的误码率公式(6.93)，可以得到 2FSK 的误码率为

$$P_e = \frac{1}{2}\mathrm{erfc}\left(\frac{\sqrt{2E_b}}{2\sqrt{N_0}}\right) = \frac{1}{2}\mathrm{erfc}\left(\sqrt{\frac{E_b}{2N_0}}\right) \tag{7.41}$$

接下来介绍 2FSK 信号的产生和检测，如图 7.8 所示。为了产生 2FSK 信号，需要将符号 1 和 0 分别映射为电平 $\sqrt{E_b}$和 0。该过程由电平产生器完成。通过在图 7.8(a)中的下方通道中使用反相器，可以使得当输入符号为 1 时，上方通道频率为 f_1 的振荡器被打开，而下方通道频率为 f_2 的振荡器被关闭，其结果就是发送频率为 f_1。反之，当输入符号为 0 时，上方通道的振荡器被关闭，而下方通道的振荡器被打开，其结果就是发送频率为 f_2。

为了检测出发射符号，将包含噪声的 2FSK 信号 $x(t)$送入两个相关器，如图 7.8(b)中所示。两个相关器的本地参考信号分别为 $\phi_1(t)$和 $\phi_2(t)$。将两个相关器的输出相减，得到差量 y，然后

和 0 伏特的门限比较。如果 $y>0$，接收机判决为符号 1；反之，如果 $y<0$，则判决为符号 0。如果 y 恰好等于 0，接收机将随机判断是符号 0 还是 1。

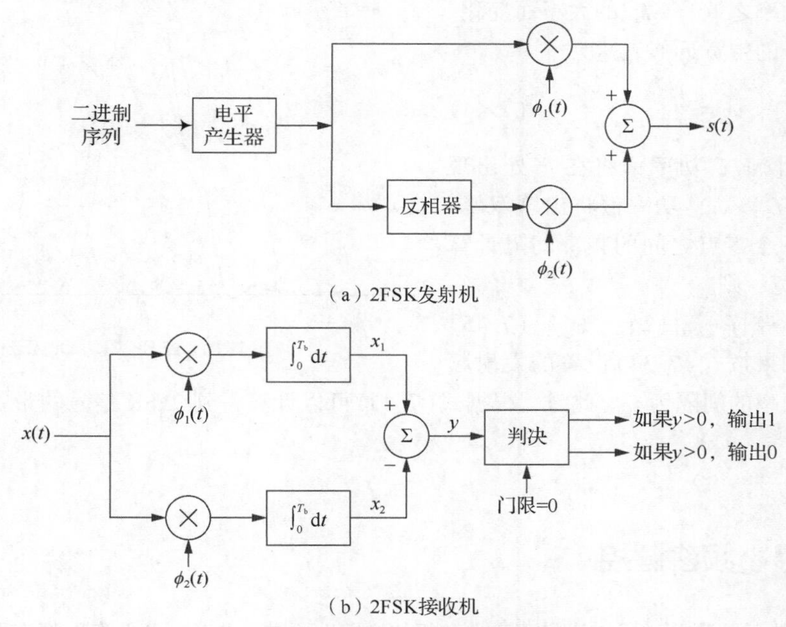

图 7.8　2FSK 信号的产生与检测

还可以采用非相干接收机对 2FSK 信号进行检测，如图 7.9 所示。首先将接收信号通过两个中心频率分别为 f_1 和 f_2 的带通滤波器，然后对包络检测器和低通滤波器的输出进行抽样判决。在非相干接收机中，不需要本地产生的相干参考信号 $\phi_1(t)$ 和 $\phi_2(t)$，而只使用两路包络检测器。然后对包络检测器的输出信号进行抽样判决，就可以检测出发射的数据。可以证明，在非相干接收情形下，2FSK 系统的误码率近似为

$$P_e=\frac{1}{2}\exp\left(-\frac{E_b}{2N_0}\right) \tag{7.42}$$

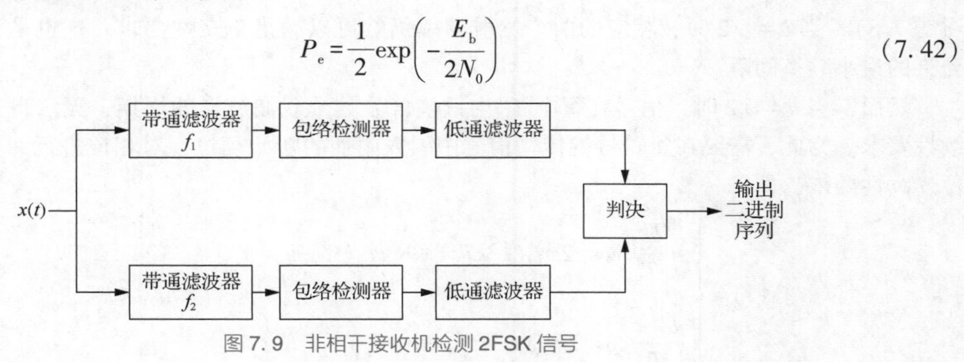

图 7.9　非相干接收机检测 2FSK 信号

最后介绍 2FSK 的功率谱。一般来说，2FSK 信号也可以看成两个不同载频的二进制 FSK 信号的叠加，即

$$s(t)=a_1\sqrt{\frac{2E_b}{T_b}}\cos(2\pi f_1 t)+a_2\sqrt{\frac{2E_b}{T_b}}\cos(2\pi f_2 t),0\leqslant t\leqslant T_b \tag{7.43}$$

其中当发射符号为 1 时，$a_1=1$ 且 $a_2=0$；当发射符号为 0 时，$a_1=0$ 且 $a_2=1$。因此，2FSK 的功率谱可以近似表示为中心频率分别为 f_1 和 f_2 的两个 2ASK 功率谱的叠加。由于 2ASK 的功率谱

示意如图 7.5 所示，2FSK 的功率谱示意如图 7.10所示。由图 7.10 可以看出，功率谱的形状随着两个频率之差 $|f_1-f_2|$ 的大小而变化。如果将基带信号的带宽近似表达为

$$w_b=\frac{1}{T_b} \tag{7.44}$$

那么如果 $|f_1-f_2|<w_b$，功率谱将在 f_c 处出现单峰；如果 $|f_1-f_2|>w_b$，功率谱将出现双峰。若以功率谱第一个零点之间的频率间隔计算 2FSK 信号的带宽，则

$$B\approx|f_2-f_1|+2w_b \tag{7.45}$$

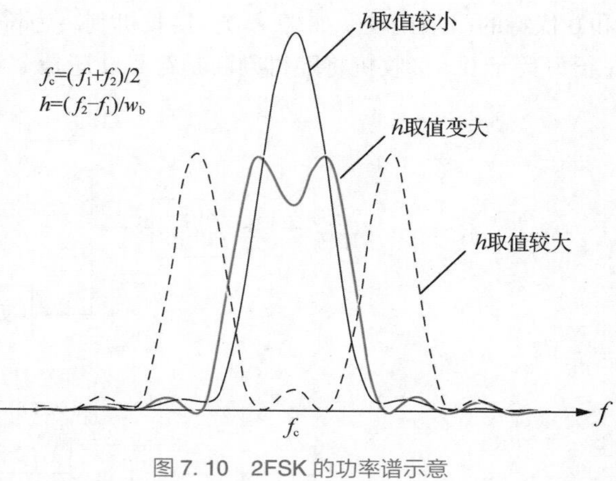

图 7.10　2FSK 的功率谱示意

特别地，如果按式(7.34)设置的发射频率，两个发射频率的间隔为 f_b。此时，根据式(7.45)可以计算得到 2FSK 信号的带宽近似为 $3w_b$，带宽效率为$\frac{1}{3}$。

7.4.2　最小频移键控

在式(7.34)中的一对频率可以满足正交性和相位连续性要求。此时，两个发射频率的间隔为 $1/T_b$。然而，从最小化频率间隔的角度看，式(7.34)并不是最佳方案。一般来说，可以设置发射频率为

$$\begin{aligned} f_1&=f_c+\frac{h}{2T_b} \\ f_2&=f_c-\frac{h}{2T_b} \end{aligned} \tag{7.46}$$

其中无量纲参数 h 被称为偏移率。此时，两个发射频率的间隔为 h/T_b。可以验证(参见本章习题 7.8)，当 $h=1/2$ 时，相应的两个发射频率仍然可以满足正交性要求。这也是满足正交性所允许的最小频率间隔。

然而，当 $h=1/2$ 时，信号在每个 T_b 内只包含分数个载波波形的周期，无法自然满足相位连续性要求。为此，需要在每符号的传输信号中引入附加的初始相位，对相位进行纠正，以满足相位连续性要求，即

$$s(t)=\begin{cases}\sqrt{\dfrac{2E_b}{T_b}}\cos[2\pi f_1(t-kT_b)+\theta(kT_b)], & b_k=1\\ \sqrt{\dfrac{2E_b}{T_b}}\cos[2\pi f_2(t-kT_b)+\theta(kT_b)], & b_k=0\end{cases},kT_b\leqslant t\leqslant(k+1)T_b \tag{7.47}$$

其中 b_k 表示在 $[kT_b,(k+1)T_b]$ 内的发射符号，相位 $\theta(kT_b)$ 表示在时刻 $t=kT_b$ 时的相位，它概括了直到 $t=kT_b$ 时刻的所有调制过程的影响。频率 f_1 和 f_2 分别对应于发射符号 1 和 0。将上述 $h=1/2$ 且满足相位连续性要求的二进制 FSK 称为最小频移键控(Minimum Shift Keying，MSK)。

1. MSK 的相位网格图

一般采用相位网格图来表示 MSK 信号中相位连续变化的情况。将 $h=1/2$ 时的式(7.46)代入式(7.47)中，并假设 f_c 是 $1/T_b$ 的整数倍，就可以得到另一种 MSK 信号的通式

$$s(t)=\sqrt{\frac{2E_{\mathrm{b}}}{T_{\mathrm{b}}}}\cos[2\pi f_{\mathrm{c}}t+\theta(t)],kT_{\mathrm{b}}\leqslant t\leqslant(k+1)T_{\mathrm{b}} \tag{7.48}$$

这里 $\theta(t)$ 是 $s(t)$ 的相位，在每符号持续时间 T_{b} 内随着时间线性增长或减小，即

$$\theta(t)=\frac{a_k\pi}{2T_{\mathrm{b}}}(t-kT_{\mathrm{b}})+\theta(kT_{\mathrm{b}}),kT_{\mathrm{b}}\leqslant t\leqslant(k+1)T_{\mathrm{b}} \tag{7.49}$$

其中 $a_k=+1$ 对应于发射符号 $b_k=1$，$a_k=-1$ 对应于发射符号 $b_k=0$。从式(7.49)可见

$$\theta((k+1)T_{\mathrm{b}})-\theta(kT_{\mathrm{b}})=\begin{cases}\pi/2, & b_k=1\\ -\pi/2, & b_k=0\end{cases} \tag{7.50}$$

也就是说，发射符号 1 将使 MSK 信号 $s(t)$ 的相位增加 $\pi/2\mathrm{rad}$，而发射符号 0 将使其减小 $\pi/2\mathrm{rad}$。相位 $\theta(t)$ 随时间 t 的变化沿着一系列由直线构成的路径进行。图 7.11 描绘了相位从时刻 $t=0$ 起的可能变化路径。图 7.11 所示的图叫相位网格图。通过相位网格图，可以清楚地看出输入数据序列在时间间隔边界上的相位变换。

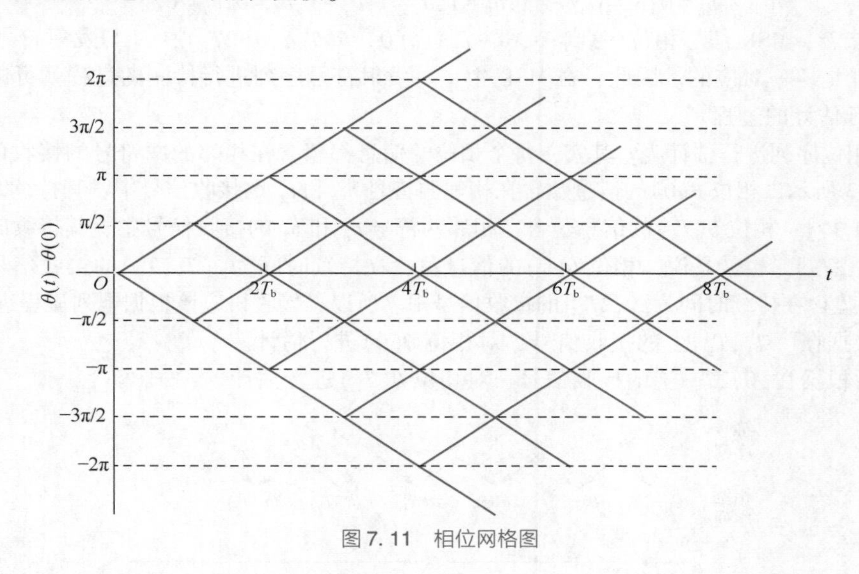

图 7.11　相位网格图

进一步地，对图 7.11 取模将相位 $\theta(t)$ 的取值限制在$[-\pi,\pi]$，然后观察图 7.12 中的网格图可以发现以下两条规律。

(1) 在 T_{b} 的偶数倍时刻，相位只能取 0 或 π；

(2) 在 T_{b} 的奇数倍时刻，相位只能取$\pm\pi/2$。

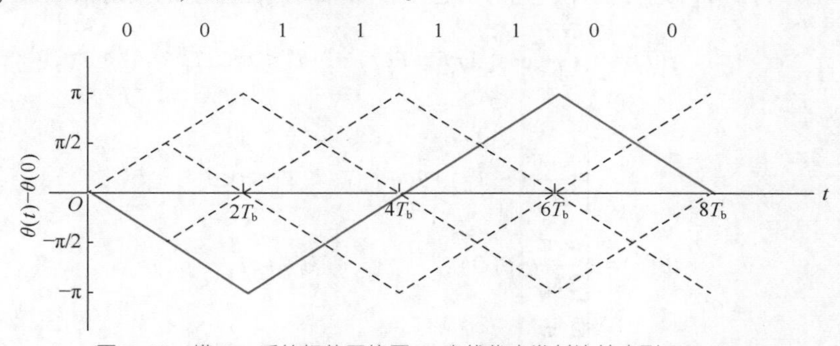

图 7.12　模 2π 后的相位网格图，实线代表发射比特序列 00111100

记在持续时间$[kT_b,(k+1)T_b]$内发射的符号为b_k，其中k为任意整数。因此，可以根据每个符号所在的发射时间区间，将发射符号分为下列两类。

(1)若发射时间区间的起始时刻为T_b的偶数倍时刻，则在该时间区间上，$\theta(t)$的取值将从0或π线性变化为$+\pi/2$或$-\pi/2$。将该类发射比特称为偶数发射符号，如b_0、b_2、b_4等。

(2)若发射时间区间的起始时刻为T_b的奇数倍时刻，则在该时间区间上，$\theta(t)$的取值将从$+\pi/2$或$-\pi/2$线性变化为0或π。将该类发射比特称为奇数发射符号，如b_1、b_3、b_5等。

2. MSK的信号空间

在图7.12中，每一条从左到右的路径都对应于一个特定的相位序列，也对应于一个特定的输入符号序列。例如，图7.12中的实线路径对应于一个相位序列

$$\{\theta(0)=0,\theta(T_b)=-\pi/2,\theta(2T_b)=-\pi,\theta(3T_b)=-\pi/2,\theta(4T_b)=0,$$
$$\theta(5T_b)=\pi/2,\theta(6T_b)=\pi,\theta(7T_b)=\pi/2,\theta(8T_b)=0\}$$

也对应于一个发射符号序列

$$\{b_0=0,b_1=0,b_2=1,b_3=1,b_4=1,b_5=1,b_6=0,b_7=0\}$$

这就意味着，MSK信号相位序列$\{\cdots,\theta(-T_b),\theta(0),\theta(T_b),\theta(2T_b),\cdots\}$与发射符号序列$\{\cdots,b_{-1},b_0,b_1,\cdots\}$是一一对应的。因此，在MSK中，对发射符号序列进行检测的过程就可以转化为对相位序列进行估计的过程。

如何对相位序列进行估计呢？其实，每个相位的信息都蕴含在相邻的两符号的接收信号中。例如，如图7.13所示，相位$\theta(0)$的信息蕴含在相邻两符号b_{-1}和b_0的接收信号中，其持续时间分别为$[-T_b,0]$和$[0,T_b]$；相位$\theta(T_b)$的信息蕴含在相邻两符号b_0和b_1的接收信号中，其持续时间分别为$[0,T_b]$和$[T_b,2T_b]$。也就是说，相位$\theta(0)$的信息蕴含在持续时间为$[-T_b,T_b]$的接收信号中；相位$\theta(T_b)$的信息蕴含在持续时间为$[0,2T_b]$的接收信号中。所以，接收机应该根据下列流程进行检测。

(1)先根据在$[-T_b,T_b]$上的接收信号，对相位$\theta(0)$进行估计。

(2)然后根据在$[0,2T_b]$上的接收信号，对相位$\theta(T_b)$进行估计。

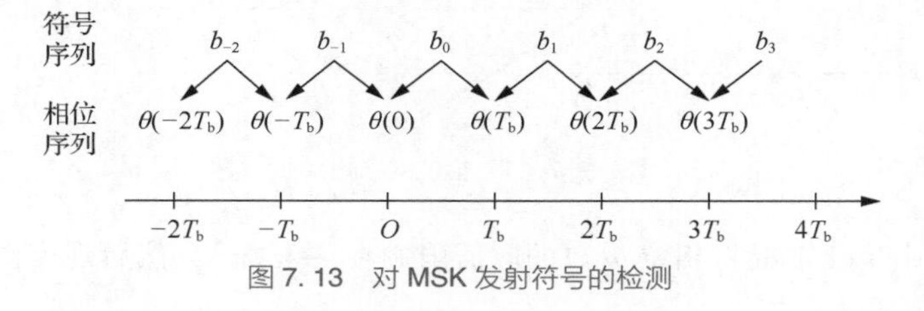

图7.13 对MSK发射符号的检测

接下来研究如何对$\theta(0)$和$\theta(T_b)$进行估计。由于需要分别根据在$[-T_b,T_b]$和$[0,2T_b]$上的接收信号对相位$\theta(0)$和$\theta(T_b)$进行估计，先写出这3个相邻时间区间上的发射信号

$$s(t)=\sqrt{\frac{2E_b}{T_b}}\cos[2\pi f_c t+\theta(t)],-T_b\leqslant t\leqslant 2T_b \tag{7.51}$$

其中相位为

$$\theta(t)=\begin{cases}\dfrac{a_{-1}\pi}{2T_b}(t+T_b)+\theta(-T_b), & -T_b\leqslant t<0\\ \dfrac{a_0\pi}{2T_b}t+\theta(0), & 0\leqslant t<T_b\\ \dfrac{a_1\pi}{2T_b}(t-T_b)+\theta(T_b), & T_b\leqslant t\leqslant 2T_b\end{cases} \tag{7.52}$$

对式(7.51)应用三角恒等式，将这些发射信号表示为同相与正交分量形式

$$s(t)=\sqrt{\frac{2E_b}{T_b}}\cos[\theta(t)]\cos(2\pi f_c t)-\sin[\theta(t)]\sin(2\pi f_c t),-T_b\leqslant t\leqslant 2T_b \tag{7.53}$$

可以验证(参见本章习题7.9)，式(7.53)可以进一步表示为

$$s(t)=\sqrt{\frac{2E_b}{T_b}}\begin{cases}\cos[\theta(0)]\cos\left(\frac{\pi}{2T_b}t\right)\cos(2\pi f_c t)-\\ \quad\cos[\theta(0)]a_{-1}\sin\left(\frac{\pi}{2T_b}t\right)\sin(2\pi f_c t), & -T_b\leqslant t<0\\ \cos[\theta(0)]\cos\left(\frac{\pi}{2T_b}t\right)\cos(2\pi f_c t)-\\ \quad\sin[\theta(T_b)]\sin\left(\frac{\pi}{2T_b}t\right)\sin(2\pi f_c t), & 0\leqslant t<T_b\\ \sin[\theta(T_b)]a_1\cos\left(\frac{\pi}{2T_b}t\right)\cos(2\pi f_c t)-\\ \quad\sin[\theta(T_b)]\sin\left(\frac{\pi}{2T_b}t\right)\sin(2\pi f_c t), & T_b\leqslant t\leqslant 2T_b\end{cases} \tag{7.54}$$

因此，在相邻的两个时间区间$[-T_b,0]$和$[0,T_b]$内，发射信号$s(t)$的同相分量$s_I(t)$都仅取决于$\theta(0)$，可统一写为

$$s_I(t)=\sqrt{\frac{2E_b}{T_b}}\cos[\theta(0)]\cos\left(\frac{\pi}{2T_b}t\right),-T_b\leqslant t\leqslant T_b \tag{7.55}$$

类似地，在相邻的两个时间区间$[0,T_b]$和$[T_b,2T_b]$内，发射信号$s(t)$的正交分量$s_Q(t)$都仅取决于$\theta(T_b)$，可统一写为

$$s_Q(t)=\sqrt{\frac{2E_b}{T_b}}\sin[\theta(T_b)]\sin\left(\frac{\pi}{2T_b}t\right),0\leqslant t\leqslant 2T_b \tag{7.56}$$

定义MSK信号的基函数为

$$\phi_1(t)=\sqrt{\frac{2}{T_b}}\cos\left(\frac{\pi}{2T_b}t\right)\cos(2\pi f_c t) \tag{7.57}$$

$$\phi_2(t)=\sqrt{\frac{2}{T_b}}\sin\left(\frac{\pi}{2T_b}t\right)\sin(2\pi f_c t) \tag{7.58}$$

因此，可以将式(7.54)简写为

$$s(t)=\begin{cases}\sqrt{E_b}\cos[\theta(0)]\phi_1(t)-\sqrt{E_b}\cos[\theta(0)]a_{-1}\phi_2(t), & -T_b\leqslant t<0\\ \sqrt{E_b}\cos[\theta(0)]\phi_1(t)-\sqrt{E_b}\sin[\theta(T_b)]\phi_2(t), & 0\leqslant t<T_b\\ \sqrt{E_b}\sin[\theta(T_b)]a_1\phi_1(t)-\sqrt{E_b}\sin[\theta(T_b)]\phi_2(t), & T_b\leqslant t\leqslant 2T_b\end{cases} \tag{7.59}$$

注意到在$[-T_b,T_b]$上，$s(t)$表示为$\phi_1(t)$和$\phi_2(t)$的线性组合，其中$\phi_1(t)$的系数仅取决于$\theta(0)$。可以验证，

$$\int_{-T_b}^{T_b}\phi_1^2(t)\,dt=1$$

$$\int_{-T_b}^{T_b}\phi_1(t)\phi_2(t)\,dt=0$$

因此，将 $s(t)$ 乘 $\phi_1(t)$，然后在区间 $[-T_b, T_b]$ 进行积分，就可以得到对 $\theta(0)$ 的估计，即

$$s_1 = \int_{-T_b}^{T_b} s(t)\phi_1(t)\,dt = \sqrt{E_b}\cos[\theta(0)] \tag{7.60}$$

类似地，注意到在 $[-T_b, T_b]$ 上，$s(t)$ 也表示为 $\phi_1(t)$ 和 $\phi_2(t)$ 的线性组合，其中 $\phi_2(t)$ 的系数则仅取决于 $\theta(T_b)$。可以验证，

$$\int_0^{2T_b} \phi_2^2(t)\,dt = 1$$

$$\int_0^{2T_b} \phi_1(t)\phi_2(t)\,dt = 0$$

因此，将 $s(t)$ 乘 $\phi_2(t)$，然后在区间 $[0, 2T_b]$ 进行积分，就可以得到对 $\theta(T_b)$ 的估计，即

$$s_2 = \int_0^{2T_b} s(t)\phi_2(t)\,dt = -\sqrt{E_b}\sin[\theta(T_b)] \tag{7.61}$$

因此，MSK 系统的信号星座图是二维($N=2$)的，有 4 个($M=4$)可能的消息点，如图 7.14 所示。消息点的坐标按照逆时针方向分别是$(+\sqrt{E_b}, +\sqrt{E_b})$、$(-\sqrt{E_b}, +\sqrt{E_b})$、$(-\sqrt{E_b}, -\sqrt{E_b})$、$(+\sqrt{E_b}, -\sqrt{E_b})$。图 7.14 也标注出了相应于这 4 个消息点的 $\theta(0)$ 和 $\theta(T_b)$ 的可能的取值。MSK 的信号星座图和 QPSK 的信号星座图都具有 4 个消息点，但必须仔细地注意它们的差别：在 QPSK 中，发射符号用 4 个消息点之中的任一个表示；而在 MSK 中，在任一时刻，根据 $\theta(0)$ 的取值，发射符号用 2 个消息点之一表示。

(1) 相位 $\theta(0)=0$ 而 $\theta(T_b)=\pi/2$，对应于发射符号 $b_0=1$。

(2) 相位 $\theta(0)=\pi$ 而 $\theta(T_b)=\pi/2$，对应于发射符号 $b_0=0$。

(3) 相位 $\theta(0)=\pi$ 而 $\theta(T_b)=-\pi/2$，对应于发射符号 $b_0=1$。

(4) 相位 $\theta(0)=0$ 而 $\theta(T_b)=-\pi/2$，对应于发射符号 $b_0=0$。

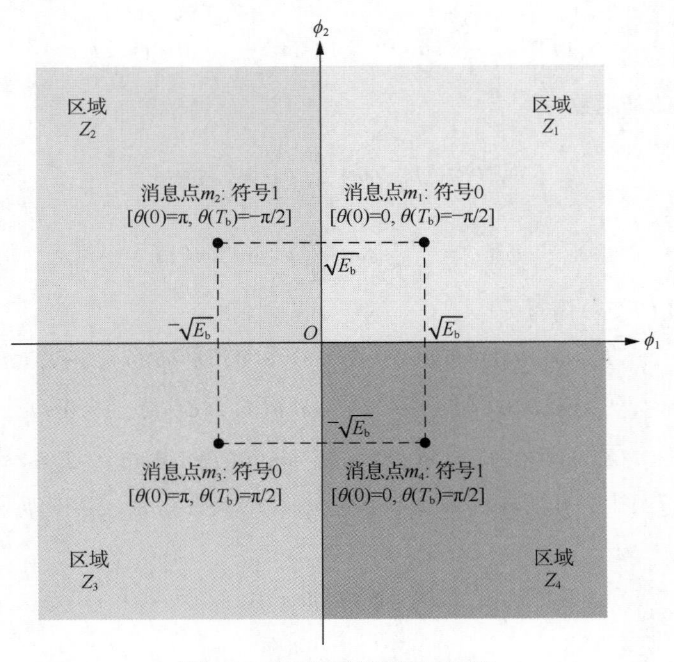

图 7.14 MSK 系统的信号星座图

表7.2分别列出了$\theta(0)$和$\theta(T_b)$的取值以及相应的s_1和s_2的值。表的第一列表明在时间间隔$0 \leqslant t \leqslant T_b$内的发射符号$b_0$是1还是0。注意，当发射符号$b_0=1$时，相应的$s_1$和$s_2$取值异号；当发射符号$b_0=0$时，相应的$s_1$和$s_2$取值同号。因此，给定与$\phi_1(t)$和$\phi_2(t)$对应的两个系数序列，我们可以使用表7.2来逐位地推导出发射符号的取值。

表7.2 MSK信号空间特性

发射符号b_0	相位状态		消息点	消息点坐标	
	$\theta(0)$	$\theta(T_b)$		s_1	s_2
0	0	$-\pi/2$	m_1	$+\sqrt{E_b}$	$+\sqrt{E_b}$
1	π	$-\pi/2$	m_2	$-\sqrt{E_b}$	$+\sqrt{E_b}$
0	π	$+\pi/2$	m_3	$-\sqrt{E_b}$	$-\sqrt{E_b}$
1	0	$+\pi/2$	m_4	$+\sqrt{E_b}$	$-\sqrt{E_b}$

例7.1 假设MSK调制的两个频率分别为$f_1=\dfrac{5}{4T_b}$和$f_2=\dfrac{3}{4T_b}$。请画出与序列1101000对应的MSK信号在产生过程中所出现的序列和波形。

解 输入的序列如图7.15(a)所示。两个调制频率分别是$f_1=5/4T_b$和$f_2=3/4T_b$。假设$\theta(0)$等于0，相位序列如图7.15(b)和图7.15(c)所示。函数$\phi_1(t)$和$\phi_2(t)$的两个系数序列的极性也分别标注在图7.15(b)和图7.15(c)的顶部。注意，这两个序列之间偏移的时间间隔等于符号持续时间T_b。得到的$s(t)$的两个分量$s_1\phi_1(t)$和$s_2\phi_2(t)$的波形也显示在图7.15(b)和图7.15(c)中。将这两个调制波形相加，就得到了图7.15(d)所示的MSK信号$s(t)$。

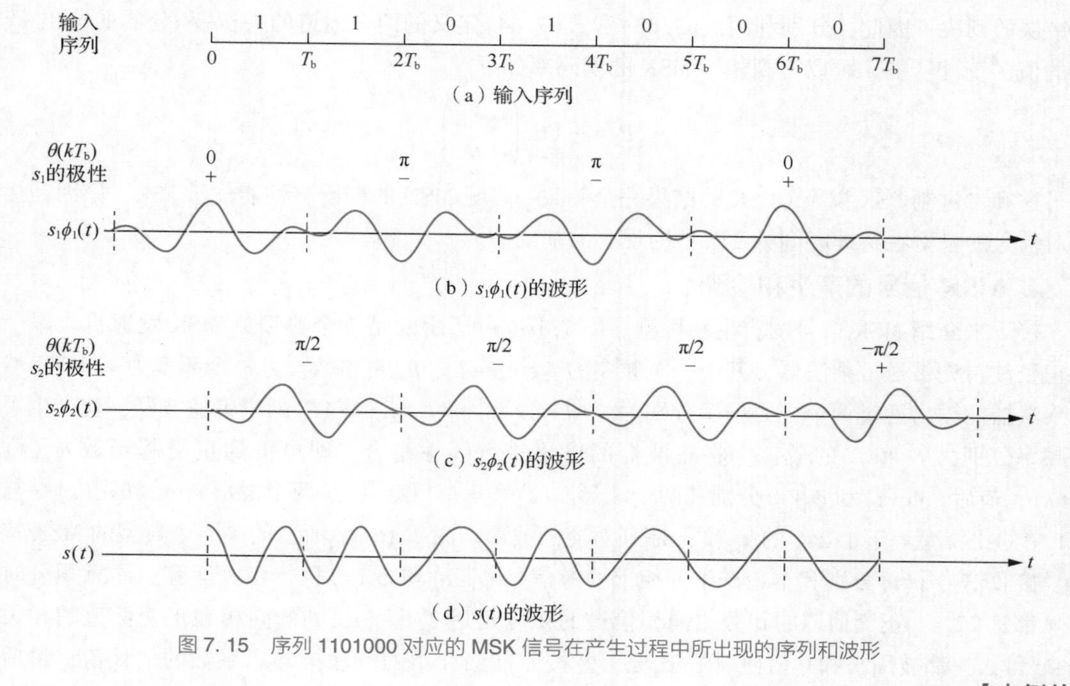

图7.15 序列1101000对应的MSK信号在产生过程中所出现的序列和波形

【本例终】

3. MSK 的误码率

在 AWGN 信道下，接收信号如下式描述

$$x_0(t)=s(t)+w(t) \tag{7.62}$$

这里的 $s(t)$ 是发射的 MSK 信号，$w(t)$ 是零均值、功率谱密度为 $N_0/2$ 的高斯白噪声的样本函数。因此，接收机首先将 $[-T_b,T_b]$ 上的接收信号 $x(t)$ 在 $\phi_1(t)$ 上进行投影，可以得到

$$\begin{aligned} x_1 &= \int_{-T_b}^{T_b} x(t)\phi_1(t)\,\mathrm{d}t \\ &= s_1 + w_1 \end{aligned} \tag{7.63}$$

其中 w_1 是零均值、方差为 $N_0/2$ 的高斯随机变量的抽样值。如果 $x_1>0$，接收机判决 s_1 为正极性，从而判决 $\theta(0)=0$；反之，如果 $x_1<0$，则判决 s_1 为负极性，从而判决 $\theta(0)=\pi$。如果 $x_1=0$，则随机决定判决结果。

类似地，接收机还要将 $[0,2T_b]$ 上的接收信号 $x(t)$ 在 $\phi_2(t)$ 上进行投影，可以得到

$$\begin{aligned} x_2 &= \int_{0}^{2T_b} x(t)\phi_2(t)\,\mathrm{d}t \\ &= s_2 + w_2 \end{aligned} \tag{7.64}$$

其中 w_2 是另一个独立的零均值、方差为 $N_0/2$ 的高斯随机变量的抽样值。如果 $x_2>0$，接收机判决 s_2 为正极性，从而判决 $\theta(T_b)=-\pi/2$；反之，如果 $x_2<0$，则判决 s_1 为负极性，从而判决 $\theta(T_b)=\pi/2$。如果 $x_2=0$，则随机决定判决结果。

因此，对 $\theta(0)$ 为 0 或 π，以及 $\theta(T_b)$ 为 $-\pi/2$ 或 $+\pi/2$ 的判决，是在接收机的 I-通道、Q-通道交替进行的，其中每个通道的输入信号持续 $2T_b$s。在各个通道里，其他位置的信号不影响接收机对当前信号的判决。当 I-通道对 $\theta(0)$ 计算错误，或者 Q-通道对 $\theta(T_b)$ 计算错误时，接收机将做出错误的判决。因此，分别利用式(7.63)和式(7.64)定义的两个通道的乘积-积分器的输出 x_1 和 x_2 的值的统计特征，可以得到相干 MSK 的误码率如下

$$P_e=\frac{1}{2}\mathrm{erfc}\left(\sqrt{\frac{E_b}{N_0}}\right) \tag{7.65}$$

这和二进制 PSK 以及 QPSK 的结果完全一致，可见 MSK 的误码率性能优于 FSK，原因是接收机对信号的检测在持续时间为 $2T_b$ 秒的观察的基础上。

4. MSK 信号的产生和检测

接下来介绍 MSK 信号的产生和检测。图 7.16(a)所示的是一个典型的 MSK 发射机。两个输入正弦波首先被送入乘法器，其中一个频率为 $f_c=n_c/4T_b$，n_c 是整数；另一个频率为 $1/4T_b$。然后将乘法器的输出通过两个中心频率分别为 $f_1=f_c+1/4T_b$ 和 $f_2=f_c-1/4T_b$ 的窄带滤波器，就产生了两个频率分别为 f_1 和 f_2 的载波。将滤波器的输出进行线性组合，即可得到正交基函数 $\phi_1(t)$ 和 $\phi_2(t)$。最后，$\phi_1(t)$ 和 $\phi_2(t)$ 分别和两个波形 $e_1(t)$ 和 $e_2(t)$ 相乘，这两个波形 $e_1(t)$ 和 $e_2(t)$ 是与例 7.1 中的比特率等于 $1/2T_b$ 的 s_1 和 s_2 序列对应的波形。图 7.16(b)所示的是一个典型的 MSK 接收机。接收信号 $x(t)$ 分别和本地产生的相干参考信号 $\phi_1(t)$ 和 $\phi_2(t)$ 执行相关运算。注意积分时间间隔都是 $2T_b$s，正交信道的积分比同相信道的积分延迟 T_b 秒。得到的同相和正交信道的相关输出 x_1 和 x_2，都被用来和 0 值(门限)比较，并按照前面介绍的方法推导出系数的估计值，最后进行判决得到输出符号。

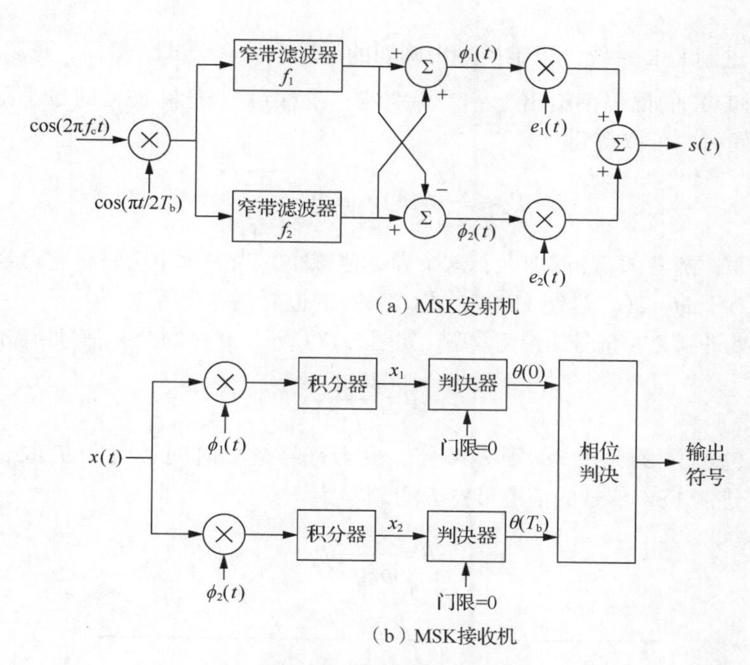

图 7.16 MSK 的发射机和接收机

5. MSK 的应用

最后简单介绍一下 MSK 的应用。将数据通过一个冲激响应由高斯函数定义的基带脉冲整形滤波器，就可以在维持 MSK 信号恒定包络的同时，使其功率谱也非常紧凑。这样的二进列调制方法就叫作高斯滤波 MSK(或 GMSK)。在广泛使用的第二代数字蜂窝移动通信系统(GSM)中，所采用的就是 GMSK 调制。

7.4.3 *M* 进制 FSK

下面考虑 M 进制 FSK，它的发射信号定义如下

$$s_i(t)=\sqrt{\frac{2E}{T}}\cos\left[\frac{2\pi}{T}(n_c+i)t\right], i=1,\cdots,M, 0\leqslant t\leqslant T \tag{7.66}$$

其中载波频率 $f_c=n_c/T$，n_c 是固定整数。发射符号的持续时间都是 T，并具有相同的能量 E。由于单个信号频率相隔 $1/T$，式(7.66)中的信号是正交的，即

$$\int_0^T s_i(t)s_j(t)\,\mathrm{d}t = 0, i\neq j \tag{7.67}$$

M 进制 FSK 的这一特性表明，将发射信号 $s_i(t)$ 按能量归一化，可以构造出基函数

$$\phi_i(t)=\frac{1}{\sqrt{E}}s_i(t), 0\leqslant t\leqslant T \tag{7.68}$$

因此，M 进制 FSK 由 M 维信号星座图描述，其中第 i 个点的坐标只在第 i 个位置上取值为 $\sqrt{E}$，其余位置上取值都为 0。

对于相干 M 进制 FSK，最佳接收机由 M 个相关器或者匹配滤波器组成，由式(7.68)中的 $\phi_i(t)$ 作为参考信号。在抽样时刻 $t=kT$，接收机根据最大匹配滤波器的输出，做出符合最大似然译码准则的判决。

对于相干 M 进制 FSK 系统，很难推导出确切的误码率计算公式。然而，可以使用第 6 章中的联合界为 M 进制 FSK 的误码率给出上界。特别地，注意到 M 进制 FSK 的最小距离 $d_{\min}$ 是 $\sqrt{2E}$，假设符号等概率发射，可以得到

$$P_e \leqslant \frac{1}{2}(M-1)\operatorname{erfc}\left(\sqrt{\frac{E}{2N_0}}\right) \tag{7.69}$$

对于固定的 M，随着 E/N_0 的增大，这个界迅速减小，当 $P_e \leqslant 10^{-3}$ 时，它已经和 P_e 十分接近了。更进一步，对于 $M=2$(二进制 FSK)，式(7.69)的边界是一个等式。

接下来介绍 M 进制 FSK 信号的带宽效率。如图 7.17 所示，M 进制 FSK 信号所需的信道带宽为

$$B=\frac{M+1}{T} \tag{7.70}$$

该带宽 B 中包含了信号功率的很大部分。由于符号持续时间 T 等于 $T_b\log_2 M$，并且有 $R_b=1/T_b$，可以将 M 进制 FSK 信号的信道带宽 B 重新写为

$$B=\frac{M+1}{\log_2 M}R_b \tag{7.71}$$

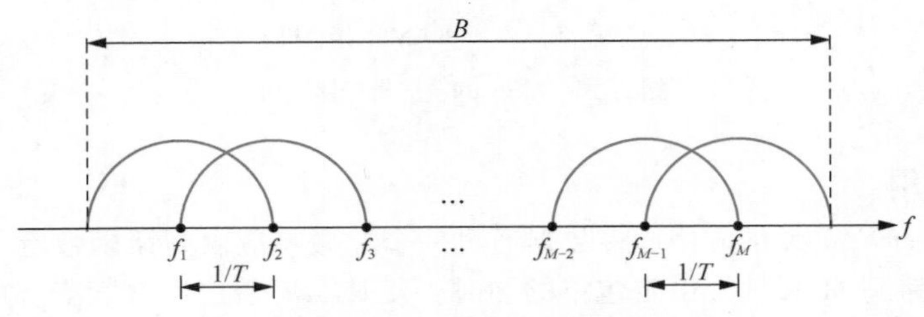

图 7.17　M 进制 FSK 信号所需的信道带宽

因此，得到 M 进制信号的带宽效率

$$\rho=\frac{R_b}{B}=\frac{\log_2 M}{M+1} \tag{7.72}$$

表 7.3 给出了针对不同的 M，利用式(7.72)计算出的 ρ 值。M 越大带宽效率越低。换句话说，M 进制 FSK 信号是频谱低效的。这主要是由 M 进制 FSK 星座图的特点造成的。

表 7.3　M 进制 FSK 信号的带宽效率

M	2	4	8	16	32	64
ρ	0.33	0.40	0.33	0.24	0.15	0.092

7.5 相移键控

本节主要研究相干 PSK，即通过改变载波的相位来携带信息，而载波的幅度与频率保持不变。首先介绍二进制 PSK，即用两个相对相移为 π 的相位分别代表符号 1 和符号 0；然后介绍四进制 PSK，即用 4 个相对相移为 $\pi/2$ 的相位分别代表 4 个符号；接着介绍 M 进制 PSK，即用 M 个相对相移为 $2\pi/M$ 的相位分别代表 M 个发射符号；最后介绍二进制差分相移键控(Differential

Phase Shift Keying，DPSK)，即对比特序列进行差分编码然后进行二进制 PSK 调制。各种调制技术的具体内容包括信号空间、误码率、信号的产生和检测、功率谱以及带宽效率等。

7.5.1 二进制 PSK

1. 二进制 PSK 的信号空间

二进制 PSK 一般记为 BPSK 或 2PSK。在二进制 PSK 系统中，符号 1 和 0 通常由信号对 $s_1(t)$ 和 $s_2(t)$ 表示

$$s_1(t)=\sqrt{\frac{2E_b}{T_b}}\cos(2\pi f_c t),0\leqslant t\leqslant T_b \tag{7.73}$$

$$s_2(t)=\sqrt{\frac{2E_b}{T_b}}\cos(2\pi f_c t+\pi)=-\sqrt{\frac{2E_b}{T_b}}\cos(2\pi f_c t),0\leqslant t\leqslant T_b \tag{7.74}$$

其中 E_b 表示每符号的传输信号能量。$s_1(t)$ 和 $s_2(t)$ 的唯一区别就在于它们有 180°的相对相移，因此被称作反相信号。

从式(7.73)和式(7.74)可以看出，二进制 PSK 只有一个基函数，即

$$\phi_1(t)=\sqrt{\frac{2}{T_b}}\cos(2\pi f_c t),0\leqslant t\leqslant T_b \tag{7.75}$$

可以将传输信号 $s_1(t)$ 和 $s_2(t)$ 表示为

$$s_1(t)=\sqrt{E_b}\,\phi_1(t),0\leqslant t\leqslant T_b \tag{7.76}$$

和

$$s_2(t)=-\sqrt{E_b}\,\phi_1(t),0\leqslant t\leqslant T_b \tag{7.77}$$

其信号星座图如图 7.18 所示，包括两个消息点，分别是消息点 m_1，坐标为 $\sqrt{E_b}$，判决区域为 Z_1；消息点 m_2，坐标为 $-\sqrt{E_b}$，判决区域为 Z_2。

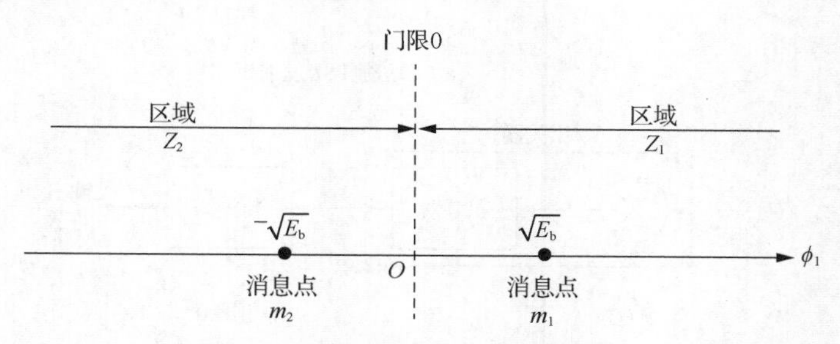

图 7.18　二进制 PSK 系统的信号星座图

可见相干二进制 PSK 系统的信号空间是一维($N=1$)的，其信号星座图由两个消息点组成($M=2$)，坐标分别是

$$s_{11}=\int_0^{T_b}s_1(t)\phi_1(t)\,dt=\sqrt{E_b} \tag{7.78}$$

和

$$s_{21}=\int_0^{T_b}s_2(t)\phi_1(t)\,dt=-\sqrt{E_b} \tag{7.79}$$

对应于 $s_1(t)$ 的消息点 m_1 位于 $s_{11}=\sqrt{E_b}$，对应于 $s_2(t)$ 的消息点 m_2 位于 $s_{21}=-\sqrt{E_b}$。

2. 二进制 PSK 的误码率

接下来计算二进制 PSK 的差错概率。为了得到对符号 1 和符号 0 的判决准则，可以将图 7.18 的信号空间分成两个区域 Z_1 和 Z_2。当接收信号点落在区域 Z_1 时，判决发射信号是 $s_1(t)$（符号 1）；当接收信号点落在区域 Z_2 时，判决发射信号是 $s_2(t)$（符号 0）。根据第 6 章的知识，可以得到二进制 PSK 的误码率为

$$P_e = \frac{1}{2}\text{erfc}\left(\sqrt{\frac{E_b}{N_0}}\right) \tag{7.80}$$

给定噪声功率谱密度 N_0，如果增加 E_b，与符号 1 和 0 对应的消息点之间的距离将增加，则误码率 P_e 将按照式(7.80)相应减小。

比较式(7.80)和式(7.41)可以看到，在 2FSK 系统中，为了保持和二进制 PSK 系统一样的误码率，必须提供两倍的 E_b/N_0。这一结果同图 7.18 和图 7.7 中的信号星座图所反映的完全一致。在图 7.18 和图 7.7 中可见，二进制 PSK 系统两个消息点之间的欧氏距离等于 $2\sqrt{E_b}$，而 2FSK 系统两个消息点之间的欧氏距离则是 $\sqrt{2E_b}$。因此对于给定的 E_b，二进制 PSK 的最小距离 $d_{\min}$ 是 2FSK 相应距离的 $\sqrt{2}$ 倍，这也是式(7.80)和式(7.41)的差别所在。

3. 二进制 PSK 信号的产生和检测

为了产生二进制 PSK 信号，需要用电平产生器将符号 1 和 0 分别映射为电平 $\sqrt{E_b}$ 和 $-\sqrt{E_b}$。生成的电平和载波 $\phi_1(t)$ 被送入乘法器，在输出端就可以得到 BPSK 波形，如图 7.19(a)所示。

为了检测原始符号，将接收信号 $x(t)$ 送入相关器，同时送入相关器的还有一个本地产生的相干载波 $\phi_1(t)$，如图 7.19(b)所示。判决器对相关器的输出 x_1 和门限 0 进行比较。如果 $x_1>0$，则判决为符号 1；如果 $x_1<0$，则判决为符号 0。如果 x_1 等于 0，则接收机随机判断为符号 0 或 1。

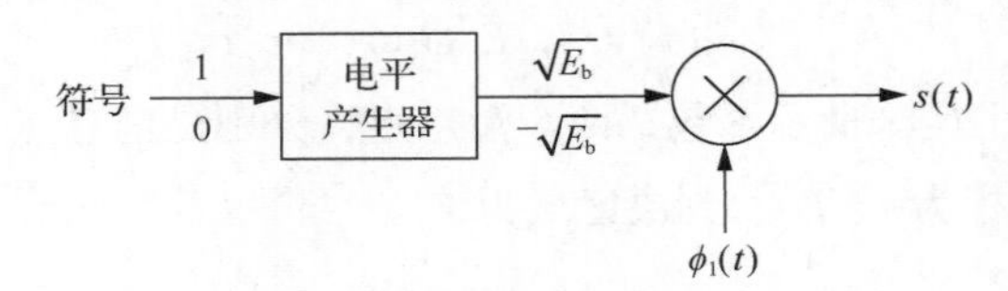

（a）二进制PSK发射机

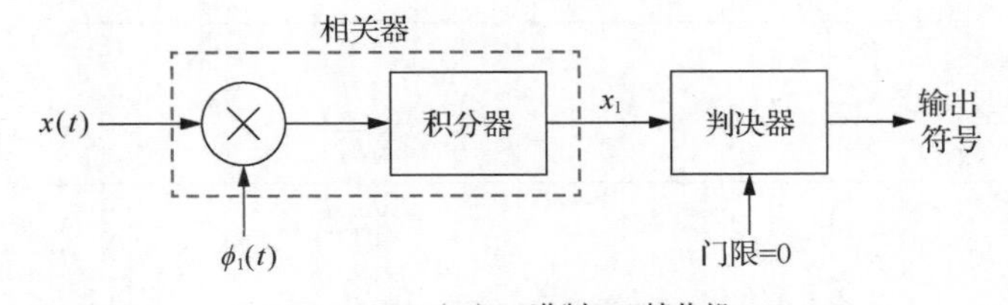

（b）二进制PSK接收机

图 7.19 二进制 PSK 的发射机和接收机

4. 二进制 PSK 的功率谱

二进制 PSK 波形的复包络仅含一个同相分量。根据发射符号是 1 还是 0，同相分量取值为 $+g(t)$ 或 $-g(t)$，其中

$$g(t) = \begin{cases} \sqrt{\dfrac{2E_b}{T_b}}, & 0 \leqslant t \leqslant T_b \\ 0, & \text{其他} \end{cases} \tag{7.81}$$

假设符号 1 和 0 等概率出现且统计独立，则基带功率谱密度就等于 $g(t)$ 的能量谱密度除以符号持续时间，其中 $g(t)$ 的能量谱密度定义为该信号傅里叶变换的平方。因此，二进制 PSK 信号的基带功率谱密度如下

$$\begin{aligned} S_{\mathrm{B}}(f) &= \frac{2E_{\mathrm{b}}\sin^2(\pi T_{\mathrm{b}}f)}{(\pi T_{\mathrm{b}}f)^2} \\ &= 2E_{\mathrm{b}}\operatorname{sinc}^2(T_{\mathrm{b}}f) \end{aligned} \tag{7.82}$$

如图 7.20 所示，该功率谱密度随着频率平方值的增大而下降。

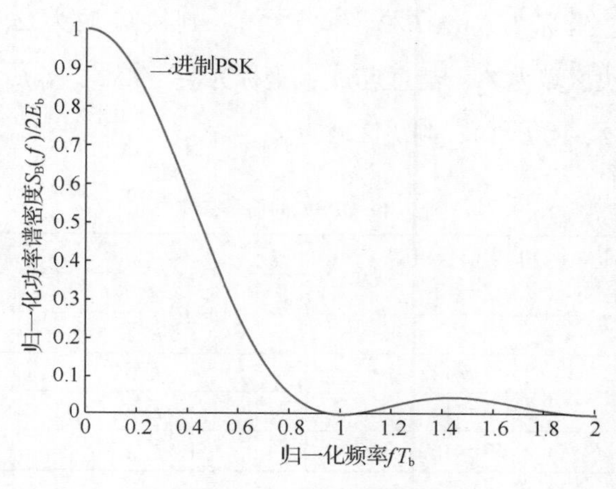

图 7.20　二进制 PSK 的功率谱

7.5.2　四进制 PSK

四进制 PSK 一般记为 QPSK 或 4PSK。在 QPSK 中，和二进制 PSK 一样，传输信号包含的信息都存储在相位中。特别地，载波相位必须取 4 个等间隔值，如 π/4、3π/4、5π/4 和 7π/4。此时，传输信号定义为

$$s_i(t)=\sqrt{\frac{2E}{T}}\cos\left[2\pi f_{\mathrm{c}}t+(2i-1)\frac{\pi}{4}\right], i=1,2,3,4, 0\leqslant t\leqslant T \tag{7.83}$$

其中 E 是每个符号的能量，T 是符号持续时间。每一个可能的相位值对应于一个格雷二进制码组。

1. QPSK 的信号空间

首先介绍 QPSK 的信号星座图。利用三角恒等式将 $s_i(t)$ 重新写为

$$s_i(t)=\sqrt{\frac{2E}{T}}\cos\left[(2i-1)\frac{\pi}{4}\right]\cos(2\pi f_{\mathrm{c}}t)-\sqrt{\frac{2E}{T}}\sin\left[(2i-1)\frac{\pi}{4}\right]\sin(2\pi f_{\mathrm{c}}t) \tag{7.84}$$

可以发现，$s_i(t)$ 的表达式中存在两个正交的基函数 $\phi_1(t)$ 和 $\phi_2(t)$，即

$$\phi_1(t)=\sqrt{\frac{2}{T}}\cos(2\pi f_{\mathrm{c}}t), 0\leqslant t\leqslant T \tag{7.85}$$

$$\phi_2(t)=\sqrt{\frac{2}{T}}\sin(2\pi f_{\mathrm{c}}t), 0\leqslant t\leqslant T \tag{7.86}$$

并且存在4个消息点，其信号矢量定义如下

$$\boldsymbol{s}_i=\begin{bmatrix}\sqrt{E}\cos\left[(2i-1)\dfrac{\pi}{4}\right]\\-\sqrt{E}\sin\left[(2i-1)\dfrac{\pi}{4}\right]\end{bmatrix} \tag{7.87}$$

s_{i1}和s_{i2}的取值如表7.4所示，其中前两列分别是相关联的格雷二进制码组——二位组和QPSK信号相位。可见，QPSK的信号空间是二维($N=2$)的，如图7.21所示，其中包含4个消息点，分别是消息点m_1，坐标为$(+\sqrt{E/2},+\sqrt{E/2})$，判决区域为$Z_1$；消息点$m_2$，坐标为$(-\sqrt{E/2},+\sqrt{E/2})$，判决区域为$Z_2$；消息点$m_3$，坐标为$(-\sqrt{E/2},-\sqrt{E/2})$，判决区域为$Z_3$；消息点$m_4$，坐标为$(+\sqrt{E/2},-\sqrt{E/2})$，判决区域为$Z_4$。

表7.4 QPSK的信号空间

格雷二进制码组二位组	QPSK信号相位/rad	消息点坐标	
		s_{i1}	s_{i2}
10	π/4	$+\sqrt{E/2}$	$-\sqrt{E/2}$
00	3π/4	$-\sqrt{E/2}$	$-\sqrt{E/2}$
01	5π/4	$-\sqrt{E/2}$	$+\sqrt{E/2}$
11	7π/4	$+\sqrt{E/2}$	$+\sqrt{E/2}$

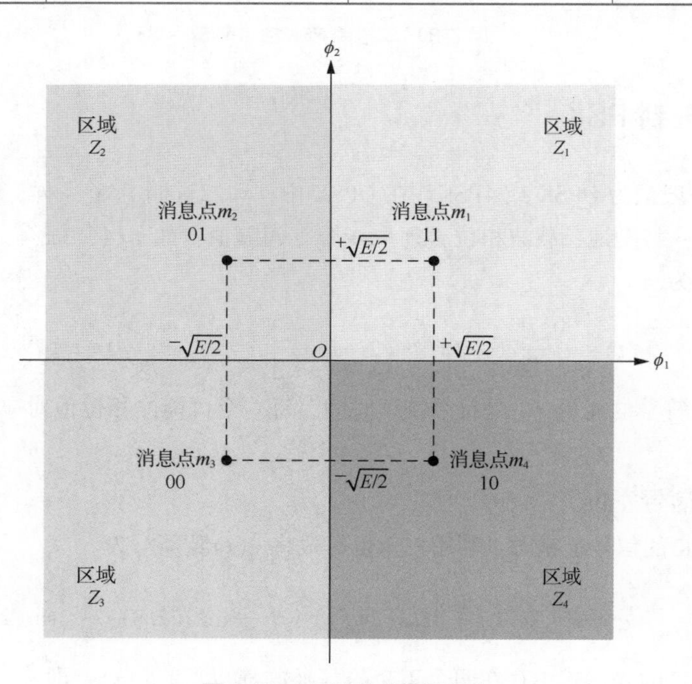

图7.21 QPSK的信号星座图

例7.2 请画出与序列01101100对应的QPSK信号在产生过程中所出现的序列和波形。

解 如图7.22所示，输入的序列为01101100。把这个序列分成两个子序列，分别由输入序列的奇数位和偶数位组成，这两个序列对应的波形记作 $s_{i1}\phi_1(t)$ 和 $s_{i2}\phi_2(t)$。这两个波形都可以看作二进制 PSK 信号，将它们相加，就得到了 QPSK 波形。

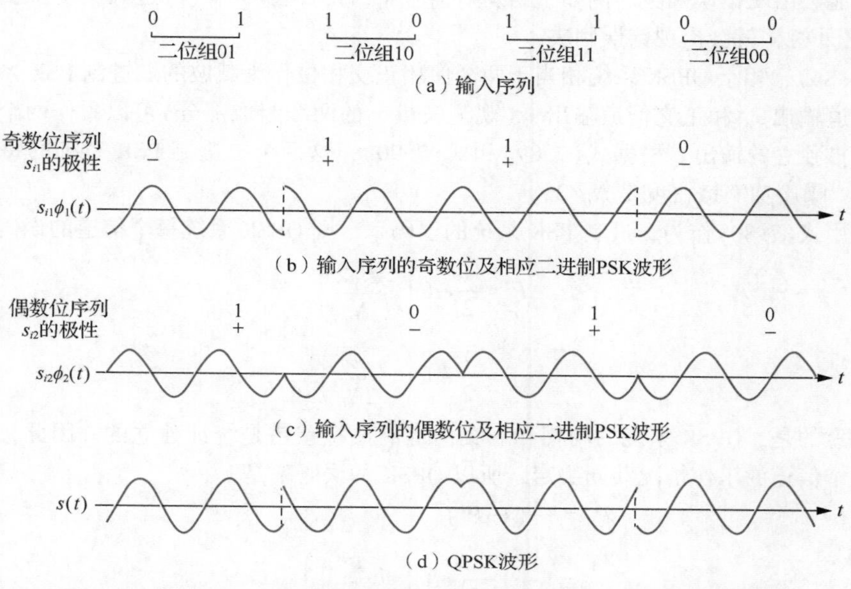

图 7.22 序列 01101100 对应的 QPSK 信号在产生过程中所出现的序列和波形

【本例终】

2. QPSK 的误码率

接下来计算 QPSK 的误码率。QPSK 系统的接收信号定义为

$$x(t)=s_i(t)+w(t) \tag{7.88}$$

其中 $w(t)$ 是零均值、功率谱密度为 $N_0/2$ 的高斯白噪声的样本函数。因此，观测矢量 $\boldsymbol{x}$ 的两个组成部分 x_1 和 x_2 分别为

$$\begin{aligned} x_1 &= \int_0^T x(t)\phi_1(t)\,\mathrm{d}t \\ &= \sqrt{E}\cos\left[(2i-1)\frac{\pi}{4}\right] + w_1 \\ &= \pm\sqrt{\frac{E}{2}} + w_1 \end{aligned} \tag{7.89}$$

和

$$\begin{aligned} x_2 &= \int_0^T x(t)\phi_2(t)\,\mathrm{d}t \\ &= -\sqrt{E}\sin\left[(2i-1)\frac{\pi}{4}\right] + w_2 \\ &= \mp\sqrt{\frac{E}{2}} + w_2 \end{aligned} \tag{7.90}$$

可见，观测分量 x_1 和 x_2 分别是均值为 $\pm\sqrt{E/2}$ 和 $\mp\sqrt{E/2}$、方差为 $N_0/2$ 的高斯随机变量的抽样值。

如图 7.21 所示，信号空间可以分成 4 个区域 Z_1、Z_2、Z_3 和 Z_4，若观测矢量 $\boldsymbol{x}$ 落在区域 Z_1，则判决发射的是信号 $s_1(t)$；若观测矢量 $\boldsymbol{x}$ 落在区域 Z_2，则判决为信号 $s_2(t)$，以此类推。在这一过程中，可能会出现错误判决。例如，当发射信号 $s_4(t)$，但噪声 $w(t)$ 过大，使得接收信号点落在区域 Z_4 之外时，就会出现错误判决。

由式(7.84)，相干 QPSK 系统相当于两个使用正交相位作为载波的二进制 PSK 系统在并行工作。同相信道输出 x_1 和正交信道输出 x_2(观测矢量 $\boldsymbol{x}$ 的两个组成部分)可以看作两个相干二进制 PSK 系统各自独立的输出。根据式(7.89)和式(7.90)，这两个二进制 PSK 系统的每符号的信号能量是 $E/2$、噪声功率谱密度是 $N_0/2$。

因此，用式(7.80)作为二进制 PSK 系统的误码率，则 QPSK 系统每个信道的误码率为

$$\begin{aligned} P' &= \frac{1}{2}\operatorname{erfc}\left(\sqrt{\frac{E/2}{N_0}}\right) \\ &= \frac{1}{2}\operatorname{erfc}\left(\sqrt{\frac{E}{2N_0}}\right) \end{aligned} \tag{7.91}$$

需要注意的是，QPSK 系统的同相和正交信道的比特差错是统计独立的。因此，平均正确判决概率由两个信道的工作情况共同决定，所以 QPSK 的误码率是

$$\begin{aligned} P_e &= 1-(1-P')^2 \\ &= 1-\left(1-\frac{1}{2}\operatorname{erfc}\left(\sqrt{\frac{E}{2N_0}}\right)\right)^2 \\ &= \operatorname{erfc}\left(\sqrt{\frac{E}{2N_0}}\right)-\frac{1}{4}\operatorname{erfc}^2\left(\sqrt{\frac{E}{2N_0}}\right) \end{aligned} \tag{7.92}$$

当$(E/2N_0)\gg 1$ 时，可以忽略式(7.92)右边的二次项。由此得到 QPSK 误码率的近似公式如下

$$P_e \approx \operatorname{erfc}\left(\sqrt{\frac{E}{2N_0}}\right) \tag{7.93}$$

该公式也可以通过观察图 7.21 的信号星座图推导出来。由于图中的 4 个消息点关于原点对称，可以得到

$$P_e \leqslant \frac{1}{2}\sum_{\substack{k=1 \\ k\neq i}}^{4}\operatorname{erfc}\left(\frac{d_{ik}}{2\sqrt{N_0}}\right) \tag{7.94}$$

在图 7.21 中，假设发射消息点是 m_1(相应于二位组 11)，则与之最接近的消息点是 m_2 和 m_4(相应于二位组 01 和 10)。可见，m_1 与 m_2 和 m_4 的欧氏距离是相等的，即

$$d_{12}=d_{14}=\sqrt{2E}$$

假设 E/N_0 足够大，就可以忽略距离 m_1 最远的消息点 m_3(相应于二位组 00)的影响，这样，从式(7.94)可以近似得到

$$\begin{aligned} P_e &\approx \frac{1}{2}\operatorname{erfc}\left(\frac{d_{12}}{2\sqrt{N_0}}\right)+\frac{1}{2}\operatorname{erfc}\left(\frac{d_{14}}{2\sqrt{N_0}}\right) \\ &= \frac{1}{2}\operatorname{erfc}\left(\frac{\sqrt{2E}}{2\sqrt{N_0}}\right)+\frac{1}{2}\operatorname{erfc}\left(\frac{\sqrt{2E}}{2\sqrt{N_0}}\right) \\ &= \operatorname{erfc}\left(\sqrt{\frac{E}{2N_0}}\right) \end{aligned} \tag{7.95}$$

该结果与式(7.93)一致。

在 QPSK 系统中，每个符号对应 2bit，因此，每个符号的发射信号能量是单比特信号能量的两倍，即

$$E = 2E_b \tag{7.96}$$

用 E_b/N_0 表示误码率，表示如下

$$P_e \approx \text{erfc}\left(\sqrt{\frac{E_b}{N_0}}\right) \tag{7.97}$$

当输入符号采用格雷二进制码组时，QPSK 的误比特率为

$$\text{BER} \approx \frac{1}{2}\text{erfc}\left(\sqrt{\frac{E_b}{N_0}}\right) \tag{7.98}$$

由式(7.91)和式(7.98)可见，当比特传输速率和 E_b/N_0 的值都相同时，QPSK 系统具有与二进制 PSK 系统相同的误比特率，而信道带宽仅为后者的一半。换句话说，对于相同的 E_b/N_0 和相同的误比特率，占用相同的信道带宽的 QPSK 系统，其比特传输速率是二进制 PSK 的两倍。因此，QPSK 的带宽效率优于二进制 PSK，比二进制 PSK 应用更加广泛。

3. QPSK 信号的产生和检测

图 7.23(a)所示的是一个典型的 QPSK 发射机。输入的符号首先被映射为 $+\sqrt{E_b}$ 和 $-\sqrt{E_b}$ 序列，然后分别按奇数位和偶数位生成两个独立的脉冲序列 $a_1(t)$ 和 $a_2(t)$，接着采用一对正交基函数 $\phi_1(t)$ 和 $\phi_2(t)$ 对 $a_1(t)$ 和 $a_2(t)$ 进行一对一调制，从而得到两路 BPSK 信号，将两者相加就得到 QPSK 信号。

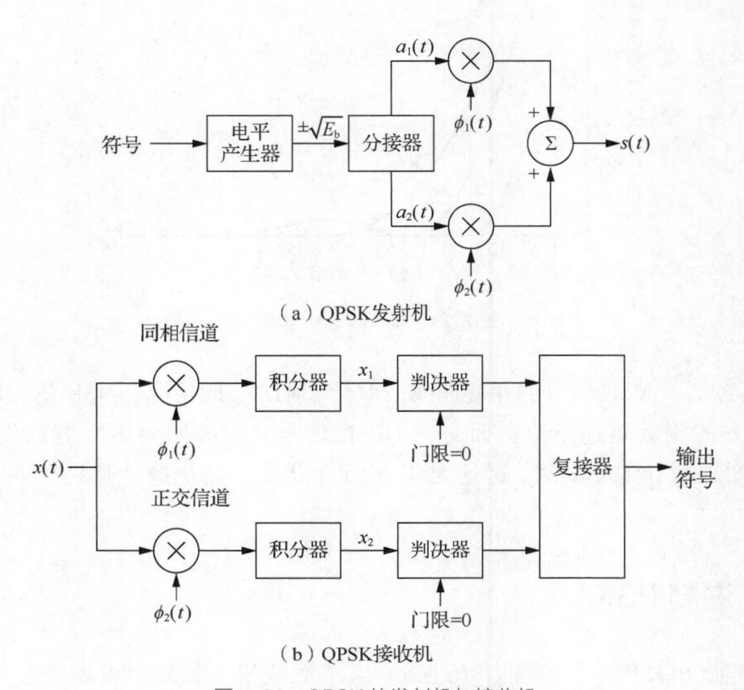

图 7.23　QPSK 的发射机与接收机

如图 7.23(b)所示，QPSK 接收机由一对采用相同输入的相关器组成，分别采用 $\phi_1(t)$ 和 $\phi_2(t)$ 作为载波。给定接收信号 $x(t)$，两个判决器分别对相关器输出的 x_1 和 x_2 与判决门限(0)进

行比较。如果 $x_1>0$，则判决同相信道的输出符号为 1；如果 $x_1<0$，则判决同相信道的输出符号为 0。类似地，如果 $x_2>0$，则判决正交信道的输出符号为 1；如果 $x_2<0$，则判决正交信道的输出符号为 0。最后，将同相信道和正交信道的输出进行合并，得到输出符号。

4. QPSK 的功率谱

在 QPSK 波形的复包络中，既有同相分量也有正交分量。无论是同相还是正交分量，根据相应的发射符号是 1 还是 0，取值为 $+g(t)$ 或 $-g(t)$，其中

$$g(t)=\begin{cases}\sqrt{\dfrac{E}{T}}, & 0\leqslant t\leqslant T\\ 0, & \text{其他}\end{cases} \tag{7.99}$$

假设符号 1 和 0 等概率出现且统计独立，则同相分量与正交分量具有相同的基带功率谱密度，即 $E\,\mathrm{sinc}^2(Tf)$。又因为同相分量与正交分量是统计独立的，所以 QPSK 信号的基带功率谱密度等于两者之和，即

$$\begin{aligned}S_B(f)&=2E\mathrm{sinc}^2(Tf)\\&=4E_\mathrm{b}\mathrm{sinc}^2(2T_\mathrm{b}f)\end{aligned} \tag{7.100}$$

图 7.24 描绘了 QPSK 的功率谱，其功率谱密度随着频率平方值的增大而下降。

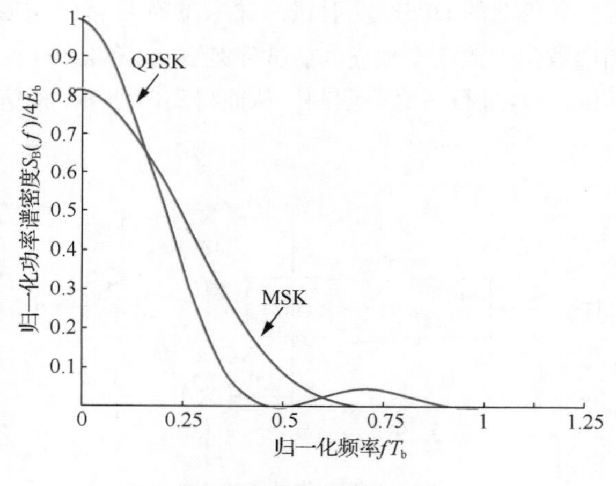

图 7.24　QPSK 的功率谱

图 7.23 中还包括了 MSK 信号的相应曲线。对于 $f\gg1/T_\mathrm{b}$ 的情况，MSK 信号的基带功率谱密度随着频率四次方的倒数迅速下降；而对于 QPSK 信号，它按照频率平方的倒数下降。因此，MSK 的信号通带外干扰比 QPSK 少。这是 MSK 的一个优点，其优越性特别体现在有带宽限制的数字通信系统中。

7.5.3　*M* 进制 PSK

QPSK 是 M 进制 PSK 的一个特例。M 进制 PSK 的载波相位取 M 个可能值之一，即 $\theta_i=2(i-1)\pi/M$，这里的 $i=1,2,\cdots,M$。因此，MPSK 信号可定义为

$$s_i(t)=\sqrt{\frac{2E}{T}}\cos\left[2\pi f_c t+(i-1)\frac{2\pi}{M}\right],0\leqslant t\leqslant T,i=1,2,\cdots,M \tag{7.101}$$

其中，E 是每个符号的信号能量。

$s_i(t)$可以根据式(7.85)和式(7.86)中定义的基函数 $\phi_1(t)$和 $\phi_2(t)$展开，因此，M 进制 PSK 的信号星座图也是二维的。M 个消息点等距离分布在半径为$\sqrt{E}$、圆心在原点的圆周上。图 7.25(a)所示是八进制 PSK 星座图的例子($M=8$)。根据第 6 章的判决准则，可将二维信号空间分成 8 个判决区域，如图 7.25 所标注的判决边界所示。从图 7.25 中可以看出信号星座图是关于原点对称的，因此，可以应用第 6 章的联合界公式推导出 M 进制 PSK 误码率的近似计算公式。

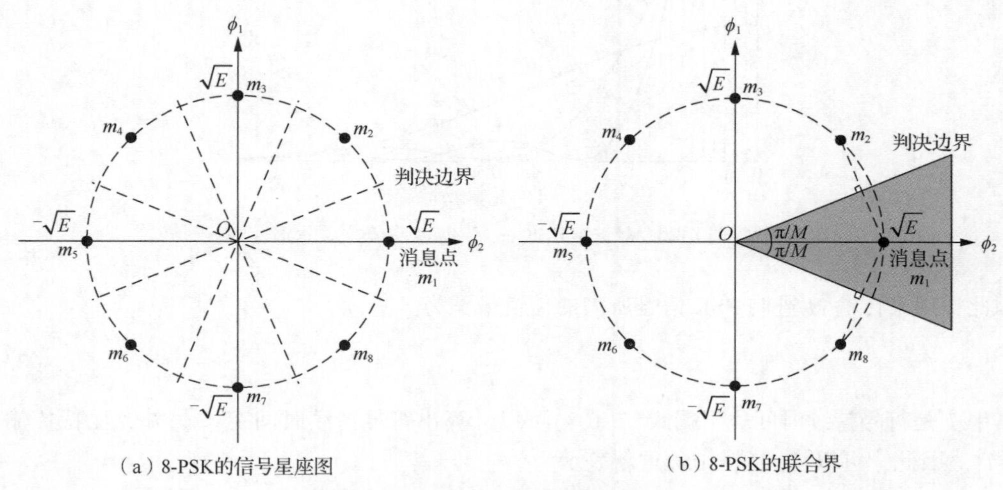

图 7.25　8-PSK 的信号星座图和联合界示意

图 7.25(b)描述的情况为：假设发射信号对应于消息点 m_1，它在 ϕ_1 轴和 ϕ_2 轴的坐标分别为 $+\sqrt{E}$和 0。若信噪比 E/N_0 足够大，仅有 m_1 两侧与之最接近的两个消息点 m_2 和 m_8 可能因信道噪声被误判为 m_1。此时这两点与 m_1 之间的欧氏距离为

$$d_{12}=d_{18}=2\sqrt{E}\sin\left(\frac{\pi}{M}\right)$$

使用第 6 章的公式，可以得到相干 M 进制 PSK 的误码率为

$$P_e\approx \operatorname{erfc}\left[\sqrt{\frac{E}{N_0}}\sin\left(\frac{\pi}{M}\right)\right] \tag{7.102}$$

此处，假设 $M\geqslant 4$。当 M 固定且 E/N_0 增大时，近似值和真实值的差值将随之减小。当 $M=4$ 时，式(7.102)简化为 QPSK 的公式形式，如式(7.93)所示。

接下来介绍 M 进制 PSK 信号的功率谱密度。M 进制 PSK 的符号持续时间的数学定义如下

$$T=T_b\log_2 M \tag{7.103}$$

其中 T_b 是符号持续时间。可以将 M 进制 PSK 信号的基带功率谱密度表示为以下形式

$$S_B(f)=2E\operatorname{sinc}^2(fT)=2E_b\log_2 M\operatorname{sinc}^2(fT_b\log_2 M) \tag{7.104}$$

图 7.26 显示了当 M 为 2、4、8 时，归一化功率谱密度 $S_B(f)/2E_b$ 相对于归一化频率 fT_b 的变化趋势，即随着频率平方值的增大而下降。

最后计算 M 进制 PSK 信号的带宽效率。从图 7.26 可以看出，M 进制 PSK 信号的功率谱存在由频谱零点(功率谱密度为 0 的频率点)界定的主瓣。可以使用主瓣频谱宽度作为 M 进制 PSK 信号带宽。

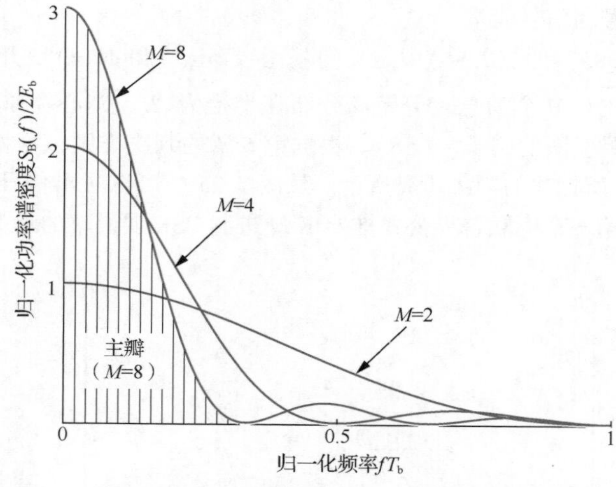

图 7.26　M 进制 PSK 在 $M=2$，4，8 时的功率谱

因此，用来传输 M 进制 PSK 信号所需的信道带宽为

$$B=\frac{2}{T} \tag{7.105}$$

其中 T 是符号持续时间。根据式(7.103)可以计算出符号持续时间 T_b。另外，比特传输速率 $R_b=1/T_b$。因此，可以将式(7.105)重新表示为

$$B=\frac{2R_b}{\log_2 M} \tag{7.106}$$

以此得到 MPSK 的带宽效率

$$\rho=\frac{R_b}{B}=\frac{\log_2 M}{2} \tag{7.107}$$

表 7.5 给出了由不同 M 值计算出的 ρ 值。

表 7.5　M 进制 PSK 信号的带宽效率

M	2	4	8	16	32	64
ρ	0.5	1	1.5	2	2.5	3

观察表 7.5 可以看出：M 越大带宽效率越高，但是，误码性能会恶化。为了保证误码性能，需要提高 E_b/N_0 进行补偿。对比表 7.5 和表 7.3，可以看出，增加 M 可以提高 M 进制 PSK 信号的带宽效率，但同时会引发 M 进制 PSK 信号带宽效率的下降。总的来说，M 进制 PSK 信号是频谱高效的，而 M 进制 FSK 信号却是频谱低效的。

7.5.4　二进制差分相移键控

二进制 DPSK 一般记为 2DPSK，它可以看成一种非相干的 PSK。其原理是利用前后相邻码元的载波相对相位变化传递数字信息。采用这种方式可以消除接收机对相干参考信号的需要。

发射机首先对输入的二进制比特序列$\{b_k\}$进行差分编码，得到新的比特序列$\{d_k\}$，再对$\{d_k\}$进行 DPSK 调制，就可以得到 DPSK 信号。差分编码规则如下。

(1)如果输入的符号 b_k 是 1，保持符号 d_k 和前一符号一致。

(2)如果输入的符号 b_k 是 0，将符号 d_k 改为和前一符号不同。

另外，发射机输入端需要使用参考符号作为差分编码的起始。在表 7.6 中给出了一个产生二进制 DPSK 信号的例子，其中$\{d_k\}$中的符号 1 和 0 分别对应相位 0 和 π。相应的波形如图 7.27 所示。

表 7.6　二进制 DPSK 信号的产生

$\{b_k\}$		1	0	0	1	0	0	1	1
$\{d_{k-1}\}$		1	1	0	1	1	0	1	1
$\{d_k\}$	1 (参考符号)	1	0	1	1	0	1	1	1
发射相位	0	0	π	0	0	π	0	0	0

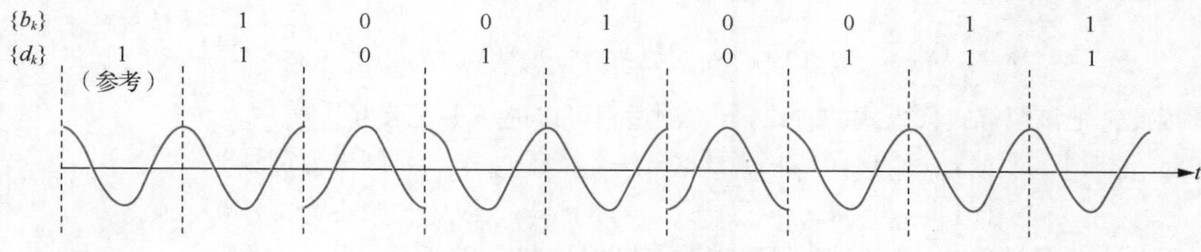

图 7.27　2DPSK 信号调制过程波形

接下来考虑二进制 DPSK 信号的检测。通过一个例子说明二进制 DPSK 检测的基本思路。假设在 $0 \leqslant t \leqslant T_b$ 内，发射的二进制 DPSK 信号为 $A\cos(2\pi f_c t)$，其中 A 代表幅度，T_b 是符号持续时间，E_b 是每符号信号的能量。那么对于接下来的第 2 个时隙，即 $T_b \leqslant t \leqslant 2T_b$ 内，如果发射机输入的是符号 1，则载波相位在时间间隔 $0 \leqslant t \leqslant 2T_b$ 内保持不变，即发射信号为

$$s(t)=\begin{cases} A\cos(2\pi f_c t), & 0 \leqslant t \leqslant T_b \\ A\cos(2\pi f_c t), & T_b \leqslant t \leqslant 2T_b \end{cases} \tag{7.108}$$

假设接收信号中的载波相位 θ 是未知的，并且变化是缓慢的(也就是说，慢得足以认为在两个相继符号持续时间内是恒定的)。因此，在 $0 \leqslant t \leqslant 2T_b$ 内的接收信号为

$$x(t)=\begin{cases} A\cos(2\pi f_c t-\theta)+w(t), & 0 \leqslant t \leqslant T_b \\ A\cos(2\pi f_c t-\theta)+w(t), & T_b \leqslant t \leqslant 2T_b \end{cases} \tag{7.109}$$

此时，两个相继符号持续时间内接收波形的相差为 0，与未知载波相位 θ 无关。用信号星座图表示，则与 $0 \leqslant t \leqslant T_b$ 与 $T_b \leqslant t \leqslant 2T_b$ 对应的两个接收信号点都将位于$(A\cos\theta, A\sin\theta)$，如图 7.28 所示。

类似地，如果发射机输入的是符号 0，则载波相位在时间间隔 $T_b \leqslant t \leqslant 2T_b$ 内要提前 180°，即发射信号为

$$s(t)=\begin{cases} A\cos(2\pi f_c t), & 0 \leqslant t \leqslant T_b \\ A\cos(2\pi f_c t+\pi), & T_b \leqslant t \leqslant 2T_b \end{cases} \tag{7.110}$$

相应的接收信号为

$$x(t)=\begin{cases} A\cos(2\pi f_c t-\theta)+w(t), & 0 \leqslant t \leqslant T_b \\ A\cos(2\pi f_c t+\pi-\theta)+w(t), & T_b \leqslant t \leqslant 2T_b \end{cases} \tag{7.111}$$

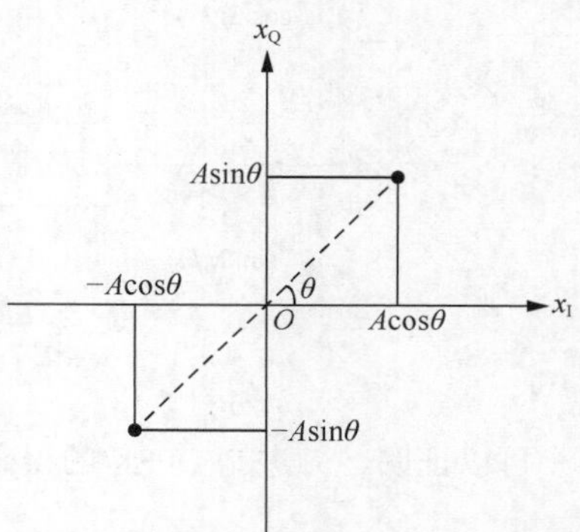

图 7.28　接收二进制 DPSK 信号空间图

此时，两个相继符号持续时间内接收波形的相差为 π，也与未知载波相位 θ 无关。用信号星座图表示，则与 $0 \leqslant t \leqslant T_b$ 和 $T_b \leqslant t \leqslant 2T_b$ 对应的两个接收信号点将分别位于$(A\cos\theta, A\sin\theta)$和$(-A\cos\theta, -A\sin\theta)$，如图 7.28 所示。

将位于$(A\cos\theta, A\sin\theta)$的接收信号点记为 $\boldsymbol{x}_0 = (x_{I0}, x_{Q0})$；将位于$(-A\cos\theta, -A\sin\theta)$的接收信号点记为 $\boldsymbol{x}_1 = (x_{I1}, x_{Q1})$。此时，二进制 DPSK 检测过程可以被看作判断这两点的方向是相同还是相反？使用内积运算，可以将该问题表述为：内积$(\boldsymbol{x}_0)^{\mathrm{T}}\boldsymbol{x}_1$ 是正值还是负值？

因此，检测过程可以表示为

$$\begin{cases} x_{I0}x_{I1} + x_{Q0}x_{Q1} > 0, \text{判决为符号 } 1 \\ x_{I0}x_{I1} + x_{Q0}x_{Q1} < 0, \text{判决为符号 } 0 \end{cases} \tag{7.112}$$

注意到下面的恒等式

$$x_{I0}x_{I1} + x_{Q0}x_{Q1} = \frac{1}{4}\left[(x_{I0}+x_{I1})^2 - (x_{I0}-x_{I1})^2 + (x_{Q0}+x_{Q1})^2 - (x_{Q0}-x_{Q1})^2\right]$$

因此，把该恒等式代入式(7.112)，检测过程可以进一步表示为

$$\begin{cases} (x_{I0}-x_{I1})^2 + (x_{Q0}-x_{Q1})^2 < (x_{I0}+x_{I1})^2 + (x_{Q0}+x_{Q1})^2, \text{判决为符号 } 1 \\ (x_{I0}-x_{I1})^2 + (x_{Q0}-x_{Q1})^2 > (x_{I0}+x_{I1})^2 + (x_{Q0}+x_{Q1})^2, \text{判决为符号 } 0 \end{cases} \tag{7.113}$$

因此，二进制 DPSK 检测过程可以被看作判断 x_0 和 x_1 接近还是和 $-x_1$ 接近？

二进制 DPSK 发射机如图 7.29(a)所示，它包括一个编码器和一个延迟单元，从而可以将符号序列$\{b_k\}$转换为差分编码序列$\{d_k\}$。然后对该序列进行二进制 PSK 调制，进而产生二进制 DPSK 信号。对二进制 DPSK 进行差分相干检测的最佳接收机如图 7.29(b)所示，这是由式(7.112)直接导出的。与相干 PSK 接收机不同，该接收机利用的是相位的相对取值，而不是相位的绝对取值。因此我们把这种接收机称为差分相干接收机。

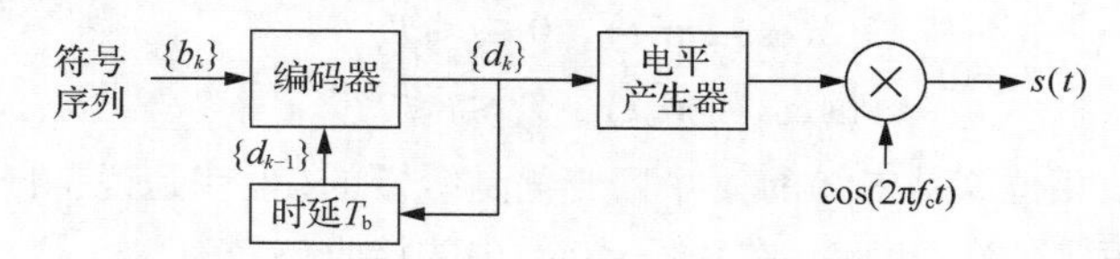

（a）二进制DPSK发射机

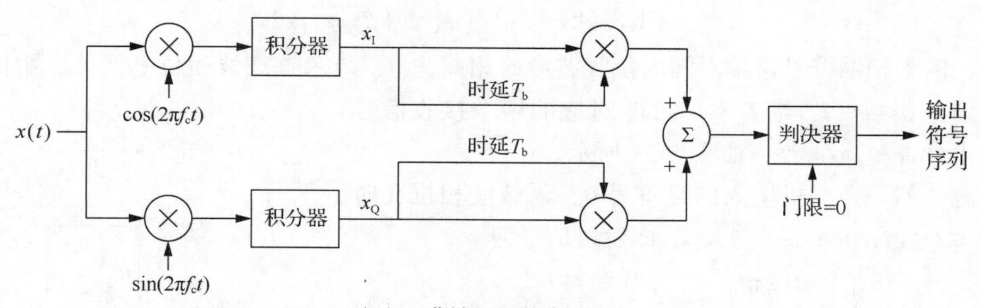

（b）二进制DPSK接收机

图 7.29　二进制 DPSK 的发射机和接收机

可以证明，二进制 DPSK 的误码率为

$$P_e = \frac{1}{2}\exp\left(-\frac{E_b}{N_0}\right) \tag{7.114}$$

对于二进制 DPSK 信号，还可以采用相干解调法，如图 7.30 所示。在该方法中，首先对接收信号进行相干解调，恢复出差分编码序列$\{d_k\}$。然后，通过与编码器相反的操作，即 $b_k=d_k\oplus d_{k-1}$，恢复出序列$\{b_k\}$。可以证明，在采用相干解调法时，二进制 DPSK 的误码率为

$$P_e=\operatorname{erfc}\left(\sqrt{\frac{E_b}{N_0}}\right) \tag{7.115}$$

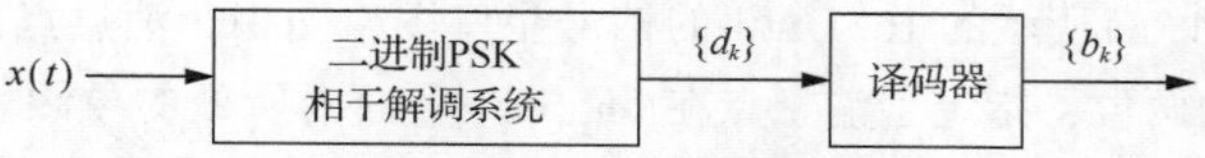

$x(t)$ → [二进制PSK 相干解调系统] → $\{d_k\}$ → [译码器] → $\{b_k\}$

图 7.30　采用相干解调法的二进制 DPSK

2DPSK 的调制过程与 BPSK 相同，因此 2DPSK 信号带宽和带宽效率与 BPSK 相同，但误码率性能劣于 BPSK。

7.6 正交幅度调制

在 M 进制 PSK 系统中，已调信号的同相分量和正交分量的相互联系使信号包络保持恒定，这从消息点的圆形星座图中可以清楚地看出。如果取消包络恒定的约束，同相分量和正交分量则可以彼此独立，从而得到一种新的调制方式，即 M 进制 QAM。QAM 是一种联合调制方式，因为载波同时受到幅度和相位的调制。

前面介绍了 M 进制 ASK，其信号空间是一维的。M 进制 QAM 可以视为 M 进制 ASK 的二维推广，其信号空间是二维的，相应的基函数为

$$\phi_1(t)=\sqrt{\frac{2}{T}}\cos(2\pi f_c t),0\leqslant t\leqslant T \tag{7.116}$$

$$\phi_2(t)=\sqrt{\frac{2}{T}}\sin(2\pi f_c t),0\leqslant t\leqslant T \tag{7.117}$$

假设将(ϕ_1,ϕ_2)平面内的第 i 个消息点 s_i 记作$(a_i d_{\min}/2,b_i d_{\min}/2)$，这里的 $d_{\min}$是星座图上任意两个消息点之间的最小距离，a_i 和 b_i 是整数，$i=1,2,\cdots,M$。假设 $d_{\min}/2=\sqrt{E_0}$，这里的 E_0 是具有最小幅度信号的能量。对于符号 i 发射的 M 进制 QAM 信号定义如下

$$s_i(t)=\sqrt{\frac{2E_0}{T}}a_i\cos(2\pi f_c t)-\sqrt{\frac{2E_0}{T}}b_i\sin(2\pi f_c t) \tag{7.118}$$

已调信号 $s_i(t)$由两个$\sqrt{M}$进制 ASK 信号组成，它们的载波相互正交，这种调制方式称为正交幅度调制。

M 进制 QAM 的星座图通常是正方形的。例如 $M=4,16,64,256$ 等，记

$$L=\sqrt{M} \tag{7.119}$$

L 是正整数。这样，对于具有正方形星座图的 QAM，有序坐标对通常构成一个正方形的矩阵，如下所示

$$\{(a_i,b_i)\}=\begin{bmatrix}(-L+1,L-1) & (-L+3,L-1) & \cdots & (L-1,L-1)\\(-L+1,L-3) & (-L+3,L-3) & \cdots & (L-1,L-3)\\ \vdots & \vdots & & \vdots\\(-L+1,-L+1) & (-L+3,-L+1) & \cdots & (L-1,-L+1)\end{bmatrix} \tag{7.120}$$

也可以将 M 进制 QAM 的正方形星座图看作一维 L 进制 ASK 和其自身的笛卡儿积。根据定义，两组坐标(代表了一对一维星座图)的笛卡儿积由一组可能出现的有序坐标对组成，其中，各个坐标对的第 1 个坐标取自笛卡儿积的第 1 组，第 2 个坐标取自笛卡儿积的第 2 组。

例 7.3 请设计符合格雷映射规则的 16-QAM 消息点编码方法。

解 考虑如图 7.31(a)所示的 16-QAM 的信号星座图，图中，消息点的编码规则如下。4 位中的两位，即最左端的两位，指定了消息点在(ϕ_1,ϕ_2)平面内所处的象限。也就是说，从第一象限起逆时针旋转，经过的 4 个象限分别用二位组 11、10、00 和 01 表示。剩下的两位用来表示(ϕ_1,ϕ_2) 平面各个象限内的 4 个可能符号之一。注意对 4 个象限的编码以及对各个象限内符号的编码都遵守格雷编码规则。

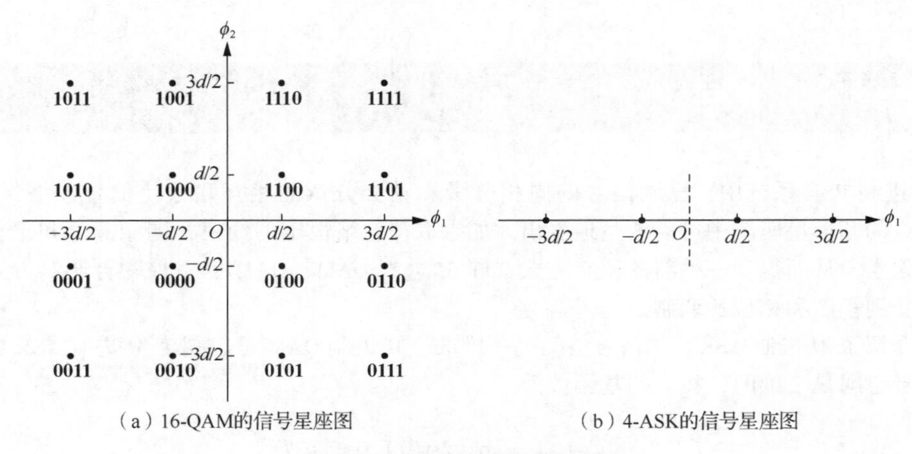

（a）16-QAM的信号星座图　　（b）4-ASK的信号星座图

图 7.31 16-QAM 的信号星座图

在这个例子里，$L=4$，因此，图 7.31(a)的正方形星座图是图 7.31(b)中 4-ASK 的信号星座图和其自身的笛卡儿积。此外，式(7.120)的矩阵取值如下。

$$\{[a_i,b_i]\}=\begin{bmatrix}(-3,3) & (-1,3) & (1,3) & (3,3)\\(-3,1) & (-1,1) & (1,1) & (3,1)\\(-3,-1) & (-1,-1) & (1,-1) & (3,-1)\\(-3,-3) & (-1,-3) & (1,-3) & (3,-3)\end{bmatrix}$$

【本例终】

例 7.4 请画出第五代移动通信系统(5G)中使用的 256 进制 QAM 的星座图。

解 根据 3GPP 标准 TS 38.211，在 5G 中使用的 256 进制 QAM 的定义如下。给定 8 个比特$[d_0d_1d_2d_3d_4d_5d_6d_7]$，相应的星座图中的点 $\boldsymbol{p}=(p_1,p_2)$，其中

$$p_1=\frac{1}{\sqrt{170}}(1-2d_0)[8-(1-2d_2)\{4-(1-2d_4)[2-(1-2d_6)]\}]$$

$$p_2=\frac{1}{\sqrt{170}}(1-2d_1)[8-(1-2d_3)\{4-(1-2d_5)[2-(1-2d_7)]\}]$$

相应的信号星座图如图 7.32 所示。

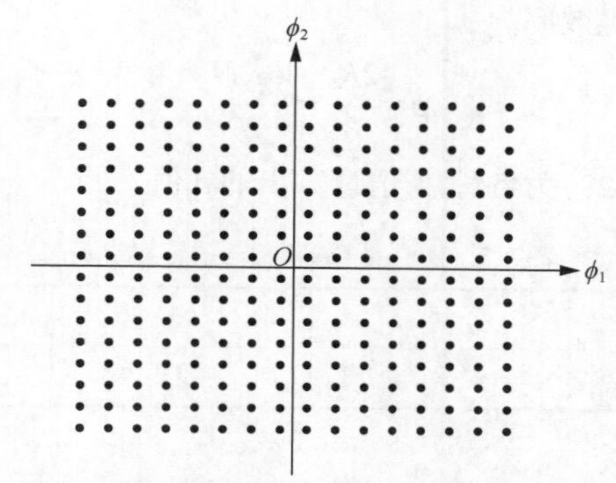

图 7. 32　在 5G 系统中使用的 256 进制 QAM 的信号星座图

【本例终】

为了计算 M 进制 QAM 的误码率，利用 QAM 正方形星座图可以被分解为两个一维 ASK 星座图的简卡尔乘积的特性。计算过程如下。

(1) M 进制 QAM 的正确检测概率如下

$$P_c=(1-P'_e)^2 \tag{7.121}$$

这里，P'_e是相应 L 进制 ASK 的误码率，$L=\sqrt{M}$。

(2) 误码率 P'_e定义如下

$$P'_e\approx\left(1-\frac{1}{\sqrt{M}}\right)\operatorname{erfc}\left(\sqrt{\frac{E_0}{N_0}}\right) \tag{7.122}$$

(3) M 进制 QAM 的误码率是

$$P_e=1-P_c=1-(1-P'_e)^2\approx 2P'_e \tag{7.123}$$

这里，假设 P'_e远小于 1，从而可以忽略平方项。

因此，把式(7. 122)代入式(7. 123)，可以得到 M 进制 QAM 误码率的近似值如下

$$P_e\approx 2\left(1-\frac{1}{\sqrt{M}}\right)\operatorname{erfc}\left(\sqrt{\frac{E_0}{N_0}}\right) \tag{7.124}$$

由于 M 进制 QAM 的瞬时值取决于特定的发射符号，其发射能量是变化的。因此，用发射能量的平均值 E_{av} 来表示 P_e 比使用 E_0 更合理。可以验证(参见本章习题 7. 15)，平均发射能量 E_{av} 为

$$E_{av}=\frac{2(M-1)E_0}{3} \tag{7.125}$$

因此，可以用 E_{av}的形式将式(7. 124)改写如下

$$P_e\approx 2\left(1-\frac{1}{\sqrt{M}}\right)\operatorname{erfc}\left[\sqrt{\frac{3E_{av}}{2(M-1)N_0}}\right] \tag{7.126}$$

当 $M=4$ 时，其星座图和 QPSK 的星座图一样。实际上，在式(7. 126)中令 $M=4$，此时 $E_{av}=E$，E 是单个符号的能量。可以看出，此时得到的误码率的公式和式(7. 93)是一致的。

最后讨论 M 进制 QAM 的带宽效率。由于 M 进制 QAM 是由两路正交的 L 进制 ASK 叠加而成的，M 进制 QAM 的信道带宽与 L 进制 ASK 的相同，而传输速率是 L 进制 ASK 的两倍。因此，给定一路 L 进制 ASK 的传输速率为 R_b，则 M 进制 QAM 的传输速率是 $2R_b$，而信道带宽根据式(7. 30)为

$$B=\frac{2R_b}{\log_2 L}=\frac{4R_b}{\log_2 M} \tag{7.127}$$

所以，M 进制 QAM 的带宽效率为

$$\rho=\frac{2R_b}{B}=\frac{\log_2 M}{2} \tag{7.128}$$

表 7.7 给出了利用式(7.128)为各种 M 值计算出的 ρ 值。

表 7.7　M 进制 QAM 信号的带宽效率

M	4	16	64	256	1024
ρ	1	2	3	4	5

7.7 数字调制方式的比较

本节对前述 ASK、FSK、PSK，以及 QAM 这 4 类数字调制方式进行总结和比较。首先从可靠性的角度，对所有不同二进制数字调制方式的平均比特差错概率进行比较。然后从传输速率与使用带宽的角度，对各种 M 进制数字调制技术的带宽效率进行比较。

7.7.1 可靠性

表 7.8 总结了采用不同的二进制数字调制方式在通过 AWGN 信道传播时的误比特率表达式。在图 7.33 中，利用表 7.8 中总结的表达式，绘制出了 BER 与 E_b/N_0 的关系曲线，其中纵坐标采用的是对数坐标。

表 7.8　不同二进制数字调制方式的误比特率

调制方式		误比特率
二进制 ASK	相干	$P_e=\frac{1}{2}\mathrm{erfc}\left(\frac{1}{2}\sqrt{\frac{E_b}{N_0}}\right)$
	非相干	$P_e=\frac{1}{2}\exp\left(-\frac{E_b}{4N_0}\right)$
二进制 FSK	相干	$P_e=\frac{1}{2}\mathrm{erfc}\left(\sqrt{\frac{E_b}{2N_0}}\right)$
	非相干	$P_e=\frac{1}{2}\exp\left(-\frac{E_b}{2N_0}\right)$
二进制 PSK	相干	$P_e=\frac{1}{2}\mathrm{erfc}\left(\sqrt{\frac{E_b}{N_0}}\right)$
QPSK	相干	$P_e=\frac{1}{2}\mathrm{erfc}\left(\sqrt{\frac{E_b}{N_0}}\right)$
MSK	相干	$P_e=\frac{1}{2}\mathrm{erfc}\left(\sqrt{\frac{E_b}{N_0}}\right)$
二进制 DPSK	相干	$P_e=\mathrm{erfc}\left(\sqrt{\frac{E_b}{N_0}}\right)$
	非相干	$P_e=\frac{1}{2}\exp\left(-\frac{E_b}{N_0}\right)$

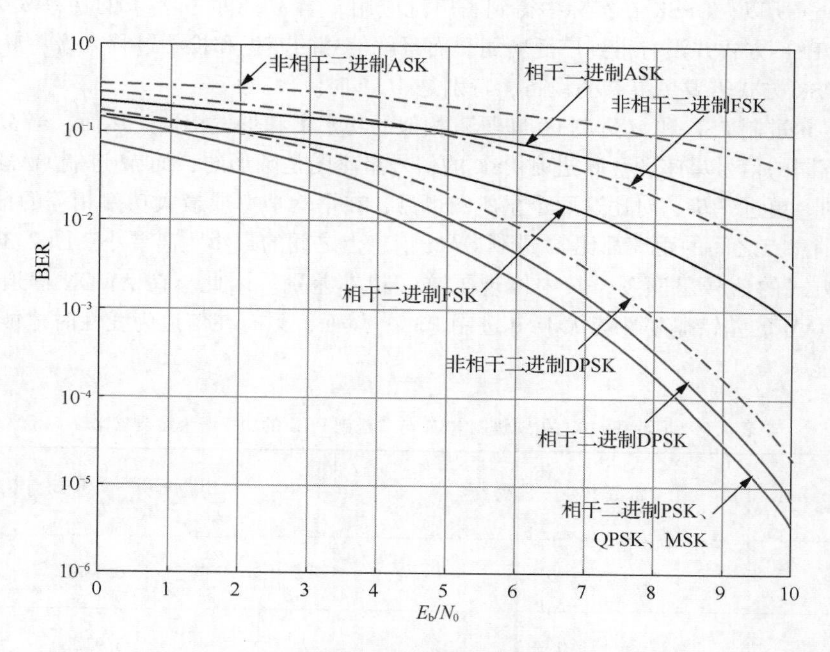

图 7.33　不同二进制数字调制方式可靠性比较

根据图 7.33 中的性能曲线以及表 7.8 中的公式，可以得到如下结论。

(1) 所有系统的误比特率都随着 E_b/N_0 值的增大而单调下降；所有曲线都有着相似的抛物线形式。

(2) 对于任意的 E_b/N_0，相干二进制 PSK、QPSK 和 MSK 产生的误比特率，比其他调制方式的要小。

(3) 为了得到相同的误比特率，相干 BPSK 和 BDPSK 需要的 E_b/N_0 值，比相干 FSK 和非相干 FSK 所需要的 E_b/N_0 值要小 3dB。

(4) 为了得到相同的误比特率，相干 FSK 和非相干 FSK 比相干 ASK 和非相干 ASK 所需要的 E_b/N_0 值要小 3 dB。

(5) 在 E_b/N_0 取较大值时，在相同传输速率和每符号信号能量下，相干或非相干二进制 DPSK 与相干二进制 PSK 的性能差别很小。

(6) 在 QPSK 中，使用两个正交载波 $\sqrt{2/T}\cos(2\pi f_c t)$ 和 $\sqrt{2/T}\sin(2\pi f_c t)$（这里的载波频率 f_c 是符号传输速率 $1/T$ 的整数倍），从而使两个独立的比特流可以同时发射并检测。

(7) 在 MSK 中，使用两个正交载波 $\sqrt{2/T_b}\cos(2\pi f_c t)$ 和 $\sqrt{2/T_b}\sin(2\pi f_c t)$，在 $2T_b$ 的时间间隔内，分别由两个整形脉冲 $\cos(\pi t/2T_b)$ 和 $\sin(\pi t/2T_b)$ 调制而得的，这里的 T_b 是符号持续时间。因此，接收机在两个连续的符号持续时间内使用相位检测来恢复原始符号流。

7.7.2　带宽效率

表 7.9 总结了 M 进制和二进制 PSK 的功率谱带宽要求比较，其中假设误码率为 10^{-4}，并假设系统在同样噪声的环境中工作。由表 7.9 可见，在 M 进制 PSK 中，QPSK 在功率和带宽需求之间

有较好的折中，所以，QPSK 在实际中得到了广泛应用。当 $M>8$ 时，要求的功率太大，因此，$M>8$ 的 M 进制 PSK 方式并没有得到广泛应用。而且就信号的产生和检测过程来说，M 进制 PSK 方式比二进制 PSK 方式需要更复杂的设备，特别是 $M>8$ 时。

基本上，M 进制 PSK 和 M 进制 QAM 具有相似的功率谱和带宽特性。然而，当 $M>4$ 时，这两种方式具有不同的信号星座图。M 进制 PSK 的信号星座图是圆形的，而 M 进制 QAM 的信号星座图则是矩形的。更进一步，对比这两个星座图可见，在平均功率或最大功率相等的情况下，M 进制 PSK 相邻消息点之间的距离都比 M 进制 QAM 消息点之间的最小距离要小。图 7.34 绘出了 $M=16$ 时这两种方式的信号星座图，其中体现了这一根本差别。因此，在 AWGN 信道中，当 $M>4$ 时，M 进制 QAM 的差错概率性能优于 M 进制 PSK。然而，只有在信道为线性时才能体现 M 进制 QAM 的高性能。

表 7.9　误码率 $=10^{-4}$ 的 M 进制 PSK 与二进制 PSK 的功率谱带宽要求比较

M	带宽$\|_{M进制}$/带宽$\|_{二进制}$	平均功率$\|_{M进制}$/平均功率$\|_{二进制}$
4	0. 5	0. 34dB
8	0. 333	3. 91dB
16	0. 25	8. 52dB
32	0. 2	13. 52dB

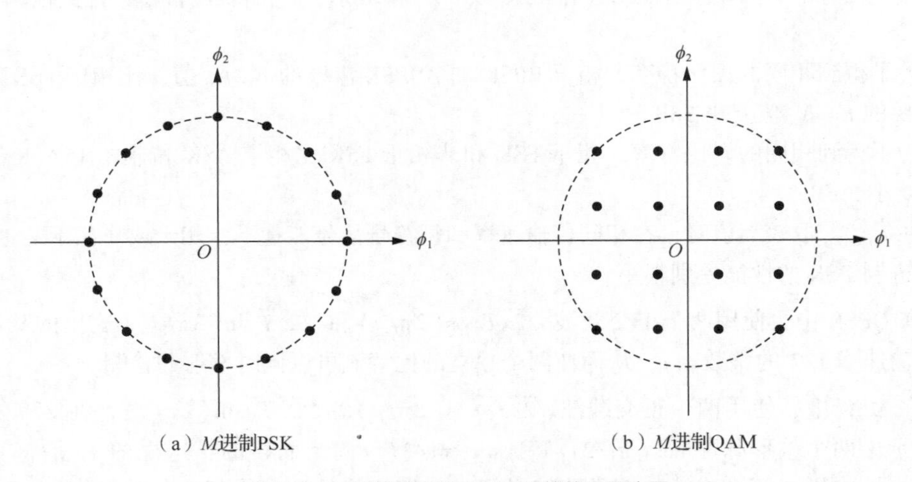

图 7.34　M 进制 PSK 和 QAM 的信号星座图

对于 M 进制 FSK，误码率一定时，M 的增大将带来功率需求的减小。然而，这种发射功率的减小是以增大信道带宽为代价得到的。换句话说，M 进制 FSK 和 M 进制 PSK 的特性相反，更适用于对带宽效率要求不高的中、低速的数据传输。

7.8 本章小结

本章主要介绍数字调制的基本方案，包括 ASK、FSK、PSK，以及 QAM 等。采用 AWGN 带通信号传输模型，其中 M 个发射符号被一一映射为 M 个发射信号，发射信号的具体波形取决于所采用的数字调制方式。

ASK 是应用最早的调制方式，通过改变载波的幅度来携带信息，而载波的频率与相位保持不变。主要介绍了二进制与 M 进制 ASK 的信号空间、误码率、信号的产生和检测、功率谱、带宽效率等内容。

FSK 特别适用于衰落信道，特点是抗干扰能力较强、频带利用率低。主要介绍了二进制 FSK、MSK、M 进制 FSK 的信号空间、相位网格图、误码率、信号的产生和检测、功率谱、带宽效率等内容。

PSK 是一种通过改变载波的相位来携带信息的调制方式，载波的幅度与频率保持不变。主要介绍了二进制 PSK、四进制 PSK、M 进制 PSK 的信号空间、误码率、信号的产生和检测、功率谱、带宽效率等内容。PSK 信号在相干解调时会出现相位模糊的问题，因此 DPSK 在实际系统中得到广泛应用。

QAM 是一种联合调制方式，其中载波同时受到幅度和相位的调制。主要介绍了 M 进制 QAM 的信号空间、误码率、带宽效率等内容。

最后，对 ASK、FSK、PSK，以及 QAM 这 4 类数字调制方式进行了总结和比较。从误码率的角度看，相干二进制 PSK、QPSK 和 MSK 的误码率比其他调制方式的要小；为了得到相同的误码率，相干 BPSK 和 BDPSK 需要的 E_b/N_0 值比相干 FSK 和非相干 FSK 所需要的 E_b/N_0 值都要小 3 dB；而相干 FSK 和非相干 FSK 比相干 ASK 和非相干 ASK 所需要的 E_b/N_0 值也都要小 3 dB。从频谱效率的角度看，在 M 进制 PSK 中，QPSK 在功率和带宽需求之间有较好的折中；M 进制 PSK 和 M 进制 QAM 具有相似的功率谱和带宽特性，M 进制 QAM 具有较高的抗噪声性能；M 进制 FSK 带宽效率较低，适用于对带宽效率要求不高的中、低速的数据传输。

习题

7.1　二进制 PSK 信号定义为

$$s(t)=\begin{cases}\sqrt{\dfrac{2E_b}{T_b}}\cos(2\pi f_c t), & \text{符号 1}\\[2ex] \sqrt{\dfrac{2E_b}{T_b}}\cos(2\pi f_c t+\pi), & \text{符号 0}\end{cases}$$

经过功率谱密度为 $N_0/2$ 的 AWGN 信道，接收机采用具有相位偏差 φ 的载波进行相关解调。求该系统的平均差错概率。

7.2　一个二进制 PSK 系统的信号定义如下

$$s(t)=A_c k\sin(2\pi f_c t)\pm A_c\sqrt{1-k^2}\cos(2\pi f_c t),0\leqslant t\leqslant T_b$$

±中加号对应于符号 1 而减号对应于符号 0。第一项代表用于同步的载波分量。

(1)绘制该调制方式的信号星座图；

(2)当经过功率谱密度为 $N_0/2$ 的 AWGN 信道时，求该系统的平均差错概率。

7.3 用 P_{e_I}和 P_{e_Q}代表窄带数字通信系统同相和正交信道的误码率，证明整个系统的误码率是

$$P_e = P_{e_I} + P_{e_Q} - P_{e_I} P_{e_Q}$$

7.4 证明 M 进制 ASK 的平均发射能量为式(7.27)中的表达式。

7.5 证明式(7.34)中的一对频率满足正交性要求。

7.6 在二进制 FSK 系统中，分别用信号矢量 $\boldsymbol{s}_1$ 和 $\boldsymbol{s}_2$ 代表符号 1 和 0。假设信号矢量 $\boldsymbol{s}_1$ 和 $\boldsymbol{s}_2$ 具有相等的能量。接收机在 $\boldsymbol{x}^{\mathrm{T}}\boldsymbol{s}_1 > \boldsymbol{x}^{\mathrm{T}}\boldsymbol{s}_2$ 时，判决为符号 1，其中 $\boldsymbol{x}^{\mathrm{T}}\boldsymbol{s}_i$ 是观测矢量 $\boldsymbol{x}$ 和信号矢量 $\boldsymbol{s}_i$ 的内积，$i=1,2$。证明该判决准则等价于条件 $x_1 > x_2$，其中 x_1 和 x_2 是 $\boldsymbol{x}$ 的两个分量。

7.7 一个二进制 FSK 系统以 2.5×10^6bit/s 的速率传输二进制数据，载波的振幅为 10^{-6}。假设经过功率谱密度为 10^{-20} W/Hz 的 AWGN 信道传输。确定采用下列系统结构时的误码率。

(1)相干二进制 FSK；

(2)MSK。

7.8 证明式(7.46)的一对频率满足正交性要求。

7.9 证明 MSK 信号分析中的式(7.54)。

7.10 画出相应于输入序列 1100100010 的 MSK 信号的同相和正交分量的波形，然后画出该序列对应的 MSK 信号波形。

7.11 考虑二进制 DPSK 调制，并假设发射的序列为 1100100010。

(1)请分别确定 DPSK 发射机输出端的各序列。

(2)假设不存在噪声，但载波有未知相位 $\theta \in (0, \pi/2)$，确定 DPSK 接收机输出端的各序列。

7.12 数据以 10^6bit/s 的速率通过 AWGN 信道传输，接收机输入端噪声功率谱密度是 2.5×10^{-11} W/Hz。确定对下列两种调制方式，为维持误码率 $P_e \leqslant 10^{-4}$所需要的平均载波功率。

(1)二进制 PSK；

(2)二进制 DPSK。

7.13 二进制 PSK 为实现 $P_e = 10^{-4}$的误码率，需要的 E_b/N_0 值为 7.2。利用近似式

$$\operatorname{erfc}(u) = \frac{1}{\sqrt{\pi}\,u}\exp(-u^2)$$

确定使用二进制 PSK 和二进制 DPSK 时为使 $P_e = 10^{-4}$所需的 E_b/N_0 值的差别。

7.14 证明 M 进制 QAM 的平均能量为式(7.125)中的表达式。

7.15 试比较 256-QAM 和 64-QAM 的传输带宽和平均发射能量。

7.16 比较两个带通信号传输系统，一个系统使用 16-PSK，另一个使用 16-QAM。两个系统都要求得到 10^{-3}的误码率。比较这两个系统的信噪比要求。

7.17 采用正方形的 16-QAM 星座图，并假设该星座图的 $E_{av}/N_0 = 20$dB。计算

(1)平均信噪比；

(2)误码率。

第 8 章 扩频调制

知识要点

- 扩频调制的概念和特点
- 伪噪声序列的定义与应用
- m 序列、M 序列及 Gold 序列的产生和特点
- 直接序列扩频的概念、系统分析模型、处理增益和干扰容限
- 跳频扩频的概念
- 慢跳频和快跳频的特点

8.1 引言

通信系统应用环境复杂多样，因此，在设计通信系统时，需充分考虑不同场景的信道带宽和发射功率两个主要通信资源的有效利用。在军事通信中不仅需要对抗来自敌方的人为干扰，还要求信号能以较低的功率隐藏在噪声中传输，从而避免信号被敌方截获。扩频调制技术具有抗干扰和低截获的特性，最早为军事通信提供了一种安全的通信方式，随后在移动通信和物联网等民用领域也得到广泛应用。

扩频调制的特点包括：扩频信号占有的频带宽度远远大于传输该信息所需最小带宽，并且扩频信号带宽与原始信号带宽无关；发送端使用独立于数据序列的扩频序列完成扩频，接收端使用与发送端相同的扩频序列完成解扩，从而恢复原始数据序列。扩频调制的理论基础是香农信道容量定理，该定理表明：在一定信道容量下，带宽和信噪比可以互换，扩频调制使用大带宽可以有效降低通信系统对信噪比的要求。

本章首先介绍扩频调制的原理及基本类型，接着给出几种常用作扩频序列的伪噪声(Pseudo Noise，PN)序列的产生方式和性质，最后重点讨论直接序列扩频和跳频扩频的实现过程及处理增益。

8.2 扩频调制的基本概念

图 8.1 所示为扩频调制系统简化模型，发射机部分包括信道编码器、PN 码发生器和调制器，接收机部分包括解调器、PN 码发生器和信道解码器。信号通过信道完成从发射机到接收机的信息传输，收、发两端的 PN 码发生器完全相同，它产生基于伪噪声序列的扩频码信号，在发射端通过调制器完成扩频，在接收端通过解调器完成解扩。解扩是扩频的逆过程，通常使用与发送端调制器结构相同的解调器。接收端和发送端生成的扩频码还要求完全同步，同步可利用伪噪声序列的相关特性来实现。在收发两端扩频码同步建立之后，信息传输即可开始。

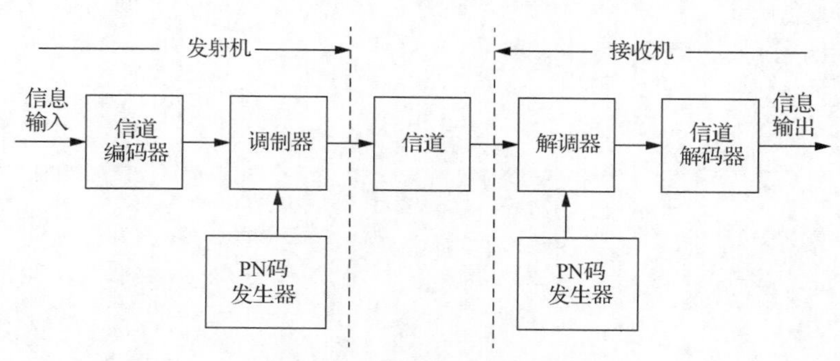

图 8.1　扩频调制系统简化模型

扩频信号在信道中传输时，会受到干扰，主要包括阻塞噪声干扰和局部噪声干扰。阻塞噪声干扰是一种强有力的干扰，由高平均功率的带限高斯白噪声组成。局部噪声干扰比阻塞噪声干扰更容易产生，因为它是由全部功率平均分配在整个扩展频谱的某些通带中的噪声组成的。此外通信干扰还可能是突发噪声干扰、单频干扰或多频干扰等。扩频调制能够以有限的功率来抵抗这些外来干扰信号。

扩频调制包括直接序列扩频、跳频扩频、线性调频扩频和跳时扩频等方式，本章重点介绍前两种方式。

(1)直接序列扩频。用宽带伪噪声序列直接调制窄带原始发射信号，因为伪噪声序列的带宽远远大于原始发射信号带宽，从而起到扩展发射信号频谱的作用。

(2)跳频扩频。发射机的载波频率在一组预先指定的频率上，按照伪噪声序列规定的顺序离散跳变，以达到扩展原始发射信号频谱的目的。

采用直接序列扩频调制方式时，信道编码器输出的编码序列经过扩频调制后，信号的能量近似均匀地分散在一个很宽的频带内。接收端通过解扩处理，使有用信号能量重新集中而获得最大输出。这样，扩频信号被解扩而还原成窄带信号，再经过窄带滤波，恢复成原始的编码序列。接收信号中如果存在较强的窄带干扰，经过解扩，其频谱被扩展，谱密度大大降低，再经过窄带滤波，干扰信号的功率大为减弱，因此输出信噪比得到提高。

采用扩频调制后的系统与传统通信方式下的系统相比具有如下特点。

- 抗干扰能力强。特别是在类似军事通信等具有电子对抗的环境中，具有很强的抗干扰能力。
- 信号隐蔽。发射信号经过扩频调制后，能量分散在很宽的频带内，功率谱密度很低，特性近似于噪声，因此从背景噪声中检测和发现这类信号会比较困难。
- 防窃听。扩频调制采用伪噪声序列进行调制和解调。如果不知道系统采用的伪噪声序列的规律，就不能正确恢复出发送的信息。所以扩频调制具有安全和保密的特点。
- 具备多址能力。在多用户的场景下，不同用户使用不同的伪噪声序列就可以构成码分多址系统。
- 抗衰落能力强。扩频调制信号占据的频带很宽，因此具有抗频率选择性衰落的能力。在移动通信环境中，伪噪声序列的相关特性还可使得扩频调制后的系统具有抗多径干扰的能力。

8.3 伪噪声序列

伪噪声序列，又称为伪随机序列，是一种人为产生的、具有类似随机噪声的周期二进制序列。本节将介绍 m 序列、M 序列和 Gold 序列等伪噪声序列。m 序列由线性反馈移位寄存器产生；当反馈逻辑是非线性的时，产生的序列可以达到最大可能的周期，称为 M 序列；Gold 序列是 m 序列的组合结果，利用两个优选的 m 序列组合生成，具有良好的互相关特性。

8.3.1 m 序列

m 序列即最长线性反馈移位寄存器序列，又称为最大长度序列，是一种常用的伪噪声序列，通常由如图 8.2 所示的反馈移位寄存器产生。反馈移位寄存器是由一个移位寄存器和一个逻辑电路连接而成的多回路反馈电路，其中，移位寄存器由 m 个工作在同一时钟下的触发器(二状态记忆设备)构成。触发器中寄存器组按照从左到右的顺序分别被标记为 $a_1, \cdots, a_m$，移位寄存器各级触发器的状态值按顺序排列所组成的序列称为该移位寄存器的状态。在每个时钟脉冲，移位寄存器中各个触发器的状态被移入下一级的触发器中，逻辑电路(图8.2中用“逻辑”表示)则负责计算出每个触发器状态的布尔函数。计算结果被反馈回移位寄存器第一级触发器 a_1 的输入端，以防止移位寄存器为空。最终，移位寄存器会输出一个周期性的序列。如此产生的伪噪声序列由移位寄存器的长度 m、初始状态和反馈逻辑共同决定。

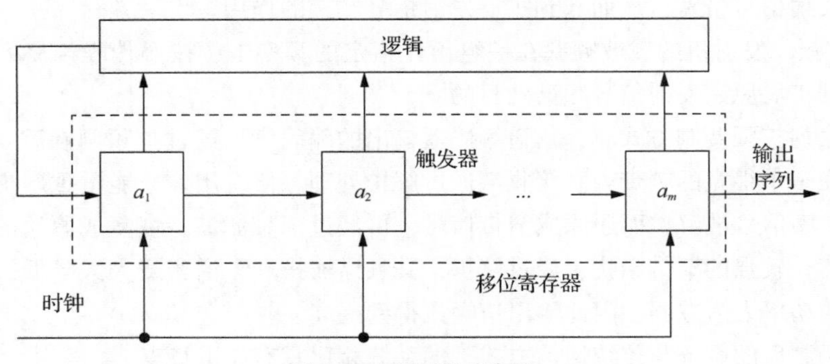

图8.2　反馈移位寄存器

在时钟脉冲的触发下，a_m 的状态被输出，同时移位寄存器的状态得到更新，a_1 的状态由反馈逻辑确定。m 个触发器的移位寄存器可能的状态数至多为 2^m，因此，反馈移位寄存器产生的序列必然是周期性的，且周期不超过 2^m。当反馈逻辑完全由模2加法器组成时，该反馈移位寄存器是线性的。全0状态需要避免，原因在于如果所有触发器都处于0状态，即移位寄存器处于0状态时，反馈逻辑产生的输出必然也是0，这样移位寄存器将持续保持0状态，输出将全为0。排除全0状态后，具有 m 个触发器的线性反馈移位寄存器产生的序列周期不可能超过 2^m-1。当周期恰为 2^m-1 时，该序列被称为最大长度序列，简称为m序列。

在线性反馈的情况下，反馈值 a_0 是移位寄存器里各个触发器状态的线性组合，可记作

$$a_0 = c_1a_1 \oplus c_2a_2 \oplus \cdots \oplus c_{m-1}a_{m-1} \oplus c_ma_m = \sum_{i=1}^{m} c_ia_i (\text{mod } 2) \tag{8.1}$$

式(8.1)称为m序列的递推方程。式中⊕表示模2加，c_i 表示触发器 a_i 的反馈线的连接状态。$c_i=0$ 表示连接断开，a_i 没有参与反馈；$c_i=1$ 表示连接接通，a_i 参与反馈。因此，c_i 的值决定了这个移位寄存器的反馈方式，也就决定了输出的序列周期。以 c_i 为系数可以得到多项式 $g(X)$，表示为

$$g(X) = c_0 + c_1X + c_2X^2 + \cdots + c_mX^m = \sum_{i=0}^{m} c_iX^i \tag{8.2}$$

式(8.2)表示的多项式称为该移位寄存器的特征多项式。式中 X^i 仅用来表示其系数 c_i 的位置，即 c_i 代表触发器 a_i 反馈线的连接状态。

一个线性反馈移位寄存器能产生m序列的充要条件是其特征多项式为本原多项式。本原多项式 $g(X)$ 是一个定义在二进制区域(例如，遵循二进制算法的一个有限二元组，0和1)上的多项式，它必须满足如下两点要求。

(1) $g(X)$ 是一个 m 次的既约多项式，即它不能被该二进制区域的任何多项式分解因式；

(2) $g(X)$ 可以整除 X^n+1，且 m 是满足 $n=2^m-1$ 的最小整数。

例 8.1 求 $m=3$ 的最大长度序列发生器产生的序列及其特征多项式。

图 8.3 所示为一个 $m=3$ 的最大长度序列发生器，第一级触发器的输入 a_0 等于 a_1 和 a_3 的模 2 和。假设移位寄存器(a_1,a_2,a_3)的初始状态是 100，求产生的序列及发生器的特征多项式。

解 当移位寄存器(a_1,a_2,a_3)的初始状态是 100 时，其状态变化如下：

$$100,110,111,011,101,010,001,100,\cdots$$

因此，输出序列(移位寄存器每个状态的最后一位)为 00111010…

输出以周期 $2^3-1=7$ 重复。

特征多项式为

$$g(X)=1+X+X^3$$

可以看到，$g(X)$不能被分解因式，因此是既约多项式。$g(X)$是 $X^7+1(n=7)$的因式，对任意小于 7 的 n，$g(X)$都不是 X^n+1 的因式，所以 $g(X)$是本原多项式。

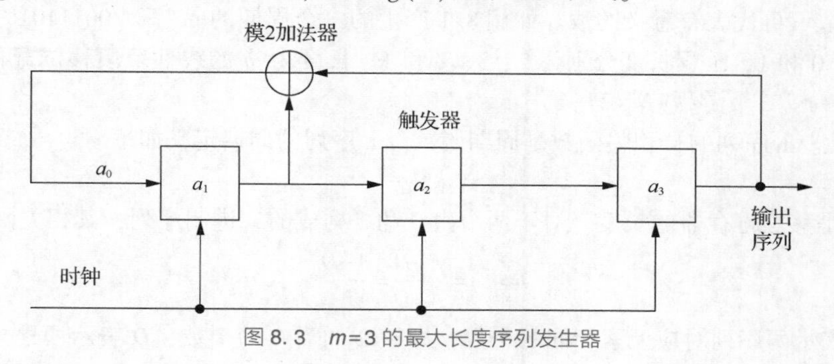

图 8.3 $m=3$ 的最大长度序列发生器

移位寄存器有 7 个允许状态，相应产生的输出序列只会有简单的循环移位。如果初始状态选择 110，输出序列为 01110100…

【本例终】

如上所述，本原多项式表示了 m 序列的反馈逻辑，找到特定阶数的本原多项式就可以得到相应的 m 序列发生器。得益于之前研究者的成果，常用的本原多项式已经被找到。根据这些本原多项式，可以方便地得到相应 m 序列发生器反馈连接的位置，部分 m 序列的反馈连接如表 8.1 所示。

表 8.1 部分 m 序列的反馈连接

移位寄存器长度 m	反馈连接
2	[1,2]
3	[1,3]
4	[1,4]
5	[2,5]、[2,3,4,5]、[1,2,4,5]
6	[1,6]、[1,2,5,6]、[2,3,5,6]
7	[1,7]、[3,7]、[1,2,3,7]、[2,3,4,7]、[2,4,6,7]、[1,3,6,7]、[2,5,6,7]、[1,2,4,5,6,7]、[1,2,3,4,5,7]
8	[2,3,4,8]、[3,5,6,8]、[2,5,6,8]、[1,3,5,8]、[1,5,6,8]、[1,6,7,8]、[1,2,5,6,7,8]、[1,2,3,4,6,8]

例如，当移位寄存器长度为5时，可以选择反馈连接[1,2,4,5]，表示反馈线的连接状态(反馈抽头)c_1, c_2, c_4, c_5为1，它对应的本原多项式为$g(X)=1+X+X^2+X^4+X^5$。

实际选择m序列时，可以参照表8.1。随着m的增大，可用方式(序列)的数量也增大。此外，表8.1中的各组反馈连接按时间轴反转得到的“镜像”组，也会产生相同的m序列。

m序列是伪噪声序列的一种，主要性质如下。

(1)平衡性。在m序列的一个周期里，1的数目总比0的数目多1。产生m序列的移位寄存器的状态可以看作一个m位的二进制数，2^m-1个这样的二进制数的末位连接构成了一个周期的m序列。由于不存在全0状态，这2^m-1个二进制数里奇数比偶数多一个，因此在m序列的一个周期里，1的数目总比0的数目多1个。

(2)游程特性。游程是指在一个序列周期中，同样符号(1或0)组成的子序列。子序列的长度称为游程的长度。在m序列的每个周期里的连1游程和连0游程中，长度为1的占游程总数的一半，长度为2的占游程总数的四分之一，长度为3的占游程总数的八分之一，依此类推，直至游程总数取的分数不再代表有意义的数。如例8.1产生的一个周期的m序列0011101中，存在的游程有00、111、0和1，游程长度分别为2、3、1和1。长度为m的线性反馈移位寄存器产生的m序列，共有$(N+1)/2$个游程($N=2^m-1$)。

(3)相关性。m序列的自相关函数是周期函数。m序列的周期定义如下

$$N=2^m-1 \tag{8.3}$$

这里，m是移位寄存器的长度。对于两个由0和1构成的二进制序列，其相关函数定义为

$$R(\tau)=\frac{A-D}{A+D}=\frac{A-D}{N} \tag{8.4}$$

式中，A表示两序列对应元素相同的个数，即模2加后0的个数；D表示两序列对应元素不同的个数，即模2加后1的个数。

由0和1构成的二进制序列可以用波形来表示。例如，用电平-1和$+1$分别代表序列中的二进制符号0和1，得到的m序列的波形用$c(t)$表示。图8.4分别描绘了$m=3$、$N=7$的最大长度序列波形(见图8.4(a))及其自相关(见图8.4(b))和功率谱密度函数(见图8.4(c))示意，它们分别对应图8.3反馈移位寄存器的输出。其中，波形$c(t)$的周期为

$$T_b=NT_c \tag{8.5}$$

T_c是m序列中分配给符号1或0的持续时间。根据定义，周期为T_b的周期信号$c(t)$的自相关函数为

$$R_c(\tau)=\frac{1}{T_b}\int_{-T_b/2}^{T_b/2} c(t)c(t-\tau)\,\mathrm{d}t \tag{8.6}$$

这里的延迟τ在一个周期间隔$(-T_b/2, T_b/2)$内；把该公式用于$c(t)$代表的m序列，可得

$$R_c(\tau)=\begin{cases}1-\dfrac{N+1}{NT_c}|\tau|, & |\tau|\leqslant T_c\\[2ex] -\dfrac{1}{N}, & \text{一个周期内的其他值}\end{cases} \tag{8.7}$$

m序列用二进制序列表示时，一个周期内相应的自相关函数为

$$R_c(\tau)=\begin{cases}1, & \tau=0\\[1ex] -\dfrac{1}{N}, & \tau\neq 0\end{cases} \tag{8.8}$$

在图8.4(b)中描绘了$m=3$、$N=7$时的m序列的自相关函数示意。由该图可知，m序列的自

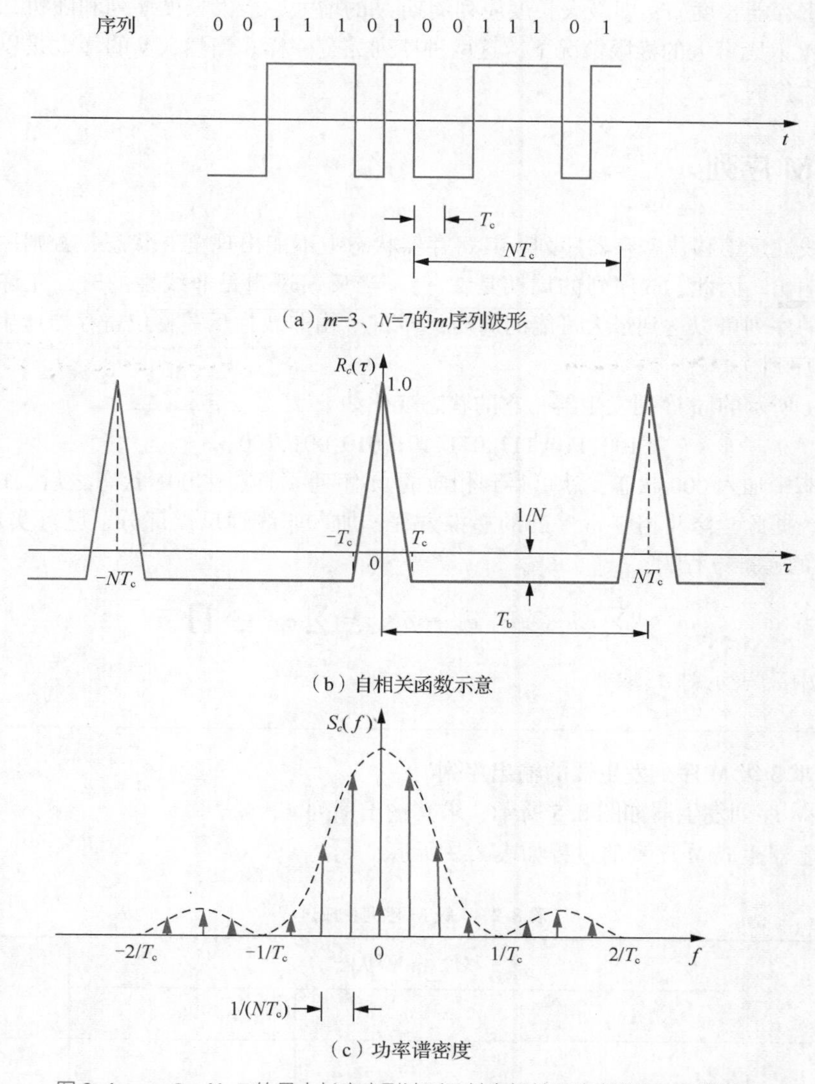

（a）m=3、N=7的m序列波形

（b）自相关函数示意

（c）功率谱密度

图 8.4　$m=3$、$N=7$ 的最大长度序列波形及其自相关和功率谱密度函数示意

相关函数在 $\tau=0$ 时出现峰值，在一个周期内大于 T_c 的其他时刻自相关函数值为 $-1/N$，并且按周期 T_b 重复。

根据自相关函数和功率谱密度成傅里叶变换对的关系，对 m 序列的自相关函数式(8.7)作傅里叶变换，可得其功率谱密度为

$$S_c(f)=\frac{1}{N^2}\delta(f)+\frac{1+N}{N^2}\sum_{\substack{n=-\infty\\n\neq 0}}^{\infty}\operatorname{sinc}^2\left(\frac{n}{N}\right)\delta\left(f-\frac{n}{NT_c}\right) \tag{8.9}$$

图 8.4(c)中描绘了 $m=3$、$N=7$ 的 m 序列的功率谱密度。可见，时域的周期性转换为频域抽样点的均匀性。把 m 序列的自相关结果和随机二进制序列的相比较，可以看到在一个周期内，两者的自相关函数是相似的，两者的功率谱密度具有相同的包络 $\operatorname{sinc}^2(fT)$。不同之处是，随机二进制序列具有连续谱密度，而最大长度序列的功率谱密度则由相距 $\frac{1}{NT_c}$ 的狄拉克函数组成。

随着移位寄存器长度 m，即最大长度序列周期 N 的增大，最大长度序列和随机二进制序列越来越接近。在 N 取无穷大的极限情况下，这两种序列完全一样。当然，N 的增大是以增加复杂度和存储空间为代价的。

8.3.2 M 序列

m 序列是线性反馈移位寄存器序列，其寄存器状态中不能出现全 0 状态，否则序列发生器将一直维持全 0 输出。因此，m 序列的周期是 2^m-1。当反馈逻辑是非线性的时，允许存在全 0 状态，这时产生的序列可以达到最大可能的周期，即 2^m。由非线性反馈移位寄存器产生的周期最长的序列称为 M 序列。

观察例 8.1 所示的 m 序列发生器，它的状态变化如下

$$100,110,111,011,101,010,001,100,\cdots$$

只要在状态中加入 000 状态，就可得到相应的 M 序列。通常在 001 状态之后、100 状态之前插入 000 状态。据此，修改相应 m 序列的递推方程，加入非线性反馈部分，就可实现这个功能。相应的 M 序列的递推方程为

$$a_0 = \sum_{i=1}^{m} c_i a_i \oplus \bar{a}_1 \bar{a}_2 \cdots \bar{a}_{m-1} = \sum_{i=1}^{m} c_i a_i \oplus \prod_{j=1}^{m-1} \bar{a}_j \tag{8.10}$$

式(8.10)中 $\bar{a}_1$ 表示对 a_1 取非。

例 8.2 求 3 级 M 序列发生器的输出序列。

一个 3 级 M 序列发生器如图 8.5 所示，求其输出序列。

解 该发生器生成 M 序列的过程如表 8.2 所示。

表 8.2 3 级 M 序列生成过程

反馈符号	移位寄存器状态			输出符号
	1	0	0	
1	1	1	0	0
1	1	1	1	0
0	0	1	1	1
1	1	0	1	1
1	0	1	0	1
0	0	0	1	0
0	0	0	0	1
1	1	0	0	0

从表 8.2 中可以看到，状态 001 的后续状态是 000；状态 000 的后续状态是 100。产生一个周期的 M 序列是 00111010。

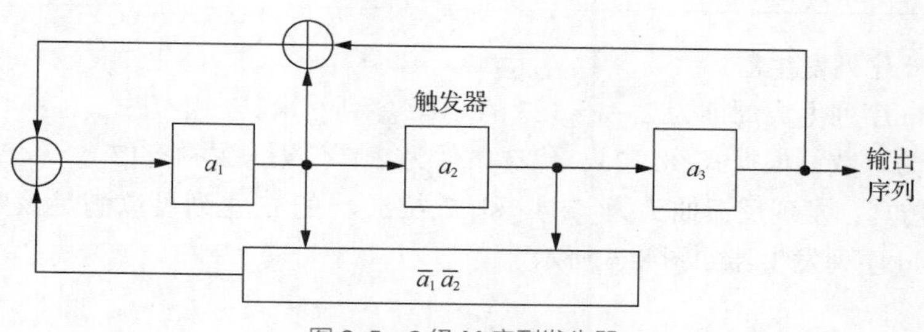

图 8.5　3 级 M 序列发生器

【本例终】

M 序列在一个序列周期里比 m 序列多一个 0，性质上和 m 序列相比也有一些变化。其平衡性和游程特性具体表现如下。

（1）平衡性。在 M 序列的一个周期里，0 和 1 出现的个数相等，周期 $N=2^m$。

（2）游程特性。在 m 级 M 序列的一个周期里，游程共有 2^{m-1} 个，其中 1 游程和 0 游程各占一半。当 $1\leqslant k\leqslant m-2$ 时，长度为 k 的游程数占总数的 2^{-k}，即数量等于 2^{m-k-1}。长度为 $m-1$ 的游程不存在，长度为 m 的游程有 2 个。

M 序列的产生方法通常比 m 序列复杂。表 8.3 给出了相同级数下两种序列数目的比较，可见：相同级数的 M 序列比 m 序列的个数要多很多。因此，在需要大量伪噪声序列的场景下 M 序列更具有优势。

表 8.3　相同级数下 m 序列和 M 序列数目的比较

级数	1	2	3	4	5	6
m 序列数目	1	1	2	2	6	6
M 序列数目	1	1	2	16	2048	67108864

8.3.3　Gold 序列

Gold 序列是 m 序列的组合序列。m 序列具有良好的自相关特性，但其互相关特性较差。有些应用场景，例如码分多址系统，在扩频调制的基础上用伪噪声序列来区分用户，不同用户使用不同的伪噪声序列访问公共信道。这时，如果伪噪声序列的互相关特性较差，相关值过高，用户之间的相互干扰不能忽略。Gold 序列利用两个优选的 m 序列组合生成，具有良好的互相关特性，生成方法如下。

用 $g_1(X)$ 和 $g_2(X)$ 表示期望的一对本原 m 次多项式，与之对应的移位寄存器产生的 m 序列周期为 2^m-1，如果它们之间的互相关函数的幅度小于或等于

$$2^{(m+1)/2}+1,\ m\ 为奇数 \tag{8.11}$$

或

$$2^{(m+2)/2}+1,\ m\ 为偶数且\ m\neq 0\ \ (\mathrm{mod}\ 4) \tag{8.12}$$

则乘积多项式 $g_1(X)g_2(X)$ 对应的移位寄存器将产生 2^m+1 个不同的序列，每个序列的周期都是 2^m-1。任意两个序列之间的互相关函数都满足上述条件。

例 8.3 Gold 序列发生器

级数为 7 的 m 序列生成周期为 $2^7-1=127$ 的 Gold 序列。求其产生方式。

解 因为 m 为奇数，根据式(8.12)，优选条件为 $2^{(m+1)/2}+1=2^4+1=17$。

通过计算机仿真，发现反馈抽头为[7,4]和[7,6,5,4]的 m 序列可以满足该要求。用这两个 m 序列组成的 Gold 序列发生器如图 8.6 所示。

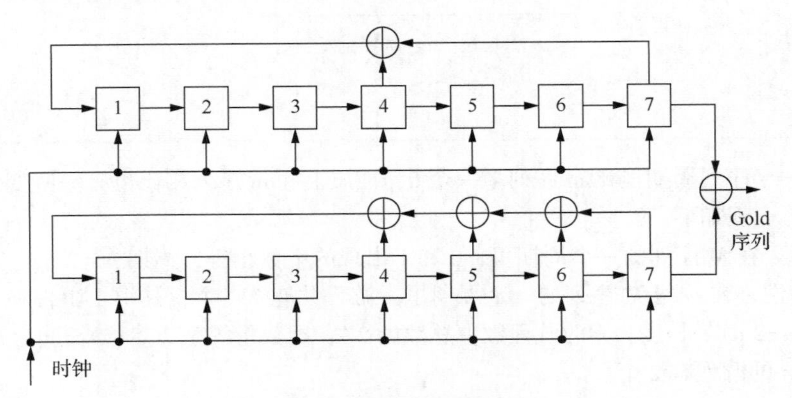

图 8.6 Gold 序列发生器

根据定义，它可以产生 $2^7+1=129$ 个序列，其中任意两个序列之间的互相关函数如图 8.7 所示。可见它满足互相关值小于等于 17 的要求。

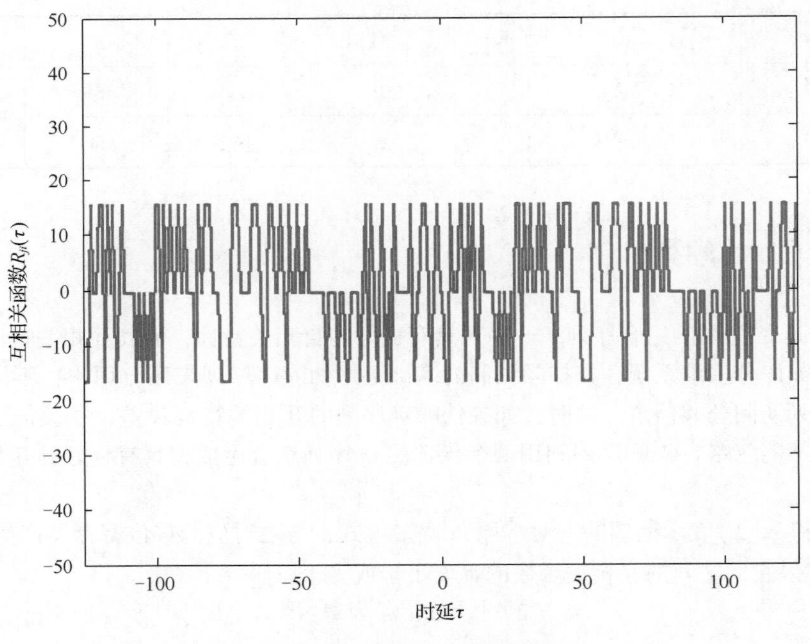

图 8.7 Gold 序列的互相关函数

【本例终】

虽然定义中 Gold 序列由乘积多项式 $g_1(X)g_2(X)$ 对应的移位寄存器产生，但是用两个 m 序列相加的方式产生和由乘积多项式产生是等效的。

表 8.4 列出了几种不同级数的 m 序列优选对允许的最大互相关函数值，即 Gold 序列要求的互相关峰值。在实际应用时，要求不同级数的 m 序列优选对的互相关函数值不能大于表中所给数值。

表 8.4　Gold 序列要求的相关函数值

移位寄存器级数	序列长度	相关函数值
5	31	≤9
6	63	≤17
7	127	≤17
9	511	≤33
10	1023	≤65
11	2047	≤65

8.3.4　伪噪声序列的其他应用

得益于伪噪声序列良好的随机性和相关性，它除了扩频通信方面的应用外，还有许多其他应用，简要介绍如下。

1. 通信加密

将信源产生的二进制数字消息和一个长周期的伪噪声序列模 2 相加，可以把原消息变成具有伪随机特性的序列。这样的序列在信道中传输时，窃听者无法获知其内容。而消息的接收者在接收序列上再加上同样的伪噪声序列，就可以恢复出原发送消息。

2. 误码率测量

测量数字通信系统的误码率时，测量结果通常与信源信号的统计特性有关，最理想的信源应该是随机信号发生器。伪噪声序列具有良好的伪随机特性，可以作为良好的随机信源使用。

3. 时延测量

m 序列良好的周期自相关特性可用于测量时延。发送端发送一周期性 m 序列，序列经过传输路径到达接收端。接收端通过同步电路使本地 m 序列和发送端同步，两个序列的时延差即传输路径的时延，其测量精度为 m 序列的码元宽度，最大可测时延值为 m 序列的周期。

4. 加扰与解扰

信源产生的数字信号中若出现长的 0、1 游程，将影响系统的定时性能。如果数字信号有周期性，也可能引起串扰等问题。采用加扰的方法，把数字信号变成有类似白噪声统计特性的数字序列，再进行传输。自同步加扰器把信息序列输入一个伪噪声序列发生器的输入端，伪噪声序列发生器的输出码元是输入序列许多码元的模 2 加的结果，这样可以使输出数字码元之间的相关性最小。在接收机中使用相同的伪噪声序列发生器就能完成解扰。

5. 噪声发生器

测量通信系统性能时，常需要用到带限高斯白噪声，这时就需要使用噪声发生器。m 序列的功率谱包络具有白噪声的特性，经过滤波后可以作为噪声发生器的输出，且具有噪声强度可控、可重复和性能稳定的优点。

6. 分离多径

多径效应在移动通信中的表现在于一个发射信号可以经过多条路径到达接收机，产生衰落现象。利用伪噪声序列的自相关特性，可以识别并分离出各条路径，改善通信质量。

8.4 直接序列扩频

直接序列扩频可以采用多种调制方式，图 8.8 给出了一个采用 BPSK 的直接序列扩频系统。图 8.8 中$\{b_k\}$代表二进制数据序列，对应的双极性非归零波形用 $b(t)$ 表示，PN 码发生器产生伪噪声序列对应的双极性非归零波形又称为扩频码，用$c(t)$表示。$b(t)$和$c(t)$可取值为±1。发射机如图 8.8(a)所示，把 $b(t)$代表的信息承载(数据)信号和 $c(t)$代表的扩频码信号送入乘法器，得到乘积信号 $m(t)$，乘积信号 $m(t)$作为基带信号，传输前需要再做 PSK 调制。通过 BPSK 调制器获得发射信号 $x(t)$。从傅里叶变换理论可知，两个信号相乘所得信号的频谱等于这两个信号频谱的卷积，乘积信号 $m(t)$将具有和宽带扩频码信号相似的频谱。一个数据符号的时间宽度用 T_b 表示，扩频码信号一个脉冲的时间宽度用 T_c 表示。由于 T_b 远大于 T_c，因此乘法器输出信号的带宽近似为 $1/T_c$，这样就实现了信号的扩频，伪噪声序列担当了扩频码的角色。由于扩频是通过将数据波形和扩频序列直接相乘实现的，因此称为直接序列扩频，简称直扩(Direct-Sequence，DS)。

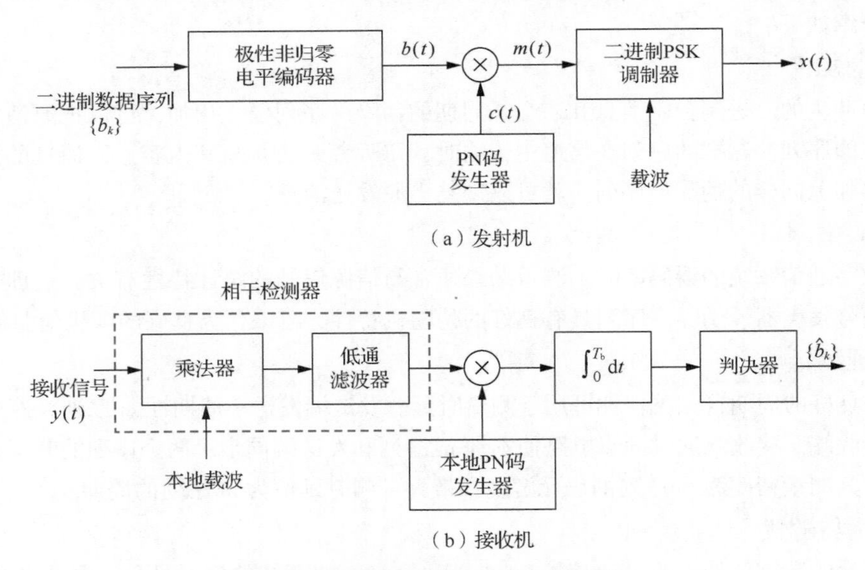

图 8.8 采用 BPSK 的直接序列扩频系统

假定数据符号的宽度和伪随机序列的周期相同，直扩系统发射机波形如图 8.9 所示。将信息承载信号 $b(t)$和扩频码信号 $c(t)$相乘，相当于用伪随机序列将一个数据符号的波形切分为多个时间小块，这样的时间小块称为码片。

直接序列扩频系统的接收机如图 8.8(b)所示，直扩信号的接收分为两个阶段。

(1)BPSK 解调，得到基带信号。其通过将接收信号与本地载波相乘，输出再经过低通滤波器得到。低通滤波器的带宽与信号 $m(t)$ 的带宽相同。

(2)解扩。将低通滤波器的输出与本地产生的伪随机序列相乘，然后积分、判决，得到二进制数据序列的估计 $\hat{b}_k$。积分器的积分区间是数据符号周期 T_b。

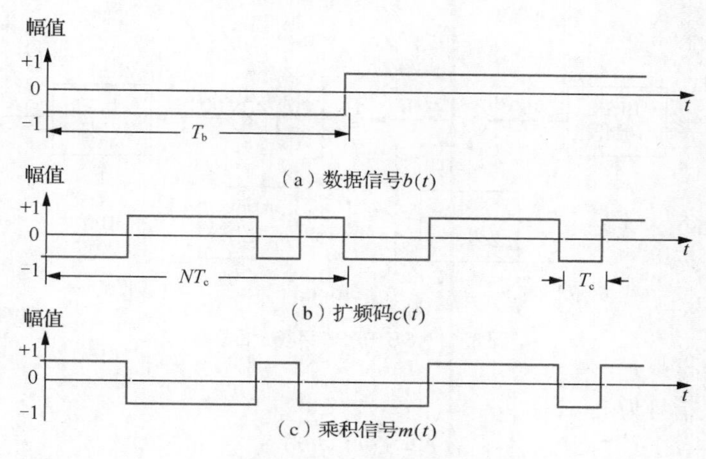

图 8.9　直扩系统发射机波形

解扩前后的信号频谱如图 8.10 所示。发送端的扩频调制使得信号的带宽展宽，功率谱密度下降。当接收端的本地伪随机序列和发送端相同且同步时，信号 $b(t)$ 相当于乘了两次扩频码信号 $c(t)$。根据伪随机序列的特性，由于 $c(t)$ 只能取值−1 或+1，对所有 t，有 $c(t)c(t)=1$，接收端恢复出的信号 $b(t)$ 是窄带信号。接收端的解扩本质上也是扩频调制。对于信道中的干扰信号，只在接收端做了一次扩频，带宽被展宽，在有用信号的有效带宽内，干扰功率显著降低。

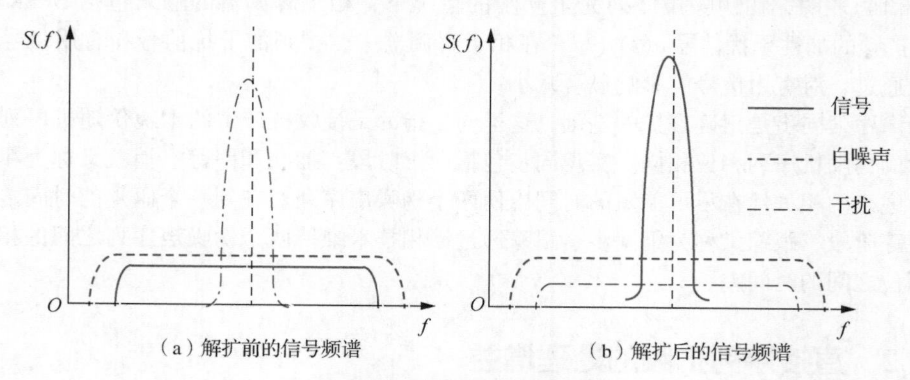

图 8.10　解扩前后的信号频谱

接收端没有伪噪声序列的信息，就无法正确解扩接收信号，因此扩频系统具有保密的功能。发送端使用的伪噪声序列周期越长，随机性越好，发射信号就越接近于随机二进制波形，被检测出来的概率就越小，具有隐藏信号的功能。这些优势的取得需要付出一定的代价，如增大传输带宽、增加系统复杂度和延长处理时间等。

在数据序列和伪随机序列都用 0 和 1 表示时，扩频过程也可以通过它们做模 2 加来实现。

8.4.1 DS/BPSK 系统分析模型

由于扩频和 BPSK 都是线性操作，通常采用如图 8.11 所示的 DS/BPSK 系统分析模型对图 8.8 所示的直扩系统进行性能分析。其中，假设干扰 $j(t)$ 是影响系统性能的主要因素，信道噪声的影响可以忽略。

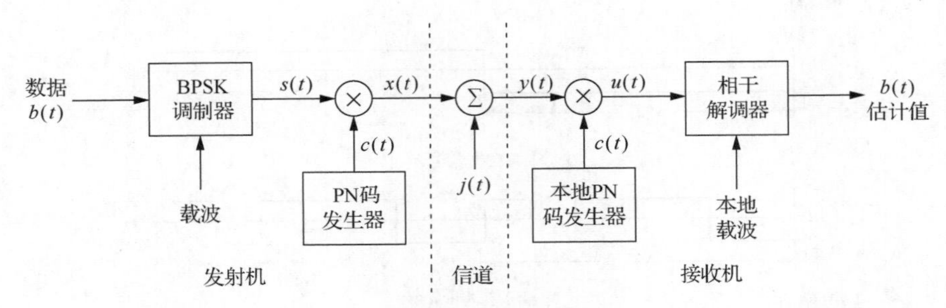

图 8.11 DS/BPSK 系统分析模型

接收机的输入信号为

$$
\begin{aligned}
y(t) &= x(t)+j(t) \\
&= c(t)s(t)+j(t)
\end{aligned}
\tag{8.13}
$$

式(8.13)中，$s(t)$ 为 BPSK 信号，$c(t)$ 为扩频码信号。$x(t)$ 是发射机的输出信号，由 BPSK 信号 $s(t)$ 和扩频码信号 $c(t)$ 相乘得到。接收机中相干解调器的输入信号 $u(t)$ 是解扩信号，为

$$
\begin{aligned}
u(t) &= c(t)y(t) \\
&= c^2(t)s(t)+c(t)j(t) \\
&= s(t)+c(t)j(t)
\end{aligned}
\tag{8.14}
$$

式(8.14)表明，在伪噪声序列完全同步的情况下，相干解调器的输入包括 BPSK 调制信号 $s(t)$ 和被扩频的加性干扰信号 $c(t)j(t)$。在相干解调器中，扩频的干扰信号在有用信号的有效带宽内才能通过，对有用信号的影响显著减小。

伪噪声序列同步是正确解扩的基础，这里同步指的是接收机产生的本地伪随机序列和接收信号中包含的伪随机序列相位相同。实现同步包括两个阶段：捕获和跟踪。捕获又称为粗同步，利用伪噪声序列的相关性在尽可能短的时间内使两个伪噪声序列对齐到一个码片的时间之内。捕获后进入跟踪阶段，跟踪又称为细同步。跟踪通过锁相技术维持两个伪噪声序列之间的相位，并尽量缩小相位之间的时间差。

8.4.2 直接序列扩频的处理增益

扩频系统具有良好的抗干扰性能，能够在低信噪比下工作。本小节以信号空间理论为基础，简要分析图 8.11 所示的 DS/BPSK 系统的性能，主要分析接收机解调器处理前后的信噪比变化。

采用如下正交基本函数集来描述信号

$$
\phi_k(t)=\begin{cases}\sqrt{\dfrac{2}{T_c}}\cos(2\pi f_c t), & kT_c \leqslant t \leqslant (k+1)T_c \\ 0, & 其他\end{cases}
\tag{8.15}
$$

$$\tilde{\phi}_k(t)=\begin{cases}\sqrt{\dfrac{2}{T_c}}\sin(2\pi f_c t), & kT_c\leqslant t\leqslant(k+1)T_c\\ 0, & \text{其他}\end{cases}\tag{8.16}$$

$$k=0,1,\cdots,N-1$$

其中，N 是每比特包含的码片数，T_c 是码片宽度。根据调制原理，BPSK 调制信号可表示为

$$s(t)=\sqrt{\frac{2E_b}{T_b}}\cos(2\pi f_c t)\tag{8.17}$$

其中 E_b 为每比特的传输信号能量。采用正交函数集后，发射机输出的发射信号可表示为

$$\begin{aligned}x(t)&=c(t)s(t)\\&=\pm\sqrt{\frac{E_b}{N}}\sum_{k=0}^{N-1}c_k\phi_k(t),0\leqslant t\leqslant T_b\end{aligned}\tag{8.18}$$

式(8.18)中的“±”对应信息比特的 1 或者 0。扩频序列用 c_k 表示。可见，发射信号 $x(t)$ 是 N 维的，需要 N 个正交函数表示。

假定干扰信号 $j(t)$ 不知道发射信号的具体情况，因此选择把能量均匀分布到 $x(t)$ 可能的信号空间和相位上，其信号空间是 $2N$ 维的，则 $j(t)$ 可以表示为

$$j(t)=\sum_{k=0}^{N-1}j_k\phi_k(t)+\sum_{k=0}^{N-1}\tilde{j}_k\tilde{\phi}_k(t),0\leqslant t\leqslant T_b\tag{8.19}$$

其平均功率为

$$J=\frac{2}{T_b}\sum_{k=0}^{N-1}j_k^2\tag{8.20}$$

接下来分析相干检测器的输出部分

$$\begin{aligned}v&=\sqrt{\frac{2}{T_b}}\int_0^{T_b}u(t)\cos(2\pi f_c t)\mathrm{d}t\\&=v_s+v_{cj}\end{aligned}\tag{8.21}$$

其中，v_s 和 v_{cj} 分别对应 BPSK 信号和扩频干扰部分的检测输出幅值。在伪噪声序列同步的情况下

$$v_s=\pm\sqrt{E_b}\tag{8.22}$$

扩频干扰的检测输出部分由于包含伪随机序列的影响，可以看作随机变量 V_{cj} 的抽样

$$V_{cj}=\sqrt{\frac{T_c}{T_b}}\sum_{k=0}^{N-1}C_k j_k\tag{8.23}$$

C_k 是一个随机变量，抽样值为 c_k，其值取+1 和−1 的概率相等。因此，V_{cj} 具有零均值，其方差为

$$\mathrm{Var}[V_{cj}|j]=\frac{JT_c}{2}\tag{8.24}$$

由式(8.22)可知，检测器输出的信号分量的最大瞬时功率为 E_b，式(8.24)表示输出中的平均噪声分量方差，则检测器输出端的信噪比为

$$\mathrm{SNR}_o=\frac{2E_b}{JT_c}\tag{8.25}$$

由接收机输入端的平均信号功率等于 E_b/T_b，可得输入信噪比为

$$\mathrm{SNR_i}=\frac{E_b/T_b}{J} \tag{8.26}$$

这样，输出信噪比和输入信噪比的关系可以表示为

$$\mathrm{SNR_o}=\frac{2T_b}{T_c}\mathrm{SNR_i} \tag{8.27}$$

扩频系统中，T_b 远大于 T_c，可见输出信噪比相对于输入信噪比有很大的提升。系数中 2 是通过相干检测获得的，T_b/T_c 部分代表了扩频信号相对于非扩频信号在信噪比上获得的增益，称之为处理增益，定义如下

$$\mathrm{PG}=\frac{T_b}{T_c} \tag{8.28}$$

可见扩频的处理增益取决于 T_b 和 T_c 的比值。在信号确定的情况下，提高处理增益，就是采用更高速率的伪噪声序列，也就是采用码片时间更短的伪噪声序列。处理增益的提高是以降低频谱利用率为代价的。

8.4.3 干扰容限

在上述系统中，每比特的传输信号能量 E_b 可用其平均功率 P 表示如下

$$E_b=PT_b \tag{8.29}$$

干扰的功率谱密度可以表示为

$$\begin{aligned}N_0&=\frac{J}{W}\\&=JT_c\end{aligned} \tag{8.30}$$

其中 J 是干扰平均功率，W 是伪噪声序列带宽。利用式(8.29)和式(8.30)的关系，可以得到

$$\begin{aligned}\frac{J}{P}&=\frac{T_b/T_c}{E_b/N_0}\\&=\frac{\mathrm{PG}}{E_b/N_0}\end{aligned} \tag{8.31}$$

把 E_b/N_0 看作达到指定的差错概率性能所需要的信噪比，则比值 J/P 称为直扩系统的干扰容限。即干扰容限是在满足指定的差错概率的要求下，J/P 所能允许的最大值。干扰容限越大，表示系统所能承受的干扰越强。干扰容限和 PG 用 dB 表示时，式(8.31)可以写成如下形式

$$\text{干扰容限}=\mathrm{PG}-10\lg\left(\frac{E_b}{N_0}\right) \tag{8.32}$$

例 8.4 求直扩通信系统的干扰容限。

假设一个直扩通信系统，采用 BPSK 调制，要求达到 10^{-6}或更低的差错率性能。可用的带宽扩展因子 $W/R=2000$。求干扰容限。

解 带宽扩展因子中，W 为伪噪声序列带宽，R 为信息速率。可见带宽扩展因子数值上就等于扩频的处理增益 PG。BPSK 调制达到差错概率 10^{-6}所需要的 E_b/N_0 为 10.5。因此，根据式(8.32)可得

$$\text{干扰容限}=10\lg2000-10\lg(10.5)\approx33-10.2=22.8\mathrm{dB}$$

换算成十进制，得到 190.6。该结果表明当该系统接收机输入端的干扰或噪声是接收信号功率的 190.6 倍时，仍能可靠地检出信息比特，达到系统所要求的差错概率性能。

【本例终】

8.5 跳频扩频

在跳频扩频系统中，把一个很宽的频带分成大量不重叠的频率间隙，这些频率间隙称为子频带或频道。发送单个信号时，发射机在伪噪声序列的控制下选用其中一个或多个子频带传输信号，使载波在这些固定的频道中不断地发生跳变。从瞬时来看，信号的带宽并没有扩展，但从长时间段上看，占用的带宽大大增加。这类载波受伪噪声序列控制而跳变的扩频方式称为跳频（Frequency-Hopping，FH）扩频。

跳频扩频和直扩扩频不同，后者的频谱扩展是瞬时完成的。跳频的实质是 FSK，其子频带数目很大，可以达到几十甚至上千。伪噪声序列控制的子频带改变的规律，即跳频图案。跳频扩频也可以采用多种调制方式，如采用 MFSK 调制的跳频扩频简称为 FH/MFSK。

FH/MFSK 系统如图 8.12 所示。在发射机中，二进制数据序列 $\{b_k\}$ 首先送入 MFSK 调制器，每 L 个信息比特选择一个 MFSK 频率，即 $M=2^L$。MFSK 信号再与频率合成器输出的频率进行混频，频率合成器输出的频率受 PN 码发生器产生的伪噪声序列控制。通常伪噪声序列的连续 k 位选择频率合成器的一个频率，这样共有 2^k 个跳频点可供选择。混频后经过带通滤波器输出 FH/MFSK 信号。在接收机中，伪噪声序列发生器又称为本地 PN 码发生器，当它和发射机的伪噪声序列同步时，就可以控制本地频率合成器产生和发射端相同的频率。这个频率和接收信号混频，再通过带通滤波器，得到 MFSK 信号，这个过程称为跳频解跳。解跳后的信号经过非相干 MFSK 解调，输出发送二进制数据的估计值。由于信号传输的频带是变化的，同时频率合成器无法维持连续跳频点之间的相位连续性，就很难保证本地解调载波与发送载波相位的相干性。因此，绝大多数的跳频扩频通信系统使用非相干解调 MFSK 信号。

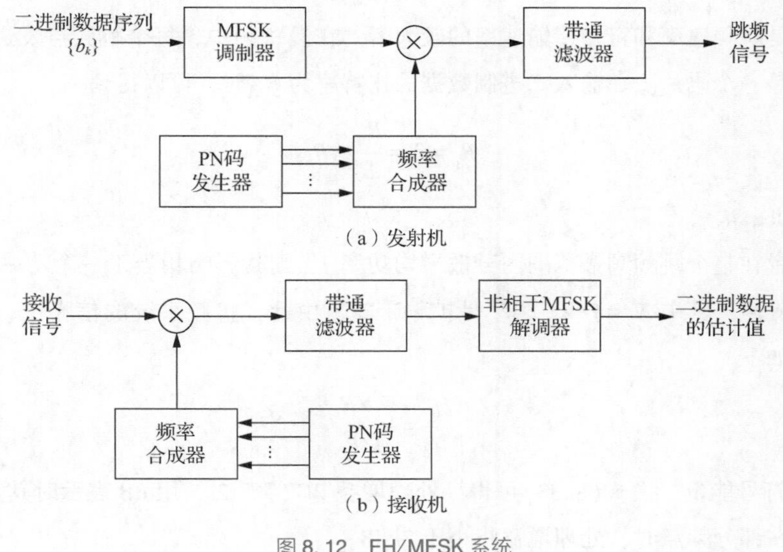

图 8.12　FH/MFSK 系统

跳频系统中PN码发生器和频率合成器统称为跳频器，它是跳频系统的关键部件，需要具有产生频谱纯度高、覆盖范围大、频率切换速度快等特性。同时希望跳频系统的频率跳变规律随机化，跳频频谱中的频点出现的概率相同，这些主要依赖于使用的伪噪声序列。

假设跳频系统的带宽为 W_c，MFSK调制的符号传输速率为 R_s，在干扰平均功率均匀分布在整个跳频频带内时，跳频系统的处理增益为

$$\begin{aligned}PG &= \frac{W_c}{R_s} \\ &= 2^k\end{aligned} \tag{8.33}$$

可见这个处理增益等于带宽扩展因子。

由于跳频并不是瞬时覆盖整个频谱范围的，根据跳频速率和符号传输速率的关系，跳频系统可以分为以下两种类型。

(1)慢跳频。MFSK信号的符号传输速率 R_s 是跳频速率 R_h 的整数倍，即在每个跳频点上都发送多个符号。

(2)快跳频。跳频速率 R_h 是MFSK符号传输速率 R_s 的整数倍，即在发送一个符号期间，载波频率将改变或跳转多次。

下面将分别对这两种跳频方式进行详细介绍。

8.5.1 慢跳频和快跳频

在MFSK信号的符号传输速率 R_s 确定的情况下，慢跳频和快跳频的差别在于跳频速率的选择。所以在系统描述上，都可以使用图8.12所示的系统。

具有最短持续时间的一个FH/MFSK频率称为码片。定义跳频的码片速率 R_c 为

$$R_c = \max(R_h, R_s) \tag{8.34}$$

码片速率是跳频速率和符号传输速率的较大者。在慢跳频中，每个跳频点发送多个符号，这时每个符号都是一个码片。在输入二进制数据的比特率为 R_b 时，可以得到

$$R_c = R_s = \frac{R_b}{L} \geqslant R_h \tag{8.35}$$

其中，$L=\log_2 M$。

如果干扰者在整个跳频频谱范围内分散平均功率 J，则其影响相当于一个功率谱密度为 $N_0/2$ 的加性高斯白噪声，其中 $N_0=J/W_c$，W_c 是扩频带宽。由此，扩频系统的信噪比、干扰容限和处理增益的关系如下

$$\frac{E}{N_0} = \frac{W_c/R_s}{J/P} \tag{8.36}$$

式中 E 为符号能量。由式(8.33)可得，处理增益PG等于 2^k，用dB表示时其数值约等于 $3k$。当干扰只出现在部分频点时，处理增益将小于 $3k$dB。

例 8.5 慢 FH/MFSK 系统，说明其跳频工作方式。

一个慢 FH/MFSK 系统，使用的伪噪声序列周期是 15。其他参数为：

每个 MFSK 符号的比特数 $L=2$；

MFSK 频率 $M=2^L=4$；

每个跳频点伪噪声序列片段的长度 $k=3$；

全部跳频点数为 $2^k=8$。

慢跳频的频率图案如图 8.13 所示。说明其跳频工作方式。

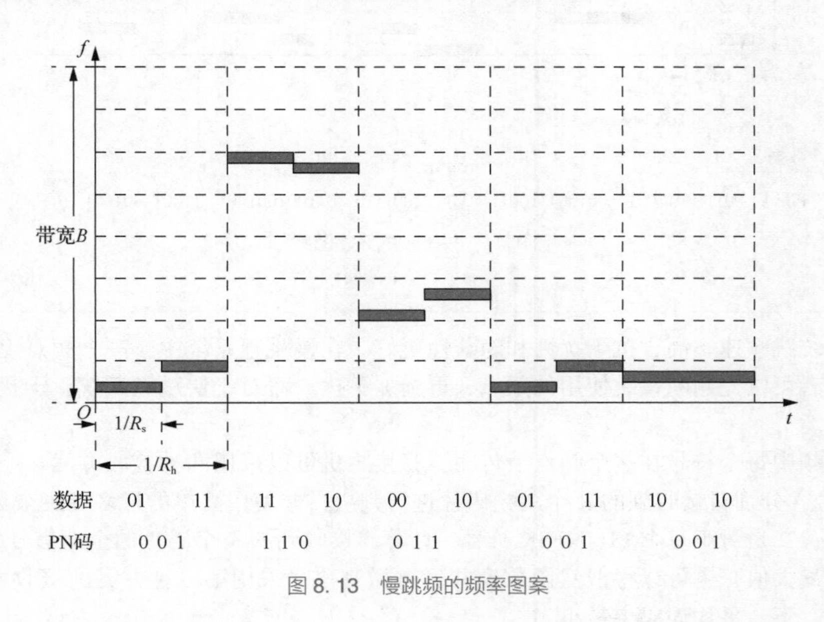

图 8.13 慢跳频的频率图案

解 这个例子中，每 4bit 数据时间对应 3bit 伪噪声序列片段。每 2bit 数据选择一个 MFSK 符号，每 3bit 伪噪声序列片段选择一个跳频频点。因此在发送 2 个符号，即 4bit 数据后，载波频率就跳变到新的跳频点。值得注意的是，尽管有 8 个离散的可用跳频点，只有 3 个被伪噪声序列选用。

这里每个跳频点传输 2 个 MFSK 调制符号，$R_s=2R_h$，码片速率 R_c 就等于 R_s。

【本例终】

例 8.6 快 FH/MFSK 系统，说明其跳频工作方式。

一个快 FH/MFSK 系统，使用的伪噪声序列周期是 15。其 MFSK 调制参数和跳频点的选择和例 8.5 相同。

快跳频的频率图案如图 8.14 所示。说明其跳频工作方式。

解 这个例子中，每 4bit 数据时间对应 12bit 伪噪声序列片段。每 2bit 数据选择一个 MFSK 符号，每 3bit 伪噪声序列片段选择一个跳频频点。因此在每个发送符号持续期间，或者说 2bit 数据的持续时间内，载波频率跳变 2 次。

每个 MFSK 调制符号时间内载波频率跳变 2 次，$R_h=2R_s$，码片速率 R_c 就等于 R_h。

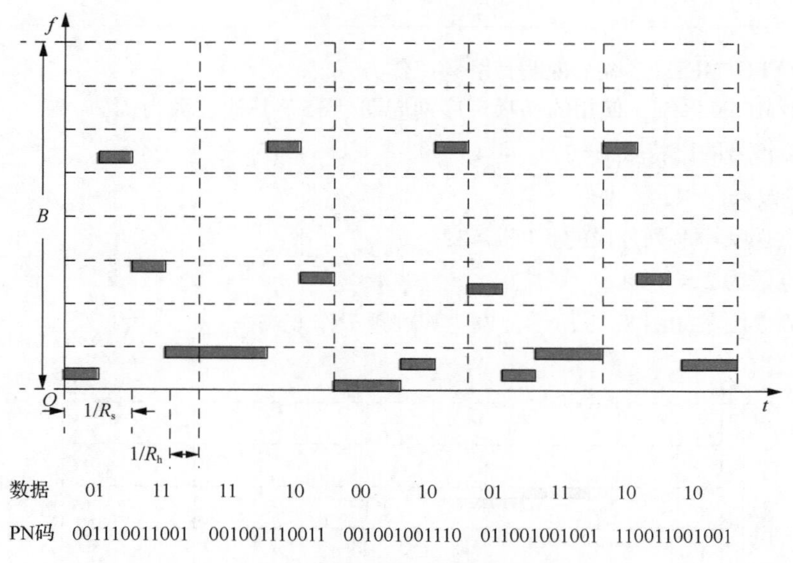

图 8.14 快跳频的频率图案

【本例终】

快跳频系统跳频速率高，抗干扰性和隐蔽性更好。在慢跳频系统中，一个频点上连续传输多个符号，干扰者可以先判断每跳使用的频点，再施加干扰。而对于快跳频系统，干扰者就难以先探测再干扰。

由于快跳频中每个符号在多个频点上传输，其接收机可以采用两种接收方案：一是对于每个FH/MFSK 符号，分别对接收到的 K 个跳频码片进行判决，并使用简单的择多判决来对解跳 MFSK 信号做出估计；二是对于每个 FH/MFSK 符号，计算出接收到的 K 个码片的全部信号的似然函数，并选择其中的最大值，也可以将似然函数合并后再做判决。采用第二种方案的接收机是最优的，在给定的 E_b/N_0 下，平均误码率最小。

8.5.2 窄带物联网接入信道的跳频方案

窄带物联网(NarrowBand Internet of Things，NB-IoT)构建于蜂窝网络，是万物互联的重要支撑。它只需要大约 180 kHz 的带宽，使用许可频段，具有带内、保护带及独立载波 3 种部署方式。与现有网络共存，可直接部署于 GSM、UMTS 或 LTE 网络，具有广覆盖、大连接、低功耗和低成本的优势。2016 年第三代合作伙伴计划(3rd Generation Partnership Project，3GPP)正式发布 3GPP R13 标准，建立了 NB-IoT 首套标准体系和网络结构。

NB-IoT 系统使用具有跳频结构的单音信号序列来进行物理层随机接入，这个过程中使用的伪随机序列是长度为 31 的 Gold 序列。本小节首先介绍 NB-IoT 系统随机接入的概念，接着介绍发送单音信号序列的跳频图案，最后介绍在此过程中使用的伪噪声序列。

1. 随机接入

NB-IoT 终端需要和基站通信时，使用窄带物理随机接入信道(Narrowband Physical Random Access Channel，NPRACH)发起随机接入。随机接入过程是 NB-IoT 终端与 NB-IoT 基站端之间实现上行同步，并请求基站给 NB-IoT 终端分配上行链路授权资源的过程，是终端接入系统的桥梁。为了降低功耗，网络将随机接入分为 3 个覆盖等级，即 level1、level2 和 level3，并为每个覆盖等级配置不同的参数。终端根据当前小区接收到的参考信号接收功率(Reference Signal Receiving Power，RSRP)值来判定本终端的覆盖等级。

NB-IoT 系统使用具有跳频结构的单音信号序列来进行物理层的随机接入。单音信号的使用使得 NB-IoT 具有恒定包络信号，同时增加了 NPRACH 的复用容量。终端在 NPRACH 信道上发射前导码，基于频率跳变的前导码可以使基站更精确地捕捉到上行定时提前量(Timing Advance，TA)，并将获取的 TA 值通过 Msg2，即随机接入响应(Random Access Response，RAR)消息反馈给物联网终端，进而达到上行同步的目的。基站回复接入响应后双方就可以通过信令进行交互，获取上行链路资源，从而转入数据传输。

前导码按照一定的次数重复发送，以提高接入的概率。针对 NPRACH 信道，当终端完成了 64 次随机接入前导码传输后，额外配置 40ms 时间的上行间隙来补偿频率偏移，余下的前导码传输次数依次顺延后发送。

2. 跳频图案

3GPP 标准规定前导码统一采用单音(Single-Tone)方式发送。每次前导码重复的最小单位是 4 个符号组，每个符号组由 5 个相同的符号与一个循环前缀(Cyclic Prefix，CP)组合而成。每个符号组占用单个子载波，子载波带宽为 3. 75kHz。同时配置两个等级的跳频间隔，第一、二组之间和第三、四组之间配置第一级跳频间隔，间隔为 FH1＝3. 75kHz，即 1 个子载波宽度；第二、三组之间配置第二级跳频间隔，间隔为 FH2＝22. 5kHz，即 6 个子载波宽度。一次前导码发送的跳频图案如图 8. 15 所示。当 CP 采用格式 1，即 266. 7μs 时，一个符号组的持续时间约为 1. 6ms。

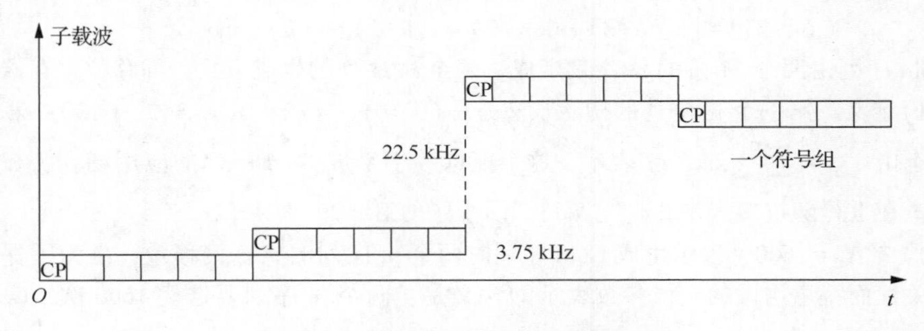

图 8. 15 一次前导码发送的跳频图案

终端根据基站广播的系统参数，确定随机接入时 NPRACH 的资源配置，包括前导码重复次数、前导码发送起始时刻和子载波索引。

根据帧结构类型的不同，前导码的跳频有不同的配置。对于帧结构类型 1，一种典型的配置算法如下。该算法计算第 i 个符号组的子载波索引 $n_{sc}^{RA}(i)$ 。

$$n_{sc}^{RA}(i)=n_{start}+\tilde{n}_{sc}^{RA}(i) \tag{8.37}$$

$$n_{start}=N_{scoffset}^{NPRACH}+\lfloor n_{init}/N_{sc}^{RA}\rfloor N_{sc}^{RA} \tag{8.38}$$

$$\tilde{n}_{sc}^{RA}(i)=\begin{cases}[\tilde{n}_{sc}^{RA}(0)+f(i/4)]\bmod N_{sc}^{RA} & i\bmod 4=0,i>0\\ \tilde{n}_{sc}^{RA}(i-1)+1 & i\bmod 4=1,3,\ \tilde{n}_{sc}^{RA}(i-1)\bmod 2=0\\ \tilde{n}_{sc}^{RA}(i-1)-1 & i\bmod 4=1,3,\tilde{n}_{sc}^{RA}(i-1)\bmod 2=1\\ \tilde{n}_{sc}^{RA}(i-1)+6 & i\bmod 4=2,\tilde{n}_{sc}^{RA}(i-1)<6\\ \tilde{n}_{sc}^{RA}(i-1)-6 & i\bmod 4=2,\tilde{n}_{sc}^{RA}(i-1)\geqslant 6\end{cases} \tag{8.39}$$

$$f(t)=\left[f(t-1)+\left(\sum_{n=10t+1}^{10t+9}c(n)2^{n-(10t+1)}\right)\bmod(N_{sc}^{RA}-1)+1\right]\bmod N_{sc}^{RA}$$

$$f(-1)=0$$

$$\tilde{n}_{sc}^{RA}(0)=n_{init}\bmod N_{sc}^{RA} \tag{8.40}$$

其中 n_{start} 表示本次随机接入前导码的起始子载波索引；

$N_{scoffset}^{NPRACH}$ 表示基站配置的 NPRACH 信道的起始子载波索引 ；

n_{init} 表示介质访问控制（Medium Access Control，MAC）层从 $\{0,1,\cdots,N_{sc}^{NPRACH}-1\}$ 中选中的子载波；

$c(n)$ 表示伪随机序列，用小区 ID 初始化；

N_{sc}^{RA} 表示前导码跳频的子载波范围，这里取值为 12。

由上式可见，得到第一个符号组的位置后，便可获得其他几个符号组的子载波索引。符号组的子载波发生随机性的跳变，其跳变范围被限制在 12 个子载波范围内。

3. 伪噪声序列

随机接入中使用的伪噪声序列是长度为 31 的 Gold 序列。输出序列用 $c(n)$ 表示，长度用 M_{PN} 表示，其中 $n=0,1,\cdots,M_{PN}-1$，其定义如下

$$\begin{aligned}c(n)&=[x_1(n+N_C)+x_2(n+N_C)]\bmod 2\\x_1(n+31)&=[x_1(n+3)+x_1(n)]\bmod 2\\x_2(n+31)&=[x_2(n+3)+x_2(n+2)+x_2(n+1)+x_2(n)]\bmod 2\end{aligned} \tag{8.41}$$

这个 Gold 序列由两个 31 阶的 m 序列生成。两个 m 序列的生成方式，即移位寄存器的反馈连接由式(8.41)定义。第一个 m 序列的初始状态是 $x_1(0)=1,x_1(n)=0,n=1,2,\cdots,30$；第二个 m 序列的初始状态由 $c_{init}=\sum_{i=0}^{30}2^i x_2(i)$ 表示，这个值依赖于生成 Gold 序列的应用场合，在标准的相应位置定义。在上行随机接入中，$c_{init}=N_{ID}^{Ncell}$，即小区的 ID 号。

式(8.41)中 $N_C=1600$，表示生成 Gold 序列时两个 m 序列的状态偏移量，是为了保证不同序列之间的相关性而特意增设的。该参数表示的含义是：两个 m 序列要迭代 1600 次，Gold 序列才开始输出。

8.6 本章小结

本章介绍了扩频通信的两个基本类型——直接序列扩频和跳频扩频，并以直接序列二进制 PSK 和跳频 M 进制 FSK 为例介绍了相应的发射机和接收机的结构。它们都使用伪噪声序列来完成频谱扩展，伪噪声序列有 m 序列、M 序列和 Gold 序列等。

扩频调制是指用来传输信息的信号带宽远远大于传输该信息所需最小带宽的一种调制方式，发送端使用独立于数据序列的扩频序列完成扩频，接收端使用与发送端相同的扩频序列完成解扩，发送端和接收端的扩频序列完全同步。

伪噪声序列的设计直接影响扩频系统的性能。它关系到系统的抗多径干扰、抗多址干扰的能力，同时涉及信息的保密和隐蔽、捕获和同步的性能。伪噪声序列具有类似随机噪声的统计特性，若作为扩频序列使用，还要求其有尖锐的自相关特性、良好的互相关特性和较低的复杂度。伪噪声序列的特点使得它除了扩频以外，在加密、测量等其他领域也有广泛应用。

在DS/BPSK系统中，伪噪声序列把发送信号的频谱瞬时扩展到较宽的频带上，从而使发送信号呈现出类似噪声的特性。扩频信号相对于非扩频信号在信噪比上获得的增益，称为处理增益。比值J/P称为直扩系统的干扰容限。

在FH/MFSK系统中，伪噪声序列使载频以伪随机的方式在一组频率点上跳变，从而使发送信号的频谱顺序地扩展。根据跳频速率和符号传输速率的关系，跳频系统分为慢跳频和快跳频两种，两者相比，在符号传输速率不变时快跳频系统跳频速率高，抗干扰性和隐蔽性更好。最后，介绍了窄带物联网接入信道上的前导码发送的跳频发送方案。

习题

8.1 一个伪噪声序列由长度$m=7$的反馈移位寄存器产生。码片速率是10^7chip/s。请确定以下参数：伪噪声序列长度、伪噪声序列的码片持续时间、伪噪声序列的周期。

8.2 已知某m序列发生器的生成多项式是$g(X)=1+X+X^2+X^3+X^7$，画出其生成电路。

8.3 一个四级反馈移位寄存器如图P8.3所示。寄存器的初始状态是1000。确定移位寄存器的输出序列。

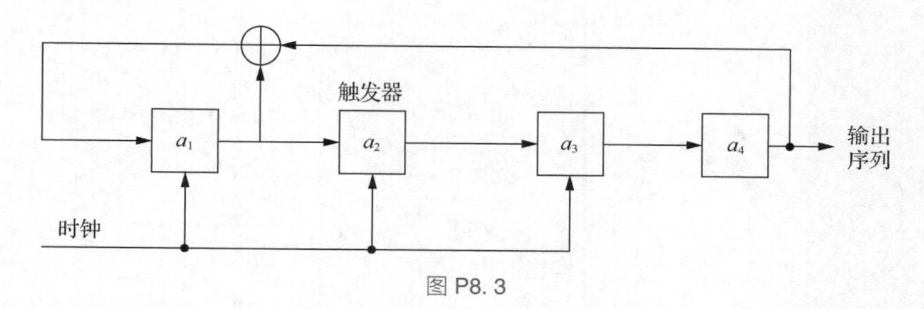

图P8.3

8.4 上一题产生周期为15的m序列，说明该伪噪声序列的平衡性和游程性质。

8.5 如图P8.5所示的M序列发生器，求其输出的序列，并求其中长度为2的游程有几个。

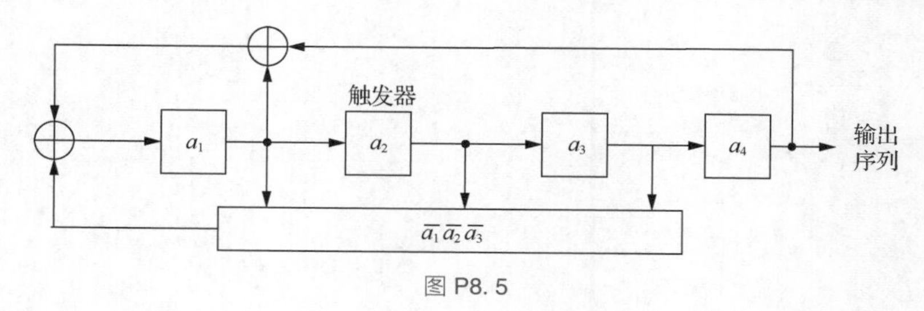

图P8.5

8.6 要产生Gold序列，优选出来的一对本原多项式是$g_1(X)=1+X+X^3$和$g_2(X)=1+X^2+X^3$，求Gold序列的周期和可用序列个数。

8.7 用一个7级移位寄存器产生m序列用于测距，最远目标距离为3000km。试求m序列定时脉冲的最短周期。

8.8 扩频系统的处理增益可以表示成发送信号的扩展带宽和接收信号的解扩带宽的比值。对于DS/BPSK系统，证明上述结论。

8.9 一个直接序列扩频二进制 PSK 系统使用长度为 19 的反馈移位寄存器来产生伪噪声序列。计算该系统的处理增益。

8.10 在 DS/BPSK 系统中，用来产生伪噪声序列的反馈移位寄存器长度 $m=19$。如果系统的平均误码率不超过 10^{-5}，计算处理增益和抗干扰容限，用 dB 表示。

8.11 一个 8FSK 非相干解调的跳频系统，跳频速率是 12000hop/s，跳频带宽是 1MHz，调制符号传输速率是 3000Band，试求扩频处理增益，说明该系统是慢跳频还是快跳频，码片速率是多少。

第 9 章 无线信道与无线传输新技术

知识要点

- 大尺度衰落和小尺度衰落
- 信道的相干时间和相干带宽
- 频率选择性衰落和时间选择性衰落
- 多径信道的分类
- 无线链路预算
- 分集实现方法以及常用的分集合并方法
- MIMO 和大规模 MIMO 基本概念
- 正交频分复用基本原理
- 频分多址、时分多址、码分多址、空分多址、正交频分多址和非正交多址

9.1 引言

近几十年来，无线通信技术在信息通信领域中发展最快、应用最广。随着移动互联网的高速发展，地面蜂窝移动通信已经从1G发展到了支持万物互联的5G时代，6G的先期研究也已经如火如荼地展开。与此同时，无线局域网经历了几十年的技术演进后进入了Wi-Fi 7时代，可以提供最大30 Gbit/s的数据传输速率，卫星移动通信也步入宽带互联网接入时代。

无线通信系统性能好坏受无线信道的影响很大，因此，对各类无线通信关键技术的研究始终针对无线信道的固有特性展开。信号经无线信道传播时，接收信号的功率损耗是不确定的；发射信号经过直射、反射、折射、绕射和衍射等方式经多条路径到达接收机，不同路径的信号之间还会相互干扰，这种现象称为多径传播现象；由于发射机、接收机和周围物体的相对运动以及传播环境的复杂变化，导致信号的传输路径以及每条路径的传播时延和衰减也是随机变化的，这种随机性可能会引发严重的信号失真和符号间干扰。此外，无线信道很容易受到噪声、干扰以及其他信道的影响，并且这些影响也会由于物体的移动等因素而以不可预测的方式对传输的信号进行改变。因此，无线信道的特性是不确定且随机变化的。

本章重点讨论无线信道的传播特性，包括路径损耗、阴影衰落和小尺度衰落等，并对多径信道的统计特性进行分析，随后介绍无线链路预算分析，最后讨论在现代无线通信中广泛使用的传输技术，包括分集技术、多输入多输出技术、正交频分复用技术以及多址技术。

9.2 无线传播特性

信号在无线信道中传播时，一个基本特性是信号的功率随传播距离增大而衰减，该特性称为路径损耗，它是由发射功率的辐射扩散及信道的传播特性造成的。在自由空间传播时，空间中某个位置的信号功率密度与传播距离的平方成反比。此外，信号在传播过程中，会受到障碍物的阻挡。这些障碍物通过吸收、反射、散射和绕射等方式衰减信号功率，严重时甚至会阻断信号。而且，由于障碍物随机分布，在相同距离下的信号传播功率损耗往往也具有随机性，这种特性被称为阴影衰落。路径损耗和阴影衰落是在相对较长的距离中传播信号发生的功率变化，统称为大尺度衰落。

多径传播是信号在无线信道传播时的另一个基本特性，即信号可经过多条路径到达接收端。多径传播会导致小尺度衰落的产生，即每条路径的传播损耗、相位、时延和频率(多普勒频移)各不相同，当它们在接收端叠加后，会导致接收信号强度和相位的急剧变化，从而产生衰落和失真。由于这种变化发生在波长数量级上，距离较短，因此称为小尺度衰落。

本节主要讨论由大尺度衰落所引起的接收信号功率随距离变化的规律，并对小尺度衰落的主要表现进行分析。

9.2.1 路径损耗

无线信号的发送通过发射天线实现，发射天线将经过调制的电信号转变为电磁波从而将原始信息发送出去。发射天线一般都具有方向性，即发射功率需要集中在特定方向(目标方向)上，从而增强在特定方向上的功率密度，形成发送天线方向增益。在接收端，接收天线将电磁场转换为电信号，并从中提取调制信号。接收天线能够加强来自特定方向的无线信号，形成接收天线方向增益，并且可能还需要抑制某些方向上不需要的辐射功率。对路径损耗的研究，需要根据不同传播现象建立相应的物理模型；对信号接收功率的计算，则需要考虑信号的发送和接收过程中的所有增益和损耗。

自由空间传播模型用于评估当接收机和发射机之间的路径是完全无阻挡的视距(Line of Sight，LOS)路径时接收信号的场强。卫星通信系统和微波视距无线传输是典型的自由空间传播的场景。下面分析自由空间传播模型的路径损耗。

1. 自由空间传播模型

假设发射天线是一个各向同性源，即该天线在所有方向上均匀辐射功率，且总发射功率为 P_{t}，单位为 W。若辐射功率均匀地通过一个半径为 d 的球体，则球体表面单位面积的功率密度可以表示为

$$\rho(d)=\frac{P_{\mathrm{t}}}{4\pi d^2} \tag{9.1}$$

其中，$\rho(d)$的单位为 $\mathrm{W/m^2}$，半径 d 表示无线信号的传输距离，单位为 m，式(9.1)说明功率密度与传输距离的平方成反比。

天线辐射强度为每单位立体角辐射的功率，将功率密度 $\rho(d)$ 与距离 d 的平方相乘，可得到辐射强度

$$\Phi=d^2\rho(d) \tag{9.2}$$

其中，辐射强度的单位为 W/sr。

在实际系统中，所有无线电天线都具有方向性，发射天线将辐射功率集中在指定方向上的能力，或接收天线从给定方向上有效吸收入射功率的能力，用天线的方向增益或方向性来表示。天线的方向增益定义为指定方向的辐射强度和平均辐射强度的比值，天线的方向性定义为天线上的最大辐射强度与各向同性源的辐射强度的比值，方向性 D 是方向增益的最大值。

天线的功率增益由 G 表示，定义为在相同的输入功率下，天线的最大辐射强度和无损耗的各向同性源的辐射强度的比值。用 $\eta_{\mathrm{radiation}}$ 表示天线的辐射效率因数，则功率增益 G 与方向性 D 的关系为

$$G=\eta_{\mathrm{radiation}}D \tag{9.3}$$

因此，无损耗的各同性源上的天线功率增益等于具有100%效率的天线的方向性，但如果天线有损耗，天线功率增益将小于其方向性。以后的讨论中都假定天线具有100%的效率，因此只考虑天线的功率增益即可。

天线的功率增益是将功率谱密度集中在一个小于4π立体角的区域中的结果，如图9.1所示。发射功率 P_{t} 和发射天线功率增益 G_{t} 的乘积定义为各向同性源的有效辐射功率(Equivalent Isotropically Radiated Power，EIRP)，即

$$\mathrm{EIRP}=P_{\mathrm{t}}G_{\mathrm{t}} \tag{9.4}$$

其中，EIRP 单位为 W。

天线波束宽度是天线立体角的“平面”度量，定义为场功率图的主瓣上对应于最高场功率衰落3 dB的两点的夹角，单位为°或 rad，如图9.1所示。天线的功率增益越高，此天线波束宽度就越窄，方向性越好，作用距离越远，抗干扰能力越强。

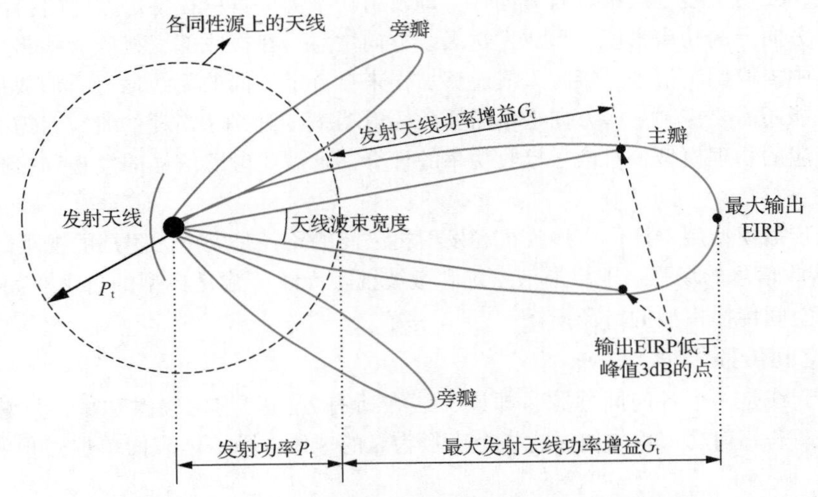

图 9.1　小于 4π 立体角的区域中发射天线的功率密度集中图示

值得注意的是，图 9.1 中存在两个旁瓣。一般来讲，每条物理天线都有旁瓣，表示有部分能量分散辐射到这些方向上去了。当然是希望主瓣以外的旁瓣越小越好。

天线接收或辐射信号的表面积称为天线有效孔径，它是决定天线性能的一个关键参数。天线的物理孔径 A 和其有效孔径 A_e 与天线的孔径效率有关，孔径效率 K_a 定义为

$$K_a=\frac{A_e}{A} \tag{9.5}$$

天线在任意方向上的最大发射或接收增益 G 与有效孔径 A_e 的关系如下

$$G=\frac{4\pi}{\lambda^2}A_e \tag{9.6}$$

其中，A_e 的单位为 m^2，λ 是传输信号的载波波长。

下面讨论无线电通信链路的基本传播公式。

假设发射天线具有式(9.4)所定义的 EIRP，d 为接收天线与发射天线之间的距离，运用式(9.1)，可将发射天线的功率谱密度表示为 $\mathrm{EIRP}/4\pi d^2$。天线接收的功率 P_r 为发射天线功率谱密度与接收天线有效孔径 A_r 的乘积，即

$$P_r=\left(\frac{\mathrm{EIRP}}{4\pi d^2}\right)A_r=\frac{P_tG_tA_r}{4\pi d^2} \tag{9.7}$$

将式(9.6)代入式(9.7)，可以得到接收功率的表达式

$$P_r=\frac{P_tG_tG_r}{(4\pi d/\lambda)^2} \tag{9.8}$$

式(9.8)称为 Friis 自由空间公式。

信号在整个通信链路上的路径损耗(以 dB 表示)定义为发射信号功率和接收信号功率的差值，即

$$P_L(\mathrm{dB})=10\lg\frac{P_t}{P_r}=-10\lg G_tG_r+10\lg\left(\frac{4\pi d}{\lambda}\right)^2 \tag{9.9}$$

其中，第一项中的负号“-”代表增益，第二项由 $(4\pi d/\lambda)^2$ 引起，称为自由空间损耗，用 $L_{\text{free-space}}$

来表示，即

$$L_{\text{free-space}}=10\lg\left(\frac{4\pi d}{\lambda}\right)^2 \tag{9.10}$$

路径损耗是由于发射机辐射功率的耗散以及传播信道的影响造成的，由式(9.10)可见，它与收发天线的增益、传播距离 d 和波长 λ 均有关系，接收天线和发射天线之间的距离 d 越大，路径损耗越大，无线电工作频率越高，路径损耗越大。

例 9.1　某卫星发射机的 10GHz 输出被 20000km 以外的地面站监控。发射天线为 2m 长的碟型天线，其孔径效率为 65%，地面接收天线为 6m 长的碟型天线，孔径效率为 55%。假设发射机输出功率为 100mW，计算接收功率。

解　式(9.8)给出了接收功率的表达式。下面分别对各个分量进行计算。

首先，由式(9.6)可得发射天线的功率增益为

$$\begin{aligned}10\lg G_{\mathrm{t}}&=10\lg\left(\frac{4\pi A_{\mathrm{t}}}{\lambda^2}\right)\\&=10\lg\left[\frac{4\times\pi\times0.65\times\pi\times1}{(3/100)^2}\right]\\&\approx44.55\mathrm{dB}\end{aligned}$$

同样地，接收天线的功率增益为

$$\begin{aligned}10\lg G_{\mathrm{r}}&=10\lg\left(\frac{4\pi A_{\mathrm{r}}}{\lambda^2}\right)\\&=10\lg\left[\frac{4\times\pi\times0.55\times\pi\times3^2}{(3/100)^2}\right]\\&\approx53.37\mathrm{dB}\end{aligned}$$

由式(9.10)可得自由空间损耗为

$$\begin{aligned}L_{\text{free-space}}&=10\lg\left(\frac{4\pi d}{\lambda}\right)^2\\&=20\lg\left[\frac{4\times\pi\times2\times10^7}{(3/100)}\right]\\&\approx198.46\mathrm{dB}\end{aligned}$$

因此，接收功率为

$$\begin{aligned}P_{\mathrm{r}}&=10\lg(0.1)+44.55+53.37-198.46\\&\approx-110.54\mathrm{dB}\end{aligned}$$

【本例终】

---

2. 几种经验路径损耗模型

大多数无线通信系统在复杂的传播环境中运行，难以通过上述自由空间模型精确建模。近年来，研究者提出了一些经验路径损耗模型，用于预测典型无线环境中的路径损耗，例如城市宏蜂窝、城市微蜂窝以及室内环境等。这些模型首先针对特定的环境，按不同的距离和频率取得测量数据，再用这些数据建模，然后利用统计方法对模型进行校正，以保证模型的精度。下面介绍一些典型的经验路径损耗模型，包括奥村模型、哈塔模型、分段线性模型和简化的路径损耗模型。

(1)奥村模型

奥村模型是针对城市宏蜂窝信号预测的常用模型之一。这种模型适用于传输距离为1km~100km，频率范围为150 MHz~1500 MHz的场景。奥村模型路径损耗的经验公式为

$$P_{L}(d)=L(f_{c},d)+A_{mu}(f_{c},d)-G(h_{t})-G(h_{r})-G_{Area} \tag{9.11}$$

其中，$L(f_{c},d)$是在载频为f_{c}、距离为d处的自由空间损耗，$A_{mu}(f_{c},d)$是除自由空间损耗外其他环境中的中值衰减，$G(h_{t})$是基站天线高度h_{t}增益因子，$G(h_{r})$是移动终端天线高度h_{r}增益因子，G_{Area}为环境类型的增益，$A_{mu}(f_{c},d)$和G_{Area}可由奥村的经验曲线图得到。其中$G(h_{t})$和$G(h_{r})$的经验公式为

$$G(h_{t})=20\lg(h_{t}/200),30\text{m}<h_{t}<1000\text{m} \tag{9.12}$$

$$G(h_{r})=\begin{cases}10\lg(h_{r}/3), & h_{r}\leqslant 3\text{m}\\ 20\lg(h_{r}/3), & 3\text{m}<h_{r}<10\text{m}\end{cases} \tag{9.13}$$

奥村模型完全基于测试数据，其预测和测试的路径损耗偏差约为10dB~14dB。

(2)哈塔模型

哈塔模型适用于市区传播损耗，它是根据奥村曲线图做出的经验公式，频率范围为150MHz~1500MHz，具体路径损耗公式为

$$P_{L,城市}(d)=69.55+26.16\lg(f_{c})-13.82\lg(h_{t})-a(h_{r})+[44.9-6.55\lg(h_{t})]\lg(d) \tag{9.14}$$

其中，参数f_{c}、h_{t}、h_{r}和d与奥村模型下的相应的参数含义相同。$a(h_{r})$是移动终端天线高度h_{r}的修正因子，对于中小城市，该因子定义为

$$a(h_{r})=[1.1\lg(f_{c})-0.7]h_{r}-[1.56\lg(f_{c})-0.8] \tag{9.15}$$

对于载频$f_{c}>300$MHz的大型城市，修正因子$a(h_{r})$为

$$a(h_{r})=3.2[\lg(11.75h_{r})]^{2}-4.97\text{dB} \tag{9.16}$$

通过对城市区域模型的修正，可以分别得到适用于郊区和农村区域的哈塔模型

$$P_{L,郊区}(d)=P_{L,城市}(d)-2[\lg(f_{c}/28)]^{2}-5.4 \tag{9.17}$$

$$P_{L,农村}(d)=P_{L,城市}(d)-4.78[\lg(f_{c})]^{2}+18.33\lg(f_{c})-K \tag{9.18}$$

其中，K在35.94(乡村)到40.94(沙漠)之间取值。当距离$d>1$km时，哈塔模型非常接近奥村模型。哈塔模型在1G蜂窝系统有着很好的表现，但是该模型不适用于蜂窝区域小且工作频率高的通信系统以及室内通信环境。

(3)分段线性模型

室外微蜂窝区域和室内信道的路径损耗的经验模型常采用分段线性模型。分段线性模型的一个特例是双斜率模型，其参数包括确定的路径损耗因子K、参考距离d_{0}和临界距离d_{c}之间的路径损耗指数γ_{1}、距离大于d_{c}时的路径损耗指数γ_{2}，该模型路径损耗的公式为

$$P_{r}(d)=\begin{cases}P_{t}+K-10\gamma_{1}\lg(d/d_{0}), & d_{0}\leqslant d\leqslant d_{c}\\ P_{t}+K-10\gamma_{1}\lg(d_{c}/d_{0})-10\gamma_{2}\lg(d/d_{c}), & d>d_{c}\end{cases} \tag{9.19}$$

其中，γ_{1}、γ_{2}、K和d_{c}一般通过回归的方法从经验数据中拟合得到。

移动通信国际标准化组织3GPP在TR38.901中定义了各种5G场景下的路径损耗经验模型，为了考虑立体传播效应，引入了基站和终端的水平距离d_{2D}和3D距离d_{3D}，以及基站高度h_{BS}和终端高度h_{UT}，如图9.2所示。其中，终端高度范围为$1.5\text{m}\leqslant h_{UT}\leqslant 22.5\text{m}$，基站高度为$h_{BS}=25\text{m}$。

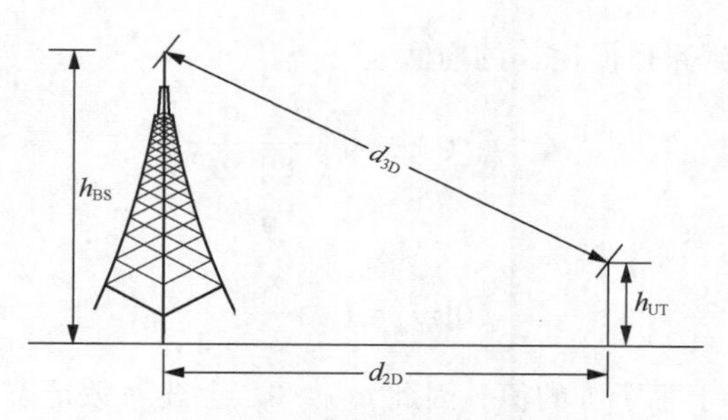

图 9.2　室外信道水平距离 d_{2D} 和 3D 距离 d_{3D}

存在视距路径的城市宏蜂窝（Urban Macro-Line of Sight，UMa-LOS）场景的路损公式也是用分段线性模型来表示的，具体如下

$$PL_{UMa-LOS}=\begin{cases}PL_1, & 10\ m\leqslant d_{2D}\leqslant d_c\\ PL_2, & d_c\leqslant d_{2D}\leqslant 5\ km\end{cases} \tag{9.20}$$

其中，

$$PL_1=28.0+22\lg(d_{3D})+20\lg(f_c) \tag{9.21}$$

$$PL_2=28.0+40\lg(d_{3D})+20\lg(f_c)-9\lg[(d_c)^2+(h_{BS}-h_{UT})^2] \tag{9.22}$$

PL_1 和 PL_2 分别表示第一段和第二段的路径损耗，分段点 $d_c=2\pi h_{BS}h_{UT}f_c/c$。

(4)简化的路径损耗模型

实际系统中，无线信号传播非常复杂，很难用一个单一的模型来精确地描述不同环境下的路径损耗，如果对于系统设计进行一般性的优劣分析，可以使用一个简化模型来近似路径损耗

$$P_r=P_t+K-10\gamma\lg\left(\frac{d}{d_0}\right) \tag{9.23}$$

其中，K 是一个常系数，其值取决于天线特性和平均信道损耗，d_0 表示天线远场的参考距离，γ 为路径损耗指数。可选择合适的 K、d_0 和 γ 来近似解析模型或经验模型。式(9.23)一般只适用于发送距离 $d>d_0$ 时，d_0 值对于室内一般为 1m～10m、对于室外一般为 10m～100m。

9.2.2　阴影衰落

在实际无线环境中，无线信号通常会因为传播路径中的物体阻挡而发生随机变化，进而导致在给定距离上的接收功率发生随机变化。反射表面和散射物体的改变同样会引起接收功率的随机变化。由于阻挡物体的位置、大小和介电特性以及反射表面和散射物体的变化所导致的随机衰减一般是未知的，因此只能用统计模型来描述这些随机衰减的特征。大量的实测数据证实，对数正态阴影衰落模型可以准确地模拟室外和室内无线电传播环境下接收功率的变化。

在对数正态阴影衰落模型中，假设发射功率 P_t 和接收功率 P_r 的比值 $\psi=P_t/P_r$ 是一个服从对数正态分布的随机变量。定义对数路径损耗 $\psi_{dB}=10\lg\psi$，ψ 的分布函数表示为

$$p(\psi)=\frac{\xi}{\sqrt{2\pi}\sigma_{\psi_{dB}}\psi}\exp\left[-\frac{(10\lg\psi-\mu_{\psi_{dB}})^2}{2\sigma_{\psi_{dB}}^2}\right],\psi>0 \tag{9.24}$$

其中，$\xi=10/\ln10\approx4.3429$，$\mu_{\psi_{dB}}$ 和 $\sigma_{\psi_{dB}}$ 分别是 ψ_{dB} 的均值和标准差，单位均为 dB。实际应用中，由于经验路径损耗的测量已经包括了阴影衰落的平均，因此 $\mu_{\psi_{dB}}$ 就是路径损耗。而对于解析模型，$\mu_{\psi_{dB}}$ 需要考虑障碍物造成的平均衰减和路径损耗。

由式(9.24)，可以得到路径损耗 ψ 的均值为

$$\mu_{\psi}=E[\psi]=\exp\left(\frac{\mu_{\psi_{dB}}}{\xi}+\frac{\sigma_{\psi_{dB}}^{2}}{2\xi^{2}}\right) \tag{9.25}$$

转化为对数平均为

$$10\lg\mu_{\psi}=\mu_{\psi_{dB}}+\frac{\sigma_{\psi_{dB}}^{2}}{2\xi^{2}} \tag{9.26}$$

由于 $\psi=P_t/P_r$ 总是大于等于 1 的值，因此 $\mu_{\psi_{dB}}\geqslant 0$。上述对数正态阴影衰落模型在对数均值 $\mu_{\psi_{dB}}\gg 0$ 时，能够更好地反映物理实质。

大量的室外信道实验研究表明，标准差 $\sigma_{\psi_{dB}}$ 通常在 4 dB 到 13 dB 之间取值。均值 $\mu_{\psi_{dB}}$ 取决于路径损耗和所在区域内的建筑物属性。$\mu_{\psi_{dB}}$ 随距离变化而变化，并与周围建筑物的特点有关，障碍物数量增加，造成的平均衰减也增加。在 3GPP TR 38.901 定义的 5G UMa-LOS 场景中，$\sigma_{\psi_{dB}}$ 取为 4。而在非视距的农村宏蜂窝(Rural Macro-Not Line of Sight，RMa-NLOS)场景中，该值为 8。

将路径损耗模型和阴影衰落模型叠加在一起就可以同时反映出功率随距离的减小和阴影造成的路径损耗随机衰减。如果路径损耗采用式(9.23)描述的简化经验模型，阴影衰落为一个均值为 0、方差为 $\sigma_{\psi_{dB}}^{2}$ 的高斯随机变量 ψ_{dB}，则接收功率和发射功率之比表示为(单位为 dB)

$$10\lg\frac{P_r}{P_t}=10\lg K-10\gamma\lg\frac{d}{d_0}-\psi_{dB} \tag{9.27}$$

路径损耗和阴影衰落的组合模型，反映了无线信号在长距离上产生的大尺度衰落。大尺度衰落是信号平均功率随时间的慢变，是由于传播路径损耗和传播路径中存在的障碍物所导致的，通常变化比较慢，也称为慢衰落。而由于多径效应带来的小尺度衰落，变化比较快，也称快衰落。图 9.3 给出了路径损耗、阴影衰落和多径效应随距离的变化关系示意，其中纵坐标为接收功率 P_r 与发射功率 P_t 的比值，横坐标为距离，均以 dB 表示。路径损耗随着距离 lg$d$ 线性减小，而由阴影衰落引起的功率衰减随距离的变化较快。

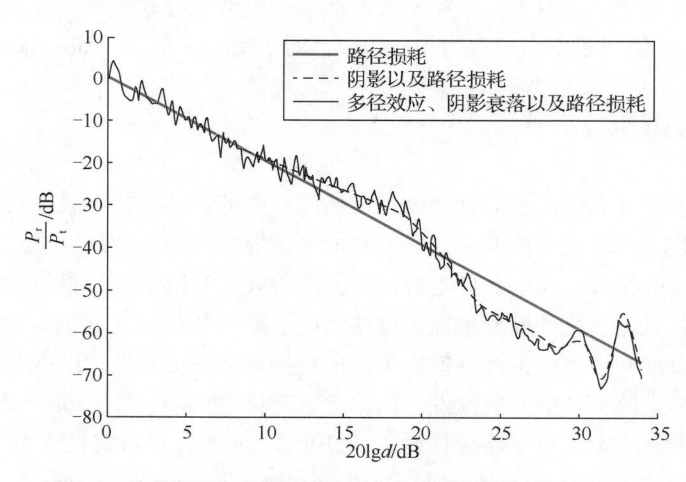

图 9.3　路径损耗、阴影衰落和多径效应随距离的变化关系示意

9.2.3　小尺度衰落

小尺度衰落一般简称衰落，主要是由多径信号相互干涉导致接收信号的快速衰落，主要表现

为多径衰落、时延扩展和多普勒效应 3 个方面。信号经多条路径到达接收机时，其幅度、相位、频率、方向都有所不同，接收机得到的信号是各路信号的矢量和。这种信号自干扰现象称为多径效应或多径干扰，由于多径效应导致的信号衰落称为多径衰落。多径传播还常常导致时延扩展，即延长了信号到达接收机所用的时间，从而产生符号间干扰。

此外，由于发射机和接收机之间经常存在相对运动，或者它们与无线传播环境中的散射体和反射体存在相对运动，各条路径上信号的频率都存在不同程度的变化，这种变化称为多普勒频移，这些多径分量上的多普勒频移既可能为正值也可能为负值，使得接收信号相对于发射信号出现了频率扩展现象，这种现象称为多普勒效应。下面介绍多径衰落的机理。

1. 多径衰落

多径衰落由多径传播引起。图 9.4 所示为城区无线电多径传播环境，由于移动终端的天线经常低于周围的建筑，无线电的传播主要是通过周围建筑表面的散射和衍射进行的，导致多个无线电信号从不同的方向到达目的地。

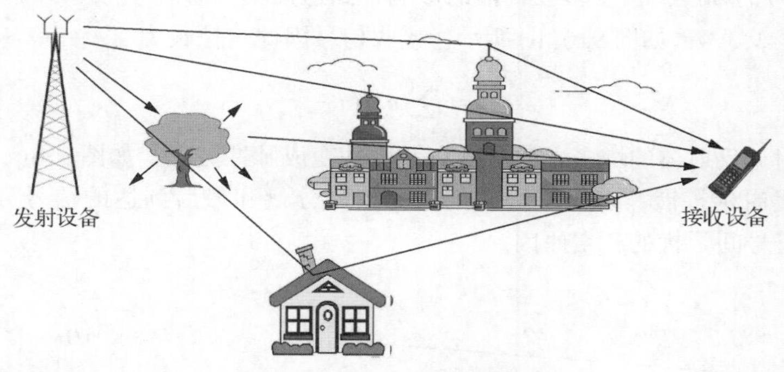

图 9.4 城区无线电多径传播环境

为便于理解，下面讨论简单的两径传播现象。

首先，考虑接收机为静止的“稳态”多径环境，发射信号为窄带正弦载波。假设发射信号有两个衰落分量顺序到达接收机进行叠加，一路是直射信号，另一路是反射信号，两路信号的不同时延造成接收端信号的相对相位发生变化。下面讨论两种特殊情况。

(1) 相对相位漂移等于 0°。在这种情况下两径信号同向相加，合成后的信号功率增强，如图 9.5(a) 所示(图中时间轴表示时间方向)。

(2) 相对相位漂移等于 180°。在这种情况下两个分量反向相加，合成后的信号功率减弱，如图 9.5(b) 所示(图中时间轴表示时间方向)。

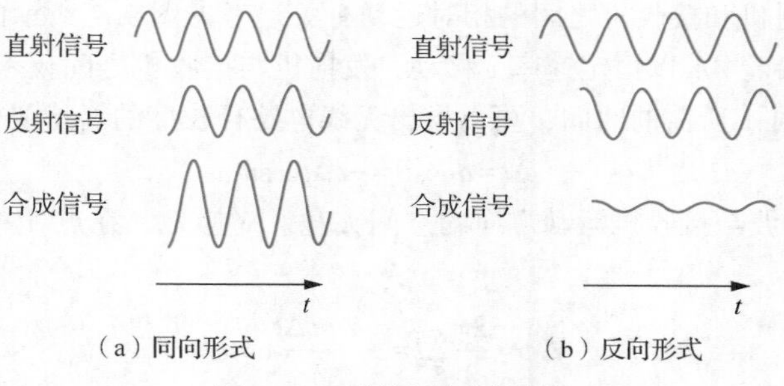

图 9.5 正弦信号的多径现象

其次，考虑接收机是运动的“动态”多径环境，窄带正弦信号的两个分量通过不同长度的路径到达接收机。由于接收机的移动，每个传播路径长度会发生连续变化，因此，接收信号两个分量的相对相位漂移是接收机空间位置的函数。当接收机移动时，接收信号的幅度(包络)不是常量，而是随距离而变化的，在某些位置上存在两个分量在同向相加，而在另一些位置上两个分量几乎完全抵消，形成信号衰落。

在一个实际移动无线电环境中，可能存在许多不同长度的传播路径，它们以不同方式对信号的接收产生影响，导致接收信号的包络以复杂的方式随接收机位置而变化。因此，信号衰落是多径传播的必然现象。

2. 时延扩展

多径传播除了产生衰落以外，还会引起时延扩展。下面以脉冲信号为例，简要说明其原理。如图 9.6(a)所示，基站发射信号为一个理想脉冲信号

$$s_0(t)=a_0\delta(t) \tag{9.28}$$

其中 a_0 是脉冲信号的幅度。由于多径传播的影响，到达接收机的信号为 4 个幅度为 a_i、时延为 τ_i 的脉冲信号，$i=1,2,3,4$，如图 9.6(b)所示，接收信号因此被拉长为

$$s(t)=\sum_{i=1}^{4}a_i\delta(t-\tau_i) \tag{9.29}$$

随着接收机附近反射体的增多，接收的离散脉冲变成脉冲波形，如图 9.6(c)所示。脉冲波形的宽度 Δ 称为传播时延扩展，它等于最先到达的信号分量和最后到达的信号分量之间的时间延迟。时延扩展是符号间干扰的产生原因。

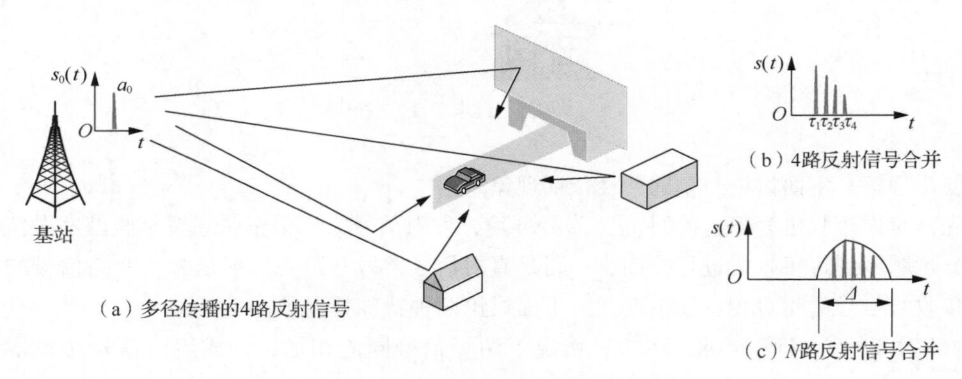

图 9.6　时延扩展示意

3. 多普勒效应

多普勒效应与发射机和接收机之间的相对运动有关。考虑图 9.7 所示的情况，接收信号由发射机 S 产生，接收机沿着 AA'以恒定速率 v 移动，发射机与接收机之间仅考虑一条路径。以 Δt 表示接收机从点 A 移动到 A'所需的时间，可以推出无线电路径长度的增量变化为

$$\Delta l=d\cos\theta=-v\Delta t\cos\theta \tag{9.30}$$

其中，θ 为输入无线电波与接收机运动方向的空间夹角。对应地，在点 A'接收信号的相角相对于点 A 的变化为

$$\Delta\phi=\frac{2\pi}{\lambda}\Delta l=-\frac{2\pi v\Delta t}{\lambda}\cos\theta \tag{9.31}$$

其中，λ 为无线电波长。因此，频率变化或多普勒频移为

$$\nu=-\frac{1}{2\pi}\frac{\Delta\phi}{\Delta t}=\frac{v}{\lambda}\cos\theta \tag{9.32}$$

由式(9.32)可以看出，多普勒频移与接收机的运动速度 v 和运动方向(图 9.7 中箭头所指方向)以及无线电波入射方向之间的夹角 θ 有关。当 θ 小于 90°时，接收机和发射机之间存在相向运动，则多普勒频移 ν 为正值，导致接收频率增大；当 θ 大于 90°时，接收机和发射机之间存在相对运动，则多普勒频移 ν 为负值，接收频率减小。如果无线信道中的物体处于运动状态，则会由多径分量产生时变的多普勒频移。由于多径分量上的多普勒频移既可能为正值也可能为负值，到达接收机叠加后，使得接收信号相对于发送信号出现了频率扩展现象。

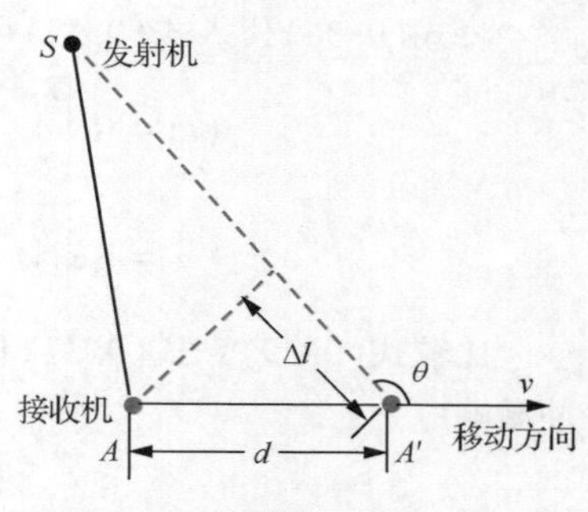

图 9.7　多普勒频移的计算

9.3 多径信道统计特性

无线信道可建模为一个随时间和距离变化的线性时变滤波器，时变是由通信双方的运动和周围环境的运动而引起的。本节先建立多径信道的冲激响应模型，然后对其统计特性进行分析。无线信道的冲激响应给出了信道所有的时域特征，小尺度衰落与信道的冲激响应有着直接的关系。

9.3.1 多径信道的冲激响应模型

假设接收机以恒定速率 v 向某一固定位置 D 移动，由于多径效应，信道的冲激响应是运动距离 d 和时间 t 的函数 $h(d,t)$，如果发射信号为 $x(t)$，则 D 处接收的信号可表示为

$$y(d,t)=x(t)*h(d,t)=\int_{-\infty}^{\infty}x(t-\tau)h(d,\tau)\mathrm{d}\tau \tag{9.33}$$

由于 $d=vt$，v 为常数，式(9.33)可以写成

$$y(vt,t)=x(t)*h(vt,t)=\int_{-\infty}^{\infty}x(t-\tau)h(vt,\tau)\mathrm{d}\tau \tag{9.34}$$

进一步，有

$$y(t)=\int_{-\infty}^{\infty}x(t-\tau)h(t,\tau)\mathrm{d}\tau=x(t)*h(t,\tau) \tag{9.35}$$

其中 $h(t,\tau)$ 代表时变多径无线信道的冲激响应，t 表示由于移动产生的时间变化，τ 表示在时间 t 一定时信道的多径时延。

假设多径信道为一个带宽受限的带通信道，发射信号 $x(t)$ 和接收信号 $y(t)$ 的低通等效表示分别为

$$x(t)=\mathrm{Re}[\tilde{x}(t)\exp(\mathrm{j}2\pi f_c t)] \tag{9.36}$$

$$y(t)=\mathrm{Re}[\tilde{y}(t)\exp(\mathrm{j}2\pi f_c t)] \tag{9.37}$$

其中 Re[·] 表示取方括号中的实部，$\tilde{x}(t)$ 和 $\tilde{y}(t)$ 分别表示发射信号和接收信号的低通复包络，f_c 为载频。

令信道的低通等效冲激响应为 $c(t,\tau)$，则接收的复低通信号为

$$\tilde{y}(t)=\tilde{x}(t)*c(t,\tau)=\int_{-\infty}^{\infty}\tilde{x}(t-\tau)c(t,\tau)\mathrm{d}\tau \tag{9.38}$$

将式(9.36)代入式(9.35)可得

$$\begin{aligned} y(t)&=\mathrm{Re}\left[\int_{-\infty}^{\infty}\tilde{x}(t-\tau)\exp(\mathrm{j}2\pi f_{\mathrm{c}}(t-\tau))h(t,\tau)\mathrm{d}\tau\right] \\ &=\mathrm{Re}\left[\int_{-\infty}^{\infty}\tilde{x}(t-\tau)h(t,\tau)\exp(-\mathrm{j}2\pi f_{\mathrm{c}}\tau)\mathrm{d}\tau\right]\exp(\mathrm{j}2\pi f_{\mathrm{c}}t) \end{aligned} \tag{9.39}$$

比较式(9.39)、式(9.37)和式(9.38)可知，带通信道的冲激响应 $h(t,\tau)$ 等效于一个复基带冲激响应 $c(t,\tau)$

$$c(t,\tau)=h(t,\tau)\exp(-\mathrm{j}2\pi f_{\mathrm{c}}\tau) \tag{9.40}$$

冲激响应的多径时延是离散的，为方便起见，令 N 条路径时延之间的间隔相等，均为 $\Delta\tau$。第 i 个多径分量与第一个到达的分量之间的相对时延称为附加时延，记为 τ_i，则多径信道的基带冲激响应可表示为

$$c(t,\tau)=\sum_{i=0}^{N-1}a_i(t,\tau)\exp[\mathrm{j}(2\pi f_{\mathrm{c}}\tau_i(t)+\phi_i(t,\tau))]\delta(\tau-\tau_i(t)) \tag{9.41}$$

其中 $a_i(t,\tau)$、$\tau_i(t,\tau)$ 分别是第 i 个多径分量在 t 时刻的幅度和附加时延；$2\pi f_{\mathrm{c}}\tau_i(t)+\phi_i(t,\tau)$ 是第 i 个多径分量的相移，包括在自由空间中的传播相移和在信道中的附加相移；$\delta(\tau-\tau_i(t))$ 是单位冲激响应函数。

式(9.41)表明，多径信道的接收信号由很多有时延、有相移或者被减弱的传输信号组成。注意，$a_i(t,\tau)$ 取值可能为0，它表明在某些时刻和附加时延段可能不存在多径的情况。由于 $\Delta\tau$ 和物理信道特性的不同，在某些附加时延段内，可能会出现两个及以上的多径信号，这些多径信号不可分解，信号叠加后产生单一多径信号的瞬时幅度和相位。这种情形导致本地区域的多径信号在一个附加时延段发生衰落。若一个时延段内只有一个多径分量到达，则不会引起显著的衰落。

9.3.2 信道自相关函数和功率谱密度

信道的自相关函数和功率谱密度定义了多径衰落的特征，在信道的动态分析中起着关键作用。在实际系统中，无线信道体现出具有一定统计分布规律的随机特性。本小节研究多径信道的统计特性，主要包括信道的自相关函数和功率谱密度。

令 $c(\tau,t)$ 为信道等效低通冲激响应，假设 $c(\tau,t)$ 是广义平稳的，则其自相关函数为

$$R_c(\tau_2,\tau_1,\Delta t)=\frac{1}{2}E[c^*(\tau_2,t)c(\tau_1,t+\Delta t)] \tag{9.42}$$

在大部分无线传输媒介中，信道的路径时延 τ_1 及其衰减和相移与路径时延 τ_2 及其衰减和相移之间通常是不相关的，这一特性称为非相关散射。在非相关散射的情况下，式(9.42)可以表示为

$$\frac{1}{2}E[c(\tau_1,t+\Delta t)c^*(\tau_2,t)]=R_c(\tau_1,\Delta t)\delta(\tau_1-\tau_2) \tag{9.43}$$

如果 $\tau_1=\tau_2=\tau$，则式(9.42)写为

$$R_c(\tau,\Delta t)=\frac{1}{2}E[c(\tau,t+\Delta t)c^*(\tau,t)] \tag{9.44}$$

如果令 $\Delta t=0$，由此得到的自相关函数 $R_c(\tau,0)\equiv R_c(\tau)$ 就是信道的平均输出功率，称为时延功率谱或多径强度分布。显然，多径强度分布 $R_c(\tau)$ 是关于路径时延 τ 的函数。

频域自相关函数也存在时变多径信道的类似特征。对 $c(\tau,t)$ 取傅里叶变换，可得到时变转移函数 $C(f,t)$

$$C(f,t)=\int_{-\infty}^{\infty}c(\tau,t)\exp(-\mathrm{j}2\pi f\tau)\,\mathrm{d}\tau \tag{9.45}$$

其中，f 是频率。

在广义平稳信道假设条件下，信道的频域自相关函数定义为

$$R_C(f_2,f_1,\Delta t)=\frac{1}{2}E[C(f_1,t)C^*(f_2,t+\Delta t)] \tag{9.46}$$

由于 $C(f,t)$ 是 $c(\tau,t)$ 的傅里叶变换，令 $\Delta f=f_1-f_2$，自相关函数可由频率差 Δf 和时间差 Δt 表示为

$$R_C(\Delta f,\Delta t)=\frac{1}{2}E[C(f+\Delta f,t+\Delta t)C^*(f,t)] \tag{9.47}$$

式(9.47)为多径强度分布的傅里叶变换。非相关散射的假设意味着 $C(f,t)$ 的频域自相关函数仅是频率差 $\Delta f=f_2-f_1$ 的函数。在实际应用中，通过发送一对间隔为 Δf 的正弦波，并使两个相对时延为 Δt 的接收信号互相关，即可测量频域自相关函数。

信道的时变特性表现为多普勒效应。为了建立多普勒效应与信道时间变化的关系，定义频差多普勒函数 $S_C(\Delta f,\lambda)$ 为 $R_C(\Delta f,\Delta t)$ 对变量 Δt 的傅里叶变换，即

$$S_C(\Delta f,\lambda)=\int_{-\infty}^{\infty}R_C(\Delta f,\Delta t)\exp(-\mathrm{j}2\pi\lambda\Delta t)\,\mathrm{d}\Delta t \tag{9.48}$$

其中 λ 为多普勒频移，表示由接收机的移动而引起的接收频率的变化。

同理，时延多普勒函数定义如下

$$S_c(\tau,\lambda)=\int_{-\infty}^{\infty}R_c(\tau,\Delta t)\exp(-\mathrm{j}2\pi\lambda\Delta t)\,\mathrm{d}\Delta t \tag{9.49}$$

式(9.49)常常称为信道散射函数，它提供信道平均输出功率的度量。

式(9.46)~式(9.49)定义了无线衰落信道的 4 种动态特性，它们之间存在着傅里叶变换关系。除此之外，还可以证明下列傅里叶变换关系

$$R_C(\Delta f,\Delta t)=\int_{-\infty}^{\infty}\int_{-\infty}^{\infty}R_c(\tau_1,\Delta t)\delta(\tau_1-\tau_2)\exp[-\mathrm{j}2\pi(f+\Delta f)\tau_1]\,\mathrm{d}\tau_1\exp(\mathrm{j}2\pi f\tau_2)\,\mathrm{d}\tau_2 \tag{9.50}$$

当 $\tau_1=\tau_2=\tau$ 时，有

$$R_C(\Delta f,\Delta t)=\int_{-\infty}^{\infty}R_c(\tau,\Delta t)\exp(-\mathrm{j}2\pi\tau\Delta f)\,\mathrm{d}\tau \tag{9.51}$$

$$R_C(\Delta f,\lambda)=\int_{-\infty}^{\infty}S_c(\tau,\lambda)\exp(-\mathrm{j}2\pi\lambda\Delta f)\,\mathrm{d}\tau \tag{9.52}$$

$$R_c(\tau,\lambda)=\int_{-\infty}^{\infty}\int_{-\infty}^{\infty}R_C(\Delta f,\Delta t)\exp[-\mathrm{j}2\pi(\tau\Delta f-\lambda\Delta t)]\,\mathrm{d}\Delta f\mathrm{d}\Delta t \tag{9.53}$$

当 $\Delta f=0$ 或 $\Delta t=0$ 时，上述关系式常用来描述信道的衰落特性。

时间差相关函数为

$$R_C(\Delta t)=\frac{1}{2}E[C(f,t)C^*(f,t+\Delta t)]=R_C(\Delta f,\Delta t)\big|_{\Delta f=0} \tag{9.54}$$

频率差相关函数为

$$R_C(\Delta f)=\frac{1}{2}E[C(f,t)C^*(f+\Delta f,t)]=R_C(\Delta f,\Delta t)\big|_{\Delta t=0} \tag{9.55}$$

功率时延为

$$R_c(\Delta\tau)=\frac{1}{2}E[c(\tau,t)c^*(\tau,t)]=R_c(\tau,\Delta t)|_{\Delta t=0} \tag{9.56}$$

多普勒功率为

$$S_C(\lambda)=\int_{-\infty}^{\infty}R_C(\Delta t)\exp(-\mathrm{j}2\pi\lambda\Delta t)\mathrm{d}\Delta t=S_C(\Delta f,\lambda)|_{\Delta f=0} \tag{9.57}$$

$$R_C(\Delta f)=\int_{-\infty}^{\infty}R_c(\tau)\exp(-\mathrm{j}2\pi\tau\Delta f)\mathrm{d}\tau \tag{9.58}$$

$$R_c(\tau)=\int_{-\infty}^{\infty}S_c(\tau,\lambda)\mathrm{d}\lambda \tag{9.59}$$

$$S_C(\lambda)=\int_{-\infty}^{\infty}S_c(\tau,\lambda)\mathrm{d}\tau \tag{9.60}$$

$R_C(\Delta f)$和$R_c(\tau)$之间的关系如图 9.8 所示。

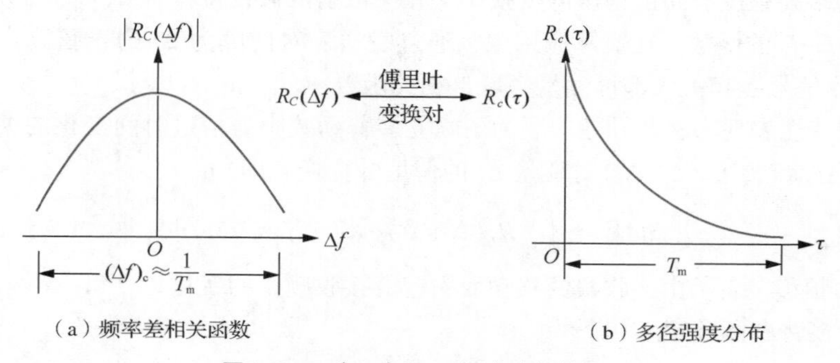

图 9.8 $R_C(\Delta f)$和$R_c(\tau)$之间的关系

$R_C(\Delta f)$是频率差自相关函数，它是信道频率相干性的一种度量。图 9.8(a)中，$|R_C(\Delta f)|$为非零值的频率差范围，称为信道的相干带宽，用$(\Delta f)_c$表示；图 9.8(b)中，$R_c(\tau)$为非零值的τ值范围，称为信道的多径扩展，用T_m表示。多径扩展的倒数为相干带宽，即

$$(\Delta f)_c\approx\frac{1}{T_m} \tag{9.61}$$

相干带宽是指信道处于较强相关性的频率差范围，也就是说在相干带宽范围内的两个频率分量有较强的相关性。因此，频率间隔大于相干带宽的两个信号，其受到的信道影响是不同的。当信号在信道中传输时，如果信道的相干带宽比信号的带宽小，则称信道是频率选择性的。此时，信道对信号中的不同频率分量有不同的响应，接收信号将出现严重失真，即信道使接收信号产生频率选择性衰落。反之，如果信道的相干带宽比发射信号的带宽大，则称信道是频率非选择性的，也就是频率平坦的，此时接收信号将经历平坦衰落，其频谱形状保持不变。

下面讨论信道的时变情况。$S_C(\lambda)$给出了信号强度和多普勒频移λ之间的关系，时间差相关函数$R_C(\Delta t)$和其傅里叶变换$S_C(\lambda)$之间的关系如图 9.9 所示。

由式(9.57)可以看出，如果信道是时不变的，则$R_C(\Delta t)\equiv 1$，$S_C(\lambda)$变为$\delta(\lambda)$，即信道不存在任何时间变换，发射纯单频信号将观测不到任何频谱扩展。

图 9.9(b)中，$S_C(\lambda)$为非零值的多普勒频移范围，称为多普勒扩展，记为B_d。$|R_C(\Delta t)|$为非零值的Δt范围，称为信道的相干时间，记为$(\Delta t)_c$。由于$R_C(\Delta t)$和$S_C(\lambda)$是一个傅里叶变换对，因此B_d的倒数为信道相干时间，即

$$(\Delta t)_{\mathrm{c}} \approx \frac{1}{B_{\mathrm{d}}} \tag{9.62}$$

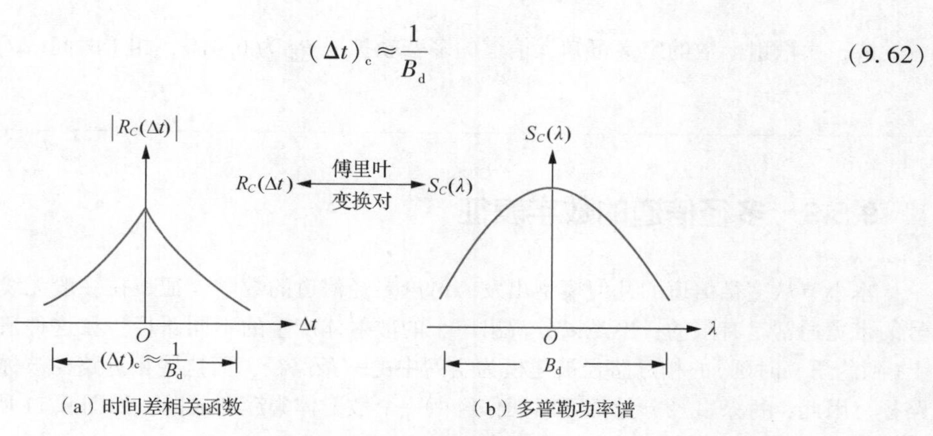

（a）时间差相关函数

（b）多普勒功率谱

图 9.9　$R_C(\Delta t)$和$S_C(\lambda)$之间的关系

多普勒扩展是信道频谱展宽的测量值。当发射信号频率为单一频率f_c时，接收的多普勒功率谱却可能在f_c-f_d到f_c+f_d的频率范围内出现，f_d为多普勒频移。如果基带信号的带宽远远大于信道多普勒扩展，接收端就可以忽略多普勒扩展的影响，否则就不能忽略。

相干时间$(\Delta t)_c$是多普勒扩展在时域中的表征，是信道冲激响应保持不变的统计平均时间间隔。在相干时间内，多径信号具有很强的幅值和相位相关性。由多普勒扩展引起的衰落与时间有关，是时间选择性衰落。但是，如果信道相干时间大于接收信号的符号持续时间，衰落可认为是时间非选择性的或者是时间平坦的。

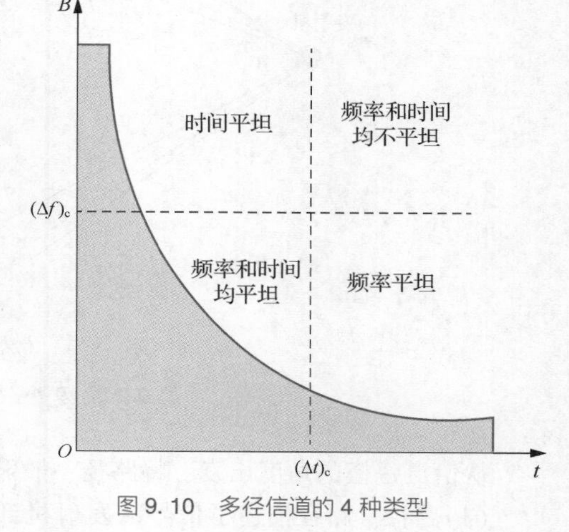

图 9.10　多径信道的 4 种类型

基于以上分析，可将多径信道分为以下 4 类，如图 9.10 所示。

（1）平坦信道。频率和时间均是平坦的。

（2）频率平坦信道。只有频率是平坦的。

（3）时间平坦信道。只有时间是平坦的。

（4）非平坦信道。频率和时间均不是平坦的。

图 9.10 中的阴影部分为禁区，是由带宽和持续时间的反比例关系得来的。

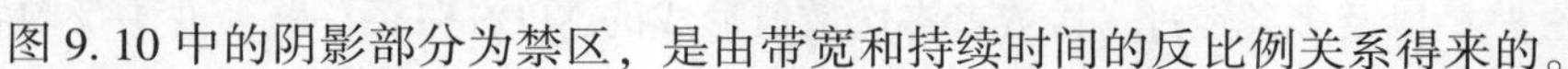

例 9.2　多径衰落信道散射函数$S(\tau,\lambda)$在$0\leqslant\tau\leqslant 2\mathrm{ms}$的取值范围内是非零的。假设散射函数按这个变量近似是均匀的，请计算信道的多径扩展与相干带宽，并判断信道是否具有频率选择性。

解　由散射函数的定义可知，信道的多径扩展T_m为 2ms，相干带宽$(\Delta f)_c \approx \frac{1}{T_m} = 500\mathrm{Hz}$。当发射信号的带宽大于 500Hz 时，该多径信道具有频率选择性。

【本例终】

例 9.3　多径衰落信道散射函数$S(\tau,\lambda)$在$-0.2\mathrm{Hz}\leqslant\lambda\leqslant 0.2\mathrm{Hz}$的取值范围内是非零的。假设散射函数按这个变量近似是均匀的，请计算信道的多普勒扩展与相干时间。

解 由散射函数的定义可知，信道的多普勒扩展 B_d 为 0.4Hz，相干时间 $(\Delta t)_c \approx \frac{1}{B_d} = 2.5\text{s}$。

【本例终】

9.3.3 多径信道的数字表征

本小节从多径信道的几何模型出发，讨论多径信道的数学表征。在一般无线通信系统中，信号的带宽通常是有限的，不足以分辨出单个的散射体产生的不同路径。在这种情况下，许多空间上(到达角、时延)的相近路径被建模为空间中的一条路径，而这些相近路径被称为该条路径的子路径。因此，每条多径分量都可以视作经由一个散射体集簇形成的，如图 9.11 所示。

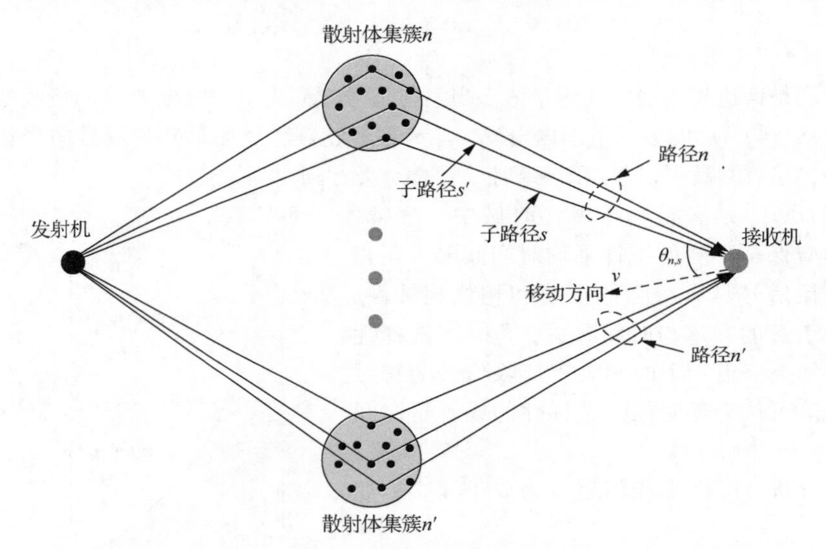

图 9.11 单条多径的散射体集簇以及子路径示意

从信道建模的角度出发，将路径、散射体集簇和子路径 3 个概念定义如下。

(1)路径。路径描述了信号从发射机到接收机的传播路径。无线信道通常由多条路径构成，包括一条可能的 LOS 路径以及多条经过一次或者多次散射形成的 NLOS 路径。路径并不反映物理上的单个反射路径，而是由许多无法从时延或者角度上分辨的子路径构成。

(2)散射体集簇。散射体集簇描述了同时发生许多散射现象的区域，例如树木的叶子或者粗糙的建筑物墙壁。信号在该集簇中的散射体的反射会造成多个在时延以及角度上无法分辨的子路径。

(3)子路径。子路径是信号从发射机到接收机的精确的物理路径，它经由一次或者多次的反射形成。

假设多径分量的个数为 $N(t)$，构成第 n 条路径的子路径的个数为 $S_n(t)$，其第 s 条子路径的增益、时延以及与接收机移动方向的夹角分别表示为 $a_{n,s}(t)$、$\tau_{n,s}(t)$ 和 $\theta_{n,s}(t)$，则多径信道可以表示为

$$r(\tau,t) = \sum_{n=0}^{N(t)} \sum_{s=1}^{S_n(t)} a_{n,s}(t)\exp[-\mathrm{j}2\pi f_c \tau_{n,s}(t)]\exp[\mathrm{j}\phi_{D_{n,s}}(t)]\delta[\tau - \tau_{n,s}(t)] \tag{9.63}$$

式中，$\phi_{D_{n,s}}(t) = \int_t 2\pi f_{D_{n,s}}(t)\,\mathrm{d}t$ 表示多普勒相移，其中，$f_{D_{n,s}}(t) = v\cos\theta_{n,s}(t)/\lambda$ 表示多普勒频移。

由于每条多径的子路径在空间上的角度是不可分辨的，即 $\theta_{n,s}(t) \approx \theta_n(t), s = 1,2,\cdots,S_n(t)$，

每条子路径的多普勒频移也是不可分辨的，即 $f_{D_{n,s}} \approx f_{D_n}, s=1,2,\cdots,S_n(t)$。同时，子路径在时延上也是不可分辨的，有 $\tau_{n,s}(t) \approx \tau_n(t), s=1,2,\cdots,S_n(t)$。因此，式(9.63)可以简化为

$$r(\tau,t)=\sum_{n=0}^{N(t)} \exp[-\mathrm{j}2\pi f_c \tau_n(t)] \exp[\mathrm{j}\phi_{D_n}(t)] \delta[\tau-\tau_n(t)] \sum_{s=1}^{S_n(t)} a_{n,s}(t) \tag{9.64}$$

对于第 n 条路径，其增益 $\alpha_n(t)$ 可以表示为

$$\alpha_n(t)=\sum_{s=1}^{S_n(t)} a_{n,s}(t) \tag{9.65}$$

由此可见，单条多径的增益是由多条子路径的增益叠加得到的，每条子路径的幅度假设近似相同，而路径的相位是随机均匀分布的。根据中心极限定理，对于 NLOS 多径分量，路径增益的实部和虚部可以建模为零均值的正态分布，因此，NLOS 径的幅值服从瑞利分布。对于存在 LOS 分量的传播路径，路径增益的实部和虚部可以建模为非零均值的正态分布，此时 LOS 径的幅值服从莱斯分布。

9.4 无线链路预算

在设计一个可靠的通信系统时，必须进行链路预算。链路预算实际上是依据传播模型对无线链路中信号的全部损耗和增益进行核算。通过链路预算，可以获得一定通信质量下链路所允许的最大传播损耗；或根据信噪比要求估算出系统需要的发射功率和接收功率；还可以对系统的覆盖能力进行评估，即估算出信号成功从发射端传送到接收端的最远距离等。

链路预算的基础就是 9.2 节介绍的 Friis 自由空间公式(式(9.8))，它给出了不考虑噪声影响时，自由空间传播下的接收功率和发射功率之间的关系。但事实上，实际通信系统中有很多的噪声，如接收机噪声、天线噪声和多址干扰等，对噪声的分析过程，常常涉及噪声系数或等效噪声温度等概念。

9.4.1 噪声系数和等效噪声温度

考虑图 9.12 所示的线性双端设备，其噪声系数 F 定义为单位带宽内的输出噪声功率(设备和信号源产生)与其输入噪声功率(信号源产生)的比值，它表示以输入端为参考点时，设备输出端所增加的噪声。双端设备包括了噪声电压发生器和信源内部阻抗 R，其中噪声电压的均方值为 $4kTR\Delta f$，Δf 表示线性双端设备的工作带宽，系数 k 为玻耳兹曼常数，$k=1.38\times10^{-23}$ J/K，T 为噪声源温度。

因此，输入设备的噪声功率为

$$N_1=kT\Delta f \tag{9.66}$$

用 N_d 表示双端设备的噪声功率在总有效输出噪声功率 N_2 中的对应项。即

$$N_d=GkT_e\Delta f \tag{9.67}$$

其中，G 为设备的功率增益，T_e 表示等效噪声温度。从而，得到总输出噪声功率为

$$N_2=GN_1+N_d=Gk(T+T_e)\Delta f \tag{9.68}$$

由定义，设备的噪声系数 F 为

$$F=\frac{N_2}{N_2-N_d}=\frac{T+T_e}{T} \tag{9.69}$$

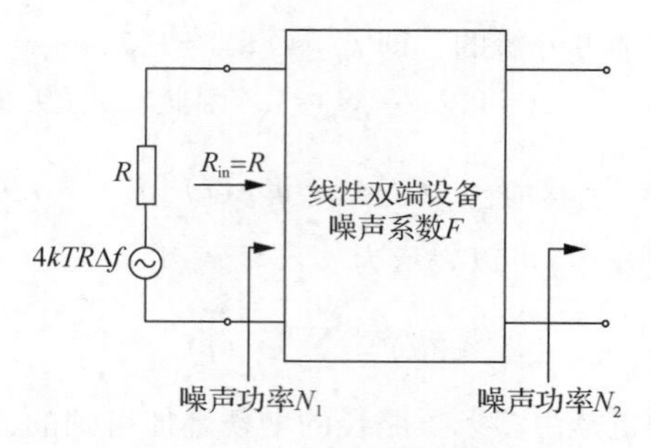

图 9.12 线性双端设备

由此得到设备的等效噪声温度 T_e

$$T_e=T(F-1) \tag{9.70}$$

上述公式中的噪声系数 F 是在输入阻抗匹配的条件下得到的，噪声源的温度 T 通常取为室温，即 $T=290$ K，单位 K 表示开尔文温度。

设备的噪声系数和等效噪声温度是描述噪声对设备影响的两种等价方法。噪声系数常用 dB 表示。对于较低噪声的设备，其噪声系数非常接近于 0($F\approx1$)，在这种情况下，使用等效噪声温度描述更为适合。一个设备的等效噪声温度不一定是它的物理温度，而是这个设备产生噪声功率的一种度量。

实际系统中，接收机通常是很多设备的级联，如天线、放大器、滤波器和混频器等。这些设备的噪声系数和增益一般是已知的。系统噪声是所有设备的噪声共同作用的结果。一般情况下，多级系统整体噪声系数为

$$F=F_1+\frac{F_2-1}{G_1}+\frac{F_3-1}{G_1G_2}+\frac{F_4-1}{G_1G_2G_3}+\cdots \tag{9.71}$$

系统的等效噪声温度为

$$T_e=T_1+\frac{T_2}{G_1}+\frac{T_3}{G_1G_2}+\frac{T_4}{G_1G_2G_3}+\cdots \tag{9.72}$$

这里，F_n、G_n 和 T_n 分别表示第 n 级的噪声系数、有效增益和等效噪声温度，$n=1,2,3,\cdots$。

可以发现，如果第一阶段具有很高的增益 G_1，则此阶段的等效噪声温度在整个等效噪声温度中占主导作用。

例 9.4 一个典型的地面终端接收机由一个低噪声射频放大器、下变频器、中频放大器构成。这些组成部分以及接收天线的等效噪声温度为

$$T_{\text{antenna}}=50\text{K}$$
$$T_{\text{RF}}=50\text{K}$$
$$T_{\text{mixer}}=500\text{K}$$
$$T_{\text{IF}}=1000\text{K}$$

两个放大器的有效功率增益为

$$G_{\text{RF}}=200=23\text{dB}$$
$$G_{\text{IF}}=1000=30\text{dB}$$

试计算接收机的等效噪声温度。

解 接收机的等效噪声温度为

$$T_e = T_{antenna} + T_{RF} + \frac{T_{mixer} + T_{IF}}{G_{RF}}$$
$$= 50 + 50 + \frac{500 + 1000}{200}$$
$$= 107.5\text{K}$$

【本例终】

9.4.2 链路预算

假设系统噪声主要受接收机噪声影响，噪声的单边功率谱密度为 N_0。为包含噪声的影响，将 Friis 自由空间公式两边同时除以 N_0，得到自由空间传播的基本链路预算公式

$$\frac{P_r}{N_0} = \frac{P_t G_t G_r}{(4\pi d/\lambda)^2 kT_e} \tag{9.73}$$

其中 $N_0 = kT_e$，T_e 为系统的等效噪声温度，k 为玻耳兹曼常数（$k = 1.38\times10^{-23}$ J/K）。对于卫星通信系统，式（9.73）常写为

$$\frac{C}{N_0} = \text{EIRP} - L_{free-space} + \frac{G}{T} - 10\lg k \tag{9.74}$$

式（9.74）中所有的量均为 dB 表示，其中：

$\frac{C}{N_0} = \frac{P_r}{N_0}$表示接收载波功率与噪声功率谱密度之比（dB/Hz）；

$\text{EIRP} = G_t P_t$ 表示发射机的等效全向辐射功率（dBW）；

$L_{free-space} = 10\lg(4\pi d/\lambda)^2$ 表示自由空间路径损耗（dB）；

$\frac{G}{T} = \frac{G_r}{T_e}$表示接收天线增益与等效噪声温度之比（dB/K）；

$10\lg k$ 为玻耳兹曼常数的 dB 表示（-228.6dBW/（Hz·K））。

需要说明的是，比值$\frac{C}{N_0}$是表示 SNR 的许多等效方法之一，由于它不需要预设调制方式，因而在很多情况下得以应用。

另外，为保证通信链路可靠、稳定地工作，还需要考虑链路预算余量。假设数字系统预先设定符号差错概率 $P_e = 10^{-3}$，根据其采用的调制方式可计算出系统需要的 E_b/N_0，以 $(E_b/N_0)_{req}$ 来表示。为保证信号能应对传输过程中的变化和突发状况，实际系统接收到的 $(E_b/N_0)_{rec}$ 需要比预设的 $(E_b/N_0)_{req}$ 大一些。如果令 M 表示链路预算余量，那么有下面的关系式

$$\left(\frac{E_b}{N_0}\right)_{rec} = M\left(\frac{E_b}{N_0}\right)_{req} \tag{9.75}$$

如果将两个信噪比用 dB 的形式表示，可以定义链路预算余量为

$$M = \left(\frac{E_b}{N_0}\right)_{rec} - \left(\frac{E_b}{N_0}\right)_{req} \tag{9.76}$$

当链路预算余量越大时，通信链路的可靠性越高，当然这种可靠性是以提高发射功率为代价的。

例 9.5 考虑 SpaceX 的"Starlink"卫星通信系统的一个简单下行链路预算。Starlink 卫星系统的卫星在不同的轨道高度上运行。地球半径为 6400km，卫星运行的轨道高度为 $h=328\text{km}$，地面用户位于卫星服务边缘，用户处仰角 $\theta=25°$，如图 9.13 所示。Starlink 卫星通信系统下行链路预算如表 9.1 所示，系统参数为：卫星侧的等效全向辐射功率（Equivalent Isotropic Radiated Power，EIRP）为 21.8dBW、地面接收终端使用功率增益 $G=32.6\text{dB}$ 的天线、接收机的等效噪声温度 $T=362.5\text{K}$。试确定：

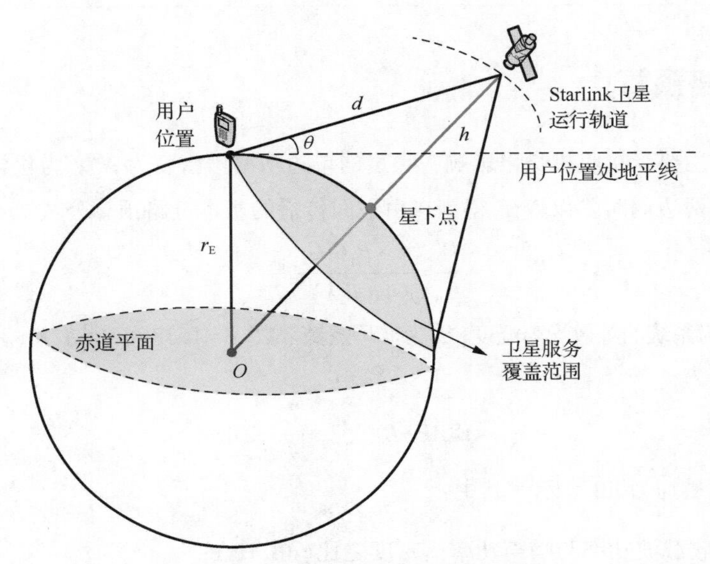

图 9.13 Starlink 卫星服务范围示意

（1）若下行链路工作在 18.5GHz 的 Ku 频带，计算其自由空间损耗；

（2）预测地面接收到的载波功率和噪声功率谱密度之比$\dfrac{C}{N_0}$；

（3）如选用的下行链路容限为 6dB，信号调制为 16APSK，试计算 $P_e=10^{-7}$的符号差错概率下所允许的传输数据。

表 9.1 Starlink 卫星通信系统下行链路预算

链路预算项	数值
EIRP	+ 21.8dBW
天线接收增益	32.6dB
G/T	+7dB/K
自由空间损耗	
玻耳兹曼常数	−228.6dBW/(Hz · K)
C/N_0	

解 （1）下行链路的自由空间损耗为 $L_{\text{free-space}}=10\lg(4\pi d/\lambda)^2$，由题意可知，频率 $f=18.5\text{GHz}$。由图 9.13 可以估算出卫星与地面终端之间的距离 $d=704\text{km}$。因此有

$$\begin{aligned}L_{\text{free-space}}&=92.4+20\lg f+20\lg d=92.4+20\lg 18.5+20\lg 704\\&\approx 92.4+25.3+57.0=174.7\text{dB}\end{aligned}$$

(2)由式(9.74)可得，地面接收到的载波功率和噪声功率谱密度之比为

$$\left(\frac{C}{N_0}\right)_{\text{downlink}}=\text{EIRP}-L_{\text{free-space}}+\frac{G}{T}-10\lg k$$
$$=21.8-174.7+7+228.6$$
$$=82.7\text{dB}\cdot\text{Hz}$$

(3)由式(9.76)，下行链路的 C/N_0 可由地面接收终端的比特能量和噪声谱密度比 $(E_b/N_0)_{req}$ 的“所需值”表示为

$$\left(\frac{C}{N_0}\right)_{\text{downlink}}=\left(\frac{E_b}{N_0}\right)_{\text{req}}+10\lg M+10\lg R$$

其中，$10\lg M$ 为以 dB 表示的链路容限，R 为数据速率，单位为 bit/s。

卫星传输数据采用 16APSK 调制方式，则对应符号差错概率 $P_e=10^{-7}$ 时系统所需的 $(E_b/N_0)_{req}=5.9$dB。链路容限选 6dB，则有

$$10\lg R=82.7-5.9-6=70.8$$

因此

$$R=12.0\text{Mbit/s}$$

也就是说，在最差的工作条件下，此例中的 Starlink 卫星通信系统如果采用 16APSK，则下行链路在符号差错概率 $P_e=10^{-7}$ 的情况下所允许的数据传输速率为 $R=12.0$Mbit/s。

【本例终】

链路预算公式(9.74)适用于卫星通信系统和微波视距无线传输等典型的自由空间传播场景。对于城市宏蜂窝、城市微蜂窝以及室内环境无线网络等地面的链路预算，需要根据其无线传播的经验路径损耗模型进行测试和预算。

9.5 分集技术

无线信道的衰落特性会导致系统传输性能的下降，而分集技术是改善衰落的有效手段。一般来说，分集就是利用多个独立衰落信道传输相同的信号，假设某个衰落信道的信噪比低于门限的概率为 P，那么 L 个独立衰落信道的信噪比同时低于门限的概率 $P^L \ll P$，即 L 个接收信号同时衰落的概率大幅度减小，从而提高了传输的可靠性。

9.5.1 分集的实现和方法

分集技术应用广泛于现代无线通信系统中，分集的实现主要包括以下两个方面。

- 分散传输，使接收机能够获得多个携带同一信息的、统计独立的衰落信号。
- 分集合并，即接收信号的集中处理，主要是将接收到的多个统计独立衰落信号以适当的方式进行合并，以减小衰落的影响。

分集可以在发送端和接收端进行，发送分集是同一个信号由若干个天线向同一个接收机发送，接收分集是由若干个接收天线接收同一信号。分集的主要方法包括空间分集、频率分集、时间分集等。

① 空间分集(Space Diversity，SD)，也称天线分集，是利用空间进行分集，由多个发射或接收天线实现，天线之间应间隔足够大，确保各接收天线的衰落特性是相互独立的。对于二维各向同性散射和各向同性天线单元，天线相距“半个波长”即可，如蜂窝系统中的移动单元。若采用方向性的发射或接收天线，一般要求“10 个波长”以上，如蜂窝系统中的基站。

② 频率分集(Frequency Diversity，FD)使用多个不同频率的载波承载相同的信息。相邻载波间隔需要大于或等于相干带宽以保证相互独立。与空间分集相比，其优点是接收端可减少接收天线的数量，缺点是占用了更多的频谱资源。跳频扩频技术本质上就是一种频率分集，利用多跳频率来获得相互独立的衰落样本。

③ 时间分集(Temporal Diversity，TD)中，信号按一定时间间隔重复传输 L 次，只要时间间隔大于相干时间，就得到 L 条独立的衰落分量。由于相干时间与接收机的移动速度成反比，因此当接收机处于静止时，时间分集基本上不起作用。与空间分集相比，时间分集减少了接收天线以及相应设备的数目，缺点是占用了时隙资源，增大了开销，降低了传输效率。纠错编码和重发本质上都是时间分集方式。

分集合并(Diversity Combining，DC)是将分集支路的信号进行合并的技术，接收端获得 L 条相互独立的分集支路后，必须通过合并技术来得到分集增益(Diversity Gain，DG)，以实现抗多径的目的。如果合并放在匹配滤波器和相干检测之前，称其为检测前合并，如果合并发射在检测器之后，就称其为检测后合并。实际系统常用的合并方法有最大比合并、等增益合并和选择合并等。

① 最大比值合并(Maximal Ratio Combining，MRC)中，每个分集支路有一个自适应的可变增益放大器，用以调整各个分集支路的增益。最大比值合并要求全部的分集支路在合并时同相，加权依据最大似然准则确定，按各支路的信噪比来分配，信噪比大的支路权重大。

② 等增益合并(Equal Gain Combining，EGC)与 MRC 类似，合并所有分集支路，但对各支路不做加权，从而降低了实现难度。等增益合并可灵活运用于相干、差分相干和非相干检测方式，其性能比最大比值合并性能差，但比选择合并性能好。

③ 选择合并(Selection Combining，SC)是所有合并方法中最简单的一种，合并原则是选择具有最大输出信噪比的分支合并输出。与等增益合并一样，选择合并也适用于相干、差分相干和非相干检测方式。

下面先介绍瑞利衰落信道上的二进制信号，在此基础上讨论空间分集技术。

9.5.2 瑞利衰落信道上的二进制信号

本书第 7 章给出了 AWGN 信道上的二进制数据传输的平均符号差错概率。在移动无线电环境中，则需要考虑其他因素的影响，即由于多径效应造成的接收信号的幅度和相位波动。考虑瑞利衰落信道上的二进制数据传输，其接收信号的(低通)复数包络的数字模型为

$$\tilde{x}(t)=\alpha\exp(-\mathrm{j}\varphi)\,\tilde{s}(t)+\tilde{w}(t) \tag{9.77}$$

其中，$\tilde{s}(t)$是发送(带通)信号的复包络，α 是描述传输衰落的瑞利分布随机变量，φ 是描述传输相位变化的均匀分布随机变量，$\tilde{w}(t)$是复高斯白噪声过程。

假设信道对时间和频率均为平坦的，那么可以无错误地估计接收信号的相位变化 φ。假设数据传输中使用相干 BPSK，在 1bit 间隔内 α 为常量，只由 AWGN 产生的误比特率可表示为

$$P_e(\gamma)=\frac{1}{2}\mathrm{erfc}(\sqrt{\gamma}) \tag{9.78}$$

其中，γ 是发射信号的比特能量与噪声功率谱密度的比值 E_b/N_0 的衰减值，即

$$\gamma=\frac{\alpha^2 E_b}{N_0} \tag{9.79}$$

在移动无线电信道中，可认为 $P_e(\gamma)$ 是给定 α 下的条件概率。因此，为了计算存在衰落和噪声情况下的误比特率，需要对 $P_e(\gamma)$ 关于 γ 取平均，即

$$P_e=\int_0^{\infty}P_e(\gamma)f(\gamma)\,\mathrm{d}\gamma \tag{9.80}$$

其中，$f(\gamma)$ 是 γ 的概率密度函数。由式(9.79)可知 γ 取决于 α^2，由于 α 服从瑞利分布，因此 γ 服从具有双自由度的 χ^2 分布，其概率密度函数表示为

$$f(\gamma)=\frac{1}{\gamma_0}\exp\left(-\frac{\gamma}{\gamma_0}\right),\gamma\geqslant 0 \tag{9.81}$$

其中，γ_0 是接收信号比特能量与噪声功率谱密度之比的均值，即

$$\begin{aligned}\gamma_0&=E[\gamma]\\&=\frac{E_b}{N_0}E[\alpha^2]\end{aligned} \tag{9.82}$$

其中，$E[\alpha^2]$ 是服从瑞利分布的随机变量 α 的均方值。将式(9.78)、式(9.81)代入式(9.80)并积分，可以得到误比特率

$$P_e=\frac{1}{2}\left(1-\sqrt{\frac{\gamma_0}{1+\gamma_0}}\right) \tag{9.83}$$

式(9.83)定义了平稳瑞利衰落信道的相干二进制 PSK 的误比特率。同理可得相干二进制 FSK、二进制 DPSK 和非相干二进制 FSK 信号的误比特率，如表 9.2 所示。图 9.14 给出了用表 9.2 中二进制信号的误比特率随 γ_0 的变化情况，其中的虚线为无衰落信道的相干 PSK 和非相干 FSK 的误比特率曲线。可见，瑞利分布造成数字带通传输系统噪声性能严重下降。特别地，对于较大的 γ_0，由表 9.2 最后一列的近似公式，误比特率的渐进递减与接收信号比特能量与噪声功率谱密度之比的均值 γ_0 成反比，而在无衰落信道中，误比特率渐进递减与 γ_0 服从指数律。

表 9.2　平稳瑞利衰落信道上的二进制信号的误比特率

信号类型	误比特率 P_e 的精确公式	γ_0 较大时 P_e 的近似公式
BPSK	$\frac{1}{2}\left(1-\sqrt{\frac{\gamma_0}{1+\gamma_0}}\right)$	$\frac{1}{4\gamma_0}$
相干 BFSK	$\frac{1}{2}\left(1-\sqrt{\frac{\gamma_0}{2+\gamma_0}}\right)$	$\frac{1}{2\gamma_0}$
二进制 DPSK	$\frac{1}{2(1+\gamma_0)}$	$\frac{1}{2\gamma_0}$
非相干 BFSK	$\frac{1}{2+\gamma_0}$	$\frac{1}{\gamma_0}$

可见，在移动无线环境中，必须大大提高平均信噪比以保证较低的误码率。为此，可采用增加发射功率，增长天线尺寸等方式，但其实施费用都较高。此外，还可以采用特殊的调制技术和接收技术，以保证信号的抗衰落能力，其中应用较广泛的就是分集技术。

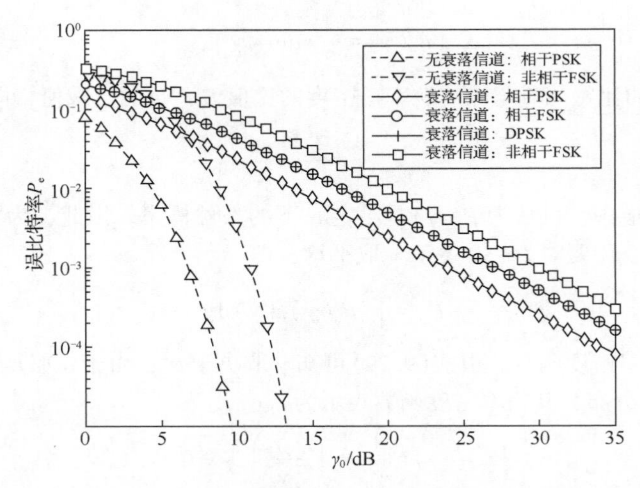

图 9.14　瑞利衰落信道上的二进制调制方案的性能

下面介绍利用空间分集技术带来的误比特率性能的改善。

9.5.3　空间分集

在发射机或者接收机安装多根天线就可以实现空间分集。如果天线安装的间隔足够大，那么不同天线对信道增益的衰落大致是相互独立的，可得到相互独立的信号路径。下面将对空间分集中的接收分集和发射分集技术分别进行讨论。

1. 接收分集

接收分集通过将多个接收天线上的独立衰落信号合并为一路以获得分集增益。合并的方式有很多种，它们的复杂度和性能各不相同。大多数合并是线性合并，即合并输出是不同衰落支路的加权和，例如，图 9.15所示的 L 支路分集，其中，$r_i e^{j\theta_i}$ 为对应于第 i 条支路的衰落增益，$s(t)$ 为原始发送信号，α_i 为第 i 个支路信号的加权系数。支路合并时需要同相，若第 i 个支路的相位为 θ_i（可以通过相干检测来测量），可以给这个支路乘 $\alpha_i = a_i e^{-j\theta_i}$（$a_i>0$）来达到各支路同相的目的。如果合并时各支路不同相，那么各支路信号相加后可能增强也可能减弱，这种相位干涉将造成严重的衰落。

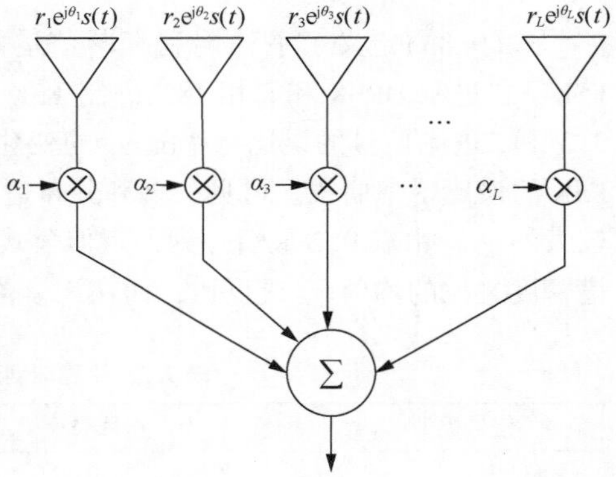

图 9.15　线性合并器

下面以最大比值合并为例推导其合并系数。最大比值合并输出的是各支路信号的加权和，即图 9.15 中的 α_i 都不为 0。各个支路同相相加，因此 $\alpha_i = a_i e^{-j\theta_i}$，其中 θ_i 等于第 i 个支路的相位。合并输出的包络是 $r=\sum_{i=1}^{L} a_i r_i$。假设各个支路的噪声功率谱密度都是 $N_0/2$，则合并输出的总噪声功率谱密度是 $\frac{N_{\text{tot}}}{2}=\frac{1}{2}\sum_{i=1}^{L} a_i^2 N_0$。这样，可得合并输出的信噪比为

$$\gamma_\Sigma = \frac{r^2}{N_{\text{tot}}} = \frac{1}{N_0}\frac{\left(\sum_{i=1}^{L} a_i r_i\right)^2}{\sum_{i=1}^{L} a_i^2} \tag{9.84}$$

因为最终目标是选择合适的 a_i 使 γ_Σ 最大，因此对式(9.84)求偏导或者采用柯西-施瓦茨不等式的方法，来求解出能使 γ_Σ 最大化的最佳加权值 $a_i^2=r_i^2/N_0$。此时合并输出的信噪比为 $\gamma_\Sigma=\sum_{i=1}^{L} r_i^2/N_0$。由于第 i 个支路的信噪比 $\gamma_i=r_i^2/N_0$，因此，可以发现最大比值合并输出的信噪比即各支路信噪比的和。对于一个分集系统，可以用分集阶数(独立的衰落支路数)来衡量由分集带来的性能增益。有 L 根天线的分集系统的最大分集阶数为 L，若分集阶数实际等于 L，则称此系统达到了满分集阶数。可以证明，在高信噪比时，最大比值合并达到了满分集阶数。

表 9.3 汇总了采用分集技术后的二进制信号的误比特率。其中，假设所有信道具有相同的平均信噪比 $\gamma_c=\gamma_0/L$，表达式 $\begin{pmatrix}2L-1\\L\end{pmatrix}$ 表示从 $2L-1$ 个不同元素中取出 L 个元素的所有组合的个数。图 9.16 显示了具有 $L=2$，4 条独立衰落信道的相干 PSK、DPSK 和非相干 FSK 的噪声性能，横坐标轴为平均信噪比 γ_0，纵坐标轴为误比特率。为了便于比较，图 9.16 中还给出了未采用分集($L=1$)的衰落信道的相应曲线。可以清楚地看出，分集作为一种减轻瑞利分布短期效应的方法，是非常有效的。

表 9.3　瑞利衰落信道上采用分集技术后的二进制信号的误比特率

信号类型	γ_c 较大时 P_e 的近似公式
二进制 PSK	$\left(\frac{1}{4\gamma_c}\right)^L\begin{pmatrix}2L-1\\L\end{pmatrix}$
相干二进制 FSK	$\left(\frac{1}{2\gamma_c}\right)^L\begin{pmatrix}2L-1\\L\end{pmatrix}$
二进制 DPSK	$\left(\frac{1}{2\gamma_c}\right)^L\begin{pmatrix}2L-1\\L\end{pmatrix}$
非相干二进制 FSK	$\left(\frac{1}{\gamma_c}\right)^L\begin{pmatrix}2L-1\\L\end{pmatrix}$

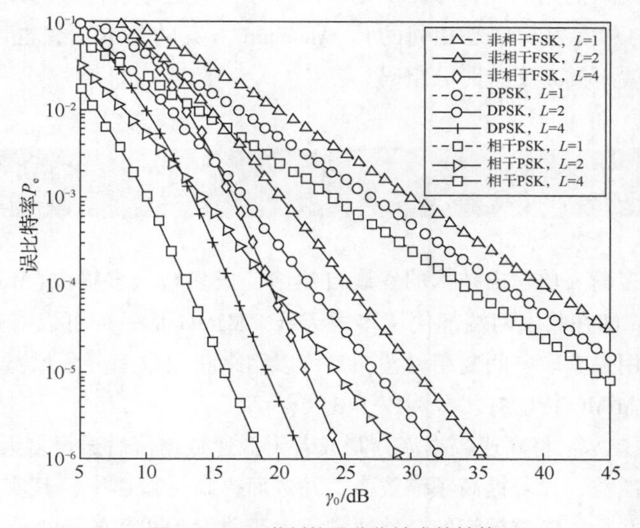

图 9.16　二进制信号分集技术的性能

2. 发射分集

下面介绍具有多根发送天线的发射分集，重点讨论发射分集技术中的 Alamouti 编码方案。Alamouti 方案是针对有两根发送天线的数字通信系统设计的，它占用两个符号周期并且假设在这段时间内信道增益不变。发射端不知道信道信息。在第一个符号周期，两个不同的符号 s_1 和 s_2 分别用天线 1 和天线 2 同时发送，每个符号的能量为 $E_s/2$；在下一个符号周期，天线 1 发送 $-s_2^*$，天线 2 发送 s_1^*，每个符号能量均为 $E_s/2$。

假设第 i 根发送天线和接收天线之间的复信道增益为 $h_i=r_i e^{j\theta_i}(i=1,2)$，那么第一个符号周期的接收信号可表示为 $y_1=h_1s_1+h_2s_2+n_1$，第二个符号周期的接收信号可表示为 $y_2=-h_1s_2^*+h_2s_1^*+n_2$，$n_i(i=1,2)$ 是第 i 个发送周期内接收端的 AWGN 的样值，假设噪声样值的均值为 0、功率为 N。

这两个先后接收到的符号形成矢量 $\boldsymbol{y}=[y_1,y_2^*]^{\mathrm{T}}$，可写为

$$\boldsymbol{y}=\begin{bmatrix} h_1 & h_2 \\ h_2^* & -h_1^* \end{bmatrix}\begin{bmatrix} s_1 \\ s_2 \end{bmatrix}+\begin{bmatrix} n_1 \\ n_2^* \end{bmatrix}=\boldsymbol{H}_{\mathrm{A}}\boldsymbol{s}+\boldsymbol{n} \tag{9.85}$$

式中 $\boldsymbol{s}=[s_1,s_2]^{\mathrm{T}}$，$\boldsymbol{n}=[n_1,n_2^*]^{\mathrm{T}}$，$\boldsymbol{H}_{\mathrm{A}}=\begin{bmatrix} h_1 & h_2 \\ h_2^* & -h_1^* \end{bmatrix}$。$\boldsymbol{H}_{\mathrm{A}}$ 的结构满足

$$\boldsymbol{H}_{\mathrm{A}}^{\mathrm{H}}\boldsymbol{H}_{\mathrm{A}}=(|h_1|^2+|h_2|^2)\boldsymbol{I}_2 \tag{9.86}$$

其中 $\boldsymbol{H}_{\mathrm{A}}^{\mathrm{H}}$ 表示 $\boldsymbol{H}_{\mathrm{A}}$ 的共轭转置，根据对角矩阵特性使得可以分离出 s_1 与 s_2 这两个符号。令$\boldsymbol{z}=\boldsymbol{H}_{\mathrm{A}}^{\mathrm{H}}\boldsymbol{y}$，$\tilde{\boldsymbol{n}}=\boldsymbol{H}_{\mathrm{A}}^{\mathrm{H}}\boldsymbol{n}$，那么 $\boldsymbol{z}$ 的每个元素对应于一个符号的发送：

$$z_i=(|h_1|^2+|h_2|^2)s_i+\tilde{n}_i \quad i=1,2 \tag{9.87}$$

对应 z_i 的接收信噪比为

$$r_i=\frac{(|h_1|^2+|h_2|^2)E_s}{2N_0} \tag{9.88}$$

接收信噪比为各支路信噪比的和除以 2。由式(9.87)可知，尽管发射端不知道信道信息，Alamouti 方案的分集阶数可达到 2，是两根天线发射分集可能达到的最大值。与重复码相比，此时通过两个符号周期发射的是两个符号而不是一个符号，但是每个符号的发射功率是重复码的一半(假定两种情况下的总发射功率是相同的)。Alamouti 方案的基本思想也可以推广到 $L>2$ 的情形，即更一般天线配置下的正交空时分组码。

9.6 MIMO 技术

单输入多输出和多输入单输出技术的发展自然演变成多输入多输出(Multiple-Input Multiple-Output，MIMO)技术，即在收发两端都使用多根天线。MIMO 是一种可以有效对抗多径衰落的无线传输技术，既可以用来获取空间复用增益，又可以用来获取空间分集增益和功率增益。根据获取增益的不同，可将 MIMO 传输技术分为以下 3 类。

① 空分复用传输技术：将高速数据流分割成若干低速数据流后送至多天线进行传输。该传输技术可获得空间复用增益，显著提高频谱效率，并进而提高传输速率，其实施过程中要求收发端均配置为多天线，且并行传输数据流的个数通常不大于收发天线数的最小值。

② 空间分集传输技术：对单个数据流实施空时编码(Space Time Coding，STC)或其他分集处理后送至多天线进行传输。该传输技术可获得空间分集增益，显著提高传输的可靠性。

③ 预编码传输技术：对单个或多个数据流进行预编码后送至多天线进行传输。该传输技术可获取功率增益，显著提高功率效率，并降低共信道干扰。

经过几十年的发展，MIMO 技术日趋成熟，已成为 Wi-Fi、4G/LTE、5G/NR 等现代无线通信系统的基本要素。以下将从信道模型、容量、信号检测 3 个方面对 MIMO 传输技术进行简要介绍。

首先介绍 MIMO 信道的模型。MIMO 系统中，信号收发两端都使用多根天线进行信号传输。令 MIMO 系统中收发端各自配备 N_R 根接收天线和 N_T 根发射天线，如图 9.17 所示，并且每根天线可以独立发送或接收信号，则系统模型变成

$$\begin{bmatrix} y_1 \\ \vdots \\ y_{N_R} \end{bmatrix} = \begin{bmatrix} h_{1,1} & \cdots & h_{1,N_T} \\ \vdots & & \vdots \\ h_{N_R,1} & \cdots & h_{N_R,N_T} \end{bmatrix} \begin{bmatrix} s_1 \\ \vdots \\ s_{N_T} \end{bmatrix} + \begin{bmatrix} z_1 \\ \vdots \\ z_{N_R} \end{bmatrix} \tag{9.89}$$

将式(9.89)写成矩阵形式则有

$$\boldsymbol{y}=\boldsymbol{H}\cdot\boldsymbol{s}+\boldsymbol{z} \tag{9.90}$$

其中，$\boldsymbol{s}$ 为 N_T 维发送信号矢量，$\boldsymbol{y}$ 为 N_R 维接收信号矢量，$\boldsymbol{H}$ 为 $N_R \times N_T$ 的信道矩阵，$\boldsymbol{z}$ 为 N_R 维噪声矢量。

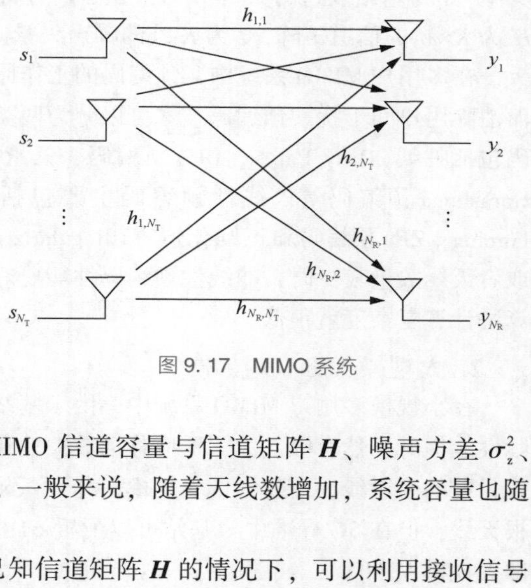

图 9.17 MIMO 系统

接下来对 MIMO 信道的容量进行分析。假设发送端和接收端均已知信道矩阵 $\boldsymbol{H}$。此时，MIMO 信道矩阵 $\boldsymbol{H}$ 为确定矩阵。假设 $\boldsymbol{s}$ 的均值为 0，协方差矩阵 $\boldsymbol{Q}=E\{\boldsymbol{s}\boldsymbol{s}^{\mathrm{H}}\}$，发送功率为 P，则 MIMO 信道容量可以表示为

$$C=\max_{\mathrm{Tr}(Q)\leqslant P}\log_2\det\left(\boldsymbol{I}_{N_R}+\frac{1}{\sigma_z^2}\boldsymbol{H}\boldsymbol{Q}\boldsymbol{H}^{\mathrm{H}}\right) \tag{9.91}$$

其中，$\mathrm{Tr}(\cdot)$ 表示矩阵的迹，$\det(\cdot)$ 表示矩阵的行列式，$\boldsymbol{I}_{N_R}$ 表示 $N_R \times N_R$ 的单位矩阵。式(9.91)表明，MIMO 信道容量与信道矩阵 $\boldsymbol{H}$、噪声方差 σ_z^2、发送信号矢量的协方差矩阵 $\boldsymbol{Q}$ 以及发送功率 P 有关。一般来说，随着天线数增加，系统容量也随之增加。

接下来介绍 MIMO 信号的检测方法。在接收端已知信道矩阵 $\boldsymbol{H}$ 的情况下，可以利用接收信号矢量 $\boldsymbol{y}$ 和信道矩阵 $\boldsymbol{H}$ 获得用户信号 $\hat{\boldsymbol{s}}$ 的检测值。该信号检测问题可以表示成如下最优化问题：

$$\hat{\boldsymbol{s}}=\underset{s\in A}{\mathrm{argmin}}\|y-\boldsymbol{H}\boldsymbol{s}\|_2^2 \tag{9.92}$$

其中，A 为发送端星座图中对应信号的集合。接收端直接求解上述最优化问题复杂度较高，可以利用例如 MMSE 等准则实现低复杂度检测器，其表达式为

$$\hat{\boldsymbol{s}}=(\boldsymbol{H}^{\mathrm{H}}\boldsymbol{H}+\sigma_z^2\boldsymbol{I}_{N_T})^{-1}\boldsymbol{H}^{\mathrm{H}}\boldsymbol{y} \tag{9.93}$$

其中，σ_z^2 表示噪声方差，$\boldsymbol{I}_{N_T}$ 表示 $N_T \times N_T$ 的单位矩阵。

近年来，业界又从多方面对 MIMO 技术进行了扩展，其中主要包括多用户 MIMO 技术和大规模 MIMO 技术，分别介绍如下。

1. 多用户 MIMO

考虑多用户 MIMO 下行链路传输，假设基站配备 M 根发射天线，用户数目为 K，每个用户配备单根接收天线，则带有预编码的下行链路传输系统如图 9.18 所示。

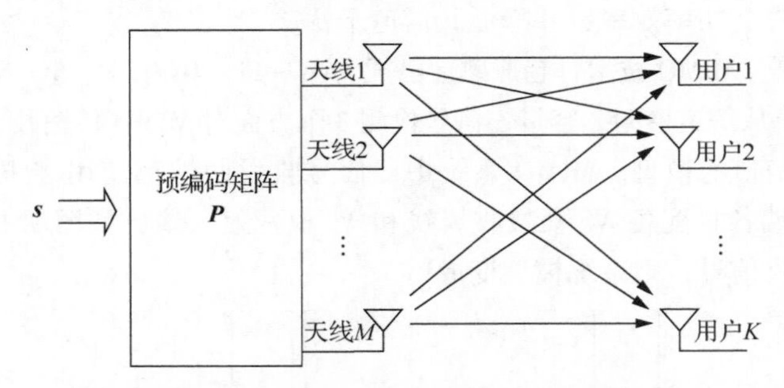

图 9.18 多用户 MIMO 系统带有预编码的下行链路传输系统

多用户 MIMO 系统带有预编码的下行链路传输系统可以写成

$$\boldsymbol{y}=\boldsymbol{HPs}+\boldsymbol{z}$$

其中，$\boldsymbol{s}$ 为基站发送的 M 维信号矢量，$\boldsymbol{P}$ 为 $M\times M$ 的预编码矩阵，$\boldsymbol{y}$ 为 K 个用户的接收信号矢量，$\boldsymbol{H}$ 为 $K\times M$ 的信道矩阵，$\boldsymbol{z}$ 为 K 维的噪声矢量。

在多用户 MIMO 系统中，预编码的工作原理是利用信道状态信息对发送信号进行预处理，从而消除用户间干扰。预编码技术可以分为两类：非线性预编码和线性预编码。其中，非线性预编码包括脏纸（Dirty Paper，DP）预编码、矢量扰动（Vector Perturbation，VP）预编码和 Tomlinson-Harashima 预编码等。线性预编码主要包括匹配滤波（Match Filter，MF）预编码、迫零（Zero Forcing，ZF）预编码和正则化迫零（Regularized Zero Forcing，RZF）预编码等。当系统中用户数量或者天线数量较少时，非线性预编码性能更好，但是计算复杂度很高。相比之下，线性预编码的算法计算复杂度就很低。

2. 大规模 MIMO 技术

在小规模多用户 MIMO 系统中，由于基站侧天线数较少且用户数受限，因此 MIMO 技术的实际性能提升仍然有限。为了适应移动数据业务量密集化趋势，研究者们提出以大规模阵列天线替代目前的多天线，由此形成大规模协作无线通信环境。例如，在 4G 系统中基站通常配置 4 或 8 根天线，但在 5G 标准中，基站可以配置 64 根天线。这些天线以大规模天线阵列方式集中放置，即大规模 MIMO。

相比于传统 MIMO 系统，大规模 MIMO 系统在基站侧部署大规模天线，可以大幅提高空间分辨率，其主要优势包括以下 3 点。

① 大幅提升系统的频谱效率。在大规模 MIMO 系统中，基站将各用户信号集中到各自的方向上进行发送，使得不同用户可以通过空间复用方式重复使用相同的时频资源，从而能够大大提高系统的频谱效率。

② 收发信号处理简单。在大规模 MIMO 系统中，随着基站侧天线数增加，不同用户终端的信道响应矢量渐近正交，使得只需要进行单用户波束成形预编码以及匹配滤波接收就可消除用户间干扰，其实现复杂度很低。

③ 数据传输可靠性高。大规模 MIMO 系统利用大数定律以及波束成形可以避免用户信道深衰落，从而建立高可靠的传输链路。

9.7 正交频分复用

正交频分复用(Orthogonal Frequency Division Multiplexing，OFDM)技术是多载波调制的一种实现方式，可以有效对抗多径衰落。传统的频分复用(FDM)技术是将频带划分为若干个互不重叠的子频带来并行传输数据流，各个子信道之间要保留足够的保护频带来防止干扰，这就降低了频谱利用率。而正交频分复用技术则对传统的频分复用进行了改进，使得各子载波之间相互正交，子载波信道的频谱可以相互重叠。其不仅可以有效消除符号间干扰，还大大提高了频谱利用率，这在频谱资源有限的无线环境中尤为重要。传统的频分复用和正交频分复用系统的频谱利用情况如图9.19所示，可以看出正交频分复用系统的频谱利用率远高于传统的频分复用系统。

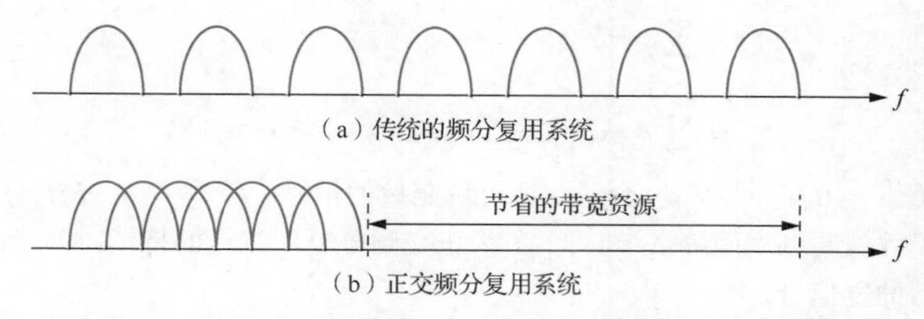

图9.19 传统的频分复用和正交频分复用系统的频谱利用情况

正交频分复用是由多载波调制(Multi-carrier Modulation，MCM)发展而来的。美国早在20世纪50~60年代就创建了世界上第一个多载波调制系统。在20世纪80年代，多载波调制技术获得了突破性进展，大规模集成电路的发明使其不再是难以逾越的障碍。从此以后，正交频分复用技术走向实用化，逐步迈入高速数据传输和数字移动通信等领域。由于正交频分复用技术的诸多优点，从20世纪90年代开始，正交频分复用技术便被广泛地应用于众多宽带通信系统中，如数字音频/视频广播、无线局域网——IEEE 802.11a/g等，以及蜂窝移动通信系统——3GPP标准化组织的4G/5G标准等。下面将从基本原理、实现方式和应用等方面对OFDM技术进行介绍。

9.7.1 OFDM的基本原理

正交频分复用的调制端就是使输入数据经过串/并变换，形成N路子信道数据，然后分别调制于各个正交的子载波后叠加，合成后一起输出。每路子载波的调制可以是多进制调制，调制方式可以根据各个子载波所处信道的优劣状况来选择，从而来适应信道特性的变化。

假设一个正交频分复用调制符号是由N个承载了PSK或QAM信号的子载波叠加构成的，基本的正交频分复用系统的调制与解调模型如图9.20所示。

在一个调制符号周期内，调制后输出的正交频分复用信号的等效复基带信号可以表示为

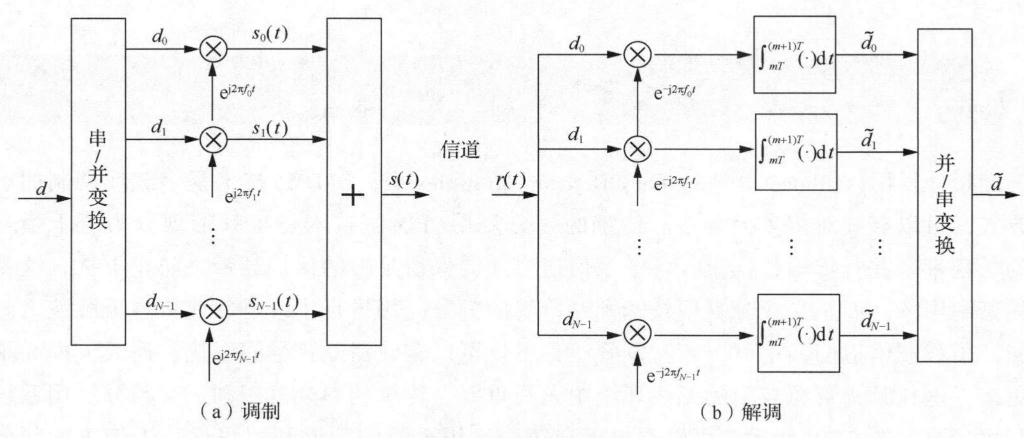

图 9.20 基本的正交频分复用系统的调制与解调模型

$$
\begin{aligned}
s(t) &= \sum_{i=0}^{N-1} s_i(t) \\
&= \sum_{i=0}^{N-1} d_i \exp(\mathrm{j}2\pi f_i t),\ mT \leqslant t \leqslant (m+1)T
\end{aligned}
\tag{9.94}
$$

其中，$s_i(t)$是在第 $i(i=0,1,\cdots,N-1)$个子载波上调制后的信号，频率$f_i=f_c+i\Delta f$，f_c 为第 0 个子载波的载波频率。子载波间频率间隔 $\Delta f=1/T$，T 为正交频分复用符号的持续时间。d_i 是第 i 个子载波经过星座映射后的复信号。

值得注意的是，所使用的每个子载波在一个正交频分复用符号周期 T 内都包含整数倍个周期，而且相邻的子载波之间相差一个周期。这样就使子载波之间保持了正交特性，即

$$
\frac{1}{T}\int_0^T \exp(\mathrm{j}2\pi f_k t)\exp(\mathrm{j}2\pi f_n t)\,\mathrm{d}t = \begin{cases} 1, & k=n \\ 0, & k \neq n \end{cases} \tag{9.95}
$$

基本的正交频分复用解调器由一组相关器组成，每个相关器对应一个子载波，解调基本原理参考图 9.21。虽然子载波间有明显的交叠，但由于子载波间的正交特性，在理想条件下，解调后无子载波间干扰存在。例如，对第 k 路子载波进行解调，可以得到

$$
\begin{aligned}
&\int_{mT}^{(m+1)T} \exp(-\mathrm{j}2\pi kt/T)\left[\sum_{i=0}^{N-1} d_i \exp(\mathrm{j}2\pi it/T)\right]\mathrm{d}t \\
&= \sum_{i=0}^{N-1} d_i \int_0^T \exp[\mathrm{j}2\pi(i-k)t/T]\,\mathrm{d}t \\
&= d_k T
\end{aligned}
\tag{9.96}
$$

上述积分利用了复正弦信号的周期积分特性，由于指数信号的正交性，上述信号与其他子载波相乘后积分为 0，所以仅输出本载波包含的符号。

从频域上来看，正交频分复用符号的频谱就是 sinc(fT) 函数和一组位于各个子载波频率上的 $\delta(f)$ 函数的卷积，也就是 sinc(fT) 函数的移位之和。sinc(fT) 函数的零点位于 $f=1/T$ 的整数倍处，最大值处于 $f=0$ 处。这种现象可以用图 9.21 解释。图中给出了相互交叠的各个子信道内经过矩形波得到的符号的 sinc 函数频谱。由于每个子载波的频率间隔为 $1/T$，所以在每个子载波的频率处其自身的频谱幅值最大，而其余子载波的频谱幅度恰好为 0。这种特点可以避免载波间干扰的出现。因此，在正交频分复用符号解调过程中，虽然多个子载波相互重叠但每个子载波符号提取不会受到其他子载波的干扰。

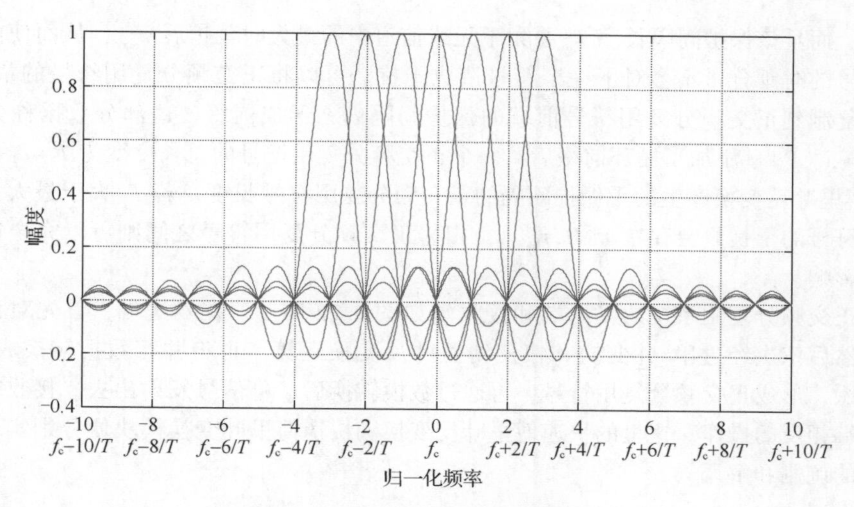

图 9.21　正交频分复用符号的频谱

9.7.2　OFDM 的 FFT 实现

虽然图 9.20 所示的调制解调器可以用来描述正交频分复用调制与解调的基本原理，在实际系统中，由于正交频分复用符号特殊的子载波间隔，式(9.94)中的正交频分复用信号可以采用离散傅里叶变换(Discrete Fourier Transform，DFT)或离散傅里叶反变换(Inverse Discrete Fourier Transform，IDFT)来实现。

对 $s(t)$ 以 $N \cdot \Delta f$ 的速率抽样，时间离散的正交频分复用信号可表示为

$$s_k = s(kT/N) = \sum_{i=0}^{N-1} d_i \exp(\mathrm{j}2\pi ik/N), 0 \leqslant k \leqslant N-1 \tag{9.97}$$

可以看出，式(9.97)等效为对 $\{d_i\}$ 进行 N 点离散傅里叶反变换。同样，在接收端，为了恢复出原始的数据符号 d_i，可以对 s_k 进行离散傅里叶变换，得到

$$d_i = \sum_{k=0}^{N-1} s_k \exp(-\mathrm{j}2\pi ik/N), 0 \leqslant k \leqslant N-1 \tag{9.98}$$

根据以上分析可以看出，正交频分复用系统的调制和解调可以分别由离散傅里叶反变换和离散傅里叶变换来代替。通过 N 点的离散傅里叶反变换运算，把频域数据符号 d_i 变换为时域数据符号 s_k，经过射频载波调制之后，将其发送到无线信道。其中每个离散傅里叶反变换输出的数据符号 s_k 都是所有子载波信号经过叠加而生成的，即对连续的多个经过调制的子载波的叠加信号进行抽样所得到的。

在正交频分复用系统的实际运用中，可以采用更加快捷的快速傅里叶反变换(Inverse Fast Fourier Transform，IFFT)或者快速傅里叶变换(Fast Fourier Transform，FFT)。N 点离散傅里叶反变换需要实施 N^2 次复数乘法，而快速傅里叶反变换可以显著地降低运算的复杂度。对于常用的基 2 快速傅里叶反变换算法来说，其复数乘法次数仅为 $(N/2)\log_2 N$。随着子载波个数 N 的增加，这种方法的复杂度也会显著增加，但对于子载波数量非常大的正交频分复用系统来说，可以进一步采用基 4 快速傅里叶反变换算法来实施傅里叶变换。

在正交频分复用系统的调制过程中，还会采用添加循环前缀的方法，来进一步提高抗多径传输的能力。一般来说，为了最大限度地消除符号间干扰，需要在相邻的正交频分复用符号之间插

入保护间隔。而且该保护间隔长度 T_g 要大于无线信道中的最大时延扩展 τ_{max}，从而使前一个正交频分复用符号的时延分量不会对下一个符号造成干扰。可以将正交频分复用符号的最后 T_g 时间段内的数据复制到正交频分复用符号前端的保护间隔内，形成前缀。这部分数据称为循环前缀(Cyclic Prefix，CP)。添加了循环前缀后，一个正交频分复用符号的总长度变为 $T=T_g+T_{FFT}$，其中 T_{FFT} 为快速傅里叶反变换产生的无保护间隔的正交频分复用符号长度。若 T_g 大于最大多径时延扩展，前一个符号的干扰只会存在于 $[0,\tau_{max}]$，相邻正交频分复用符号之间则可以完全避免受到符号间干扰的影响。

这样，正交频分复用系统的发送端和接收端如图 9.22 所示。在发送端，首先对比特流进行数字调制，然后依次经过串/并变换和快速傅里叶反变换运算。再将并行数据转换成串行数据，插入循环前缀，形成正交频分复用符号，再通过数模转换后，将信号发射出去。接收端则进行一系列与发送端相反的操作。这里的快速傅里叶反变换和快速傅里叶变换模块便分别实现了正交频分复用系统的调制和解调。

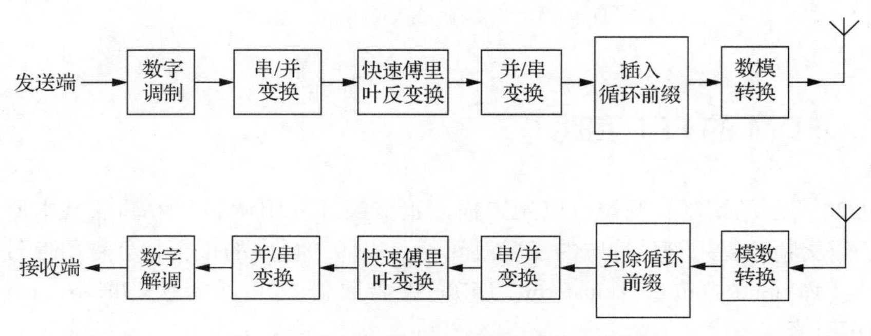

图 9.22　正交频分复用系统的发送端和接收端

9.7.3　5G 中的 OFDM 技术

5G NR 是基于正交频分复用的全新空口设计的全球性 5G 标准，也是下一代非常重要的蜂窝移动技术基础。5G NR 支持灵活的帧结构并定义了多种不同的子载波间隔 Δf 和 CP 类型，如表 9.4 所示。

表 9.4　5G NR 中定义的子载波间隔 Δf 和 CP 类型

μ	$\Delta f(\Delta f=2^{\mu}\times 15)$/kHz	CP 类型
0	15	标准(Normal)
1	30	标准
2	60	标准，扩展(Extended)
3	120	标准
4	240	标准

上行和下行传输信号被划分成时长为 $T_f=\left(\dfrac{\Delta f_{max}N_f}{100}\right)\times T_c=10\text{ms}$ 的无线帧。由 10 个时长为 $T_{sf}=$

$\left(\frac{\Delta f_{\max}N_f}{1000}\right)\times T_c=1\text{ms}$ 的子帧组成，编号为0~9，其中，$\Delta f_{\max}=480\times10^3\text{Hz}, N_f=4096$，$T_c=\frac{1}{\Delta f_{\max}N_f}$。每一帧被划分成两个大小相等的半帧，0号半帧由0~4号子帧组成，1号半帧由5~9号子帧组成。每个子帧包含 $N_{\text{symb}}^{\text{subframe},\mu}=N_{\text{symb}}^{\text{slot}}N_{\text{slot}}^{\text{subframe},\mu}$ 个连续的正交频分复用符号，其中，$N_{\text{symb}}^{\text{subframe},\mu}$ 为一个子帧中的符号数，$N_{\text{symb}}^{\text{slot}}$ 表示一个时隙中的符号数，$N_{\text{slot}}^{\text{subframe},\mu}$ 为一个子帧中的时隙数，其取值关系如表9.5和表9.6所示，其中，$N_{\text{slot}}^{\text{frame},\mu}$ 为每帧中的时隙数。图9.23给出 $\mu=3$ 时的无线帧结构示意。

表 9.5　标准 CP 的无线帧结构对应关系

μ	$N_{\text{symb}}^{\text{slot}}$	$N_{\text{slot}}^{\text{frame},\mu}$	$N_{\text{slot}}^{\text{subframe},\mu}$
0	14	10	1
1	14	20	2
2	14	40	4
3	14	80	8
4	14	160	16

表 9.6　扩展 CP 的无线帧结构对应关系

μ	$N_{\text{symb}}^{\text{slot}}$	$N_{\text{slot}}^{\text{frame},\mu}$	$N_{\text{slot}}^{\text{subframe},\mu}$
2	12	40	4

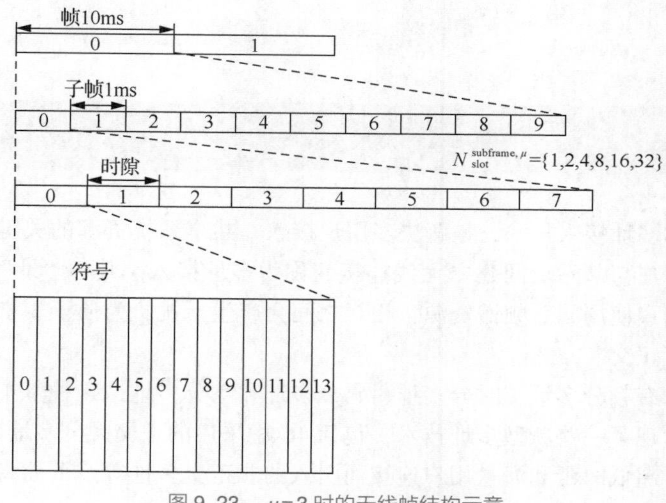

图 9.23　μ=3 时的无线帧结构示意

下行通信链路中最小的时频单元为资源粒子(Resource Element，RE)，每个资源粒子在时域中占用一个正交频分复用符号长度，在频域中占用一个子载波。图9.24给出了时频资源的栅格图，其中，$N_{\text{sc}}^{\text{RB}}$ 代表每个资源块(Resource Block，RB)中包含的子载波个数，N_{RB}^{μ} 代表资源块的个数。每个资源粒子可以由唯一的时频索引(k,l)确定。当 $\mu=0$ 时，有 $N_{\text{RB,min}}^{\mu}=20$，$N_{\text{RB,max}}^{\mu}=275$，分别对应系统支持的最小带宽4.302MHz和最大带宽49.5MHz。

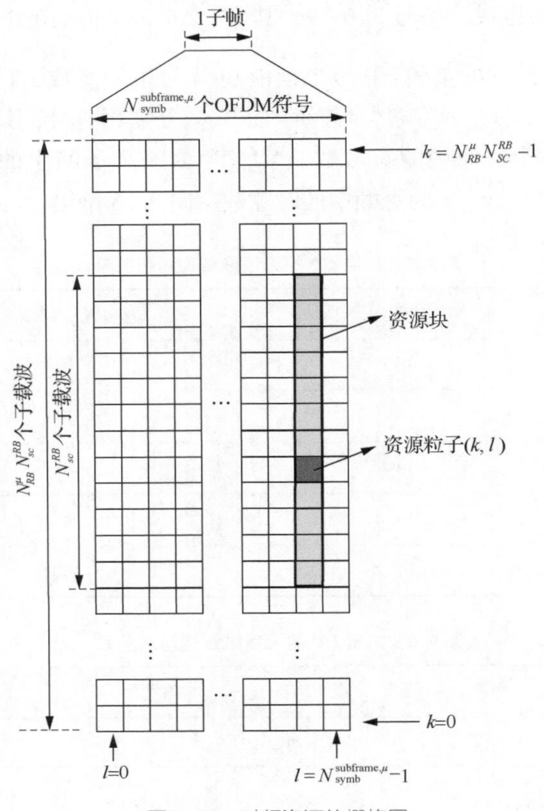

图 9.24 时频资源的栅格图

9.8 多址技术

多址技术，也称多址接入技术，是解决多用户接入并共享系统资源的关键技术。在移动通信系统中，多个移动用户与基站之间建立无线连接，称为多址接入。其中“址”就是指用户临时占用的信道。由于多用户使用同一频谱资源，相互之间会产生干扰，为便于识别或区分用户，不同用户的信道必须相互正交。

传统的多址技术有频分多址、时分多址、码分多址和空分多址这 4 种基本类型。随着移动通信技术的发展，又出现了一些新型多址技术，包括 4G 中采用的正交频分多址以及在 5G 中为支持超高系统接入容量、超低时延和海量用户连接而引入的非正交多址等。下面将对这些多址技术分别进行介绍。

1. 频分多址

频分多址(Frequency Division Multiple Access，FDMA)是最早使用的多址技术，它利用传输信号的载波频率的不同来建立多址方式。FDMA 把无线频谱按频率分隔成多个互不重叠的正交信道，每个用户占用一个信道，信道结构如图 9.25 所示。为了减少相邻信道之间的干扰，通常需要在信道之间设置保护频带。在实际应用中，为了实现双向通信，需将整个系统的工作频带划分为发射和接收两个频带区，这种双工通信方式称为频分双工(Frequency Division Duplex，FDD)。

为了防止收发信号之间的相互干扰，收发频带区之间也需设置保护频带。

2. 时分多址

时分多址（Time Division Multiple Access，TDMA）利用传输信号的时间不同来建立多址方式，它把无线频谱按时间分割成若干相同间隔的周期性时隙，系统可根据需要，按优先权分配给每个用户一个或多个时隙，以适应不同带宽的需求。TDMA 信道可看作每个用户占用的周期性特定时隙，信道结构如图 9.26 所示。为了实现双向通信，每个用户的发射和接收需要使用不同的时隙进行。这种双工通信方式称为时分双工（Time Division Duplex，TDD）。另外，由于用户数据的发送是不连续的突发形式，因此 TDMA 系统需要较高的同步开销。

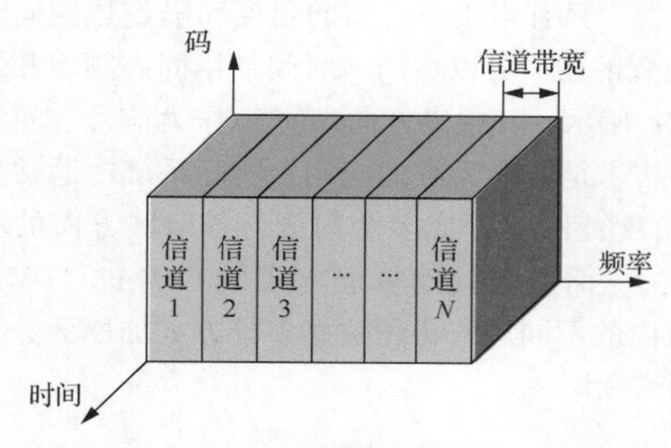

图 9.25　FDMA 信道结构

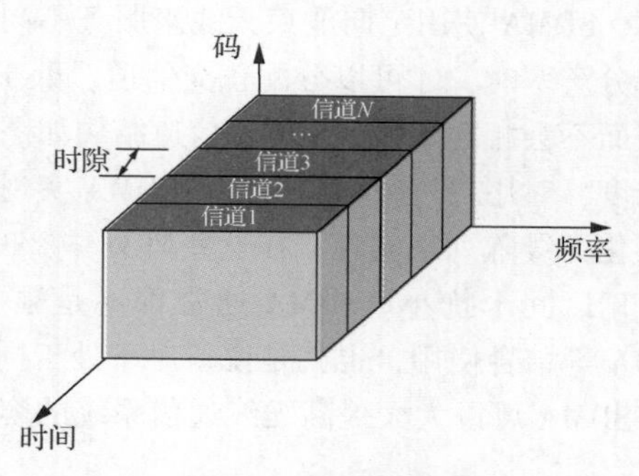

图 9.26　TDMA 信道结构

3. 码分多址

码分多址（Code Division Multiple Access，CDMA）通过将扩频码作为地址码来建立多址方式，扩频码为伪随机码序列，分正交码和非正交码两种，用户所发射的载波既受基带数字信号调制，又受地址码调制。CDMA 信道结构如图 9.27 所示。为了实现双向通信，用户的发射和接收需要使用不同的码，这种双工通信方式，称为码分双工（Code Division Duplex，CDD）。CDMA 系统中，所有用户可以使用同一载波、占用相同的带宽、同时发送或接收信号，由于多个用户的信号在时域和频域上是混叠的，因此在频域上会产生一定的同频和邻频干扰，称为多址干扰。CDMA 是干扰受限的，其容量限制是软的，增加 CDMA 的用户数，只是增加干扰背景，不会导致用户无法接入，但随着用户数的增加，所有用户的通信质量都会下降。另外，在 CDMA 系统中，较强的接收信号会提高较弱信号的本底噪声，降低较弱信号被接收的可能性，这种现象称为远近效应，因此实际系统需要采取功率控制，使得基站覆盖区域内的每个用户给基站提供相同强度的信号。

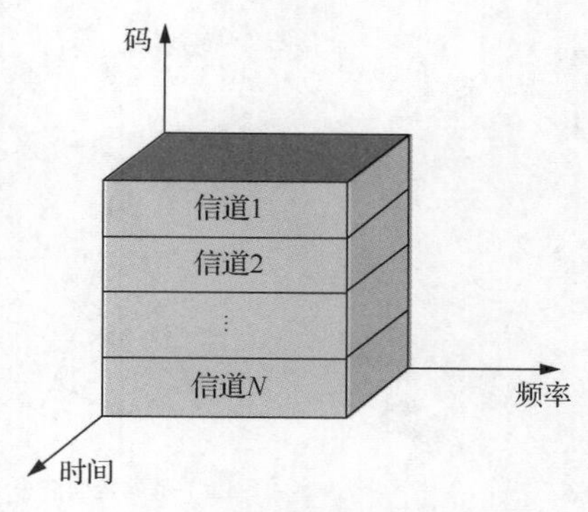

图 9.27　CDMA 信道结构

按照扩频调制方式的不同，基本的码分多址有 3 种方式。

- 直接序列扩频码分多址（Direct Sequence Spreading CDMA，DS-CDMA），主要采用伪随机码对载波进行 PSK 调制。
- 跳频码分多址（Frequency Hopping CDMA，FH-CDMA），主要采用伪随机码载波进行 FSK 调制。
- 跳时码分多址（Time Hopping CDMA，TH-CDMA），可看作一种由伪随机码控制的多进制脉位调制。

除这 3 种基本方式外，码分多址之间或是码分多址与其他多址方式之间可组合成混合码分多址，以达到克服单一方式弱点、实现优势互补的效果，常用形式有 FH/TH-CDMA、FH/DS-CDMA、TH/DS-CDMA、FD/DS-CDMA、TD/DS-CDMA 以及 TD/FH-CDMA 等。在 ITU 的 IMT-2000 标准中，宽带码分多址(Wideband Code Division Multiple Access，WCDMA)被看作 CDMA 直接串行扩频，而 CDMA2000 被称作“多载波 CDMA”。

4. 空分多址

空分多址(Space Division Multiple Access，SDMA)利用传输信号在空间的导向波束建立多址方式，它按空间划分信道，信道资源分配是通过各个用户的空间分离实现的。从图 9.28(a)中可以看出，SDMA 使用定向波束天线来服务不同的用户群，只有当用户之间的角度间隔超过定向天线的角分辨率时，才可以分配正交信道，处于不同位置的用户可以在同一时间使用同一频率和同一码型而不会相互干扰。SDMA 信道结构如图 9.28(b)所示，其中以方向(角度)作为信号空间的一个维度，对用户进行信道分配。SDMA 实现的核心技术是智能天线的应用，实际系统中通常使用扇区化天线阵列来实现。在这些阵列中，360°的角度范围被分成多个扇区，各扇区方向的增益高，扇区间干扰小。SDMA 通常都不是独立使用的，而是与其他多址方式如 FDMA、TDMA 和 CDMA 等结合使用，也就是说，对于处于同一波束内的不同用户再用这些多址方式加以区分，因此，SDMA 可以大大提高无线通信系统的容量和频谱利用率。

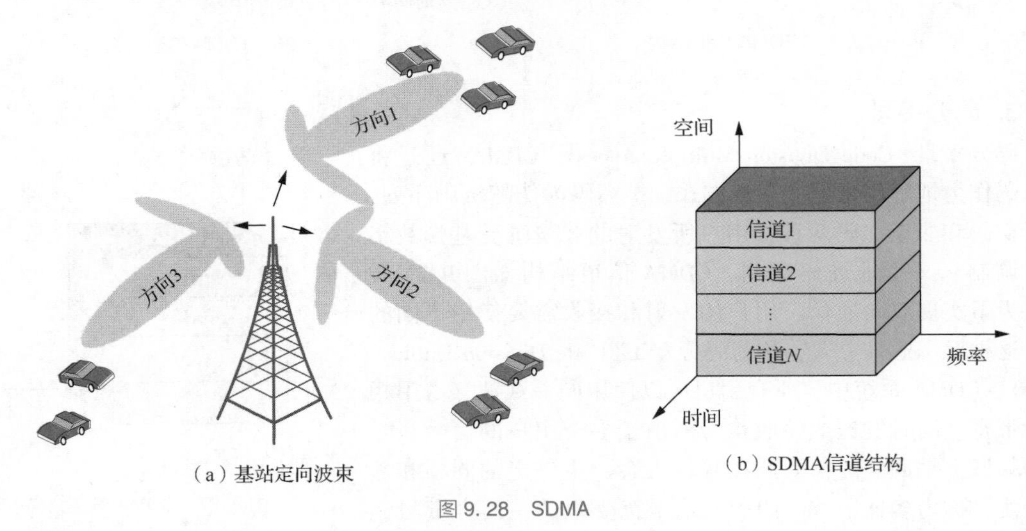

(a) 基站定向波束　　(b) SDMA信道结构

图 9.28　SDMA

5. 正交频分多址

正交频分多址(Orthogonal Frequency Division Multiple Access，OFDMA)利用 OFDM 技术将传输带宽划分成若干正交的、互不重叠的一系列子载波集，将不同的子载波集分配给不同的用户实现多址。图 9.29 给出了 OFDM 与 OFDMA 系统的原理示意。图 9.29(b)中分别用不同颜色表示不同的子载波集，它们在频带上是互不重叠的，用于分配给不同的用户。OFDMA 系统可以根据用户业务量的大小动态分配子载波的数量，不同的子载波上使用的调制方式和发射功率可以不同，很容易实现系统资源的优化利用。在 OFDMA 系统中，用户仅仅使用所有子载波中的一部分，如果同一个帧内的用户的定时偏差和频率偏差足够小，则系统内就不会存在小区内的干扰，比 CDMA 系统更有优势。此外，OFDMA 具有较高的频谱利用率，以及良好的抗多径效应、频率选择性衰落和窄带干扰的能力，是 4G/5G 系统物理层的核心技术。

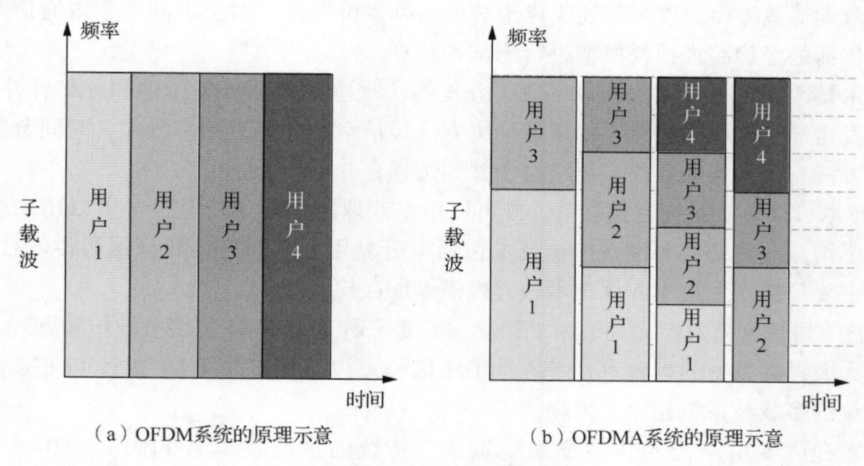

（a）OFDM系统的原理示意
（b）OFDMA系统的原理示意

图 9.29 OFDM 与 OFDMA

6. 非正交多址

为了响应 5G 及后 5G 时代大连接的需求，非正交多址（Non-Orthogonal Multiple Access，NOMA）技术是在原有频域、时域和空域等已有的多址技术的基础上开辟的新的多址方式，可以提高空中接口的无线信道的承载能力。目前，非正交多址的实现方案主要分为两大类：功率域多址和码域多址。功率域多址指不同用户被分配不同的功率从而整个系统获得最大增益。这样的功率分配方式可以有效区分不同的用户，使得多用户间的干扰可以用连续干扰消除（Successive Interference Cancelation，SIC）来解决。码域多址类似于 CDMA 或多载波 CDMA，即不同用户复用相同的时频资源，但被分配不同的码字，如低密度扩频码分多址（Low-Density Spreading CDMA，LDS-CDMA）和稀疏码多址接入（Sparse Code Multiple Access，SCMA）等。功率域多址和码域多址的不同之处在于，码域多址方案能够在增加信号带宽开销的基础上，获得扩展增益和成形增益。此外，由于码域多址中码本的稀疏性，多采用消息传递算法作为信号接收方案。

9.9 本章小结

本章重点讨论了无线信道传播的基本特性和多径信道的统计特性，分析了噪声系数和自由空间传播的基本链路预算；最后介绍了现代无线通信中广泛使用传输技术，主要包括分集技术、MIMO 技术、OFDM 技术以及多址技术等。

无线传播的基本特性包括大尺度衰落和小尺度衰落。路径损耗和阴影衰落统称为大尺度衰落。小尺度衰落主要是由多径信号相互干涉导致的，主要表现为多径衰落、时延扩展和多普勒效应 3 个方面。

多径信道的自相关函数和功率谱定义了多径衰落的特征，多径扩展与多普勒扩展是反映信道特性的两个重要参数。按照频率选择性和时间选择性等统计特性，无线信道可以划分为平坦信道、频率平坦信道、时间平坦信道、非平坦信道 4 种类型。从多径信道的几何模型考虑，每条多径分量都可以视作经由一个散射体集簇形成的。

链路预算的基础是 Friis 自由空间公式。实际系统中，还需要考虑系统的噪声和链路预算余量，噪声系数和等效噪声温度是描述噪声影响的两种等价方法。对于不同的无线通信系统，需要根据其无线传播的经验路径损耗模型进行测试和预算。

分集技术是改善多径衰落的有效手段，分集的实现主要包括分集传输和分集合并两个方面。分集可以在发送端和接收端进行，常用的分集方法包括空间分集、频率分集、时间分集等。常用的分集合并方法有最大比值合并、等增益合并和选择合并等。

MIMO 技术可以有效对抗多径衰落，既可以用来获取空间复用增益，又可以用来获取空间分集增益和功率增益。典型的 MIMO 传输技术包括空分复用、空间分集和预编码传输技术。MIMO 技术的扩展主要包括多用户 MIMO 技术和大规模 MIMO 技术。

OFDM 技术可以有效对抗多径衰落的影响，它是一种基于 FDM 的多载波传输方式，利用子载波的正交性大大提高系统的频谱利用率。OFDM 信号可以采用基带 IFFT 或者 FFT 来实现，设备复杂度与传统的多载波系统相比大大降低。

多址技术允许多用户接入并共享系统资源。传统的多址技术有 FDMA、TDMA、CDMA 和 SDMA 4 种基本类型，OFDMA 是 4G/5G 系统物理层的核心技术，NOMA 为面向 5G 及后 5G 的新型多址技术。

习题

9.1 若某发射机的发射载频为 1850Hz，一辆汽车以每小时 60km 的速度运动，计算在以下情况的接收机载波频率。

(1) 汽车沿直线向发射机运动；

(2) 汽车沿直线向发射机的反方向运动；

(3) 汽车运动方向与入射波方向成直角。

9.2 考虑一无线电链路采用一对效率均为 65% 的 2m 碟型天线，分别作为发射和接收天线。链路的其他参数为：

发射功率 = 1dBW

载波频率 = 5GHz

接收机与发射机之间的距离 = 200m

试计算：

(1) 自由空间损耗；

(2) 每根天线的功率增益；

(3) 单位为 dBW 的接收功率。

9.3 当载波频率为 12.5GHz 时，重复习题 9.2 的计算。

9.4 对于自由空间传播模型，求能使接收功率达到 1dBm 所需的发射功率。假设载波频率 f= 4GHz，采用全向天线（$G_r G_t = 1$），收发距离分别为 $d = 10$m 及 $d = 100$m。

9.5 式(9.8)为 Friis 自由空间公式的一种形式。证明此公式也可由以下的等价形式表示：

(1) $P_r = \dfrac{P_t A_t A_r}{\lambda^2 d^2}$；

(2) $P_r = \dfrac{P_t A_t G_r}{4\pi d^2}$。

其中，P_t 为发射功率，A_t 为发射天线的有效面积，λ 为载波波长，d 为接收机到发射机之间的距离，G_r 为接收天线的功率增益，A_r 为接收天线的有效面积，P_r 为接收功率。

讨论这些公式分别更适用于何种情况。

9.6 在卫星通信系统中，上行链路的载波频率一般高于下行链路的。说明该选择的合理性。

9.7 在无线通信系统中，上行链路(反向链路)的载波频率小于下行链路(前向链路)的。证明这样选择的正确性。

9.8 图 P9.8 所示的接收机由有损耗波导、低噪声射频放大器、下变频器(混合器)以及中频放大器构成。图 P9.8 中标明了这 4 个部分的噪声因子和功率增益。天线温度为 50K。

(1)计算图 P9.8 中 4 个部分的等价噪声温度，假设室温 $T=290$K；

(2)计算整个接收机的等效噪声温度。

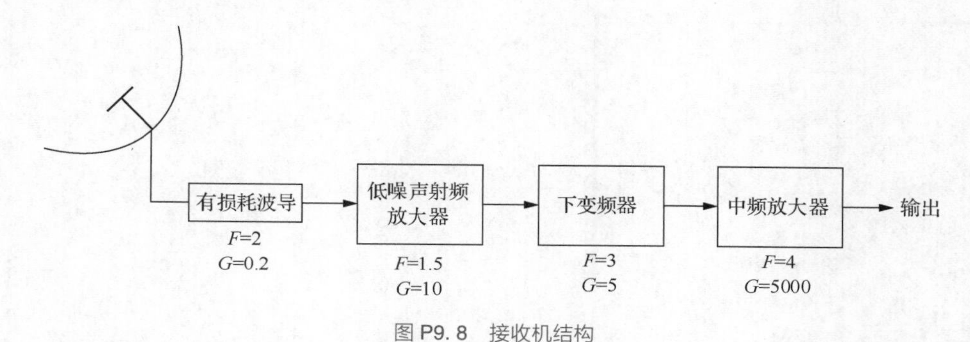

图 P9.8　接收机结构

9.9 考虑习题 9.2 中的数字通信系统的上行链路功率预算。链路参数如下：

载波频率 = 12GHz

饱和状态下的 TWT 放大器功率密度 = −70dBW/m^2

卫星品质因数 $G/T=2$dB/K

地面发射终端与卫星之间的距离 = 45000km

假设 TWT 无功率损耗，计算卫星的 C/N_0。

9.10 多径衰落信道散射函数 $S(\tau;\lambda)$ 在 $0\leqslant\tau\leqslant 1$ms 和 $-0.1\text{Hz}\leqslant\lambda\leqslant 0.1\text{Hz}$ 的取值范围内是非零的。假设散射函数按这两个变量近似是均匀的。

(1)给出信道的多径扩展、多普勒扩展、相干时间和相干带宽的值；

(2)参考(1)中的答案判断信道是否是频率选择性的。

9.11 某一多径衰落信道具有多径扩展 $T_m=1$s 和多普勒扩展 $B_d=0.01$Hz。信号传输可用的带通上的总信道带宽为 $W=5$Hz。为了减小符号间干扰的影响，信号设计者选择脉冲持续时间 $T=10$s。

(1)试求相干带宽和相干时间；

(2)信道是频率选择性的吗？请解释。

9.12 如下冲激响应定义的双路模型

$$h(t)=a_1\delta(t-\tau_1)+a_2\exp(-\mathrm{j}\theta)(t-\tau_2)$$

经常被用于无线通信系统的分析中。模型参数有时延 τ_1 和 τ_2、均匀分布的相位 θ，以及实系数 a_1 和 a_2。

(1)求模型的转移函数和功率时延函数；

(2)证明模型具有频率选择衰落是由于系数 a_1 和 a_2 的变化。

第10章 信息论基础

知识要点

- 熵和信息、互信息
- 离散信源及信源编码定理
- 离散信道及信道编码定理
- 高斯信道及香农公式
- 率失真理论基础

10.1 引言

信息是信息论中最基本且最重要的概念，是对事物运动状态或存在方式不确定性的描述，信息量度量了信息不确定性的程度。香农信息论在信息可度量的基础上，研究如何可靠、有效地把信息从信源传输到信宿。本章中将数字通信系统简化为图 10.1 所示的模型。

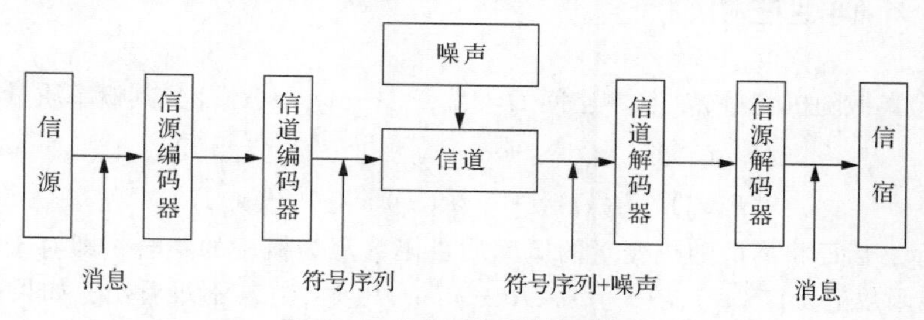

图 10.1 数字通信系统简化模型

信源产生消息，消息可以用文字、图像或语音等来表示。按消息的表现形式，消息可分为离散和连续两类。离散消息由文字、字母、数字等单个符号，或多个符号组成的符号序列来表示，连续消息指语音、连续图像和时间上连续变化的电参数等。对应地，信源也分为离散信源和连续信源两类。信源发出的消息通常是未知的，从概率的角度看，不确定性就是随机性，因此，可认为信源发出的是随机消息，通常用随机变量(或随机过程)来表示。信源研究的主要问题，一是它包含的信息量有多少及其度量方法；二是如何对信源发出的冗余消息进行压缩。

信道是信息传输的通道，通常由信道输入概率、信道输出概率和输入与输出之间的条件概率来表示。信道研究的主要问题，一是信道能传输多少信息量；二是能否实现信息的无差错传输。信宿是信息的接收者，信宿研究的主要问题是它能接收到多少信息量。噪声源是通信系统中所有干扰源的集合，用于表示消息在信道传输中受到的干扰，信道能传输的信息量与噪声特性密切相关。

本章运用概率论和随机过程的理论对通信系统进行分析，主要包括：信息的定义及其度量方法；在不允许失真或允许一定失真的前提下，信源压缩的不同极限；在噪声信道下，实现信息无差错传输的极限速率。对上述 3 个极限问题的回答构成了香农信息论的主要结论，也就是信源编码定理、信道编码定理和率失真理论，此外本章还分析了不同信道下的信息传输速率极限，即信道容量问题，并由此推导出了信息论中最经典的香农公式。需要说明的是，本章主要是以离散信源为例展开讨论的。

10.2 信息及其度量

信息论中对于信息的定义严格建立在概率论之上。一般来说，度量概率空间中单个事件发生时带来的信息量，就是度量该事件的不确定性程度；对于概率空间中服从某一概率分布的随机变量，利用熵来对这一随机变量包含的所有可能事件的平均信息量进行度量，即度量该随机变量的平均不确定性程度；而对于概率空间中服从某一联合概率分布或条件概率分布的多个随机变量，通常利用联合熵或条件熵来度量其包含的所有可能事件的平均信息量，即度量多个随机变量的平均不确定性程度。

在通信系统中，信源所包含的平均信息量称为信源熵，用来描述信源本身的统计特性，信宿所接收的关于信源的平均信息量为互信息，用来描述信息传输的统计特性。本节首先以离散随机变量为基础介绍信息及其度量的基本概念，随后推广至连续随机变量。

10.2.1 不确定性和熵

假设有一个离散随机变量 X，样本空间 $\Omega=\{x_0,x_1,\cdots,x_i,\cdots,x_{n-1}\}$，其概率质量函数为

$$\begin{pmatrix} x_0 & x_1 & \cdots & x_i & \cdots & x_{n-1} \\ P(x_0) & P(x_1) & \cdots & P(x_i) & \cdots & P(x_{n-1}) \end{pmatrix} \tag{10.1}$$

为方便表示，后面将离散随机变量的概率质量函数写为概率的集合，即对于离散随机变量 X，其概率质量函数记为 $\{P(x_0),P(x_1),\cdots,P(x_i),\cdots,P(x_{n-1})\}$。不难看出，如果单个事件 x_i 发生的概率 $P(x_i)=1$，即该事件为必然事件，那么对于事件 x_i 的发生不存在任何的不确定性，或者说这一事件的发生不会带来信息。而对于两个不同的事件，当事件 x_i 发生的概率 $P(x_i)$ 大于事件 x_j 发生的概率 $P(x_j)$ 时，那么对于概率较小的事件 x_j，其发生的不确定性更大，带来的信息量更多，换言之，信息量应当是事件发生概率的单调减函数。此外，假设事件 x_i 和事件 x_j 之间互相独立，则两个事件同时发生带来的信息量应当等于两个事件分别发生带来的信息量之和。

因此，为了直观地衡量信息量的多少，对于离散随机变量 X，定义 $I(x_i)$ 表示以概率 $P(x_i)$ 出现的事件 x_i 带来的信息量。由上述分析可知，$I(x_i)$ 必须满足以下 3 个条件。

(1) $I(x_i)$ 是 $P(x_i)$ 的连续函数。

(2) $I(x_i)$ 是 $P(x_i)$ 的单调减函数，对于两个不同的事件 x_i 和 x_j，若 $P(x_i)>P(x_j)$，则 $I(x_i)<I(x_j)$。特别地，若 $P(x_i)=0$，则 $I(x_i)\to\infty$；若 $P(x_i)=1$，则 $I(x_i)=0$。

(3) 对于两个互相独立的事件 x_i 和 x_j 同时发生带来的信息量，等于两个事件分别发生带来的信息量之和，即 $I(x_i,x_j)=I(x_i)+I(x_j)$。

根据香农在其论文中的结论，当 $I(x_i)$ 为对数函数时能够同时满足以上条件。因此，事件 x_i 发生所带来的信息量可表示为

$$I(x_i)=-\log_2 P(x_i) \tag{10.2}$$

式(10.2)中所定义的对数函数称为自信息量，如果对数以 2 为底，所得信息量的单位为 bit；如果以自然常数 e 为底，单位为 nat；如果以 10 为底，单位为 Hart。特别地，当 $P(x_i)=\frac{1}{2}$ 时，有 $I(x_i)=1\text{bit}$。此后在本章中不特别说明均采用 bit 作单位。

由于 $I(x_i)$ 只能表示事件 x_i 发生时带来的信息量，要度量离散随机变量 X 包含的所有可能事件的平均信息量的多少，需要引入熵的概念。

离散随机变量 X 的样本空间 $\Omega=\{x_0,x_1,\cdots,x_i,\cdots,x_{n-1}\}$，其概率质量函数为 $\{P(x_0),P(x_1),\cdots,P(x_i),\cdots,P(x_{n-1})\}$，定义离散随机变量 X 的熵为

$$\begin{aligned} H(X) &= \sum_{i=0}^{n-1} P(x_i) I(x_i) \\ &= -\sum_{i=0}^{n-1} P(x_i)\log_2 P(x_i) \end{aligned} \tag{10.3}$$

随机变量的熵度量了其平均信息量的多少。如果离散随机变量 X 代表某一离散信源发出的符号，则 $H(X)$ 称为该离散信源的信源熵，单位是 bit/symbol。此外，信息论中的"比特"是指抽象的信息量单位，而计算机科学中的术语"比特"代表的是二进制数字（常用 0、1 表示），两者的含义不同，其联系在于，当计算机中的二进制数字 0 和 1 等概率出现时，每一个二进制数字带来的平均信息量为 1bit。

下面详细介绍熵 $H(X)$ 所具有的一些性质。

性质 1：确定性。

当且仅当某个事件发生的概率为 1，其他事件发生的概率均为 0，熵有最小值 $H_{\min}(X)=0$，此时随机变量 X 不包含任何信息。

性质 2：非负性。

由于式(10.3)中 $0\leqslant P(x_i)\leqslant 1$，对应的 $\log_2 P(x_i)<0$，所以熵 $H(X)$ 是非负的。

性质 3：最大熵分布。

当且仅当离散随机变量 X 服从等概率分布时，熵有最大值 $H_{\max}(X)=\log_2 n$，n 为离散随机变量 X 所在样本空间中事件的个数，此时 X 包含的平均信息量最多。

可见，式(10.3)所定义的熵 $H(X)$ 是一个有界函数，即

$$0\leqslant H(X)\leqslant \log_2 n \tag{10.4}$$

下面证明性质 3，需要用到自然对数的一个基本性质，即

$$\ln x\leqslant x-1, x\geqslant 0 \tag{10.5}$$

如图 10.2 所示，直线 $y=x-1$ 始终在曲线 $y=\ln x$ 的上方，当且仅当 $x=1$ 时两者相交，此时直线是 $y=\ln x$ 在该点的切线。

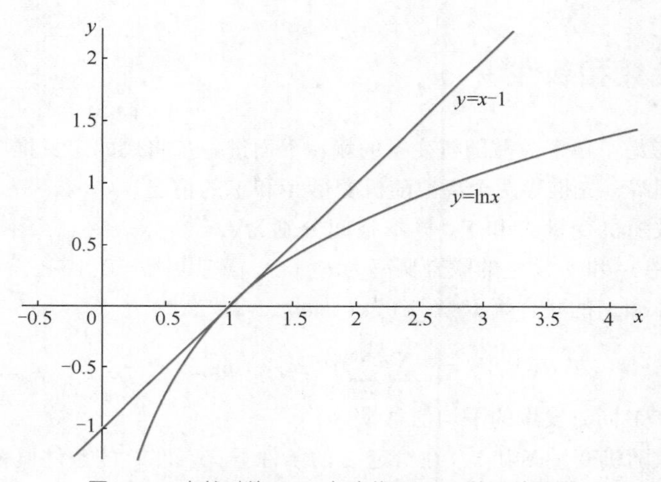

图 10.2 自然对数 $y=\ln x$ 与直线 $y=x-1$ 的函数图像

对于离散随机变量 X，假设其两种可能的概率质量函数为 $\{P(x_0),P(x_1),\cdots,P(x_i),\cdots,P(x_{n-1})\}$ 和 $\{Q(x_0),Q(x_1),\cdots,Q(x_i),\cdots,Q(x_{n-1})\}$，利用对数的换底公式，可得

$$\sum_{i=0}^{n-1} P(x_i)\log_2\left[\frac{Q(x_i)}{P(x_i)}\right]=\frac{1}{\ln 2}\sum_{i=0}^{n-1} P(x_i)\ln\left[\frac{Q(x_i)}{P(x_i)}\right] \tag{10.6}$$

利用自然对数的基本性质，即式(10.5)可得

$$\sum_{i=0}^{n-1} P(x_i)\log_2\left[\frac{Q(x_i)}{P(x_i)}\right] \leqslant \frac{1}{\ln 2}\sum_{i=0}^{n-1} P(x_i)\left[\frac{Q(x_i)}{P(x_i)} - 1\right]$$
$$= \frac{1}{\ln 2}\left[\sum_{i=0}^{n-1} Q(x_i) - \sum_{i=0}^{n-1} P(x_i)\right] \tag{10.7}$$
$$= 0$$

可以得出不等式

$$\sum_{i=0}^{n-1} P(x_i)\log_2\left[\frac{Q(x_i)}{P(x_i)}\right] \leqslant 0 \tag{10.8}$$

当且仅当对于 $i=0,1,\cdots,n-1$，$P(x_i)=Q(x_i)$ 均成立时，式(10.8)取等号。假设概率质量函数 $Q(x_i)$ 满足

$$Q(x_i)=\frac{1}{n}, i=0,1,\cdots,n-1 \tag{10.9}$$

即该离散随机变量 X 服从等概率分布，可以得到此时熵为

$$-\sum_{i=0}^{n-1} Q(x_i)\log_2 Q(x_i) = \log_2 n \tag{10.10}$$

将式(10.9)代入式(10.8)可以得出，对于任意一个具有概率质量函数$\{P(x_0),P(x_1),\cdots,P(x_i),\cdots,P(x_{n-1})\}$的离散随机变量，其熵为

$$H(X) = -\sum_{i=0}^{n-1} P(x_i)\log_2 P(x_i) \leqslant \log_2 n \tag{10.11}$$

结合式(10.10)和式(10.11)可知，当且仅当离散随机变量 X 服从等概率分布时，对应的熵有最大值。

10.2.2 联合熵和条件熵

10.2.1 小节中考虑了单个离散随机变量的熵，下面进一步将熵的定义推广到多个离散随机变量的情况，为方便理解，先推导两个离散随机变量 X 和 Y 的情况。

对任意两个离散随机变量 X 和 Y，样本空间分别为 $\Omega=\{x_0,x_1,\cdots,x_i,\cdots,x_{n-1}\}$ 和 $\Psi=\{y_0,y_1,\cdots,y_j,\cdots,y_{m-1}\}$，事件 x_i 和 y_j 发生的联合概率为 $P(x_i,y_j)$，其中 $i=0,1,\cdots,n-1,j=0,1,\cdots,m-1$。定义离散随机变量 X 和 Y 的联合熵 $H(X,Y)$ 为

$$H(X,Y) = -\sum_{j=0}^{m-1}\sum_{i=0}^{n-1} P(x_i,y_j)\log_2 P(x_i,y_j) \tag{10.12}$$

联合熵表示 X 和 Y 同时发生的平均信息量。

对任意两个离散随机变量 X 和 Y，在给定 x_i 的条件下，事件 y_j 的条件概率为 $P(y_j \mid x_i)$，沿用式(10.2)自信息量的思路，定义 y_j 的条件自信息量为

$$I(y_j \mid x_i) = -\log_2 P(y_j \mid x_i) \tag{10.13}$$

其中 $i=0,1,\cdots,n-1,j=0,1,\cdots,m-1$。与 10.2.1 小节中熵的定义类似，在给定事件 x_i 的条件下，定义随机变量 Y 的条件熵为

$$H(Y \mid x_i) = \sum_{j=0}^{m-1} P(y_j \mid x_i) I(y_j \mid x_i)$$
$$= -\sum_{j=0}^{m-1} P(y_j \mid x_i)\log_2 P(y_j \mid x_i) \tag{10.14}$$

在给定 X 的条件下，随机变量 Y 的条件熵 $H(Y|X)$ 为

$$\begin{aligned}
H(Y|X) &= \sum_{i=0}^{n-1} P(x_i)H(Y|x_i) \\
&= -\sum_{j=0}^{m-1}\sum_{i=0}^{n-1} P(x_i)P(y_j|x_i)I(y_j|x_i) \\
&= -\sum_{j=0}^{m-1}\sum_{i=0}^{n-1} P(x_i,y_j)I(y_j|x_i) \\
&= -\sum_{j=0}^{m-1}\sum_{i=0}^{n-1} P(x_i,y_j)\log_2 P(y_j|x_i)
\end{aligned} \tag{10.15}$$

条件熵是 X 和 Y 上条件自信息量的联合概率加权统计平均值。条件熵 $H(Y|X)$ 表示已知 X 后，Y 的平均信息量。

可以证明，联合熵和条件熵满足下列链式法则

$$\begin{aligned}
H(X,Y) &= H(X)+H(Y|X) \\
&= H(Y)+H(X|Y)
\end{aligned} \tag{10.16}$$

熵的链式法则表明，两个随机变量的联合熵等于其中一个随机变量的熵，加上在给定其发生的条件下另一个随机变量的条件熵。利用数学归纳法，可以将熵的链式法则推广到 n 个随机变量的情况，即

$$\begin{aligned}
H(X_0,X_1,\cdots,X_{n-1}) &= H(X_0)+H(X_1|X_0)+\cdots+H(X_{n-1}|X_0,\cdots,X_{n-2}) \\
&= H(X_0)+\sum_{i=1}^{n-1}H(X_i|X_0,\cdots,X_{i-1})
\end{aligned} \tag{10.17}$$

此外，条件熵还满足如下不等式

$$H(X|Y) \leqslant H(X) \tag{10.18}$$

当且仅当 X、Y 独立时等号成立，该不等式表明在给定 Y 的条件下，随机变量 X 的条件熵与其原有的熵相比会减少，即在已知随机变量 X 的相关信息 Y 后，对 X 的不确定性就降低了。不过，这一不等关系仅在统计意义下成立，如果仅考虑以单个事件 y_i 作为条件的情况，$H(X|y_i)$ 与 $H(X)$ 并不具有以上关系，这一点在条件熵的理解上很重要。

例 10.1　已知两个离散随机变量 X 和 Y 具有以下联合概率分布 $P(x_i,y_j)$，$i,j=1,2$，其概率质量函数取值如表 10.1 所示。求熵 $H(X)$、$H(Y)$、条件熵 $H(X|Y=y_1)$、$H(X|Y=y_2)$、$H(X|Y)$ 以及联合熵 $H(X,Y)$。

表 10.1　离散随机变量 X 和 Y 的概率质量函数

Y	X	
	x_1	x_2
y_1	0	$\frac{1}{2}$
y_2	$\frac{1}{4}$	$\frac{1}{4}$

解　首先分别求出离散随机变量 X 和 Y 的边缘分布为

$$P(x_1)=\frac{1}{4},P(x_2)=\frac{3}{4},P(y_1)=\frac{1}{2},P(y_2)=\frac{1}{2}$$

由式(10.3)，可得离散随机变量 X 和 Y 的熵分别为

$$\begin{aligned}H(X) &= -P(x_1)\log_2 P(x_1) - P(x_2)\log_2 P(x_2)\\ &= 0.554\text{bit}\\ H(Y) &= -P(y_1)\log_2 P(y_1) - P(y_2)\log_2 P(y_2)\\ &= 1\text{bit}\end{aligned}$$

利用条件熵公式(10.14)，可以得到

$$\begin{aligned}H(X \mid Y=y_1) &= -\frac{P(x_1,y_1)}{P(y_1)}\log_2\frac{P(x_1,y_1)}{P(y_1)} - \frac{P(x_2,y_1)}{P(y_1)}\log_2\frac{P(x_2,y_1)}{P(y_1)}\\ &= 0\text{bit}\\ H(X \mid Y=y_2) &= -\frac{P(x_1,y_2)}{P(y_2)}\log_2\frac{P(x_1,y_2)}{P(y_2)} - \frac{P(x_2,y_2)}{P(y_2)}\log_2\frac{P(x_2,y_2)}{P(y_2)}\\ &= 1\text{bit}\end{aligned}$$

因而要求的条件熵为

$$\begin{aligned}H(X \mid Y) &= \frac{1}{2}H(X \mid Y=y_1) + \frac{1}{2}H(X \mid Y=y_2)\\ &= 0.5\text{bit}\end{aligned}$$

利用熵的链式法则可得联合熵为

$$\begin{aligned}H(X,Y) &= H(Y) + H(X \mid Y)\\ &= 1.5\text{bit}\end{aligned}$$

【本例终】

本例中可以看到，$H(X \mid Y) \leqslant H(X)$，但是以单个事件 y_2 作为条件时，对 X 的不确定性 $H(X \mid y_2)$ 相比于无条件时的不确定性 $H(X)$ 反而提高了。

10.2.3 互信息

互信息可用来描述信息传输的统计特性，如例 10.1 中 $H(X \mid Y) \leqslant H(X)$，表明已知随机变量 Y 后，对于随机变量 X 的不确定性降低了，这一不确定性降低的量就是已知 Y 后获得关于 X 的信息量，称为 X 和 Y 的互信息。

对任意两个离散随机变量 X 和 Y，其样本空间分别为 $\Omega=\{x_0,x_1,\cdots,x_i,\cdots,x_{n-1}\}$ 和 $\Psi=\{y_0,y_1,\cdots,y_j,\cdots,y_{m-1}\}$，定义 X 和 Y 之间的互信息 $I(X;Y)$ 为

$$\begin{aligned}I(X;Y) &= H(X) - H(X \mid Y)\\ &= \sum_{j=0}^{m-1}\sum_{i=0}^{n-1}P(x_i,y_j)\log_2\frac{P(x_i,y_j)}{P(x_i)P(y_j)}\end{aligned} \tag{10.19}$$

式(10.19)中第二个等号后的内容是将熵和条件熵的表达式代入后得到的。由上式可知，当且仅当 X 和 Y 互相独立时，有 $H(X \mid Y)=H(X)$，此时 $I(X;Y)=0$，表明已知 Y 不会获得关于 X 的任何信息。例如在通信系统中，如果噪声及干扰很大，接收到的信道输出符号 Y 基本与输入符号 X 无关；如果没有干扰，$H(X \mid Y)=0$，此时 $I(X;X)=H(X)$，表明接收方对于输入符号 X 的不确定性完全消除，即获得了关于 X 的全部信息。下面详细介绍互信息 $I(X;Y)$ 所具有的一些性质。

性质 1：对称性。

任意两个离散随机变量 X 和 Y 之间的互信息是对称的，即

$$I(X;Y)=I(Y;X) \tag{10.20}$$

该性质可以通过将式(10.16)中的两个等式进行移项直接得出，其中互信息 $I(X;Y)$ 为接收到输出 Y 而消除对 X 的不确定性的度量，互信息 $I(Y;X)$ 为接收到 X 而消除对 Y 的不确定性的度量。换言之，当 X 和 Y 不互相独立时，接收到其中任意一方的信息后都会减少对另一方的不确定性，且当 X 和 Y 互相独立时，有 $I(X;Y)=I(Y;X)=0$。

性质 2：非负性。

互信息 $I(X;Y)$ 是非负的，有

$$I(X;Y)\geqslant 0 \tag{10.21}$$

式(10.21)中的等号当且仅当 X 和 Y 互相独立时成立。从通信的角度，这个性质表明当信道的输入与输出不是互相独立的时候，对输出信号进行观测，总能获得其发送的信息，且不会失去已知的信息，这一性质为通信中的传输与检测问题提供了理论基础。

性质 3：与熵的关系。

互信息与熵的关系如下

$$I(X;Y)=H(X)+H(Y)-H(X,Y) \tag{10.22}$$

该性质可以直接利用熵的链式法则 $H(X,Y)=H(Y)+H(X\mid Y)$ 得到

$$\begin{aligned} I(X;Y) &= H(X)-H(X\mid Y) \\ &= H(X)-[H(X,Y)-H(Y)] \\ &= H(X)+H(Y)-H(X,Y) \end{aligned} \tag{10.23}$$

对于两个离散随机变量 X 和 Y，可以用图 10.3 所示的维恩图来表示熵 $H(X)$、$H(Y)$、$H(X,Y)$、$H(X\mid Y)$、$H(Y\mid X)$ 和互信息 $I(X;Y)$ 之间的关系，离散随机变量 X 的熵用左边的圆表示，离散随机变量 Y 的熵用右边的圆表示，两者之间的互信息就是两个圆重叠的区域。可见，条件熵 $H(X\mid Y)$ 小于信源熵 $H(X)$，联合熵 $H(X,Y)$ 小于信源熵 $H(X)$、$H(Y)$ 之和。

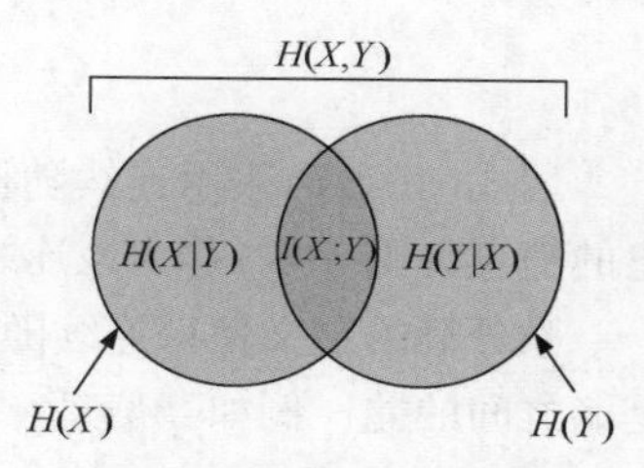

图 10.3　离散随机变量的熵和互信息之间的关系

10.2.4　微分熵

前文介绍了离散随机变量的熵，本小节将用离散随机变量来逼近连续随机变量，讨论连续随机变量的熵。

考虑一个定义在区间 $[a,b]$ 的连续随机变量 X，且 X 的概率密度函数 $f_X(x)$ 处处连续，由概率密度函数的归一化可得

$$\int_a^b f_X(x)\,\mathrm{d}x = 1 \tag{10.24}$$

将区间 $[a,b]$ 分割为 n 个长度为 Δ 的子区间，其中第 i 个子区间为 $S_i=[i\Delta,(i+1)\Delta]$，$i=0,1,\cdots,n-1$。若有一离散随机变量 X'，在每一个子区间内的可能值组成样本空间 $\Omega'=\{x'_0,x'_1,\cdots,x'_i,\cdots,x'_{n-1}\}$。当子区间的长度 Δ 无限趋近 0 时，离散随机变量 X' 处于第 i 个子区间的概率 $P(x'_i)$ 为

$$\begin{aligned} P(x'_i) &= \int_{i\Delta}^{(i+1)\Delta} f_X(x'_i)\,\mathrm{d}x'_i \\ &= f_X(x'_i)\Delta \end{aligned} \tag{10.25}$$

式(10.25)中第 2 个等号成立的条件为 $\Delta\to 0$，此时可以求出这一极限情况下，离散随机变量

X'的熵为

$$\begin{aligned}H(X') &= -\sum_{i=0}^{n-1} P(x'_i)\log_2 P(x'_i) \\ &= -\lim_{\Delta\to 0}\left\{\sum_{i=0}^{n-1} f_X(x'_i)\Delta\log_2[f_X(x'_i)\Delta]\right\} \\ &= -\lim_{\Delta\to 0}\left[\sum_{i=0}^{n-1} f_X(x'_i)\Delta\log_2 f_X(x'_i) + \sum_{i=0}^{n-1} f_X(x'_i)\Delta\log_2\Delta\right] \\ &= -\int_a^b f_X(x)\log_2 f_X(x)\,\mathrm{d}x - \lim_{\Delta\to 0}\log_2\Delta\int_a^b f_X(x)\,\mathrm{d}x \\ &= -\int_a^b f_X(x)\log_2 f_X(x)\,\mathrm{d}x - \lim_{\Delta\to 0}\log_2\Delta\end{aligned} \tag{10.26}$$

得出式(10.26)中第4个等号时运用了微积分的定义，当$\Delta\to 0$时，该离散随机变量X'无限趋近于原连续随机变量X，此时两者在极限情况下等价。通常将式(10.26)中最后一行称为连续随机变量X的绝对熵，但由于$-\lim\limits_{\Delta\to 0}\log_2\Delta$项的存在，该熵趋近于无穷。因而对于连续随机变量$X$，为避免涉及$-\lim\limits_{\Delta\to 0}\log_2\Delta$项，令区间$[a,b]\to(-\infty,+\infty)$，定义微分熵对其包含的信息量进行描述。

对于连续随机变量X，若其概率密度函数$f_X(x)$在区间$(-\infty,+\infty)$上处处连续，定义X的微分熵为

$$h(X) = -\int_{-\infty}^{+\infty} f_X(x)\log_2 f_X(x)\,\mathrm{d}x \tag{10.27}$$

用式(10.27)表示连续随机变量X包含的信息量，如果连续随机变量X代表某一连续信源发出的消息，则$h(X)$称为该连续信源的信源熵。

微分熵的定义使得连续随机变量与离散随机变量的熵在形式上统一起来。在实际中常遇到的是熵之间的差，例如互信息，只要两者逼近时所取的Δ一致，此时连续随机变量之间的$-\lim\limits_{\Delta\to 0}\log_2\Delta$项互相抵消。因此，连续信源的微分熵具有相对性。

例 10.2 假设连续随机变量X在区间$[a,b]$上均匀分布，其概率密度函数如下，求均匀分布X的微分熵。

$$f_X(x) = \begin{cases}\dfrac{1}{b-a}, & x\in[a,b] \\ 0, & \text{其他}\end{cases}$$

解 根据式(10.27)可得该连续随机变量的微分熵为

$$h(X) = -\int_a^b \frac{1}{b-a}\log_2\frac{1}{b-a}\mathrm{d}x = \log_2(b-a)$$

注意当区间长度$b-a<1$时，$h(X)<0$。这个例子说明，不同于离散随机变量的熵，连续随机变量的微分熵可以是负的。

【本例终】

例 10.3 假设连续随机变量X服从均值为μ、方差为σ^2的高斯分布，其概率密度函数如下，求高斯分布X的微分熵。

$$f_X(x) = \frac{1}{\sqrt{2\pi\sigma^2}}\exp\left(-\frac{(x-\mu)^2}{2\sigma^2}\right)$$

解　根据式(10.27)可得该连续随机变量的微分熵为

$$h(X)=\frac{1}{2}\log_2(2\pi e\sigma^2)$$

通过上式可以看出，高斯分布连续随机变量的微分熵由其方差 σ^2 唯一确定，与均值无关。

【本例终】

至此，可以进一步利用连续随机变量的微分熵来得出其联合熵、条件熵、互信息的计算公式，以及连续随机变量的最大熵分布情况。下面的内容将围绕这几点进行详细介绍。

1. 连续随机变量的联合熵和条件熵

连续随机变量的联合熵和条件熵，在形式上与离散随机变量的联合熵和条件熵保持一致。对于任意两个连续随机变量 X 和 Y，在区间 $(-\infty,+\infty)$ 上具有联合概率密度函数 $f_{XY}(x,y)$。定义 X 和 Y 的联合熵为

$$h(X,Y)=-\int_{-\infty}^{+\infty}\int_{-\infty}^{+\infty}f_{XY}(x,y)\log_2 f_{XY}(x,y)\,\mathrm{d}x\mathrm{d}y \tag{10.28}$$

若 X 和 Y 互相独立可以推得

$$h(X,Y)=h(X)+h(Y) \tag{10.29}$$

同样地，对于任意两个连续随机变量 X 和 Y，在给定 Y 的条件下，定义 X 的条件熵为

$$h(X\mid Y)=-\int_{-\infty}^{+\infty}\int_{-\infty}^{+\infty}f_{XY}(x,y)\log_2 f_{X\mid Y}(x\mid y)\,\mathrm{d}x\mathrm{d}y \tag{10.30}$$

式(10.30)中 $f_{X\mid Y}(x\mid y)=\dfrac{f_{XY}(x,y)}{f_Y(y)}$ 为给定 Y 的条件下，随机变量 X 的条件概率密度函数。类似于离散随机变量，还可以将式写成

$$h(X\mid Y)=h(X,Y)-h(Y) \tag{10.31}$$

根据以上定义，可以得到连续随机变量微分熵的链式法则

$$h(X^n)=h(X_0)+\sum_{i=1}^{n-1}h(X_i\mid X_0,\cdots,X_{i-1}) \tag{10.32}$$

通过定义和数学归纳法可证明式(10.32)。

与离散随机变量类似，连续随机变量的条件熵也满足不等式

$$h(X\mid Y)\leqslant h(X) \tag{10.33}$$

当且仅当 X 和 Y 互相独立时等号成立，即已知连续随机变量 X 的相关信息 Y 后，对 X 的不确定性就降低了。需要注意的是，该不等式仅在统计平均意义下成立。

2. 连续随机变量之间的互信息

类似于离散随机变量，对于任意两个连续随机变量 X 和 Y，定义 X 和 Y 之间的互信息 $I(X;Y)$ 为

$$I(X;Y)=h(X)-h(X\mid Y) \tag{10.34}$$

与离散随机变量相似的是，连续随机变量之间的互信息也具有如下性质。

性质 1：对称性。

任意两个连续随机变量 X 和 Y 之间的互信息是对称的，即

$$\begin{gathered}I(X;Y)=I(Y;X)\\ h(X)-h(X\mid Y)=h(Y)-h(Y\mid X)\end{gathered} \tag{10.35}$$

性质 2：非负性。

互信息是非负的，即

$$I(X;Y)\geqslant 0 \tag{10.36}$$

式(10.36)当且仅当 X 和 Y 互相独立时等号成立。

性质3：与微分熵的关系。

利用微分熵的链式法则可以推导出互信息与微分熵之间的关系为

$$I(X;Y)=h(X)+h(Y)-h(X,Y) \tag{10.37}$$

3. 连续随机变量的最大熵分布

通过前面的分析，已知离散随机变量服从等概率分布时，熵可以取到最大值 $\log_2 n$。那么对于定义在区间$(-\infty,+\infty)$上的连续随机变量 X，当 X 的概率分布满足什么样的约束条件时，其微分熵可以取到最大值？这一问题被称为最大熵分布问题。在具体通信问题中，一般只分析两种情况：一是信源输出幅度受限，即峰值功率受限；二是信源输出平均功率受限。下面先用一个峰值功率受限的例子来介绍最大熵分布问题，之后将在10.5节中重点分析平均功率受限的情况。

例 10.4 若某一连续信源 X 的输出幅值限制在区间$[a,b]$，当 X 的幅度分布满足什么样的条件时，其微分熵可以取到最大值？

解 假设 X 有两种可能的概率密度函数，分别为 $f_X(x)$ 和 $g_X(x)$，两者分别在区间上服从均匀分布和任意分布。

若 X 的概率密度函数为 $g_X(x)$，其微分熵为

$$\begin{aligned} h_g(X) &= -\int_a^b g_X(x)\log_2[g_X(x)]\,\mathrm{d}x \\ &= -\int_a^b g_X(x)\log_2\left[\frac{g_X(x)}{f_X(x)}f_X(x)\right]\mathrm{d}x \\ &= -\int_a^b g_X(x)\log_2\left[\frac{g_X(x)}{f_X(x)}\right]\mathrm{d}x - \int_a^b g_X(x)\log_2 f_X(x)\,\mathrm{d}x \end{aligned}$$

利用式(10.5)可得

$$\begin{aligned} -\int_a^b g_X(x)\log_2\left[\frac{g_X(x)}{f_X(x)}\right]\mathrm{d}x &= \int_a^b g_X(x)\log_2\left[\frac{f_X(x)}{g_X(x)}\right]\mathrm{d}x \\ &\leqslant \frac{1}{\ln 2}\int_a^b g_X(x)\left[\frac{f_X(x)}{g_X(x)}-1\right]\mathrm{d}x \\ &= 0 \end{aligned}$$

因此有

$$h_g(X)\leqslant -\int_a^b g_X(x)\log_2 f_X(x)\,\mathrm{d}x$$

若 X 的概率密度函数为 $f_X(x)$，其微分熵为

$$\begin{aligned} h_f(X) &= -\int_a^b f_X(x)\log_2 f_X(x)\,\mathrm{d}x \\ &= -\log_2 f_X(x)\int_a^b f_X(x)\,\mathrm{d}x \\ &= -\log_2 f_X(x)\int_a^b g_X(x)\,\mathrm{d}x \\ &= -\int_a^b g_X(x)\log_2 f_X(x)\,\mathrm{d}x \end{aligned}$$

上式第 2 个和第 4 个等号利用了服从均匀分布的概率密度函数在区间$[a,b]$为常数，第三个等号利用了定义在区间$[a,b]$的任意概率密度函数满足归一化公式。对比上面两个微分熵，不难得出

$$h_g(X)\leqslant h_f(X)$$

当且仅当$f_X(x)$和$g_X(x)$在区间$[a,b]$上相等时等号成立，即对于峰值功率受限的连续信源 X，当其概率密度函数满足均匀分布时能取到最大熵。

【本例终】

10.3 离散信源及信源编码定理

在信息论中，离散信源发出的消息一般指携带信息的单个符号或符号序列，这些符号包括字母、文字、数字、语言等，它是一个随机变量，称为信源符号，其样本空间 $\Omega=\{x_0,x_1,\cdots,x_i,\cdots,x_{n-1}\}$，称为符号集，其中 x_i 指代某一具体的符号。

离散信源编码实质上是按照一定的数学规则对信源符号进行映射，使不同信源符号携带的信息在形式上更加一致，内容上更加精简。由于信源消息分布不均匀，且具有一定的相关性，导致它们携带的信息存在冗余。因此离散信源编码最主要的任务就是压缩冗余度，提高编码效率。需要说明的是，本节仅讨论在无失真情况下常见的离散信源及其信源编码类型，并由此引出信源编码定理，即香农第一定理的介绍。

10.3.1　离散信源的熵

离散信源根据发射出的符号间的关联性，可分为离散无记忆信源和离散有记忆信源这两类。

离散无记忆信源发出的各个符号是独立的，即信源发出各个符号的概率就是其先验概率。发出单个符号的离散无记忆信源是指它每次发出一个符号且每个符号就代表一条消息；发出符号序列的离散无记忆信源则是指它每次发出一组不少于两个符号的符号序列来代表一条消息。

离散有记忆信源发出的各个符号间相互关联，其记忆性通过概率来描述。对于马尔可夫信源，符号间的关联性可用状态转移概率来描述；对于一般有记忆信源，符号间的关联性可用发出符号序列的联合概率来描述。一般情况下，有记忆信源比无记忆信源问题要复杂得多，为了方便理解，本小节将着重分析离散无记忆信源。

1. 发出单个符号的离散无记忆信源的熵

若离散信源发出的每个信源符号 X 代表一条消息，符号集 $\Omega=\{x_0,x_1,\cdots,x_i,\cdots,x_{n-1}\}$，$X$ 的概率质量函数为$\{P(x_0),P(x_1),\cdots,P(x_i),\cdots,P(x_{n-1})\}$，且各消息之间相互独立，则称这种信源为发出单个符号的离散无记忆信源，其信源熵表示如下

$$H(X)=-\sum_{i=0}^{n-1}P(x_i)\log_2 P(x_i) \tag{10.38}$$

由 10.2 节中最大熵分布的性质，当该信源符号服从等概率分布时，信源熵有最大值 $\log_2 n$。

例 10.5　二元信源是发出单个符号的离散无记忆信源的一个特例，其信源符号只有两个取

值，一般记为0和1，且互相独立。若符号0和1的出现概率分别为p_0和$1-p_0$，求该二元信源的熵。

解　利用式(10.38)的信源熵公式，可以得到二元信源熵为

$$H(X)=-p_0\log_2 p_0-(1-p_0)\log_2(1-p_0)$$

有时将二元信源熵$H(X)$记为服从参数p_0的形式$H(p_0)$。图10.4给出了二元信源熵$H(p_0)$关于p_0的曲线，从中可知

(1)当$p_0=1$或$p_0=0$时，二元信源熵$H(p_0)=0$；

(2)当$p_0=p_1=\frac{1}{2}$时，即符号0和1等概率出现时，二元信源熵$H(p_0)$达到最大值，为1 bit/symbol。

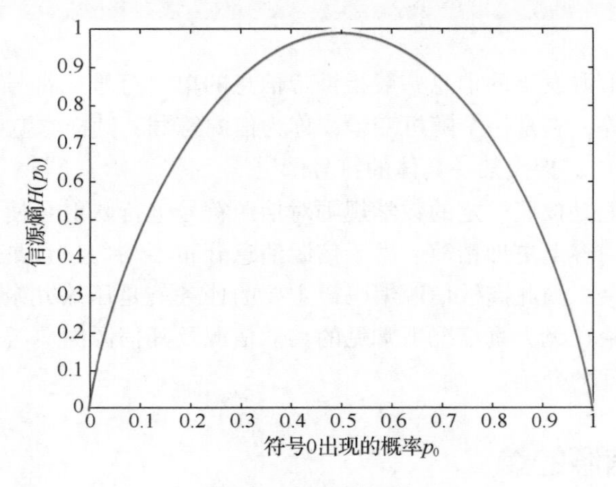

图10.4　二元信源熵

【本例终】

2. 发出符号序列的离散无记忆信源的熵

若离散信源发出的消息是由n个信源符号构成的符号序列$X^n=\{X_0,X_1,\cdots,X_{n-1}\}$，当各信源符号间相互独立时，则称这种信源为发出符号序列的离散无记忆信源，其信源熵可以表示为

$$H(X^n)=\sum_{i=0}^{n-1}H(X_i) \tag{10.39}$$

其中，n为序列长度，显然当$n=1$时，该信源退化为发出单个符号的离散无记忆信源。特别地，如果上述X^n独立同分布，该离散信源是发出单个符号的离散无记忆信源X的n重扩展，此时有

$$H(X^n)=nH(X) \tag{10.40}$$

例10.6　假设有一个发出单个符号的离散无记忆信源，其符号集为$\Omega=\{x_0,x_1,x_2\}$，信源发出各符号对应的概率是$P(x_i)$，当$i=0,1,2$时它的取值分别为$\left\{\frac{1}{4},\frac{1}{4},\frac{1}{2}\right\}$，求该信源进行二重扩展后的信源熵。

解　发出单个符号的离散无记忆信源的熵为

$$H(X)=-\sum_{i=0}^{2}P(x_i)\log_2 P(x_i)=1.5\text{bit/symbol}$$

如果对信源进行二重扩展，将该二重扩展信源记为 X^2，其符号集变为

$$\Omega^2=\Omega\times\Omega=\{x_0x_0,x_0x_1,x_0x_2,x_1x_0,x_1x_1,x_1x_2,x_2x_0,x_2x_1,x_2x_2\}$$

该符号集中共有 9 种不同的符号序列，记为 σ_m，其中 $m=0,1,\cdots,8$，且由各信源符号之间独立同分布可知 $P(\sigma_m)=P(x_i)P(x_j)$，表 10.2 给出了符号集中各符号序列出现的概率。

表 10.2　离散无记忆信源二重扩展后的符号集

Ω^2 中的符号 σ_m	σ_0	σ_1	σ_2	σ_3	σ_4	σ_5	σ_6	σ_7	σ_8
对应 Ω 中的符号序列	x_0x_0	x_0x_1	x_0x_2	x_1x_0	x_1x_1	x_1x_2	x_2x_0	x_2x_1	x_2x_2
σ_m 出现的概率	$\frac{1}{16}$	$\frac{1}{16}$	$\frac{1}{8}$	$\frac{1}{16}$	$\frac{1}{16}$	$\frac{1}{8}$	$\frac{1}{8}$	$\frac{1}{8}$	$\frac{1}{4}$

由此可以算得二重扩展信源熵为

$$\begin{aligned}H(X^2)&=-\sum_{m=0}^{8}P(\sigma_m)\log_2 P(\sigma_m)\\&=3\text{bit/symbol}\end{aligned}$$

可见 $H(X^2)=2H(X)$。

【本例终】

3. 离散有记忆信源的熵

由于对离散有记忆信源的分析比较复杂，因此，下面的内容仅介绍了该类信源熵与离散无记忆信源熵之间的关系。

若离散有记忆信源发出的消息是由 n 个信源符号构成的符号序列，各符号之间具有相关性，根据熵的链式法则，发出符号序列的离散信源 X^n 的熵为

$$H(X^n)=H(X_0)+H(X_1\mid X_0)+\cdots+H(X_{n-1}\mid X_0,X_1,\cdots,X_{n-2}) \tag{10.41}$$

且由于各符号之间的相关性，由条件熵不等式可知

$$H(X^n)\leqslant\sum_{i=0}^{n-1}H(X_i) \tag{10.42}$$

式(10.42)当且仅当各个符号 X_i 之间互相独立时等号成立，此时该信源退化为离散无记忆信源。

4. 离散平稳有记忆信源的熵率

在实际通信系统中的信源多为离散平稳有记忆信源，前面所述的离散有记忆信源的熵是在符号序列长度 n 有限的情况下得到的。由于信源不断地发出符号，序列长度趋向于无穷时的极限熵更能真实反映信源熵的实际情况。为此，先引出熵率的概念。

对于一个离散平稳有记忆信源发出的符号序列 $X^n=\{X_0,X_1,\cdots,X_i,\cdots,X_{n-1}\}$，下列极限存在

$$\begin{aligned}H_\infty&=\lim_{n\to\infty}\frac{1}{n}H(X_0,X_1,\cdots,X_{n-1})\\&=\lim_{n\to\infty}H(X_{n-1}\mid X_0,X_1,\cdots,X_{n-2})\end{aligned} \tag{10.43}$$

该极限 H_∞ 称为熵率，也称为离散平稳有记忆信源 X^n 的极限熵。

极限熵的意义在于它表明了发出无限长符号序列的离散平稳有记忆信源的熵就等于最后一个接收符号的条件熵。因此当实际信源满足 m 阶记忆性时，即信源发出的符号只与前面有限的 m 个符号有关时，就可以用有限长符号序列的联合概率分布及其平稳性来计算真实信源的熵。

10.3.2 离散信源编码

一般来说，将离散信源符号映射为码字的过程称为离散信源编码，其简化模型如图 10.5 所示。编码器的输入为离散信源符号 X，其符号集 $\Omega=\{x_0,x_1,\cdots,x_i,\cdots,x_{n-1}\}$，编码器输出为码字 $C(X)$，其样本空间为码字集 $C=\{C(x_0),C(x_1),\cdots,C(x_i),\cdots,C(x_{n-1})\}$。集合 $D=\{0,1\}$ 中的元素称为码元，它规定了码字的基本组成。例如，当编码器输入的符号集 $\Omega=\{$晴,雨$\}$ 时，输出码字 $C($晴$)=0$、$C($雨$)=1$ 就是一种最简单的编码形式。

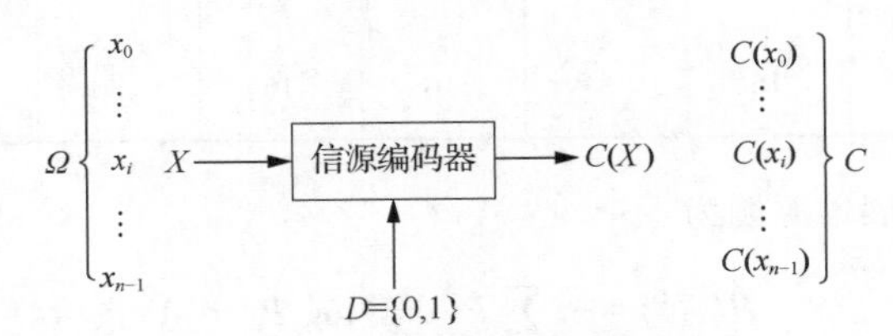

图 10.5　信源编码简化模型

在离散信源编码中，除了码字的组成，还需要考虑编码规则和所有码字的平均码长。

假设每个具体码字 $C(x_i)$ 的长度由 $l(x_i)$ 表示，如果不考虑信源的概率分布，利用相同长度的码字(这类码称为定长码)对某一信源符号集 Ω 进行编码，每一个码字的长度为

$$l(x_i)=\lceil \log_2 M \rceil \tag{10.44}$$

单位是 bit/symbol，其中 M 表示信源符号集中的符号个数，$\lceil x \rceil$ 表示向上取整。由于定长码的每一个码字长度相等，因此其平均码长 $\overline{L}$ 为

$$\overline{L}=\lceil \log_2 M \rceil \tag{10.45}$$

当且仅当符号的个数 M 为 2 的正整数次幂时，有 $\overline{L}=\log_2 M$。

由 10.2.1 小节可知，每个符号包含的信息量多少与其出现概率的对数成反比，因此可以考虑用较少的比特来表示较大概率出现的符号，从而提升编码的有效性，莫尔斯电码就使用了这一方式。

莫尔斯电码是利用英文中各个字母和间隔符的使用频率进行编码的，一般由 4 个基本码元组成：“.”“-”字母间隔以及字间隔。对于常用的字母用较短的符号序列编码，不常用的字母用较长的符号序列编码，例如字母“E”仅用一个点“.”来表示；而字母“Q”用“--.-”4 个码元来表示。莫尔斯电码作为最早出现的一种变长编码标准，对于信源编码具有很重要的指导意义。沿用莫尔斯电码的思路，利用信源的概率分布，可以构造出不同类型的变长码，避免编码时在小概率出现的信源符号上浪费较多比特，从而提高信源编码的有效性。

离散信源符号 X 的符号集为 $\Omega=\{x_0,x_1,\cdots,x_i,\cdots,x_{n-1}\}$，其概率质量函数为 $\{P(x_0),P(x_1),\cdots,P(x_i),\cdots,P(x_{n-1})\}$，对 X 使用变长码进行编码，则编码后的平均码长为

$$\overline{L}=\sum_{i=0}^{n-1}P(x_i)l(x_i) \tag{10.46}$$

式(10.46)中 $l(x_i)$ 表示符号 x_i 对应的码长。

例10.7 对于某一离散信源符号 X，其符号集为 $\Omega=\{x_0,x_1,x_2\}$，各符号对应的概率为 $P(x_i)$，当 $i=0,1,2$ 时概率取值分别为 $\left\{\frac{1}{2},\frac{1}{4},\frac{1}{4}\right\}$。对该信源符号使用变长码进行编码后对应的码字为 $C(x_0)=0$、$C(x_1)=10$、$C(x_2)=11$，求其信源熵与编码后的平均码长。

解 利用式(10.38)和式(10.46)可以求得

$$H(X)=-\sum_{i=0}^{2}P(x_i)\log_2 P(x_i)=1.5\text{bit/symbol}$$

$$\bar{L}=\sum_{i=0}^{2}P(x_i)l(x_i)=1.5\text{bit/symbol}$$

即离散信源熵 $H(X)$ 和编码后的平均码长 $\bar{L}$ 在数值上相等。实际上，信源熵 $H(X)$ 就是任意无失真编码方案对应的平均码长的最小值。

【本例终】

对于发出符号序列的离散信源进行编码时，通常会将消息分成长度为 l 的若干组，其中每一组符号序列表示为 $X^l=\{X_0,X_1,\cdots,X_i,\cdots,X_{l-1}\}$，该符号序列按照固定的码表映射成某一码字集，这类码称为分组码，有时也称为块码。为方便理解，本小节主要介绍分组后的符号序列长度 $l=1$，即发出单个符号 X 的分组码，如表10.3所示。上述介绍的定长码和变长码都属于分组码，不难看出，码B为定长码，码A、C、D、E、F为变长码。需要注意的是，只有分组码才有对应的码表，非分组码则无对应的码表。

表10.3 不同类型的分组码

信源符号	$P(x_i)$	码A	码B	码C	码D	码E	码F
x_0	0.5	0	000	0	0	0	0
x_1	0.25	0	001	01	10	10	10
x_2	0.0625	00	010	011	110	110	1100
x_3	0.0625	01	011	0111	1110	1110	1101
x_4	0.0625	10	100	01111	11110	1011	1110
x_5	0.0625	11	101	011111	111110	1101	1111

当采用分组码进行编码时，通常会限制其编码规则，使得码字具有某些性质，来保证接收端能够迅速、准确地译码。其中信源编码中最常用的性质为唯一可译性，其优势在于接收方可以不加入任何用来同步的特殊符号便可以区分出接收到的码字序列，并可以即时实现每一个码字的无失真译码。这一性质由分组码的两个基本编码规则决定：非奇异性和码字扩展。

首先给出非奇异性的定义：如果离散无记忆信源的符号集 Ω 中每个符号都映射为不同的码字，则称该码字具有非奇异性，具有这种性质的码字则称为非奇异码。

不难看出，表10.3中除了码A外，其余均为非奇异码，这一类码的码字与信源符号之间实现了一一对应。但非奇异码还不是唯一可译码，因为当信源发出一长串经过编码后的符号序列时，在收发端还必须通过一种同步方式来避免译码时因无法确定码字的起始位置而产生的错误。

例如，在每个码字后都加上一个表示结束的特殊符号来实现收发端的同步。

接下来，给出码字扩展的定义：对离散无记忆信源符号 X 进行 n 重扩展后，发出符号序列对应的码字为原来单个符号对应的码字之间的串联，将这一串联称为码字的扩展。

例如，对于表 10.3 中的信源进行二重扩展后，若发出的符号序列 x_0x_1 采用码 E 进行编码，对应的码字为 $C(x_0x_1)$，该码字的扩展即 $C(x_0)C(x_1)=010$，且有 $C(x_0x_1)=C(x_0)C(x_1)$。

有了非奇异性和码字的扩展，就可以定义唯一可译性。

对于码字集 C 中的任一码字，如果它的任意扩展都是非奇异的，则称该码字具有唯一可译性，具有这种性质的码字称为唯一可译码。

例如，对例 10.7 中的信源进行多重扩展，构成的输出符号序列如 $x_0x_2x_0x_0x_2x_0x_2x_1$，该符号序列编码后的码字为一串二进制码元序列 011001101110。此时对码元序列进行译码，按照给定的码表，只能将其唯一地分割成一个个码字：0、11、0、0、11、0、11、10，再将它们分别译为对应的符号。此时，该输出符号序列与码字一一对应。

换言之，有了“非奇异扩展”这一编码规则后，唯一可译码的任意码字都是独一无二的，且由其串联而成的任意有限长码字的扩展都只能被唯一地分割成一个个码字。10.3.3 小节将详细介绍一种最常见的唯一可译码——前缀码。

10.3.3 前缀码

前缀码具有很多好的性质，如唯一可译性、即时性，无失真编码等。通常将长度为 l 的单个码字中，除去最后一个码元后长度为 i 的部分称为码字的前缀，其中 $i=1,2,\cdots,l-1$。并且规定长度为 1 的码字不存在前缀，任何长度大于 1 的码字及其扩展不能作为它自身的前缀。若离散无记忆信源符号 X 进行编码后得到的码字集 C 中任一码字都不是其他码字的前缀，这一类码被称为前缀码。

由于任一码字的前缀都不构成码字，对于前缀码进行多重扩展时，能够保证其扩展的非奇异性，因此前缀码具有唯一可译性。且对于前缀码的译码过程，任何完整码字的最后一个码元(例如构成该码字的最后一个比特 0 或 1)到达接收方时，可以立即把它译成对应的信源符号，无须再等待后续任何一个码元，因此前缀码也被称为即时码。

例 10.8 根据前缀码的编码规则，判断表 10.3 中的给定不同类型的分组码 A、B、C、D、E、F 中，哪些构成前缀码?

解 根据前缀码的定义不难发现，码 A 是奇异码，故一定不是前缀码，码 C 中任意一个短码都是其他长码的前缀，码 E 中 10 是 1011 的前缀，因此码 C 和码 E 不是前缀码，剩下的码 B、D、F 都是前缀码。此外不难推出，定长码(如码 B)必然是前缀码。

【本例终】

从例 10.8 中可以看出，唯一可译性是构成前缀码的必要不充分条件，即前缀码一定是唯一可译码，但唯一可译码不一定是前缀码。例如表 10.3 中的码 C 不满足前缀码的条件，但是，它能够被唯一译码，因为比特 0 标明了每个码字的起始，所以比特 0 既是码字的一部分，还可以被用来同步。

此外根据定义，唯一可译码一定是非奇异码，但非奇异码不一定是唯一可译码，例如对于

$C(x_1)=1$、$C(x_2)=11$，码字 11 可以译为 x_2 或 x_1x_1，码字 111 可以译为 $x_1x_1x_1$ 或 x_2x_1 或 x_1x_2，因而对于这一非奇异码的码字及其任意扩展都不能保证唯一可译性。通常用图 10.6 来表示这些不同类型码之间的关系。

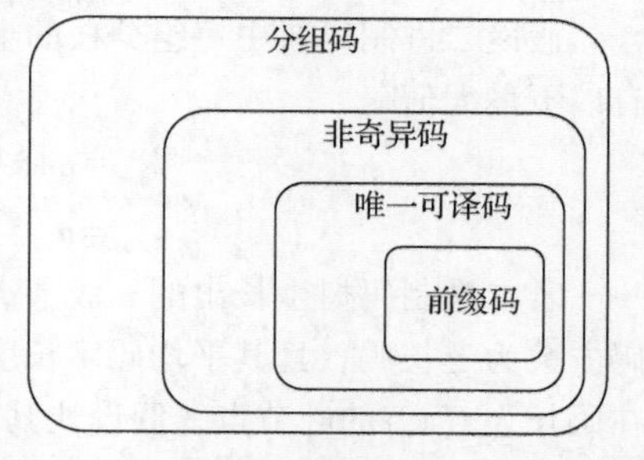

图 10.6　分组码、非奇异码、唯一可译码和前缀码的关系

1. 克拉夫特不等式

克拉夫特不等式是离散信源能够采用前缀码编码的必要非充分条件。假设离散无记忆信源符号 X 的符号集为 $\Omega=\{x_0,x_1,\cdots,x_i,\cdots,x_{n-1}\}$，经过信源编码后，对应的码字集为 $\{C(x_0),C(x_1),\cdots,C(x_i),\cdots,C(x_{n-1})\}$，码长集为 $\{l(x_0),l(x_1),\cdots,l(x_i),\cdots,l(x_{n-1})\}$，若采用前缀码进行编码，则该前缀码的码字长度必须满足克拉夫特不等式

$$\sum_{i=0}^{n-1} 2^{-l(x_i)} \leqslant 1 \tag{10.47}$$

通常采用构造码树的方式来证明克拉夫特不等式。对于图 10.7 所示的一种前缀码的二进制码树，信源符号 X 的符号集 $\Omega=\{x_0,x_1,x_2,x_3\}$，图中从左到右有 3 类节点，分别是根节点、中间节点和叶节点，各个节点之间用代表基本码元 0 和 1 的直线连接，构成树状的编码图，节点与节点之间的连线一般称为树枝或分枝。码树自根节点开始经过第一组分枝到达的 2 个节点称为 1 级节点，若各个 1 级节点沿着分枝继续生长，可能产生的 2 级节点个数为 2^2，由此递推得到：对于 n 级节点可能的节点个数为 2^n。

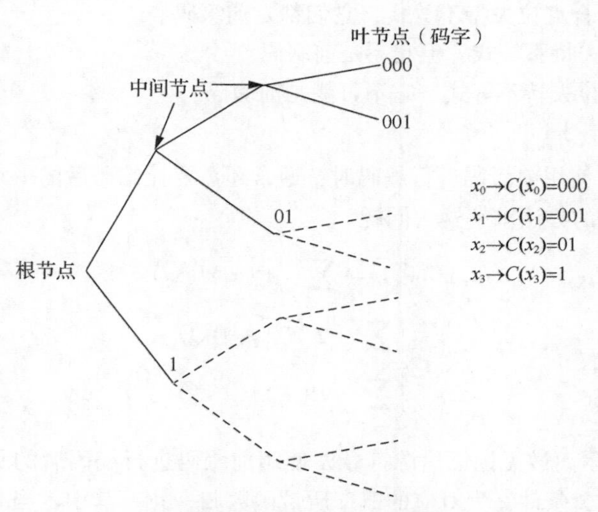

图 10.7　满足克拉夫特不等式的二进制码树示例

若到达第 i 级($1\leqslant i<n$)后，有的节点不再继续生长，这些节点即叶节点。每一个叶节点从左到右按照所经过分枝代表的码元，构成该码字集中的一个码字，对应图 10.7 中的 $C(x_0)$、$C(x_1)$、$C(x_2)$、$C(x_3)$。规定 n 级节点(图 10.7 中 $n=3$)是码树的最后一级，则任一 n 级节点必定构成一个叶节点(码字)，且对应的单个码字具有最大长度 n。而每一级中不构成叶节点的节点统一称为中间节点，本质上代表了某一个码字的前缀，由于采用前缀码进行编码，任一码字都可以不是其他码字的前缀，因此任一中间节点都不可能构成码字。由此，利用图 10.7 给出的示例对克拉夫特不等式进行证明。

假设二进制码树中每组分枝的上分枝用0表示，下分枝用1表示，且对于n级节点，其码长有以下最大值

$$l_{\max}=\max\{l(x_0),l(x_1),\cdots,l(x_i),\cdots,l(x_{n-1})\}\\=n \tag{10.48}$$

若二进制码树生长出的n级节点，至多有$2^{l_{\max}}$个码长为$l_{\max}$的叶节点(码字)，此时的前缀码编码方案为定长码，且其平均码字长度具有最大值n。而实际上对于不同的编码方案，i级节点中存在码长为$l(x_i)$的叶节点，假设让其继续沿着分枝生长成为新的叶节点，每一个i级节点至多还能再生长出$2^{l_{\max}-l(x_i)}$个n级节点。如图10.7中虚线所示，原有的2级叶节点(码字01)能够生长出2个3级节点，原有的1级叶节点(码字1)能够生长出4个3级节点，原有的3级节点(码字000、001)个数不变。

由于已知单个码字长度的最大值为$l_{\max}=n$，任意码树能够生长出新的叶节点个数存在上限，即n级节点的最大个数，由此得到不等式

$$\sum_{i=0}^{n-1}2^{l_{\max}-l(x_i)}\leqslant 2^{l_{\max}} \tag{10.49}$$

化简后即得到克拉夫特不等式

$$\sum_{i=0}^{n-1}2^{-l(x_i)}\leqslant 1 \tag{10.50}$$

遗憾的是，克拉夫特不等式只约束了前缀码需要满足的码长条件，并不能用来判断一个信源编码是否是前缀码。从例10.8中便可以发现以下规律。

(1)码A、C、E符合克拉夫特不等式，它们都是前缀码。

(2)码B符合克拉夫特不等式，但它不是前缀码。

(3)码D不符合克拉夫特不等式，它不可能是前缀码。

2. 平均码长界定定理

对离散信源符号X使用前缀码进行编码时，通常还需要让编码后的平均码长最小，以提高编码效率，可以利用优化的方法求解这一问题

$$\min.\ \bar{L}=\sum\nolimits_{i=0}^{n-1}P(x_i)l(x_i)\\ \text{s. t.}\begin{cases}\sum\nolimits_{i=0}^{n-1}2^{-l(x_i)}\leqslant 1 & ①\\ \sum\nolimits_{i=0}^{n-1}P(x_i)=1 & ②\end{cases} \tag{10.51}$$

式(10.51)中$\bar{L}$表示离散无记忆信源符号X使用前缀码进行编码后的平均码长，条件①为前缀码的克拉夫特不等式，条件②为对应的概率质量函数归一化。其中，当条件①取等号时，平均码长可以取到最小值，此时对应的码长集合记为$\{l(x_0),l(x_1),\cdots,l(x_i),\cdots,l(x_{n-1})\}$，否则该集合中任一码字的长度$l'(x_i)$需要比原有的$l(x_i)$更长才能满足条件①中的不等关系，此时平均码长无法取到最小值。当条件①取等号时，为求出实现最佳码时各个码字长度需要满足的条件，一般用拉格朗日乘数法求解，令

$$J=\sum_{i=0}^{n-1}P(x_i)l(x_i)+\lambda\left[\sum_{i=0}^{n-1}2^{-l(x_i)}\right] \tag{10.52}$$

式(10.52)中J称为拉格朗日函数，λ称为拉格朗日乘数，先不考虑单个码字长度$l(x_i)$是整数这一限制，令J对码字长度$l(x_i)$依次求偏导，并令其结果等于0后得到

$$P(x_i)=\lambda 2^{-l(x_i)}\ln 2 \tag{10.53}$$

将结果代入式(10.51)中条件②，并在条件①取等号下可以得到

$$\begin{cases}\sum_{i=0}^{n-1} 2^{-l(x_i)}=1\\ \sum_{i=0}^{n-1}\lambda 2^{-l(x_i)}\ln 2=1\end{cases} \tag{10.54}$$

此时

$$\lambda=\frac{1}{\ln 2} \tag{10.55}$$

将 λ 代入式(10.53)，即可得到各个码字需要满足的码长条件为

$$l(x_i)=-\log_2 P(x_i) \tag{10.56}$$

最后对于整个码长集求平均，可以得到该问题的解，即最小平均码长为

$$\begin{aligned}\bar{L}_{\min}&=-\sum_{i=0}^{n-1}P(x_i)\log_2 P(x_i)\\&=H(X)\end{aligned} \tag{10.57}$$

式(10.57)表明对于信源输出符号进行前缀码编码时，平均码长能够取得的最小值就是信源熵 $H(X)$。但是，由于实际编码时各个码字长度都是整数的限制，当且仅当对于 $\forall i,-\log_2 P(x_i)$ 为整数时，式(10.57)才能成立，即真正实现最佳码的平均码长最小。否则，最佳码的码长都是尽可能去逼近信源熵这一理论最小值，由此得出定理：设离散无记忆信源符号 X 的信源熵为 $H(X)$，对该信源进行编码，则总可以找到一种无失真的编码方法，使其构成前缀码，并且该码的最小平均码长满足

$$H(X)\leqslant\bar{L}_{\min}<H(X)+1 \tag{10.58}$$

式(10.58)常称为平均码长界定定理，表明了最佳码的最小平均码长与信源熵的关系。对于该定理的证明，左边的不等式 $H(X)\leqslant\bar{L}_{\min}$ 已经通过式(10.51)~式(10.57)证明。右边的不等式 $\bar{L}_{\min}<H(X)+1$ 需要利用每一个码字长度为整数的限制加以证明，即

$$l(x_i)=\lceil -\log_2 P(x_i)\rceil<-\log_2 P(x_i)+1 \tag{10.59}$$

对两边求平均得

$$\begin{aligned}\bar{L}_{\min}&=\sum_{i=0}^{n-1}P(x_i)l(x_i)\\&<\sum_{i=0}^{n-1}P(x_i)[-\log_2 P(x_i)+1]\\&=H(X)+1\end{aligned} \tag{10.60}$$

式(10.58)得证。可见，对于离散无记忆信源使用前缀码编码时，其最小平均码长在一定范围内变化，那么如何使这类最佳码的平均码长尽可能地逼近信源熵呢？答案就是，对信源进行 n 重扩展。对于 n 重扩展后离散无记忆信源发出的符号序列 X^n，其信源熵为 $H(X^n)$，此时扩展后码字的最小平均码长 $\bar{L}_{n,\min}$ 满足如下关系

$$H(X^n)\leqslant\bar{L}(X^n)_{n,\min} \tag{10.61}$$

将 n 重扩展信源熵的式(10.40)代入式(10.61)，两边同时除以 n，可得

$$H(X) \leqslant \frac{\bar{L}_{n,\min}}{n} < H(X) + \frac{1}{n} \tag{10.62}$$

通常将$\frac{\bar{L}_{n,\min}}{n}$记为$\bar{L}'_{\min}$，表示在符号序列$X^n$中每一个符号$X$的最小平均码长，并且当$n$趋向于无穷时，可得

$$\lim_{n \to \infty} \bar{L}'_{\min} = H(X) \tag{10.63}$$

因此，当扩展信源的n足够大时，采用前缀码编码的最小平均码长就可以无限趋近于信源熵，不过其代价是译码复杂度随着n的增大而增大。这一点对于理解信源编码定理具有很大的帮助，不过在正式介绍信源编码定理之前，先介绍一种经典的前缀码算法——哈夫曼编码，来加深对其的理解。

3. 哈夫曼编码

哈夫曼编码是1952年由哈夫曼在美国麻省理工学院信息论课程的一篇课程论文中提出的，利用二进制码树的思想，用简洁、形象的方式构造出一组前缀码，且使其平均码字长度最小，其算法思路如下。

① 将n个信源符号按其出现概率$P(x_i)$的大小降序排列。

② 将二进制码元符号0和1分别赋给概率最小的两个信源符号，并将这两个概率最小的信源符号看作一个新的信源符号，这一新符号的概率等于原先两个符号概率的和。此时可得到一个包含$n-1$个符号的信源，该信源称为缩减信源。

③ 对步骤②中得到的缩减信源重复步骤①和步骤②，直到最后得到的缩减信源只剩两个信源符号为止，并将最后两个信源符号分别赋以码元符号0和1。

④ 通过从后向前回溯各符号在对应路径上的码元，组成码元序列，即得到原始信源中各符号所对应的码字。

值得注意的是，哈夫曼编码不是唯一的，造成哈夫曼编码非唯一性的原因主要有两个：首先，在哈夫曼编码的过程中，由于编码规则不同，给两个码字中概率较低的信源符号赋0或1，会形成不同的码字集；其次，在对缩减信源的概率重新排序时，新得到信源符号的概率可能与剩下信源符号中的某个概率相同，从而使得对概率排序时有两种选择，一是将新符号放置得尽量高，二是将新符号放置得尽量低，选择高放置还是低放置，将造成最终形成的码字差异很大。因而这两点都需要在编码前预先设定且固定不变。不过码字的平均长度是不变的，也不会对前缀码的性质造成影响，下面的例子很好地解释了这一点。

例 10.9 **某离散无记忆信源符号X的符号集$\Omega=\{x_0,x_1,x_2,x_3,x_4\}$，各个符号对应的概率为$P(x_i)$，当$0 \leqslant i \leqslant 4$时概率取值分别为$\{0.4,0.2,0.2,0.1,0.1\}$。若规定给码字中概率较低的符号赋1，分别画出使用高放置与低放置的哈夫曼编码，给出对应的码字集，并计算不同编码规则下的平均码长。**

解 按照哈夫曼编码的算法，对该例经过4步得到编码结果，图10.8和图10.9分别给出了新符号高放置和低放置下的编码示例，两种方法下该信源的哈夫曼编码的码字/码长$l(x_i)$如表10.4所示。

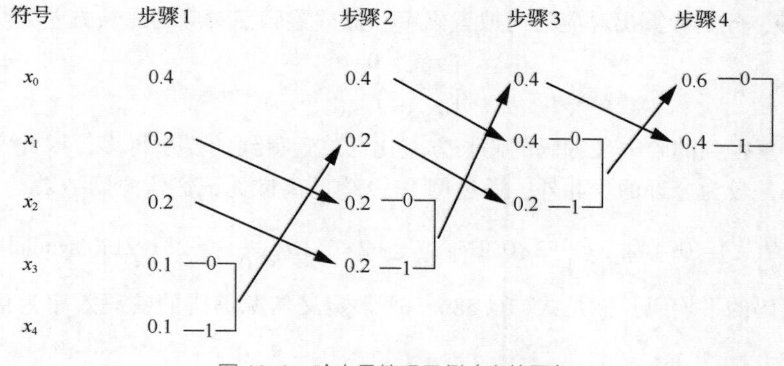

图 10.8 哈夫曼编码示例（高放置）

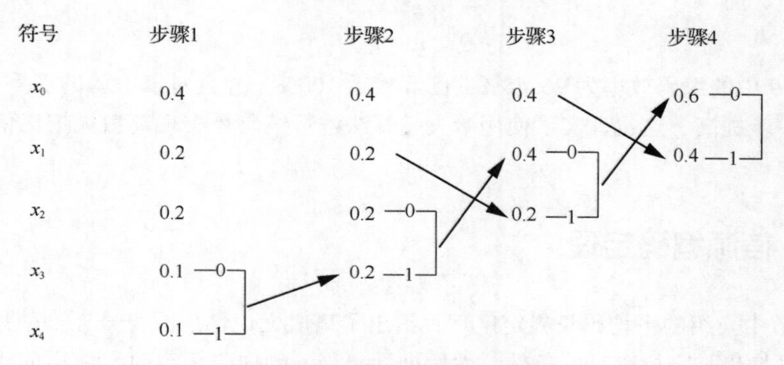

图 10.9 哈夫曼编码示例（低放置）

表 10.4 哈夫曼编码的码字/码长

符号	$P(x_i)$	码字(高放置)/码长	码字(低放置)/码长
x_0	0.4	00/2	1/1
x_1	0.2	10/2	01/2
x_2	0.2	11/2	000/3
x_3	0.1	010/3	0010/4
x_4	0.1	011/3	0011/4

高放置和低放置编码方法下的平均码长分别为

$$\bar{L}_{\text{high}}=0.4\times2+0.2\times2+0.2\times2+0.1\times3+0.1\times3=2.2\text{bit/symbol}$$

$$\bar{L}_{\text{low}}=0.4\times1+0.2\times2+0.2\times3+0.1\times4+0.1\times4=2.2\text{bit/symbol}$$

尽管采用高放置和低放置得到的每个码字都不一样，但它们具有相同的平均码长。

【本例终】

实际中，为了对信源编码的码字长度差异进行度量，在整个信源符号上定义平均码长 $\bar{L}$ 的方差为

$$\sigma^2=\sum_{i=0}^{n-1}P(x_i)\left[l(x_i)-\bar{L}\right]^2 \tag{10.64}$$

对于例 10.9，分别计算出对应的高放置码字和低放置码字对应的码长方差为

$$\begin{cases}\sigma_{\text{high}}^2=0.16\\ \sigma_{\text{low}}^2=1.46\end{cases}$$

通常，高放置得到的哈夫曼编码的码长方差比低放置得到的要小得多，因此实际中选择高放置的哈夫曼编码是较为合理的。此外，通过例 10.9 中的离散无记忆信源熵结果

$$H(X)=0.4\log_2\frac{1}{0.4}+2\times0.2\log_2\frac{1}{0.2}+2\times0.1\log_2\frac{1}{0.1}=2.122\text{bit/symbol}$$

可知，哈夫曼编码的平均码长满足式(10.58)。通常定义信源编码的编码效率为信源熵与平均码长的比值

$$\eta=\frac{H(X)}{\bar{L}} \tag{10.65}$$

求得例 10.9 中的编码效率为 96.45%，已经接近 100%。并且对该信源的多重扩展进行编码，编码效率将进一步提高，这也证实了使用哈夫曼算法进行编码是实现离散无记忆信源最佳码的一种方式。

10.3.4 信源编码定理

10.3.3 小节中介绍的平均码长界定定理，给出了离散无记忆信源符号 X 在使用前缀码进行编码时，其最小平均码长需要满足的条件。然后推导出当 n 趋向于无穷时，使用前缀码对该离散无记忆信源进行 n 重扩展后的结果进行编码时，发出的符号序列 X^n 中每一个符号 X 的最小平均码长。

对比式(10.58)和式(10.63)不难发现：对于任意离散无记忆信源，即使通过多重扩展的方式尽可能减少每一个符号 X 的平均码字长度，最终能够达到的最小平均码长的极限都是信源熵 $H(X)$。这一极限在信源编码中有着重要的指导意义，由它可以直接引出信源编码定理。

对于任意离散无记忆信源，其信源熵为 $H(X)$，采用任意形式的无失真信源编码，能够达到的最小平均码长 $\bar{L}$ 满足

$$\bar{L}\geqslant H(X) \tag{10.66}$$

该定理也被称为香农第一定理，表明了要实现无失真信源编码，能达到的最小平均码长就是信源熵 $H(X)$，否则在编码时必然会带来失真或差错。因此在实际应用中，无失真信源编码的任务就是在不损失信息的前提下尽可能地压缩信源的冗余信息，使编码所需要的平均码长能够尽可能逼近信源熵，故无失真信源编码也常被称为无失真数据压缩(Data Compaction)。

然而，香农第一定理仅仅是一个存在性定理，它并没有给出对于如何构造码字的指导。因此找到更有效的编码方案，使其能够尽可能无失真地压缩信源，就成了过去几十年通信技术的一大热门方向。下面介绍其中一种通用的信源编码方案——Lempel-Ziv 编码。

哈夫曼编码要求在设计编码前已知信源的概率分布。然而，在实际应用中，信源的概率分布往往是未知的，为了克服这一困难，可以使用一种通用的无失真信源编码方案——Lempel-Ziv 编码。它比哈夫曼编码更具有自适应性，且更易实现。

Lempel-Ziv 编码是指研究人员在 1977 年和 1978 年共同提出的两种编码算法，它们分别称为 LZ77 和 LZ78，本节主要介绍 LZ78 的基本概念。这一编码算法的核心思想是在编码时将已存储的

子序列看作参考码本，利用该码本内的子序列所处的位置，对下一个未曾出现在该码本内的最短子序列进行编码。为进一步说明这一编码算法，考虑某一离散信源输出的二进制序列 000101110010100101…，假设二进制符号 0 和 1 已经按此顺序存储在码本中。即：

- 已存储的子序列为 0、1；
- 待处理的数据为 000101110010100101…

编码过程从左端开始。由于 0 和 1 已经被存储，第一个未曾出现在码本内的最短子序列是 00，因而对其存储完成后，码本变为：

- 已存储的子序列为 0、1、00；
- 待处理的数据为 0101110010100101…

第二个未曾出现在码本内的最短子序列是 01，对其进行存储，完成后码本变为：

- 已存储的子序列为 0、1、00、01；
- 待处理的数据为 01110010100101…

下一个未曾出现在码本内的最短子序列是 011，对其进行存储，完成后码本变为：

- 已存储的子序列为 0、1、00、01、011；
- 待处理的数据为 10010100101…

持续迭代这个过程直到所给的二进制序列全部存储完成，表 10.5 中的第一行说明了这一串二进制序列存储完成后，单个子序列在码本中存储的位置。利用 LZ78 的编码规则，将各子序列表示为二元组(已存储子序列的位置，当前子序列最后一个符号)，例如该二进制序列中第一个未曾出现过的最短子序列是 00，是码本中处于位置 1 的符号 0 与自身的级联，因此由二元组(1,0)表示，第二个未曾出现过的最短子序列 01，是码本中处于位置 1 的符号 0 与符号 1 级联，因此由二元组(1,1)表示，其余依次递推得到表中第 3 行。通常将二元组中第二个元素称为创新符号，它保证了新的子序列与早先保存在码本中的子序列不相同，而第一个元素在码本中起到了“指针”的作用。

表 10.5 码流 000101110010100101 的 LZ78 编码

码本中的位置	1	2	3	4	5	6	7	8	9
码本中的子序列	0	1	00	01	011	10	010	100	101
二元组	—	—	(1,0)	(1,1)	(4,1)	(2,0)	(4,0)	(6,0)	(6,1)
二进制 LZ78 编码	—	—	0010	0011	1001	0100	1000	1100	1101

采用固定长度的二进制码字对二元组进行编码。当码字长度为 4 时，对二元组中第一个元素用码字的前 3 位表示，第二个元素用码字的第 4 位表示，例如子序列 00 对应的二元组中第一个元素为 1，编码为 001，第二个元素为 0，直接用创新符号 0 表示，因此子序列 00 利用 LZ78 编码后的码字为 0010。剩下的子序列也按照这种方式处理，最终对该二进制序列的 LZ78 编码结果见表 10.5 第 4 行。

由此例可知，LZ78 编码是充分利用子序列在码本中所处的位置信息，使用固定长度的码字表示不同长度的信源符号序列。这一特性使得该编码适合于同步传输，并且当该编码使用较大码本时，能够有效地表示超长数据码流。实际应用中常采用 12bit 的固定长码字，这意味着码本中可以包含 2048 项不同的二进制子序列。

Lempel-Ziv 编码作为一种不依赖信源概率分布的通用信源编码算法，其编解码过程相对简单，这些优良的特性使得该算法出现后很快就取代了哈夫曼编码在无失真数据压缩算法中的地位，成为计算机文件压缩的标准算法。当应用到普通的英语文章时，Lempel-Ziv 编码能获得 55%

的压缩率，而哈夫曼编码一般只有43%的压缩率，这也说明了Lempel-Ziv编码能够在较高效率下尽可能地压缩文本。

10.4 离散信道及信道编码定理

在信息论中，信道通常由信道输入概率、信道输出概率和输入与输出之间的条件概率来表示，研究信道的主要目的是解决噪声信道的传输问题。由于信道的定义和分类比较宽泛，本章中主要介绍以下两类信道。

(1)离散信道。其信道输入和输出在时间和幅值上都是离散分布的，两者之间的关系由一组条件概率表示。

(2)离散输入、连续输出信道。其信道输入在时间和幅值上是离散分布的，信道输出是连续分布的，两者之间的关系由一组条件概率密度函数表示。最典型的例子就是10.5节中分析过的高斯信道。

与离散信源类似，离散信道也可以分为离散无记忆信道和离散有记忆信道，前者指在某一时刻的信道输出仅与当前时刻的信道输入有关，与之前任意时刻的信道输入无关；后者是指在任意时刻信道的输出不仅与当前时刻的信道输入有关，还与之前时刻的信道输入有关。本节将通过离散无记忆信道模型，介绍信道中涉及的基本概念及其信道容量的计算，并给出在噪声下信息传输的基本限制，即香农第二定理。

10.4.1 离散无记忆信道及其信道容量

假设任一时刻的信道输入X和信道输出Y为离散随机变量，符号集分别为$\Omega=\{x_0,x_1,\cdots,x_i,\cdots,x_{n-1}\}$和$\Psi=\{y_0,y_1,\cdots,y_j,\cdots,y_{m-1}\}$，此时$\Omega$中的符号个数$n$和$\Psi$中的符号个数$m$未必相同，即可能出现多个输入符号中的任意一个被发送时，信道的输出符号是一样的，此时$m\leqslant n$。对于其信道输入X与输出Y之间的关系由一组条件概率来表示，其中$i=0,1,\cdots,n-1,j=0,1,\cdots,m-1$

$$P(y_j\mid x_i)=P_{i,j} \tag{10.67}$$

式(10.67)称为信道的转移概率，即信道输入为x_i时，经过离散无记忆信道后，接收到信道输出是y_j的可能性。通常将这一组转移概率用矩阵的形式来描述

$$\begin{aligned}\boldsymbol{P}&=\begin{pmatrix}P(y_0\mid x_0) & \cdots & P(y_{m-1}\mid x_0)\\ \vdots & & \vdots\\ P(y_0\mid x_{n-1}) & \cdots & P(y_{m-1}\mid x_{n-1})\end{pmatrix}\\ &=\begin{pmatrix}P_{0,0} & \cdots & P_{0,m-1}\\ \vdots & & \vdots\\ P_{n-1,0} & \cdots & P_{n-1,m-1}\end{pmatrix}\end{aligned} \tag{10.68}$$

这一大小为$n\times m$的矩阵称为信道矩阵或传输矩阵。值得说明的是，信道矩阵$\boldsymbol{P}$的每一行对应一个固定的信道输入，每一列则对应一个固定的信道输出。特别地，如果$\boldsymbol{P}$中每一行的元素中只包含一个“1”，其余元素均为“0”，称此时信道是无噪声的。此外，$\boldsymbol{P}$中每一行元素的和总等于1，即对于任一信道输入x_i，$i=0,1,\cdots,n-1$，其对应的所有可能的信道输出概率和为1

$$\sum_{j=0}^{m-1} P(y_j \mid x_i) = 1 \tag{10.69}$$

式(10.69)实质上是概率论中条件概率的归一化公式。

例 10.10 二进制删除信道在某一时刻只能传输一个符号 0 或 1，且输入符号有一定概率 p 被信道“删除”，此时信道输出用符号 e 表示，其转移概率如图 10.10 所示，试写出其信道传输矩阵。

解 由于二进制删除信道输入的符号集 $\Omega=\{0,1\}$，信道输出的符号集 $\Psi=\{0,1,\mathrm{e}\}$，因此其信道传输矩阵可表示为

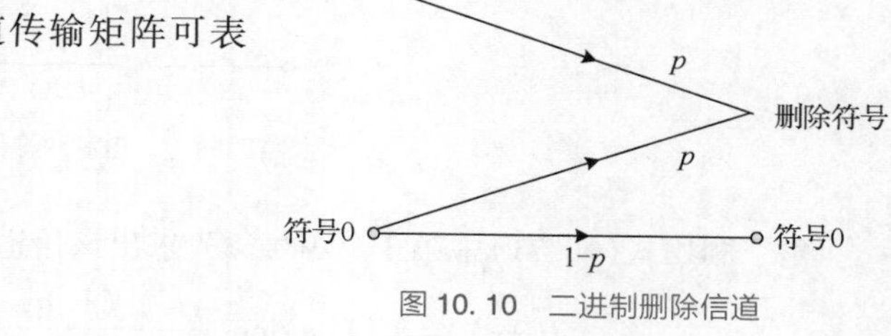

图 10.10 二进制删除信道

$$\boldsymbol{P} = \begin{pmatrix} P_{0,0} & P_{0,\mathrm{e}} & P_{0,1} \\ P_{1,0} & P_{1,\mathrm{e}} & P_{1,1} \end{pmatrix} = \begin{pmatrix} 1-p & p & 0 \\ 0 & p & 1-p \end{pmatrix}$$

二进制删除信道的传输矩阵每一行的元素和等于 1，这与式(10.69)是一致的。

【本例终】

回顾在 10.2.3 小节介绍的关于熵与互信息的概念，对于由式(10.67)定义的离散无记忆信道，利用熵与互信息的关系可以写出该信道输入和输出之间的互信息为

$$\begin{aligned} I(X;Y) &= H(X) - H(X \mid Y) \\ &= H(Y) - H(Y \mid X) \end{aligned} \tag{10.70}$$

由于互信息 $I(X;Y)$ 为接收到信道输出 Y 而消除的对信道输入 X 不确定性的度量，因此当利用信道传输信息时，这一传输行为的本质是发送方信息在信道的作用后，接收方对于发送方信息的不确定性降低了，这就是信息传输产生的结果。由此就可以利用互信息 $I(X;Y)$ 来理解信道容量的概念：对于服从某一概率分布的信道输入，其经过信道后最多能够降低的不确定性，即最大的互信息。通常情况下信道容量用 C 表示，利用式(10.19)中互信息的表达式，定义离散无记忆信道的容量为

$$\begin{aligned} C &= \max_{\{P(x_i)\}} \{I(X;Y)\} \\ &= \max_{\{P(x_i)\}} \left\{ \sum_{j=0}^{m-1} \sum_{i=0}^{n-1} P(x_i, y_j) \log_2 \frac{P(x_i, y_j)}{P(x_i) P(y_j)} \right\} \\ &= \max_{\{P(x_i)\}} \left\{ \sum_{j=0}^{m-1} \sum_{i=0}^{n-1} P(x_i) P(y_j \mid x_i) \log_2 \frac{P(y_j \mid x_i)}{\sum_{k=0}^{n-1} P(x_k) P(y_j \mid x_k)} \right\} \end{aligned} \tag{10.71}$$

单位是 bit/channel 或者 bit/transmission，这里的度量单位可理解为每次使用该信道传输一个离散信源符号能够降低的不确定性程度。注意式(10.71)中第 3 个等号中利用了

$$P(y_j) = \sum_{k=0}^{n-1} P(x_k) P(y_j \mid x_k) \tag{10.72}$$

即任一信道输出 y_j 的概率，等于每一个输入经过信道后输出为 y_j 的概率和，其对应信道矩阵 $\boldsymbol{P}$ 中每一列元素的和。由式(10.71)可以看出，信道容量 C 是信源输入概率分布与信道转移概率的函数，因而，求解某一信道容量的关键在于找到某种概率分布，使得 $I(X;Y)$ 最大。

例 10.11 考虑图 10.11 所示的二进制对称信道，该信道的转移概率由 p 和 $1-p$ 确定。假设信道输入符号 0 的概率为 p_0，输入符号 1 的概率为 $1-p_0$，求该二进制对称信道的信道容量。

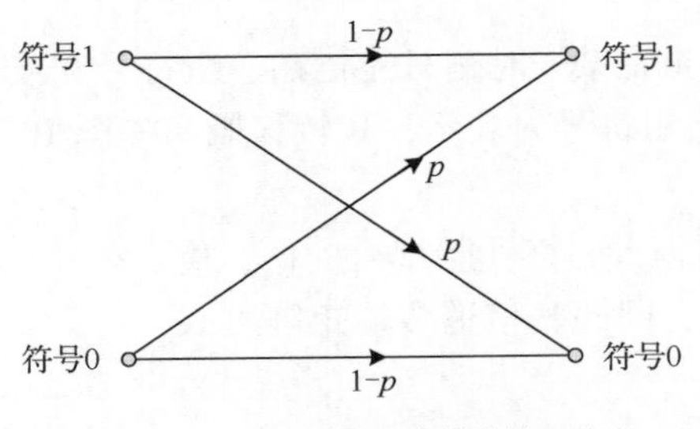

图 10.11　二进制对称信道的互信息

解　利用式(10.71)中第 3 个等号，先求出该信道的互信息为

$$
\begin{aligned}
I(X;Y)=&p_0(1-p)\log_2\frac{(1-p)}{p_0(1-p)+(1-p_0)p}+ &&(\text{发 0 收 0})\\
&p_0p\log_2\frac{p}{p_0p+(1-p_0)(1-p)}+ &&(\text{发 0 收 1})\\
&(1-p_0)p\log_2\frac{p}{p_0(1-p)+(1-p_0)p}+ &&(\text{发 1 收 0})\\
&(1-p_0)(1-p)\log_2\frac{1-p}{p_0p+(1-p_0)(1-p)} &&(\text{发 1 收 1})
\end{aligned}
\tag{10.73}
$$

对式(10.73)进行化简，令 $z=(1-p)(1-p_0)+pp_0$，可得

$$
\begin{cases}
H(Y\mid X)=-p\log_2p-(1-p)\log_2(1-p)\\
H(Y)=-z\log_2z-(1-z)\log_2(1-z)
\end{cases}
\tag{10.74}
$$

同时利用熵与互信息的关系以及式(10.74)，将互信息 $I(X;Y)$ 写为

$$
\begin{aligned}
I(X;Y)&=H(Y)-H(Y\mid X)\\
&=-z\log_2z-(1-z)\log_2(1-z)-[-p\log_2p-(1-p)\log_2(1-p)]
\end{aligned}
\tag{10.75}
$$

由式(10.73)可以看出，当假设信道的转移概率 p 为常数时，互信息是 p_0 的函数。为了求出二进制对称信道的信道容量，用式(10.75)对 p_0 求一阶偏导数，并令该偏导数等于 0：

$$
\frac{\partial I(X;Y)}{\partial p_0}=\frac{\partial H(Y)}{\partial z}\frac{\partial z}{\partial p_0}=0 \tag{10.76}
$$

不难得到当 $z=\dfrac{1}{2}$时，$H(Y)$有最大值，将其代入 $z=(1-p)(1-p_0)+pp_0$，求出此时信道输入符号 0 和 1 的概率相等，即 $p_0=1-p_0=\dfrac{1}{2}$时取到最大值。因而，当信道的转移概率 p 为常数，输入的信源符号服从等概率分布时，二进制对称信道的容量能够达到

$$
\begin{aligned}
C&=\max_{\{p_0,1-p_0\}}\{I(X;Y)\}\\
&=1-H(Y\mid X)
\end{aligned}
\tag{10.77}
$$

有了式(10.77)后，进一步分析信道容量 C 与 $H(Y\mid X)$的关系，如果信道的转移概率 p 取不同值，该二进制对称信道的容量也会随之发生变化。图 10.12 给出了二进制对称信道的信道容量

关于信道转移概率 p 的曲线，从图中可以发现以下规律。

（1）当信道是无噪声的，即 $p=0$ 或 $p=1$ 时，二进制对称信道容量能获得最大值 1bit/transmission，即经过该信道后，输入符号的不确定性被消除了，接收方对于结果不存在任何的怀疑。

（2）当在噪声影响下，信道的转移概率 $p=\frac{1}{2}$ 时，二进制对称信道容量有最小值 0bit/transmission，这种情况下的信道被认为是无用的，它并没有实现信息传输的作用。

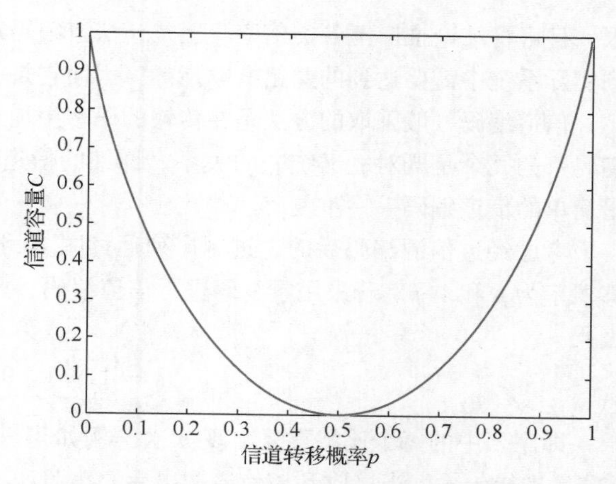

图 10.12　二进制对称信道的信道容量 C 关于转移概率 p 的曲线

【本例终】

10.4.2　信道编码定理

通信系统中的噪声是无处不在的，在分析通信问题时，通常将对噪声的分析归于信道传输的部分，如图 10.1 所示。信道编码的目的是增加通信系统对噪声的抵抗能力，从而提高通信的可靠性。不同通信系统对于通信可靠性的要求不同，在军事通信中，人们希望信息发生差错的概率越小越好，而对于一般的广播通信，能够达到 10^{-3} 左右的差错概率实际上就已经可以被大众所接收。随着目前通信技术，尤其是无线移动通信技术的迅猛发展，越来越多的数据、应用和用户对通信的可靠性提出了要求，那么是否存在一种信道编码的方式，使得信息可以被有效地传输，且发生差错的概率任意小？香农在 1948 年给出了这个问题的答案，即信道编码定理，也称为香农第二定理。

假设有一离散信源符号 X，符号集为 Ω，信源熵为 $H(X)$，信源每 T_s 秒发出一次符号，该信源发出的平均信息速率为 $\frac{H(X)}{T_s}$，单位是 bit/s。如果信源发出的符号通过离散无记忆信道进行传输，该信道使用间隔为 T_c，此时单位时间内的信道容量为 $\frac{C}{T_c}$，单位是 bit/s。由此，将离散无记忆信道的信道编码定理表述为：在离散无记忆信道上传输信息时，若信源发出的平均信息速率满足下述条件

$$\frac{H(X)}{T_s} \leqslant \frac{C}{T_c} \tag{10.78}$$

则必然存在一种信道编码方式可以实现该信息的有效传输，且传输的差错概率任意小。反之，若存在以下不等关系。

$$\frac{H(X)}{T_s} > \frac{C}{T_c} \tag{10.79}$$

则无论使用何种方式编码，都无法在该信道上以任意小的差错概率传输信息。

需要注意的是，信道编码定理指出了单位时间内的信道容量是可靠无误地传输信息的速率上

限，且可将结论推广至各类信道。但是，信道编码定理没有告诉人们如何进行信道编码，才能得到实际系统中需要达到的差错概率指标，因而它是一项存在性定理。

信道编码一般采取的方法是在传输的码字中加入可控制的冗余，这与信源编码中的尽可能压缩码字的冗余是既对立又统一的关系。详细的信道编码技术将在第 11 章中讨论，下面介绍一种最简单的信道编码——重复码。

考虑经过信源编码后的二进制序列通过图 10. 11 所示的二进制对称信道进行传输，信道的转移概率为 p 和 $1-p$。若采用重复码进行信道编码，此时输入序列中的比特 1 和 0 分别按如下规则编码

$$1 \mapsto \underbrace{11\cdots1}_{n=2m+1} \quad 0 \mapsto \underbrace{00\cdots0}_{n=2m+1}$$

即序列中的每个比特重复出现 n 次，例如当 $n=3$ 时，1 和 0 分别编码为二进制序列 111 和 000 后进行传输。当接收到该信道输出后，按照如下步骤进行译码：规定解码器收到长度为 n 的输出序列后(对应信源序列的 1 bit)进行一次判决，当 0 的个数大于 1 的个数，解码器就判决为 0，否则判决为 1，即采用多数准则译码。因此为保证译码的有效性，每个比特重复的次数必须为奇数，即 $n=2m+1$，当有$(m+1)$bit 或更多(最多 n 个)接收出现差错时，译码就会出错，并且由于该信道的对称性，信道输入为比特 0 或比特 1 时，译码时出错的概率是相等的。假设译码后的平均差错概率 P_e 独立于信道输入的概率，可将 P_e 表示为

$$P_e = \sum_{i=m+1}^{n} \binom{n}{i} p^i (1-p)^{n-i}$$

上式表明了重复码的平均差错概率为有大于等于$(m+1)$bit 出错的概率之和。

重复码作为一种分组码，将信道输入的二进制序列中的每比特映射到长度为 $n$bit 的分组上进行传输，因而信道编码器为信道中传输的信息加入的冗余为$(n-1)$bit，重复码的编码效率为

$$\eta = \frac{1}{n}$$

表 10. 6 给出了在不同编码效率下，重复码进行译码时的平均差错概率 P_e 的取值，其中转移概率 p 的取值为 10^{-2}，可见利用重复码进行信道编码时，传输可靠性的提高是以降低编码效率为代价的。

表 10. 6　重复码的平均差错概率

编码效率 $\eta=\frac{1}{n}$	平均差错概率 P_e
1	1×10^{-2}
1/3	3×10^{-4}
1/5	1×10^{-6}
1/7	4×10^{-7}
1/9	1×10^{-8}
1/11	5×10^{-10}

10.5 信道容量公式

在信息论中，给定限制条件下的信道容量问题是研究各类信道的重点。本节将对最常用的高斯信道进行深入分析，推导出信息论中著名的公式——香农公式。

高斯信道是一个典型的离散输入、连续输出信道，其模型特点在于信道输入 X 为离散随机变量，输出 Y 及噪声 Z 均为连续随机变量，且信道输入和输出之间的关系可表示为

$$Y=X+Z \tag{10.80}$$

高斯信道的模型如图 10.13 所示。通常发送信号的平均功率是有限的，式(10.80)中信道输入 X 的限制为 $E[X^2]\leqslant P$，P 代表发送信号的平均功率，且由于通信过程中噪声的复杂多样(热噪声、散弹噪声、链路干扰等)，通常利用中心极限定理将噪声 Z 的幅度分布近似为均值为 0、方差为 σ^2 的高斯分布，记为 $N(0,\sigma^2)$，即

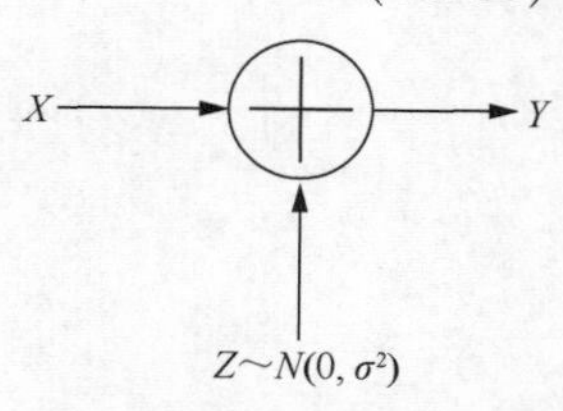

图 10.13　高斯信道的模型

$$f_Z(z)=\frac{1}{\sqrt{2\pi\sigma^2}}\exp\left(-\frac{z^2}{2\sigma^2}\right) \tag{10.81}$$

功率受限的高斯信道是分析通信信道简单、常用的模型，如有线信道、卫星信道等。此外，假设噪声 Z 与信道输入 X 在任意时刻都互相独立。

有了上述高斯信道模型，在 10.2.4 小节的基础上，利用式(10.71)中对离散无记忆信道的信道容量定义，并通过式(10.34)中微分熵与互信息的关系，可以将高斯信道的信道容量定义为

$$\begin{aligned}C&=\max_{f_X(x)}\{I(X;Y)\}\\&=\max_{f_X(x)}\{h(Y)-h(Y|X)\}\end{aligned} \tag{10.82}$$

注意式(10.82)还需要满足限制条件 $E[X^2]\leqslant P$。下面对等号右边两个式子进行分析，首先对于 $h(Y|X)$，利用条件微分熵的定义将其写为

$$\begin{aligned}h(Y|X)&=-\int_{-\infty}^{+\infty}\int_{-\infty}^{+\infty}f_{XY}(x,y)\log_2 f_{Y|X}(y|x)\,\mathrm{d}x\mathrm{d}y\\&=-\int_{-\infty}^{+\infty}\int_{-\infty}^{+\infty}f_X(x)f_{Y|X}(y|x)\log_2 f_{Y|X}(y|x)\,\mathrm{d}x\mathrm{d}y\end{aligned} \tag{10.83}$$

由于高斯信道输入和输出的关系满足 $Y=X+Z$，且噪声 Z 与信道输入 X 之间互相独立，因此上式的条件概率密度函数满足关系 $f_{Y|X}(y|x)=f_Z(y-x)$，从而将式(10.83)写为

$$\begin{aligned}h(Y|X)&=-\int_{-\infty}^{+\infty}f_X(x)\,\mathrm{d}x\int_{-\infty}^{+\infty}f_Z(y-x)\log_2 f_Z(y-x)\,\mathrm{d}y\\&=-\int_{-\infty}^{+\infty}f_Z(z)\log_2 f_Z(z)\,\mathrm{d}z\\&=h(Z)\end{aligned} \tag{10.84}$$

由于 Z 是服从 $N(0,\sigma^2)$ 的高斯分布，根据 10.2.4 小节中例 10.3 可求得上式中的微分熵是一项仅与信道噪声的方差有关的常数 $\frac{1}{2}\log_2(2\pi\mathrm{e}\sigma^2)$，故将式(10.82)写为

$$C=\max_{f_X(x)}\{h(Y)\}-\frac{1}{2}\log_2(2\pi\mathrm{e}\sigma^2) \tag{10.85}$$

因此要使 $I(X;Y)$ 取到最大值，就必须让 $h(Y)$ 取到最大熵。由于信道输出 Y 的功率受到信道输入和信道噪声功率的限制

$$\begin{aligned} E[Y^2] &= E[(X+Z)^2] \\ &= E[X^2]+E[Z^2]+2E[X]E[Z] \\ &\leqslant P+\sigma^2 \end{aligned} \tag{10.86}$$

因此可将这一高斯信道的信道容量问题，转化为信道输出 Y 在平均功率受限时的最大熵分布问题。下面证明在功率受限的情况下，Y 满足高斯分布时，其微分熵有最大值。

假设信道输出 Y 可能的两种概率密度函数为 $f_Y(y)$ 和 $g_Y(y)$，两者分别服从高斯分布 $N(0,\sigma_Y{}^2)$ 和任意分布，由 10.2.4 小节中例 10.4 的结论可知

$$\begin{aligned} \int_{-\infty}^{+\infty} g_Y(y)\log_2\frac{g_Y(y)}{f_Y(y)}\mathrm{d}y &= \int_{-\infty}^{+\infty} g_Y(y)\log_2 g_Y(y)\,\mathrm{d}y - \int_{-\infty}^{+\infty} g_Y(y)\log_2 f_Y(y)\,\mathrm{d}y \\ &= -h_g(Y) - \int_{-\infty}^{+\infty} g_Y(y)\log_2\left[\frac{1}{\sqrt{2\pi\sigma_Y{}^2}}\exp\left(-\frac{y^2}{2\sigma_Y{}^2}\right)\right]\mathrm{d}y \\ &= -h_g(Y) - \left[-\frac{\log_2\mathrm{e}}{2\sigma_Y{}^2}\int_{-\infty}^{+\infty} y^2 g_Y(y)\,\mathrm{d}y\right] + \frac{1}{2}\log_2 2\pi\sigma_Y{}^2 \\ &= -h_g(Y) + \frac{1}{2}\log_2 2\pi\mathrm{e}\sigma_Y{}^2 \\ &\geqslant 0 \end{aligned} \tag{10.87}$$

因此可以得到

$$h_g(Y) \leqslant \frac{1}{2}\log_2 2\pi\mathrm{e}\sigma_Y{}^2 \tag{10.88}$$

当且仅当 $f_Y(y)$ 和 $g_Y(y)$ 相等时式(10.88)取等号，将式中信道输出 Y 的平均功率限制代入式(10.88)，可以得出当 Y 服从高斯分布时，其最大熵为

$$h(Y) = \frac{1}{2}\log_2[2\pi\mathrm{e}(P+\sigma^2)] \tag{10.89}$$

有了这一结论后，可以将 $h(Y)$ 代入式(10.85)，求出在输入功率受限时，高斯信道的信道容量为

$$\begin{aligned} C &= \frac{1}{2}\log_2[2\pi\mathrm{e}(P+\sigma^2)] - \frac{1}{2}\log_2(2\pi\mathrm{e}\sigma^2) \\ &= \frac{1}{2}\log_2\left(1+\frac{P}{\sigma^2}\right) \end{aligned} \tag{10.90}$$

单位为 bit/channel 或者 bit/transmission。由式(10.90)可知，高斯信道的信道容量是发送功率 P 的单调增函数，是高斯噪声功率的单调减函数，因而在实际中，提高发送功率或降低信道噪声可以有效地增加高斯信道的信道容量。

如果噪声 Z 是均值为 0、功率谱密度为 $\frac{N_0}{2}$，且带宽受限于 B 的高斯白噪声，该高斯信道称为带限 AWGN 信道，此时噪声 Z 的功率为

$$\sigma^2 = N_0 B \tag{10.91}$$

对应的带限 AWGN 信道的信道容量为

$$C=\frac{1}{2}\log_2\left(1+\frac{P}{N_0B}\right) \tag{10.92}$$

单位为 bit/transmission，而由抽样定理可知，单位时间内使用 AWGN 信道传输 $2B$ 个样点，因而常将 AWGN 信道的信道容量写成如下形式

$$C=B\log_2\left(1+\frac{P}{N_0B}\right) \tag{10.93}$$

单位为 bit/s，其中$\frac{P}{N_0B}$称为输出信噪比 $\mathrm{SNR_o}$。式(10.93)就是信息论中著名的公式——香农公式，它定义了带限 AWGN 信道下无差错传输的信息速率极限，并由 10.4 节中的信道编码定理可知，当单位时间内的信息速率大于此信道容量时，不可能实现无差错传输。

从香农公式可以看出，在给定高斯白噪声功率谱密度的情况下，AWGN 信道的信道容量依赖于两个关键参量——信道带宽 B 和输出信噪比 $\mathrm{SNR_o}$，因此式(10.93)表明还可以通过增加信道带宽的方式来提升 AWGN 信道容量。不过可以预见的是，随着带宽的不断增加，带内的噪声功率也随之不断变大，从而导致信噪比下降，因此利用这种方式提升信道容量是有上限的，通过一类极限公式

$$\mathrm{e}=\lim_{x\to\infty}\left(1+\frac{1}{x}\right)^x \tag{10.94}$$

得到 AWGN 信道的信道容量的上限为

$$\begin{aligned}\lim_{B\to\infty}C&=\lim_{B\to\infty}B\log_2\left(1+\frac{P}{N_0B}\right)\\&=\lim_{B\to\infty}\log_2\left(1+\frac{P}{N_0B}\right)^B\\&=\lim_{B\to\infty}\frac{P}{N_0}\log_2\left(1+\frac{P}{N_0B}\right)^{\frac{N_0B}{P}}\\&=\frac{P}{N_0}\log_2\mathrm{e}\end{aligned} \tag{10.95}$$

通常将这一上限近似为 $1.44\frac{P}{N_0}$，从而得到 AWGN 信道的信道容量 C 与信道带宽 B 的关系如图 10.14 所示，图中标注曲线下方的可实现区域表明在该 AWGN 信道上可以实现无差错传输。

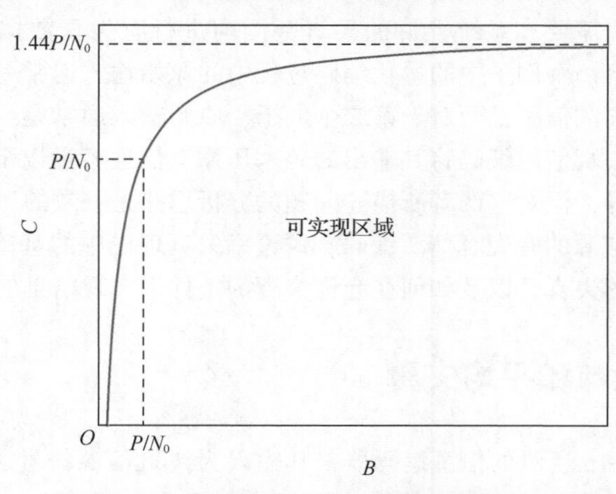

图 10.14 AWGN 信道的信道容量与信道带宽的关系

例 10.12 对一组图片进行传输，假设每幅图包含 2.25×10^6 个像素，每个像素由 12 个亮度不同且等概率分布的电平 x_i 表示，每个电平出现的概率为 $P(x_i), i=0,1,\cdots,11$，且每个像素电平出现的时间互相独立。同时，该通信线路可认为是带限 AWGN 信道，传输条件为：带宽 $B=3\text{kHz}$，信噪比 $\text{SNR}_\text{o}=30\text{dB}$。试求传输一幅图片所需的最小时间。

解　因为每个像素由不同的电平表示，且各电平出现的概率相等且互相独立，所以发出 1 个像素随机变量 X 的熵为(单位为 bit)

$$H(X)=-\sum_{i=0}^{11}P(x_i)\log_2 P(x_i)\approx 3.58$$

进而发送一幅图像所包含的平均信息量为(单位为 bit)

$$H=2.25\times10^6\times H(X)\approx 8.055\times10^6$$

若要求传输图像所需的时间最小，则信息速率必须达到最大，根据题中所给的信道传输条件，计算信道容量为(单位为 bit/s)

$$C=B\log_2(1+\text{SNR}_\text{o})\approx 3\times10^4$$

因此，每幅图像的理论最小传输时间为(单位为 s)

$$t_{\min}=\frac{H}{C}\approx 2.69$$

【本例终】

10.6 率失真理论基础

在 10.3 节对离散信源编码的讨论中，基本出发点是如何对给定离散信源进行无失真编码，以保证数据传输的有效性。但是在许多实际通信系统中，失真往往是不可避免的，例如：对于数字系统，要求量化连续信源产生的每个样点的幅度，使这些样点能够使用有限长度的码字表示，由于量化编码过程的不可逆性，这一过程必然会造成失真；此外，若信源输出的码率为 R，当该码率大于给定的信道容量 C 时，传输时也必然会造成失真。

上述两个例子从不同角度描述了相同的问题：如何在有失真的情况下使用信源编码，以保证数据的有效传输。因此，需要在系统允许的失真范围内进行有失真数据压缩，即有失真信源编码。其不同之处在于，第一个例子中的量化编码过程中的原始输入通常是连续信源或离散时间信源，而输出为有失真的离散信源；而对于第二个例子，原始输入通常是一个离散信源，需要在给定失真条件下，通过有失真信源编码将其输出的码率压缩至信道容量以下，才能使信息有效地传输。虽然在模型上有差异，但对这两者所描述问题的分析思路是一致的。

本节主要考虑离散信源的有失真信源编码，讨论率失真理论中的基础问题，包括如何描述信息的失真，什么是允许的失真，以及如何在允许失真的条件下实现信息的有效传输等。

10.6.1 失真函数和平均失真

假设有一个如图 10.15 所示的信源编码器，其输入为离散信源符号 X，符号集为 $\Omega=\{x_0,x_1,\cdots,x_i,\cdots,x_{n-1}\}$，其中 x_i 表示具体的输入符号，其概率质量函数为 $\{P(x_0),P(x_1),\cdots,P(x_i),\cdots,$

$P(x_{n-1})\}$。离散信源符号 X 经过信源编码器后输出为 Y，符号集为 $\Psi=\{y_0,y_1,\cdots,y_j,\cdots,y_{m-1}\}$，其概率质量函数为 $\{P(y_0),P(y_1),\cdots,P(y_j),\cdots,P(y_{m-1})\}$。如果输入符号为 x_i 时，输出符号为 y_j 的概率为 $P(y_j\mid x_i)$，如果对于每一对 (x_i,y_j) 都有 $x_i=y_j$，则该信源编码没有失真；否则，定义一个非负的失真函数 $d(x_i,y_j)$ 来表示 x_i 和 y_j 之间的失真度量。失真函数的表现形式一般由人为规定，常见的如下。

(1) 汉明失真（误码失真）。

$$d(x_i,y_j)=\begin{cases}0, & x_i=y_j\\ 1, & x_i\neq y_j\end{cases} \tag{10.96}$$

(2) 绝对失真。

$$d(x_i,y_j)=|x_i-y_j| \tag{10.97}$$

(3) 相对失真。

$$d(x_i,y_j)=\frac{|x_i-y_j|}{|x_i|} \tag{10.98}$$

(4) 均方失真。

$$d(x_i,y_j)=(x_i-y_j)^2 \tag{10.99}$$

第一种失真适用于离散信源，后 3 种失真常用于连续信源，在实际分析时还可以定义其他类型的失真函数，但使用哪一种失真函数需要根据信源编码器的特性决定。例如，均方失真常用来表示各类优化问题中的代价函数，不过对于通信中的语音和图像编码，平方差作为一种度量方式的使用效果并不理想——一段有轻微定时偏差的语音并不会影响收听效果，然而与原语音相比却会造成比较严重的均方失真。

有失真的信源编码中更多考虑的是整个信源符号集输入编码器后产生失真的总体度量，因此定义离散信源符号 X 通过编码后输出 Y 所造成的平均失真为

$$\begin{aligned}\overline{D}&=E[d(x_i,y_j)]\\&=\sum_{j=0}^{m-1}\sum_{i=0}^{n-1}P(x_i)P(y_j\mid x_i)d(x_i,y_j)\end{aligned} \tag{10.100}$$

由式(10.100)中的定义可看出，信源编码器造成的平均失真 $\overline{D}$ 主要取决于 3 个因素：离散信源符号 X 的概率分布 $P(x_i)$、信源编码器的转移概率 $P(y_j\mid x_i)$ 和失真函数 $d(x_i,y_j)$。

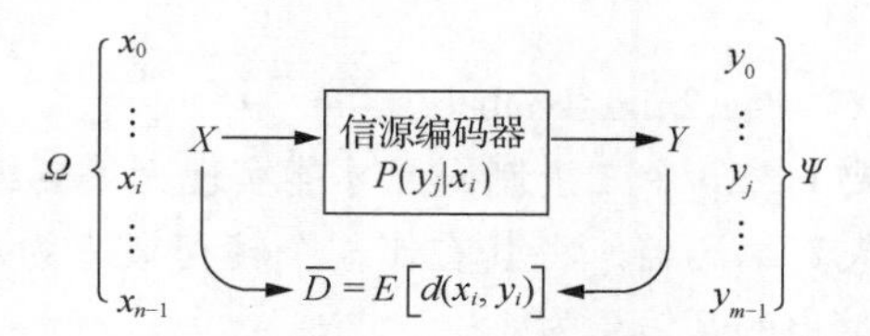

图 10.15　转移概率分布为 $P(y_j\mid x_i)$ 的有失真信源编码器

10.6.2　信息率失真函数

有了平均失真的概念，就可以进一步讨论有失真信源编码与码率之间的联系，即考虑率失真理论中最基本的问题：当信源的概率分布和失真函数 $d(x_i,y_j)$ 已知时，若给定系统允许失真 D，能够达到的最小码率 R 是多少？该问题也可以等价为，给定码率为 R 的编码方式，系统能够实现

的最小失真 D 是多少？总而言之，就是希望用尽量小的码率，在允许的失真范围内有效地传输信息。在实际中，允许失真 D 是针对具体应用而给出的保真度要求，其是通信系统的一个重要指标，例如对于有失真信源编码，离散信源符号 X 在经过编码器后实际造成的平均失真 $\overline{D}$ 不能超过给定失真 D，否则将影响信息传输的有效性，即

$$\overline{D} \leqslant D \tag{10.101}$$

式(10.101)称为信息传输的保真度准则。

下面通过信息率失真函数定量地描述这一问题。

假设有一离散信源符号 X，若给定失真 D，采用码率 R(单位为 bit/symbol)对 X 进行编码后，输出为 Y，定义信息率失真函数

$$\begin{aligned} R(D) &= \min_{\overline{D} \leqslant D}\{I(X;Y)\} \\ &= \min_{\overline{D} \leqslant D}\left\{\sum_{j=0}^{m-1}\sum_{i=0}^{n-1} P(x_i)P(y_j \mid x_i)\log_2 \frac{P(y_j \mid x_i)}{P(y_j)}\right\} \end{aligned} \tag{10.102}$$

式(10.102)中 $I(X;Y)$ 为信源编码器输入 X 和输出 Y 之间的互信息。在信息论中常用 D 允许试验信道上的最小码率来理解信息率失真函数，本节中讨论的有失真信源编码器就是一种 D 允许试验信道，即将 X 和 Y 看作该 D 允许试验信道输入和输出，并利用一组信道转移概率 $P(y_j \mid x_i)$ 描述该信道输入和输出的关系。因此，式(10.102)表明，当已知 X 的概率分布时，总可以找到某一个 D 允许试验信道，使得在该信道上传输的码率能够达到$\min\limits_{\overline{D} \leqslant D}\{I(X;Y)\}$，这一最小码率就是信息率失真函数 $R(D)$。

例 10.13 假设有一离散信源符号 X，符号集为 $\Omega=\{x_0,x_1,\cdots,x_i,\cdots,x_{2n-1}\}$，其服从等概率分布。该信源通过信源编码器后的输出为 Y，符号集为 $\Psi=\{y_0,y_1,\cdots,y_j,\cdots,y_{n-1}\}$。若规定失真函数为汉明失真，假设该信源编码允许失真 $D=\dfrac{1}{2}$，即收到 10 个符号时，允许有 5 个及以下的符号出现差错。考虑图 10.16 所示的有失真信源编码，试比较该有失真信源编码与无失真信源编码下的最小码率。

解 由信源编码定理可以求出，在无失真信源编码下，最小码率 R 为信源熵 $H(X)$

$$R=H(X)=\log_2 2n\text{bit/symbol}$$

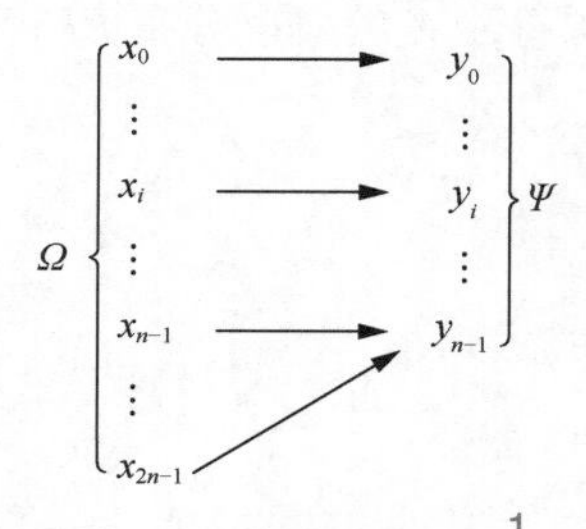

图 10.16 允许失真 $D=\dfrac{1}{2}$ 的有失真信源编码

即平均每个符号至少需要 $\log_2 2n$ 个二进制码元才能实现无失真编码。而对于图 10.16 中的有失真编码器，将其看作一个转移概率为 1 或 0 的 D 允许试验信道，该信道的互信息为

$$\begin{aligned} I(X;Y) &= H(Y)-H(Y \mid X) \\ &= H(Y) \end{aligned}$$

由于符号 x_0 到 x_{n-2} 分别编为 y_0 到 y_{n-2}，符号 x_{n-1} 到 x_{2n-1} 都编为 y_{n-1}，因此输出 Y 的概率分布为

$$P(y_i)=\begin{cases} \dfrac{1}{2n}, & i=0,1,\cdots,n-2 \\ \dfrac{n+1}{2n}, & i=n-1 \end{cases}$$

因此，求出在保真度准则 $\bar{D}\leqslant\frac{1}{2}$ 的情况下，这一有失真信源编码的最小码率为

$$R(D)=\min_{\bar{D}\leqslant\frac{1}{2}}\{I(X;Y)\}=\min_{\bar{D}\leqslant\frac{1}{2}}\{H(Y)\}$$

$$=\log_2(2n)-\frac{n+1}{2n}\log_2(n+1)$$

该结果表明，相比于无失真信源编码，有失真信源编码的码率在允许失真 $D=\frac{1}{2}$ 的情况下，采用图 10.16 的编码方案时最多可以压缩 $\frac{n+1}{2n}\log_2(n+1)$。因此在相同的允许失真下，如果想获得更好的压缩效果，可以考虑更优的编码方案。

【本例终】

由例 10.13 可知，率失真理论中的有失真信源编码与 10.3 节中介绍的无失真信源编码相比，以损失一定信息为代价提高了压缩信源的能力，且在给定编码方案后，信息率失真函数 $R(D)$ 就是保真度准则下，信源压缩后输出的最小码率。

下面再将信息率失真函数与信道容量进行比较。回顾 10.4 节中信道容量的定义

$$C=\max_{\{P(x_i)\}}\{I(X;Y)\}$$

由于信道容量 C 表示信道的最大传输能力，为了排除信源的概率分布对信道容量的影响，通常采用能够使 $I(X;Y)$ 达到最大的信源作为参考，此时信道容量仅和信道本身的转移概率有关。而对于信息率失真函数，$R(D)$ 表示在保真度准则下信源能够输出的最小码率。为了排除不同信道下(有失真的信源编码器)对于信源输出码率的影响，通常采用能够使 $I(X;Y)$ 达到最小的信道作为参考，此时信息率失真函数仅和信源的概率分布有关。

最后，从通信的有效性和可靠性的角度，进一步理解 $R(D)$ 和 C 之间的区别：信道容量 C 是为了解决在所用信道中能够传输的最大信息量问题，结合信道编码定理可知，信息速率无限接近于信道容量的无差错信道编码方案是存在的，因而信道容量为提高通信的可靠性标注了上限；而信息率失真函数 $R(D)$ 是为了解决在保真度准则下，有失真信源编码能够压缩的极限，因而它为提高通信的有效性标注了下限。

10.7 本章小结

本章主要介绍了信息论中的基础内容，通过概率论和随机过程等理论将实际的通信过程抽象化，对各类信源和信道在不同的理论场景下进行建模，从而分析信息论中的主要研究问题，循序渐进地展开对于香农信息论中的定理描述及公式推导。

信息量是对随机变量不确定性的描述。对于离散随机变量，通过熵来描述单个随机变量包含的所有可能事件的平均信息量，并利用联合熵及条件熵来描述多个随机变量之间包含的所有可能事件的平均信息量。在此基础之上，还定义了随机变量之间的互信息来描述信息传输的统计特性，并最终将上述结论推广至连续随机变量。

离散信源是信息论中常用的信源模型，提高离散信源的编码效率是实现有效信息传输的关键。本章重点介绍了一类常用的离散信源编码——前缀码，并推导了前缀码的码长需要满足的必

要条件——克拉夫特不等式，以及平均码长界定定理，由此引出信源编码定理，也称为香农第一定理。该定理描述了在无失真的条件下，对信源采用任意形式的码字进行编码，其最小平均码字长度的极限是信源熵 $H(X)$，它同样适用于多重扩展信源。在此基础上，10.3 节还介绍了两种经典的信源编码：哈夫曼编码和 Lempel-Ziv 编码。

离散无记忆信道是一类简单的信道模型，对于服从某一概率分布的信道输入，其对应的信道容量为输入经过信道后最多能够降低的不确定性，也是该信道传输信息速率的上界。由此引出的信道编码定理，也称为香农第二定理，它描述了在任意有噪声信道上传输信息时，在信息速率不超过该信道容量的情况下总能找到一种编码方法，实现信息的无差错传输。

高斯信道是实际中常用的一类信道，在一定功率和带宽情况下，信道容量可以由信息论中最经典的公式——香农公式得到。由该公式可知，提高发送功率或降低信道噪声可以有效地增加 AWGN 信道的信道容量。还可以通过增加信道带宽的方式来提升 AWGN 信道的信道容量，不过利用这一方式提升信道容量的上限为 $1.44\dfrac{P}{N_0}\log_2 \mathrm{e}$。

率失真理论主要介绍了各类失真函数以及有失真信源编码与码率之间的联系，即信息率失真函数 $R(D)$。在保真度准则下，以损失一定信息为代价压缩信源后，输出的最小码率就是 $R(D)$，且在给定信道的转移概率时，$R(D)$ 仅取决于信源的概率分布。

本章介绍的信息论基础仅针对无记忆信源和信道，有记忆信源和信道的内容请参阅信息论相关教材。

习题

10.1 随机变量 X 和 Y 以独立等概率方式取值于 $\{0,1\}$，其熵分别为 $H(X)=H(Y)=1\text{bit}$，令 $Z=2X+Y$。

(1) 请写出 Z 的各种可能取值及其出现概率；

(2) 求 Z 的熵 $H(Z)$。

10.2 有 27 个球，其中有 1 个球的重量与其他球不同，且轻重未知。现在只有一个天平（无砝码），问最少需要称多少次，才能找出那一个重量不同的球，试从信息量与熵的角度分析该问题。

10.3 设 X 和 Y 为两个独立且取整数值的随机变量，设 X 的符号集 $\Omega=\{x_0,x_1\}=\{-1,1\}$，服从等概率分布，$Y$ 服从几何分布，符号集为 $\Psi=\{y_1,y_2,\cdots,y_k,\cdots\}=\{1,2,\cdots,k,\cdots\}$，其概率质量函数为 $P(y_k)=2^{-k}$。求 $H(X,Y)$ 和 $H(X+Y)$。

10.4 对于来自同一概率空间中的两个概率质量函数 $\{P(x_0),P(x_1),\cdots,P(x_i),\cdots,P(x_{n-1})\}$ 和 $\{Q(x_0),Q(x_1),\cdots,Q(x_i),\cdots,Q(x_{n-1})\}$，其样本空间 $\Omega=\{x_0,x_1,\cdots,x_i,\cdots,x_{n-1}\}$，定义这两个概率质量函数之间的相对熵为

$$D(P\parallel Q)=\sum_{i=0}^{n-1}P(x_i)\log_2\frac{P(x_i)}{Q(x_i)}$$

试证明该相对熵非负。

10.5 假设有一独立同分布的随机变量序列 $X^n=\{X_0,X_1,\cdots,X_{n-1}\}$，其中每一个随机变量服从均值为 μ、方差为 $\sigma_i^{\ 2}$ 的高斯分布。证明该序列的微分熵为

$$h(X^n)=\frac{n}{2}\log_2[2\pi e(\sigma_0{}^2\sigma_1{}^2\cdots\sigma_{n-1}{}^2)^{\frac{1}{n}}]$$

并写出 $\sigma_i{}^2=\sigma^2$ 时的结果。

10.6 设一个二维连续随机变量(X,Y)，其联合概率密度为

$$f_{XY}(x,y)=\begin{cases}\frac{1}{r^2}, & 0\leqslant x\leqslant r,\ 0\leqslant y\leqslant r\\ 0, & 其他\end{cases}$$

求 $h(X)$、$h(Y)$、$h(X,Y)$、$h(X|Y)$、$h(Y|X)$、$I(X;Y)$。

10.7 对于在区间$(-\infty,+\infty)$上的任意连续随机变量X，若将X按照某一比例因子c进行缩放，试证明其微分熵变为

$$h(cX)=h(X)+\log_2|c|$$

10.8 某离散无记忆信源X的符号集为$\Omega=\{x_0,x_1,x_2\}$，X发出各符号对应的概率为$\{0.7,0.15,0.15\}$。

(1)求该信源的熵；

(2)若对该信源进行二阶扩展，求扩展后的信源熵。

10.9 已知某一离散无记忆信源的符号集为$\Omega=\{x_0,x_1,x_2,x_3,x_4\}$，每一个信源符号对应的概率为$\{0.4,0.3,0.1,0.1,0.1\}$，若对该离散信源进行哈夫曼编码，并规定给码字中概率较小的信源符号赋0。

(1)分别画出使用高放置与低放置的哈夫曼编码树，并给出对应的码字集；

(2)分别求出两种编码方式的平均码长。

10.10 考虑具有符号集$\Omega=\{x_0,x_1,x_2\}$的离散无记忆信源符号X，对应的概率为$\{0.6,0.2,0.2\}$。

(1)若对该信源应用哈夫曼编码，计算其编码效率；

(2)若对该信源进行二阶扩展，并对得到的扩展信源应用哈夫曼编码，计算其编码效率。

10.11 考虑以下的二进制序列：0101011001110101101001001。使用5bit固定长码字的LZ78算法对这个序列进行编码，写出编码完成后对应的码本与二进制码字集。假设二进制符号0和1已经在码本中。

10.12 试计算图10.10中二进制删除信道的信道容量，假设信道输入符号0的概率为p_0，输入符号1的概率为$p_1=1-p_0$。

10.13 假设有两个二进制对称信道以图P10.13的方式级联，试计算级联后的信道容量。

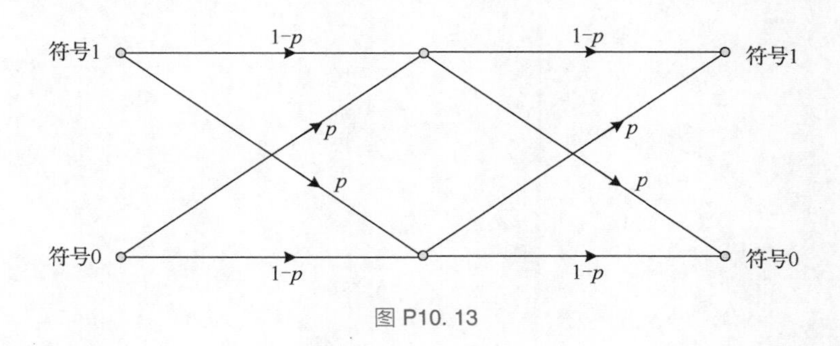

图P10.13

10.14 某在线视频网站提供的视频分辨率如表P10.14所示。以1080p为例，该视频格式表示每帧图像需要扫描1080行，每行有1920个像素。假设每个像素用3种颜色(红、绿、蓝)来

表示，每种颜色有 256 个灰度等级，且各灰度等级等概率出现，3 种颜色彼此独立。假设视频的帧率为 30FPS，即每秒需传送 30 帧图像。

(1) 分别计算 240p 信号和 1080p 信号每秒发出的信息量；

(2) 如果传输信道中的信噪比为 30dB，那么传送 1080p 信号最少需要的带宽；

(3) 在同样的带宽下，传送 240p 信号所需的最小信噪比。

表 P10.14　某在线视频网站提供的视频分辨率

视频格式	分辨率(以纵向像素为主)
240p	320dpi×240dpi
360p	480dpi×270dpi、480dpi×360dpi
480p	640dpi×480dpi、854dpi×480dpi
720p(HD)	1280dpi×720dpi
1080p(HD)	1920dpi×1080dpi

10.15　在给定汉明失真 $0\leqslant D\leqslant \min\{p,1-p\}$ 下，对于服从参数 $p\leqslant\frac{1}{2}$ 的伯努利分布的二元离散信源，试计算其信息率失真函数。

第 11 章 信道编码

知识要点

- 信道编码的系统模型和基本概念
- 线性分组码、校正子及校正子译码方法
- 循环码及其多项式描述方法、编解码电路
- 卷积码及其描述方法、编码电路和维特比译码算法
- 网格编码调制相关概念及实例
- Turbo 码、LDPC 码、Polar 码等信道编解码技术

11.1 引言

有效性和可靠性是数字通信系统的主要性能指标。由于信道噪声和干扰的影响，信息传输过程中的差错不可避免。差错就是指经过信道传输后的接收码元和原始发送码元之间的差异。一般而言，信道噪声或干扰越大，差错的概率就越大。信道编码通过发现或纠正差错来改善通信系统的传输质量，从而提高通信系统的可靠性。因此，信道编码也称为纠错编码或差错控制编码。

不同的通信信道造成的差错形式也不尽相同。在随机信道中，噪声独立、随机地影响每个传输码元，因此最终的差错不仅是统计独立的，而且出现概率具有随机性。以高斯白噪声为主要噪声形式的信道就属于随机信道，如太空信道、卫星信道、光缆信道等；在突发信道中，噪声和干扰的影响往往前后相关，因此差错将成串集中出现，即在短时间内会出现大量错码，但这些时间段之间会存在较长的无差错区间。常见的突发信道主要有短波信道、散射信道、移动通信信道等。有些实际信道既存在随机差错，也存在突发差错，它们被称为混合信道。由此可见，针对不同的差错形式，信道编码也应采取不同的形式。

信道编码的基本思想是按照一定的规律在原始发送信息码元中加入一些冗余码元，这些冗余码元被称为监督码元或校验码元，接收端则利用校验码元与信息码元的关系发现或纠正差错。一般而言，校验码元的个数越多，能发现和纠正的差错个数就越多。可见，信道编码牺牲部分系统的有效性换取可靠性的提高。

本章将首先介绍信道编码的基本原理，包括信道编码的基本概念、数学基础知识、信道模型和译码准则等。然后详细介绍线性分组码和卷积码，接着引入网格编码调制的概念。最后介绍一些先进信道编解码技术，包括 Turbo 码、LDPC 码和 Polar 码。需要提前声明的是，码元可以是二进制的，也可以是多进制的，但本章内容主要基于二进制码元进行讨论。

11.2 信道编码的基本原理

信道编码的系统模型、差错控制方式的分类以及纠错码的类型是信道编码的几项基本概念。群、环、域的知识是学习信道编码必备的数学基础，了解并掌握编码信道和译码准则等也是深入学习信道编码的基础。

11.2.1 信道编码的基本概念

信道编码系统简化模型如图 11.1 所示。离散信源产生二进制信息码元，信息码元进入信道编码器后按照预定的编码规则加入校验码元。信道编码器输出的发送码字在存在噪声和干扰的编码信道中进行传输，使得接收端得到的接收码字和发送码字之间存在差异。在信道解码器里对接收码字按照预定的译码规则进行译码，得到信息码元的估计值，并把该估计值输出给信息的接收者信宿。从以上流程可以看出，该信道编码模型体现的是一种不需要反馈的差错控制方式。

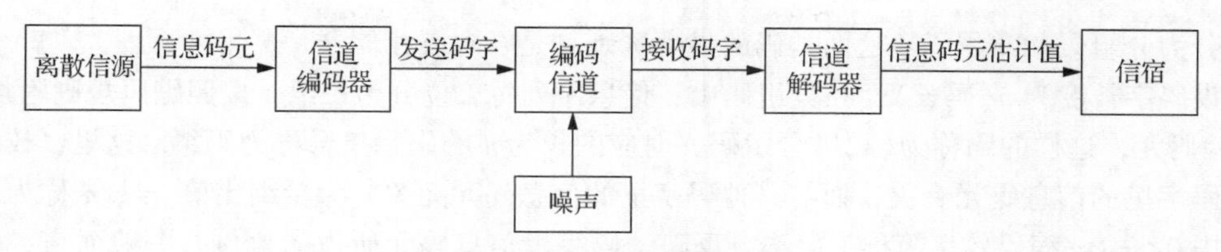

图 11.1 信道编码系统简化模型

图 11.1 所示的模型中把实际通信系统中调制和解调等位于编码器与解码器之间的全部模块都归入信道中，所得到的信道称为编码信道，这样做也简化了模型。在图 11.1 所示的模型中，编码和调制这两个过程是分开进行的。但是，当带宽利用率成为系统设计中所考虑的重要因素时，可以采用网格编码调制，将编码和调制结合在一起设计。

差错控制方式可以分为 3 类，即前向纠错(Forward Error Correction，FEC)、自动重发请求(Automatic Repeat reQuest，ARQ)和混合纠错。图 11.1 采用的差错控制方式就是 FEC。接下来简单介绍一下这 3 类差错控制方式。

(1)FEC 不需要反馈链路。发送端在信息码元中加入校验码元，接收端解码器执行译码。如果误码数目在码的纠错能力之内，则可以自动纠正误码。因为这个过程不需要反馈信息给发送端，所以发送端的信息发送是连续的；如果误码数目超过了码的纠错能力，则通知接收者该码含有错误。由此可知，FEC 方式适合应用于实时传输系统。

(2)ARQ 需要反馈链路。此时发送端在信息码元中加入的校验码元具有较强的检错能力。接收端解码器执行解码发现有误码时，利用反向信道通知发送端重发，直到接收到正确的码元。由于需要重发数据，ARQ 这种差错控制方式在实时性上存在缺陷。但检测错误的码相对于纠正错误的码，不论是编码设备还是解码设备都更简单和经济。

ARQ 有 3 种基本方式：停止等待 ARQ、带后退的连续 ARQ 和选择重发连续 ARQ。

- 停止等待 ARQ。发送端数据按组编码发送，每组数据带有校验。发送码字后发射机停止发送，等待接收端的应答。接收端收到码字后，根据校验检查数据传输的正确性，如果正确向发送端反馈确认(Acknowledge Character，ACK)，不正确反馈否认(Negative Acknowledgment，NAK)。发送端根据应答的不同结果决定发送下一组数据还是重发刚才的数据。采用这种方式在发送新数据前需要等待，因此效率最低。

- 带后退的连续 ARQ。发送端对发送的数据按码字编号后进行连续发送，同时等待接收端的应答。接收端检测出错误码字后，把编号反馈给发送端，发送端从反馈的编号位置开始重发码字序列。由于不需要停止等待，该方式的效率相对停止等待 ARQ 得到了提高。

- 选择重发连续 ARQ。与带后退的连续 ARQ 不同的是，发送端在收到接收端的错误反馈后，只重发错误码字，因此效率得到进一步提升。

连续 ARQ 方式对码字编号，发送过而未被确认的码字可能需要重发，因此需要缓冲存储。接收端同样需要对接收的正确码字缓冲重组。可见，连续 ARQ 以存储和控制复杂度换来传输效率的提高。

(3)混合纠错综合了前向纠错和自动重发请求方式。当误码较少，并在纠错码的纠错范围之内时，使用 FEC 方式，直接纠错解码；当误码较多，并超出纠错码的纠错范围时，利用 ARQ，请求发送端重发。混合纠错同时具有 FEC 和 ARQ 两者的优势，且需要的设备不太复杂，近年来得到了更多的应用。

依据不同的分类标准，纠错码有很多种类。按照信息码元和校验码元之间的约束方式，纠错码可以分为分组码和卷积码。这两类码的显著区别是是否含有存储器。

假设码字长度为 n(码长)，在分组码中，信息序列每 k 位分为一组，按照编码规则附加上 $n-k$ 位校验码元，这样的码称为 (n,k) 分组码，对应的长为 n 的码字集合称为码组。这里，校验码元仅与该码字里的信息码元有关，而与其他码字里的信息码元无关。无量纲比值 $r=k/n$ 称为编码效率，其中 $0<r<1$。编码效率简称为码率，反映了码字里信息码元所占的比例。一般而言，码率越高，信息传输效率越高，但纠检错能力却越低。若信源的比特率为 R_s，则信道编码器的输出速率 $R_o=(n/k)R_s$，也称 R_o 为信道数据速率。

在卷积码中，校验码元不仅与本码字里的信息码元有关，还与前面 M 组码字的信息码元有约束关系。卷积码可以记作 (n,k,K)，$K=M+1$ 为卷积码的约束长度。卷积码的编码过程可以看作对输入序列与编码器脉冲响应进行时域上的离散卷积操作。由于编码器中有存储器，卷积码编出的码字之间存在关联，这也是它与分组码的不同之处。

按照校验码元和信息码元之间的关系，信道编码可以分为线性码和非线性码。线性码中校验码元和信息码元之间是线性关系，非线性码中校验码元和信息码元是非线性关系。非线性码相对于线性码，分析和实现都更复杂。

例 11.1 考虑一个 $(4,2)$ 分组码，码字表示为 $c_0c_1c_2c_3$，其中 c_2c_3 为信息码元，c_0c_1 为校验码元。可能的信息分组是 00、10、01、11。举例说明线性编码和非线性编码。

解 线性编码：

设定校验规则为 $c_1=c_2$、$c_0=c_2+c_3$，这里的加是模 2 加。编出的 4 个码字为 0000、1110、1001、0111。由校验规则可知校验码元和信息码元是线性关系，这个编码是线性码。可以验证，线性码中任意两个码字的和仍然是码字集合中的一个。

非线性编码：

设定校验规则为 $c_1=c_2+c_2c_3$、$c_0=c_2c_3+1$，这里的加是模 2 加。编出的 4 个码字为 1000、1110、1001、0011。这时校验码元和信息码元的关系是非线性的，这个编码是非线性码。可以验证，非线性码中任意两个码字的和均不是码字集合中的一个。

【本例终】

数字通信系统中的误码率由每比特信号能量与噪声功率谱密度的比值 E_b/N_0 来决定，如果 E_b/N_0 不能提供足够低的误码性能，可以通过差错控制编码来改善。另外，在一定误码率的情况下，使用差错控制编码可以降低系统对 E_b/N_0 的要求，从而降低系统的发送功率。采用差错控制编码不利的一面是如果保持实际信息速率不变，由于冗余的存在，需要增加带宽，使得带宽利用率降低。若保持带宽不变，则实际信息速率会降低。

11.2.2 群、环、域的基本概念

信道编码涉及一些近世代数和线性代数的知识，因此，本小节对其中涉及的相关概念，如群、环和域进行简单介绍，以方便后续读者对于信道编码的学习。

了解群的概念是学习信道编码的基础。群的定义为：令 G 为一组元素的集合，在该集合内定义了一种代数运算 $(\cdot)$，如果满足以下 4 条公理，则称 G 对运算 $(\cdot)$ 构成一个群。

(1)封闭性：对任意 $a,b\in G$，恒有 $a\cdot b\in G$。

(2)结合律：对任意 $a,b,c \in G$，恒有 $a \cdot (b \cdot c) = (a \cdot b) \cdot c$。

(3)恒等元：在 G 内存在恒等元 e，对任意 $a \in G$，恒有 $e \cdot a = a \cdot e = a$。

(4)有逆元：对任意 $a \in G$，必有 $a^{-1} \in G$，使得 $a \cdot a^{-1} = a^{-1} \cdot a = e$，称 a^{-1} 为 a 的逆元。

群中的恒等元和逆元是唯一的。

如果群还满足交换律，即对任意 $a,b \in G$，在运算(·)下满足 $a \cdot b = b \cdot a$，则称该群是交换群或阿贝尔群。

例如，整数集合对加法运算构成群，而且是阿贝尔群，恒等元是 0，逆元是原整数的相反数。当整数群里元素个数是无限的时，该群称为无限群；反之，元素个数有限的群则称为有限群。非零实数对乘法构成群，恒等元是 1，逆元是其倒数。整数对乘法不构成群，因为没有逆元。

在群的基础上，可以再定义环和域。

在非空集合 R 中，若定义了两种运算——加法和乘法，且满足如下条件，则称 R 是一个环。

(1)对加法运算构成阿贝尔群。

(2)对乘法运算满足封闭性和结合律。

(3)加法和乘法之间有分配律，即对任意 $a,b,c \in R$，有

$$(a+b)c = ac+bc，或 c(a+b) = ca+cb$$

如果乘法运算还满足交换律，则称其为交换环。

例如，所有整数集合，在实数相加和相乘运算下，构成交换环。所有系数是整数的多项式集合的全体，在整数相加和相乘运算下，也构成交换环。注意：环对乘法运算不需要有恒等元和逆元，即对乘法不构成群。

除了群和环以外，定义了两种运算的域在信道编码的学习中也有着重要作用。

在非空元素集合 F 中，如果定义了加法和乘法两种代数运算，且满足如下条件，则称 F 是一个域。

(1)F 对加法构成阿贝尔群，加法恒等元记作 0。

(2)F 中全体非 0 元素对乘法构成阿贝尔群，乘法恒等元记作 1。

(3)加法和乘法之间满足分配律，即对任意 $a,b,c \in F$，有

$$(a+b)c = ac+bc，或 c(a+b) = ca+cb$$

有理数全体、实数全体、复数全体对加法和乘法都分别构成域，且都是无限域。若域中的元素有限，则称为有限域，也称伽罗华域。域中元素的个数 q，称为域的阶，q 阶有限域用 GF(q)表示。例如 0、1 两个元素在模 2 加和模 2 乘运算下，构成有两个元素的 2 阶有限域，记作 GF(2)。

在信道编码系统中，收发双方传输的信息是通过有限字符集表示的，当这个字符集是二进制符号 0 和 1，又定义了加法和乘法时，就认为编码是定义在 GF(2)上的。

GF(2)上的加法和乘法规则如图 11.2 所示。可见其规则就是模 2 加(本章中，用加号(+)表示模 2 加)和模 2 乘。

+	0	1
0	0	1
1	1	0

(a) GF(2)上的加法规则

·	0	1
0	0	0
1	0	1

(b) GF(2)上的乘法规则

图 11.2　GF(2)上的加法和乘法规则

11.2.3 编码信道

图 11.1 中的编码信道由调制器、信道和解调器组成。编码器输出二进制序列时，调制器只有二进制符号 0 和 1 作为输入。调制器的输出在信道中传输时，由于干扰和噪声的影响，信号波形会发生畸变。这些失真的信号在接收端经过解调器解调，输出给信道解码器。如果解调器在输出时采用二进制量化，即直接将接收信号判决为两个二进制符号之一，则称这种判决方式为硬判决，相应的译码称为硬判决译码或代数译码；如果输出时采用多级量化，即信道解码器利用多级量化的结果进行译码，则称这种判决方式为软判决，相应的译码称为软判决译码或概率译码。

硬判决会造成信息的损失，而且这个损失是不能恢复的，优点是实现简单。软判决性能较好，但是实现相对复杂。

信道可以用一组转移概率 $p(j|i)$ 来描述，i 表示调制器的输入符号，j 表示解调器的输出符号，$p(j|i)$ 表示在发送符号 i 的情况下，接收符号 j 的概率。在二进制硬判决的情况下，信道的输入/输出都是二进制序列。这时，编码信道通常用二进制对称信道(Binary Symmetric Channel，BSC)模型，如图 11.3 所示。

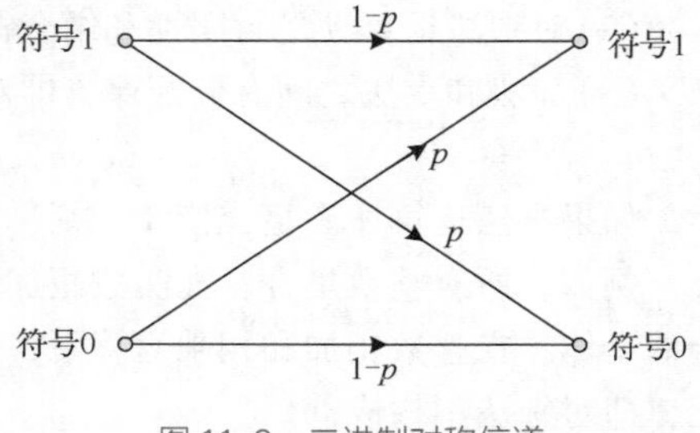

图 11.3　二进制对称信道

可见，BSC 的输入/输出都是二进制符号 0、1，信道转移概率是对称的，正确概率均为 $1-p$，错误概率均为 p(概率 p 称为转移概率)。BSC 是一种离散无记忆信道，即某个时刻的解码输出仅依赖于该时刻的发送信号，而与之前时刻的发送信号无关。

在软判决的情况下，采用多级量化，输出 Q 进制序列，信道输出的量化电平近似反映了接收码元的可信信息。

11.2.4 码距和纠错能力

根据第 10 章所介绍的香农信道编码定理：对于一个离散无记忆信道，如果其信道容量为 C，当信息速率小于信道容量时，存在一种编码技术可以使接收端的差错概率任意小。该定理给出了在噪声信道上可靠传输的极限速率，但是没有给出具体的编码方法。具体的编码方法是由信道编码来给出的。

从香农信道编码定理可以得出，当一个编码通信系统的信息速率为 R 时，若要实现可靠传输，即差错概率任意小，系统的信噪比不能低于某个理论极限，这个信噪比的极限值通常称为香农限。一个能可靠工作的编码方案的最低信噪比越接近于香农限，其性能越好。因此，编码方案可靠工作时的最低信噪比和香农限距离的远近，是评判该编码方案优劣的一个指标。

信道编码发现错误、纠正错误的能力和码的结构密切相关。以(n,k)线性分组码为例，当 $n=7$、$k=4$ 时，码字总共有 2^7 个，即 128 个。信息长度是 4，则 4 位信息序列编码后共有 $2^4=16$ 个码字，它们的集合称为许用码组。码字集合剩余的部分，即 $128-16=112$ 个码字的集合，称为禁用码组。

这样，一个合法的(7,4)分组码的码字经过信道传输，到达接收端，如果没有发生错误，接收码字就会出现在许用码组集合里；如果接收码字出现在禁用码组集合里，则说明一定发生了错误，此时可以使用 ARQ 方式请求重发，或者使用 FEC 方式纠正错误。禁用码组集合的大小和校验码元的个数有关，体现了编码的冗余度。信道编码中，定义码字中非零码元的个数为码字的汉明重量，简称码重。两个长为 n 的码字 c_1 和 c_2 中对应位置上码元不同的个数定义为码字的汉明距离，简称码距，记作 $d(c_1, c_2)$。例如码字 c_1 为(0111010)，其汉明重量为 4；码字 c_2 为(1000110)，其汉明重量为 3。两个码字之间的码距 $d(c_1,c_2)=5$。

码字也称码矢量。在一种编码方案下，码组中任意两个码矢量之间的最小距离定义为该码的最小码距 $d_{\min}$。码的最小码距 $d_{\min}$ 与码的纠错能力密切相关。

- 为检测 e 个错误，最小码距必须满足

$$d_{\min} \geqslant e+1 \tag{11.1}$$

因为码距可以反映接收码字和发送码字之间码元不同的数目，因此当接收码字出现在禁用码组内时，它可以体现接收码字的错误个数。如果最小码距等于 e，则当发送码字错 e 个码元后，可能变成另一个许用码字，这样接收端就无法判断出接收码字是否存在错误。因此，要检测出 e 个错误，最小码距 $d_{\min}$ 必须大于等于 $e+1$。

- 为纠正 t 个错误，最小码距必须满足

$$d_{\min} \geqslant 2t+1 \tag{11.2}$$

译码的原则是选择和接收码字距离最近的许用码字作为译码输出。把码字看作多维空间中的点，一个发送码字错误 t 位后，接收码字将处在以该码字为圆心、半径为 t 的球体上。如图 11.4(a)所示，距离最近的两个码字各自发生最多 t 个错误后，接收码字将处在以它们各自为圆心、半径为 t 的球体内。这里为方便观察，采用了平面视图。当 $d_{\min}$ 大于等于 $2t+1$ 时，这两个球体不相交，因此可以区分，根据接收码字在哪个球体内判决发送码字是 c_1 还是 c_2。如果最小码距等于 $2t$，则这两个球体相交，交点上的接收码字将无法判断是 c_1 还是 c_2。

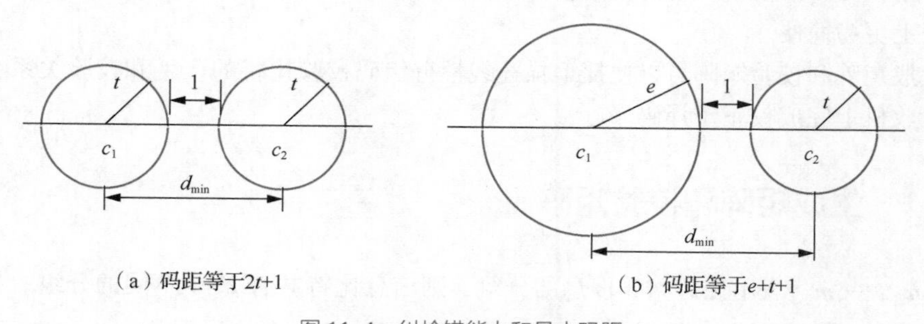

图 11.4　纠检错能力和最小码距

- 为纠正 t 个错误的同时，检测 e 个错误，最小码距 $d_{\min}$ 必须满足

$$d_{\min} \geqslant e+t+1 \quad e>t \tag{11.3}$$

如图 11.4(b)所示，任意码字 c_1 和 c_2，当两个码字都发生 t 个错误时，两个接收码字的球体距离大于 1，可以纠正。当两个码字都发生 e 个错误时，两个球体相交，无法纠错，但可以判断发生了错误。当一个发送码字发生 e 个错误后，只要和其他码字的距离大于等于 $t+1$，这个码字的 e 个错误就可以被检测，而不影响其他码字纠正 t 个错误。

可见，最小码距和码的纠检错能力直接相关，是衡量信道编码性能的重要指标。

11.2.5 译码准则

译码的目标是使得译码输出错误的概率最小。假设接收的码字为 r，属于码字集合 R，发送码字为 c_i，属于许用码组集合 C。译码的任务就是根据 r 判断出发送端发送的是哪个码字，并给出其估值 $\hat{c}_i$。最佳判决准则是最大后验概率准则，即解码器找出使 $P(c_i/r)$ 最大的 c_i 作为译码估值 $\hat{c}_i$。使用这种准则时解码器输出的错误概率最小，因此是最优的译码准则。最大后验概率准则在实际使用中，收到码字 r 后，需要对许用码组里的 2^k 个码字计算后验概率，而计算后验概率通常是比较困难的。

当输入信号等概率分布时，最大后验概率准则等效为最大似然（Maximum Likelihood，ML）准则，即找出使 $P(r/c_i)$ 最大的 c_i 作为译码估值 $\hat{c}_i$。$P(r/c_i)$ 称为似然函数。相对于计算后验概率，计算似然函数要方便得多，因此实际译码时常使用最大似然准则。在实际情况下，信源输出的码字不一定等概率，但通过处理可以接近等概率，因此最大似然准则是一种接近最优的译码算法。

由于 $\ln x$ 是 x 的单调函数，实际系统中通常采用使对数似然函数 $\ln P(r/c_i)$ 最大的 c_i 作为译码估值 $\hat{c}_i$，这样计算更加方便。

11.3 线性分组码

一个 (n,k) 的线性分组码，既是分组码，又是线性码。当编码符号是二进制时，编码是定义在二元域 GF(2) 上的。编码时对每 $k$bit 信息，根据指定的编码规则计算得到 $(n-k)$ bit 奇偶校验位，组成一个长为 n 的码字。码字中的信息比特不发生变化的分组码称为系统码。系统码较非系统码在实现上更为简便。

采用生成矩阵和校验矩阵可以便捷地描述线性分组码校验比特的产生和校验关系，利用校正子可以在接收机上完成校正子译码。

11.3.1 生成矩阵和校验矩阵

用 $m_0, m_1, \cdots, m_{k-1}$ 表示任意 $k$bit 信息的分组，则信息比特共有 2^k 个不同的分组。将这些信息分组送入一线性分组编码器，得到 2^k 个长为 $n$bit 的码字，它的各个元素用 $c_0, c_1, \cdots, c_{n-1}$ 表示。码字中的校验比特用 $b_0, b_1, \cdots, b_{n-k-1}$ 表示。元素下标表示其时间顺序，如下标 0 表示当前时刻，下标 1 表示上一个时刻，依此类推。通常系统码可以采用图 11.5 所示的结构。

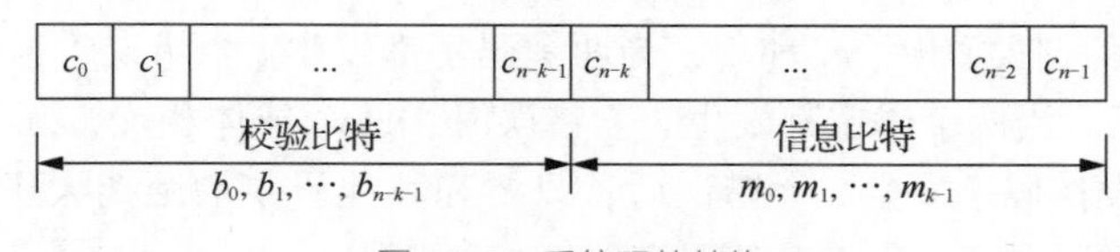

图 11.5 系统码的结构

$n-k$ 个校验比特是 k 个信息比特的线性和，用一般关系式表示如下

$$b_i = p_{0i}m_0 + p_{1i}m_1 + \cdots + p_{k-1,i}m_{k-1} \tag{11.4}$$

系数 p_{ji} 的定义如下

$$p_{ji}=\begin{cases}1, & b_i \text{ 依赖于 } m_j \\ 0, & \text{其他}\end{cases} \tag{11.5}$$

系数的选择要使各校验等式是唯一的。

把码字和信息以及校验用行矢量 $\boldsymbol{c}$、$\boldsymbol{m}$ 和 $\boldsymbol{b}$ 表示，可以写成

$$\boldsymbol{m}=[m_0,m_1,\cdots,m_{k-1}] \tag{11.6}$$

$$\boldsymbol{b}=[b_0,b_1,\cdots,b_{n-k-1}] \tag{11.7}$$

$$\boldsymbol{c}=[c_0,c_1,\cdots,c_{n-1}] \tag{11.8}$$

则校验比特的校验关系式(11.4)可以用矩阵表示为

$$\boldsymbol{b}=\boldsymbol{mP} \tag{11.9}$$

其中，系数矩阵 $\boldsymbol{P}$ 是一个 $k\times(n-k)$ 的矩阵，由式(11.5)的 p_{ji} 组成

$$\boldsymbol{P}=\begin{bmatrix} p_{0,0} & p_{0,1} & \cdots & p_{0,n-k-1} \\ p_{1,0} & p_{1,1} & \cdots & p_{1,n-k-1} \\ \vdots & \vdots & & \vdots \\ p_{k-1,0} & p_{k-1,1} & \cdots & p_{k-1,n-k-1} \end{bmatrix} \tag{11.10}$$

由于码矢量可以表示为

$$\boldsymbol{c}=[\boldsymbol{b},\boldsymbol{m}] \tag{11.11}$$

代入式(11.9)，得到

$$\boldsymbol{c}=\boldsymbol{m}[\boldsymbol{P},\boldsymbol{I}_k] \tag{11.12}$$

其中，$\boldsymbol{I}_k$ 是 $k\times k$ 的单位矩阵。

定义 $k\times n$ 的矩阵

$$\boldsymbol{G}=[\boldsymbol{P},\boldsymbol{I}_k] \tag{11.13}$$

称 $\boldsymbol{G}$ 为 (n,k) 线性分组码的生成矩阵。利用生成矩阵，可以改写式(11.12)为

$$\boldsymbol{c}=\boldsymbol{mG} \tag{11.14}$$

这样，线性分组码的编码可以表示为信息矢量和生成矩阵的矩阵相乘。式(11.13)中的生成矩阵 $\boldsymbol{G}$ 包含一个 k 阶单位矩阵，它生成的码是系统码，这样的生成矩阵 $\boldsymbol{G}$ 称为生成矩阵的标准形式，简称标准生成矩阵。一般的生成矩阵通过初等变换可以转化为标准生成矩阵。

生成矩阵的各行之间是线性独立的，即 $\boldsymbol{G}$ 中的任意一行都不能表示为其他各行的线性组合。由式(11.12)可以看出，$\boldsymbol{G}$ 的各行都是一个码字。找到 k 个线性无关的码字，就可以构成生成矩阵 $\boldsymbol{G}$。

式(11.4)表示的一组校验关系可以改写成

$$b_i+p_{0i}m_0+p_{1i}m_1+\cdots+p_{k-1,i}m_{k-1}=0 \tag{11.15}$$

用矩阵可以表示为

$$\boldsymbol{cH}^{\mathrm{T}}=\boldsymbol{0} \tag{11.16}$$

其中，$(n-k)\times n$ 的 $\boldsymbol{H}$ 矩阵定义为

$$\boldsymbol{H}=[\boldsymbol{I}_{n-k},\boldsymbol{P}^{\mathrm{T}}] \tag{11.17}$$

称其为 (n,k) 线性分组码的校验矩阵，也称为监督矩阵。可见，合法的码字乘校验矩阵的转置得到零矢量。

由式(11.13)和式(11.17)，可得标准形式的生成矩阵和校验矩阵具有如下关系

$$\boldsymbol{HG}^{\mathrm{T}}=\boldsymbol{0} \text{ 或 } \boldsymbol{GH}^{\mathrm{T}}=\boldsymbol{0} \tag{11.18}$$

式中 **0** 表示一个$(n-k)\times k$或$k\times(n-k)$的空矩阵。

线性分组码定义在 GF(2)上，因此其最小距离等于非零码矢量的最小汉明重量。由式(11.16)，最小距离即矩阵 $\boldsymbol{H}^{\mathrm{T}}$ 中行求和为 0 的最小行数。

例 11.2 已知一个(7,4)线性分组码的校验矩阵为

$$\boldsymbol{H}=\begin{bmatrix}0&0&1&0&1&1&1\\0&1&1&1&0&0&1\\1&1&1&0&0&1&0\end{bmatrix}$$

求其生成矩阵；求编码器输入为 1001 时，编码器的输出码字；分析该码的纠检错能力。

解　给出的校验矩阵不是标准形式，先将其转化为标准形式

$$\boldsymbol{H}=\begin{bmatrix}1&0&0&1&0&1&1\\0&1&0&1&1&1&0\\0&0&1&0&1&1&1\end{bmatrix}$$

由校验矩阵的标准形式，得到生成矩阵

$$\boldsymbol{G}=\begin{bmatrix}1&1&0&1&0&0&0\\0&1&1&0&1&0&0\\1&1&1&0&0&1&0\\1&0&1&0&0&0&1\end{bmatrix}$$

当输入序列是 1001 时，可得

$$\boldsymbol{c}=\boldsymbol{mG}=[1\quad 0\quad 0\quad 1]\begin{bmatrix}1&1&0&1&0&0&0\\0&1&1&0&1&0&0\\1&1&1&0&0&1&0\\1&0&1&0&0&0&1\end{bmatrix}$$

$$=[0\quad 1\quad 1\quad 1\quad 0\quad 0\quad 1]$$

在 $\boldsymbol{H}$ 矩阵的标准形式中，列 1、2、4 的和为零矢量，其他任意两列的和都不为 0，所以最小码距等于 3。因此该码可以检 2 位错误，或者纠 1 位错误。

【本例终】

11.3.2 校正子和译码

(n,k)线性分组码编码器输出的码矢量 $\boldsymbol{c}$ 经过信道传输，可能会发生误码。把信道干扰造成的错误用矢量 $\boldsymbol{e}$ 表示，称为错误图样或误码矢量

$$\boldsymbol{e}=[e_0,e_1,\cdots,e_{n-1}] \tag{11.19}$$

其中，e_i($\boldsymbol{e}$ 中第 i 位)为 1 表示该位有错误，为 0 表示无错误。接收端收到的矢量用 $\boldsymbol{r}$ 表示，则 $\boldsymbol{r}$ 可以表示为发送码矢量 $\boldsymbol{c}$ 和错误图样 $\boldsymbol{e}$ 的和

$$\boldsymbol{r}=\boldsymbol{c}+\boldsymbol{e} \tag{11.20}$$

如发送码矢量为 $\boldsymbol{c}=0111001$，第 2 位传输时发生错误，接收矢量为 $\boldsymbol{r}=0011001$，对应的错误图样为 $\boldsymbol{e}=0100000$。

接收机收到矢量 $\boldsymbol{r}$，判断其是否有错误发生，判断依据校验码元和信息码元的关系。定义接

收端的校正子矢量为

$$s=rH^{\mathrm{T}} \tag{11.21}$$

这个 $1\times(n-k)$ 的校正子矢量简称校正子，又称为接收矢量 $\boldsymbol{r}$ 的伴随式。如果接收矢量 $\boldsymbol{r}$ 没有错误，等于发送矢量 $\boldsymbol{c}$，则校正子为 $\boldsymbol{0}$。因此可以用校正子判断接收矢量是否有误码。把式(11.20)代入式(11.21)，可得

$$s=(c+e)H^{\mathrm{T}}=cH^{\mathrm{T}}+eH^{\mathrm{T}}=eH^{\mathrm{T}} \tag{11.22}$$

可见，校正子仅取决于错误图样。校正子有如下性质。

(1)校正子由错误图样决定，而与发送的具体码字无关。

(2)校正子等于 $\boldsymbol{0}$，则判断没有误码，即接收端收到了许用码字。但是如果误码数超出码的纠检错能力，从一个许用码字错成另一个许用码字，校正子也为 $\boldsymbol{0}$。校正子不为 $\boldsymbol{0}$ 时，判断有误码。

(3)所有许用码字在同一个错误图样下具有相同的校正子。

接收端译码时根据接收矢量 $\boldsymbol{r}$ 和校验矩阵 $\boldsymbol{H}$ 计算出校正子 $\boldsymbol{s}$，通过 $\boldsymbol{s}$ 寻找对应的错误图样来完成译码。但是校正子有 2^{n-k} 个，而错误图样有 2^n 个，因此存在多个错误图样 $\boldsymbol{e}$ 对应一个校正子 $\boldsymbol{s}$ 的情况。这时一般根据最小汉明距离译码准则，选择与接收码字距离最小的码字作为发送码字的估值，即选取汉明重量最小的错误图样。

(n,k) 线性分组码的 2^k 个许用码字，在一个错误图样 $\boldsymbol{e}$ 下，得到的 2^k 个接收矢量，称为一个陪集，则该码共有 2^{n-k} 个可能的陪集，每个陪集具有唯一的校正子。

当 $n-k$ 不大时，可以事先对接收矢量按照陪集进行划分，得到线性分组码的标准阵列。标准阵列的构造过程如下，得到的标准阵列如图 11.6 所示。

(1) 2^k 个许用码组的码矢量排成一行，全零码矢量 $\boldsymbol{c}_1$ 放在最左边。

(2)选择一个错误图样 $\boldsymbol{e}_2$ 放置在 $\boldsymbol{c}_1$ 下边，并将 $\boldsymbol{e}_2$ 和第一行其他各个码矢量相加，得到第二行。一行中的第一个错误图样此前没有在标准阵列中出现过。

(3)重复第(2)步，直到 2^n 个矢量划分完毕。

$$\begin{matrix}
c_1=0 & c_2 & c_3 & \cdots & c_{2^k} \\
e_2 & c_2+e_2 & c_3+e_2 & \cdots & c_{2^k}+e_2 \\
e_3 & c_2+e_3 & c_3+e_3 & \cdots & c_{2^k}+e_3 \\
\vdots & \vdots & \vdots & \vdots & \vdots \\
e_{2^{n-k}} & c_2+e_{2^{n-k}} & c_3+e_{2^{n-k}} & \cdots & c_{2^k}+e_{2^{n-k}}
\end{matrix}$$

图 11.6　线性分组码的标准阵列

标准阵列中每一行是一个陪集，陪集的第一个元素称为陪集首。每个陪集对应一个校正子，陪集首按照最小汉明距离准则选择。

得到标准阵列后，线性分组码的译码过程如下：由接收码矢量计算出校正子，根据校正子找到标准阵列中对应的陪集并得到陪集首。用该陪集首和接收码矢量相加，得到发送码矢量的估值，即译码输出。这个过程称为校正子译码。

例 11.3　一个(5,2)线性分组码具有如下参数。

分组长度：$n=5$。

信息比特数：$k=2$。

校验比特数：$n-k=3$。

其生成矩阵为

$$G=\begin{bmatrix}1 & 0 & 1 & 1 & 0\\1 & 1 & 1 & 0 & 1\end{bmatrix}$$

求其校验矩阵、生成的码字集合、标准阵列以及接收矢量为10100时的译码结果。

解　可得其校验矩阵为

$$H=\begin{bmatrix}1 & 0 & 0 & 1 & 1\\0 & 1 & 0 & 0 & 1\\0 & 0 & 1 & 1 & 1\end{bmatrix}$$

信息分组共有 $2^k=4$ 个，对应的码字如表11.1所示。

表11.1　(5,2)线性分组码的码字

信息比特	码字	码重
00	00000	0
01	11101	4
10	10110	3
11	01011	3

该码的校正子共有 $2^{n-k}=8$ 个，含有一位错误的错误图样共有 $n=5$ 个。利用式(11.22)，可以计算出这5个错误图样对应的校正子。剩下2个非零的校正子，分别是110和011。分别把它们代入式(11.22)，得到线性方程组，各自可得4个解。例如，110对应的解有11000、00101、01110、10011，即这4个错误图样的校正子都是110。其中重量最小的错误图样有2个，任选一个，例如，选择11000对应校正子110。这样得到译码的标准阵列如表11.2所示。

表11.2　(5,2)线性分组码译码的标准阵列

校正子 $s_0=000$	陪集首 $c_0+e_0=00000$	$c_1=11101$	$c_2=10110$	$c_3=01011$
$s_1=111$	$e_1=00001$	11100	10111	01010
$s_2=101$	$e_2=00010$	11111	10100	01001
$s_3=001$	$e_3=00100$	11001	10010	01111
$s_4=010$	$e_4=01000$	10101	11110	00011
$s_5=100$	$e_5=10000$	01101	00110	11011
$s_6=110$	$e_6=11000$	00101	01110	10011
$s_7=011$	$e_7=01100$	10001	11010	00111

当接收矢量为 $\boldsymbol{r}=10100$ 时，计算得到校正子 $\boldsymbol{s}=101$，查表得到其陪集首，即错误图样为 $\boldsymbol{e}_2=00010$，故得译码输出为 $\boldsymbol{r}+\boldsymbol{e}_2=10110$。

在本例中，非零码字的最小汉明重量是3，即最小码距为3，因此只能纠正1位错误。因此标准阵列中校正子 $\boldsymbol{s}_6$ 和 $\boldsymbol{s}_7$ 只能用来检错，不能用来纠错。

【本例终】

11.4 循环码

循环码是线性分组码的一个重要子类，具有明确定义的数学结构，编码和译码都较为简单，是研究最深入、理论最成熟、应用最广泛的一类线性分组码。

循环码首先是线性分组码，它具有线性特性，即码组中任意两个码字的和仍然在这个码组中。另外，它还具有循环性，即码组中任一码字经循环移位后仍然在这个码组中。

如果用$(c_0,c_1,\cdots,c_{n-1})$来表示(n,k)循环码的一个码字，则下述所列举的各循环移位的结果

$$(c_{n-1},c_0,\cdots,c_{n-2})$$
$$(c_{n-2},c_{n-1},\cdots,c_{n-3})$$
$$\cdots$$
$$(c_1,c_2,\cdots,c_{n-1},c_0)$$

仍然是该码组中的一个码字。

本节将介绍循环码的多项式描述，以汉明码为例介绍循环码的生成。接着介绍循环码的编解码电路，最后介绍几种常用的循环码。

11.4.1 循环码的多项式描述

循环码通常用多项式来描述。对于任意一个码字$\boldsymbol{c}=(c_0,c_1,\cdots,c_{n-1})$，可以用多项式表示为

$$c(X)=c_0+c_1X+c_2X^2+\cdots+c_{n-1}X^{n-1} \tag{11.23}$$

称$c(X)$为码字$\boldsymbol{c}$的码多项式，多项式的系数对应码字中各个码元的值，变量X的各次幂用来标记码元在码字里的位置，X本身没有意义。注意，此多项式是系数定义在GF(2)上的多项式。

循环码的循环移位特性可以用多项式表示如下

$$c^{(i)}(X)=X^ic(X)\bmod(X^n+1) \tag{11.24}$$

式中i表示右移的位数，mod 表示取模运算。

例 11.4　(7,4)循环码的码字为1001011，求其循环右移3位的码字。

解　该码字表示成多项式，写为

$$c(X)=1+X^3+X^5+X^6$$

循环右移3位，代入式(11.24)，得

$$c^{(3)}(X)=X^3c(X)\bmod(X^7+1)$$

其中$X^3c(X)$为

$$X^3c(X)=X^3(1+X^3+X^5+X^6)=X^3+X^6+X^8+X^9$$

取模运算使用多项式的长除法，所得的余式就是取模的结果

$$\begin{array}{r} X^2+X \\ X^7+1\,\overline{\smash{)}X^9+X^8+X^6+X^3} \\ \underline{X^9+X^2} \\ X^8+X^6+X^3+X^2 \\ \underline{X^8+X} \\ X^6+X^3+X^2+X \end{array}$$

余式为 $X^6+X^3+X^2+X$，对应的码字为0111001。

【本例终】

根据11.3.1小节，在(n,k)循环码中，取k个线性无关的码字可以构成生成矩阵。2^k个码字可以写成2^k个码多项式。取最高$k-1$位都是0的码多项式$g(X)$，其最高次幂为$n-k$。根据循环码特性，把$g(X)$向右逐次移位，得到的多项式都是码多项式。取k个这样移位得到的多项式组成生成矩阵，可以写成如下形式

$$\boldsymbol{G}(X)=\begin{bmatrix} g(X) \\ Xg(X) \\ \vdots \\ X^{k-1}g(X) \end{bmatrix} \tag{11.25}$$

可见，$g(X)$确定了码的生成矩阵，因此能唯一确定一个循环码，故称$g(X)$为码的生成多项式。

循环码中，生成多项式具有如下性质。

(1)$g(X)$是码多项式中常数项不为0的最低阶的多项式，且是唯一的$n-k$次多项式，可以写成如下形式

$$g(X)=1+\sum_{i=1}^{n-k-1} g_i X^i+X^{n-k} \tag{11.26}$$

(2)码组中的每个码多项式都可以表示为生成多项式$g(X)$的倍式，即

$$c(X)=a(X)g(X) \tag{11.27}$$

式中，$a(X)$是任一次幂不大于$k-1$的多项式。

(3)(n,k)循环码的生成多项式$g(X)$是x^n+1的一个$n-k$次因式。

根据性质3，要得到循环码的生成多项式，可以通过对x^n+1分解因式得到。分解因式后得到的$n-k$次因式，如果常数项不为0，就可以作为$g(X)$使用。

根据性质2，码多项式都是生成多项式$g(X)$的倍式。如果把信息序列表示成多项式$m(X)$，即

$$m(X)=m_0+m_1X+\cdots+m_{k-1}X^{k-1} \tag{11.28}$$

则$m(X)$乘$g(X)$可以得到码多项式，但得到的不是系统码。

构造系统码形式的循环码，要保持信息序列不变，通常把信息序列整体放在码字的右边，这可以通过对信息序列右移$n-k$位实现，即$X^{n-k}m(X)$表示码字的前k位。这时，校验序列用多项式表示为

$$b(X)=b_0+b_1X+\cdots+b_{n-k-1}X^{n-k-1} \tag{11.29}$$

则码多项式可以表示为

$$c(X)=b(X)+X^{n-k}m(X) \tag{11.30}$$

根据式(11.27)，在式(11.30)两边同时除以生成多项式$g(X)$，得到

$$\frac{X^{n-k}m(X)}{g(X)}=a(X)+\frac{b(X)}{g(X)} \tag{11.31}$$

可见，校验多项式$b(X)$是$X^{n-k}m(X)$除以$g(X)$的余式。

通过上述分析，可得系统码形式循环码的编码步骤如下。

(1)用X^{n-k}乘信息多项式$m(X)$，得到$X^{n-k}m(X)$。

(2)用$g(X)$除$X^{n-k}m(X)$，得到余式，即校验多项式$b(X)$。

(3) $b(X)$ 和 $X^{n-k}m(X)$ 相加，得到码多项式 $c(X)$。

循环码由生成多项式 $g(X)$ 唯一确定，$g(X)$ 是 x^n+1 的一个 $n-k$ 次因式，则有

$$g(X)h(X)=X^n+1 \tag{11.32}$$

其中 $h(X)$ 是和 $g(X)$ 对应的一个 k 阶多项式，称为码的校验多项式，其定义如下

$$h(X)=1+\sum_{i=1}^{k-1}h_iX^i+X^k \tag{11.33}$$

可见，循环码也由校验多项式 $h(X)$ 唯一确定。

循环码的校验矩阵可以通过 $h(X)$ 得到。定义校验多项式 $h(X)$ 的反多项式

$$\begin{aligned}h^*(X)&=X^kh(X^{-1})\\&=X^k\left(1+\sum_{i=1}^{k-1}h_iX^{-i}+X^{-k}\right)\\&=1+\sum_{i=1}^{k-1}h_{k-i}X^i+X^k\end{aligned} \tag{11.34}$$

则校验矩阵可以表示为

$$\boldsymbol{H}(X)=\begin{bmatrix}h^*(X)\\Xh^*(X)\\\vdots\\X^{n-k-1}h^*(X)\end{bmatrix} \tag{11.35}$$

按照式(11.25)得到的生成矩阵和按照式(11.35)得到的校验矩阵，都不是系统形式的。通过矩阵的初等变换，可以把它们转换为系统形式。

例 11.5 汉明码是能纠正单个错误的循环码，其生成多项式是本原多项式。汉明码具有如下参数

码长：$n=2^m-1$。

信息比特数：$k=2^m-m-1$。

校验比特数：$n-k=m$。

其中，$m\geqslant3$。当 $m=3$ 时，得到(7,4)汉明码。求其生成多项式、生成矩阵、校验矩阵，并计算其全部码字。

解　将 X^n+1 分解因式，可以得到其生成多项式

$$X^7+1=(1+X)(1+X^2+X^3)(1+X+X^3)$$

分解后，得到两个 3 阶本原多项式。这里选择

$$g(X)=1+X+X^3$$

有了生成多项式，可以确定其生成矩阵

$$\boldsymbol{G}(X)=\begin{bmatrix}g(X)\\Xg(X)\\\vdots\\X^{k-1}g(X)\end{bmatrix}=\begin{bmatrix}1+X+X^3\\X+X^2+X^4\\\vdots\\X^3+X^4+X^6\end{bmatrix}$$

取其系数，得到

$$\boldsymbol{G}'=\begin{bmatrix}1&1&0&1&0&0&0\\0&1&1&0&1&0&0\\0&0&1&1&0&1&0\\0&0&0&1&1&0&1\end{bmatrix}$$

把直接得到的 $\boldsymbol{G}'$通过初等变换转换成系统形式，即将矩阵右侧转化成 4 阶单位矩阵。这个转化可以通过把第 1 行加到第 3 行，把第 1、2 行加到第 4 行得到。转换后得到系统码的生成矩阵

$$\boldsymbol{G}=\begin{bmatrix}1&1&0&1&0&0&0\\0&1&1&0&1&0&0\\1&1&1&0&0&1&0\\1&0&1&0&0&0&1\end{bmatrix}$$

下面计算校验矩阵。

根据校验多项式和生成多项式的关系，可得校验多项式为

$$h(X)=(1+X)(1+X^2+X^3)=1+X+X^2+X^4$$

校验多项式 $h(X)$ 的反多项式

$$h^*(X)=X^k h(X^{-1})=X^4 h(X^{-1})=1+X^2+X^3+X^4$$

由此可得校验矩阵

$$\boldsymbol{H}'=\begin{bmatrix}1&0&1&1&1&0&0\\0&1&0&1&1&1&0\\0&0&1&0&1&1&1\end{bmatrix}$$

将其转换为标准形式

$$\boldsymbol{H}=\begin{bmatrix}1&0&0&1&0&1&1\\0&1&0&1&1&1&0\\0&0&1&0&1&1&1\end{bmatrix}$$

当然，系统形式的校验矩阵也可以由生成矩阵变换得到。

下面对信息序列 1001 进行编码。可以采用矩阵相乘的方法

$$\boldsymbol{c}=[1\quad 0\quad 0\quad 1]\begin{bmatrix}1&1&0&1&0&0&0\\0&1&1&0&1&0&0\\1&1&1&0&0&1&0\\1&0&1&0&0&0&1\end{bmatrix}=[0\quad 1\quad 1\quad 1\quad 0\quad 0\quad 1]$$

也可以采用生成多项式的方法，把信息序列表示为多项式

$$m(X)=1+X^3$$

把 $m(X)$ 右移 $n-k$ 位

$$X^{n-k}m(X)=X^3+X^6$$

用 $X^{n-k}m(X)$ 除以 $g(X)$

$$\frac{X^3+X^6}{1+X+X^3}=X+X^3+\frac{X+X^2}{1+X+X^3}$$

得到余式

$$b(X)=X+X^2$$

则码多项式为

$$c(X)=b(X)+X^{n-k}m(X)=X+X^2+X^3+X^6$$

得到的码字是 0111001，和前面用生成矩阵得到的码字相同。

用同样的方法，可以得到(7,4)汉明码的全部码字，如表 11.3 所示。

表 11.3　(7,4)汉明码的码字

信息序列	码字	码重	信息序列	码字	码重
0000	0000000	0	1000	1101000	3
0001	1010001	3	1001	0111001	4
0010	1110010	4	1010	0011010	3
0011	0100011	3	1011	1001011	4
0100	0110100	3	1100	1011100	4
0101	1100101	4	1101	0001101	3
0110	1000110	3	1110	0101110	4
0111	0010111	4	1111	1111111	7

从表 11.3 可知，该汉明码的最小码距是 3，可以发现 2 位错误或纠正 1 位错误。

【本例终】

11.4.2　循环码的编译码电路

非系统码的循环码可以通过信息序列乘生成多项式得到，系统码的循环码则是用 $X^{n-k}m(X)$ 除以 $g(X)$ 得到校验多项式。这里介绍系统码形式的循环码的编码电路。

(n,k) 循环码的编码电路如图 11.7 所示。

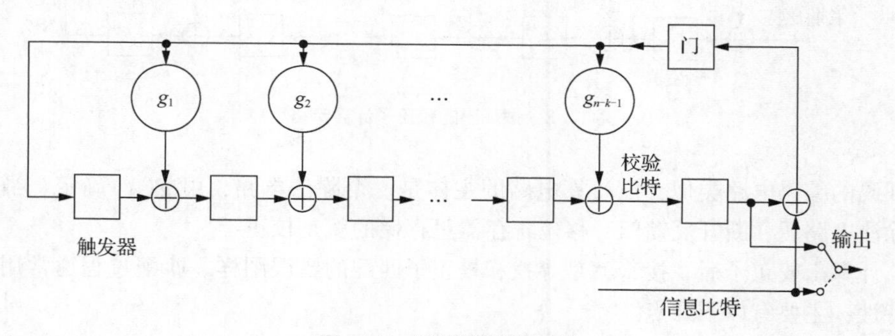

图 11.7　循环码的编码电路

该编码电路的主体是一个除法电路，由 $n-k$ 级线性反馈移位寄存器构成。图 11.7 中的触发器具有 0 和 1 两种状态，其个数等于生成多项式 $g(X)$ 的阶数。g_i 表示反馈连接，对应于 $g(X)$ 的系数。系数 g_i 等于 1，表示反馈连通；等于 0，表示反馈断开。可见，该除法电路完全由 $g(X)$ 确定，用来完成将输入序列除以 $g(X)$ 的功能。除法运算所得的余式存储在移位寄存器里。

编码电路的工作过程如下。

(1)初始化，移位寄存器的初始状态全部置0。输出开关置于下方，门打开。

(2)信息比特从右端进入除法电路，同时输出。从右端进入，相当于 $X^{n-k}m(X)$ 除以 $g(X)$。

(3)信息比特每进入一位，除法电路反馈并更新状态一次。

(4)信息比特输入完毕后，输出开关转到上方，门关闭。这时移位寄存器里保存的就是余式，即校验比特。由于门关闭，切断了反馈，校验比特保持不变。

(5)校验比特顺次输出，和前面输出的信息比特共同构成一个系统码的码字。

接收端的译码电路通常比编码电路复杂，译码主要有以下步骤。

(1)由接收到的码矢量计算校正子。

(2)根据校正子确定错误图样。

(3)将错误图样和接收的码字相加，纠正错误。

计算校正子同样用到除法电路，用接收码矢量除以生成多项式 $g(X)$。把接收码矢量用多项式表示为

$$r(X)=r_0+r_1X+\cdots+r_{n-1}X^{n-1} \tag{11.36}$$

接收多项式 $r(X)$ 是发送码多项式 $c(X)$ 和错误图样多项式 $e(X)$ 的和，则

$$\frac{r(X)}{g(X)}=\frac{c(X)+e(X)}{g(X)}=a(X)+\frac{e(X)}{g(X)} \tag{11.37}$$

定义 $e(X)$ 除以 $g(X)$ 的余式为校正子多项式，即

$$e(X)=u(X)g(X)+s(X) \tag{11.38}$$

式(11.38)中，$u(X)$ 是商，余式 $s(X)$ 是校正子多项式，也称为伴随式。$s(X)$ 不为0，表示接收码字有错误。校正子计算电路用到除法电路，如图11.8所示。

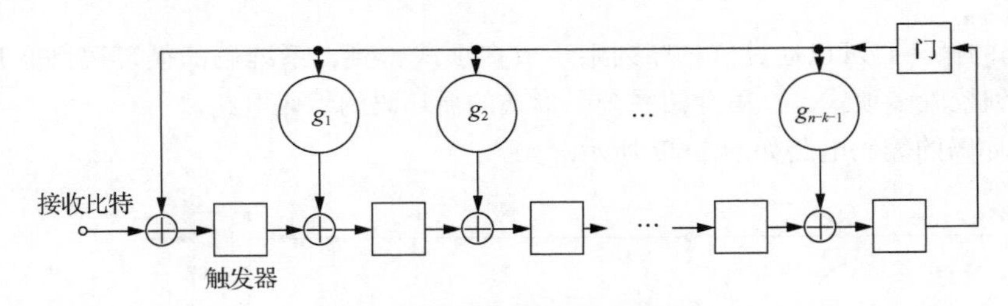

图11.8　循环码的校正子计算电路

和循环码的编码电路类似，该计算电路的主体是一个除法电路，由 $g(X)$ 确定。当接收比特全部进入除法电路后，断开反馈门，移位寄存器里存储的就是校正子。

解码器计算出校正子后，接着就是寻找和校正子匹配的错误图样。匹配过程通常用到校正子多项式的特性，主要有以下几点。

① 如果接收码多项式 $r(X)$ 的校正子是 $s(X)$，那么，$r(X)$ 循环移位后 $Xr(X)$ 的校正子是 $Xs(X)$。由于

$$r(X)=q(X)g(X)+s(X) \tag{11.39}$$

等式两边同时移位 X，得

$$Xr(X)=Xq(X)g(X)+Xs(X) \tag{11.40}$$

可见，如果 $s(X)$ 是 $r(X)$ 的校正子，则 $Xs(X)$ 是 $Xr(X)$ 的校正子。注意，$Xr(X)$ 使用时需要对 X^n+1 取模，$Xs(X)$ 需要对 $g(X)$ 取模。

该特性表明，循环码中一个可纠正的错误图样的所有循环移位都是可纠正的，可以归入一类。

② 假如误码被限制为 $n-k$ 个接收码多项式 $r(X)$ 的奇偶校验比特，则校正子多项式 $s(X)$ 与错误图样多项式 $e(X)$ 是相同的。

由于生成多项式 $g(X)$ 是 $n-k$ 阶的，当误码在码多项式的校验比特区域时，错误图样多项式 $e(X)$ 的阶数小于等于 $n-k-1$，因此 $e(X)$ 就等于 $s(X)$。

这些特性和循环码的循环特性相结合，在解码器中被用来简化错误图样和校正子的匹配过程。

例 11.6　对于例 11.4 中的(7,4)汉明码，当生成多项式 $g(X)=1+X+X^3$ 时，画出其编码电路和校正子计算电路。

解　根据生成多项式和除法电路的关系，可得其编码电路如图 11.9 所示。

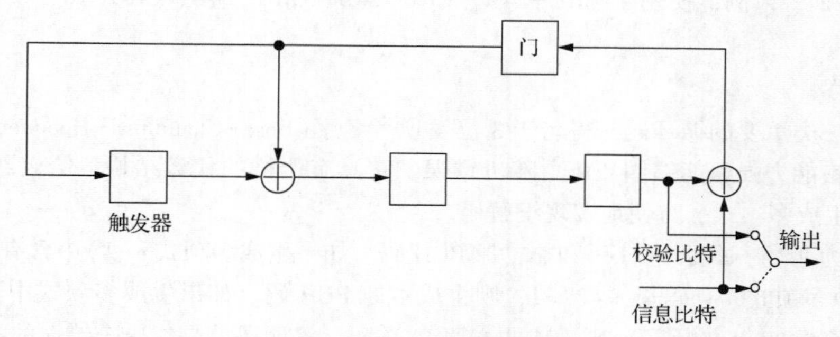

图 11.9　$g(X)=1+X+X^3$ 对应的循环码编码电路

同样，可得其校正子计算电路如图 11.10 所示。

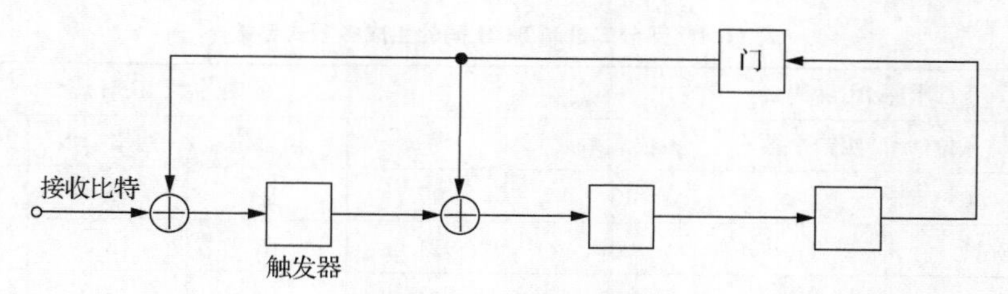

图 11.10　$g(X)=1+X+X^3$ 对应的循环码校正子计算电路

【本例终】

11.4.3　常用循环码介绍

1. 循环冗余校验码

循环冗余校验码是一种广泛应用的检错编码，在通信系统中常用于帧校验，在计算机系统中用于数据校验。循环冗余校验(Cyclic Redundancy Check，CRC)码简称为 CRC 码，使用循环码的生成多项式，可以生成系统码，但数据位长度可变，因此在传输 CRC 码前需要指示长度。

CRC 码具有较强的检测误码能力，能够检测多种突发错误、随机错误，以及组合错误。其编码器和循环码的编码器相同，给定生成多项式，就可以对长度为 k 的信息位进行校验，得到校验比特。信息的长度 k 是可变的，根据具体系统的需求确定。接收端收到长度指示、数据比特和校验比特后，对数据比特按相同的方式再做一次编码。然后把接收端算出的校验比特和发送端传输过来的校验比特比较，如果不同则表示传输中存在误码。

国际组织对一些常用的 CRC 码做了规范，给定了校验位长度，指定了生成多项式。如

- CRC-8，$g(X)=1+X+X^3+X^4+X^7+X^8$；
- CRC-12，$g(X)=1+X+X^2+X^3+X^{11}+X^{12}$；
- CRC-16，$g(X)=1+X^2+X^{15}+X^{16}$；
- CRC-ITU-T，$g(X)=1+X^5+X^{12}+X^{16}$；
- CRC-32，$g(X)=1+X+X^2+X^4+X^5+X^7+X^8+X^{10}+X^{11}+X^{12}+X^{16}+X^{22}+X^{23}+X^{26}+X^{32}$。

4G-LTE 中使用的 CRC 码有 CRC-24A、CRC-24B、CRC-16、CRC-8 等几种。在 5G 标准中，以 3GPP TS 38.212 为例，使用了 CRC-24A、CRC-24B、CRC-24C、CRC-16、CRC-11、CRC-6 等。

2. BCH 码

BCH 码是一类重要的循环码，得名于 3 位发现者名字(Bose-Chaudhuri-Hocquenghem)的首字母。BCH 码纠错能力强，能够纠正 t 个随机错误。它具有严格的代数结构，给定纠错个数 t 后，就可以构造出生成多项式，方便地实现编解码。

BCH 码分为两类，本原 BCH 码和非本原 BCH 码。如果生成多项式 $g(X)$ 中含有最高次幂为 m（$m\geqslant 3$）的本原多项式，且码长 $n=2^m-1$，则生成本原 BCH 码。如果生成多项式中不含这种本原多项式，且码长是 2^m-1 的因子，则生成非本原 BCH 码。汉明码就是纠单个错误的本原 BCH 码。

在实际应用中，常采用查表法获得 BCH 码的生成多项式。表 11.4 给出部分二进制 BCH 码的生成多项式系数，系数用八进制数表示。

表 11.4　部分二进制 BCH 码的生成多项式系数

本原 BCH 码				非本原 BCH 码			
码长	信息位	纠错个数	多项式系数	码长	信息位	纠错个数	多项式系数
7	4	1	13	17	9	5	727
15	11	1	23	21	16	3	43
15	7	2	721	21	12	5	1663
15	5	3	2467	21	6	7	126357
31	26	1	45	21	4	9	643215
31	21	2	3551	23	12	7	5343
31	16	3	107657	25	5	5	4102041
31	11	5	5423325	27	9	3	1001001
31	6	7	313365047	33	23	3	3043

例如，(23,12)非本原 BCH 码，又称为格雷码，其生成多项式系数是$(5343)_8$，转换成二进制，则是 101011100011，对应的生成多项式为

$$g(X)=X^{11}+X^9+X^7+X^6+X^5+X+1$$

注意，表 11.4 中系数最左边表示多项式的最高次幂。

3. RS 码

RS 码是一种多进制 BCH 码，由其两位发明人的名字命名。RS 码的码元符号取自有限域 GF(q)，q 为某个素数的幂。通常取 $q=2^m$，$m>1$。

纠 t 个错误的 q 进制的 RS 码，有如下参数。

码长：$n=2^m-1$ 个符号或 $m(2^m-1)$ bit

信息长度：k 个符号或 mkbit

校验长度：$n-k=2t$ 个符号或 $m(n-k)=2mt$bit

最小码距：$d_{\min}=2t+1$ 个符号 或 $m(2t+1)$ bit

由于 RS 码的码元含有 $m$bit，因此具有很强的纠突发错误的能力。在多进制调制的场合，多进制的 RS 码更为适宜。此外，RS 码在衰落信道、计算机存储系统中也有较多应用。

11.5 卷积码

卷积码由伊利亚斯(P. Elias)在 1955 年提出，是一种非分组码。在分组码中，信息比特每 k 个分为一组，然后由编码器计算出校验比特，构成一个长为 n 的码字，校验比特仅和当前信息分组有关。而卷积码和分组码不同，它的信息比特是串行进入编码器的，通过模 2 卷积输出一个长为 n 的码字，其校验比特不仅和本组的信息比特有关，还和前面 M 个时刻的信息有关，需要存储前 M 个时刻的信息。因此每个输入信息将影响 $K=M+1$ 个编码输出，K 称为卷积码的约束长度，通常把卷积码表示为(n,k,K)。

卷积码通常采用非系统码结构，其性能一般优于分组码，且实现较为简单。(2,1,3)卷积码编码电路如图 11.11 所示。

该编码器由触发器构成的移位寄存器、模 2 加法器和输出复接器组成，每输入 1bit 信息，上下两个支路各产生 1bit 编码，经输出复接器输出 2bit 编码。两级触发器起到了存储作用，可见，编码器输出和 3 个时刻的输入有关。

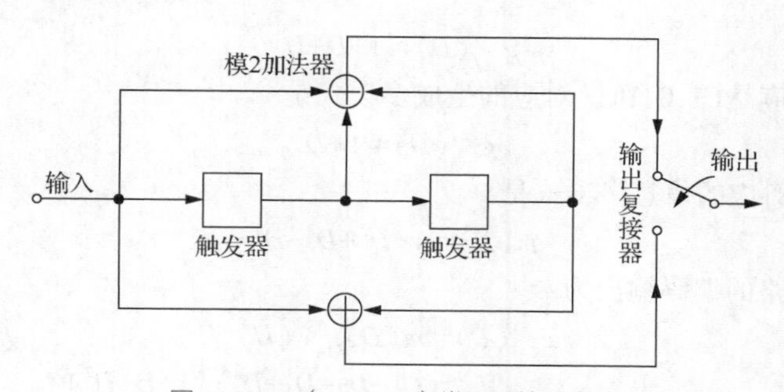

图 11.11 （2，1，3）卷积码编码电路

编码器工作时信息序列连续输入，因此卷积码比较适宜连续信息流的场景，编码输出是一个近似无限长的序列。

当一组信息序列编码完成后，编码器的 M 个触发器里仍然存有信息。因此通常额外再输入 M 个全 0 数据，使得触发器里的信息能够输出，同时把编码器恢复到全 0 状态。这一阶段的编码输出称为编码尾。

11.5.1 卷积码的解析描述

(n,k,K) 卷积码中，每 $k$bit 信息输入对应着 $n$bit 编码输出，每个编码支路的输出是当前输入和存储的历史输入的模 2 和，模 2 和的输入选择取决于具体的编码方案。本节主要讨论 $k=1$ 的情况。

在卷积码的解析描述中，用单位时延变量多项式来表示编码器各个输出支路的生成多项式。每个支路的输出特性，可以用该支路移位寄存器初始化为 0 后的冲激响应来表示。冲激响应就是该支路输入为 1 时的响应。用 $g^i(D)$ 表示第 i 支路的冲激响应。哑元 D 表示单位时延变量，D 的各次幂表示相对于时间起点的各个时延。这样，定义第 i 支路的生成多项式为

$$g^{(i)}(D)=g_0^{(i)}+g_1^{(i)}D+g_2^{(i)}D^2+\cdots+g_M^{(i)}D^M \tag{11.41}$$

式中 M 表示时延，系数 $g_0^{(i)},g_1^{(i)},g_2^{(i)},\cdots,g_M^{(i)}$ 等于 0 或 1。

如编码器的输入信息序列为 $m_0,m_1,m_2,\cdots$，则输入多项式为

$$m(D)=m_0+m_1D+m_2D^2+\cdots \tag{11.42}$$

编码器各个支路的输出是输入信息序列和该支路生成多项式的离散卷积，即

$$c^{(i)}=m*g^{(i)} \tag{11.43}$$

式(11.43)中 * 表示卷积。根据傅里叶变换，时域的卷积可以转化为 D 域的乘积，因此第 i 路的输出可以表示为

$$c^{(i)}(D)=m(D)g^{(i)}(D) \tag{11.44}$$

编码器的输出由各个支路的输出复接得到。正因为编码器的输出是输入信息序列和编码器冲激响应的卷积，所以被称为卷积码。

例 11.7 一个(2,1,3)卷积码编码电路如图 11.11 所示，写出它的生成多项式，并计算输入信息序列为 10111 时的编码输出。

解　该编码电路每输入 1bit 信息输出 2bit 编码。其上支路的冲激响应是(1,1,1)，相应的生成多项式是

$$g^{(1)}(D)=1+D+D^2$$

下支路的冲激响应是(1,0,1)，对应的生成多项式是

$$g^{(2)}(D)=1+D^2$$

输入序列 10111 对应的信息多项式是

$$m(D)=1+D^2+D^3+D^4$$

根据定义，上支路的编码输出为

$$\begin{aligned}c^{(1)}(D)&=m(D)g^{(1)}(D)\\&=(1+D^2+D^3+D^4)(1+D+D^2)\\&=1+D+D^4+D^6\end{aligned}$$

下支路的编码输出为

$$\begin{aligned}c^{(2)}(D)&=m(D)g^{(1)}(D)\\&=(1+D^2+D^3+D^4)(1+D^2)\\&=1+D^3+D^5+D^6\end{aligned}$$

把多项式转化为比特描述，上支路的输出为 1100101，下支路的输出为 1001011。两个支路的

输出复接后，得到的编码输出序列为

$$11,10,00,01,10,01,11$$

上面的输出每 2bit 用逗号做了标记，每组表示为 1bit 信息输入情况下的输出。注意，输入信息序列是 5bit，输出是 $7\times2=14$bit。多出的 2 组(4bit)就是编码尾。

【本例终】

由例 11.7 可见，当输入信息序列长度为 L 时，$(n,1,K)$ 卷积码编码输出的长度是 $n(L+K-1)$ bit。定义编码效率 r 为

$$r=\frac{L}{n(L+K-1)} \tag{11.45}$$

编码效率简称码率，当 L 远大于 K 时，码率通常定义为

$$r=\frac{1}{n} \tag{11.46}$$

11.5.2　卷积码的图形描述

卷积码除了解析描述，还通常采用图形描述，如码树、网格图和状态图。

下面仍以图 11.11 所示的(2,1,3)卷积码编码器为例介绍卷积码的图形描述方法。该编码器有 2 级触发器，初始状态为 00。为了方便描述，对编码器的状态进行命名，如表 11.5 所示。

表 11.5　图 11.11 中卷积码编码器对应的状态表

触发器状态	编码器状态名称
00	a
10	b
01	c
11	d

由表 11.5 可见，编码器初始状态是 a，输入 1 并且移位后，状态变为 b。当编码器的触发器个数为 M 时，编码器共有 2^M 个状态。

1. 码树

码树是一种重要的卷积码图形描述方法，可以动态地描述输入序列对应的编码过程。例 11.7 所示(2,1,3)卷积码的码树如图 11.12 所示。码树中节点表示状态，初始状态 a 是根节点。输入比特 0 时码树分支向上，输入比特 1 时码树分支向下。每输入 1bit 后，编码器的后续状态是下一个节点，编码器此时的输出标记在相应的横枝上。编码的过程就是从根节点开始，根据输入序列，不断向右选择分支路径的过程，路径中各分支上相应的编码输出总体组成了输出序列。

当输入序列为 10111 时，码树的状态变化为 a,b,c,b,d，根据相应分支上的输出，对应编码为 11,10,00,01,10。根据编码规则，还需额外输入两个 0 得到编码尾，对应的状态变化是 c,a，输出是 01,11。

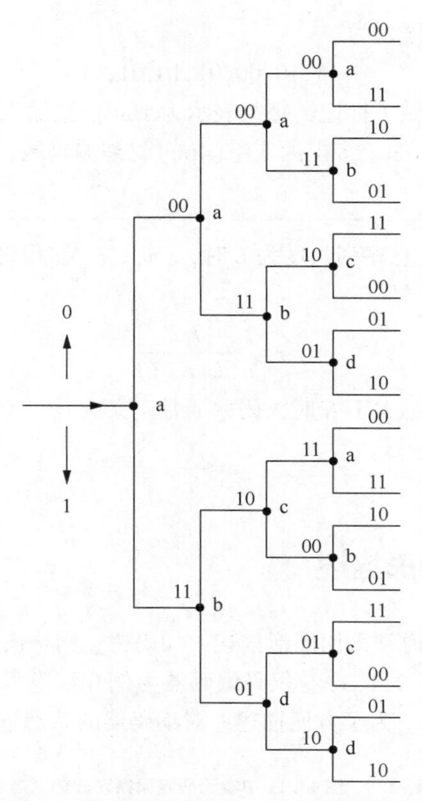

图 11.12　例 11.7 所示（2，1，3）卷积码的码树

码树体现了编码状态及输出和时间的对应关系，向右分支增长的速度很快。可以看出，经过分支个数等于约束长度 K 后，码树开始重复。

2. 网格图

码树随时间增加分支迅速增加，如果把码树在时间节点上状态相同的分支合并，则得到网格图。例 11.7 所示(2,1,3)卷积码的网格图如图 11.13 所示。

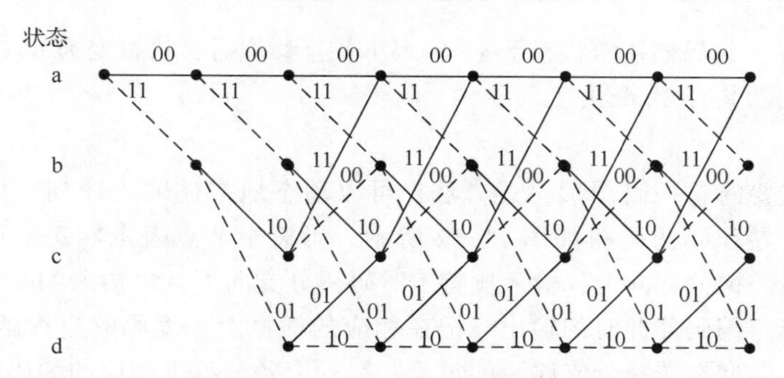

图 11.13　例 11.7 所示（2，1，3）卷积码的网格图

网格图每一行上的节点都代表同一个状态，每个状态输入 0 后的输出分支用实线表示，输入 1 后的分支用虚线表示，相应的输出比特标记在分支上。网格图的横向表示时间变化，每单位时间输入 1bit 信息，输入序列的编码过程体现为网格图中的一条路径。观察网格图可知，经过约束

长度 K 个时间单位后，网格图进入稳定状态，后面开始重复此状态。在此(2,1,3)卷积码下，稳定状态时网格图每个节点都有两路输出、两路输入。

3. 状态图

网格图在稳定状态下的一节网格，包含了全部编码器状态以及这些状态之间的转换关系。把这节网格里相同的状态合并，即可得到编码器的状态图。例 11.7 所示(2,1,3)卷积码的状态图如图 11.14 所示。

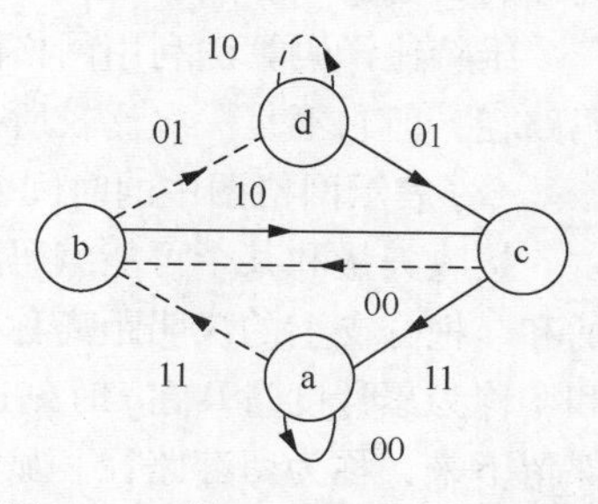

图 11.14　例 11.7 所示（2，1，3）卷积码的状态图

图 11.14 中标记了图 11.11 所示编码器的 4 个状态，实线表示的分支是输入为 0 的结果，虚线表示的分支是输入为 1 的结果，相应的输出比特标记在分支上。状态图比网格图更简洁，但不能表示状态转移和时间之间的关系。

卷积码的 3 种图形描述都能描述卷积码的生成过程，在给定输入序列和编码器的情况下，都可以得到编码输出。在实际使用时，根据场景不同，以上 3 种卷积码的图形描述方法各有优劣。

11.5.3　卷积码的译码

卷积码在 1955 年被提出后，在译码方法上先后出现了序列译码、门限译码、维特比译码等。其中由维特比在 1967 年提出的基于最大似然的维特比译码方法更容易实现，在现代通信中被广泛应用。

1. 最小距离译码准则

11.2.5 小节介绍了最大似然译码的概念，最大似然准则选择使对数似然函数 $\ln P(r/c_i)$ 最大的 c_i 作为译码估值 $\hat{c}_i$。

在二进制对称信道下，卷积码的发送码矢量 c 的长度如果用 N 表示，接收矢量 $\boldsymbol{r}$ 的长度也为 N，则有

$$P(\boldsymbol{r}/\boldsymbol{c})=\prod_{i=1}^{N}P(r_i \mid c_i) \tag{11.47}$$

式(11.47)中下标 i 表示码矢量中的各比特。取对数，得到对数似然函数

$$\ln P(\boldsymbol{r}/\boldsymbol{c})=\sum_{i=1}^{N}\ln P(r_i \mid c_i) \tag{11.48}$$

在二进制对称信道里，比特错误传输概率为 p，正确传输概率为 $1-p$。当 r_i 不等于 c_i 时，这 1bit 的传输发生了错误。假定接收矢量 $\boldsymbol{r}$ 和发送码矢量 $\boldsymbol{c}$ 之间总共有 $d$bit 不同，即两个矢量的汉明距离为 d，则式(11.48)可以写成

$$\begin{aligned}\ln P(\boldsymbol{r}/\boldsymbol{c})&=d\ln p+(N-d)\ln(1-p)\\&=d\ln\left(\frac{p}{1-p}\right)+N\ln(1-p)\end{aligned} \tag{11.49}$$

最大似然译码准则要求上面的对数似然函数最大。二进制对称信道的参数 p 是确定的，通常错误概率 $p<1/2$，式(11.49)右边两项中第一项为负值。因此，对数似然函数最大等效于参数 d 最小。

可见，在二进制对称信道下，最大似然译码等效为最小距离译码。

2. 维特比译码算法

以$(n,1,K)$卷积码为例，假定发送的码矢量长度为Lbit，则接收端收到码矢量后进行最小距离译码，需要和2^L个可能的码矢量进行比较，当L较大时计算量是巨大的。

维特比译码算法利用网格图，该算法在网格图中寻找一条和接收矢量距离最小的路径作为译码路径，但它不是一次比较所有可能的路径，而是采用分段计算的方法，极大地缩减了计算量。

令j表示网格图中的时间变化，$j=0$表示初始节点的时刻，$j=1,2,3,\cdots$表示后续节点的时刻。

接收矢量和某个可能编码路径的汉明距离等于它们在各个时间节点对应的分支上的汉明距离的和。把分支上的汉明距离称为这个分支的分支度量，则一条编码路径的度量值是其分支度量的和，称为累计度量。在j时刻连接到某一状态的编码路径有多条时，选择累计度量值最小的那个保留下来，称为留存路径。显然，留存路径是和接收矢量汉明距离最小的编码路径。非留存路径不再保留，将被舍弃。

这样，维特比译码算法描述如下。

(1)$j=0$时，将累计度量初始化为0，初始节点为编码器的初始状态。

(2)从$j=1$时刻开始，计算该时钟时间内各个分支度量，并和前面的累计度量相加得到新的累计度量。每个状态比较到达该状态的所有编码路径，当编码路径不止一个时，选择并保留留存路径。存储每个状态的留存路径及其累计度量。

(3)j增加1，重复步骤(2)，每次网格图向后计算一个时刻，直到对接收序列计算完毕。最后的留存路径就是判决结果。

在步骤(2)里，由于$(n,1,K)$卷积码状态总数是2^{K-1}，因此留存路径的个数不超过2^{K-1}。从$j-1$时刻到j时刻，每个状态的输入分支最多是2，因此此时段内分支个数最多是2^K。做留存路径选择时每个状态要判断的路径最多是2条。可见，维特比算法在每一步里的计算量是有限的。

例11.8 维特比算法的应用

如图11.11所示(2,1,3)卷积码编码器，输入信息序列为1011，发送序列是11,10,00,01,01,11，如果接收序列是11,11,00,00,01,11，试用维特比算法给出接收序列的译码。

解　利用网格图，使用维特比译码算法。(2,1,3)码的维特比译码过程如图11.15所示。

在图11.15中，网格图上方列出了各个时刻的接收序列。

(1)$j=0$时，初始化累计度量为0，初始状态为a。

(2)$j=1$时，接收序列是11，此时刻有2个状态，每个状态有一个输入分支，对应的分支度量分别是2,0。分支度量加上前一时刻对应状态的累计度量，得到新的累计度量。此步骤每个状态只有1个输入分支，不需要选择留存路径。

(3)$j=2$时，和前面类似，不需要选择留存路径。此步骤结束时有4个状态，各对应一条编码路径。

(4)$j=3$时，有4个状态，各自有2条输入路径，计算分支度量和累计度量后，状态a有2条输入路径，累计度量分别是4和3，选择3对应的编码路径作为状态a的留存路径；同样，状态b选择累计度量为1的编码路径；状态c选择累计度量为2的编码路径；状态d选择累计度量为2的编码路径，选择结果如图11.15(d)所示。

后续时刻重复上面的步骤，过程如图11.15所示。

接收序列计算完毕后，只剩余一条留存路径，如图11.15所示。其路径可以由状态变化表示为abcbdca，累计度量是2。这条路径作为译码输出，即发送码序列的估值。由图11.15可见，这个估值是 11,10,00,01,01,11。根据网格图，可以得到其对应的信息序列是 1011。

此例中，维特比算法纠正了接收序列里 2bit 的错误，译码得到了正确的信息序列。

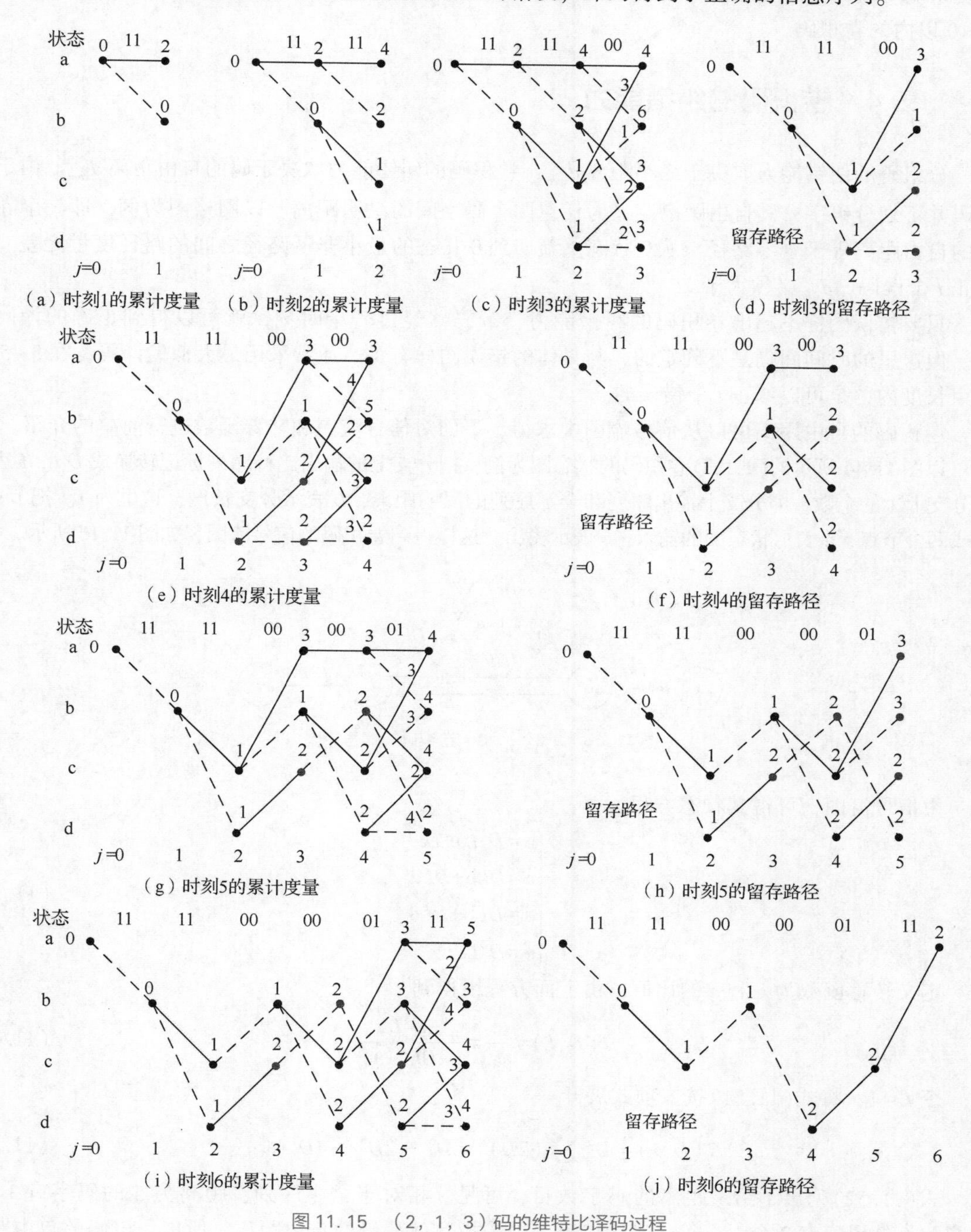

图 11.15 （2，1，3）码的维特比译码过程

【本例终】

维特比算法是一种最大似然估计的译码算法，它对于 AWGN 信道来说是最优的选择。解码器的复杂度与编码器的状态数成正比，随约束长度 K 的增加而呈指数级增长，主要应用于约束长度在 10 以内的卷积码。

11.5.4 卷积码的纠错能力

分组码的纠错能力取决于最小距离 $d_{\min}$，卷积码的纠错能力取决于码的自由距离 d_{free}。由于卷积码并不划分码字，其自由距离定义为任意两个码字间的汉明距离。以网格图为例，即一个卷积码的自由距离等于全零路径与从 0 状态重新回到 0 状态的最小非零路径之间的路径度量之差。要纠正 t 个误码，d_{free} 必须大于 $2t$。

只要错误图样不超出卷积码的纠错能力，解码器经过若干时刻，就可以得到正确的译码路径。但这里的时间间隔是不确定的，与具体的错误图样有关。通常采用最大似然译码，在 3~5 个约束长度内，是可以纠正 t 个错误的。

卷积码的自由距离可以从信号流图中求得，下面对信号流图和转移函数进行简单的介绍。

以图 11.14 所示的(2,1,3)卷积码的状态图为例，把分支上的输出比特序列标记转换成 D^iL，i 表示该分支上 1 的个数，即分支上输出序列和全零序列的汉明距离，L 表示分支长度，这里为 1。把节点 a 分成两个节点，a 表示状态图的输入，e 表示输出。这样得到卷积码的信号流图，如图 11.16 所示。

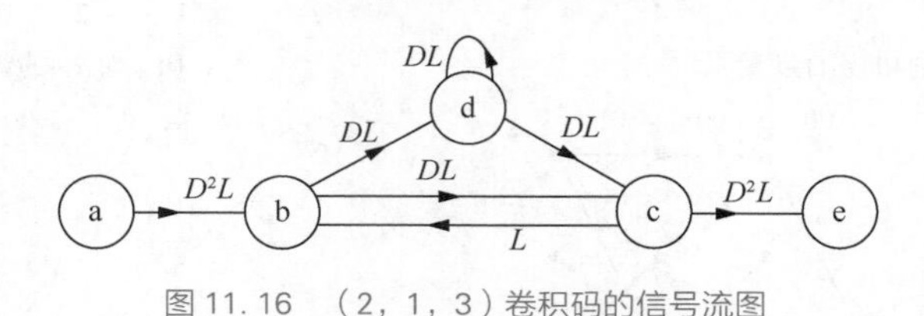

图 11.16 （2，1，3）卷积码的信号流图

由信号流图，可得其状态方程

$$\begin{cases} \text{b}=D^2L\text{a}+L\text{c} \\ \text{c}=DL\text{b}+DL\text{d} \\ \text{d}=DL\text{b}+DL\text{d} \\ \text{e}=D^2L\text{c} \end{cases} \tag{11.50}$$

定义转移函数为 e 和 a 的比值，由上面方程组得到

$$T(D,L)=\frac{\text{e}}{\text{a}}=\frac{D^5L^3}{1-DL(1+L)} \tag{11.51}$$

令 $L=1$，将式(11.51)按二项式展开

$$T(D,1)=D^5\sum_{i=0}^{\infty}(2D)^i=D^5+2D^6+4D^7+\cdots \tag{11.52}$$

式(11.52)列出了给定距离的码字数目，可见，相对于全零序列，距离为 5 的码字有 1 个，距离为 6 的码字有 2 个，等等。其中，第一项的指数就是码的自由距离。所以，该码的自由距离 d_{free} 等于 5，可以纠正 2 个错误。

使用上面的分析时，假定 $T(D,1)$ 中单位时延变量 D 的幂级数是收敛的，否则有限的误码会导致无限的译码错误。即在接收序列中含有少部分比特错误时，会导致译码出现大量的错误。这个错误增加的过程也称为卷积码的错误传播。这样的卷积码称为恶性码，在实际应用中应注意避免。当卷积码的状态图中存在非零序列编码使得图中出现环路且编码输出全为 0 时，对应的卷积码就是恶性卷积码。系统卷积码不会是恶性码，但是其自由距离通常小于非系统码。

需要注意的是，前面讨论的维特比译码使用的是硬判决译码。若要使用软判决译码，解调器输出波形不再硬判决得到 0、1，而是使用多电平量化后再输入给维特比解码器。软判决译码比硬判决译码可多获得 1.5~2dB 的增益。

11.5.5 递归系统卷积码

系统卷积码不会是恶性码，但其自由距离通常小于非系统码。随着 Turbo 码(在 11.7.1 小节中有详细介绍)而提出的递归系统卷积码(Recursive System Convolutional，RSC)，兼有非系统码的自由距离特性和系统码的安全性。编码器中递归将一个或多个移位寄存器抽头的输出反馈到输入，使得编码器的输出前后关联，可以获得更好的系统性能。

例 11.9 八状态 RSC 码的编码器结构

假设一个 RSC 码的生成多项式如下，式中 D 是单位时延变量。

$$g(D)=\left[1,\frac{1+D^2+D^3}{1+D+D^2+D^3}\right]$$

画出其编码器结构。

解 生成多项式矩阵 $g(D)$ 的第一项 1 表明其是系统码，第二项是反馈移位寄存器的转移函数，定义为输出多项式除以输入多项式。对应的编码器如图 11.17 所示。

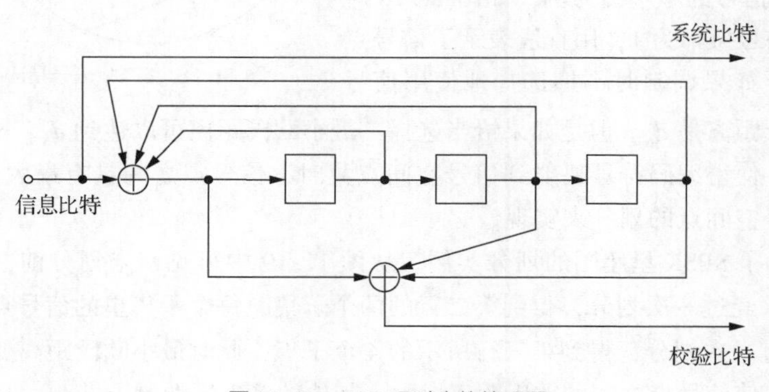

图 11.17 RSC 码对应的编码器

【本例终】

11.6 网格编码调制

在常用的信道编码方法中，不考虑调制过程。信道编码在发送码字里添加冗余比特，也就是校验比特，这样会增加带宽或降低信息传输速率，降低了带宽利用率。这些损失改善了误码性能，提高了功率利用率。

但是，在带宽受限的应用场景中，如卫星、太空、微波、双绞线、同轴等通信系统，需要一种不降低带宽利用率的编码方案。1982 年，翁格博克(Unger boeck)提出了网格编码调制(Trellis Coded Modulation，TCM)，将编码和调制作为一个整体来设计，利用信号点的冗余来获得抗干扰性能，能更有效地利用带宽和功率。其特征如下所示。

① 在调制星座图中使用信号点的个数大于相同速率下该调制方式所需的信号点个数。因此在不扩大带宽的情况下，多余的信号点带来了冗余，可用于纠错。

② 信号点之间通过卷积码提供关联，使得只有某些信号点序列允许出现。

③ 信号点代表某个确定相位的已调信号波形，接收端将这些波形映射为网格图，可以使用维特比算法，将解调和解码作为整体一次性完成。

本节将围绕网格编码调制，首先介绍其中的信号空间划分，接着介绍网格编码调制器的结构和实例，最后介绍它对应的渐近编码增益。

11.6.1 欧氏距离和信号空间划分

在信道编码中，码的纠错能力取决于码字间的最小汉明距离。而调制信号的纠错能力主要取决于已调信号在信号空间中的欧氏距离。最小距离的最大化将带来纠错能力的最大化。传统调制方式中，除了二进制 PSK 和 QPSK，欧氏距离的最大化不等同于汉明距离的最大化。

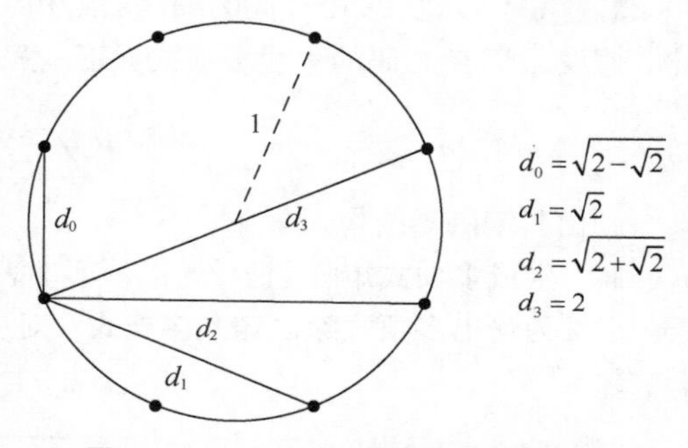

图 11.18　8PSK 信号星座图及欧氏距离

以 8PSK 调制信号的星座图为例，如图 11.18 所示。图 11.18 中信号振幅为 1，用直线表示了信号点之间的欧氏距离。如果调制时不加选择地使用信号点，则其最小欧氏距离是 d_0。但是如果恰当选择，最小欧氏距离可以达到 d_3。网格编码调制把调制和编码相结合，使得编码符号映射到信号空间点集时，信号点之间具有最大的最小欧氏距离，这可以通过对信号空间点的划分来实现。

图 11.19 展示了 8PSK 星座图的划分实例。从图 11.19 中可见，未划分前，信号点之间的最小欧氏距离是 d_0。经过一次划分，得到第二行的两个子集，每个子集里的信号点之间的最小欧氏距离是 d_1。再经过一次划分，得到第三行所示的 4 个子集，此时最小欧氏距离变成了 d_3。可以看到，每次划分都能使信号点之间的欧氏距离增大。其他的多进制调制方式也可以按照相同的原则进行信号空间点的划分。

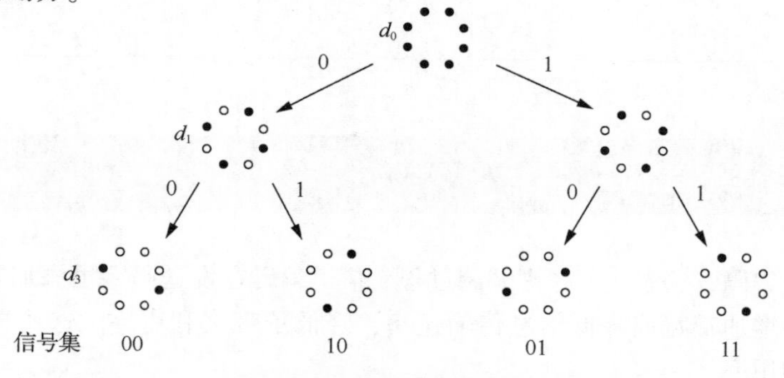

图 11.19　8PSK 星座图的划分实例

11.6.2　网格编码调制器的结构和实例

上述的信号空间的子集划分是网格编码调制的重要思想。子集划分以后，网格编码调制需要实现的就是信号映射，使得信号点之间的欧氏距离最大化。网格编码调制器的一般结构如图 11.20 所示。

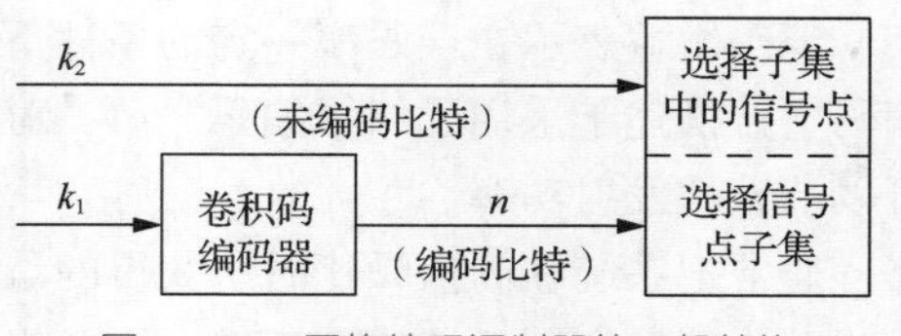

图 11.20　网格编码调制器的一般结构

网格编码调制中，部分信息比特经过卷积码编码，编码后的比特用于选择划分过的调制信号空间点的子集。剩余的部分信息比特直接选择子集中的信号点。这样保证了发送信号序列中信号间欧氏距离的最大化。

下面给出一个 8PSK 网格编码调制的实例。该实例中，每个调制符号传输两比特信息，使用码率为 1/2 的卷积码。输入信息中 1bit 经过卷积码编码来选择信号空间子集，另 1bit 不经过编码，用以选择子集中的信号点。8PSK 的信号空间有 8 个信号点，如图 11.19 所示，被划分为 4 个子集。8PSK 网格编码调制的实例如图 11.21 所示。

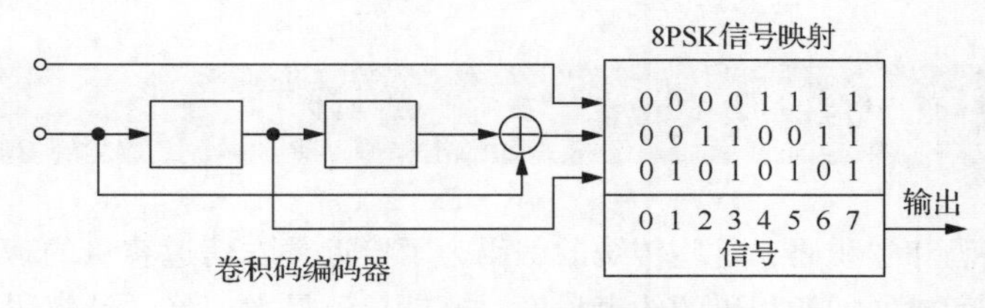

图 11.21　8PSK 网格编码调制的实例

该例中用拥有传输 3bit 信息能力的 8PSK 调制来传输 2bit 信息，通过在信号空间中引入冗余信息来获得纠错能力。例子中使用的卷积码有两级触发器，状态数是 4，可以制作出信号的网格图，其稳定的网格图如图 11.22 所示。

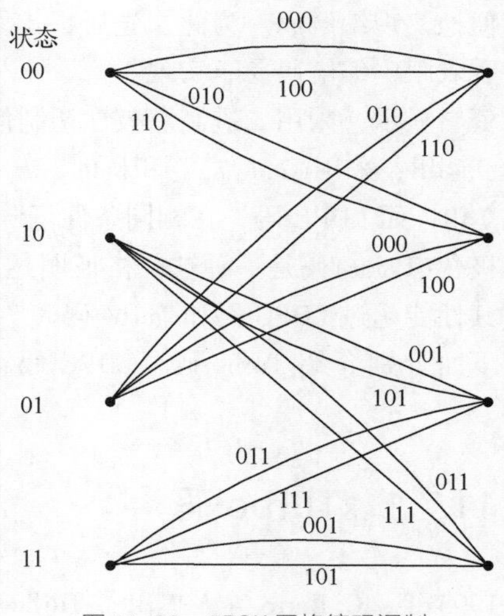

图 11.22　8PSK 网格编码调制信号的网格图

在该网格图中，从一个状态转化为另一个状态的路径存在两条，并不唯一，这一特性称为并行转移。并行转移是因为存在 1bit 未编码信息，网格图分支上输出的前 1bit 就是这个未编码比特，后 2bit 是卷积码编码器输出的编码比特。所以，网格图中的分支对应的是信号的子集。接收端检测的第一步就是确定每个子集中距离接收信号点最近的信号点，然后分支量度计算信号点与接收信号点之间的欧氏平方距离，再执行维特比算法。

网格编码调制使用了扩展的星座图，在固定信噪比的情况下，平均符号差错概率会增加，因此采用软判决译码来改善这种状况。

11.6.3 渐近编码增益

编码增益表示在误码率一定的条件下非编码系统与编码系统输入信噪比的差值(用 dB 表示)。编码增益描述了采用了纠错编码之后，对原先非编码系统的性能改善程度，正的编码增益意味着可以节省的发射功率。

通常把系统在高信噪比时所获得的编码增益称为渐近编码增益。

网格编码调制系统的渐近编码增益定义为

$$G=10\lg\left(\frac{d_{\text{free}}^2}{d_{\text{ref}}^2}\right) \tag{11.53}$$

式(11.53)中 d_{free}是自由欧氏距离，指编码后允许信号星座图子集中信号之间的最小欧氏距离。d_{ref}是具有相同信号能量的未编码调制系统的最小欧氏距离。

以 8PSK 的网格编码调制为例，其 d_{free}如图 11.14 中的 d_3 所示，值为 2；对应的未编码系统采用 QPSK 调制，其 d_{ref}如图 11.14 中的 d_1所示，值为$\sqrt{2}$。可以计算出此时渐近编码增益为 3dB。

目前在工程实践中，网格编码调制的编码增益在 3dB~6dB。

11.7 先进信道编码技术

前面介绍了分组码和卷积码，这些传统的编码为了接近香农信道容量的理论极限，需要增加线性分组码码字的长度或增加卷积码的约束长度，这就导致最大似然估计解码器的计算复杂度呈指数级增长，使其难以实现。

人们一直在寻找构造具有大“等效”分组长度的有效编码方法，以既能够接近香农限，又能相对简便地实现编解码。为此，先后提出了 Turbo 码和 LDPC 码。这些码的共同特点是码长长、接近于香农限、编解码易于实现。

资料显示，采用二进制双极性调制信号，当误比特率为 10^{-5}时，非编码系统的信噪比 E_b/N_0约为 9.4dB；采用(2,1,7)卷积码时，E_b/N_0 约为 4.5dB；1993 年提出的 Turbo 码，信噪比可以达到 0.7dB；而 LDPC 码，在相同条件下，信噪比只需要约 0.0045dB。

极化(Polar)码是一种被严格证明达到香农限的信道编码方法，具有明确且简单的编解码算法，其性能超过 LDPC 码和 Turbo 码。

下面分别介绍 Turbo 码、LDPC 码、Polar 码这 3 种编码，并给出 LDPC 码在 5G 中的应用实例。

11.7.1 Turbo 码

1993 年，C. Berro 等人提出了 Turbo 码。它是一种并行级联码，采用两个并联的编码器和一个交织器，具有很大的分组长度。译码时使用两个分量码解码器，相互迭代译码，过程类似涡轮结构，因此被称为 Turbo 码。

Turbo 码的编码器结构如图 11.23 所示。图 11.23 中，上方是信息直接输出通道，编码器 1 和编码器 2 都是系统码编码器，可以相同，也可以不同。编码器 2 之前有一个交织器，对输入信息起到存储、交织的作用。交织器的工作方式有很多种，最基本的是矩阵交织器，交织矩阵由 n 行 k 列组成，信息比特按行写入，按列读出。矩阵的总容量称为交织长度，矩阵写满后才开始读出。Turbo 码常使用伪随机交织器，由伪随机序列控制数据在交织器中的读写位置。交织使数据随机化，改变数据的码重分布。

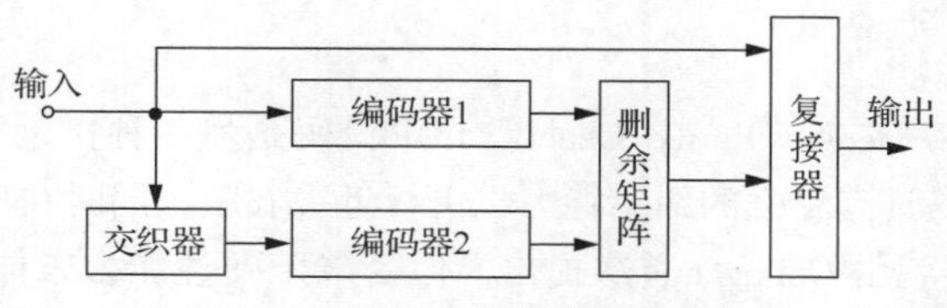

图 11.23　Turbo 码的编码器结构

Turbo 码中的两个编码器，推荐使用 RSC 码。RSC 码移位寄存器的内部状态与它过去的输出有关，这会影响到错误图样的状态，能够获得更好的编码性能。两个编码器的输出经过删余矩阵删除冗余的校验位来调整码率，删余后的序列和系统比特经复接器得到 Turbo 码输出的编码序列。

由于使用了交织器，Turbo 码可以看作分组码，分组长度取决于交织器的长度。Turbo 码使用的交织器长度通常很大，可以看作码长很大的分组码。根据信道编码理论，码字长度越大，错误概率越小。同时由于伪随机交织器的优点，Turbo 码在信道传输时表现出随机的特性。这些都是 Turbo 码性能优异的表现。但是对长码进行译码时，如使用最大似然译码，需要比较的码字序列数量巨大，难以实现；Turbo 码提出了迭代译码的思想，降低了复杂度，使其在实践中的应用成为可能。

Turbo 码解码器和编码器对应，也有两个解码器单元。这两个解码器单元可以采用并行级联方式，也可以采用串行级联方式。采用并行级联的 Turbo 码解码器结构如图 11.24 所示。

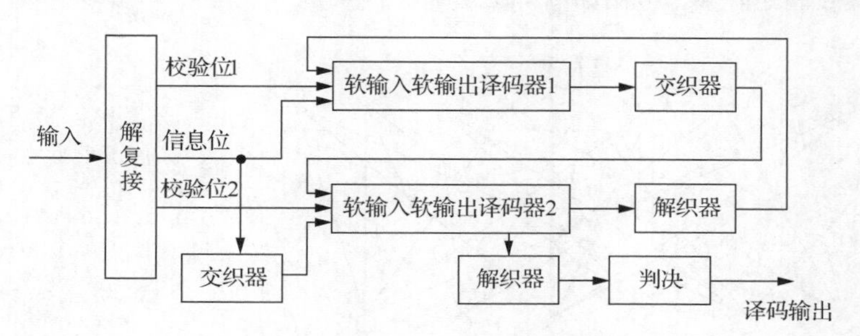

图 11.24　采用并行级联的 Turbo 码解码器结构

输入序列经解复接后恢复出信息位和两路校验位。两个独立的子解码器都使用软输入软输出（Soft Input Soft Output，SISO）的迭代译码算法，每次迭代都有 3 路输入，这 3 路输入里除了信息位和相应的校验位外，还有一路来自另一个解码器的输出，称之为外信息。每个子解码器的输出均是软输出，不仅包含本次译码输出的估值，还包含用似然度表示的这些估值的可信程度。外信息对子解码器的译码起到参考作用，它使得该解码器的输入信息量增加，提高了译码的正确性。

由于外信息的存在，一个子解码器的软输出作为另一个子解码器的外信息输入，使得两个子解码器能够迭代译码，直到给出译码结果或者预设的迭代次数耗尽。

两个子解码器使用的软输入软输出算法有最大后验概率（MAP）算法、软输出维特比算法（Soft Output Viterbi Algorithm，SOVA）等。其中以 BCJR（Bahl，Cocke，Jelinek and Raviv）算法为代表的 MAP 算法应用最广泛。

无论是在AWGN信道还是在衰落信道中，Turbo码都体现出良好的性能，具有接近香农限的纠错能力。其在移动通信、卫星通信、保密通信等领域都获得大量应用，尤其在移动通信环境中的应用最为突出。

11.7.2 LDPC码

低密度奇偶校验(Low-Density Parity-Check，LDPC)码是另一种接近香农限的信道编码方法。和Turbo码相比，LDPC码具有更强的纠错能力，更接近香农限，同时在译码上比Turbo码简单。

LDPC码虽然1962年就由Gallager首次提出，但受限于硬件能力未能引起相应的关注。直到1996年，Mackey和Neal利用新技术发现该码性能优于Turbo码，译码复杂度低于Turbo码后，LDPC码引起了大量关注，并在移动通信、光纤通信、无线局域网等领域被广泛应用。

LDPC码是码长非常大的线性分组码。普通的线性分组码在码长很大时会导致译码复杂度令人难以接受，但LDPC码不同，它是一类特殊的线性分组码。其特殊之处在于校验矩阵$\boldsymbol{H}$属于稀疏矩阵，其中1的个数很少，或者说1的密度很低。

根据校验矩阵$\boldsymbol{H}$的类型，LDPC分为两类。如果$\boldsymbol{H}$中各行和各列都有相同的重量，即1的个数相同，这样的码称为规则LDPC码，否则称为非规则LDPC码。非规则LDPC码比规则LDPC码性能更好。

规则LDPC码的校验矩阵$\boldsymbol{H}$常用(n,t_c,t_r)表示，其中n表示分组的码长，t_c表示矩阵各列中1的个数，t_r表示矩阵各行中1的个数。t_c、t_r都远小于n。

通常用二分图表示LDPC码的结构，二分图是校验矩阵的图形化描述。下面以(10,3,5) LDPC码为例，其校验矩阵和二分图如图11.25所示。

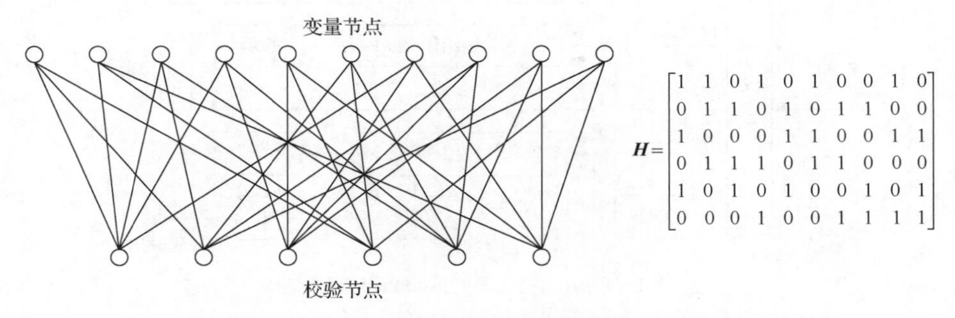

图11.25　(10，3，5)LDPC码的校验矩阵和二分图

实际应用中的LDPC码，码长通常为$10^3\sim10^5$。上例的校验矩阵中，每列有3个1，每行有5个1。在二分图中，上面一行节点是变量节点，代表码字中的每个比特；下面一行节点是校验节点，代表校验方程。所以，$\boldsymbol{H}$中的每一行就是一个校验节点，每一列就是一个变量节点。节点间的连线表示码字比特和校验方程的关系，称为二分图的边。

校验矩阵可以通过计算机搜索获得，但是通常是按照一定的结构和规则来设计的，这样可以简化编码实现。

译码时使用迭代的算法，常用的算法有消息传递(Message Passing，MP)算法和置信传播(Belief Propagation，BP)算法。这些算法利用二分图，在变量节点和校验节点之间传递可靠性信息，反复迭代，完成译码运算。

普通的线性分组码在码长很大时，二分图十分复杂，难以使用上述译码方法。但 LDPC 码由于校验矩阵 $\boldsymbol{H}$ 的稀疏特性，使得算法复杂度大幅降低，其实际译码复杂度低于 Turbo 码。

LDPC 码性能优异，比 Turbo 码更接近香农限，译码实现相对简易，在现代通信系统中获得了广泛的应用。

11.7.3　Polar 码

Polar 码 2009 年由土耳其教授 Erdal Arikan 提出，是目前唯一一种被证明在二进制删除信道（Binary Erasure Channel，BEC）和二进制离散无记忆信道（Binary Discrete Memoryless Channel，B-DMC）下能够达到香农限的信道编码方法。

Polar 码的理论基础是信道极化。信道极化由信道合并和信道分裂组成。如一个 B-DMC 信道 W 被重复使用 N 次，经线性变换合并成 W_N，合并信道经过分裂转化为 N 个相互关联的子信道 $W_N(i)$。当 N 足够大时，会出现部分子信道的信道容量趋于 1，剩余部分子信道的信道容量趋于 0 的现象，即出现无噪信道和全噪信道，这种现象称为信道极化。Polar 码选择 K 个无噪信道传输信息比特，在剩余 $N-K$ 个全噪信道上传输冻结比特（通常置为 0），即可实现码率为 K/N 的编码。

考虑码长 N 是 2 的幂，即 $N=2^n$，$n\geqslant 0$，Polar 码的编码可以表示为

$$x_1^N = u_1^N \boldsymbol{G}_N \tag{11.54}$$

其中，x 表示编码后的比特，u 表示待编码信息比特，$\boldsymbol{G}_N$ 是生成矩阵。可见，Polar 码是线性分组码。

令 A 为 $\{1,\cdots,N\}$ 的一个子集，元素个数为 K，表示 $\boldsymbol{G}_N$ 中传输信息的行的标号，A^c 为 A 的补集。待编码信息可以表示为 u_A，其个数等于码长 N 乘码率；冻结比特表示为 u_{A^c}。这样，编码过程可以重写为

$$x_1^N = u_A \boldsymbol{G}_N(A) \oplus u_{A^c} \boldsymbol{G}_N(A^c) \tag{11.55}$$

其中，$\boldsymbol{G}_N(A)$ 表示由 A 决定的矩阵 $\boldsymbol{G}_N$ 的子矩阵，$\boldsymbol{G}_N(A^c)$ 是 $\boldsymbol{G}_N$ 去掉 $\boldsymbol{G}_N(A)$ 得到的矩阵。这个公式反映了信道极化后，待编码信息 u_A 选择在质量好的子信道传输的特点。

生成矩阵 $\boldsymbol{G}_N$ 可以由下式得到

$$\boldsymbol{G}_N = \boldsymbol{B}_N \boldsymbol{F}^{\otimes n} \tag{11.56}$$

其中 $\boldsymbol{B}_N$ 是比特置换矩阵，$\boldsymbol{F}^{\otimes n}$ 表示 $\boldsymbol{F}$ 矩阵的 n 次克罗内克积，$\boldsymbol{F} \triangleq \begin{bmatrix} 1 & 0 \\ 1 & 1 \end{bmatrix}$，有

$$\boldsymbol{F}^{\otimes 2} = \begin{bmatrix} \boldsymbol{F} & 0 \\ \boldsymbol{F} & \boldsymbol{F} \end{bmatrix},\ \boldsymbol{F}^{\otimes n} = \begin{bmatrix} \boldsymbol{F}^{\otimes(n-1)} & 0 \\ \boldsymbol{F}^{\otimes(n-1)} & \boldsymbol{F}^{\otimes(n-1)} \end{bmatrix} \tag{11.57}$$

例如，使用 N 个独立的 B-DMC 信道 W，当 $N=2$ 时，信道组合的方式如图 11.26 所示。

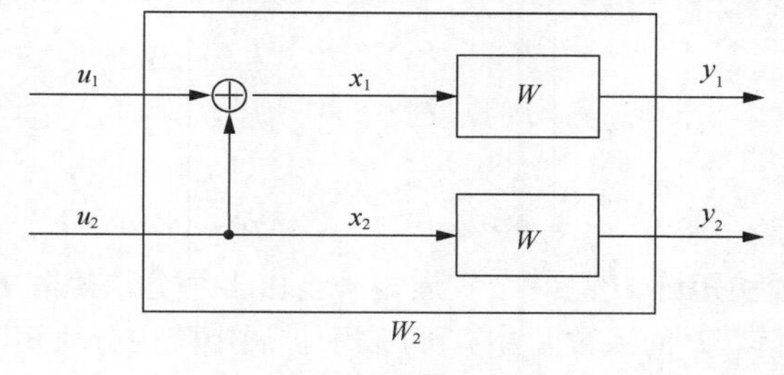

图 11.26　信道组合的方式

根据图 11.26 可得 $x_1=u_1\oplus u_2$，$x_2=u_2$。

实际应用中码长 N 是有限的，信道不会充分极化，极化后有些信道的质量在无噪信道和全噪信道之间。Polar 码的构造就是在给定底层信道 W、码长 N 和码率 R 的情况下，确定哪些极化后的子信道质量较好，即确定集合 A。常用的编码构造方法有蒙特卡洛、密度进化、部分序、极化重量、极化谱和人工智能等。

译码时，可采用连续消除译码，它利用编码器的递归结构来估计和决定信息位，能够在码长足够大、码率小于信道容量时使译码差错概率任意小。此外，常用的译码算法还有串行消除列表译码和辅助校验的串行消除列表译码等。

11.7.4 5G 中的 LDPC 码

第五代移动通信技术(5G)是最新一代的蜂窝移动通信技术，其基本特点是高速度、泛在网、低功耗、低时延和万物互联。移动通信信道中存在的干扰和衰落，在数据高速传输时尤为严重，因此需要高效的信道编码技术。

第三代合作伙伴计划(3GPP)制定的标准 TS 38.212(Release 15)，确定了 5G 新空口的复用和信道编码方案。

信道编码部分确定了控制信道以及传输信道中的广播信道使用极化码，传输信道中的寻呼信道、上行共享信道和下行共享信道使用 LDPC 码。

1. 编码流程

5G LPDC 编码处理流程如图 11.27 所示。输入待编码比特首先做一次 CRC 校验，然后做分段处理。如果数据块过大，会分成子码块，每个子码块再添加 CRC 校验。校验后的码块做 LDPC 编码。编码后的数据为了匹配信道的承载能力，需要做速率匹配，这包括打孔和重发。最后经过交织输出编码比特。这里，CRC 和 LDPC 编码的联合使用，提高了纠错性能。

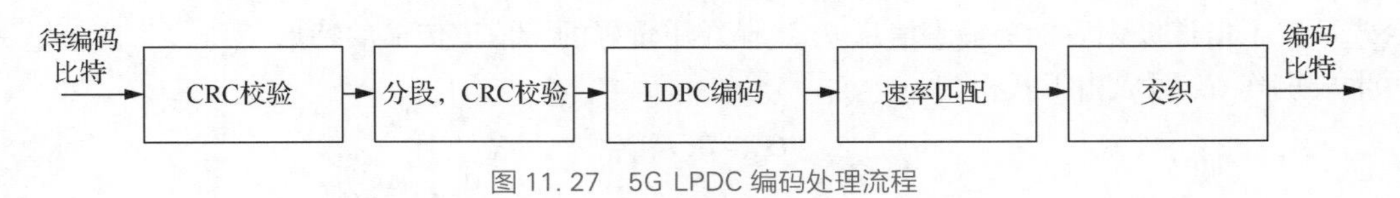

图 11.27 5G LPDC 编码处理流程

2. 准循环 LDPC 码

编码使用结构化的 LDPC 码，即准循环 LDPC(Quasi-Cyslic Low-Density Parity-Check，QC-LDPC)码。QC-LDPC 码一般由一个基础矩阵扩展得到，基础矩阵是满足某种规则的结构码。即将校验矩阵分块化后得到很多子矩阵，每个子矩阵由某个矩阵循环移位得到。

$$\boldsymbol{H}=\begin{bmatrix} P^{h_{00}^b} & P^{h_{01}^b} & \cdots & P^{h_{0n}^b} \\ P^{h_{10}^b} & P^{h_{11}^b} & \cdots & P^{h_{1n}^b} \\ \vdots & \vdots & & \vdots \\ P^{h_{m0}^b} & P^{h_{m1}^b} & \cdots & P^{h_{mn}^b} \end{bmatrix} \tag{11.58}$$

如式(11.58)所示，校验矩阵 $\boldsymbol{H}$ 是一个扩展矩阵，由多个分块矩阵 $\boldsymbol{P}$ 组成。$\boldsymbol{P}$ 是大小为 $Z\times Z$ 的经过循环移位的单位矩阵。$\boldsymbol{P}$ 的系数 h_{ij}^b 中 i 和 j 表示扩展矩阵中分块矩阵对应的行和列，h_{ij}^b 表示对应分块矩阵的循环移位系数。如 $h_{ij}^b=-1$，定义对应的分块矩阵为全零矩阵；如 h_{ij}^b 为非负整数，

则该数定义了 Z 阶单位矩阵向右循环移位的位数。循环移位系数构成一个矩阵，该矩阵称为基础矩阵，定义如下

$$\boldsymbol{H}_b=\begin{bmatrix} h_{00}^b & h_{01}^b & \cdots & h_{0n}^b \\ h_{10}^b & h_{11}^b & \cdots & h_{1n}^b \\ \vdots & \vdots & \vdots & \vdots \\ h_{m0}^b & h_{m1}^b & \cdots & h_{mn}^b \end{bmatrix} \tag{11.59}$$

这样，QC-LPDPC 码的校验矩阵就可以由 Z 阶单位矩阵和一个基础矩阵定义。这里，Z 被称为提升因子或扩展因子。

例如当提升因子 Z 等于 3，基础矩阵为 $\boldsymbol{H}_b=\begin{bmatrix} 0 & 1 & 0 & -1 \\ 2 & 1 & 2 & 1 \end{bmatrix}$ 时，可得到扩展矩阵

$$\boldsymbol{H}=\left[\begin{array}{ccc|ccc|ccc|ccc} 1 & 0 & 0 & 0 & 1 & 0 & 1 & 0 & 0 & 0 & 0 & 0 \\ 0 & 1 & 0 & 0 & 0 & 1 & 0 & 1 & 0 & 0 & 0 & 0 \\ 0 & 0 & 1 & 1 & 0 & 0 & 0 & 0 & 1 & 0 & 0 & 0 \\ \hline 0 & 0 & 1 & 0 & 1 & 0 & 0 & 0 & 1 & 0 & 1 & 0 \\ 1 & 0 & 0 & 0 & 0 & 1 & 1 & 0 & 0 & 0 & 0 & 1 \\ 0 & 1 & 0 & 1 & 0 & 0 & 0 & 1 & 0 & 1 & 0 & 0 \end{array}\right] \tag{11.60}$$

3. 5G 中的 LDPC 参数

在 3GPP 的定义中，使用了两个基础矩阵，分别是 46×68 的基础矩阵 BG1 和 42×52 的基础矩阵 BG2，分别支持大码长、高码率和小码长、低码率的 QC-LDPC 编译码。

对每个基础矩阵，3GPP 定义了 51 种提升因子。LDPC 提升因子组如表 11. 6 所示。

表 11. 6 LDPC 提升因子组

组索引 i_{LS}	提升因子(Z)组
0	{2,4,8,16,32,64,128,256}
1	{3,6,12,24,48,96,192,384}
2	{5,10,20,40,80,160,320}
3	{7,14,28,56,112,224}
4	{9,18,36,72,144,288}
5	{11,22,44,88,176,352}
6	{13,26,52,104,208}
7	{15,30,60,120,240}

提升因子分成 8 个组，由组索引 i_{LS} 指示。

基础矩阵的结构如表 11. 7 所示，这里以 BG1 的第 15 行作为例子。矩阵中每个位置的元素对应 Z 的组索引有不同的 $V_{i,j}$ 值。

表 11.7 基础矩阵 BG1 的第 15 行

H_{BG}		$V_{i,j}$							
		组索引 i_{LS}							
行 i	列 j	0	1	2	3	4	5	6	7
15	1	96	2	290	120	0	348	6	138
	10	65	210	60	131	183	15	81	220
	13	63	318	130	209	108	81	182	173
	18	75	55	184	209	68	176	53	142
	25	179	269	51	81	64	113	46	49
	37	0	0	0	0	0	0	0	0

编码时，根据数据大小选择提升因子 Z，由 Z 根据表 11.6 获得组索引 i_{LS}。根据 i_{LS} 找到基础矩阵中各个行列值对应的元素 $V_{i,j}$。$V_{i,j}$ 给出了 Z 阶单位矩阵的循环移位位数，由下式计算

$$P_{i,j}=\begin{cases}-1, & V_{i,j}=0\\ \mathrm{mod}(V_{i,j},\ Z), & 其他\end{cases} \tag{11.61}$$

式(11.61)中 $P_{i,j}$ 等于-1 表示该位置是 Z 阶 0 矩阵。

两个基础矩阵对应的 LDPC 码参数如表 11.8 所示。可以看到，对应 BG1，输入信息最大长度是 8448；对应 BG2，输入信息最大长度是 3840。通常根据输入信息块的大小和所需码率选择基础矩阵。还可以看到，对应于输入信息块的大小和选择的码率，两个基础矩阵有一定重叠，但两个矩阵对应码的性能不同，这时根据 LDPC 码的性能选择使用哪个基础矩阵。总体来看，BG1 适合大码长高码率，BG2 适合小码长低码率。

表 11.8 两个基础矩阵对应的 LDPC 码参数

参数	基础矩阵 BG1	基础矩阵 BG2
最小码率	1/3	1/5
基础矩阵大小	46×68	42×52
最大系统列数	22	10
最大信息块	8448	3840
非零元素	316	197

由表 11.8 可以看到基础矩阵中非零元素的个数，分别是 316 和 197，表明这两个基础矩阵都是稀疏矩阵，这有利于编解码的实现。

11.8 本章小结

信道编码技术在信息序列中按照一定规则加入冗余，用于检测和纠正误码，以保证数字通信系统在噪声环境下的可靠传输。

本章首先介绍了信道编码系统简化模型，以及前向纠错、自动重发请求和混合纠错的概念。信道编码按照编码方式主要分为分组码和卷积码。群、环和域是信道编码的数学基础。编码信道、码距和纠错能力的关系以及译码准则都是信道编解码技术的基本内容。

线性分组码对信息序列进行分组，然后对分组编码，可以利用其代数结构来解码。生成矩阵和校验矩阵用以描述线性分组码校验比特的产生和校验关系。接收端根据接收码矢量计算出校正子，利用校正子实现译码。

循环码是广泛使用的线性分组码，具有循环特性，常使用多项式描述码字。利用生成多项式或校验多项式都能唯一地确定一个循环码。循环码的编码器和校正子计算器的主体都是除法电路。常用的循环码有 CRC 码、BCH 码和 RS 码等。

卷积码编码器使用存储器件，使码字前后之间存在关联。卷积码除了采用解析描述外，通常还使用码树、网格图、状态图等图形描述方法。译码时，可以使用最大似然准则的维特比译码算法，其纠错能力取决于码的自由距离 d_{free}。

网格编码调制把编码和调制统一起来设计，可有效提高带限信道的带宽利用率。信号空间划分是网格编码调制的基础。本章介绍了网格编码调制器的结构和实例，给出了渐近编码增益。

Turbo 码、LDPC 码和 Polar 码等先进的信道编码技术，性能非常接近香农信道容量极限，在现代通信中使用广泛。为了方便理解，本章给出了 5G 中 LDPC 码的一个实际设计案例。

习题

11.1 在奇校验码中，一个单独的奇校验比特会加到一组 $k$bit 的信息$(m_1,m_2,\cdots,m_k)$之后。奇校验比特 b_1 的选取要使码字在模 2 加下满足奇校验规则

$$m_1+m_2+\cdots+m_k+b_1=1$$

在 $k=2$ 时，请给出此码 2^k 种可能出现的码字。

11.2 假定一种编码方案里有 2 个码字，分别是 00000 和 11111。此码若用于检测错误，可以检测几位错误？若用于纠正错误，可以纠正几位错误？

11.3 一个$(6,3)$线性分组码，输入信息为(m_0,m_1,m_2)，码字表示为$(c_0,c_1,c_2,c_3,c_4,c_5)$，输出码字和输入信息之间关系如下

$$\begin{aligned}c_5&=m_2\\c_4&=m_1\\c_3&=m_0\\c_2&=m_1+m_2\\c_1&=m_0+m_1+m_2\\c_0&=m_0+m_2\end{aligned}$$

求该码的生成矩阵和校验矩阵，当输入信息为 110 时的编码输出。

11.4 $(n,1)$重复码是把信息比特重复 n 次的分组码。有一个$(5,1)$重复码，求其校验矩阵和所有单个错误图样的校正子。

11.5 一个$(7,3)$循环码，生成多项式 $g(X)=1+X^2+X^3+X^4$，求生成矩阵、其全部码字、码的校验多项式。

11.6 多项式 $1+X^7$ 的本原多项式因子有 $1+X+X^3$ 和 $1+X^2+X^3$。用 $1+X^2+X^3$ 作为生成多项式，来

产生(7,4)汉明码。做出对应于生成多项式 $g(X)=1+X^2+X^3$ 的编码电路和校正子计算电路。

11.7 设有一(7,4)汉明码，其生成多项式为 $g(X)=1+X+X^3$。码字 0111001 被发往一噪声信道，接收码字为 1111001，其中有一个误码。试求这个接收码字的校正子多项式，并证明它与误码多项式 $e(X)$ 相同。

11.8 试证明循环码能检测出全部单个错误。

11.9 在(7,4)汉明码中，生成多项式 $g(X)=1+X+X^3$。如果接收码字 0110001 对应的校正子是 110，求接收码字 1100010 对应的校正子。

11.10 一个(15,8)循环码，生成多项式是 $g(X)=1+X+X^3+X^7$，试

(1)画出编码电路；

(2)求生成矩阵和校验矩阵；

(3)当输入消息序列是 10110011 时，求其系统码码字；

(4)当接收序列是 110001000000001 时，求其校正子多项式 $s(X)$。

11.11 设有(31,15)RS 码。求

(1)此码的一个符号包含的比特数；

(2)码的最小码距；

(3)此码可纠正的符号误码个数。

11.12 已知(3,1,3)卷积码编码器有一个两级移位寄存器、3 个模 2 加法器和一个输出多路复用器。编码器的生成序列为

$$g^{(1)}=(1,0,1),g^{(2)}=(1,1,0),g^{(3)}=(1,1,1)$$

请画出编码器的电路。

11.13 一个码率 $r=1/2$、约束长度 $K=4$ 的卷积码编码器，其生成多项式为

$$g^{(1)}(D)=1+D^3,\ g^{(2)}(D)=1+D+D^2+D^3$$

求输入序列为 110100111…时的编码输出。

11.14 一卷积码编码器如图 P11.14 所示。画出其码树并标出信息序列 1011…对应的码树中的路径。

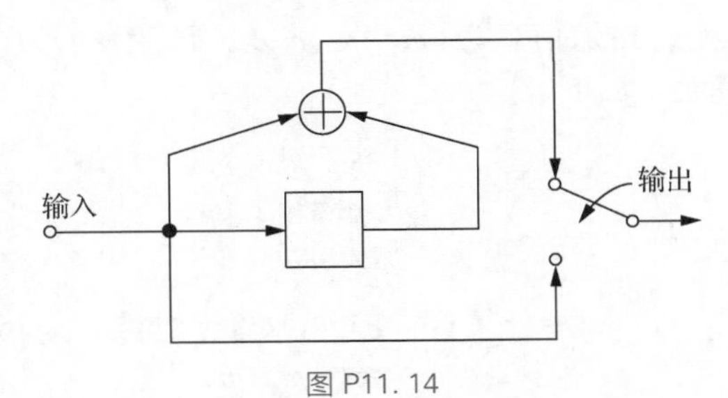

图 P11.14

11.15 已知(2,1,3)卷积码编码器的生成序列为

$$g^{(1)}=(1,1,0),g^{(2)}=(0,1,1)$$

请画出编码器的电路，并画出状态图。

11.16 一个码率 $r=1/3$、约束长度 $K=3$ 的卷积码编码器，其生成序列为

$$g^{(1)}=(1,0,0),g^{(2)}=(1,0,1),g^{(3)}=(1,1,1)$$

(1)画出编码器；

(2)做出码树图；

(3)当输入消息序列是 10111…时，求编码输出；

(4)当接收序列是 110,001,101,110,000,011 时，使用维特比算法求译码输出序列。

11.17 某个 Turbo 码使用的 RSC 码的生成矩阵如下，请画出其编码器框图。

$$\boldsymbol{g}(D)=\left[1,\frac{1+D^4}{1+D+D^2+D^3+D^4}\right]$$

第12章 同步技术

知识要点

- 同步的定义、分类及主要方式
- 载波同步的基本方法
- 码元同步的基本方法
- 帧同步的基本方法和技术要求
- 扩频同步系统常用的捕获方法和跟踪方法

12.1 引言

通信系统中的发射机和接收机在传输信号的过程中需要收发两端保持同步一致。例如，发送端对信源的抽样、码型变换、复接、组帧、编码、调制等操作，以及接收端的解调、抽样判决、信号再生、解码、数据重组等都需要定时系统来保障它们在恰当的时间点被执行并完成。

通常发射机和接收机是相互独立的，它们各自都有定时系统，相应的操作使用相同频率的时钟。这将引发两个问题，一是接收机和发射机的时钟相位不同，导致双方定位到的信号起止位置不一致；二是由于硬件的差异和外部环境的不同，时钟可能存在漂移，这就需要收发双方时钟周期性地较准。

发射机和接收机时钟较准实质上就是，将接收机产生的信号时钟调整到和发射机传输过来的信号时钟相同的频率和相位上，过程包括同步提取和定时形成，总称为同步。具有相同频率和相位关系的两个信号便称为同步信号。可见，发射机的定时是主动的，接收机的定时则是被动的。如果通信系统无法完成同步，即接收机的定时系统和发送机的不一致，将导致信宿最终无法从接收信号里恢复出原始发送信息。

系统对同步的技术要求主要是建立时间短、保持时间长和建立后相位误差小。同步建立时间是指从开始接收信号到建立稳定同步所消耗的时间，也包括失步后重新建立同步的时间，这段时间越短越好。同步保持时间是指建立同步后，从接收机开始失去信号到失去同步所经过的时间，这段时间越长越好。同步保持时间长，可以帮助接收机对抗信号干扰或应对短暂信号丢失的情况，而不需要通信双方重新建立同步，有利于稳定通信。同步误差越小，信号接收质量越高。

本章以数字通信系统为主，讨论通信系统的同步，主要介绍载波同步、码元同步、帧同步的基本知识，另外还将介绍扩频通信系统中的扩频同步。

12.2 同步分类和同步的建立方式

1. 同步分类

在数字通信系统中，使用哪些具体的同步方式和同步技术取决于通信时采用的技术、信号的设计和接收机采用的信号解调方式等因素。例如，在移动通信网络中，从接入网、承载网到核心网，每个大型网络单元内部间和各网络间都有多种不同的信号格式及帧格式等，它们各自都具备相应的同步方式。

虽然不同的同步方式和同步技术存在差异，但是其实现同步的基本原理是相似的。根据系统中需要同步的对象不同，通常将同步分为载波同步、码元同步、帧同步和网同步这几种。下面逐一简单介绍。

(1) 载波同步

当接收机采用相干解调方式时需要进行载波同步。它又被称为载波恢复，即要求接收机的本地振荡器产生一个和发射机完全同步的载波信号。“完全同步”指两个载波信号是同频同相的。只有达到载波同步才能保证接收机获得最大的输出信噪比。

(2)码元同步

码元是数字通信系统传输信息的基本单位，每个码元在系统里都有固定的宽度，且保持固定的传输速率。接收端对解调器的输出进行周期性抽样从而恢复出原始发送码元。为了精确地进行抽样，接收端必须确定每个码元的起止位置，以恢复出码元时钟脉冲序列。码元同步又称为比特同步，或位同步。

(3)帧同步

在数字通信系统中，发送端通常将若干码元分组以表示信息，该码元组称为帧。接收端需要按帧接收，才能得到完整的输入信息，以便通信系统进行正常通信。例如，移动通信中空中接口里的信息按帧发送；时分多路通信中复用的各路信号各自组帧后进行传输。在系统分帧传输时，接收端需要获取每帧的起始位置，这个过程称为帧同步，也称为群同步。

(4)网同步

除了点对点的通信场景，实际通信中更多的是将通信设备(如各种数字终端、中继站点、交换设备等)组成通信网后，实现信息在网络中的传播，如卫星通信网、移动通信网、以太网等。网同步就是通信网中各个设备之间时钟的同步，是保证信息正确传输的重要条件。基于网同步的方式，可以构成同步网和异步网。同步网通常采用主从同步法，即在网内某个中心站建立一个高稳定度的主时钟源，把这个主时钟信号送到各站点作为它们公共的时间基准，以此建立全网同步。异步网是指网内各个站点有自己的时钟，它们之间允许存在误差，最终通过调整码元速率实现网内相互通信。网同步的知识不在本章进行详细介绍。

2. 同步的建立方式

接收端要通过接收信号实现同步，就要从接收信号里提取出同步信息，再据此生成本地的同步信号。发送端发送信号携带同步信息的方式有两种，一是插入法，又称外同步法；二是自同步法。插入法是在频域或时域上传输的有用信息中插入额外的同步信息，接收端通过检测这些同步信息实现同步。该方法具有同步获得快的优点，缺点是额外占用了系统资源。自同步法则不需要辅助信息，利用传输信号的特点直接从接收信号里恢复出同步信息。自同步法相对插入法获得同步较慢，但节约了系统资源。

12.3 载波同步

相干解调的性能优于非相干解调，但它必须先实现载波同步，即在接收机上恢复出同频同相的载波信号。根据调制方式的不同，接收机可以采用不同的载波同步方案。举例来说，当已调信号频谱中含有载波分量时，如 MFSK 调制，可以使用滤波或者载波跟踪锁相环的方式提取载波；当已调信号频谱中不含载波分量时，如 2PSK 调制，可以使用插入导频法或非线性变换法提取载波，本节主要介绍这种情况下的载波提取方法。

12.3.1 插入导频法

在需要快速同步的场合，如果信号中不包含载波分量，可以采用插入导频的方法。在已调信号中插入导频，导频和已调信号共同传输到接收机。接收机可以采用窄带滤波的方法恢复出导频。抑制载波的双边带(Double Side Band with Suppressed Carrier，DSB-SC)信号、先验等概率的 2PSK 信号等本身不携带导频分量的已调信号，可以采用插入导频的方法来实现载波同步。

例如 DSB-SC 信号频谱在载波频率 f_c 处没有能量，发射机可以在此处插入一个 90°相移后的导频信号，接收时采用窄带滤波恢复导频。DSB-SC 插入导频后的恢复电路如图 12.1 所示。

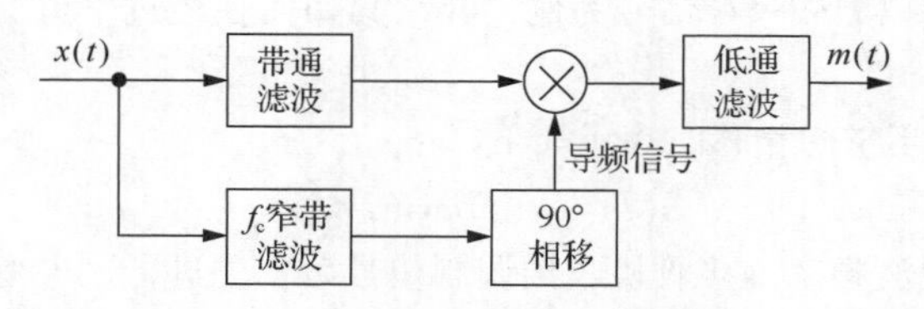

图 12.1　DSB-SC 插入导频后的恢复电路

图 12.1 中接收信号 $x(t)$ 经过中心频率为载波频率 f_c 的窄带滤波器，输出再经过 90°相移，得到导频信号。该导频信号和 $x(t)$ 经过带通滤波后的输出相乘，乘法器的输出再经过低通滤波得到解调信号 $m(t)$。插入的导频经过 90°相移后和载波正交，可以避免导频影响信号解调。

实际应用中，为了获得更好的性能，常用锁相环代替窄带滤波器。这里简要介绍一下锁相环的原理，它的基本电路如图 12.2 所示。

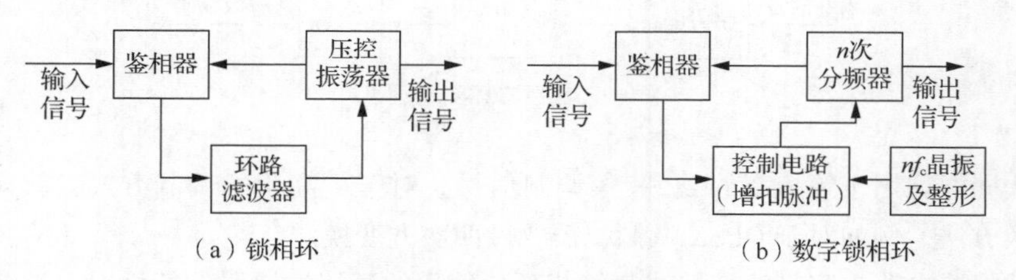

图 12.2　锁相环的基本电路

如图 12.2(a)所示，锁相环由 3 个部分组成，分别是压控振荡器、鉴相器和环路滤波器。压控振荡器(Voltage-Controlled Oscillator，VCO)的振荡频率受电压控制，它在没有外加电压时工作在设定频率上；当有外加电压控制时，振荡频率随外加电压发生偏移。鉴相器通常由模拟乘法器组成，它通过比较输入信号和压控振荡器输出信号的相位，把两者的相位差转变为误差电压。环路滤波器先将误差电压上的高频分量和噪声进行滤除，然后用误差电压控制压控振荡器。总体上，锁相环经过闭环反馈反复自动调节输出信号的频率，目的是跟踪输入信号的变化，使压控振荡器的输出信号的频率和输入信号的相同，并保持两者间较小的相位差。

锁相环还可以由数字电路实现，称为数字锁相环，如图 12.2(b)所示，它的组成主要也包含 4 个部分，分别是晶体振荡器、鉴相器、控制电路和分频器。晶体振荡器产生频率为 nf_c 的脉冲序列，经控制电路和 n 次分频器后得到频率为 f_c 的脉冲。根据鉴相器输出的误差电压来操控控制电路增加或扣除一个脉冲，相应地，分频后的脉冲将会调整 T_c/n 的时间。若本振脉冲相位超前，则扣除一个脉冲，分频后脉冲位置向后调整；若本振脉冲相位滞后，则增加一个脉冲，分频后脉冲位置向前调整。数字锁相环的调整精度和 n 有关，定时误差为 T_c/n，n 越大精度越高，但系统实现难度增加。

12.3.2 平方环法

有时调制信号不包含载波分量，但是将调制信号经过非线性变换后，可以得到含有载波分量的谐波信号。下面的介绍以 DSB-SC 信号为例，介绍其如何在经过平方变换后得到含有载波分量的二次谐波。

DSB-SC 信号 $s(t)$，不考虑相移时表示如下

$$s(t)=m(t)\cos(2\pi f_c t) \tag{12.1}$$

式(12.1)中，f_c 是载波频率。接收机收到调制信号后，先进行平方变换，得到

$$s^2(t)=m^2(t)\cos^2(2\pi f_c t)=\frac{m^2(t)}{2}+\frac{1}{2}m^2(t)\cos(4\pi f_c t) \tag{12.2}$$

式(12.2)右边的第二项可以用频率为 $2f_c$ 的窄带滤波器将其滤出，再经过二分频，就可以得到需要的载波信号。其实现原理如图 12.3 所示，这种载波恢复电路称为平方环。图 12.3 中使用锁相环代替窄带滤波器，可以获得更好的性能。通过锁相环对二分频输出进行相移校正后便可以得到载波输出。

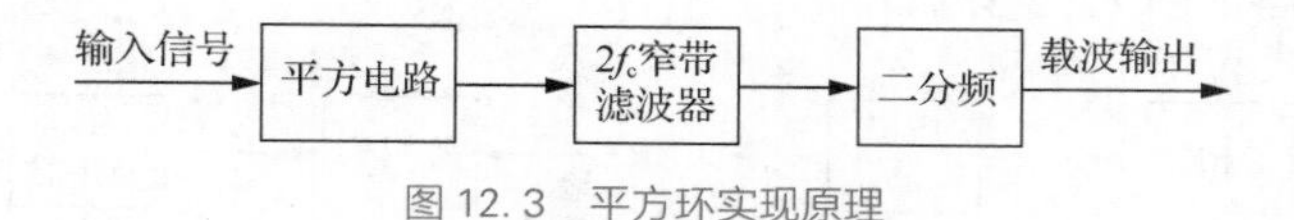

图 12.3 平方环实现原理

平方环法同样适用于等概率的 2PSK 等调制信号。对于更高阶的调制方式，就需要采用不同的非线性变换方法。例如对于 QPSK 调制，需要做四次方变换。

上述载波提取电路中窄带滤波器或者锁相环所使用的环路滤波器的特性对电路最终性能有较大影响。滤波器的带宽变窄，同步建立时间和保持时间都会变长，因此在设计提取电路时需要全局考虑。还需要注意的是，二分频电路的输出相对于接收信号有 180°的相位模糊，通常需要对二进制数据采用差分编码。

12.3.3 科斯塔环法

在不希望使用平方等倍频方法的场合，可以使用科斯塔环法。科斯塔环又称为同相正交环，主要使用锁相环、乘法器和低通滤波器等部件，比平方环简单一些。它是一种无判决反馈锁相环，即数据判决后的信息不反馈给锁相环。以 2PSK 调制为例，科斯塔环载波提取电路如图 12.4 所示。

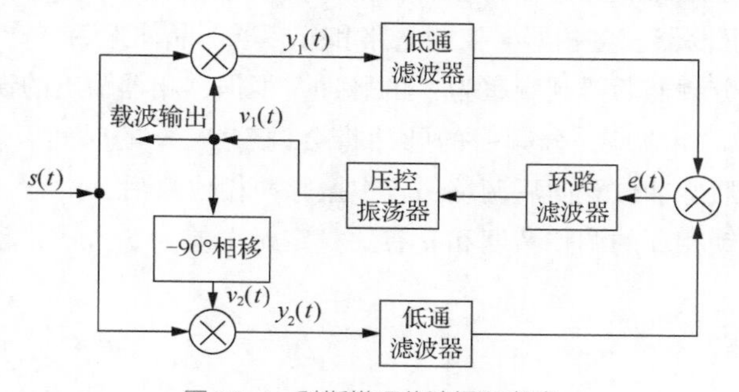

图 12.4 科斯塔环载波提取电路

电路中锁相环产生的本地载波分成两路，一路直接和接收的调制信号相乘，另一路经过 90° 相移后再和载波相乘。两路相乘的结果分别经过低通滤波器后再相乘，输出的误差信号经环路滤波器后输入压控振荡器再输出。

输入的 2PSK 已调信号如下，其中 $m(t)=\pm1$

$$s(t)=m(t)\cos(2\pi f_c t+\theta) \tag{12.3}$$

压控振荡器的输出以及相移后的输出分别是

$$v_1(t)=\cos(2\pi f_c t+\varphi) \tag{12.4}$$

$$v_2(t)=\sin(2\pi f_c t+\varphi) \tag{12.5}$$

它们分别和输入已调信号相乘，输出分别是

$$\begin{aligned} y_1(t)&=m(t)\cos(2\pi f_c t+\theta)\cos(2\pi f_c t+\varphi)\\ &=\frac{1}{2}m(t)[\cos(\Delta\phi)]+\cos(4\pi f_c t+\theta+\varphi) \end{aligned} \tag{12.6}$$

$$\begin{aligned} y_2(t)&=m(t)\cos(2\pi f_c t+\theta)\sin(2\pi f_c t+\varphi)\\ &=\frac{1}{2}m(t)[\sin(\Delta\phi)]+\sin(4\pi f_c t+\theta+\varphi) \end{aligned} \tag{12.7}$$

式(12.7)中 $\Delta\phi=\varphi-\theta$ 是相位误差。两路信号经过低通滤波器，式(12.6)和式(12.7)中 $2f_c$ 频率项被滤除，再相乘后，得到误差电压为

$$e(t)=\frac{1}{8}m^2(t)\sin(2\Delta\phi) \tag{12.8}$$

可见当 $\Delta\phi$ 较小时，误差电压正比于输出载波和接收载波的相位差。锁相环稳定后，相位误差会尽可能小。

科斯塔环多用 1 路乘法器和低通滤波器，不再需要平方部件就能恢复出载波。2 路乘法器和滤波器的一致性对性能有影响，一致性越高，载波恢复的质量越高。为了进一步提高载波的质量，还可以在锁相环中引入数据信息，即采用判决反馈锁相环。需要注意的是，科斯塔环也存在相位模糊。

对于高阶调制，科斯塔环同样适用。例如，对于 QPSK 调制信号，可以采用四相科斯塔环。它采用的乘法器和低通滤波器共有 4 路，1 路没有相移，其他 3 路分别相移 45°、90°和 135°。

载波同步误差将对解调后获得的信号幅度产生影响，从而影响接收质量，使得误码率增加。由式(12.6)可知，2PSK 信号解调后，经过低通滤波器后输出电压为$\frac{1}{2}m(t)\cos(\Delta\phi)$，其中 $\Delta\phi$ 为相位误差。可见，此相位误差使信噪比乘以系数$\cos^2(\Delta\phi)$。此时，2PSK 调制的误码率相应的改变为

$$P_e=\frac{1}{2}\mathrm{erfc}\left[\sqrt{\frac{E_b}{N_0}}\cos(\Delta\phi)\right] \tag{12.9}$$

12.4 码元同步

接收机以码元速率周期性地在抽样时刻上对接收信号进行抽样，需要准确知道接收码元的起止时刻。通过码元同步电路，接收端本地产生码元同步定时脉冲序列。假定单个码元的持续时间

是 T，则接收端不但要获得抽样速率 $1/T$，还要获得在码元持续时间内的抽样时刻，为此通常采用脉冲对准码元的结束时刻。

码元同步可以采用插入法，也可以采用自同步法。插入法主要有几种方式：插入导频法、独立信道键控法和双重调制法。插入导频法在频域或时域插入码元同步导频，接收端使用窄带滤波器将其分离出来，如多路电话系统；独立信道键控法使用独立的信道来传输码元同步信号，多用于频分多路复用系统，如短波无线传输；双重调制法对 PSK 或 FSK 等信号用码元同步的某种波形去做附加振幅调制，接收端通过包络检波获得同步信号。码元同步和载波同步的插入导频法原理相同，只是插入的位置和频率不同。

自同步法的选择和基带信号的码型有关，也和传输码元的波形有关。有的码型含有丰富的码元同步信息，而有的码型含有的码元同步信息较弱。同样，矩形波形传输时码元同步分量较强，而滚降余弦波形等就不适合直接提取码元同步。选择恰当的传输码型和波形，有利于接收端提取码元同步信息。如果同步电路直接从接收的数据流中恢复出码元同步时钟脉冲，称之为开环码元同步；通过比较本地信号和接收信号，使得本地产生的同步时钟锁定到发送信号上，称之为闭环码元同步。闭环同步方式比开环同步方式同步精度更高，而且调整方便。目前的通信系统主要使用的是自同步法，因此本节将主要介绍以开环码元同步和闭环码元同步为代表的自同步方式。

12.4.1 开环码元同步

开环码元同步直接从接收信号里提取码元同步信息，通常需要对接收信号序列进行滤波和非线性变换，产生码元同步的频率分量。再通过窄带滤波器提取这个频率分量，经过脉冲形成得到码元同步脉冲。例如针对不归零的信息码元序列，可以采用微分整流法和延迟相乘法。

微分整流法是一种滤波的方法，如图 12.5 所示。对不归零信号，通过微分、整流获得信号的边缘，也就是获得码元同步分量。再经过窄带滤波、脉冲形成，输出码元同步脉冲。为了减小高频噪声对微分的影响，在微分前放置低通滤波器。

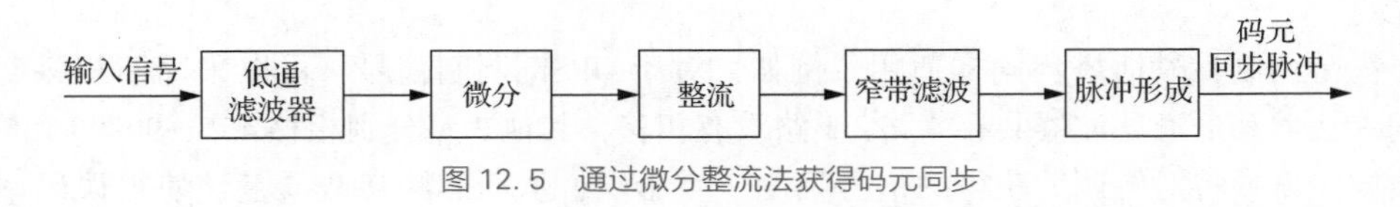

图 12.5　通过微分整流法获得码元同步

微分整流法的主要波形如图 12.6 所示。其中，输入信号是不归零的双极性信号。微分起到了信号边缘检测的作用，输出对应信号边缘的正负脉冲。整流把正负脉冲变成正脉冲序列，序列里含有码元同步频率分量。

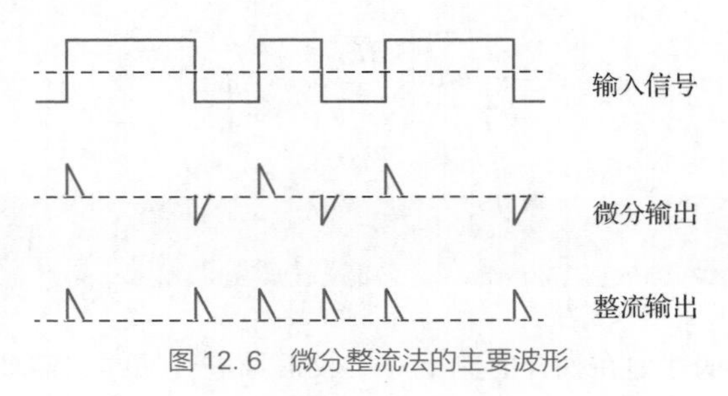

图 12.6　微分整流法的主要波形

另外可以采用延迟相乘法，如图12.7所示。

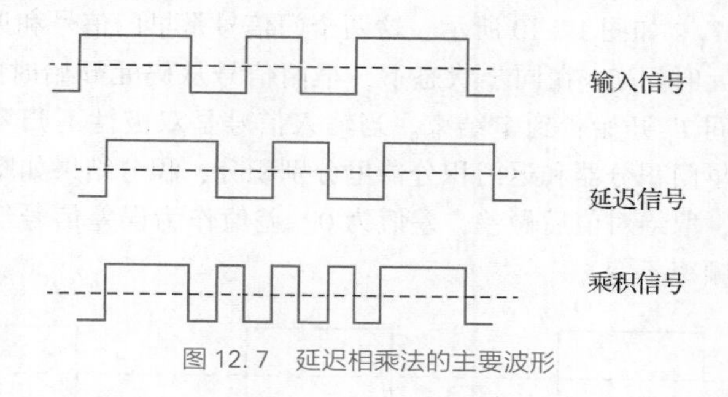

图12.7 延迟相乘法的主要波形

在延迟相乘法中，先获得一路输入信号的延迟信号，这里延迟时间是$T/2$，然后把输入信号和延迟信号相乘，如图12.8所示。输入信号是不归零的双极性信号，得到的乘积信号在每个码元持续时间T上由两个部分组成。前$T/2$的极性由输入信号中该码元与前一码元的极性变化确定，如果极性有变化，该部分为负值，否则为正值；后$T/2$的极性总是正值。这样改变了输入码型，乘积信号中含有较强的码元同步频率分量。再利用窄带滤波和脉冲形成技术，就可以得到码元同步脉冲。通过延迟相乘法获得码元同步如图12.8所示。

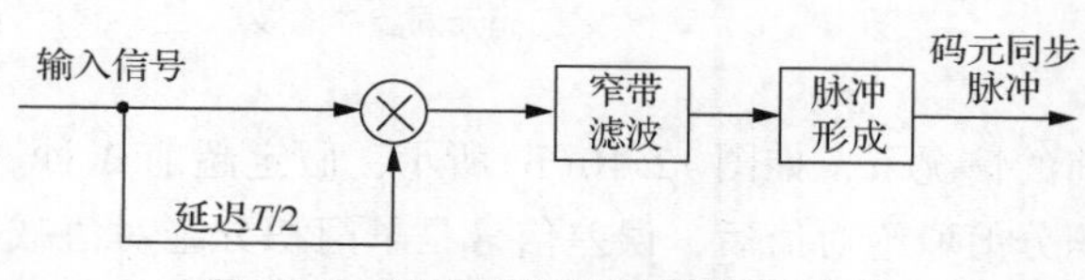

图12.8 通过延迟相乘法获得码元同步

开环码元同步适用于大信噪比的情况，小信噪比时提取的码元同步信号不稳定。这种方法较为简单，但是如果输入信号中断或出现较长的连0或连1时，会失去同步。为了获得质量更好的码元同步，可以使用闭环码元同步技术。

12.4.2 闭环码元同步

为了提高码元同步脉冲的稳定性，减小相位抖动，常使用锁相环来实现码元同步。本节主要介绍早、迟门码元同步方案。该同步方案的原理如图12.9所示。

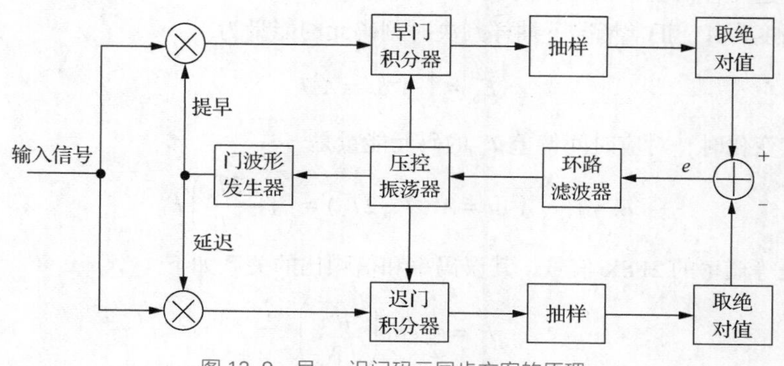

图12.9 早、迟门码元同步方案的原理

方案中使用锁相环产生本地码元同步信号。该信号经过门波形发生器产生一对门信号，持续时间均比码元时间 T 少 T_1。如图 12. 10 所示，这两个门信号是早门信号和迟门信号，它们首尾之间的时间间隔刚好是码元时间 T。在同步状态下，早门信号从码元开始时间 0 开始，到 $T-T_1$ 结束；迟门信号从码元时间 T_1 开始，到 T 结束。当输入信号是双极性不归零码时，两个门信号分别和输入信号相乘，在早门积分器和迟门积分器里分别积分，积分结果如图 12. 10(a)所示，积分值相同。积分值经抽样，取绝对值后做差，差值为 0。差值作为误差信号经环路滤波器滤波后控制压控振荡器，输出的频率不变。

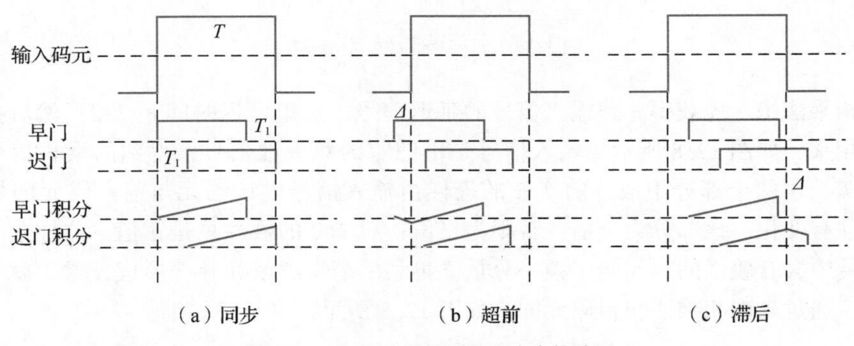

图 12. 10　早、迟门码元同步中的波形

在码元同步信号超前的情况下，如图 12. 10(b)所示，假定超前 Δ 秒。这时早门积分值变小，迟门积分值不变。由于积分值取绝对值后，误差信号是早门积分绝对值减去迟门积分绝对值，因此误差信号为负值，数值同 Δ 相关，控制锁相环频率降低，使门信号向右移动。在码元同步信号滞后的情况下刚好相反，如图 12. 10(c)所示。这时早门积分值大于迟门积分值，误差信号为正值，控制锁相环频率提高，使门信号向左移动。

输入码元如果长时间没有边沿跳变，早、迟门同步电路将不能保持同步。因此使用该方法时，对输入是有要求的，需要采用特别的码型或对输入加扰。

码元同步的最理想状态是图 12. 10(a)所示的情况，即本地码元同步信号和接收信号里的码元时钟同频同相。但是实际场景下，两者之间通常存在相位误差。假定两者之间的时间偏差 Δ 是 T_e，在前后码元有变化时，有效积分时间是 $T-2T_e$，积分不能取到码元的最大能量。前后码元没有变化时，时间偏差不影响码元积分结果。对于等概率随机码元信号，这两种情况各占一半。此时平均误码率是这两种情况下误码率的概率平均。

若码元的幅度为 A，正常情况下抽样判决时刻码元的能量为

$$E_b = \int_0^T A^2 dt = A^2 T \tag{12.10}$$

前后码元有变化时，对应时间偏差 T_e 的码元能量是

$$E = \int_0^{T-2T_e} A^2 dt = A^2(T-2T_e) = \left(1-\frac{2T_e}{T}\right)E_b \tag{12.11}$$

如果信号是等概率的 2PSK 信号，其误码率和信噪比的关系如下

$$P_e = \frac{1}{2}\text{erfc}\left(\sqrt{\frac{E_b}{N_0}}\right) \tag{12.12}$$

根据前面分析，码元定时时间偏差是 T_e 时，其平均误码率如下

$$P_e=\frac{1}{4}\text{erfc}\left(\sqrt{\frac{E_b}{N_0}}\right)+\frac{1}{4}\text{erfc}\left[\sqrt{\left(1-\frac{2T_e}{T}\right)\frac{E_b}{N_0}}\right] \tag{12.13}$$

式(12.13)反映了定时偏差对误码率的影响，不但适用于闭环码元同步，也适用于开环码元同步及插入法码元同步。

12.5 帧同步

在数字通信系统中，数据几乎都是按照一定的帧结构进行传输的，即数据按固定格式分成组，每组含有一定量的数据，各组自成一个独立整体，称之为数据帧。例如，数字交换系统中，将 PCM 编码数据组成基群、二次群等。接收机要区分不同帧的数据，就要知道每帧的起始位置，从而获得帧同步。

实现帧同步，主要方法是发送端在一帧数据前面插入帧同步码。接收端通过识别帧同步码获得和保持帧同步时钟。帧同步码的插入方式有两种，集中插入和分散插入，如图 12.11 所示。

集中插入是将帧同步码整体插到一帧数据之前。帧同步码是经过特别设计的码字，在正常数据流中出现相同或类似序列的概率很小。接收端通过检测帧同步码获得帧同步信号，理论上最快可以在一帧时间获得同步。插入的帧同步码越长，受到数据流干扰的可能性就越小，同步越可靠。同时，帧同步码越长，占用的传输时间越多，数据传输的效率将下降。如图 12.11(a)所示，一帧数据的最前面是完整的帧同步码，后面是数据码组。

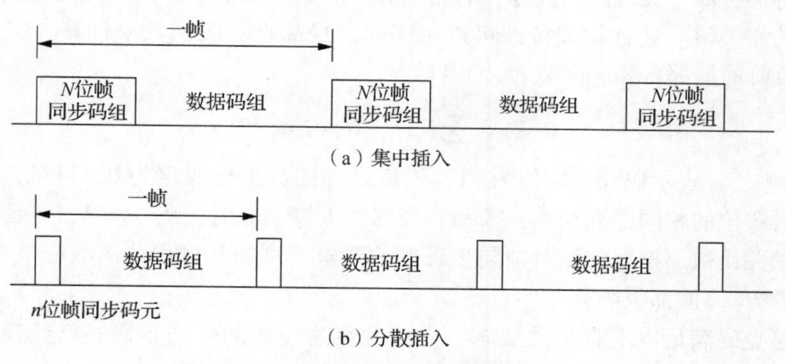

图 12.11　帧同步码的两种插入方式

分散插入是将帧同步码分成 m 个片段，每个片段包含 1bit 或多个 bit，把这些片段顺次插入连续的帧的头部。这时，接收机需要连续收到 m 帧，才能拼成一个完整的帧同步码。因此，分散插入获得同步最快需要 m 帧。由于每帧插入的同步码比特减少，分散插入相对于集中插入数据传输效率更高。如图 12.11(b)所示，一帧数据的最前面是帧同步的 n 位码元，后面是数据码组。连续 m 帧的帧同步码元拼成一个完整的帧同步码。

帧同步系统需要满足如下两点技术要求。

(1)同步建立时间短。

同步建立时间包括系统从初始化状态到获得帧同步的时间，也包括帧同步丢失以后重新建立同步的时间。从帧同步码插入方式上看，集中插入可以比分散插入更快地获得同步，即同步建立时间更短。同一种插入方式下，同步码型的不同，影响其在接收端检测出来的速度，对同步建立时间也有影响。

(2)抗干扰能力强。

帧同步码虽然经过特别设计，但是数据流还是有一定的概率与之相同，造成接收机错误地认为检测到了帧同步码，导致产生错误的同步信息，这种情况称之为错检。针对这种情况，接收机通常不是检出一次帧同步码就认为获得同步，而是连续多次检出才会进入同步状态。设定的连续检出次数越多，同步系统抗干扰能力就越强，但是同步建立时间也相应变长。另外，帧同步还存在漏检的可能。漏检是指帧同步码受到传输中的噪声影响，在接收端存在误码，从而使得接收机无法正常在该位置检出帧同步码。因此在同步保持阶段，不能因为偶然的漏检就判断同步丢失。与错检同理，同步后接收机需要连续若干帧都检不出帧同步码，再判定失步，然后重新搜索同步。帧同步码越长，漏检的概率就越小，同步保持时间就会越长。

从上面的分析看到，帧同步码长度的要求在传输效率、同步建立时间和抗干扰能力之间是矛盾的，需要根据具体系统要求统筹考虑。

12.5.1 集中插入帧同步码型

在集中插入帧同步码时，同步码越短，同步建立时间就越短。为了减小错检的概率，需要较长的同步码。但是，较长的同步码会提高接收机同步检测电路的复杂度。因此选择合适的同步码长度是困难的，通常在兼顾抗干扰能力的前提下，要尽量选用短一些的同步码。

接收机根据选择的同步码型，通常使用相关器在接收数据流中连续搜索。好的同步码型具有良好的自相关特性，即有尖锐的相关峰，而相关旁瓣的绝对值很小。相关旁瓣指码字序列和其自身移位后序列的相关值。这种相关特性可以用序列的局部自相关函数来计算。定义 N 位长的码组，有 k 位移位时的局部自相关函数为

$$R(k)=\sum_{i=1}^{N-k}x_i x_{i+k}(1\leqslant i\leqslant N) \tag{12.14}$$

式(12.14)中，x_i 表示码元，取值为±1，码组之外的数据位假定为0。可见，局部自相关函数对两个有相对移位的相同序列相乘再求和。当移位 k 等于0时，$R(0)=N$。下面把局部自相关函数简称为自相关函数。根据前面对帧同步码型的要求，可知其自相关函数应该在 $R(0)$ 出现峰值，其他位置的 $R(k)$ 值都很小。

目前发现巴克码满足以上自相关要求，是一种普遍使用的帧同步码。已经找到的巴克码如表12.1所示。

表12.1 已经找到的巴克码

长度	巴克码
1	+
2	++、+-
3	++-
4	+++-、++-+
5	+++-+
7	+++--+-
11	+++---+--+-
13	+++++--++-+-+

从表12.1中可见，已经找到的巴克码只有10组。表中加号代表1，减号表示-1。另外，表中的巴克码经过时间反转和正负号反转后的结果都是巴克码。

巴克码的自相关函数可以表示为

$$R(k) = \sum_{i=1}^{N-k} x_i x_{i+k} = \begin{cases} N, & k = 0 \\ 0 \text{ 或 } \pm 1, & 0 < k < N \\ 0, & k \geqslant N \end{cases} \tag{12.15}$$

可见，巴克码的自相关函数 $R(0)=N$，其他位置的绝对值不大于 1，具有良好的自相关特性。

例 12.1　计算长度为 7 的巴克码的自相关函数并画出其曲线。

解　查表可知长度为 7 的巴克码是 +++−−+−，即 111−1−11−1。根据式(12.14)可得

$$R(0) = \sum_{i=1}^{7} x_i x_i = 1+1+1+1+1+1+1 = 7$$

$$R(1) = \sum_{i=1}^{6} x_i x_{i+1} = 1+1-1+1-1-1 = 0$$

$$R(2) = \sum_{i=1}^{5} x_i x_{i+2} = 1-1-1-1+1 = -1$$

$$R(3) = \sum_{i=1}^{4} x_i x_{i+3} = -1-1+1+1 = 0$$

$$R(4) = \sum_{i=1}^{3} x_i x_{i+4} = -1+1-1 = -1$$

$$R(5) = \sum_{i=1}^{2} x_i x_{i+5} = 1-1 = 0$$

$$R(6) = \sum_{i=1}^{1} x_i x_{i+6} = -1$$

$$R(7) = 0$$

自相关函数是偶函数，可得其曲线如图 12.12 所示。

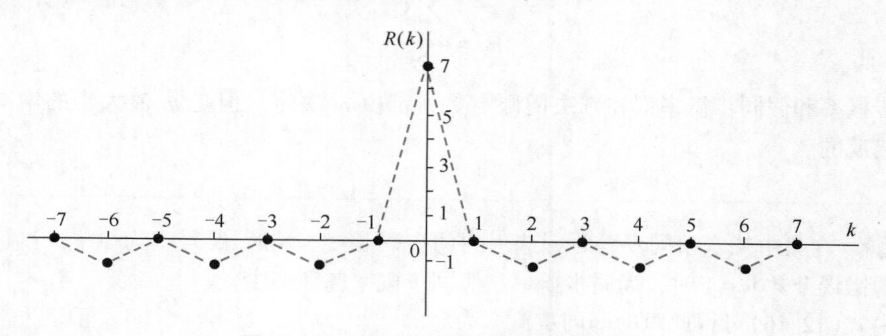

图 12.12　7 位巴克码的自相关函数的曲线

【本例终】

巴克码在实际传输当中，前后都有信息码元。当信息码元以等概率取值±1 时，实际计算出来的相关值的平均结果仍近似具有上述的局部自相关特性。

12.5.2　漏同步和假同步

由前文所述，接收机对同步码做相关检测，发现相关峰则认为出现同步码。由于信道存在噪

声，接收码元可能发生错误。为了提高相关检测的健壮性，判决门限通常低于相关峰，即允许同步码有若干位错误。

假定接收机最多允许同步码发生 m 位错误，即当同步码发生 m 位错误时，其相关值作为判断同步码出现的门限值。以上假设存在两种意外情况。一个是同步码错误位数大于 m，发生漏检现象，称为漏同步；另一个是信息码元序列和至多错 m 位的同步码序列相同，此时发生错检，称为假同步。这两种意外的概率分别称为漏同步概率和假同步概率。

一个好的同步方案，当然希望漏同步概率和假同步概率都尽量小。这两个概率值都和允许的同步码错误位数 m 有关。显然，m 越大，漏同步概率越小，但是假同步概率会越大。因此，二者取值是矛盾的，需要折中考虑。下面介绍这两个概率的计算方法。

漏同步概率就是当噪声使得同步码组中的一些码元发生错误后，接收机不能识别其为同步码的概率。设同步码组的码元个数为 N，码元错误概率为 p，最大允许同步码错误位数为 m，则漏同步概率 P_m 等于 1 减去能正确判定同步的概率，即

$$P_\mathrm{m}=1-\sum_{j=0}^{m}\mathrm{C}_N^j p^j(1-p)^{N-j} \tag{12.16}$$

式(12.16)中 C_N^j 表示从 N 中取出 j 的组合数。

信息码流会以一定概率出现和所识别的同步码组相同的序列，这些序列经过检测电路时会被误认成同步码组。这些序列与所有可能的序列数之比称为假同步概率。可能的序列是指和同步码组长度相同的序列，总数为 2^N。假定信息码流中 0、1 等概率出现，同步码组允许错误的个数为 0 时，只有信息序列和同步码组完全相同，才会引起错判。这种信息码序列个数为 C_N^0，即只有一个；当同步码组允许错误的个数为 1 时，与同步码组相差 1 位的信息序列会引起错判，这 1 位可以出现在长度为 N 的序列的任何位置上，所以其个数为 C_N^1；依次类推，当同步码组允许的错误个数为 m 时，可被错判为同步码组的信息序列的总数是 $\sum_{j=0}^{m}\mathrm{C}_N^j$。这样得到假同步概率 P_f 为

$$P_\mathrm{f}=\frac{\sum_{j=0}^{m}\mathrm{C}_N^j}{2^N} \tag{12.17}$$

漏同步概率和假同步概率都和判决门限有关，都由 m 决定。但是 m 值大小的增减，对两者的影响是相反的。

例 12.2 在集中插入帧同步码时，选用的同步码长度 $N=7$，误码率为 10^{-4}，试计算同步码判决允许的错误个数 $m=1$ 时，漏同步概率和假同步概率各是多少。

解　由式(12.16)可得此时的漏同步概率为

$$P_\mathrm{m}=1-\sum_{j=0}^{1}\mathrm{C}_7^j p^j(1-p)^{7-j}=1-\mathrm{C}_7^0(1-10^{-4})^7-\mathrm{C}_7^1 10^{-4}(1-10^{-4})^6\approx 2.1\times 10^{-7}$$

由式(12.17)可得假同步概率为

$$P_\mathrm{f}=\frac{\sum_{j=0}^{1}\mathrm{C}_7^j}{2^7}=2^{-7}(\mathrm{C}_7^0+\mathrm{C}_7^1)\approx 6.25\times 10^{-2}$$

【本例终】

漏同步和假同步的存在，都会使帧同步系统出现不稳定和不可靠，需要相应的保护手段。

12.5.3　帧同步保护

首先计算集中插入帧同步的同步平均建立时间。假定没有出现漏同步和假同步的情况，最不利的情形是从帧同步码组的第二位开始同步搜索，建立帧同步需要的时间是$(N_f+N-1)T$，这里 N_f 是一帧的码元总数，N 是同步码的码元数，T 是码元的时间长度。发生一次漏同步或者假同步，就需要多花费一帧的时间用于建立帧同步。连续发生一次以上漏同步或假同步的概率很小，可以忽略，这样帧同步的平均建立时间为$(N_f+N-1)T+N_fT(P_m+P_f)$。当帧长度远大于同步码的长度时，可以得到

$$t_s=N_fT(1+P_m+P_f) \tag{12.18}$$

虽然希望系统能够尽快达到同步状态，但是假如发现一次帧同步码组就判定系统同步，或者出现一次漏同步就判定系统失步，可能会使系统在同步状态和失步状态之间来回转换，导致其无法正常工作。因此，需要对帧同步系统采取一些保护措施，以提高帧同步的性能。

对帧同步系统常采用的保护措施是将帧同步的工作状态划分为捕捉态和维持态两种状态。在同步建立之前，系统处于捕捉态。在捕捉态时，提高同步判决门限电平，减小假同步概率，只有同时两次检测到帧同步信号时，才由捕捉态转换到维持态；在维持态时，降低同步判决门限电平，减小漏同步概率，同时系统不会因一次偶然的无帧同步信号而转换工作状态，而是经过多次检测，确认系统已经失步才转换到捕捉态，重新进行捕捉。

帧同步保护措施的实施，能够对抗一定的噪声影响，使同步更加稳定可靠。

下面给出一个带帧同步保护的集中插入帧同步检测流程。这里把捕捉态的判决门限设置为 N，连续 2 次检测到同步码后转换到维持态。维持态的判决门限设置为 $N-2$，连续 3 次失步转换到捕捉态重新同步。具体流程如图 12.13 所示。

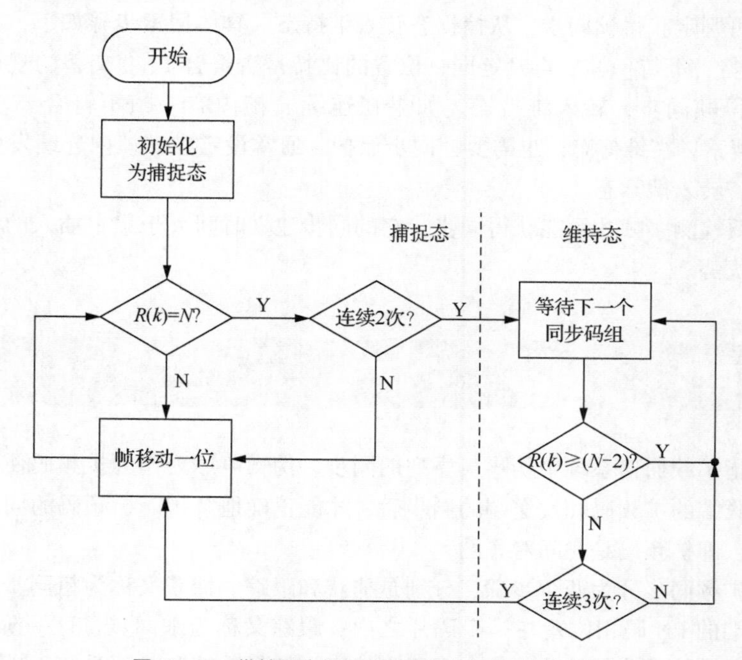

图 12.13　带帧同步保护的集中插入帧同步检测流程

例 12.3 在例 12.2 的系统中，若比特传输速率为 1 kbit/s，一帧中信息位是 293，计算同步码判决允许的错误个数 $m=1$ 时的同步平均建立时间。

解 由比特传输速率为 1kbit/s，可得每比特的持续时间是

$$T=\frac{1}{R_b}=\frac{1}{1000}=10^{-3}\text{s}$$

一帧内的比特总数是

$$N_f=7+293=300$$

由式(12.17)和例 12.2 的结果可得同步平均建立时间为

$$\begin{aligned} t_s &= N_f T(1+P_m+P_f) \\ &= 300\times10^{-3}\times(1+2.1\times10^{-7}+6.25\times10^{-2}) \\ &\approx 0.32\text{s} \end{aligned}$$

此时的同步平均建立时间约为 0.32s。

【本例终】

12.5.4 分散插入帧同步

分散插入帧同步如图 12.11(b)所示。帧同步码被分散插入多帧中，每帧插入的比特数较少，有利于简化发射端设备。例如，PCM24 路基群信号在每一帧的第 193 bit 处轮流插入 1 和 0 来实现帧同步。下面以此码型来说明接收端的同步算法。

在接收端，常采用逐码移位法来搜索帧同步码。如果连续多帧都在相同位置发现 1、0 交替出现的现象，则可判定获得帧同步，从捕捉态转入维持态。具体搜索步骤如下，首先假定接收的第 1 bit 是同步比特，等待一帧后再判定同一位置的比特是否符合 1、0 交替的规律。连续 n 帧符合规律则认为获得帧同步，转入维持态。如果在连续 n 帧内有一帧不符合要求，则向后移动 1 bit，重新开始搜索。在维持态，也需要帧同步保护。通常设定在 n 帧内连续发生同步比特错误才判定失去同步，转入搜索态。

分散插入需要检测多帧才可能获得同步，它的同步建立时间大于集中插入的，但是也具有数据传输效率高的优势。

12.6 扩频同步

扩频同步是指扩频通信系统中伪噪声序列的同步。伪噪声序列作为扩频码使用，具有良好的自相关特性。接收端的扩频码和发送端的同步后，才能正确地解扩。扩频码的同步要求是频率相同、相位差很小，即扩频码是时间对齐的。

总体来说，扩频同步分为两个步骤，分别是捕获和跟踪。捕获又称为粗同步，这一阶段的目标是使得收发两端的 PN 码相位差在一个码片之内；跟踪又称为细同步，这一阶段使得 PN 码的相位差尽可能小，并使系统保持此状态。对于直接序列扩频系统和跳频系统，扩频同步的原理类似，基本都利用了扩频码的相关特性，但是实现上各有特点。下面将分别对这两种扩频系统常用

的捕获方法和跟踪方法进行详细介绍。

12.6.1　捕获方法

直扩系统常用的捕获方法有并行相关法、串行相关法和同步头法等。下面假定扩频码一个周期含有 N 个码片，码片宽度是 T_c 秒，周期时长 $T=NT_c$。

1. 并行相关法

并行相关法用 $2N$ 路本地 PN 码同时和输入信号做相关检测，每路本地 PN 码相位相差 $T_c/2$。其原理如图 12.14 所示。

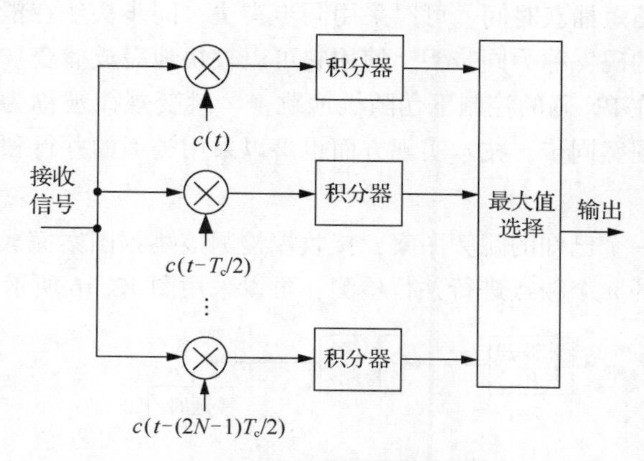

图 12.14　直扩系统的并行相关法捕获原理

在一个序列周期内，并行相关检测法就可以完成捕获。积分器输出最大的支路对应的本地 PN 码和接收信号的 PN 码相位差在 $T_c/2$ 以内。显然该方案捕获速度快，但是并行运算需要 $2N$ 个支路，当 PN 码长度 N 很大时，电路会很复杂。因此，并行相关法适合 N 不是很大，且需要快速捕获的场合。若要求并行 PN 码相位差为 T_c 时，只需要 N 个支路，捕获后本地 PN 码和接收信号的 PN 码相位差在 T_c 之内。

为了简化硬件电路，可以采用串行相关法进行直扩系统的捕获。

2. 串行相关法

串行相关法又称为滑动相关法。该方法只使用 1 路 PN 码发生器信号，如图 12.15 所示。

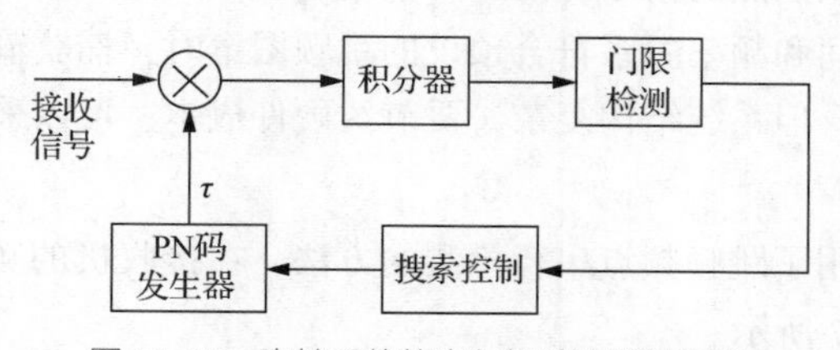

图 12.15　直扩系统的串行相关法捕获原理

搜索控制模块控制 PN 码发生器输出序列的相位 τ，每次调整 $T_c/2$。本地 PN 码和接收信号做滑动相关，每相关一次需要的时间是 NT_c。相关值被门限检测电路检测，低于门限时，检测结果使得搜索控制模块控制 PN 码相位调整 $T_c/2$；高于门限时，搜索控制模块停止调整 PN 码相位，此时即完成捕获，转入跟踪状态。

如果本地 PN 码和接收信号时间差为 T_u，单次搜索需要的时间是 NT_c，每次搜索本地 PN 码相位调整 $T_c/2$，则可得完成捕获的时间为

$$T_{sync} = \frac{T_u}{\frac{1}{2}T_c} NT_c = 2NT_u \tag{12.19}$$

单次调整为 $T_c/2$ 时在最不利情况下的捕获时间是 $(2N-1)T$，T 是序列周期。因此，串行相关法的电路简化是以牺牲捕获时间为代价的。

3. 同步头法

并行相关法和串行相关法的选择需要在捕获时间和硬件复杂度之间权衡。当 PN 码周期 N 很长时，为了简化硬件，缩短捕获时间，可以采用同步头法。同步头法在滑动相关器中，使用一种专门用于建立初始同步的码，称为同步头，使用它可以较快地完成捕获。

跳频是指发送频率在 PN 码的控制下伪随机地跳变，跳变规律被称为跳频图案。跳频系统的捕获目标是，与该跳频图案同步，技术实现方面也可以采用类似的并行和串行捕获方案。

4. 跳频并行捕获

发送端可以先发送一个已知的跳频图案，接收端检测该跳频图案完成同步捕获。采用并行捕获方案，对跳频图案里的 n 个频点进行并行检测，可以采用图 12.16 所示的方式。

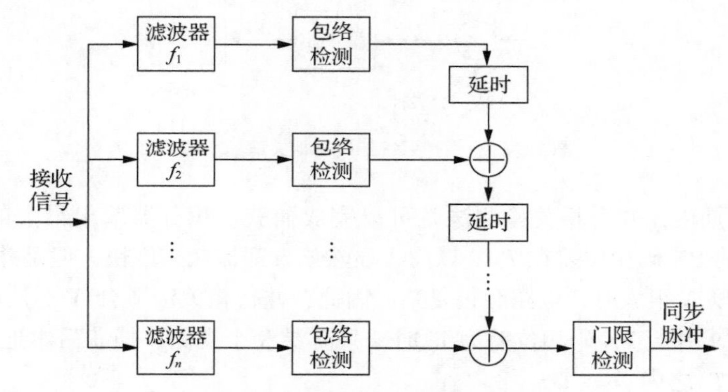

图 12.16　跳频并行捕获原理

该方案采用 n 个调谐在不同跳频点上的滤波器，使它们并行工作。滤波器的输出经过包络检测或者平方律检测，得到该频点的信号，按照跳频图案规律延时相加后再做门限检测。接收机连续搜索，在接收信号的时间和频率关系符合预设的跳频图案时，捕获输出同步脉冲。

并行搜索捕获时间快，但系统结构复杂，要节约硬件成本，可以采用串行捕获方案。

5. 跳频串行捕获

跳频串行捕获方案采用了跳频频点串行检测的方法，在接收机的频率合成器里预置了一个跳频图案，其原理如图 12.17 所示。

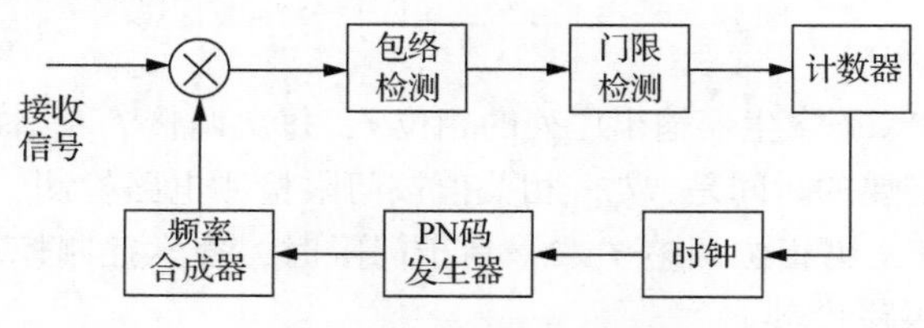

图 12.17　跳频串行捕获原理

PN 码发生器按照预置的跳频图案控制频率合成器输出相应频点，如果该频点和接收信号同步，两者相乘，再经过包络检测后输出值大于门限，则门限检测输出 1，计数器加 1。假定跳频图案中总的跳频点数是 M，可规定在 M 个跳频点中有 K 个频点一致即可。计数器记到 K，就完成捕获，转入跟踪状态。若在周期内计数器的值小于 K，则调整 PN 码相位，重新搜索。

捕获判定时，计数器的值 K 通常小于跳频点数 M，这样做可以容忍部分漏检的情况，增强抗干扰性能。

跳频串行捕获方案的硬件复杂度小于并行捕获方案的，但是捕获时间却相应增加。

12.6.2 跟踪方法

扩频同步的捕获是整个同步过程的第一步，捕获后本地 PN 码和接收信号中的 PN 码相位差控制在一个码片之内。接下来同步进入跟踪状态，即更精确地调整相位差并维持同步稳定。大体流程是：跟踪状态连续检测同步误差，根据误差结果不断调整本地 PN 码相位，使它和接收信号的 PN 码相位差趋向于 0。

直扩系统的跟踪方法常使用延迟锁定环和 τ 抖动环方案。

1. 延迟锁定环

延迟锁定环利用相关特性来得到误差信号，靠误差信号控制 PN 码相位来实现对接收信号 PN 码的跟踪和同步，其原理如图 12. 18 所示。捕获阶段可以使用快速的并行捕获方法，也可以使用节约资源的串行捕获方法。

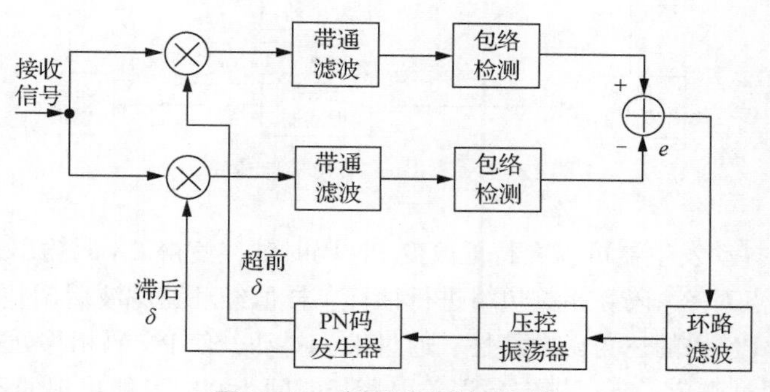

图 12. 18 直扩延迟锁定环原理

图 12. 18 中直扩延迟锁定环实现对信号的跟踪和同步的大体流程如下。延迟锁定环中本地 PN 码发生器在时钟控制下输出两路 PN 码信号。这两路 PN 码相位相差 2δ，其中 1 路超前 δ，1 路滞后 δ。2 路 PN 码分别和接收信号做互相关运算，输出结果经带通滤波、包络检测后做相减运算，得到误差电压。该误差电压经环路滤波后控制压控振荡器，调整 PN 码发生器的时钟，从而改变本地 PN 码的时钟，使得收发 PN 码保持同步。

图 12. 18 中减法运算的输出是一个 S 形误差曲线。当两条支路平衡时，该曲线是对称曲线，如图 12. 19(b) 所示。

假定本地 PN 码和接收信号 PN 码时间差是 τ，接收信号中的 PN 码为 $c(t-\tau)$，本地超前支路的 PN 码为 $c(t+\delta)$，则相关函数为 $R(\tau-\delta)$。两路自相关函数曲线如图 12. 19(a) 所示。由于两路相关值在加法器中做差，因此超前支路的相关值是正值，滞后支路的相关值是负值。差值代表的误差曲线如图 12. 19(b) 所示，δ 通常在一个码片时间内，这里设置 $\delta=T_c/2$。当 τ 等于 0 时，接收

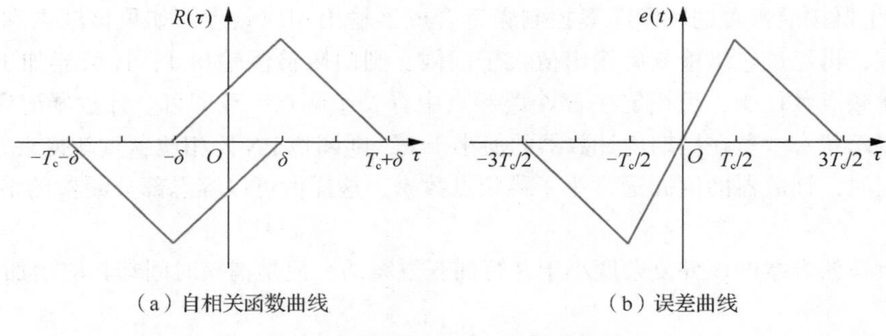

（a）自相关函数曲线　　（b）误差曲线

图 12.19　延迟锁定环的自相关函数和误差曲线

PN 码和本地 PN 码相位相同，误差电压为 0，本地 PN 码的时钟不调整。当 τ 大于 0 时，接收 PN 码相位超前，误差电压为正值，控制本地 PN 码的时钟频率增加。当 τ 小于 0 时，向反方向调整。可见，延迟锁定环调整的目标是跟踪输入信号的变化，使 τ 稳定在 0 值附近。

2. τ 抖动环

延迟锁定环要得到稳定的跟踪效果，需要两个支路性能一致。而 τ 抖动环只有一个支路，可以避免延迟锁定环两个支路性能不一致的问题。直扩 τ 抖动环跟踪原理如图 12.20 所示。

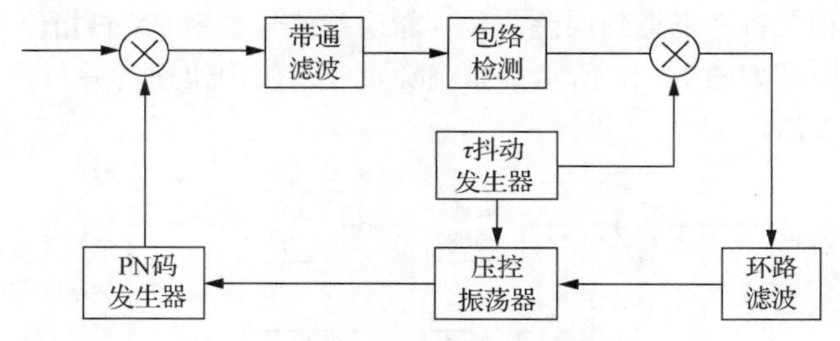

图 12.20　直扩 τ 抖动环跟踪原理

τ 抖动环中的 τ 抖动发生器可以交替地改变 PN 码时钟，使得 PN 码输出超前或滞后一个时间量 δ，同时在此时间点对 PN 码互相关包络进行抽样，样值经环路滤波后调整 PN 码时钟。

τ 抖动环利用了 PN 码的三角函数特性，通过人为抖动，使 PN 码相移处在相关峰两边来实现环路的跟踪特性，同时避免了延迟锁定环误差电压长时间为 0 时可能出现的不稳定现象。

前面讲述的方法同样可以适用于跳频系统的跟踪。总体来看，这些方法将误差检测、相位调整和本地 PN 码发生器组成一个环路，来跟踪接收信号 PN 码相位的变化，使本地 PN 码和输入保持同步状态。

12.7 本章小结

同步是通信系统的重要技术，只有保持收发同步，才能有效、可靠进行通信。通信系统中的同步主要有载波同步、码元同步、帧同步和网同步等。一个好的同步系统具有同步建立时间短、同步保持时间长和同步建立后相位误差小等特点。

建立同步的方法主要有插入法和自同步法。插入法在传输的信息之外插入同步信息，接收端通过检测这些同步信息实现同步；自同步法利用传输信号自身的特点来获取同步信息，不占用额外的发送端资源，建立同步的时间一般大于插入法。

载波同步是相干解调的基础。可以采用插入导频法获得同步，也可以使用自同步法。常用的方法有平方环法和科斯塔环法，主要针对已调信号中不含载波分量的情况。

码元同步的方法主要包括开环码元同步和闭环码元同步。开环码元同步直接对接收信号序列进行滤波和非线性变换，产生码元同步的频率分量；闭环码元同步通过比较本地信号和接收信号，使得本地产生的同步时钟锁定到发送信号上，早、迟门码元同步就是其中的一种。闭环码元同步方法性能优于开环码元同步方法性能，代价是电路更加复杂。

帧同步码的插入方式主要包括集中插入和分散插入，集中插入应用更加广泛。巴克码是常用的帧同步码组，具有良好的局部自相关特性。帧同步获取的过程包括捕捉和维持两个状态，使用不同的同步时钟调整策略，重点需要考虑漏同步和假同步概率。在捕捉态时，提高同步判决门限电平，减小假同步概率；在维持态时，降低同步判决门限电平，减小漏同步概率。这些帧同步保护措施，能够避免一定的噪声影响，使同步更加稳定可靠。分散插入帧同步常采用逐码移位法来搜索帧同步码，需要检测多帧才可能获得同步，但其数据传输效率较高。

扩频同步是扩频通信系统正确接收的前提，同步过程分为捕获和跟踪两个阶段。在捕获阶段可以使用快速的并行捕获方法，也可以使用节约资源的串行捕获方法。捕获成功后，本地 PN 码和接收信号中的 PN 码相位差在一个码片之内。在跟踪阶段，更精确地调整相位差并维持同步稳定，常采用延迟锁定环或 τ 抖动环。

习题

12.1 若单边带信号可以表示为 $s(t)=m(t)\cos(2\pi f_c t)\mp \hat{m}(t)\sin(2\pi f_c t)$，请问是否可以用平方环法提取载波？

12.2 若采用图 12.2(b)所示的数字锁相环直接提取码元同步信号，假定码元宽度 $T_c=1\times10^{-4}$s，要求定时误差 $T_e\leqslant10^{-6}$s，则晶体振荡器频率至少为多少？

12.3 使用图 12.9 所示早、迟门提取码元同步电路，在前面码元有变化的情况下，要求检出码元能量不低于其能量的 90%时，码元宽度是 1 ms，则码元同步信号的时间偏差 T_e 不能超过多少 ms？

12.4 若 5 位巴克码码型为-+---，计算局部自相关函数并画出其曲线。

12.5 集中插入帧同步码，选用长度 $N=5$ 的巴克码，误码率为 10^{-4}，试计算同步码判决允许的错误个数 $m=1$ 时，漏同步概率和假同步概率各是多少。

12.6 在习题 12.5 的系统中，传输速率为 10 kbit/s，一帧中信息位是 495，计算 $m=1$ 时的帧同步平均建立时间。

12.7 集中插入帧同步码，选用长度 $N=5$ 的巴克码，误码率为 10^{-4}，试计算同步码判决允许的错误个数 $m=0$ 时，漏同步概率和假同步概率各是多少。

12.8 若一个通信系统以 100 bit/s 的速率发送数据，每帧插入的同步序列长度为 Nbit。数据比特传输时是等概率的，为了使假同步概率是每年 1 次，同步序列长度最小是多少？

附录 A　符号标准对照表

章节号	符号	符号含义	符号下角标全称
第 1 章	R_b	比特传输速率	bit
	R_B	符号传输速率	Baud
	P_e	误码率	error
	P_b	误比特率	bit
	BER	误比特率	–
第 2 章	f_c	载波频率	carrier
	$n_I(t)$	同相分量	in-phase
	$n_Q(t)$	正交分量	quadrature
第 3 章	k_a	调幅指数	AM
	f_v	残留边带宽度	VSB
	k_p	相位调制相位灵敏度	PM
	k_f	频率调制频率灵敏度	FM
	β_p	相位调制调制指数	PM
	β_f	频率调制调制指数	FM
	f_m	调制信号 $m(t)$ 的中心频率	$m(t)$
	SNR_c	信道信噪比	channel
	SNR_o	输出信噪比	output
	SNR_i	输入信噪比	input
	f_L	本地振荡器的频率	Local
第 4 章	T_s	抽样周期	sampling period
	f_s	抽样速率	sampling
	W_g	保护频带	guard band
	$[f_L, f_H]$	带通模拟信号的频率范围	low/high
	σ_m^2	输入样值 $m[n]$ 的方差	$m[n]$
	σ_e^2	预测误差 $e[n]$ 的方差	$e[n]$
	σ_q^2	量化误差 $q[n]$ 的方差	$q[n]$
	G_p	差分量化方法得到的处理增益	process

续表

章节号	符号	符号含义	符号下角标全称
第 5 章	$R_q(\cdot)$	序列$\{q(kT_b)\}$的自相关函数	$\{q(kT_b)\}$
第 7 章	$S_s(f)$	带通信号 $s(t)$ 的功率谱密度	$s(t)$
	$S_B(f)$	基带功率谱密度	base band
	E_{av}	平均符号发送能量	average
	E_s	符号能量	symbol
	n_c	固定整数	–
	P_{e_i}	同相信道的误码率	in-phase
	P_{e_q}	正交信道的误码率	quadrature
第 8 章	T_b	比特持续时间	bit
	T_c	码片持续时间	chip
	R_s	符号速率	symbol
	R_h	跳频速率	hopping
第 9 章	P_r	天线的接收功率	received power
	P_t	天线的发射功率	transmit power
	G_r	接收天线功率增益	received
	G_t	发射天线功率增益	transmit
	A_r	接收天线有效孔径	received
	P_L	路径损耗	loss
	$10\lg k$	玻尔兹曼常数的 dB 表示	–
	$L_{free-space}$	自由空间损耗	–
	$R_C(\Delta f)$	多径信道的频率差自相关函数	$C(f,t)$
	$(\Delta f)_c$	信道的相干带宽	channel
	$R_c(\tau)$	多径强度分布	信道等效低通冲激响应 $c(\tau,t)$
	$R_C(\Delta t)$	时间差相关函数	$C(f,t)$
	$S_C(\lambda)$	多普勒功率	信道等效低通冲激响应 $c(\tau,t)$ 的傅里叶变换 $C(f,t)$
	$(\Delta t)_c$	信道的相干时间	channel
	T_m	信道的多径扩展	multipath
	T_e	等效噪声温度	equivalent noise
	B_d	多普勒扩展	doppler spread

续表

章节号	符号	符号含义	符号下角标全称
第 12 章	P_m	漏同步概率	missing synchronization
	P_f	假同步概率	false synchronization
	T_e	定时误差	error
	N_f	一帧内的码元总数	frame

附录 B 概率空间与随机变量

为了便于学习，本附录介绍了概率论的一些基本概念，包括概率空间、一维与多维随机变量、概率函数等。

B.1 概率空间

1. 概率空间的定义

所谓概率空间，是指由“样本空间 S”“Borel 事件集 A”和“概率集函数 P”这三者组成的一个集合，记为(S,A,P)。概率空间是对任意地点的所有同类非确知系统在任意时间段内所做试验的建模，概率空间中的样本空间 S 和 Borel 事件集 A 是所有地点同类非确知系统在不同时间段内的输出，而概率集函数 P 则是不同地点不同时间段内任意一组试验结果所遵循的规律。

2. 概率集函数的简约表示

概率集函数通常可以采用以下两种简洁的方法来给出。

(1)对可数样本空间，采用“单点事件概率递推法”。

(2)给出所有单点事件的概率，其他事件的概率可以根据概率的可列可加性，通过递推式得到。

(3)对不可数样本空间，采用“函数表达式法”。

(4)给出概率集函数的函数表达式，根据此表达式可以计算出任意一个事件的概率。

特别地，若某概率空间的样本空间是一个完整的一维、多维或无穷维实(复)数空间，则称该概率空间为具有标准样本空间的概率空间，简称为标准概率空间。

B.2 随机变量

有了概率空间的概念，就可以定义随机变量。所谓随机变量，就是在标准概率空间的样本空间中变化的一个变量。随机变量本质上还是一个变量，它具备传统变量的所有基本属性。差别在于，传统变量不需要考虑取值概率，而随机变量则可以考虑取值概率。

随机变量按照维数可以分为有限维和无限维两种。有限维随机变量又可以分为一维随机变量和多维随机变量两种，无穷维随机变量又可以分为可数无限维随机变量与不可数无限维随机变量两种。下面主要介绍通信工程相关专业中常见的一维与多维随机变量。

B.2.1 一维随机变量

1. 一维随机变量的定义

一维随机变量是一维变量概念的扩展。传统的一维变量只需要知道其取值范围，不需要考虑取每个值或落在某个区间的概率，而一维随机变量是需要考虑其取值概率或落在某个区间的概率的一维变量。

当实数集 **R** 是某个概率空间的标准化样本空间时，在该标准化样本空间 **R** 内变动的一维变量就称为一维随机变量。一维随机变量首先是一个在 **R** 内取值的变量，由于这个 **R** 同时又是某个概率空间的样本空间，因此这样的一维变量就被称为一维随机变量。

2. 概率函数

一维随机变量实际上是在一维标准化样本空间内变化的变量，一维随机变量所依靠的概率空间中的事件则是 **R** 中的区域，此时该概率空间中的概率集函数可以用更为简单的概率函数来描述。下面将介绍几种典型的概率函数。

(1)概率质量函数

当概率空间的样本空间标准化为 **R** 时，概率分布特性可以建模为质量为 1 的物质在一维欧几里得空间(简称欧氏空间)**R** 上的分布。某个事件的概率就是该事件所对应的区域所包含的所有质点的质量。

当一维随机变量所依靠的概率空间的概率“质量”分布在可数个离散的点上时，称该一维随机变量为离散型一维随机变量。

设一个离散型一维随机变量 X 取值于 $\Omega=\{x_0,x_1,\cdots,x_i,\cdots\}$，将单个事件 $X=x_i$ 的概率记为 $P(x_i)$，则 $P(x_i)$ 称为概率质量函数，可以用下列矩阵表示：

$$\begin{pmatrix} x_0 & x_1 & \cdots & x_i & \cdots \\ P(x_0) & P(x_1) & \cdots & P(x_i) & \cdots \end{pmatrix}$$

同时有下式成立：

$$\sum_i P(x_i)=1 \tag{B.1}$$

概率质量函数只能描述概率质量离散分布的一维随机变量的概率分布特性，而无法描述概率质量连续分布的一维随机变量的概率分布特性。对于概率质量连续分布的一维随机变量需要借助下面介绍的概率分布函数和概率密度函数这两种概率函数来描述其概率分布特性。

(2)概率分布函数和概率密度函数

一个一维随机变量 X 的概率分布函数 $F_X(x)$ 定义为事件 $\{X\leqslant x\}$(在其所依靠的概率空间中)的概率，

$$F_X(x)=P(\{X\leqslant x\}) \tag{B.2}$$

式中，$x\in R$ 是一个普通的一维变量。

显然，概率分布是一个从 **R** 到 $[0,1]$ 的映射：$x\rightarrow F_X(x)$，其中 $F_X(x)$ 的意义是事件集合 $(-\infty,x]$ 的概率为 $F_X(x)$。函数 $F_X(x)$ 描述了事件集合 $(-\infty,x]$ 的概率随变量 x 的变化而变化的规律。

一个一维随机变量 X 的概率密度函数定义为概率分布函数的广义导数

$$f_X(x)=\frac{\mathrm{d}F_X(x)}{\mathrm{d}x} \tag{B.3}$$

由概率密度函数的定义知道，概率密度函数 $f_X(x)$ 描述了一维随机变量 X 在 x 这一点上的“概率密度”，所谓“概率密度”就是概率在单位长度上的分布。概率密度函数和概率分布函数之间存在下列关系，即

$$F_X(x)=\int_{-\infty}^{x} f_X(s)\,\mathrm{d}s \tag{B.4}$$

3. 常见离散型一维随机变量

(1)Bernoulli 分布

Bernoulli 分布的一维随机变量是样本空间为 $\Omega=\{0,1\}$ 的二值一维随机变量。当某事件 A 发生时，该一维随机变量取1，当事件 A 不发生时，该一维随机变量取0。设一维随机变量取0的概率为 $p_0=q=1-p$，一维随机变量取1的概率为 $p_1=p$，其中 $p\in[0,1]$。其概率质量函数为

$$\begin{pmatrix} 0 & 1 \\ 1-p & p \end{pmatrix} \tag{B.5}$$

(2)二项分布

二项分布是 n 个独立的 Bernoulli 分布的一维随机变量之和。二项分布的样本空间为 $\Omega=\{0,1,2,\cdots,n\}$，其概率质量函数为

$$P_k=\binom{n}{k}p^k(1-p)^{n-k},k=0,1,2,\cdots,n \tag{B.6}$$

(3)Poisson 分布

服从 Poisson 分布的一维随机变量是当两事件间的发生间隔是均值为 $1/\alpha$ 的指数分布时，在单位时间内事件发生的数目，其中 α 是一个正常数。Poisson 分布的一维随机变量的样本空间为 $\Omega=\{0,1,2,\cdots\}$，其概率密度函数为

$$P_k=\frac{\alpha^k}{k!}\mathrm{e}^{-\alpha},k=0,1,2,\cdots \tag{B.7}$$

4. 常见连续性一维随机变量

(1)均匀分布

均匀分布一维随机变量的样本空间为 $\Omega=[a,b)$，其概率分布函数为

$$F_X(x)=\begin{cases} 0, & x<a \\ \dfrac{x-a}{b-a}, & x\in[a,b) \\ 1, & x\geqslant b \end{cases} \tag{B.8}$$

概率密度函数为

$$f_X(x)=\begin{cases} \dfrac{1}{b-a}, & x\in[a,b) \\ 0, & x\notin[a,b) \end{cases} \tag{B.9}$$

(2)高斯分布

高斯分布一维随机变量，又被称为正态分布一维随机变量，其样本空间为 $\Omega=(-\infty,+\infty)$，其概率密度函数为

$$f_X(x)=\frac{1}{\sqrt{2\pi\sigma^2}}\mathrm{e}^{\frac{-(x-\eta)^2}{2\sigma^2}},\ -\infty<x<+\infty \tag{B.10}$$

式中，η 和 σ 两个正常数，且规定 $\sigma>0$，一般用 $N(\eta,\sigma^2)$ 表示正态一维随机变量。$N(0,1)$ 被称为标准正态一维随机变量。

(3)Rayleigh 分布

Rayleigh 分布随机变量的样本空间为 $\Omega=(0,+\infty)$，其概率密度函数为

$$f_X(x)=\frac{x}{\alpha^2}\mathrm{e}^{\frac{-x^2}{2\alpha^2}},x\geqslant 0,\alpha>0 \tag{B.11}$$

B. 2. 2　多维随机变量

1. 多维随机变量的定义

和一维随机变量的定义相仿，设 $n>1$，当 $\mathbf{R}^n$ 是某个概率空间的标准化样本空间时，在该标准化样本空间 $\mathbf{R}^n$ 内变动的 n 维变量就称为多维随机变量，或 n 维随机变量。

多维随机变量的概率特性也可以用概率函数来描述，但是概率函数有"联合"与"边界"两种。

2. 联合概率函数

(1)联合概率质量函数

若多维随机变量的样本空间为 $\mathbf{R}^n$ 中的可数个点时，称该多维随机变量为离散型多维随机变量。设某离散型多维随机变量 $\boldsymbol{X}$ 的样本空间为

$$\Omega=\{x^{(1)},x^{(2)},\cdots,x^{(K)}\} \tag{B.12}$$

这里对 $k=1,2,\cdots,K$ 有

$$x^{(k)}=(x_1^{(k)},\cdots,x_n^{(k)})$$

记单点事件$\{\boldsymbol{x}^{(k)}\}$的概率为 $P(\boldsymbol{x}^{(k)})$，则 $P(\boldsymbol{x}^{(k)})$定义了一个从样本空间 Ω 到区间$[0,1]$的函数，该函数称为多维随机变量 $\boldsymbol{X}$ 的联合概率质量函数。多维随机变量的联合概率质量函数可以表示为：

$$\begin{pmatrix} \boldsymbol{x}^{(1)} & \boldsymbol{x}^{(2)} & \cdots & \boldsymbol{x}^{(k)} \\ P(\boldsymbol{x}^{(1)}) & P(\boldsymbol{x}^{(2)}) & \cdots & P(\boldsymbol{x}^{(k)}) \end{pmatrix}$$

并且有

$$\sum_{i=1}^{K} P(\boldsymbol{x}^{(k)})=1 \tag{B.13}$$

(2)联合概率分布函数和联合概率密度函数

设 $\boldsymbol{x}=(x_1,x_2,\cdots,x_n)$和 $\boldsymbol{y}=(y_1,y_2,\cdots,y_n)$为 n 维欧氏空间的两个向量，若对每一个 $k=1,2,\cdots,n$ 有 $x_k\leqslant y_k$ 成立，则记 $\boldsymbol{x}\leqslant\boldsymbol{y}$。此外，记 $\partial\boldsymbol{x}=\partial x_1\cdots\partial x_n$。

定义 n 维随机变量 $\boldsymbol{X}$ 的联合概率分布函数为事件$\{\boldsymbol{X}\leqslant\boldsymbol{x}\}$的概率，也即

$$F_{\boldsymbol{X}}(\boldsymbol{x})=P(\boldsymbol{X}\leqslant\boldsymbol{x}),\boldsymbol{x}\in\mathbf{R}^n \tag{B.14}$$

定义 n 维随机变量 $\boldsymbol{X}$ 的联合概率密度函数为联合概率分布函数 $F_{\boldsymbol{X}}(\boldsymbol{x})$的 n 阶广义导数

$$f_{\boldsymbol{X}}(\boldsymbol{x})=\frac{\partial^n F_{\boldsymbol{X}}(\boldsymbol{x})}{\partial\boldsymbol{x}} \tag{B.15}$$

3. 边界概率函数

设 m 为满足条件 $1\leqslant m<n$ 的整数，任取 $\boldsymbol{x}^{(k)}=(x_1^{(k)},\cdots,x_n^{(k)})$分量中的 m 个组成一个新的 m 维子向量

$$\boldsymbol{x}'^{(k)}=(x_{i_1}^{(k)},\cdots,x_{i_m}^{(k)})$$

其中，$(i_1,\cdots,i_m,i_{m+1},\cdots,i_n)$是$(1,2,\cdots,n)$的一个置换。这 K 个 m 维子向量构成一个 m 维随机变量，记为 $\boldsymbol{X}'$。$\boldsymbol{X}'$的联合概率质量函数称为多维随机向量 $\boldsymbol{X}$ 的边界概率质量函数。

同样，记 $\boldsymbol{X}'$为 $\boldsymbol{X}$ 的一个子向量，则称多维随机变量 $\boldsymbol{X}'$的联合概率分布函数和联合概率密度函数分别为多维随机变量 $\boldsymbol{X}$ 的边界概率分布函数和边界概率密度函数。

附录 C 相关参考表格

表 C.1 中列举了傅里叶变换的性质。

表 C.1 傅里叶变换的性质

性质	数学描述
1. 线性	$ag_1(t)+bg_2(t)\leftrightarrow aG_1(f)+bG_2(f)$，$a,b$ 为常数
2. 时域缩放	$g(at)\leftrightarrow\frac{1}{\lvert a\rvert}G\left(\frac{f}{a}\right)$，$a$ 为常数
3. 对偶性	如果 $g(t)\leftrightarrow G(f)$，那么 $G(t)\leftrightarrow g(-f)$
4. 时移特性	$g(t-t_0)\leftrightarrow G(f)\exp(-\mathrm{j}2\pi ft_0)$
5. 频移特性	$\exp(\mathrm{j}2\pi f_c t)g(t)\leftrightarrow G(f-f_c)$
6. $g(t)$ 曲线下的面积	$\int_{-\infty}^{\infty}g(t)\mathrm{d}t = G(0)$
7. $G(f)$ 曲线下的面积	$g(0) = \int_{-\infty}^{\infty}G(f)\mathrm{d}f$
8. 时域求导	$\frac{\mathrm{d}}{\mathrm{d}t}g(t)\leftrightarrow \mathrm{j}2\pi fG(f)$
9. 时域积分	$\int_{-\infty}^{\infty}g(\tau)\mathrm{d}\tau\leftrightarrow\frac{1}{\mathrm{j}2\pi f}G(f)+\frac{G(0)}{2}\delta(f)$
10. 结合公式	如果 $g(t)\leftrightarrow G(f)$，那么 $g^*(t)\leftrightarrow G^*(-f)$
11. 时域乘法	$g_1(t)g_2(t)\leftrightarrow\int_{-\infty}^{\infty}G_1(\lambda)G_2(f-\lambda)\mathrm{d}\lambda$
12. 时域卷积	$\int_{-\infty}^{\infty}g_1(\tau)g_2(t-\tau)\mathrm{d}\tau\leftrightarrow G_1(f)G_2(f)$

表 C.2 中列举了常用的傅里叶变换对。

表 C.2　傅里叶变换对

时域函数	傅里叶变换
$\mathrm{rec}\left(\frac{t}{T}\right)$	$T\mathrm{sinc}(fT)$
$\mathrm{sinc}(2Wt)$	$\frac{1}{2W}\mathrm{rect}\left(\frac{f}{2W}\right)$
$\exp(-at)u(t), a>0$	$\frac{1}{a+\mathrm{j}2\pi f}$
$\exp(-a\|t\|), a>0$	$\frac{2a}{a^2+(2\pi f)^2}$
$\exp(-\pi t^2)$	$\exp(-\pi f^2)$
$\begin{cases}1-\frac{\|t\|}{T}, & \|t\|<T \\ 0, & \|t\| \geqslant T\end{cases}$	$T\mathrm{sinc}^2(fT)$
$\delta(t)$	1
1	$\delta(f)$
$\delta(t-t_0)$	$\exp(-\mathrm{j}2\pi f t_0)$
$\exp(\mathrm{j}2\pi f_c t)$	$\delta(f-f_c)$
$\cos(2\pi f_c t)$	$\frac{1}{2}[\delta(f-f_c)+\delta(f+f_c)]$
$\sin(2\pi f_c t)$	$\frac{1}{2\mathrm{j}}[\delta(f-f_c)-\delta(f+f_c)]$
$\mathrm{sgn}(t)$	$\frac{1}{\mathrm{j}\pi f}$
$u(t)$	$\frac{1}{2}\delta(f)+\frac{1}{\mathrm{j}2\pi f}$
$\sum_{i=-\infty}^{\infty}\delta(t-iT_0)$	$\frac{1}{T_0}\sum_{i=-\infty}^{\infty}\delta\left(f-\frac{n}{T_0}\right)$

注：$u(t)$，单位阶跃函数；

$\delta(t)$，δ 函数或单位冲激；

$\mathrm{rec}(t)$，以原点为中心，单位幅度，单位时延的矩形函数；

$\mathrm{sgn}(t)$，符号函数；

$\mathrm{sinc}(t)$，sinc 函数。

表C.3为贝塞尔函数表。

表C.3　贝塞尔函数表

n \ β	0.5	1	2	3	4	6	8	10	12
0	0.9358	0.7652	0.2239	−0.2601	−0.3971	0.1506	0.1717	−0.2459	0.0477
1	0.2423	0.4401	0.5767	0.3391	−0.0660	−0.2767	0.2346	0.0435	−0.2234
2	0.0306	0.1149	0.3528	0.4861	0.3641	−0.2429	−0.1130	0.2546	−0.0849
3	0.0026	0.0196	0.1289	0.3091	0.4302	0.1148	−0.2911	0.0584	0.1951
4	0.0002	0.0025	0.0340	0.1320	0.2811	0.3576	−0.1054	−0.2196	0.1825
5	—	0.0002	0.0070	0.0430	0.1321	0.3621	0.1858	−0.2341	−0.0735
6		—	0.0012	0.0114	0.0491	0.2458	0.3376	−0.0145	−0.2437
7			0.0002	0.0025	0.0152	0.1296	0.3206	0.2167	−0.7103
8			—	0.0005	0.0040	0.0565	0.2235	0.3179	0.0451
9				0.0001	0.0009	0.0212	0.1263	0.2919	0.2304
10				—	0.0002	0.0070	0.0608	0.2075	0.3005
11					—	0.0020	0.0256	0.1231	0.2704
12						0.0005	0.0096	0.0634	0.1953
13						0.0001	0.0033	0.0290	0.1201
14						—	0.0010	0.0120	0.0650

表 C. 4 为误差函数表。

表 C. 4　误差函数表

u	erf(u)	u	erf(u)
0. 00	0. 00000	1. 10	0. 88021
0. 05	0. 05637	1. 15	0. 89612
0. 10	0. 11246	1. 20	0. 91031
0. 15	0. 16800	1. 25	0. 92290
0. 20	0. 22270	1. 30	0. 93401
0. 25	0. 27633	1. 35	0. 94376
0. 30	0. 32863	1. 40	0. 95229
0. 35	0. 37938	1. 45	0. 95970
0. 40	0. 42839	1. 50	0. 96611
0. 45	0. 47548	1. 55	0. 97162
0. 50	0. 52050	1. 60	0. 97635
0. 55	0. 56332	1. 65	0. 98038
0. 60	0. 60386	1. 70	0. 98379
0. 65	0. 64203	1. 75	0. 98667
0. 70	0. 67780	1. 80	0. 98909
0. 75	0. 71116	1. 85	0. 99111
0. 80	0. 74210	1. 90	0. 99279
0. 85	0. 77067	1. 95	0. 99418
0. 90	0. 79691	2. 00	0. 99532
0. 95	0. 82089	2. 50	0. 99959
1. 00	0. 84270	3. 00	0. 99998
1. 05	0. 86244	3. 30	0. 999998

表 C.5 列举了部分常用的希尔伯特变换对。

表 C.5 常用的希尔伯特变换对

时域函数	希尔伯特变换
$m(t)\cos(2\pi f_c t)$	$m(t)\sin(2\pi f_c t)$
$m(t)\sin(2\pi f_c t)$	$-m(t)\cos(2\pi f_c t)$
$\cos(2\pi f_c t)$	$\sin(2\pi f_c t)$
$\sin(2\pi f_c t)$	$-\cos(2\pi f_c t)$
$\frac{\sin t}{t}$	$\frac{1-\cos t}{t}$
$\mathrm{rect}(t)$	$-\frac{1}{\pi}\ln\left\lvert\frac{t-\frac{1}{2}}{t+\frac{1}{2}}\right\rvert$
$\delta(t)$	$\frac{1}{\pi t}$
$\frac{1}{1+t^2}$	$\frac{t}{1+t^2}$
$\frac{1}{t}$	$-\pi\delta(t)$

注：时域函数 $m(t)\cos(2\pi f_c t)$ 和时域函数 $m(t)\sin(2\pi f_c t)$ 中，假设 $m(t)$ 是在 $-W\leqslant f\leqslant W$ 内的带限信号，且 $W<f_c$；

$\delta(t)$，表示 δ 函数；

$\mathrm{rect}(t)$，表示以原点为中心的单位幅度、单位时延的矩形函数。

表 C. 6 列举了部分常用单位的前缀。

表 C. 6　常用单位的前缀

倍数和约数	前缀	符号
10^{12}	tera	T
10^{9}	giga	G
10^{6}	mega	M
10^{3}	kilo	k
10^{-3}	milli	m
10^{-6}	micro	μ
10^{-9}	nano	n
10^{-12}	pico	p

附录D 常用数学公式

D.1 三角几何恒等式

$$\exp(\pm \mathrm{j}\theta) = \cos\theta \pm \mathrm{j}\sin\theta$$

$$\cos\theta = \frac{1}{2}[\exp(\mathrm{j}\theta) + \exp(-\mathrm{j}\theta)]$$

$$\sin\theta = \frac{1}{2\mathrm{j}}[\exp(\mathrm{j}\theta) - \exp(-\mathrm{j}\theta)]$$

$$\sin^2\theta + \cos^2\theta = 1$$

$$\cos^2\theta - \sin^2\theta = \cos(2\theta)$$

$$\cos^2\theta = \frac{1}{2}[1 + \cos(2\theta)]$$

$$\sin^2\theta = \frac{1}{2}[1 - \cos(2\theta)]$$

$$2\sin\theta\cos\theta = \sin(2\theta)$$

$$\sin(\alpha \pm \beta) = \sin\alpha\cos\beta \pm \cos\alpha\sin\beta$$

$$\cos(\alpha \pm \beta) = \cos\alpha\cos\beta \mp \sin\alpha\sin\beta$$

$$\tan(\alpha \pm \beta) = \frac{\tan\alpha \pm \tan\beta}{1 \mp \tan\alpha\tan\beta}$$

$$\sin\alpha\sin\beta = \frac{1}{2}[\cos(\alpha - \beta) - \cos(\alpha + \beta)]$$

$$\cos\alpha\cos\beta = \frac{1}{2}[\cos(\alpha - \beta) + \cos(\alpha + \beta)]$$

$$\sin\alpha\cos\beta = \frac{1}{2}[\sin(\alpha - \beta) + \sin(\alpha + \beta)]$$

D.2 常用对数公式

$\log_a a = 1$，$\log_a 1 = 0$

$\log_a xy = \log_a x + \log_a y$，$\log_a \dfrac{x}{y} = \log_a x - \log_a y$

$\log_a x^\alpha = \alpha \log_a x$，$\log_a b \log_b a = 1$

换底公式：$\log_a y = \dfrac{\log_b y}{\log_b a}$

常用对数：$\lg x = \log_{10} x$

自然对数：$\ln x = \log_e x$

附录E 缩略语表

缩写词	英文全称	中文译名
A		
ADC	Analog to Digital Converter	模-数转换器
ADPCM	Adaptive Differential Pulse Code Modulation	自适应差分脉冲编码调制
ADSL	Asymmetric Digital Subscriber Line	非对称数字用户线
AFC	Automatic Frequency Control	自动频率控制
AM	Amplitude Modulation	幅度调制
APK	Amplitude and Phase Keying	幅度和相位调制
ARQ	Automatic Repeat Request	自动重传请求
ASK	Amplitude Shift Keying	幅移键控
ATM	Asynchronous Transfer Mode	异步转移模式
AWGN	Additive White Gaussian Noise	加性高斯白噪声
B		
B-DMC	Binary Discrete Memoryless Channel	二进制离散无记忆信道
BER	Bit Error Ratio	误比特率
BEC	Binary Erasure Channel	二进制删除信道
BPF	Band-pass Filter	带通滤波器
C		
CAP	Carrierless Amplitude and Phase	无载波幅度/相位
CA-SCL	CRC - aided Successive Cancellation List	CRC 辅助校验的串行消除列表
CATV	Cable Television	有线电视
CDD	Code Division Duplex	码分双工
CDF	Cumulative Distribution Function	概率分布函数
CDM	Code Division Multiplexing	码分复用
CDMA	Code Division Multiple Address	码分多址
CELPC	Code Excited Linear Predictive Coding	码激励线性预测编码
CP	Cyclic Prefix	循环前缀
CPFSK	Continuous Phase Frequency Shift Keying	连续相位移频键控
CRC	Cyclic Redundancy Check	循环冗余校验
CSI	Channel State Information	信道状态信息
CTIA	U. S. wireless Communications Industry	美国无线通信和互联网协会
CW	Continuous Wave	连续波
D		
DAC	Digital to Analog Converter	数模转换
DC	Diversity Combining	分集合并
DES	Data Encryption Standard	数据加密标准
DFT	Discrete Fourier Transform	离散傅里叶变换
DG	Diversity Gain	分集增益
DM	Delta Modulation	增量调制编码
DPC	Dirty Paper Coding	脏纸编码
DPCM	Differential Pulse Code Modulation	差分脉冲编码调制
DPSK	Differential Phase Shift Keying	差分相移键控
DQPSK	Differential Quadrature Reference Phase Shift Keying	四相相对相移键控

续表

缩写词	英文全称	中文译名
DSB	Double-sideband	双边带
DSB-SC	Double-sideband Suppressed-carrier	抑制载波的双边带
DS/BPSK	Direct Sequence/Binary Phase Shift Keying	直接序列/二进制移相键控
DS-CDMA	Direct Sequence Spreading- Code Division Multiple Address	直接序列扩频多址
DSL	Digital Subscriber Line	数字用户环路
DVD	Digital Video Disc	高密度数字视频光盘
E		
EGC	Equal Gain Combining	等增益合并
EHF	Extra High Frequency	极高频
EIRP	Equivalent Isotropically Radiated Power	有效全向辐射功率
ELF	Extra Low Frequency	极低频
EMBB	Enhanced Mobile Broadband	增强移动宽带
EMI	Electro Magnetic Interference	电磁干扰
F		
FBC	Folded Nature Binary Code	折叠二进制码组
FD	Frequency Diversity	频率分集
FDD	Frequency Division Duplex	频分双工
FDM	Frequency Division Multiplexing	频分复用
FDMA	Frequency Division Multiple Address	频分多址
FEC	Forward Error Correction	前向纠错
FEXT	Far End Crosstalk	远端串话
FFT	Fast Fourier Transform	快速傅里叶变换
FM	Frequency Modulation	调频
FH	Frequency Hopping	跳频
FH-CDMA	Frequency Hopping CDMA	跳频码分多址
FH/MFSK	Frequency Hopping/M-ary Frequency Shift Keying	跳频/M进制移频键控
FMFB	Frequency Modulation with Feed Back	反馈调频
FSK	Frequency Shift Keying	频移键控
G		
GMSK	Gaussian Filtered Minimum Shift Keying	高斯滤波的 MSK
GSM	Global System for Mobile Communications	全球移动通信系
H		
HDTV	High Definition Television	高清晰度电视
HF	High Frequency	高频
I		
IDFT	Inverse Discrete Fourier Transform	离散傅里叶逆变换
IF	Intermediate Frequency	中频
IFFT	Inverse Fast Fourier Transform	快速傅里叶逆变换
IR	Infrared	红外光
IoT	Internet of Things	物联网
ISDN	Integrated Services Digital Network	综合业务数字网
ISI	Inter Symbol Interference	符号间干扰
ITU	International Telecommunication Union	国际电信联盟
ITU-T	ITU-Telecommunication Standardization Sector	国际电信联盟电信标准分局
J		
JPEG	Joint Photographic Experts Group	联合图像专家组

续表

缩写词	英文全称	中文译名
L		
LD-CELP	Low Delay-Code Excited Linear Predictive	低时延码激励线性预测
LDPC	Low Density Parity Check Code	低密度奇偶校验码
LDS-CDMA	Low Density Spreading CDMA	低密度扩频码分多址
LF	Low Frequency	低频
LOS	Line of Sight	视线传输
LPC	Linear Predictive Coding	线性预测编码
LPF	Low-pass Filter	低通滤波器
LS	Least Squares	最小二乘
LTI	Linear Time-Invariant	线性时不变
LTE	Long Term Evolution	长期演进技术
M		
MAC	Media Access Control	媒体介入控制层
MAP	Maximum a Posteriori Probability	最大后验概率
MAPK	M-ary Amplitude and Phase Keying	多进制幅度和相位键控
MASK	M-ary Amplitude Shift Keying	多进制 ASK
MCM	Multi-carrier Modulation	多载波调制
MF	Medium Frequency	中频
MFSK	M-ary Frequency Shift Keying	多进制 FSK
MIMO	Multiple-in Multiple-out	多进多出
ML	Maximum Likelihood	最大似然
MMSE	Minimum Mean Square Error	最小均方误差
MPA	Message Passing Algorithms	消息传递算法
MPE	Multi-Pulse Excited	多脉冲激励
MPEG	Moving Picture Experts Group	活动图像专家组
MPSK	M-ary Phase Shift Keying	多进制 PSK
MQAM	M-ary Quadrature Amplitude Modulation	多进制正交幅度调制
MRC	Maximal Ratio Combining	最大比值合并
MSK	Minimum Shift Keying	最小移频键控
MUSA	Multi User Shared Access	多用户共享接入
N		
NBC	Nature Binary Code	自然二进制码组
NBFM	Narrow Band FM	窄带 FM
NB-IoT	Narrow Band Internet of Things	窄带物联网
NEXT	Near-end Crosstalk	近端串扰
NLOS	Not Line of Sight	非视线传输
NOMA	Non-Orthogonal Multiple Access	非正交多址
NPRACH	Narrowband Physical Random Access Channel	窄带物理随机接入信道
NRZ	Non-Return Zero	不归零
NSA	National Security Agency	美国国家安全局
NTSC	National Television Standards Committee	美国国家电视标准委员会
O		
OFDM	Orthogonal Frequency Division Multiplexing	正交频分复用
OFDMA	Orthogonal Frequency Division Multiple Access	正交频分多址
OOK	On-off Keying	开-关键控
OSI	Open System Interconnection	开放系统互联

续表

缩写词	英文全称	中文译名
P		
PAL	Phase Alteration Line	帕尔制-电视广播制式
PAM	Pulse Amplitude Modulation	脉冲幅度调制
PCM	Pulse Code Modulation	脉冲编码调制
PDF	Probability Density Function	概率密度函数
PDH	Plesiochronous Digital Hierarchy	准同步数字体系
PDM	Pulse Duration Modulation	脉冲持续时间调制
PDMA	Pattern Division Multiple Access	图样分割多址接入
PLL	Phase Locked Loop	锁相环
PM	Phase Modulation	相位调制
PMP	Point to Multi-Point	点对多点
PN	Pseudorandom Noise	伪噪声
POTS	Plain Old Telephone Service	通常电话服务
PPM	Pulse Position Modulation	脉冲位置调制
PSD	Power Spectrum Density	功率谱密度
PSK	Phase Shift Keying	相移键控
PSTN	Public Switched Telephone Network	公共交换电话网络
PTMP	Point to multipoint	点对多点
PWM	Pulse Width Modulation	脉冲宽度调制
PVC	Polyvinyl chloride	聚氯乙烯
Q		
QAM	Quadrature Amplitude Modulation	正交幅度调制
QoS	Quality of Service	服务质量
QPSK	Quadrature Phase Shift Keying	正交移相键控
QC-LDPC	Quasi Cyclic-Low Density Parity-Check Code	准循环 LDPC 码
R		
RAR	Random Access Response	随机接入响应
RB	Resource Block	资源块
RBC	Gray or Reflected Binary Code	格雷二进制码组
RE	Resource Element	资源粒子
RF	Radio Frequency	射频
RMA	Rural Macro	农村宏蜂窝
RMA-NLOS	Rural Macro-Not Line of Sight	非视距农村宏蜂窝场
RPE-LTP	Regular Pulse Excitation-Long Term Prediction	规则脉冲激励长期预测编码
RSC	Recursive System Convolutional	递归系统卷积码
RSRP	Reference Signal Receiving Power	参考信号接收功率
RZF	Regularized Zero Forcing	正则化迫零
S		
SC	Selection Combining	选择合并
SCL	Successive Cancellation List	串行消除列表
SCMA	Sparse Code Multiple Access	稀疏码多址接入
SD	Space Diversity	空间分集
SDH	Synchronous Digital Hierarchy	同步数字体系
SDM	Space Division Multiplexing	空分复用
SDMA	Space Division Multiple Address	空分多址
SHF	Super High Frequency	超高频

续表

缩写词	英文全称	中文译名
SIC	Successive Interference Cancelation	连续干扰消除
SLF	Super Low Frequency	超低频
SNR	Signal-to-noise Ratio	信噪比
SONET	Synchronous Optical Network	同步光纤网络
SOVA	Soft Output Viterbi Algorithm	软输出维特比算法
SSB	Single-Sideband	单边带
SSS	Strict-Sense Stationary	严平稳
STC	Space Time Coding	空时编码
STFT	Short Time Fourier Transform	短时傅里叶变换
STM	Synchronous Transfer Module	同步转移模式
T		
TC	Time Compression	时间压缩
TCM	Trellis Coded Modulation	网格编码调制
TD	Temporal Diversity	时间分集
TDD	Time Division Duplex	时分双工
TDM	Time Division Multiplexing	时分复用
TDMA	Time Division Multiple Address	时分多址
TH-CDMA	Time Hopping CDMA	跳时码分多址
U		
UHF	Ultra High Frequency	特高频
ULF	Ultra Low Frequency	特低频
UMA	Urban Macro	城市宏蜂窝
UMA-LOS	Urban Macro-Line of Sight	视距路径的城市宏蜂窝
URLLC	Ultra Reliable Low Latency Communication	超高可靠与低时延通信
V		
VCO	Voltage-Controlled Oscillator	压控振荡器
VHF	Very High Frequency	甚高频
VL	Visible Light	可见光
VLC	Visible Light Communications	可见光通信
VLF	Very Low Frequency	甚低频
VLSI	Very Large Scale Integration	超大规模集成电路
VP	Vector Perturbation	矢量扰动
VQ	Vector Quantization	矢量量化
VSB	Vestigial-sideband	残留边带
W		
WCDMA	Wideband Code Division Multiple Access	宽带码分多址
WDM	Wavelength Division Multiplexing	波分复用
WBFM	Wideband FM	宽带 FM
WIMAX	World Interoperability for Microwave Access	全球微波接入互操作性
WLAN	Wireless Local Area Networks	无线局域网
WSS	Wide-Sense Stationary	宽平稳
Z		
ZF	Zero Forcing	迫零
π/4DQPSK	π/4 Differential Quadrature Reference Phase Shift Keying	π/4 四相相对相移键控
3GPP	The 3rd Generation Partnership Project	第三代合作伙伴计划
5G	5th generation wireless systems	第五代移动通信技术
5G NR	5G New Radio	5G 新空口
8PSK	8-ary PSK	八进制 PSK